Autorenkollektiv

Prof. Dr. rer. nat. habil. Günther Heublein
(federführender Autor)

Dr. sc. nat. Peter Hallpap
Prof. Dr. sc. nat. Siegfried Hauptmann
Prof. Dr. sc. nat. Gerhard Mann

Mit 108 Bildern und 52 Tabellen

VEB Deutscher Verlag für Grundstoffindustrie
Leipzig
Distributed by Springer-Verlag Wien-New York

Einführung in die Reaktionstheorie

Verlauf, Aufklärung
und Steuerung
chemischer Reaktionen

Annotation

In der vorliegenden Publikation werden auf der Basis bindungstheoretischer
Konzepte sowie der Kinetik und der Thermodynamik
chemischer Reaktionen Methoden zur Reaktionsaufklärung vorgestellt.
Es wird der Versuch unternommen, an konkreten Stoffbeispielen
die Verallgemeinerungsfähigkeit einer reaktionstheoretischen Betrachtungsweise
über das gesamte Fachgebiet zu zeigen. Dabei werden anorganische
und organische Reaktionen, Reaktionen in der Gasphase,
in Lösung oder in Feststoffen, bei thermischer Aktivierung
oder anderen Aktivierungsmöglichkeiten vorrangig unter dem Aspekt der
Vergleichbarkeit oder der Hervorhebung von Besonderheiten behandelt.
Der Relaischarakter reaktiver Zwischenstufen sowie gegenwärtig gebotene
Möglichkeiten der Quantifizierung von Reaktionsverläufen und zur Reaktionssteuerung
werden an didaktisch sowie volkswirtschaftlich relevanten Beispielen verdeutlicht

1. Auflage

© VEB Deutscher Verlag für Grundstoffindustrie, Leipzig, 1984
VLN 152-915/59/84
LSV 1214
Softcover reprint of the hardcover 1st edition 1984
Gesamtherstellung: Fachbuchdruck Naumburg (Saale)
Redaktionsschluß: 31. 8. 1983
Distributed by Springer-Verlag Wien-New York

ISBN-13:978-3-7091-9518-5   e-ISBN-13:978-3-7091-9517-8
DOI: 10.1007/978-3-7091-9517-8

Vorwort

Als Folge der außerordentlich raschen Wissenschaftsentwicklung ist die in ständig kürzer werdenden Zeitabständen notwendige Neubestimmung der Schwerpunkte für die Ausbildung an den Universitäten und Hochschulen ein objektives Erfordernis, um die Einheit von Lehre und Forschung zu wahren und ständig zu vervollkommnen. Aus diesem Grunde wurde das Lehrgebiet Reaktionstheorie vor mehr als 10 Jahren Bestandteil des Studienplanes im Fachstudium Synthesechemie. Für die inhaltliche Präzisierung dieses Lehrgebietes sowie die didaktische und methodische Gestaltung erschien die Erarbeitung eines Lehrbuches erforderlich, um die in den Lehrveranstaltungen zur Verfügung stehende Zeit stärker als bisher neben der Vermittlung theoretischer Grundlagen für die Anwendung und Festigung praxisrelevanter Reaktionsbeispiele nutzen zu können.

Das Lehrbuch ist auf das Bildungsziel des Synthesechemikers ausgerichtet, dessen Hauptanliegen die Konzipierung, Durchführung und Beurteilung chemischer Reaktionen ist. Es soll die stärkere theoretische Durchdringung der vom experimentell arbeitenden Chemiker zu lösenden Aufgaben erreichen. Die Reaktionstheorie kann damit nicht als in sich geschlossene Theorie mit weitgehender mathematischer Formulierung dargestellt werden, sondern vielmehr als Zusammenführung von Erfahrungen, Methoden und Regeln zur Aufklärung und Interpretation von Reaktionsmechanismen und daraus ableitbaren Verallgemeinerungen und Schlußfolgerungen zur Reaktionssteuerung volkswirtschaftlich bedeutsamer chemischer Prozesse. Entsprechend muß die beabsichtigte Anleitung der Studierenden zum Forschen die Induktion stärker betonen als die Deduktion, da deren Verhältnis vom Entwicklungsstand der Theoretischen Chemie abhängt, der gegenwärtig eine wünschenswerte Umkehrung dieses Verhältnisses noch nicht zuläßt. Der zu vermittelnde Stoff ist durch eine weitgehende Integration von Aspekten der Quantenchemie, Statistischen Thermodynamik, Kinetik und Reaktionsmechanismen charakterisiert. Die Teilgebiete der Physikalischen und Theoretischen Chemie werden nicht von ihren Grundlagen her erneut abgeleitet und behandelt, sondern das Lehrbuch baut auf den im Grundstudium vermittelten Kenntnissen aus dem Lehrwerk Chemie auf und strebt deren Zusammenführung zur Anwendung auf die Syntheseplanung, Reaktionssteuerung und die Auswertung experimenteller Beobachtungen beim Ablauf chemischer Reaktionen an. Es wird gezeigt, wie aus bindungstheoretischen, thermodynamischen und kinetischen Parametern über Beziehungen zwischen Struktur und Reaktivität Schlußfolgerungen für die Beeinflußbarkeit chemischer Reaktionen und für die Voraussage möglicher Reaktionsabläufe gezogen werden können.

Die Darlegung der theoretischen Aspekte erfolgt stoffbezogen, wobei die gesamte stoffliche Breite von der Organischen Chemie bis zur Anorganischen Chemie, von Gasphasen- bis zu Feststoffreaktionen berücksichtigt werden sollte. Damit wird dem Trend einer zunehmenden Integration der stofflichen Teilgebiete der Chemie bei gleichzeitiger Vertiefung in den Spezialgebieten Rechnung getragen. Es erscheint nicht gerechtfertigt, die Reaktionstheorie mit der hier vermittelten Auffassung nach Aggregatbzw. Phasenzuständen zu unterteilen, wenngleich nicht übersehen werden darf, daß z. B. bei Feststoffreaktionen Besonderheiten zu berücksichtigen sind, deren experimentelle und theoretische Durchdringung noch nicht den Stand der molekularen Betrachtungsweise homogener Reaktionen in Lösung erreicht hat. Ohne Anspruch auf Ausgewogenheit im Stoffumfang werden exemplarisch Vergleichbares und Gegensätzliches bei Reaktionen von Molekülen bzw. von Teilchenensembles in Mehrphasenreaktionen von Feststoffen gegenübergestellt und gegenwärtig zulässige Folgerungen auf deren Mechanismus gezogen.

Das Lehrbuch wendet sich in erster Linie an die Studenten der Fachstudienrichtung «Synthesechemie». Es soll deren Lehrveranstaltungen unterstützen helfen, kann sie aber nicht ersetzen. Die Fähigkeit zur Anwendung des Vermittelten wird aus der Wechselwirkung zwischen Lehrenden und leistungsbereiten Studenten durch Übung und Festigung des Stoffes resultieren. Da die Beispiele bewußt einfach gehalten wurden, können auch Studenten anderer Disziplinen, deren Berufsbild chemische Stoffumwandlungsprozesse im weitesten Sinne einschließt, Anregung sowie nützliche Informationen erhalten und zu vertiefender Lektüre der angegebenen Literatur angeregt werden.

Für kritische Hinweise und jegliche Verbesserungsvorschläge sind wir besonders auch im Hinblick auf die Weiterentwicklung der Lehrkonzeption im Fachstudium Synthesechemie allen Kollegen sehr dankbar. Es wird gebeten, diese an den federführenden Autor, Friedrich-Schiller-Universität Jena, Sektion Chemie, zu senden.

Für die Durchsicht von Manuskriptteilen und fördernde Hinweise danken wir den Kollegen *L. Beyer, A. Feltz, K. Heide, H. Hennig, R. Paetzold †, J. Reinhold, K. Schulze, K. Schwetlick, R. Taube, H.-J. Tiller, E. Uhlig* und *W. Vogel*.

Die Verfasser

Inhaltsverzeichnis

Einleitung

Voraussagen über den Verlauf chemischer Reaktionen und ihre Steuerung sind grundlegende Aufgaben des Chemikers. Das Ziel ist weder auf rein empirischem noch auf rein theoretischem Weg zu erreichen. Theorie und Experiment ergänzen sich in der Chemie wechselseitig. Eines stimuliert das andere zu Fortschritten, die allein nicht gemacht werden könnten. Eine zweckmäßige Kombination von experimentellen Ergebnissen mit theoretischen Überlegungen ist deshalb auch in der Synthesechemie erforderlich. Die Grundlagen dazu werden im Lehrgebiet Reaktionstheorie vermittelt.

Die Reaktionstheorie im Fachstudium Synthesechemie umschließt die Erfassung, Ordnung und Verallgemeinerung von Erfahrungen über das Zustandekommen und den Verlauf chemischer Reaktionen auf der Basis qualitativer Regeln und quantitativer Näherungen. Sie versteht sich nicht als eine Theorie im strengen Sinne mit geschlossener Axiomatik und durchgängiger mathematischer Formulierung, sondern als ein heuristisches Prinzip, das geeignet ist, Schlußfolgerungen für den praktisch arbeitenden Chemiker zu ermöglichen. Sie baut auf den Grundkenntnissen der physikalischen Chemie auf, insbesondere den Teilgebieten Strukturtheorie, Thermodynamik, Statistik und Kinetik (Lehrwerk Chemie, Bände 1 bis 6) und wendet diese gezielt auf chemische Reaktionen an, wobei das Auffinden übergreifender Prinzipien und die praktische Anwendbarkeit im Vordergrund stehen.

Die Reaktionstheorie für Synthesechemiker umfaßt die Anwendung der Erkenntnisse der physikalischen Chemie für die Aufklärung, Steuerung und Planung chemischer Reaktionen.

Mit der fortschreitenden Entwicklung der Chemie und dem immer tieferen Eindringen in die inneren Zusammenhänge des chemischen Geschehens wurden in zunehmendem Maße neben die stofflichen Einteilungsprinzipien des Wissensgebietes Chemie (z. B. anorganische Chemie, organische Chemie) methodische Gesichtspunkte gestellt. Synthese, Strukturermittlung und Untersuchung der Reaktionsdynamik sind dabei die tragenden Säulen der modernen chemischen Forschung.

Durch chemische Synthesen werden Tag für Tag neue Stoffe mit neuen Eigenschaften hergestellt. Jährlich finden sich in den chemischen Publikationsorganen etwa 100 000 neue Verbindungen, die sich durch Molekülformeln beschreiben lassen. Darüber hinaus wächst die Zahl der Polymere und Festkörper mit spezifischen Merkmalen in den letzten Jahren besonders rasch und läßt sich auch nicht annähernd erfassen.

Die Strukturaufklärung der vielfältigen Stoffe zielt auf die Erforschung ihrer Zusammensetzung und auf eine detaillierte Kenntnis der submikroskopischen Bausteine. Physikalische Methoden, z. B. die Aufnahme und Auswertung von Spektren, stehen hier häufig im Vordergrund der Untersuchungen.

Das chemische Verhalten der Stoffe kann man mit den Begriffen Stabilität und Reaktivität verbinden. Darunter ist in erster Näherung die Möglichkeit und die Dynamik der Stoffwandlungen zu verstehen. Die Vielfalt dieser Stoffwandlungen wird durch Gesetzmäßigkeiten beherrscht, die mit der Struktur der Verbindungen, den Reaktionspartnern, der Vorbehandlung und den Reaktionsbedingungen zusammenhängen. Die Kenntnis dieser Zusammenhänge ist die Voraussetzung für die Steuerung chemischer Umsetzungen.

Es ist ein wesentliches Anliegen des Chemikers, die Gesetzmäßigkeiten der Reaktionsdynamik aufzudecken, einerseits um gezielte Synthesen durchzuführen und andererseits um Voraussagen zu machen, welche Strukturelemente bestimmte Stoffeigenschaften wie etwa Beständigkeit gegenüber verschiedenen Reaktionspartnern, mechanische Festigkeit und katalytische Wirksamkeit bedingen. Auch zwischen Synthese und Strukturbestimmung bestehen wechselseitige Beziehungen. Jede chemische Synthese wird erst mit der Strukturbestimmung abgeschlossen, und umgekehrt kann eine durch chemische und physikalische Daten ermittelte Struktur, z. B. die eines komplizierten Naturstoffes, am sichersten durch eine unabhängige Synthese bestätigt werden.

In natürlichen und industriell gesteuerten Prozessen werden auf der Erde ständig Stoffwandlungen mit Milliarden Tonnen Umsätzen realisiert. Darüber hinaus werden täglich unzählige Reaktionen in kleinerem Maßstab zu Versuchszwecken ausgeführt. An den Anfang dieses Lehrbuchs ist deshalb zunächst eine Charakterisierung und Abgrenzung des Phänomens «Chemische Reaktion» zu stellen.

Wir wählen als Beispiel ein bekanntes einfaches Laboratoriumsexperiment. Bei der sogenannten *Landolt*-Reaktion wird in wäßriger Lösung aus Sulfit und Iodat Sulfat und Iod gebildet:

$$5\,SO_3^{2\ominus} + 2\,IO_3^{\ominus} + 2\,H^{\oplus} \rightarrow 5\,SO_4^{2\ominus} + I_2 + H_2O$$

Die chemische Reaktion wird durch eine Bruttoreaktionsgleichung beschrieben. Die Gleichung gibt an, daß Ausgangsstoffe (Edukte) verschwinden und Endstoffe (Produkte) entstehen. Man kann der Bruttoreaktionsgleichung eine beliebige Zahl von elementaren Formelumsätzen zuordnen. Folglich muß die Formel und die entsprechende Reaktion in zweierlei Sinne interpretiert werden:

- Eine chemische Reaktion im submikroskopischen Sinne beschreibt einen einzigen elementaren Formelumsatz. Sie ist also bezüglich der beteiligten Atome und Moleküle definiert.

- Eine chemische Reaktion im makroskopischen Sinne bezieht sich dagegen auf eine meßbare und direkt beobachtbare Stoffmenge. Als Standard benutzt man häufig den $6 \cdot 10^{23}$-fachen elementaren Umsatz, d. h. den molaren Umsatz.

Der submikroskopische Elementarprozeß zwischen den Teilchen ist nicht direkt beobachtbar, sondern nur das makroskopische Geschehen, also in unserem Beispiel das Entstehen von Iod nach Ablauf einer bestimmten Zeit. Die makroskopische Definition der chemischen Reaktion lautet folglich:

Eine chemische Reahtion ist die Stoffmengenänderung in einem chemischen System.

Das chemische System ist in diesem Falle die Flüssigkeit im Gefäß nach dem Zusammengeben der Komponenten n_1 (Wasser), n_2 (Natriumsulfit) und n_3 (Kaliumiodat). Es handelt sich bei einem chemischen System also um eine bestimmte Gewichtsmenge eines Gemisches von Stoffen. Das System wird durch Zustandsgrößen charakterisiert und durch die Gesetzmäßigkeiten der Thermodynamik beschrieben. Die für die Synthesechemie wesentlichsten Zustandsgrößen sind:

Stoffmengen $n_1, n_2, \ldots n_i$

Volumen v

Druck p

Temperatur T

Enthalpie h

Entropie s

freie Enthalpie g

Im Verlaufe der chemischen Reaktion ändern sich die Stoffmengen und gleichzeitig auch die anderen Zustandsgrößen (Bild 1).

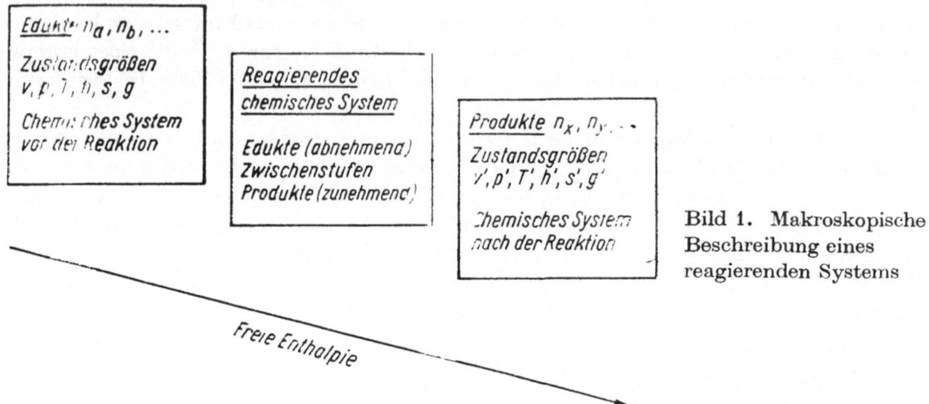

Bild 1. Makroskopische Beschreibung eines reagierenden Systems

Während des Ablaufes der *Landolt*-Reaktion ist z. B. ein schwaches Ansteigen der Temperatur der Mischung zu beobachten. Das zeigt, daß mit jeder chemischen Reaktion neben den stofflichen auch energetische Änderungen verbunden sind. Die energetischen Zustandsgrößen Enthalpie, Entropie und freie Enthalpie des Systems (h, s, g) lassen sich in partielle molare Größen für die einzelnen Komponenten (H_1, H_2, ..., H_i; S_1, S_2, ..., S_i; G_1, G_2, ..., G_i) zerlegen.

Im Verlaufe einer Reaktion werden häufig Stoffe gebildet, die weiterreagieren, im Falle der *Landolt*-Reaktion z. B. Iodid und andere Stoffe. Sie werden als Zwischenstufen (Zwischenstoffe, Intermediate) bezeichnet. Zwischenstufen sind die im Verlaufe einer Reaktion nachweisbaren Stoffe, die weder als Produkte noch Edukte in der Bruttogleichung enthalten sind. Besonders kurzlebige Zwischenstufen wie Radikale, die rasch weiterreagieren und folglich nur in minimalen Mengen auftreten, werden reaktive Zwischenstufen genannt. Auch für die Zwischenstufen lassen sich thermodynamische Charakteristika in Form molarer energetischer Zustandsgrößen angeben. Diese auf die einzelnen Komponenten bezogenen Zustandsgrößen sind auch direkt meßbar, wenn es gelingt, die entsprechenden Stoffe zu isolieren oder auf anderem Wege rein darzustellen.

Die Reihenfolge des Auftretens von Zwischenstufen wird durch entsprechende Reaktionsschritte gekennzeichnet. Eine Reaktion, bei der keine Zwischenstufen nachweisbar sind, wird Einschrittreaktion oder Elementarreaktion genannt. Viele Reaktionen setzen sich aus einer Folge von Elementarreaktionen zusammen. Im Reaktionsmechanismus werden die aufeinanderfolgenden Reaktionsschritte mit ihren thermodynamischen und kinetischen Parametern angegeben. Die komplette und detaillierte Kenntnis aller Elementarreaktionen im reagierenden System ist bei den meisten Reaktionen, so auch bei der *Landolt*-Reaktion, nur sehr schwer zu gewinnen. Man arbeitet deshalb in der ersten Näherung mit relativ groben Übersichten, bei denen keineswegs alle formulierten Teilreaktionen Elementarreaktionen sind, sondern sich in Wirklichkeit wieder aus mehreren Reaktionsschritten zusammensetzen. In unserem Beispiel können folgende Teilreaktionen formuliert werden:

$$3\,HSO_3^{\ominus} + IO_3^{\ominus} \rightarrow 3\,SO_4^{2\ominus} + I^{\ominus} + 3\,H^{\oplus}$$

$$5\,I^{\ominus} + IO_3^{\ominus} + 6\,H^{\oplus} \rightarrow 3\,I_2 + 3\,H_2O$$

$$I_2 + HSO_3^{\ominus} + H_2O \rightarrow SO_4^{2\ominus} + 2\,I^{\ominus} + 3\,H^{\oplus}$$

Den Zusammenhang veranschaulicht Bild 2.

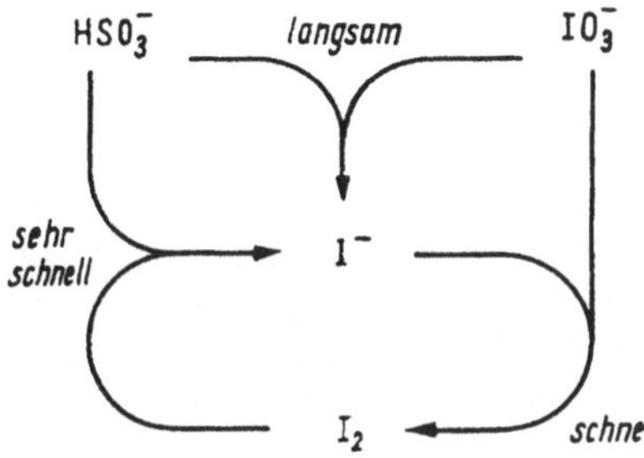

Bild 2. Mechanistisches Schema der *Landolt*-Reaktion

Bei der thermodynamischen Beschreibung des Makrozustandes wird die Bewegung der Teilchen im System und die Verteilung der Energie auf die Teilchen nicht berücksichtigt. Die Zustandsgrößen stehen also in keinem direkten Zusammenhang zu den Eigenschaften der Teilchen. Die Frage nach dem Druck oder der Temperatur der Einzelteilchen ist sinnlos, da diese Größen erst durch das Zusammenwirken einer großen Zahl Teilchen zustande kommen.

Für die Aufstellung eines Modells des Reaktionsmechanismus ist die Beschreibung des submikroskopischen Elementarprozesses am Einzelteilchen von wesentlicher Bedeutung. Ein chemischer Elementarprozeß ist durch die Veränderung der elektronischen Struktur von chemischen Spezies und der damit verbundenen Änderung der räumlichen Anordnung der Atomkerne charakterisiert. Bei den meisten chemischen Elementarprozessen wird diese Änderung durch den Zusammenstoß zweier Spezies verursacht. Im Ergebnis der Wechselwirkung finden Elektronenumverteilungen statt, wobei gewöhnlich Bindungsbildungen oder Bindungslösungen resultieren.

Der Begriff «Chemische Spezies» wurde in der Reaktionstheorie aus zwei Gründen eingeführt:

- Chemische Spezies ist ein Alternativbegriff zu Elementarteilchen, bedeutet also zusammengesetztes Teilchen und wird für Atome, Moleküle, Ionen oder Radikale, nicht aber für Elektronen oder Photonen angewandt.
- Gleichartige Atome oder Moleküle, die sich nur in der elektronischen Struktur unterscheiden, können als unterschiedliche Spezies charakterisiert werden.

Ein Sauerstoff-Molekül im Triplett-Zustand ist z. B. eine andersartige chemische Spezies als ein Sauerstoff-Molekül im Singulett-Zustand. Der Übergang zwischen beiden ist folglich ein chemischer Elementarprozeß.

Eine chemische Spezies ist eine Aggregation von Elementarteilchen, deren Bildungsenthalpie deutlich negativer ist als der Betrag $k_B T$ und die erst nach Überwindung
einer Energiebarriere in eine andere chemische Spezies umwandelbar ist.
Chemische Spezies besitzen Lebensdauern, die etwa gleich oder größer sind als 10^{-13} s.
Die sehr kleine Energiegröße $k_B T$ beträgt bei Raumtemperatur $4 \cdot 10^{-21}$ J. Für die
Boltzmann-Konstante k_B gilt dabei die für den Zusammenhang zwischen submikro-
skopischer und makroskopischer Beschreibung fundamentale Beziehung

$$k_B = \frac{R}{N_A}$$

(R molare Gaskonstante, N_A *Avogadro*-Konstante).

Es ist bekannt, daß mit Energiebeträgen kleiner als $k_B T$ nur die Translationen und
Rotationen eines Moleküls angeregt werden können. Mit Energiebeträgen in der Größenordnung von $k_B T$ werden auch die Vibrationen eines Moleküls verändert, d. h.
höhere Vibrationszustände angeregt. Wir bezeichnen gleiche Moleküle in verschiedenen
Translations-, Rotations- oder Vibrationszuständen nicht als chemische Isomere, obwohl sie im Grunde genommen auch unterscheidbare Spezies darstellen. Der Übergang
eines Sauerstoff-Moleküls in einen höheren oder tieferen Vibrationszustand wird also
nicht als chemischer, sondern als physikalischer Elementarprozeß definiert. Diese
Grenzziehung zwischen Translations-, Rotations- und Vibrationsanregungen einerseits
und elektronischen Anregungen andererseits ist – wie alle Grenzziehungen in der Natur-
wissenschaft – nicht frei von Willkür. Sie erweist sich aber für die Definition chemischer
Reaktionen als zweckmäßig. Der Energiebedarf für chemische Elementarprozesse ist
nämlich im allgemeinen deutlich größer als der für Vibrationsanregungen.
Phasenumwandlungen müssen auf Grund der angeführten Kriterien zu chemischen
Reaktionen gezählt werden, da Abstands- und Winkeländerungen im Gitter oder
Aggregat stattfinden. Faßt man einen Festkörper als ein Riesenmolekül auf, so ist jeder
Auf- oder Abbau bzw. jede Umwandlung fester Substanzen als eine Folge von zahl-
reichen chemischen Elementarprozessen anzusehen. Auch die Übergänge flüssig – gas-
förmig und gasförmig – flüssig sind in die so getroffene Fassung des Reaktionsbegriffes
einzubeziehen, da die in flüssiger Phase auftretenden *Van-der-Waals-* und spezifischen
Wechselwirkungen eine deutliche Beeinflussung der Elektronenhülle der Spezies be-
wirken.
Eine chemische Reaktion ist die Veränderung der Elektronenanordnung und der rela-
tiven räumlichen Lage der Atomkerne in den beteiligten Spezies oder im kollektiven
Teilchenensemble kristalliner bzw. amorpher Festkörper.
Das der makroskopischen Systembeschreibung (Bild 1) analoge submikroskopische
Bild ist im Bild 3 dargestellt.
Es ist wichtig, auf einige wesentliche Unterschiede hinzuweisen:

1. Während die makroskopische Beschreibung in der Praxis meist komplexe Reaktionen wiedergibt, bezieht sich das submikroskopische Bild immer auf den einzelnen
Elementarprozeß, ist also die Widerspiegelung von Elementarreaktionen.

2. Der während der Wechselwirkung zweier Teilchen durchlaufene Übergangszustand
(Symbol $\neq$) kann nicht durch direkte Messungen am Einzelteilchen beobachtet werden.
Die Aussagen über ihn ergeben sich als Mittelwerte, da die große Zahl der molekularen
Prozesse des gleichen Typs in einer Elementarreaktion sich im einzelnen bezüglich der
geometrischen Annäherung und der ausgetauschten Energie unterscheiden. Quanti-

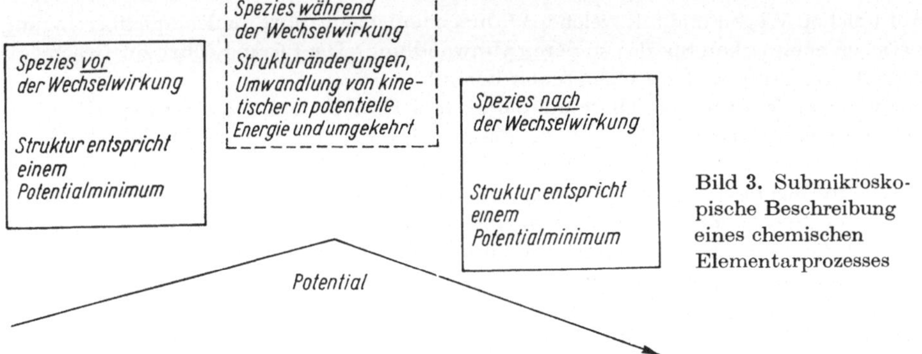

Bild 3. Submikroskopische Beschreibung eines chemischen Elementarprozesses

tative Angaben zum Übergangszustand resultieren also immer aus statistischen Betrachtungen. Der Ausdruck «Zustand» hat im submikroskopischen Bild folglich eine andere Bedeutung als in der makroskopischen Systembeschreibung.

3. Die Energiegrößen im makroskopischen Bild sind reale, durch kalorische Meßmethoden direkt bestimmbare Größen. Dagegen ist die Umwandlung von kinetischer in potentielle Energie während des Elementarprozesses nur indirekt und statistisch ableitbar. Die entsprechenden Größen (Aktivierungsparameter) werden aus makroskopischen Experimenten gewonnen und zu Vergleichszwecken mit molaren thermodynamischen Angaben versehen.

In der Beschreibung eines Reaktionsmechanismus sollen demzufolge außer der Aufstellung der aufeinanderfolgenden Reaktionsschritte weitergehende Aussagen getroffen werden, nämlich Aussagen über die elektronischen, sterischen und energetischen Änderungen im submikroskopischen Bereich. Für diese Beschreibung stellt man Modelle auf, mit denen versucht wird, auf der Basis der Teilchen-Betrachtung der objektiven Realität des Ablaufes einer chemischen Reaktion möglichst nahezukommen.

Der heutige Erkenntnisstand auf dem Gebiet der chemischen Reaktion kann noch nicht mit einer vollständigen und einheitlichen Theorie, die das submikroskopische und makroskopische Geschehen gleichermaßen umfaßt, beschrieben werden. Das Herangehen an die Lösung des Problems geschieht in folgender Weise.
Ausgangspunkt ist die Quantenchemie, die die Gesetzmäßigkeiten des Mikrozustandes behandelt. Die elektronische Struktur einer chemischen Spezies wird durch eine Wellengleichung beschrieben. Die Lösung dieser Gleichung, der *Schrödinger*-Gleichung, ist für alle chemischen Spezies mit Ausnahme des Wasserstoffatoms allerdings nur angenähert möglich. Die Lösungen führen zu diskreten Energieniveaus. Auch für jede Anordnung einer miteinander in Wechselwirkung stehenden Anzahl von Atomen kann das Potential auf quantenchemischem Wege näherungsweise berechnet werden. Durch entsprechenden Rechenaufwand können somit Potentialänderungen in einem idealisierten chemischen Elementarprozeß angegeben werden. Um nun die Gesetzmäßigkeiten des Makrozustandes aus den Gesetzmäßigkeiten des Mikrozustandes abzuleiten, ist die Statistik erforderlich. Sie erfaßt die Gesamtzahl aller quantentheoretisch unterscheidbaren Mikrozustände. Zwei Grundprobleme sind zu lösen. Das erste Grundproblem lautet: Mit welcher Wahrscheinlichkeit sind die Spezies auf die möglichen Mikrozustände verteilt? Die Lösung führt zu den Gesetzmäßigkeiten des im Gleichgewicht

befindlichen Makrozustandes, der Thermodynamik. Das zweite Grundproblem lautet:
Auf welchen Wegen und mit welcher Wahrscheinlichkeit führt die Energieübertragung
zwischen chemischen Spezies zu deren Umwandlung? Die Lösung führt zur Geschwindigkeitskonstante und zur chemischen Kinetik.

Quantenchemie, Statistik, Thermodynamik und Kinetik sind heute sehr spezielle und
weit entwickelte Teilgebiete der theoretischen Physik und Chemie. Die Beschreibung
ihrer Methoden und Ergebnisse ist nicht Aufgabe dieses Lehrbuches. Wir stellen uns in
dieser Einführung die Frage nach den Aussagen und Konsequenzen der Ergebnisse der
genannten Spezialgebiete für die von uns praktizierten chemischen Umwandlungen.
Dabei wollen wir das Ziel im Auge behalten, Anregungen für die Lösung der Aufgabe
zu erhalten, auf möglichst optimalem Wege zu gewünschten Stoffen mit gewünschten
Eigenschaften zu gelangen.

Die Abschnitte 1. bis 3. (Anwendung der Quantenchemie auf Fragen der Reaktivität,
Thermodynamik chemischer Reaktionen, Reaktionskinetik) bauen auf den Lehrbüchern 1, 4 und 6 des Lehrwerks Chemie auf und akzentuieren den dort behandelten
Lehrstoff im Hinblick auf chemische Reaktionen.

Im Abschn. 4. wird dann die aus quantenchemischen, thermodynamischen und kinetischen Überlegungen gewonnene Theorie des aktivierten Komplexes (TAK) als Kernstück reaktionstheoretischer Betrachtungen umrissen. Abschn. 5. gibt eine Übersicht
über die wichtigsten heute bekannten Typen von Elementarreaktionen und Abschn. 6.
eine Übersicht über die Methoden zur Aufklärung von Reaktionsmechanismen.

Damit sind die Grundlagen für die nun folgenden Abschnitte gelegt, die die Anwendung
theoretischer Gesichtspunkte für Synthesen umfassen, nämlich der Einfluß der inneren
Faktoren, also der Struktur, auf die Reaktionsgeschwindigkeit und die Produktverteilung sowie der Einfluß der äußeren Faktoren, also der Reaktionsbedingungen, auf
den Ablauf der chemischen Reaktionen. Im Abschn. 9. sind typische Beispiele von
Reaktionen zusammengefaßt, die nicht in der Gasphase oder in homogener Lösung
ablaufen. Diese Reaktionen, insbesondere Festkörperreaktionen und andere an Phasengrenzflächen stattfindende Reaktionen, wie elektrochemische Reaktionen, erlangen in
der modernen Synthesechemie wachsende Bedeutung. Im gleichen Abschnitt sind auch
strahleninduzierte Reaktionen (Photoreaktionen) eingeordnet. Abschn. 10. erläutert
schließlich einige ausgewählte Beispiele für die Möglichkeiten der Reaktionssteuerung.

Die Darlegungen dieses Lehrbuchs sollen und können keinen Anspruch auf Vollständigkeit bei der Behandlung der aufgegriffenen Probleme erheben, sondern versuchen,
exemplarisch einige wesentliche Gesichtspunkte aus der Sicht des Synthesechemikers
zu erläutern. Grundbegriffe werden vorausgesetzt und sind aus den Lehrbüchern des
Grundstudiums Chemie zu entnehmen. Für eine tiefergreifende Erörterung zahlreicher
Probleme muß grundsätzlich auf die am Ende jedes Kapitels angegebene weiterführende Literatur verwiesen werden.

1. Chemische Bindung

1.1. Chemische Bindung und Reaktionstheorie

Die chemischen Verbindungen, charakterisiert durch ihre Namen, ihre Summenformeln und die Summe ihrer Eigenschaften, stellen in ihrem mikroskopischen Aufbau ganz bestimmte Aggregate aus Atomkernen und Elektronen dar.
Die relative Lage der Atomkerne zueinander im Raum definiert ihre räumliche Struktur, die Verteilung der Elektronen ihre elektronische Struktur. Beide Aspekte der Struktur sind nicht voneinander zu trennen, lassen sich aber in guter Näherung getrennt experimentell erfassen: in direkter Weise aus der Röntgen- und Neutronenbeugung, in indirekter Weise aus spektroskopischen Untersuchungen. Vergleicht man die Struktur von Verbindungen wie Natriumchlorid, Ethan, Diamant, Quarz, Natriumnitrat und Phosphorpentachlorid in den verschiedenen Aggregatzuständen mit deren physikalischen und chemischen Eigenschaften, dann ergeben sich folgende prinzipielle Aussagen:

1. Die Struktur eines Stoffes ist das Ergebnis der komplexen Wechselwirkung zwischen allen beteiligten Atomkernen und Elektronen. Die resultierende Elektronenverteilung kann mit den Begriffen der Bindungslehre beschrieben werden, wobei offensichtlich ist, daß die Begriffe «Ionenbeziehung», «kovalente Bindung» und «metallische Bindung» für Grenzfälle der Bindungssituation gelten, zwischen denen bei den einzelnen Stoffen zahlreiche Übergänge existieren.

2. Die Struktur eines Stoffes ist abhängig vom Aggregat- bzw. Phasenzustand und kann sich beim Zustandswechsel z. T. drastisch ändern. In die Diskussion der Realstruktur sind die zwischenmolekularen Wechselwirkungen zwischen den Molekülen und zwischen Molekül und Medium unbedingt einzubeziehen.

3. Zwischen der Struktur eines Stoffes und seinen Eigenschaften besteht ein direkter Zusammenhang. Die Reaktivität, d. h. die Fähigkeit zur Reaktion mit anderen Stoffen als die für den Chemiker wichtigste Eigenschaft, realisiert sich erst in der Wechselwirkung mit dem Reaktionspartner, ist aber potentiell schon in der Struktur des Stoffes verankert.

4. Wenn Reaktionen in die zwei prinzipiellen Teilschritte – Bewegung der Reaktionspartner aufeinander zu und Bildung der neuen Stoffe durch Umverteilung von Atomkernen und Elektronen – aufgeteilt werden, ergeben sich zwei große Gruppen von Reaktionen.

– Reaktionen, deren Geschwindigkeit durch die Bewegung der Reaktionspartner aufeinander zu bestimmt wird (Diffusionskontrolle);

– Reaktionen, deren Geschwindigkeit durch die Umgruppierung der Elektronen und
damit verbunden der Atomkerne bei der Bildung der neuen Stoffe bestimmt wird.

Zur ersten Gruppe gehören die Reaktionen zwischen Festkörpern oder unter Beteiligung von Feststoffen. Ihre Besonderheiten sollen im Abschn. 9. genauer untersucht
werden.

Für die zweite Gruppe ist die Diskussion von Bindungsfragen auch im Zusammenhang
mit der Geschwindigkeit der Reaktion entscheidend.

5. Bei Reaktionen zwischen Molekülen bzw. unter Beteiligung von Molekülen, komplexen Ionen, kovalenten Kristallen oder kovalenten Gitterteilstrukturen ist die Umgruppierung kovalenter Bindungen der reaktionsbestimmende Vorgang. Deshalb ist
zum Verständnis dieser besonders großen Gruppe von Reaktionen die ausführlichere
Behandlung der kovalenten Bindungen notwendig.

1.2. Molekülorbital-Beschreibung chemischer Bindungen

1.2.1. Prinzipielles zu den MO-Verfahren

Nach der Quantentheorie kann das Verhalten eines Systems aus Atomkernen und
Elektronen mit der *Schrödinger*-Gleichung (1.1)

$$H\psi = E\psi \tag{1.1}$$

beschrieben werden: Die Wirkung des *Hamilton*-Operators H auf die Wellenfunktion
(Zustandsfunktion) ψ des Systems liefert das Produkt aus Energie E des Systems und
Wellenfunktion. Die Lösung dieser so einfach erscheinenden Gleichung stößt schon bei
einem System, das größer als H_2^+ (2 Atomkerne und 1 Elektron) ist, auf prinzipielle
mathematische Schwierigkeiten, die durch Näherungen umgangen werden müssen.
Die wichtigsten sollen kurz charakterisiert werden:

1. Born-Oppenheimer-Näherung: Der *Hamilton*-Operator enthält die quantentheoretische Entsprechung der kinetischen und potentiellen Energie der Atomkerne und
Elektronen. Da die Kernbewegung wegen der viel größeren Kern- gegenüber der Elektronenmasse sehr viel langsamer als die Elektronenbewegung ist, wird die Elektronenbewegung jeweils für fixierte Kerngeometrien berechnet. Damit ergibt sich die Gesamtenergie des Systems in Abhängigkeit von den Kernkoordinaten (Potentialhyperfläche, Abschn. 4. und 7.).

2. Modell der unabhängigen Teilchen: Für jedes Elektron wird angenommen, daß es
sich «unabhängig» von den übrigen Elektronen in einem mittleren Feld bewegt, welches von den Kernen und den übrigen Elektronen gemeinsam gebildet wird. Die Gesamtwellenfunktion des Mehrelektronensystems mit einer bestimmten Elektronenkonfiguration zerfällt dann in das Produkt von Einelektronenwellenfunktionen. Die
Einelektronenwellenfunktionen (Molekülorbitale, MO) erhält man, wenn man die
Schrödinger-Gleichung für ein Elektron in dem mittleren Feld löst. Die Molekülorbitale
ψ_i beschreiben die Bewegung des Elektrons im Bereich des gesamten Moleküls und
sind jeweils mit einem charakteristischen Energieeigenwert ε_i verknüpft. Die Besetzung der energetisch tiefsten Molekülorbitale mit jeweils maximal 2 Elektronen (*Pauli*-
Prinzip und *Hund*sche Regel) ergibt dann die Elektronenkonfiguration des Moleküls.

Die qualitative Diskussion der elektronischen Struktur der Moleküle erfolgt heute meistens mit Hilfe der Molekülorbitale ψ_i und ihrer Energieeigenwerte ε_i.

Das für das Modell der unabhängigen Teilchen charakteristische mittlere Feld der Kerne und übrigen Elektronen wird durch die SCF- (self-consistent-field-) Prozedur erhalten. Der Fehler, der bei der Berücksichtigung der Wechselwirkungen zwischen den Elektronen durch dieses mittlere Feld gemacht wird, kann nachträglich durch bestimmte Verfahren, z. B. durch die Konfigurationswechselwirkung (configuration interaction, CI) reduziert werden.

Die so berechneten Molekülorbitale und Energieeigenwerte lassen sich mit vielen experimentellen Größen in Beziehung setzen. Besonders bedeutsam ist die Verknüpfung mit den Photoelektronenspektren [1.1]. Nach *Koopmans*-Theorem (Gl. (1.2)) lassen sich die Ionisierungsenergien I_i näherungsweise den berechneten MO-Energien ε_i (SCF) gleichsetzen.

$$I_i = -\,\varepsilon_i \text{ (SCF)} \tag{1.2}$$

3. Einteilung in Valenzelektronen und Atomrumpf: Jede Reduzierung der explizit zu berücksichtigenden Elektronen vereinfacht die Rechnungen stark. Eine wesentliche Einschränkung der Elektronenzahl wird mit dem Konzept der Valenzelektronen erreicht. Es geht davon aus, daß Elektronen in den inneren abgeschlossenen Schalen so fest an die Atomkerne gebunden sind, daß sie keine Tendenz haben, mit den im Molekül benachbarten Atomkernen in Wechselwirkung zu treten. Sie bilden gemeinsam mit dem Atomkern den kugelsymmetrischen Atomrumpf mit einer effektiven positiven Ladung gegenüber den Valenzelektronen. Das Konzept der Valenzelektronen setzt voraus, daß die entscheidenden Elektronenumverteilungen zwischen den Atomen im Molekül nur die Valenzelektronen der Atome erfassen und die inneren Atomorbitale unverändert lassen. Dieses Konzept wird in abgewandelter Form auch wieder bei der Wechselwirkung zwischen Molekülen im Reaktionsverlauf (Abschn. 1.3.) aufgegriffen.

4. LCAO-Ansatz: Die Molekülorbitale ψ_i müssen bei quantenchemischen Rechnungen in ihrer mathematischen Struktur vorgegeben werden. Je besser der Ansatz für die Molekülorbitale dem Problem angepaßt ist, um so besser werden die Orbitalenergien und damit auch die Gesamtelektronenenergie E ausgerechnet. Die Gesamtelektronenenergie ergibt sich bei dem sehr einfachen semiempirischen *Hückel*schen MO-Verfahren in besonders leicht überschaubarer Weise aus den Orbitalenergien nach Gl. (1.3):

$$E = \sum n_i \varepsilon_i \tag{1.3}$$

n_i Besetzungszahl des MO i ($n = 0, 1, 2$)

Bei den SCF-Verfahren ist der Ausdruck für die Gesamtelektronenenergie komplizierter.

Die Variationsmethode gestattet, aus einem vorgegebenen Satz von Funktionen, die frei variierbare Koeffizienten enthalten, die besten Molekülorbitale, d. h. die MO, die die niedrigsten Eigenwerte liefern, auszuwählen.

Ein sinnvoller Ansatz für die MO, der frei variierbare Koeffizienten enthält, ist der LCAO-Ansatz (linear combination of atomic orbitals). Danach werden die Molekülorbitale additiv aus den beteiligten Atomorbitalen (AO) zusammengesetzt:

$$\psi_i = \sum_j c_{ij} \varphi_j \tag{1.4}$$

φ_j Atomorbital j
c_{ij} Koeffizient des AO_j im MO_i

Die Koeffizienten c_{ij} werden in Anwendung der Variationsmethode als wesentlicher Bestandteil aller quantenchemischen Verfahren optimiert. Ihre Quadrate geben dann für jedes MO_i an, mit welcher Wahrscheinlichkeit sich die das MO besetzenden Elektronen in dem Bereich des AO_j aufhalten. Entsprechend ist die Elektronendichte des AO_j im MO_i proportional $n_i c_{ij}^2$ und die Gesamtelektronendichte des AO_j proportional $\sum\limits_i n_i c_{ij}^2$. Die Bindungsordnung zwischen den benachbarten, miteinander wechselwirkenden AO r und s kann proportional zu $\sum\limits_i n_i c_{ir} c_{is}$ gesetzt werden.

Der LCAO-Ansatz erlaubt danach die Konstruktion von MO aus der Kenntnis der beteiligten Atome und liefert im Ergebnis der Rechnung Aussagen über die Elektronenverteilung in den MO und damit auch für das Molekül, die leicht in die Sprache der qualitativen Bindungslehre übersetzt werden können.

5. σ-π-Separation: In einem Doppelbindungssystem liegen alle beteiligten Atome in einer Ebene. Ebenso liegen alle Atomorbitale, die das σ-Bindungssystem aufbauen, in dieser Ebene. Die p_z-Orbitale stehen senkrecht auf dieser Ebene, sollten also keine Wechselwirkung mit dem σ-Bindungssystem zeigen und unabhängig von ihm durch «seitliche» Überlappung das π-Bindungssystem bilden. Das Konzept der σ-π-Separation gestattet, das σ- und das π-Bindungssystem unabhängig voneinander zu berechnen. Da in konjugierten Verbindungen das π-System das Verhalten der Moleküle entscheidend bestimmt, reicht für viele Belange die Berechnung des π-Systems aus. Das bekannteste Verfahren in π-Näherung ist die HMO-Methode (*Hückel*sche MO-Methode).

6. Semiempirische Näherungen für die Integrale: In den quantenchemischen Verfahren muß eine große Zahl von Integralen berechnet werden, was den größten Teil des Rechenaufwandes ausmacht. In den einfacheren Verfahren treten insbesondere die folgenden Integraltypen auf.

Überlappungsintegrale: $\quad S_{rs} = \int \varphi_r \varphi_s{}^* \, d\tau$ $\hfill$ (1.5)

Coulomb-Integrale: $\quad \alpha_r = H_{rr} = \int \varphi_r H \varphi_r{}^* \, d\tau$ $\hfill$ (1.6)

Resonanzintegrale: $\quad \beta_{rs} = H_{rs} = \int \varphi_r H \varphi_s{}^* \, d\tau$ $\hfill$ (1.7)

Das Überlappungsintegral ist ein quantitatives Maß für die Wechselwirkung zweier benachbarter Atomorbitale r und s. Sein Wert hängt von der Symmetrie der beteiligten AO in bezug auf die Kernverbindungslinie, von der räumlichen Ausdehnung der AO und der Entfernung der beiden zugehörigen Kerne ab. Eine Bindung wird um so stärker sein, je größer das Überlappungsintegral ist. Die Überlappungsintegrale werden in den meisten quantenchemischen Verfahren explizit berechnet.
Die *Coulomb*- und Resonanzintegrale kennzeichnen die Energie eines Elektrons im effektiven Feld der Atomrümpfe und übrigen Valenzelektronen.
Das *Coulomb*-Integral wird als die Energie des Elektrons im Bereich eines Atomorbitals aufgefaßt. Deshalb wird es in einfachen quantenchemischen Verfahren durch den Wert der Ionisierungsenergie für ein Elektron aus diesem Atomorbital (das sogenannte Valenzzustandsionisierungspotential) angenähert.

Das Resonanzintegral beschreibt die Energie eines Elektrons im Einflußbereich zweier Atomorbitale r und s. Die Resonanzintegrale liefern damit die entscheidenden Beiträge zur Bindungsenergie. Für sie wird meistens als Näherung eine Proportionalität mit dem Überlappungsintegral angesetzt: $\beta_{rs} \sim S_{rs}$, was bedeutet, daß der Energiegewinn durch Wechselwirkung zwischen zwei AO um so größer ist, je stärker ihre gegenseitige Überlappung ist (Prinzip der maximalen Überlappung).

Die Quantenchemie stellt heute ein umfangreiches Arsenal verschiedener Rechenverfahren zur Verfügung, das es gestattet, für das zu bearbeitende Problem das jeweils optimale Verfahren einzusetzen. Dabei unterscheidet man zwei große Gruppen von Verfahren:

Die ab-initio-Verfahren versuchen, die *Schrödinger*-Gleichung für das jeweilige Problem so exakt wie möglich ohne jede empirische Anleihe zu lösen. Daher ist der Rechenaufwand für diese Verfahren sehr hoch, und der Anwendungsbereich wird stark durch die Möglichkeiten der mathematischen Verfahren und der Rechentechnik bestimmt. Mit vertretbarem Aufwand und dem chemischen Problem angepaßter Genauigkeit können deshalb zur Zeit nur einfache Modelle der konkreten chemischen Probleme bearbeitet werden, die aber zu prinzipiellen und verallgemeinerungsfähigen Aussagen über typische Bindungssituationen führen.

Die semiempirischen Verfahren unterscheiden sich im Ausmaß der vereinfachenden Annahmen, in den konkreten empirischen Anleihen zur Abschätzung im Verfahren auftretender Integrale sowie in der näherungsweisen Berechnung weiterer Integrale. Die durch die semiempirischen Annahmen erreichte drastische Vereinfachung der Rechenverfahren gestattet die Berechnung größerer Molekülsysteme. Allerdings müssen die empirischen Parameter für die Verfahren an experimentellen Daten bzw. an sehr genauen ab-initio-Ergebnissen justiert werden. Deshalb sind die Absolutaussagen der semiempirischen Verfahren wenig zuverlässig, während die für den Synthesechemiker ausreichenden Trendaussagen beim Vergleich alternativer Molekülsysteme oft außergewöhnlich wertvoll sind.

Bei der Lösung chemischer Probleme mit Hilfe der Quantenchemie in enger Zusammenarbeit von Theoretiker und Synthesechemiker lassen sich folgende prinzipielle Vorgehensweisen charakterisieren:

1. Vom quantenchemischen Standpunkt aus wird das interessierende System als System aus Atomkernen und Elektronen (näherungsweise aus Atomrümpfen und Valenzelektronen) für verschiedenste Kernkoordinaten berechnet. Die berechneten Energien für die unterschiedlichen relativen Lagen der beteiligten Atomrümpfe spannen eine Potentialhyperfläche (Abschn. 4.) auf. Ein Energieminimum auf dieser Potentialhyperfläche bedeutet, daß die dazugehörige Konfiguration der Atomkerne stabil ist, eine chemische Spezies bildet. Der Übergang von einem Energieminimum in ein anderes mit veränderter Konfiguration entspricht dann einem chemischen Elementarprozeß (Beispiele für die Diskussion von Reaktionen mit Hilfe von Potentialhyperflächen, Abschn. 7.6.2.). Die Berechnung einer Potentialhyperfläche erfordert ab-initio- bzw. die besten semiempirischen Methoden.

2. Die Struktur- oder Reaktivitätsänderung in einer Serie von Verbindungen soll untersucht werden, um letztendlich Struktur-Reaktivitäts-Beziehungen zu erhalten und zu diskutieren. Für diese Problemstellung bieten sich vergleichende Rechnungen mit Hilfe semiempirischer Verfahren an, ein Beispiel soll im Abschn. 1.3. vorgestellt werden.

3. Die bei der Untersuchung eines Stoffes oder einer Reaktion zu erwartenden bzw. zu beobachtenden Effekte sollen mit Hilfe bindungstheoretischer Vorstellungen qualitativ diskutiert werden. Dazu ergeben die Verallgemeinerungen aus zahlreichen Rechnungen Regeln und Vorstellungen in der Sprache der MO-Theorie, die auch vom Synthesechemiker beherrscht werden sollten. Deshalb werden in den folgenden Abschnitten

Probleme der chemischen Bindung in Molekülen und der Reaktionsfähigkeit auf der Grundlage der einfachen LCAO-MO-Theorie qualitativ behandelt.

1.2.2. Atomorbitale

Zum Aufbau der MO eines Moleküls werden nach dem LCAO-Ansatz die AO der beteiligten Atome benötigt. Für die qualitative Diskussion reicht es aus, Angaben über die Vorzugsrichtungen der Ausdehnung der Atomwellenfunktionen und über ihre energetische Lage bereitzustellen.
Im Bild 1.1 sind die Winkelanteile der Atomfunktionen dargestellt, die die räumliche Orientierung der AO bestimmen. Sie sind durch ihre Vorzugsrichtung und ihr Vorzeichen gekennzeichnet. Ein s-Orbital ist kugelsymmetrisch bezüglich des Atomkerns.

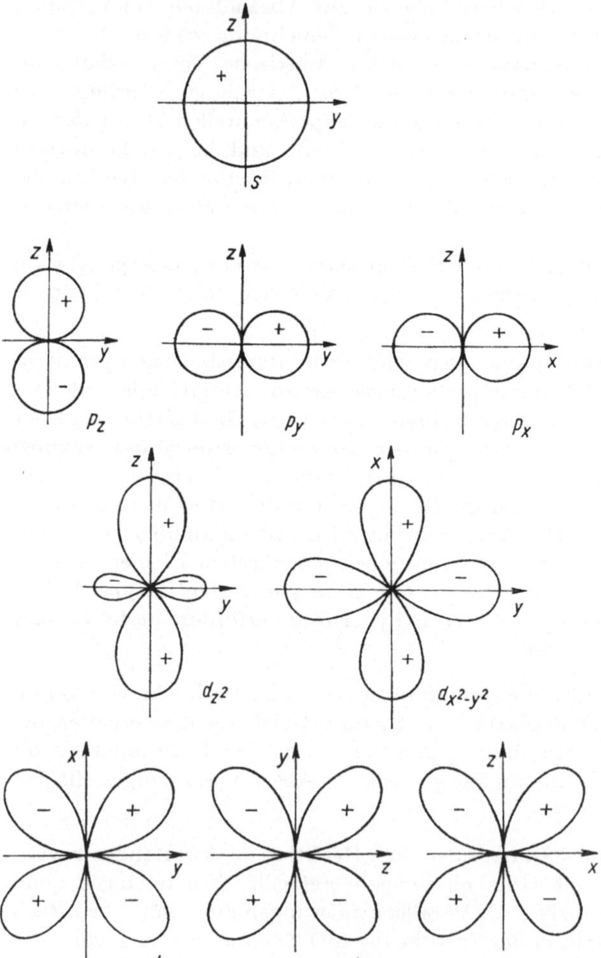

Bild 1.1. Winkelanteile der wasserstoffähnlichen Atomfunktionen

Die p-Orbitale orientieren sich entlang den Koordinatenachsen, und die Wellenfunktion wechselt am Ort des Atomkerns ihr Vorzeichen, z. B. ist das p_z-Orbital in Richtung der z-Achse orientiert und besitzt in der x,y-Ebene eine Knotenfläche ($\varphi = 0$!). Die d-Orbitale haben zwei Knotenflächen.

Die relative energetische Lage der Valenzatomorbitale kann man durch ihre Valenzzustandsionisierungspotentiale charakterisieren (Tab. 1.1). Es ist sehr deutlich der Energieunterschied zwischen den 2s- und 2p-Orbitalen und die Absenkung der AO innerhalb der Periode von links nach rechts (in Übereinstimmung mit der Erhöhung der Elektronegativität der betreffenden Elemente) zu erkennen.

Tab. 1.1. Valenzzustandsionisierungspotentiale (VSIP) für die Elemente der 1. und 2. Periode (in eV)

AO	H	Li	Be	B	C	N	O	F
1s	—13,6							
2s		—5,4	—9,9	—15,2	—21,4	—27,5	—35,3	—41,3
2p			—6,0	— 8,5	—11,4	—13,8	—17,3	—21,0

Hybridorbitale

Die s-Orbitale zeigen keine räumliche Vorzugsrichtung, während die p-Orbitale in Richtung der Achsen des Koordinatensystems orientiert sind. Auch die d-Orbitale haben Vorzugsrichtungen. Gleichzeitig besitzen die Valenz-s, -p- und -d-AO eines Atoms unterschiedliche Energien. Das heißt aber, daß ein Atom mit Valenz-AO unterschiedlichen Charakters mit möglichen Bindungspartnern in Wechselwirkung treten müßte.

Es ist nun möglich, aus den Valenzorbitalen eines Atoms neue Valenzorbitale zu konstruieren, die

— gleiche Energie,
— gleiche Gestalt, aber
— Orientierungen in die möglichen Bindungsrichtungen

besitzen. Diesen Satz äquivalenter AO nennt man wegen ihrer Gewinnung durch Mischen der ursprünglichen AO Hybridorbitale. Wichtige Typen von Hybridorbitalen sind in Tab. 1.2 zusammengestellt. Die Zahl der AO, die zur Mischung verwendet werden, ist gleich der Zahl der erhaltenen äquivalenten Hybridorbitale. Ihre Energie liegt zwischen den Energien der sie bildenden AO, wie das Beispiel der Hybridorbitale am Kohlenstoff zeigt (Tab. 1.3). Mit zunehmendem s-Anteil in den Hybridorbitalen wird ihr Energieniveau abgesenkt, dementsprechend steigt die Elektronegativität des Kohlenstoffs gegenüber den Bindungspartnern.

Überlappung von Atomorbitalen

Treten zwei Atomorbitale von verschiedenen Atomen miteinander in Wechselwirkung, dann wird die Kernverbindungslinie zur ausgezeichneten Achse und die Symmetrie der Atomorbitale bezüglich der Kernverbindungslinie für das Ausmaß der Überlappung entscheidend. Im Bild 1.2 sind Überlappungssituationen dargestellt. Das

Tab. 1.2. Hybridorbitale

Typ (hybridisierte AO)	Anzahl	Orientierung	Gestalt
sp (s, p_z)	2	linear	
sp^2 (s, p_x, p_y)	3	trigonal-eben	
sp^3 (s, p_x, p_y, p_z)	4	tetraedrisch	
sp^2d (s, p_x, p_y, $d_{x^2-y^2}$)	4	quadratisch-planar	
sp^3d (s, p_x, p_y, p_z, d_{z^2})	5	trigonal-bi-pyramidal	
sp^3d (s, p_x, p_y, p_{zx}, $d^2_{-y^2}$)	5	quadratisch-pyramidal	
sp^3d^2 (s, p_x, p_y, p_z, d_{z^2}, $d_{x^2-y^2}$)	6	oktaedrisch	

Hybridorbital	sp^3	sp^2	sp
VSIP	—14,6	—15,6	—17,3

Tab. 1.3. Valenzzustandsionisierungspotentiale der Hybridorbitale des Kohlenstoffs (in eV)

Überlappungsintegral S_{rs} kann Werte $\neq 0$ annehmen, wenn beide Atomorbitale bezüglich der Kernverbindungslinie die gleiche Symmetrie zeigen. Anderenfalls ist $S_{rs} = 0$. Es können sich ausbilden:

- σ-Bindungen, wenn beide AO rotationssymmetrisch bezüglich der Kernverbindungslinie sind (Überlappung von z. B. s mit s oder s mit p_x);
- π- bzw. δ-Bindungen, wenn beide AO eine bzw. zwei aufeinander senkrecht stehende gemeinsame Knotenflächen, die durch die Kernverbindungslinie gehen, besitzen (Überlappung von z. B. p_z mit p_z bzw. von d_{yz} mit d_{yz}). S_{rs} wird positiv (negativ), wenn AO-Bereiche mit gleichem (entgegengesetztem) Vorzeichen überlappen.

Der Wert des Überlappungsintegrals ist vom Typ der beteiligten Atomorbitale und der Entfernung zwischen den beiden Atomkernen abhängig. Im Bild 1.3 sind die Werte der Überlappungsintegrale für die Überlappung der Valenzorbitale zweier Kohlenstoffatome in Abhängigkeit vom Kernabstand dargestellt. Es fällt auf, daß beim Bindungsabstand der verschiedenen Typen von Kohlenstoffverbindungen von den nicht hybridisierten AO die s-Orbitale die stärkste Überlappung zeigen. Sie ist größer als die für die in Bindungsrichtung orientierten p-Orbitale! Die π-Überlappung der p-Orbitale ist erwartungsgemäß wesentlich schwächer.

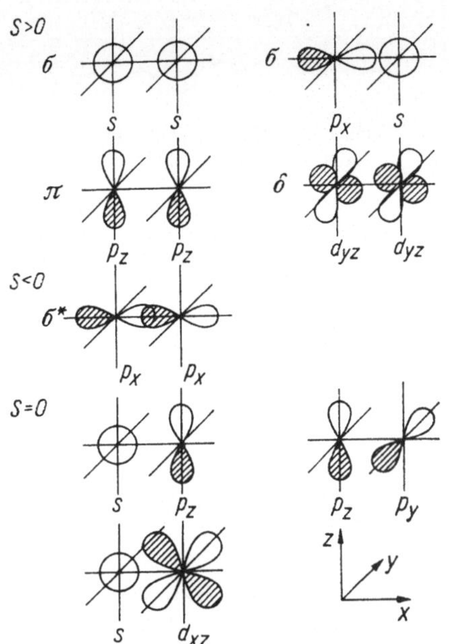

Bild 1.2. Beispiele für die Überlappung von Atomorbitalen

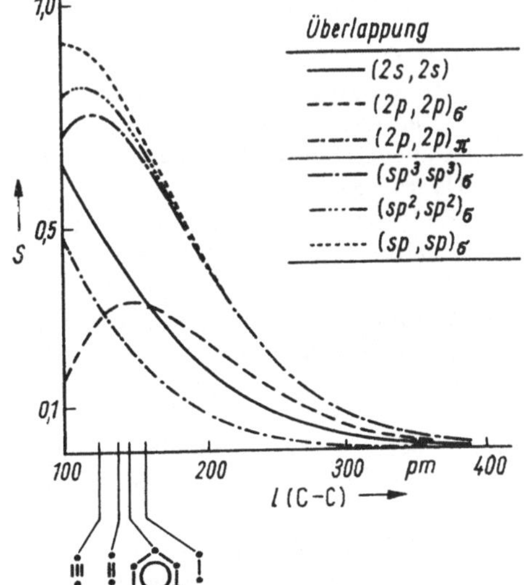

Bild 1.3. Werte der Überlappungsintegrale für die Überlappung der Valenzorbitale zweier Kohlenstoffatome in Abhängigkeit vom Abstand l(C—C) in pm

1.2.3. Chemische Bindung in einfachen Molekülen

Der Gebrauch einfacher LCAO-MO-theoretischer Vorstellungen zur Diskussion der Bindungsverhältnisse in Molekülen soll an den folgenden Beispielen demonstriert werden.

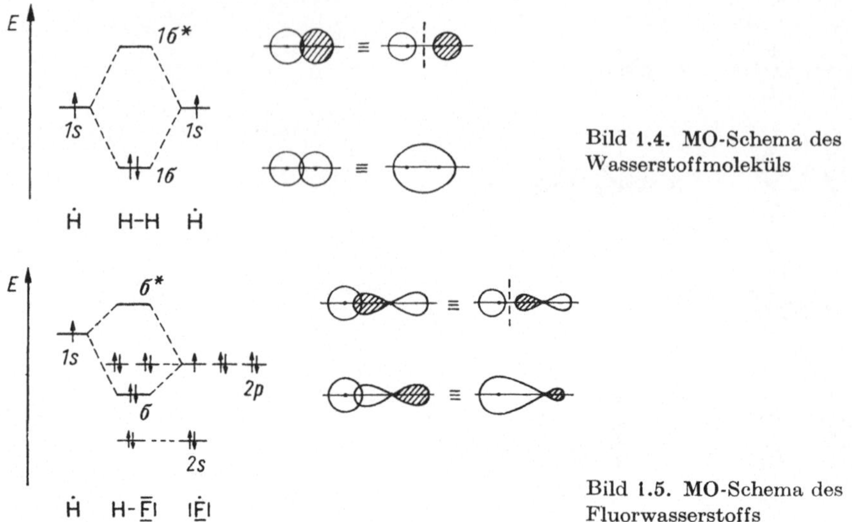

Bild 1.4. MO-Schema des
Wasserstoffmoleküls

Bild 1.5. MO-Schema des
Fluorwasserstoffs

Im Wasserstoffmolekül treten zwei 1s-AO miteinander in Wechselwirkung (Bild 1.4).
Es resultieren zwei MO; ein bindendes und ein antibindendes MO. Die Besetzung des
tiefer liegenden bindenden MO mit den beiden Elektronen liefert einen Beitrag von
$2\,\Delta E$ zur Bindungsenergie. Die Energieabsenkung ΔE für das bindende MO wird verständlich, wenn die Gestalt des MO betrachtet wird. Sie ist dadurch gekennzeichnet, daß
die Elektronendichte zwischen den Kernen im Vergleich zu zwei Atomen ohne Wechselwirkung erhöht ist und damit die gegenseitige Abstoßung der Kerne überkompensiert
wird. Das antibindende MO hat dagegen eine Knotenfläche senkrecht zur Kernverbindungslinie, an der das MO den Wert Null hat. Daher ist die Elektronendichte zwischen den Kernen verringert. Beide MO haben σ-Charakter.
Die im Wasserstoffmolekül realisierte 2-Zentren-2 Elektronen-Bindung kann als quantenchemische Entsprechung zum klassischen, zwei Bindungselektronen repräsentieren-
den Valenzstrich aufgefaßt werden.
Im Fluorwasserstoff stehen beim Fluor vier Valenzorbitale zur Verfügung. Das Bild
1.5 zeigt ihre Lage im Vergleich zum Wasserstoff-1s-AO (vgl. Tab. 1.1). Da die Wechselwirkung zwischen Atomorbitalen nur dann groß wird, wenn die wechselwirkenden
AO auch in ihrer Energie ähnlich sind, wären nur die 2p-AO des Fluors in der Lage,
bindende MO mit dem 1s-AO des Wasserstoffs zu bilden. Von diesen kann aber nur
das p_z-Orbital, das in Richtung der Kernverbindungslinie orientiert ist, mit dem 1s-AO
überlappen. Deshalb bleiben die übrigen beiden p-Orbitale und auch das 2s-Orbital
in ihrer Lage unverändert. Die Bindung im Fluorwasserstoff kommt also durch den
Einbau von zwei Elektronen in das neugebildete bindende σ-MO zustande. Das entspricht wieder dem Einfachbindungsstrich. Das bindende MO im Fluorwasserstoff hat
die Form $\psi(\sigma) = c_1\varphi(\text{H} - 1\text{s}) + c_2\varphi(\text{F} - 2\text{p}_z)$.
Die Berechnung ergibt, daß $c_1 < c_2$, d. h., das 2p-AO des Fluors ist im bindenden σ-MO
stärker enthalten als das 1s-AO des Wasserstoffs. Das läßt sich auch qualitativ ableiten, weil das σ-MO energetisch sehr viel näher an dem 2p_z-AO liegt. Das bedeutet aber,
daß die Elektronendichte ($\approx 2c_i^2$) am Fluor größer ist als am Wasserstoff. Dies stimmt

mit der chemischen Erfahrung überein. Umgekehrt ist am antibindenden σ^*-MO $c_1 > c_2$.
Beim Übergang von zwei- zu mehratomigen Molekülen werden die Verhältnisse wesentlich komplizierter, weil ja die MO-Theorie verlangt, daß die Elektronen im Prinzip
dem Molekül als Ganzem angehören und nicht mehr von vornherein bestimmten Atomen bzw. Bindungen zugeordnet werden dürfen. Die MO sollten also als Linearkombination aller zur Verfügung stehenden Valenz-AO aufgebaut werden. Welche AO zu
dem jeweiligen MO im Ergebnis der Rechnung schließlich entscheidend beitragen,
hängt ab von

– der weitestgehend ähnlichen energetischen Lage der AO und
– der gegenseitigen Orientierung der AO, die durch die Orbital- und Molekülsymmetrie
  gegeben ist.

Im Bild 1.6 ist die Folge der bindenden MO des Ethens nach einer einfachen MO-Rechnung dargestellt. Insgesamt müssen vier Wasserstoff-1s-AO und je zwei Kohlenstoff-
2s-, -2p$_x$-, -2p$_y$- und -2p$_z$-AO, zusammen 12 AO, miteinander kombiniert und die erhaltenen 12 MO mit 12 Elektronen besetzt werden.

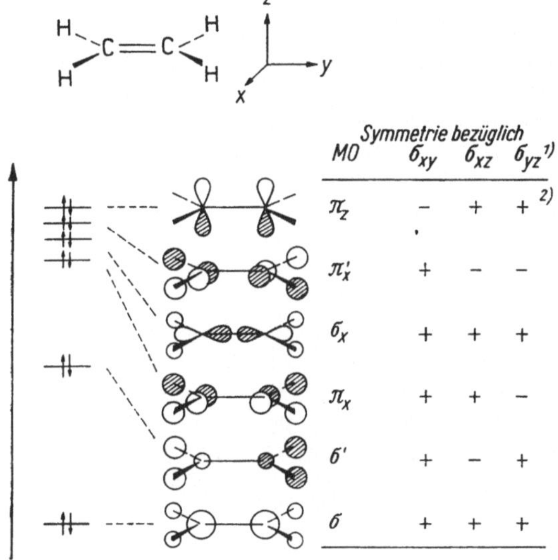

MO	Symmetrie bezüglich		
	σ_{xy}	σ_{xz}	σ_{yz} [1]
π_z	–	+	+ [2]
π'_x	+	–	–
σ_x	+	+	+
π_x	+	+	–
σ'	+	–	+
σ	+	+	+

Bild 1.6. Die bindenden MO
des Ethens

[1] σ_{xy} – Symmetrieebene in der xy-Ebene
[2] + = symmetrisch; – = antisymmetrisch

Die MO lassen sich nach ihrem Symmetrieverhalten bezüglich der Symmetrieelemente
des Gesamtmoleküls in symmetrische ($+$) und antisymmetrische ($-$) einordnen. Eine
antisymmetrische Wellenfunktion wechselt am Symmetrieelement ihr Vorzeichen. Es
fällt auf, daß die 1s-, 2s-, 2p$_x$- und 2p$_y$-AO Molekülorbitale bilden, die das sogenannte
σ-Bindungsgerüst des Moleküls darstellen. In ihnen sind immer alle Atome gleichzeitig
erfaßt. Es gibt also kein MO, das wir mit einer bestimmten C—H-Bindung gleichsetzen
können. Ganz anders ist die Situation beim π_z-MO. Es erfaßt aus Symmetriegründen
nur die zwei p$_z$-Orbitale der Kohlenstoffatome und bildet damit eine lokalisierte π-

Bindung. Die Beispiele zeigen, daß die MO-Methode gut geeignet ist, die Bindungsverhältnisse in sehr unterschiedlichen Molekülen sowohl der anorganischen als auch der organischen Chemie zu interpretieren. Gleichzeitig wird klar, daß MO-Schemata auch für den Nichttheoretiker «lesbar» sind. Dabei kommt der Molekülsymmetrie und der mit ihr gekoppelten Orbitalsymmetrie eine große Bedeutung zu.

1.2.4. Lokalisierte und delokalisierte Bindungen

Grundzug der MO-Methode ist, daß zuerst die Molekülorbitale aus allen beteiligten Valenzatomorbitalen der verschiedenen Atome aufgebaut werden und danach die Valenzelektronen auf die energetisch tiefsten Molekülorbitale verteilt werden. Das bedeutet, daß die Valenzelektronen immer dem Molekül als Ganzem angehören. In diesem allgemeinen Sinne beschreiben die Molekülorbitale «delokalisierte» Bindungen. Charakteristisches Beispiel dafür sind die bindenden MO im Ethen, die in der Molekülebene liegen (Bild 1.6). Nur das energiehöchste bindende MO π_z erfaßt lediglich die Wechselwirkung der zwei p_z-Orbitale an den benachbarten Kohlenstoffatomen. Das bedeutet aber, daß die Aufenthaltswahrscheinlichkeit der zwei in dieses MO eingebauten Elektronen auf den Bereich der beiden überlappenden p_z-Orbitale mit der charakteristischen Erhöhung der Elektronendichte zwischen den beiden Partnern beschränkt ist. Diese lokalisierte π-Bindung kann als der zweite Bindungsstrich einer Doppelbindung zwischen den beiden Kohlenstoffatomen aufgefaßt werden.
Die Tatsache, daß das π_z-Orbital nur die p_z-AO erfaßt und die das σ-Gerüst beschreibenden bindenden MO keine p_z-AO enthalten, ist Ausdruck der σ-π-Separation.
Nach dem Gesagten kann man von einer lokalisierten Bindung sprechen, wenn ein besetztes bindendes MO an zwei benachbarten Zentren lokalisiert ist. Das dieses MO besetzende Elektronenpaar entspricht dann dem klassischen Bindungselektronenpaar.
Im MO-Schema des Fluorwasserstoffs (Bild 1.5) treten nichtbindende MO auf, die mit dem $2p_x$- und dem $2p_y$-AO des Fluors, die aus Symmetriegründen keine Überlappung mit dem Wasserstoff-1s-AO ergeben können, bzw. mit dem sehr tief liegenden 2s-AO des Fluors identisch sind. Diese MO sind also Einzentren-MO, die sie besetzenden Elektronen bilden dann ein freies bzw. nichtbindendes Elektronenpaar (n-Elektronenpaar), wie es in der klassischen Elektronenformel ebenfalls als Strich markiert wird: $H\!-\!\overline{F}|$.

Zweizentrenbindung

Bei Verwendung von Hybridorbitalen, die in Richtung der Bindungspartner orientiert sind, ist kaum noch eine Überlappung mit AO von anderen Atomen zu erwarten. Die Überlappung Hybridorbital-Orbital des Bindungspartners bildet dann ein bindendes Zweizentren-MO und entspricht bei Besetzung mit zwei Elektronen einer lokalisierten σ-Bindung.
Die Verwendung von sp^2-Hybridorbitalen (Tab. 1.2) an den Kohlenstoffatomen des Ethens ergibt statt der fünf delokalisierten MO, die in der Molekülebene liegen (Bild 1.6), ein σ-Bindungsgerüst aus fünf voneinander unabhängigen, bindenden Zweizentren-MO, die fünf lokalisierten σ-Bindungen entsprechen (Bild 1.7).
Die Hybridorbitale führen danach im Rahmen der MO-Methode wieder zu der dem Chemiker vertrauten Vorstellung von lokalisierten Einfachbindungen. Sie sind so konstruiert, daß sie für eine große Zahl unterschiedlicher Verbindungen lokalisierte Bindungen ergeben (Tab. 1.4).

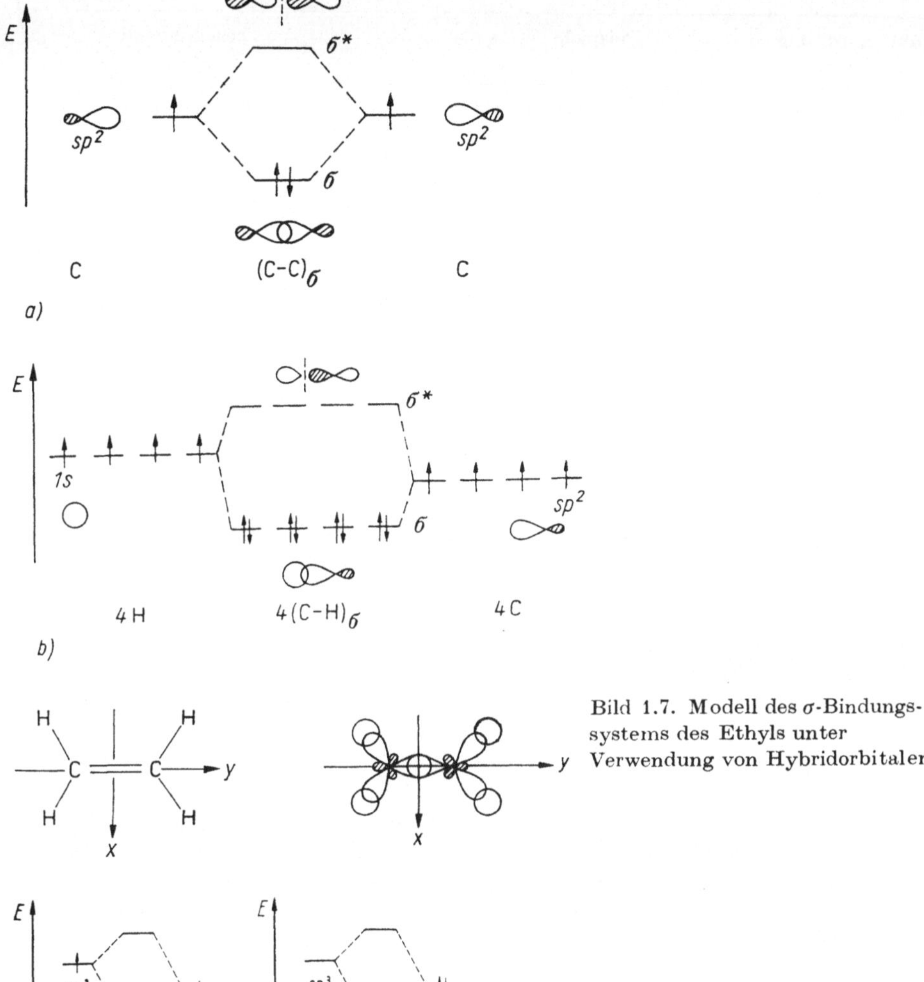

Bild 1.7. Modell des σ-Bindungssystems des Ethyls unter Verwendung von Hybridorbitalen

Bild 1.8. Vergleich einer «normalen»konvalenten (a) mit dativen einer (b) Bindung

Woher die Elektronen kommen, die das bindende MO einer lokalisierten Bindung besetzen, ob von je einem Partner eins oder beide von einem Partner, ist für die Ausbildung der Überlappung unwesentlich. Deshalb ordnet sich die dative Bindung (Donor-Akzeptor-Bindung), bei der ein unbesetztes Akzeptor-Hybridorbital mit einem besetzten Donor-Hybridorbital (freies Elektronenpaar) eine lokalisierte Bindung bildet (Bild.1.8), in die MO-Betrachtung nahtlos ein, z. B.

Tab. 1.4. Beschreibung von Molekülen mit Hilfe von Hybridorbitalen

Atomanordnung	Beispiele	beschreibende Hybridorbitale
linear	$H-C \equiv C-H$, $Cl-Hg-Cl$	$2 \times sp + p_y + p_z$
trigonal-eben	F_2B-F , $H_2C=O$, Cl_2Sn	$3 \times sp^2 + p_z$
tetraedrisch	CH_4 , NH_3 , OH_2	$4 \times sp^3$
trigonal-bipyramidal	PCl_5 , ClF_3	$5 \times sp^3d$
oktaedrisch	SF_6 , $[ICl_4]^{\ominus}$	$6 \times sp^3d^2$

Bortrifluorid-Etherat: $(H_5C_2)_2\overline{O}| \rightarrow BF_?$;
festes Berylliumchlorid:

Liefert eine MO-Rechnung für ein molekulares System keine Zweizentren-MO bzw.
kann die Bindungssituation in einem Molekül auch durch Verwendung von Hybridorbitalen nicht auf lokalisierte Bindungen zurückgeführt werden, dann liegen delokalisierte Bindungen vor, und die bindenden MO erfassen drei und mehr Atomrümpfe.

Dreizentrenbindung

Die Dreizentrenbindung wird durch MO aus drei Atom- bzw. Hybridfunktionen, von
denen jede an einem anderen Atom lokalisiert ist, beschrieben. Besonders bedeutungsvoll ist die Möglichkeit zur Ausbildung von Dreizentrenbindungen für Elektronenmangelverbindungen, bei denen nicht pro AO ein Elektron zur Verfügung steht, was
z. B. für die Borane typisch ist. In diesem Fall werden zwei Elektronen benutzt, um
die Bindung zwischen drei Zentren zu realisieren (Dreizentren-Zweielektronen-Bin-
dung, 3z-2e-Bindung).
Durch die Wechselwirkung von drei Atom- bzw. Hybridorbitalen werden drei Molekülorbitale gebildet: ein bindendes, ein nichtbindendes und ein antibindendes. Am Beispiel der B—H—B-Brücke im Diboran wird im Bild 1.9 Form und Abfolge der MO
gezeigt. Die zwei zur Verfügung stehenden Elektronen können in das bindende MO
eingebaut werden und stabilisieren damit das gesamte Dreizentrensystem.

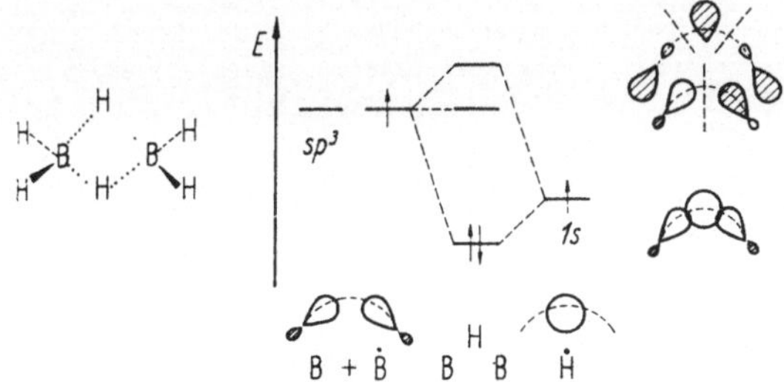

Bild 1.9. MO-Schema für die Dreizentrenbindung im Diboran

Die Bindungssituation im Diboran kann insgesamt mit zwei B—H—B-Brückenbindungen (3z-2e) und vier lokalisierten B—H-Bindungen (2z-2e) erklärt werden.

Auch die offene B—B—B-Brückenbindung und die geschlossene B—B—B-Bindung in den höheren Boranen (nach *Lipscomb*) können als 3z-2e-Bindungen mit vergleichbarem MO-Schema beschrieben werden:

Im dimeren $Al_2(CH_3)_6$ und im polymeren $[Be(CH_3)_2]_n$ bilden sich in den Mt—C—Mt-Brücken ebenfalls 3z-2e-Bindungen aus:

Die Dreizentrenbindung kann auch zur Deutung von Bindungen herangezogen werden, wenn die Zahl der Elektronen größer als die Zahl der sie bildenden Atom- bzw. Hybridorbitale ist. Das Energieschema für die 3z-2e-Bindung im Diboran (Bild 1.9) gilt in seiner Struktur auch für diese Fälle. Der Einbau von zwei weiteren Elektronen muß in das nichtbindende MO erfolgen, er bringt keinen weiteren Energiegewinn, aber auch keinen Verlust. Insgesamt ist die Bindungsenergie einer solchen 3z-4e-Bindung in gleicher Größenordnung wie die einer 3z-2e-Bindung. Mit Hilfe der 3z-4e-Bindung kann z. B. die Bindung in folgenden Systemen beschrieben werden:

— extrem starke Wasserstoffbrückenbindung im $[FHF]^{\ominus}$

(• Elektron)

— starke EDA-Wechselwirkungen vom n,σ-Typ, wie z. B. im Pyridin-Iod-Komplex

— lineare Bindungen, z. B. im Xenondifluorid

Bild 1.10. MO-Schema für die Dreizentrenbindung im Allylkation

Die Formelbilder stehen gleichzeitig für die bindenden MO der 3z-4e-Bindung. Die nichtbindenden MO enthalten jeweils nur die beiden äußeren AO (Bild 1.9).

Die bisher behandelten 3z-Bindungen hatten alle σ-Charakter. Im Allyl-System bilden bei einem planaren σ-Bindungssystem drei p_z-Orbitale das π-Bindungssystem (Bild 1.10). Das Allylkation $[H_2C{=}CH{=}CH_2]^{\oplus}$ ist durch den Einbau der zwei in den $p_z[$-Orbitalen vorhandenen Elektronen in das bindende π-MO stabilisiert. Das entspricht der Situation, daß ein Carbeniumion mit einem leeren p_z-Orbital durch Konjugation mit einer Doppelbindung stabilisiert wird, weil die positive Ladung über ein größeres Bindungssystem delokalisiert ist.

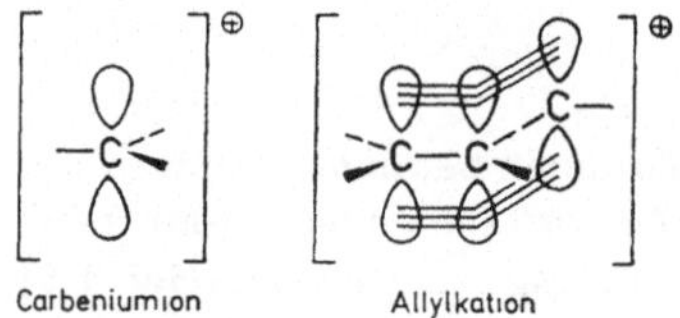

Carbeniumion   Allylkation

Die zusätzlichen Elektronen, die im Allylradikal $[H_2C{=}CH{=}CH_2]^{\odot}$ bzw. im Allylanion $[H_2C{=}CH{=}CH_2]^{\ominus}$ in den p_z-Orbitalen zur Verfügung stehen, werden in das nichtbindende MO eingebaut. Insgesamt sind also ein Carbeniumion, ein Radikalzentrum oder ein Carbanion durch die Konjugation mit einer Doppelbindung um etwa den gleichen Energiebetrag stabilisiert. Damit ist das Allylsystem ein gutes Modell für die Stabilisierung reaktiver Zwischenstufen durch Konjugation.

n-Zentrenbindung

Delokalisierte Bindungen, die mehr als drei Zentren erfassen und sich nicht in einfacher Weise auf Zwei- und Dreizentrenbindungen zurückführen lassen, werden z. B. in Clustern und in den π-Bindungssystemen konjugierter Moleküle gefunden. Der Bedeutung der letzteren Verbindungsklasse für die Entwicklung der Bindungsvorstellungen entsprechend sollen die konjugierten Kohlenwasserstoffe gesondert behandelt werden. Die theoretische Grundlage ist dabei das einfachste Verfahren zur Beschreibung von π-Systemen – das HMO-Verfahren [1.2].

1.2.5.   Konjugierte Kohlenwasserstoffe im Rahmen des HMO-Verfahrens

Die π-Systeme, die durch Überlappung von zwei bzw. drei p_z-Orbitalen entstehen (Ethen bzw. das Allylradikal), sind im Bild 1.6 bzw. 1.10 dargestellt. Am Beispiel des Butadiens mit 4 p_z-AO sollen die Ergebnisse einer HMO-Rechnung erläutert werden (Bild 1.11).

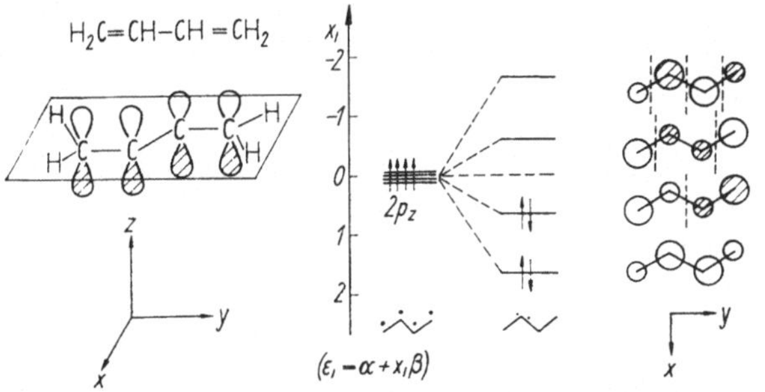

Molekülorbitale:
$$\psi_4 = 0{,}37\,\varphi_1 - 0{,}60\,\varphi_2 + 0{,}60\,\varphi_3 - 0{,}37\,\varphi_4$$
$$\psi_3 = 0{,}60\,\varphi_1 - 0{,}37\,\varphi_2 - 0{,}37\,\varphi_3 + 0{,}60\,\varphi_4$$
$$\psi_2 = 0{,}60\,\varphi_1 + 0{,}37\,\varphi_2 - 0{,}37\,\varphi_3 - 0{,}60\,\varphi_4$$
$$\psi_1 = 0{,}37\,\varphi_1 + 0{,}60\,\varphi_2 + 0{,}60\,\varphi_3 + 0{,}37\,\varphi_4$$

Elektronendichte: 1,00 1,00 1,00 1,00

Bindungsordnung: 0,89 0,45 0,89

Bild 1.11. Ergebnisse der HMO-Rechnung für Butadien

Die Wechselwirkung der vier p_z-AO des Butadiens führt zu vier π-MO der Struktur.
$\psi_i = c_{i1}\varphi_1 + c_{i2}\varphi_2 + c_{i3}\varphi_3 + c_{i4}\varphi_4$.
Die Werte der Koeffizienten c_{ij} für die vier MO ψ_j verändern sich in charakteristischer Weise; sie ändern ihren Wert und ihr Vorzeichen, wodurch es zu Knotenflächen in den MO kommt. Die Werte der c_{ij}, deren Quadrat c_{ij}^2 die Wahrscheinlichkeit für den Aufenthalt der das MO besetzenden Elektronen im Bereich des AO φ_i angibt, werden bildlich durch den Umfang der p_z-Orbitale bei Projektion in die Ebene des σ-Bindungsgerüstes charakterisiert. Das energetisch tiefste bindende MO zeigt zwischen allen benachbarten AO Überlappungen von Funktionen gleichen Vorzeichens, was der am stärksten bindenden Situation entspricht. Die darüberliegenden MO zeigen in wachsender Zahl Knotenflächen und damit antibindende Wechselwirkungen durch Überlappungen von Funktionen entgegengesetzten Vorzeichens. Energielage und Struktur der MO verändern sich.

Der Energiegewinn ΔE_π durch die Überlappung der p_z-Orbitale im Butadien ergibt sich durch die Besetzung der beiden bindenden MO mit den 4 vorher in den AO lokalisierten Elektronen nach $\Delta E_\pi = \sum_i n_i \varepsilon_i$ zu 4,47 β (β ist das nicht näher berechnete Resonanzintegral zwischen zwei benachbarten Kohlenstoff-p_z-AO und hat ein negatives Vorzeichen). Vergleicht man den Energiegewinn im Butadien mit dem für ein hypothetisches Molekül mit zwei lokalisierten π-Bindungen (die Wechselwirkung zwischen φ_2 und φ_3 wird künstlich verhindert), dann ergibt sich, daß das delokali-

sierte Butadien um $0{,}47\,\beta$ stabiler ist als das hypothetische Molekül mit zwei Ethen-
π-Bindungen. Die Konjugation zwischen den zwei Ethenfragmenten ergibt einen Gewinn an Delokalisierungsenergie (*Hückel*-Resonanzenergie) von $\Delta E_{\mathrm{Del}} = 0{,}47\,\beta$.
Im Rahmen des HMO-Verfahrens werden die Elektronendichte q_r am Zentrum r und
die Bindungsordnung p_{rs} zwischen den Zentren r und s nach folgenden einfachen For-
meln berechnet (vgl. Abschn. 1.2.1.):

$$q_r = \sum_i n_i\, c_{ir}^2 \tag{1.8}$$

$$p_{rs} = \sum_i n_i c_{ir} c_{is} \tag{1.9}$$

In die Summation gehen alle besetzten MO ein. Die berechneten Größen wurden im
Bild 1.11 an das σ-Bindungsgerüst geschrieben. Das so erhaltene Moleküldiagramm
gibt die Elektronenverteilung im Molekül in übersichtlicher Form wieder. Um die Ladungen an den Zentren zu erhalten, muß die Elektronendichte am jeweiligen Zentrum
mit der Zahl der Elektronen, die das ursprüngliche AO in das molekulare System ein-
bringt, verglichen werden. Die Elektronendichte im Butadien ist völlig gleichmäßig
auf alle vier Zentren verteilt. Da jedes p_z-AO ein Elektron in das System einbrachte,
ist die Ladung an den vier Zentren Null. Die Bindungsordnungen sind für das Butadien
charakteristisch. Da die Bindungsordnung einer lokalisierten π-Bindung (Ethen) Eins
ist, zeigen die Werte für das Butadien eine Abschwächung der klassischen Doppelbindungen zugunsten der Verstärkung der zentralen klassischen Einfachbindung. Dieser
partielle Bindungsausgleich kann wie folgt angedeutet werden:

$$H_2C \doteq CH \doteq CH \doteq CH_2$$

Offenkettige konjugierte Kohlenwasserstoffe

Im Bild 1.12 sind die MO-Schemata des Ethens und einiger Polyene miteinander verglichen. Mit zunehmender Länge des Konjugationssystems rücken das tiefste bindende

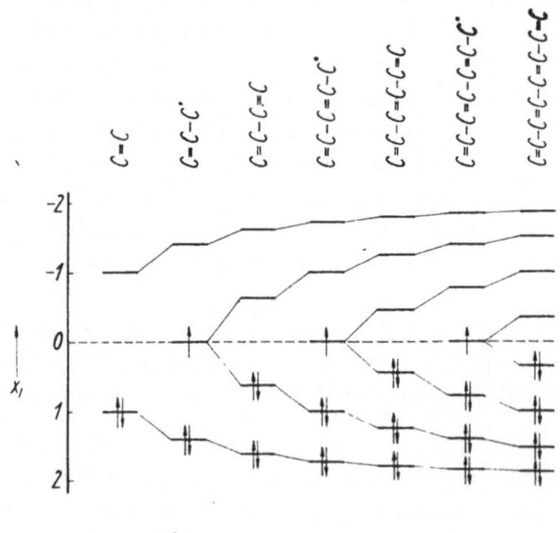

Bild 1.12. Energien der MO von
Polyenen nach HMO-Rechnungen

und das höchste antibindende MO bis zum Grenzwert $4\,\beta$ auseinander. Die mit der Zahl der beteiligten p_z-AO anwachsende Zahl der MO muß sich zwischen diese beiden Grenzen einordnen, was bedeutet, daß die Energiedifferenzen zwischen den MO immer geringer werden, eine Anregung eines Elektrons aus einem besetzten MO in ein unbesetztes immer weniger Energie erfordert. Das wird besonders deutlich bei der Energiedifferenz zwischen dem höchsten besetzten MO (highest occupied MO, HOMO) und dem tiefsten unbesetzten MO (lowest unoccupied MO, LUMO), die immer näher zusammenrücken.

Verlängerung des konjugierten Systems bedeutet also Erhöhung der Delokalisierungsenergie, Anhebung des HOMO und Absenkung des LUMO.

Cyclisch konjugierte Kohlenwasserstoffe

Der bekannteste cyclisch-konjugierte Kohlenwasserstoff ist das Benzen C_6H_6. Der Ringschluß vom Hexatrien zum Benzen bewirkt, daß auch die p_z-Orbitale an $C_{(1)}$ und $C_{(6)}$ seitlich überlappen können und damit die cyclische Konjugation herstellen. Das MO-Schema des Benzens (Bild 1.13) zeigt im Gegensatz zum offenkettigen Hexatrien entartete MO, die sich durch jeweils andere Lage der gleichen Zahl von Knotenflächen unterscheiden.

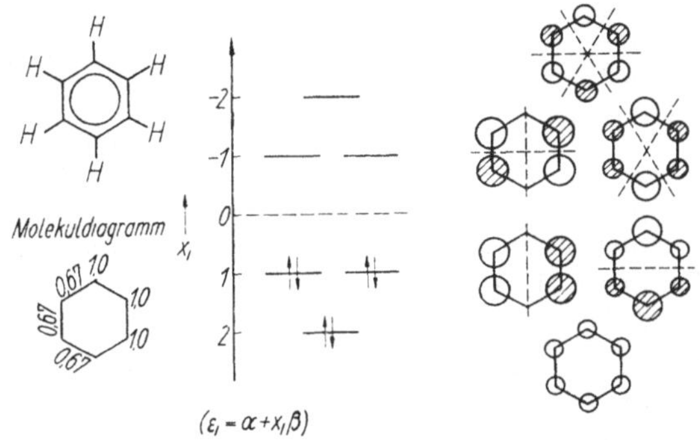

Bild 1.13. MO-Schema des Benzens nach HMO-Rechnungen

Für das Benzen wird durch Vergleich mit drei lokalisierten π-Bindungen eine Delokalisierungsenergie von $\Delta E_{\mathrm{Del}} = 2\,\beta$ erhalten. Diese sehr hohe Stabilisierung des cyclisch-konjugierten 6e-π-Systems ist auch die Ursache dafür, daß am Benzen bevorzugt Substitutionen unter Rückbildung dieses 6e-π-Systems ablaufen, während Additionen für die offenkettigen Olefine typisch sind. Im Gegensatz zu den Polyenen weisen die konstanten Bindungsordnungen auf einen vollständigen Bindungsausgleich hin, wie er sich auch experimentell mit einer einheitlichen C—C-Bindungslänge nachweisen läßt.

Führt man für die cyclisch-konjugierten Kohlenwasserstoffe C_xH_x unter der Annahme einer koplanaren Geometrie und ausgeglichener Bindungslängen HMO-Rechnungen durch, werden die im Bild 1.14 dargestellten MO-Schemata erhalten. Das Benzen als Prototyp einer Verbindung mit aromatischem Charakter zeichnet sich gegenüber den anderen Kohlenwasserstoffen dadurch aus, daß seine bindenden MO und nur diese vollständig mit Elektronen besetzt sind. Alle anderen Systeme müssen Elektronen aufnehmen oder abgeben, um einen solchen Zustand mit vollständig besetzten bindenden MO zu erreichen. Das Bild 1.14 zeigt, daß dieser Zustand für $x = 3$ und 4 mit zwei

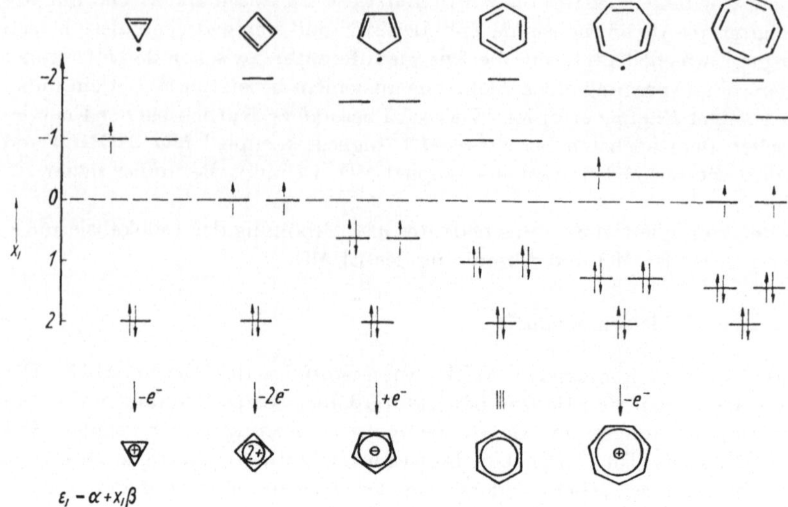

Bild 1.14. Energien der MO von cyclisch-konjugierten Kohlenwasserstoffen nach HMO-Rechnungen

Elektronen und für $x = 5...8$ mit 6 Elektronen erreicht wird. Dieses Verhalten wird in der *Hückel*schen Aromatizitätsregel verallgemeinert:

Cyclisch-konjugierte π-Systeme mit $4N + 2$ π-Elektronen zeigen aromatischen Charakter. Tatsächlich zeigen Verbindungen, die dieser Regel genügen, Eigenschaften, wie sie für aromatische Systeme als typisch angesehen werden (Bindungsausgleich, hohe Delokalisierungsenergie, leichte Substituierbarkeit, Ringstromeffekt), z. B.
2π-Elektronen:

6π-Elektronen:

10π-Elektronen: 14π-Elektronen:

Ob ein cyclisch-konjugiertes System aromatisch ist, erkennt man z. B. an der *Dewar*-Resonanzenergie. Darunter versteht man die Differenz ΔE_π (Cyclus) — ΔE_π (Kette) bei gleicher Zahl konjugierter p_z-AO. Ist der Cyclus stabiler als die Kette, dann ist er aromatisch; ist er weniger stabil als die Kette, wird er als antiaromatisch bezeichnet. Tab. 1.5 zeigt, daß Systeme mit $4N + 2$ π-Elektronen aromatisch und Systeme mit $4N$ π-Elektronen antiaromatisch sind. Die hier vorgestellte Aromatizitätsregel gilt für *Hückel*-Systeme, d. h. für π-Systeme, bei denen die die MO bildenden $2p_z$-AO keinen Phasensprung (keinen Wechsel des Vorzeichens) zeigen. Das war eine Voraussetzung, die im Normalfall gegeben ist. Ein Phasenwechsel tritt aber auf, wenn in den Ring der p_z-Orbitale durch ein anderes Atom ein d_{xz}-Orbital eingebracht wird (a) oder die Folge der p_z-Orbitale so verdrillt ist, daß ein *Möbius*-Band entsteht (b):

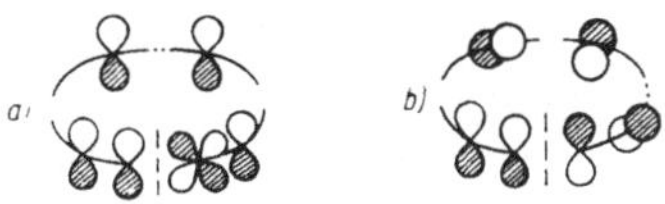

π-Systeme mit einer ungeraden Zahl von Phasensprüngen werden *Möbius*-Systeme genannt. Für sie kehrt sich die Aromatizitätsregel um:

Möbius-Systeme mit $4N$ π-Elektronen sind aromatisch, mit $4N + 2$ π-Elektronen antiaromatisch.

Tab. 1.5. Aromatische und antiaromatische π-Systeme nach HMO-Rechnungen

Anzahl der π-Elektronen	Zyzlus	ΔE_π(Zyzlus)- ΔE_π(Kette) (in β)	aromatisch antiaromatisch
2		1,172	aromatisch
4		—0,828	antiaromatisch
		—0,472	antiaromatisch
		—0,229	antiaromatisch
6		1,007	aromatisch
		1,012	aromatisch
		0,933	aromatisch

Die etwas hypothetisch erscheinenden *Möbius*-Systeme sind bei der Diskussion der Stabilität von aktivierten Komplexen in pericyclischen Reaktionen von Bedeutung, weil bei antarafacialen Angriffen oder bei photochemisch angeregten Reaktionen bei den wechselwirkenden Orbitalen Phasensprünge eine Rolle spielen (Abschn. 5. und 7.).

1.2.6. Bindungsverhältnisse in Komplexverbindungen

Die MO-Methode ist auch geeignet, die Bindungsverhältnisse in Komplexen zu beschreiben. Das soll am Beispiel des MO-Schemas eines oktaedrischen Komplexes $[MtX_6]^{q-6}$ gezeigt werden (Bild 1.15). Das Zentralion mit der formalen Ladung q sei ein Übergangsmetallion aus der 4. Periode, seine Valenzorbitale sind dann fünf 3d-, ein 4s- und drei 4p-AO, deren Orientierung im Koordinatensystem entscheidend für die Auswahl der geeigneten Ligandfunktionen ist. Jeder Ligand X^- soll mit einem nicht näher bestimmten, in Bindungsrichtung orientierten Orbital zu den MO beitragen. Bild 1.15 zeigt sofort, daß die Überlappungsintegrale für die Überlappung der Ligandorbitale mit den Metall-AO d_{xy}, d_{yz} und d_{xz} aus Symmetriegründen gleich Null sind. Deshalb erscheinen diese AO unverändert als nichtbindende Orbitale im MO-Energieschema. Bindende Wechselwirkung mit allen sechs Ligandorbitalen in äquivalenter Weise zeigt nur das kugelsymmetrische Metall-4s-AO, deshalb hat das σ_s-MO die energetisch tiefste Lage. Im σ_{z^2}-MO sind die Überlappungen der vier Ligandorbitale in der

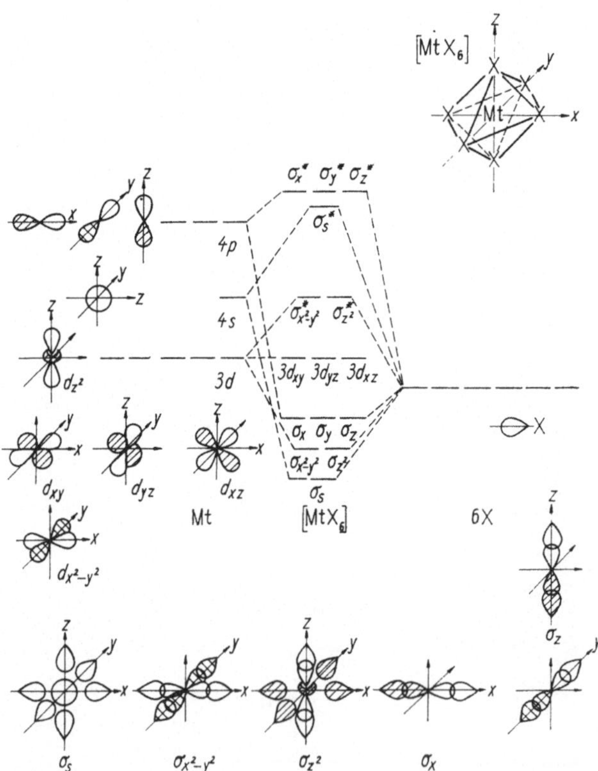

Bild 1.15. Qualitatives MO-Schema für einen oktaedrischen Komplex (ohne π-Wechselwirkung)

x,y-Ebene mit dem negativen Teil des d_{z^2}-Orbitals wegen dessen geringer Ausdehnung nicht sehr stark, weshalb das σ_{z^2}-MO über dem σ_s-MO liegt. Für das $\sigma_{x^2-y^2}$-MO ist die Situation analog. Die σ_x-, σ_y- und σ_z-MO sind offensichtlich entartet und bringen den geringsten Bindungsbeitrag zum Gesamtkomplex. Es ist leicht nachzuprüfen, daß das σ_x-MO z. B. nur mit den Ligandorbitalen auf der x-Achse gebildet werden kann. Für jedes andere Ligandorbital würde das Überlappungsintegral mit dem p_x-AO jeweils aus Symmetriegründen Null.

Insgesamt ergibt sich, daß aus der Wechselwirkung der 9 Metall-AO mit den 6 Ligandorbitalen 15 MO hervorgehen, die als delokalisiert bezeichnet werden müssen, weil sie jeweils drei und mehr Zentren erfassen.

Der Einbau der 12 von den Liganden gelieferten Elektronen führt zur Besetzung aller bindenden MO, d. h., daß der Komplex schon durch die Wechselwirkung mit dem nackten Atomrumpf stabil ist.

Gleichzeitig zeigt das MO-Schema, daß die bindenden Elektronen mit höherer Wahrscheinlichkeit an den Liganden zu finden sind. Das macht verständlich, warum die Ligandenfeldtheorie, die die elektrostatische Wechselwirkung zwischen den Ladungen der Liganden und dem Metallkation behandelt, so erfolgreich für die qualitative Diskussion des Komplexverhaltens eingesetzt werden kann.

Der konsequenten MO-Behandlung der Bindungsverhältnisse in Komplexverbindungen, bei der sich die resultierende Elektronenverteilung im Komplex aus der Besetzung der MO mit den zur Verfügung stehenden Elektronen ergibt, steht als einfaches Konzept das elektrostatische Modell gegenüber, das die Stabilität der Komplexe mit der elektrostatischen Wechselwirkung zwischen den Ladungen tragenden Partnern – zentrales Kation und anionische Liganden – begründet. Das heißt aber, daß in diesem Modell die Elektronenverteilung entsprechend den Elektronegativitätsverhältnissen vorgegeben wird, die dann in Form des Punktladungsmodells die Berechnung der elektrostatischen Wechselwirkungsenergien nach dem *Coulomb*schen Gesetz gestattet.

Die Koordinationszahl der Liganden um das Zentralion ergibt sich aus der Konkurrenz von Anziehung zwischen den Liganden und dem Zentralion sowie der Abstoßung zwischen den Liganden selbst und aus dem Verhältnis der Radien von Zentralion (r^+) und Liganden (r^-). Für die maximale Koordinationszahl von Liganden mit den Ladungen —1 und —2 ergibt sich, wenn Kation und Anion etwa gleichen Ionenradius haben, in Abhängigkeit von der Ladung des Zentralions:

Ladung des Zentralions	1	2	3	4	5	6
max. Koordinationszahl bei —1	2	4	5	6	8	8
—2	1	2	3	4	4	5

Charakteristisch ist der Unterschied bei Zentralionen mit der Ladung $+4$, z. B. $SiF_6^{2\ominus}$, $PF_6^{\ominus}$, aber $SiO_4^{4\ominus}$, $PO_4^{3\ominus}$. Das $B^{3\oplus}$ hat einen wesentlich geringeren Ionenradius als das $Si^{4\oplus}$ und das $P^{5\oplus}$, weshalb seine Koordinationszahlen geringer sein müssen, z. B. $BF_4^{\ominus}$ und $BO_3^{3\ominus}$. Die Kordinationszahl 8 setzt ein sehr hohes kritisches Radienverhältnis $r^+/r^- = 0{,}73$ voraus, deshalb sind kaum Komplexe dieser Zusammensetzung mit weitgehend ionischer Wechselwirkung bekannt.

Für Komplexe ähnlichen Baus ergibt sich aus dem elektrostatischen Modell, daß die Stabilität wächst mit

– ansteigender Ladung und abnehmendem Radius des Zentralions,
– ansteigender Ladung und abnehmendem Radius der koordinierten Ionen.

In der Reihe $MgF_6^{4\ominus}$, $AlF_6^{3\ominus}$, $SiF_6^{2\ominus}$, $PF_6^{\ominus}$, SF_6 steigt die Stabilität. Die erste Verbindung existiert nicht, die letzte ist ein sehr stabiles Gas. In der Reihe $PO_4^{3\ominus}$, $AsO_4^{3\ominus}$, $SbO_4^{3\ominus}$ fällt die Stabilität mit wachsendem Radius des Zentralions.

Eine Stellung zwischen der MO-Behandlung von Komplexverbindungen und dem elektrostatischen Modell nimmt die Ligandenfeldtheorie [1.3] ein. In ihrer einfachen Form behandelt sie die Beeinflussung der d-AO der Übergangsmetallzentralatome im elektrostatischen Feld, das ausgehend von den anionischen bzw. mit hohen Dipolmomenten ausgezeichneten Liganden auf das Zentralatom wirkt. Durch dieses Feld wird die im unbeeinflußten Zentralatom vorliegende Entartung der fünf d-Orbitale aufgehoben, und diese spalten in charakteristischer, von der Symmetrie der Ligandenverteilung um das Zentralatom abhängender Weise auf.

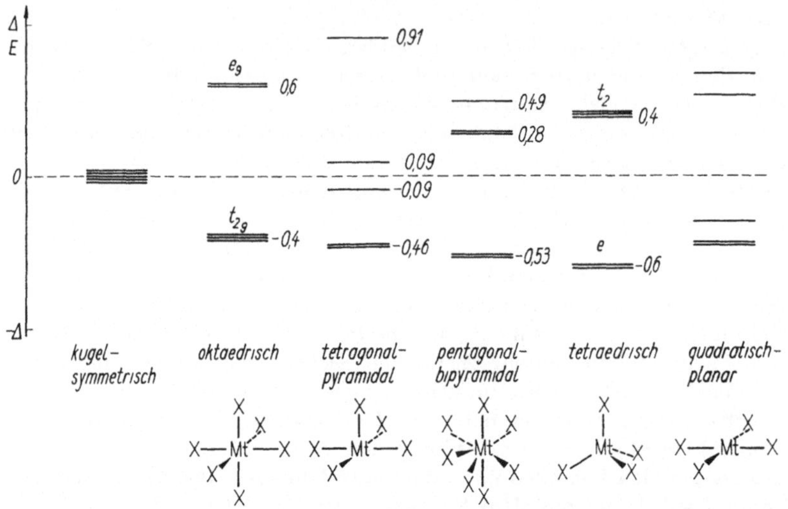

Bild 1.16. Aufspaltung der d-Niveaus in Ligandenfeldern unterschiedlicher Symmetrie

In Bild 1.16 sind die Aufspaltungen der fünf d-Orbitale in den Ligandenfeldern unterschiedlicher Symmetrie relativ zur Lage der entarteten d-Orbitale in einem hypothetischen kugelsymmetrischen Ligandenfeld gleicher Stärke dargestellt. Die unterschiedlichen Energien der d-Orbitale im Oktaederfeld werden verständlich, wenn man sich die Wechselwirkung eines Elektrons in den d-Orbitalen mit dem Feld der negativ geladenen Liganden veranschaulicht (vgl. Bild 1.15). Ein Elektron im d_{z^2}- bzw. $d_{x^2-y^2}$-AO kommt mit den Zentren der negativen Ladungen an den Liganden in engere Wechselwirkung als ein Elektron in dem d_{xy}-, d_{xz}- oder d_{yz}-AO, so daß für die beiden ersteren eine Destabilisierung und für die anderen eine Stabilisierung relativ zur Energie im hypothetischen kugelsymmetrischen Ligandenfeld resultiert. Die Energie der Aufspaltung wird in Einheiten von Δ ($= 10\,Dq$) angegeben. Der Wert von Δ hängt dabei vom Komplextyp und den konkreten Partnern im Komplex ab und wird empirisch den langwelligen Übergängen in den UV-Spektren der Komplexe entnommen.

Die Ligandenfeldstabilisierungsenergie (LFSE) ist die Summe der Energien, die durch den Einbau der d-Elektronen des Zentralatoms in die aufgespaltenen Niveaus erhalten wird. Bevorzugt sollte die Komplexstruktur gebildet werden, die eine deutlich negativere LFSE ergibt. Die tetragonal-pyramidalen und die pentagonal-bipyramidalen Ligandenfelder können bei Übergangszuständen bzw. reaktiven Zwischenstufen von Substitutionsreaktionen an Oktaederkomplexen auftreten. Damit kann der Vergleich der LFSE in Reihen ähnlicher Komplexe zu Aussagen über Veränderungen der Komplexstabilität sowie der -reaktivität führen.

1.3. Quantenchemische Ansätze zur Beschreibung der Reaktivität

1.3.1. Quantenchemische Reaktivitätsindices

Reaktivitätsindices sind Größen, die zahlenmäßig die Reaktivität eines Moleküls bzw. eines Reaktionszentrums in einem Molekül als Ableitung aus der Struktur angeben. Mit ihrer Hilfe lassen sich

– die Abstufung der Reaktivität bezüglich einer bestimmten Reaktion in Reihen ähnlicher Verbindungen und
– der bevorzugte Ort der Reaktion mit einem bestimmten Reagens in einem ausgedehnten Molekül mit mehreren potentiellen Reaktionszentren

angeben.

Geeignete quantenchemische Reaktivitätsindices lassen sich den verschiedenen Stufen der quantenchemischen Näherung entsprechend ableiten. Die folgende Behandlung beschränkt sich auf die Reaktivität von π-Systemen und benutzt das HMO-Verfahren. Die Prinzipien sind aber auch auf σ-Systeme bzw. Verfahren höherer Genauigkeit übertragbar.

Die experimentelle Reaktivität eines reagierenden Systems ist durch die Geschwindigkeitskonstante gegeben (Abschn. 3.). Sie wird in ihrer Größe wesentlich durch die Aktivierungsenergie E_A, d. h. durch die Energiedifferenz zwischen Ausgangszustand und Übergangszustand bestimmt (Abschn. 4.). Diese Verhältnisse sind im Bild 1.17 angedeutet.

Näherung des isolierten Moleküls

Da die möglichen Reaktionen eines Stoffes auch als Bereitschaft der Moleküle zur Wechselwirkung mit den verschiedenen Partnern aufgefaßt werden können, muß schon die Struktur der Moleküle Aussagen zur Reaktivität zulassen. Deshalb beschränkt man sich bei der Näherung des isolierten Moleküls auf die Grundzustandseigenschaften der Edukte und versucht, sie in Beziehung zur Reaktivität zu setzen (Bild 1.17 b).

1. Die Elektronendichte q_r (Gl. (1.8)) kann Aussagen über die bevorzugten Angriffsorte von polaren Reagenzien gestatten: Der Angriff von Nucleophilen (Elektrophilen) sollte am Ort der niedrigsten (höchsten) Elektronendichte erfolgen.

Ebenso könnte für eine Serie von Verbindungen die Reaktionsgeschwindigkeit des Angriffs eines Nucleophils (Elektrophils) mit der Zunahme des Wertes der Elektronendichte des Reaktionszentrums fallen (wachsen).

2. Die Bindungsordnung p_{rs} (Gl. (1.9)), die die Elektronenaufenthaltswahrscheinlichkeit zwischen benachbarten Zentren angibt, ist ein Maß für die Festigkeit kovalenter Bindungen. Sie sollte der homolytischen Bindungsdissoziationsenergie proportional sein und z. B. mit ihren höchsten Werten die Bindungen im π-System eines Moleküls angeben, an die elektrophile Additionen besonders leicht vonstatten gehen.

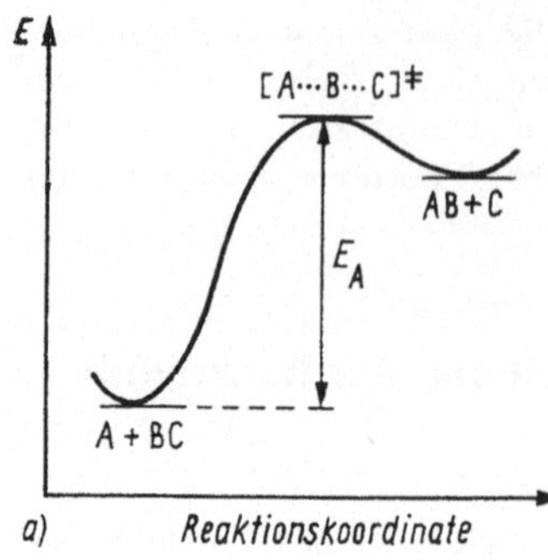

Bild 1.17. Energieprofildiagramm für einen
geschwindigkeitsbestimmenden Reaktionsschritt

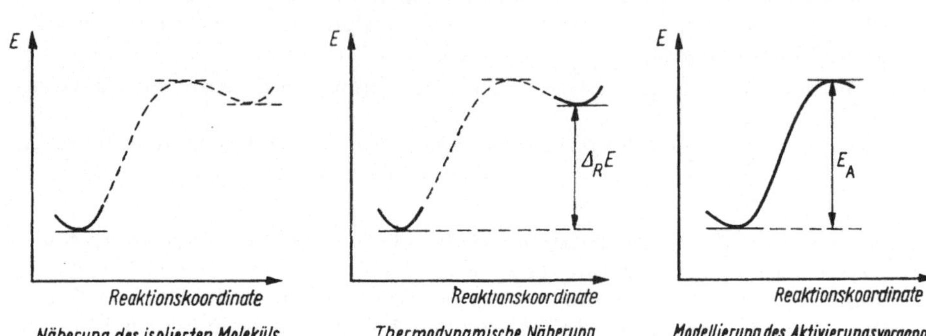

3. Die Reaktivität gegenüber Radikalen wird auch mit der freien Valenz F_r korreliert.
Diese Größe ist die Differenz zwischen der Summe der maximal möglichen Bindungsordnungen, die von einem Zentrum ausgehen, und der Summe der tatsächlich realisier-
ten Bindungsordnungen; für ein π-System ergibt sich:

$$F_r = \sqrt{3} - \sum_s p_{rs} \qquad (1.10)$$

Je höher die freie Valenz eines Zentrums ist, um so mehr Elektronendichte steht für
Wechselwirkungen nach außen zur Verfügung.
Die bisher genannten Indices werden in den Moleküldiagrammen angegeben ($\rightarrow$ = freie
Valenz), z. B.:

Der Vergleich von Pyridin und Pyrrol mit Benzen zeigt deutlich, daß Pyridin wegen
der verringerten Elektronendichte im Ring als π-Mangel-Heteroaromat mit der Tendenz zu nucleophilen Substitutionen in 2- und 4-Stellung bezeichnet werden kann, während Pyrrol eine erhöhte Elektronendichte im Ring und damit eine gegenüber dem
Benzen erhöhte Tendenz zur elektrophilen Substitution zeigt. Es verhält sich als π-

Überschuß-Heteroaromat. Gleichzeitig deutet die Alternierung der Bindungsordnung
im Pyrrol auf dessen beobachtbare Additionsneigung hin.

Im Nitrobenzen wirkt die Nitrogruppe als —M-Substituent, der die Elektronendichte
im Ring generell herabsetzt, d. h. die Reaktivität des Rings in elektrophilen Substitutionen abschwächt, wobei diese desaktivierende Wirkung auf die meta-Stellung am
geringsten ist (m-Orientierung).

Die Aminogruppe im Anilin als $+$M-Substituent erhöht dagegen die Elektronendichte
in o- und p-Stellung im Vergleich zum Benzen und bewirkt dadurch, daß die elektrophile Substitution in o- und p-Stellung erleichtert ist.

4. Im Atom werden die AO zur Valenzschale gezählt, d. h. als wesentlich für die elektronischen Veränderungen in chemischen Reaktionen betrachtet, die im Energieschema
des Atoms als besetzte AO die höchste und als unbesetzte AO die tiefste Energielage
haben. (Diese AO gehören in den ersten drei Perioden dann jeweils zu der gleichen
Hauptquantenzahl.) Analog kann man in Molekülen das höchste besetzte Molekülorbital (HOMO) und das tiefste unbesetzte Molekülorbital (LUMO) als Valenzorbitale
des Moleküls auffassen. In der Literatur werden sie als Grenzorbitale, frontier orbitals,
abgekürzt FO, bezeichnet (Bild 1.18). Tritt ein Molekül mit einem Akzeptor in Wechselwirkung, wird seine Reaktivität von der Leichtigkeit abhängen, mit der es ein Elektron bzw. ein Elektronenpaar zur Verfügung stellen kann. Die Donorfähigkeit des
Moleküls wird also um so höher sein, je höher sein HOMO liegt. Diese Verknüpfung von
Donorfähigkeit eines Moleküls mit der Energie seines HOMO findet ihre Fortsetzung
in der guten Korrelation der Lage der HOMO mit den

- Ionisationspotentialen,
- Oxydationshalbstufenpotentialen und
- Wellenzahlen der charge-transfer-Banden von EDA-Komplexen mit einem gegebenen
  Akzeptor –

für eine Reihe von Molekülen.

Tritt umgekehrt ein Molekül mit einem Donor in Wechselwirkung, dann hängt seine
Reaktivität von seiner Bereitschaft, ein Elektron bzw. ein Elektronenpaar aufzuneh-

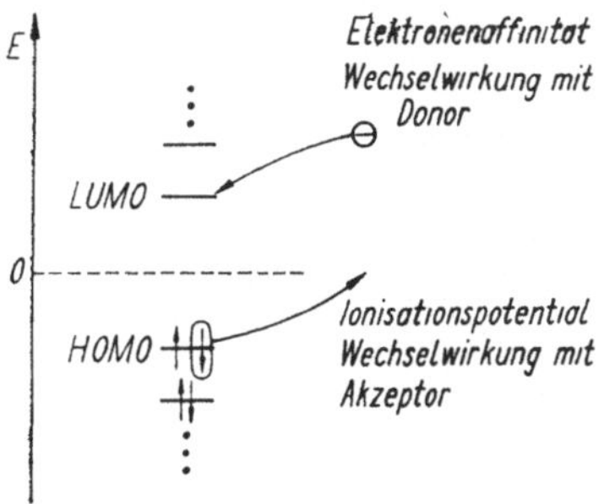

Bild 1.18. Bedeutung der Grenzorbitale

men, d. h. von der Energie seines LUMO ab. Die Akzeptorfähigkeit des Moleküls wird also um so höher sein, je niedriger sein LUMO liegt. Entsprechend korreliert die Energie der LUMO auch mit den

– Elektronenaffinitäten,
– Reduktionshalbstufenpotentialen und
– Wellenzahlen der charge-transfer-Banden von EDA-Komplexen mit einem gegebenen Donor

in einer Reihe von Molekülen.

Wo das entsprechende FO den größten Koeffizienten c_j^{FO} bzw. die größte Koeffizientendichte $(c_j^{FO})^2$ besitzt, sollte die Wechselwirkung mit dem Donor bzw. Akzeptor am stärksten sein. Damit kann eine Aussage über den bevorzugten Reaktionsort in einem Molekül gemacht werden.

Die Energie und die Gestalt der Grenzorbitale wird in einigen Beispielen im Abschn. 7. zu Reaktivitätsaussagen herangezogen.

Thermodynamische Näherung

Eine bessere Näherung als die des isolierten Moleküls berücksichtigt neben dem Ausgangszustand noch den End- bzw. Zwischenzustand, zu dem der geschwindigkeitsbestimmende Schritt einer Reaktion führt (Bild 1.17 b).

Es kann erwartet werden, daß für eine Serie von Reaktionen zwischen ähnlichen Partnern die Reaktionsenthalpie bei deutlich endothermem bzw. exothermem Ablauf mit der Aktivierungsenergie korreliert ($\Delta\Delta H^{\neq} \sim \Delta\Delta_R H^{\ominus}$ und oft auch $\Delta\Delta G^{\neq} \sim \Delta\Delta_R G^{\ominus}$). Für Reaktionen, in denen sich das π-System ändert, kann zur Korrelation mit der Aktivierungsenergie die Änderung der π-Elektronenenergie im geschwindigkeitsbestimmenden Schritt herangezogen werden:

$$\Delta_R E_\pi = \Delta E_\pi \text{ (Produkte)} - \Delta E_\pi \text{ (Edukte)} \tag{1.11}$$

Es können zwei Fälle unterschieden werden:

1. Das π-System wird im geschwindigkeitsbestimmenden Schritt vergrößert. Beispiele sind die Heterolyse von Benzylhalogeniden sowie Dehydrierungen:

Die Reaktivität ist um so größer, je größer der Gewinn an π-Elektronenenergie bei der Erweiterung des π-Systems ist.

2. Das π-System wird im geschwindigkeitsbestimmenden Schritt verkleinert. Das ist der Fall bei den Additionsreaktionen der Olefine und bei den Substitutionsreaktionen der Arene:

Die Reaktivität ist in diesem Fall um so größer, je geringer der Verlust an π-Elektronen energie bei der Verkleinerung des π-Systems ist.

Als weiteres Beispiel soll die kationische Polymerisation von Styrenderivaten angeführt werden. Der das Polymerwachstum bestimmende Reaktionsschritt ist die Kettenverlängerung durch Anlagerung eines Monomers an das kationische Kettenende $\sim P^{\oplus}$:

Die folgenden Reaktivitätsindices spiegeln u. a. die Reaktivitätsabstufung verschiedener p-substituierter Styrene richtig wider (Tab. 1.6):

- Elektronendichte am β-C-Atom q_r: Je höher die Elektronendichte ist, um so stärker ist die elektrostatische Wechselwirkung zwischen dem kationischen Kettenende und dem potentiellen Bindungspartner.
- Energie des HOMO ε(HOMO): Je höher das HOMO des Monomers als Donor liegt, um so stärker ist die Wechselwirkung mit dem kationischen Kettenende als Akzeptor.
- Änderung der π-Elektronenenergie $\Delta_R E_\pi$: Je geringer durch die Wirkung des Substituenten X die Auswirkung der Verkleinerung des π-Systems auf $\Delta_R E_\pi$ ist, um so leichter sollte der Wachstumsschritt erfolgen.

Tab. 1.6 weist auf die Brauchbarkeit quantenchemischer Reaktivitätsindices hin.

Tab. 1.6. Reaktivitätsindices für einige p-substituierte Styrene X—C$_6$H$_4$—CH=CH$_2$ in der kationischen Polymerisation

X	lg k	q	ε(HOMO) in β	$\Delta_R E_\pi$ in β
OCH$_3$	1,84	1,03	0,544	—1,624
H	0,70	1,00	0,662	—1,704
CN	—1,28	0,97	0,650	—1,715

Modellierung des Aktivierungsvorganges

Die Modellierung des Aktivierungsvorganges setzt Vorstellungen über die Energie und die elektronische Struktur des aktivierten Komplexes voraus (Bild 1.17 b).

Modelle für den aktivierten Komplex kann man in Analogie zu denen ähnlicher bekannter Reaktionen gewinnen. Sehr aufwendig gestaltet sich die Berechnung von Potentialhyperflächen (Abschn. 4. und 7.), auf denen sich aktivierte Komplexe als Sattelpunkte finden lassen, für die dann die zugehörigen Geometrien und Energien abgelesen werden können.

Allerdings bleibt ohne exakte Berechnung der Potentialhyperfläche die Struktur eines aktivierten Komplexes eine relativ unsichere Größe, weshalb oft keine besseren Resultate als mit der Näherung des isolierten Moleküls bzw. mit der thermodynamischen Näherung erhalten werden.

Eine Möglichkeit, die Wechselwirkung zwischen zwei Reaktionspartnern näherungsweise zu behandeln, bietet die *Klopman-Salem*-Gleichung, die im nächsten Abschnitt vorgestellt werden soll.

1.3.2. Wechselwirkung zwischen zwei Reaktionszentren [1.4]

Bedeutung der Grenzorbitale

Bei der Wechselwirkung von AO unter Bildung von MO ist die Größe des Bindungseffektes abhängig von

- dem Vorzeichen der überlappenden AO (der Symmetrie der AO);
- der Entfernung der Zentren voneinander und
- dem Energieunterschied zwischen den wechselwirkenden AO (Abschn. 1.2.3.).

Die gleichen Gesichtspunkte gelten, wenn sich zwei Moleküle einander nähern und ihre MO sich gegenseitig stören. Dabei bilden sich aus je einem MO von beiden Partnern ein bindendes und ein antibindendes Niveau.

Im Bild 1.19 sind mögliche Wechselwirkungen zwischen den Molekülorbitalen zweier Reaktionspartner angegeben. Es können drei Fälle unterschieden werden:

1. Zwei unbesetzt MO treten in Wechselwirkung. Da keine Elektronen zur Verfügung stehen, um das bindende bzw. antibindende Niveau zu besetzen, trägt diese Art von Wechselwirkung nicht zur Veränderung der Energiesituation des Gesamtsystems bei.

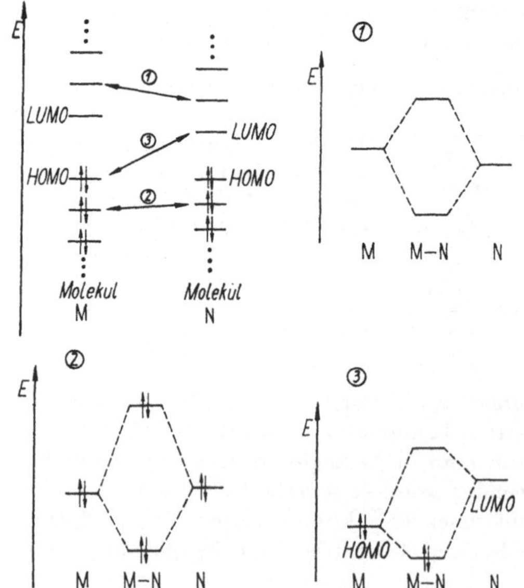

Bild 1.19. Wechselwirkung zwischen Molekülorbitalen

2. Treten zwei besetzte MO in Wechselwirkung, dann können das bindende und das antibindende Niveau besetzt werden. Da genauere Betrachtungen ergeben, daß die Absenkung des bindenden Niveaus geringer ist als die Anhebung des antibindenden Niveaus, resultiert insgesamt eine schwach antibindende Situation, die als Abstoßung bei der Überlappung besetzter MO in Erscheinung tritt und als eine der Ursachen für die Aktivierungsenergie der Reaktionen angesehen werden muß.

3. Nur bei der Wechselwirkung eines besetzten und eines unbesetzten MO (oder bei der Wechselwirkung von zwei einfach besetzten MO) wird durch die Besetzung des bindenden Niveaus allein eine insgesamt bindende Situation erreicht, die dem Energieaufwand bei der Durchdringung besetzter Molekülorbitale (s. o.) entgegenwirkt.

Von den möglichen Kombinationen von besetzten mit unbesetzten MO werden die HOMO/LUMO-Wechselwirkungen besonders hohe Beiträge zur Stabilisierung des Aggregats aus beiden Molekülen liefern, weil für die Kombination HOMO/LUMO die Energiedifferenz am geringsten ist. Auch darin liegt eine Begründung dafür, daß die Grenzorbitale die Reaktivität eines Systems von Reaktionspartnern entscheidend mitbestimmen (Grenzorbitalkonzept). Haben die Grenzorbitale beider Partner vergleichbare Energie (Bild 1.20 *a*), dann führt die Wechselwirkung beider HOMO/LUMO-Kombinationen zu spürbaren bindenden Beiträgen. In diesem Fall müssen beide Kombinationen in die Reaktivitätsdiskussion einbezogen werden.

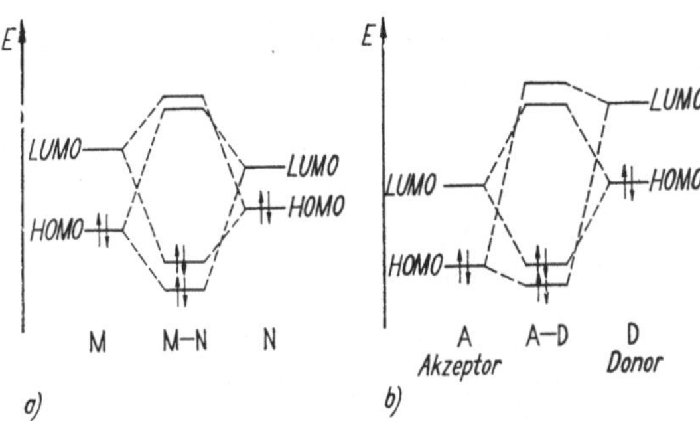

Bild 1.20. Wechselwirkung zwischen den Grenzorbitalen zweier Reaktionspartner

Einfacher ist die Situation dann, wenn einer der Reaktionspartner als Donor und der andere als Akzeptor bezeichnet werden kann (Bild 1.20 *b*).
Dann liegen nur das HOMO des Donors (mit niedrigem Ionisationspotential) und das LUMO des Akzeptors (mit hoher Elektronenaffinität) energetisch so nahe beieinander, daß ihre Wechselwirkung den entscheidenden bindenden Beitrag liefert. Deshalb läßt sich für eine Reaktion zwischen einem Donor und einem Akzeptor die Diskussion meist auf die Wechselwirkung zwischen dem HOMO des Donors und dem LUMO des Akzeptors beschränken.

Beeinflussung der Grenzorbitale

Die energetische Lage der Grenzorbitale ist eine Funktion der Molekülstruktur. Als Regel kann dabei für π-Systeme angewendet werden:

1. Wird das π-System erweitert (z. B. durch die Substituenten X $= -CH=CH_2$ oder $-C_6H_5$), dann wird das HOMO angehoben und das LUMO abgesenkt (vgl. Abschn. 1.2.5.).

2. Durch einen elektronenziehenden Substituenten (z. B. durch X = —CHO, —CN, —NO$_2$) werden HOMO und LUMO abgesenkt, d. h. der Akzeptorcharakter des Moleküls verstärkt.

3. Durch elektronenabgebende Substituenten (z. B. durch X = —OCH$_3$, —N(CH$_3$)$_2$, —CH$_3$) werden sowohl das HOMO als auch das LUMO des Moleküls angehoben, d. h. der Donorcharakter des Moleküls erhöht.

Ladungs- und orbitalkontrollierte Reaktionen

Von *Klopman* und *Salem* wurde aus störungstheoretischen Überlegungen eine Gleichung entwickelt, die die bindende Wechselwirkungsenergie zwischen zwei Reaktionszentren beschreibt. Für den Fall der Wechselwirkung eines Donors mit einem Akzeptor hat sie folgende Gestalt:

$$\Delta_W E = - \frac{q_d \cdot q_a}{4\pi\varepsilon_0\varepsilon r_{ad}} + 2 \frac{\left(c_d{}^{HOMO} \cdot c_a{}^{LUMO} \cdot \beta_{ad}\right)^2}{\varepsilon(HOMO)_D - \varepsilon(LUMO)_A}$$

Der erste Term dieser Gleichung enthält die Energie der elektrostatischen Wechselwirkung zwischen den Ladungen am Donor und Akzeptor und wird deshalb *Coulomb*-Term genannt.

Der zweite Term gibt den Energiegewinn durch die kovalente Wechselwirkung zwischen den Zentren d und a wieder, wobei im Zähler die Koeffizienten stehen, mit denen die Orbitale d bzw. a am HOMO bzw. LUMO beteiligt sind. Im Nenner steht die Differenz zwischen der Energie des HOMO des Donors und der des LUMO des Akzeptors.

Ist $\varepsilon(HOMO)_D - \varepsilon(LUMO)_A$ sehr klein, d. h., haben HOMO und LUMO ähnliche Energie, dann wird der zweite Term sehr groß und wird für die Stabilisierungsenergie $\Delta_W E$ bestimmend. Da im zweiten Term die Energien und Koeffizienten der Grenzorbitale erscheinen, werden in diesem Falle die Reaktionen als orbitalkontrolliert bezeichnet (Bild 1.21 a).

Ist $\varepsilon(HOMO)_D - \varepsilon(LUMO)_A$ dagegen sehr groß, dann kann der zweite Term gegenüber dem ersten vernachlässigt werden, und die Wechselwirkung wird durch die elektro-

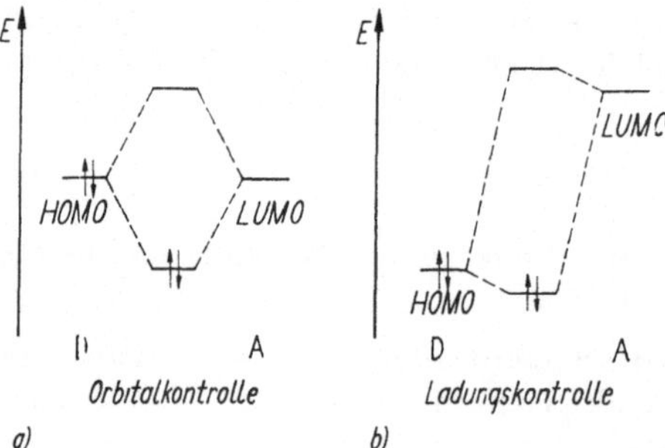

Bild 1.21. Lage der Grenzorbitale bei ladungs- und orbitalkontrollierten Reaktionen

statischen Kräfte nach dem *Coulomb*schen Gesetz bestimmt. Deshalb werden die Reaktionen in diesem Fall als ladungskontrolliert bezeichnet (Bild 1.21*b*).

Literatur zum Abschnitt 1.

[1.1] *Bock, H.; Ramsey, B. G.:* Angew. Chem. **85** (1973) S. 773

[1.2] *Heilbronner, E.; Bock, H.:* Das HMO-Modell und seine Anwendung, Band 1 bis 3. Weinheim: Verlag Chemie 1968, 1970, 1970

[1.3] *Schläfer, H. L.; Gliemann, G.:* Einführung in die Ligandenfeldtheorie. Leipzig: Akademische Verlagsgesellschaft Geest & Portig 1967

[1.4] *Fleming, I.:* Grenzorbitale und Reaktionen organischer Verbindungen. Weinheim: Verlag Chemie 1979

[1.5] Struktur und Bindung – Atome und Moleküle (Lehrbuch 1 im Lehrwerk Chemie). Leipzig: VEB Deutscher Verlag für Grundstoffindustrie 1975

[1.6] Struktur und Bindung – Aggregierte Systeme und Stoffsystematik (Lehrbuch 2 im Lehrwerk Chemie). Leipzig: VEB Deutscher Verlag für Grundstoffindustrie 1981

[1.7] Struktur und Bindung (Arbeitsbuch 1/2 im Lehrwerk Chemie). Leipzig: VEB Deutscher Verlag für Grundstoffindustrie 1981

[1.8] *Haberditzl, W.:* Bausteine der Materie und chemische Bindung (Studienbücherei). Berlin: VEB Deutscher Verlag der Wissenschaften 1972

[1.9] *Golowanow, I. B.; Piskunow, A. K.; Sergejew, N. M.:* Elementare Einführung in die Quantenchemie unter besonderer Berücksichtigung der Quantenbiochemie. Berlin: Akademie-Verlag 1974

[1.10] *Birner, P.; Hofmann, H.-J.; Weiss, C.:* MO-theoretische Methoden in der organischen Chemie (WTB 187). Berlin: Akademie-Verlag 1979

[1.11] *Pauling, L.:* Die Natur der chemischen Bindung. Weinheim: Verlag Chemie 1962

[1.12] *Coulson, C. A.:* Geometrie und elektronische Struktur von Molekülen. Weinheim: Verlag Chemie 1977

[1.13] *Ketelaar, J. A. A.:* Chemische Konstitution. Braunschweig: Vieweg 1964

2. Das chemische Gleichgewicht

Eine in einem langen historischen Prozeß erworbene und heute zum Allgemeingut des Chemikers gehörende Erfahrung besagt:

Alle Reaktionen, die in beiden Richtungen ablaufen können, führen zu einem Stoffverteilungsgleichgewicht zwischen Edukten und Produkten.

Voraussetzung dabei ist, daß die Hin- und die Rückreaktion nicht kinetisch gehemmt sind und kein Partner des Reaktionssystems aus diesem entfernt wird.

Für die allgemeine Bruttogleichung

$$|\nu_A|\, A + |\nu_B|\, B \rightleftharpoons \nu_x X + \nu_y Y \tag{2.1}$$

bedeutet diese Aussage, daß unabhängig davon, ob von den reinen Edukten A und B oder den Produkten X und Y ausgegangen wird, nach ausreichend langer Reaktionszeit Edukte und Produkte nebeneinander in einem ganz bestimmten Verhältnis vorliegen, das durch das Massenwirkungsgesetz bestimmt wird. Dieser Gleichgewichtszustand muß kinetisch dadurch gekennzeichnet sein, daß die Reaktion von den Edukten zu den Produkten, die Hinreaktion, mit gleicher Geschwindigkeit abläuft wie die Rückreaktion.

Wie, d. h. auf welchem Wege, und wie schnell der Gleichgewichtszustand ausgehend von einem gegebenen Ausgangszustand erreicht wird, ist Untersuchungsgegenstand der Reaktionskinetik einschließlich der Lehre von den Reaktionsmechanismen (Abschn. 3.). Die quantitative Beschreibung des Gleichgewichtes und seiner Beeinflussung erfolgt durch das Massenwirkungsgesetz. Die Differenz zwischen dem Ausgangs- und dem Gleichgewichtszustand, d. h. die Tendenz zur Gleichgewichtseinstellung, wird durch die chemische Thermodynamik quantitativ beschrieben. Die Thermodynamik charakterisiert stoffliche Zustände durch Zustandsfunktionen (z. B. die freie Enthalpie G, die Enthalpie H und die Entropie S). Eine Reaktion, die von einem Ausgangs- zu einem Gleichgewichtszustand führt, ist thermodynamisch eine Zustandsänderung des Reaktionssystems, wobei das «Hinterher» mit dem «Vorher» verglichen wird. Aus der Wegunabhängigkeit der Zustandsfunktionen ergibt sich unmittelbar, daß die Thermodynamik keine kinetische bzw. mechanistische Aussage liefert.

Die inhaltliche Abfolge in diesem Abschnitt wird durch die folgende Gleichung (2.2) bestimmt, in der die grundlegenden Zusammenhänge zur thermodynamischen Behandlung von Reaktionsgleichgewichten zusammengefaßt sind:

$$-\mathrm{R}\,T\ln K = \Delta_\mathrm{R} G^\ominus = \Delta_\mathrm{R} H^\ominus - T\Delta_\mathrm{R} S^\ominus = z_r F U^\ominus \tag{2.2}$$

Die Gleichgewichtskonstante K verknüpft das Massenwirkungsgesetz mit der thermodynamischen Zustandsgröße $\Delta_\mathrm{R} G^\ominus$, die ein Maß für die Freiwilligkeit einer Reaktion bzw. für die Stabilität eines Reaktionssystems darstellt. Die freie Reaktionsenthalpie $\Delta_\mathrm{R} G^\ominus$ ihrerseits zeigt in der Verknüpfung mit der Reaktionsenthalpie $\Delta_\mathrm{R} H^\ominus$ und der

Reaktionsentropie $\Delta_R S^\ominus$ die Beteiligung des energetischen und des Wahrscheinlichkeitsaspektes an der Reaktionstendenz. Die Reaktionsenthalpie ist auch die zentrale Größe der für die Reaktionstheorie sehr bedeutungsvollen Thermochemie. Die Gleichgewichtszellspannung $U^\ominus$ als leicht meßbare elektrochemische Größe eröffnet einen wesentlichen experimentellen Zugang zu $\Delta_R G^\ominus$ und erschließt das umfangreiche tabellierte Material über Standardpotentiale zur Bewertung neuer Reaktionen.

Die eindeutige Formulierung der in einer Reaktion vor sich gehenden Stoffwandlung erfolgt mit der Bruttogleichung, und alle in Gl. (2.2) verknüpften Größen sind immer in bezug auf eine konkrete Bruttogleichung zu bestimmen und zu diskutieren.

2.1.　Aussagen aus der Bruttoreaktionsgleichung

Bei der Aufstellung einer Bruttogleichung ist nach folgenden Prinzipien zu verfahren:

1. Alle umgesetzten und entstandenen Stoffe werden entsprechend ihren Mengenverhältnissen erfaßt.

2. Die Summe der Atome auf der Eduktseite muß gleich der Summe der Atome auf der Produktseite sein (Stoffbilanz).

3. Die Summe der Ladungen auf beiden Seiten der Gleichung muß gleich sein (Ladungsbilanz).

4. Die stöchiometrischen Faktoren $|\nu_i|$ sind die kleinstmöglichen ganzen Zahlen.

Die Punkte 2. bis 4. können an den Beispielen nach Gl. (2.3) und (2.4) überprüft werden.

$$H_2C\!=\!CH\!-\!CH\!=\!CH_2 + 2\,H_2 \rightarrow H_3C\!-\!CH_2\!-\!CH_2\!-\!CH_3 \qquad (2.3)$$
$$\nu_i: \qquad\quad -1 \qquad\qquad -2 \qquad\qquad\qquad +1$$

$$Cr_2O_7^{2\ominus} + 8\,H^\oplus + 3\,H_2O_2 \rightarrow 3\,O_2 + 2\,Cr^{3\oplus} + 7\,H_2O \qquad (2.4)$$
$$\nu_i:\ -1 \qquad -8 \qquad -3 \qquad +3 \quad +2 \qquad +7$$

Jede Bruttogleichung hat zugleich einen qualitativen und einen quantitativen Aspekt, d. h., sie ist gleichzeitig eine Stoff- und eine Mengengleichung.

Gl. (2.3) sagt z. B. qualitativ aus, daß aus Butadien durch Anlagerung von Wasserstoff Butan gebildet wird. Die quantitative Auswertung einer Bruttogleichung ist Gegenstand der Stöchiometrie. Sie geht davon aus, daß in der Bruttogleichung angegeben ist, in welchem Verhältnis die Edukte miteinander reagieren und die Produkte gebildet werden. Um ein Molekül bzw. ein Mol Butan zu erhalten, müssen Butadien und Wasserstoff im Verhältnis $1:2$ miteinander reagieren. Dabei können die Formeln in der Bruttoreaktionsgleichung jeweils für ein Molekül bzw. für ein Mol, d. h. für $6{,}02 \cdot 10^{23}$ Moleküle, des Stoffes stehen. Die Verhältniszahlen vor den Formeln sind die Beträge $|\nu_i|$ der Stöchiometriezahlen ν_i. Diese sind vorzeichenbehaftet: negativ (im Sinne des Verbrauchs) für die Edukte und positiv (im Sinne der Bildung) für die Produkte. Damit wird für eine gegebene Bruttogleichung eine Richtung festgelegt: von den Edukten zu den Produkten bzw. in Richtung der Hinreaktion. Die ausgeglichene Bruttogleichung enthält die erforderlichen Informationen, um zwei grundsätzliche Fragen der Stöchiometrie zu bearbeiten:

1. Welche Stoffmengen der übrigen Reaktionsteilnehmer werden verbraucht bzw. gebildet, wenn eine bestimmte Menge z. B. des Stoffes A umgesetzt wird?

2. Welche Stoffmengen werden umgesetzt, wenn ein Reaktionssystem ausgehend von einer definierten Ausgangszusammensetzung das Gleichgewicht erreicht?

Die erste Frage ist sofort beantwortbar, wenn man davon ausgeht, daß die Bruttogleichung den Umsatz von Stoffmengen Δn_i beschreibt und daß die Stöchiometriezahlen ν_i die Verhältnisse wiedergeben, in denen sich die Stoffmengen ineinander umwandeln. Die entstandenen bzw. verbrauchten Mengen des Stoffes i und z. B. des Stoffes A aus Gl. (2.1) sind danach verbunden durch Gl. (2.5).

$$\Delta n_i = \Delta n_A \frac{\nu_i}{\nu_A} \tag{2.5}$$

(Aus 1,5 mol Butadien werden 1,5 mol Butan erhalten, und 3 mol Wasserstoff werden dazu gebraucht; s. Gl. (2.3).)

Die entsprechenden umgesetzten Massen Δm_i können aus der Molzahl Δn_i und der Molmasse nach $\Delta m_i = \Delta n_i \cdot M_i$ berechnet werden. 1,5 mol Butadien ergeben nach Gl. (2.3) 87 g Butan und verbrauchen 6 g Wasserstoff.

Sind Gase an der Reaktion beteiligt, können die Volumenänderungen Δv_i unter der Annahme idealen Verhaltens sehr leicht berechnet werden. Ideales Verhalten wird von realen Gasen bei ausreichend niedrigem Druck und ausreichend hoher Temperatur erreicht. Für ein ideales Gas ist das Molvolumen unabhängig von der Natur des Gases und beträgt bei 0 °C und 0,101 MPa (1 atm) $V_0 = 22{,}4 \; l \; mol^{-1}$; die Volumenänderung eines Gases ergibt sich näherungsweise zu $\Delta v_i = \Delta n_i \cdot V_0$. 1,5 mol Butadien liefern nach Gl. (2.3) etwa 34 l Butan und benötigen dazu 67 l Wasserstoff.

Meistens laufen die Reaktionen allerdings nicht zwischen reinen Stoffen ab, sondern in Mischungen oder Lösungen. Hier gilt es die Änderung der Zusammensetzung der Mischphasen infolge der Reaktion quantitativ anzugeben. Dazu dienen die folgenden Zusammensetzungsvariablen:

– Molenbruch $x_A = n_A/\Sigma\, n_i$, oft in der Form $x_A \cdot 100\,\%$ als Mol-% angegeben;
– Massenbruch $w_A = m_A/\Sigma\, m_i$, oft in der Form $w_A \cdot 100\,\%$ als Masse-% angegeben;
– Partialdruck $p_A = x_A \cdot p$ zur Charakterisierung von Gasmischungen als Produkt aus Molenbruch und Gesamtdruck $(\Sigma\, p_i = p)$.

Für Mischungen, in denen eine Komponente L gegenüber den übrigen in großem Überschuß vorliegt (z. B. als Lösungsmittel) werden als Zusammensetzungsvariable oft verwendet:

– die Molarität $c_A' = n_A/m_L$, d. h. der Quotient aus der Molzahl der Komponente A und der Masse des Lösungsmittels L, meist mit der Einheit $mol \; kg^{-1}$;
– die Konzentration $c_A = n_A/v_L$, d. h. die Molzahl der Komponente A pro Volumen der Lösung, meist mit der Einheit $mol \; l^{-1}$.

Für sehr verdünnte Lösungen des Stoffes A im Lösungsmittel L gilt näherungsweise $x_A \approx n_A/n_L \approx c_A \cdot M_L/1\,000$.

Als Ausgangsgemisch sollen für die Reaktion nach Gl. (2.3) 3 mol Butadien und 4 mol Wasserstoff vorliegen, es besteht dann aus 43 Mol-% bzw. 95 Masse-% Butadien und 57 Mol-% bzw. 5 Masse-% Wasserstoff. Nach der Hydrierung von 1,5 mol Butadien besteht das Gemisch aus 38 Mol-% bzw. 48 Masse-% Butadien, 25 Mol-% bzw. 1 Masse-% Wasserstoff und 38 Mol-% bzw. 51 Masse-% Butan.

Damit ist die erste Frage vollständig gelöst. Für die Beantwortung der zweiten Frage ist es sinnvoll, die Reaktionslaufzahl ξ einzuführen. Sie beschreibt den Fortgang der Reaktion entsprechend der Bruttogleichung. $\xi = 0$ gilt für die Situation vor Reaktionsbeginn. $\xi = 1$ ist erreicht, wenn sich $|\nu_A|$ mol A und $|\nu_B|$ mol B vollständig in ν_X mol X und ν_Y mol Y umgewandelt haben; es hat ein Formelumsatz stattgefunden.

Liegen die Edukte im stöchiometrischen Verhältnis vor, ist $\xi_{max} = n_A^0/|\nu_A| = n_B^0/|\nu_B|$.

Für beliebige Eduktverhältnisse wird ξ in bezug auf das Edukt betrachtet, für das $n_i^0/|\nu_i|$ den kleinsten Wert hat. Für das obengenannte Ausgangsgemisch von 3 mol Butadien und 4 mol Wasserstoff wird $\xi_{max} = n_{H_2}^0/|\nu_{H_2}| = 2$ mol, d. h., maximal 2 Formelumsätze sind möglich.

Allgemein kann mit Hilfe der so definierten Reaktionslaufzahl die Stoffmengenänderung jedes Reaktionsteilnehmers berechnet werden:

$$dn_i = \nu_i\, d\xi \quad \text{bzw.} \quad n_i = n_i^0 + \nu_i \xi \tag{2.6}$$

Für den Umsatz von 1,5 mol Butadien mit 3 mol Wasserstoff nach Gl. (2.3) ergibt sich $\xi = 1,5$ mol.

Da eine Gleichgewichtsreaktion nicht bis zum vollständigen Umsatz des im Unterschuß vorhandenen Edukts führt, gilt für den Endzustand der Reaktion – das Gleichgewicht – $\xi_{eq} < \xi_{max}$. Der Quotient aus Reaktionslaufzahl bis zum Gleichgewicht und der maximalen Reaktionslaufzahl $\varrho = \xi_{eq}/\xi_{max}$ mit $\xi_{max} = n_A^0/|\nu|_A$ wird Reaktionsgrad genannt.

Die Molzahlen der Reaktionspartner im Gleichgewicht können dann nach

$$n_i^{eq} = n_i^0 + \nu_i \xi_{eq} = n_i^0 + \nu_i \varrho\, n_A^0/|\nu_A| \tag{2.7}$$

berechnet werden. Damit werden die Änderungen der Molzahlen aller Reaktionspartner beim Übergang zum Gleichgewicht auf die Änderung der Molzahl eines Partners (in diesem Fall A) zurückgeführt, was einem wichtigen Schritt in Richtung der Beantwortung der oben gestellten zweiten Frage entspricht. Ihre Lösung bedarf der Kenntnis des für die betrachtete Reaktion gültigen Massenwirkungsgesetzes.

2.2. Das Massenwirkungsgesetz (MWG)

2.2.1. Die Gleichgewichtskonstante

Das Massenwirkungsgesetz verknüpft die Aktivitäten a_i aller in der Bruttogleichung auftretenden Reaktionsteilnehmer mit der Gleichgewichtskonstante K^+. Für die Bruttoreaktion nach Gl. (2.1) hat das MWG folgende Gestalt:

$$K^+ = \left(\frac{a_X^{\nu_X} a_Y^{\nu_Y}}{a_A^{|\nu_A|} a_B^{|\nu_B|}} \right)_{eq} = \prod_i (a_i^{\nu_i})_{eq} \tag{2.8}$$

Danach bezieht sich eine Gleichgewichtskonstante immer auf eine konkrete Bruttogleichung und wegen der vorzeichenbehafteten Stöchiometriezahlen auf die Hinreaktion als Reaktionsrichtung. Zwischen den Gleichgewichtskonstanten der Hinreaktion (Edukte $\rightarrow$ Produkte; K^+) und der in umgekehrter Richtung ablaufenden Rückreaktion (Produkte $\rightarrow$ Edukte; $K_{\leftarrow}^+$) gilt deshalb:

$$K^+ = \frac{1}{K_{\leftarrow}^+} \tag{2.9}$$

Die als Produkt der Aktivitäten im Gleichgewicht definierten Gleichgewichtskonstanten K^+ sind bei gegebener Temperatur und gegebenem Druck echte Konstanten und mit den thermodynamischen Reaktionsgrößen $\Delta_R G^\ominus$, $\Delta_R H^\ominus$ und $\Delta_R S^\ominus$ verknüpft. Sie werden deshalb thermodynamische Gleichgewichtskonstanten genannt. Die experimentell aus den Stoffverteilungsgleichgewichten zugänglichen und für die praktische Chemie außerordentlich bedeutungsvollen konventionellen Gleichgewichtskonstanten K können zahlenmäßig von den entsprechenden K^+ abweichen.

Die Aktivität eines Reaktionsteilnehmers ist im Idealfall (jedes Teilchen wirkt unabhängig von der Natur der übrigen Teilchen!) identisch mit seinem Anteil an der Reaktionsmischung. Deshalb kann sie je nach der Art der Reaktionsmischung durch eine bestimmte Zusammensetzungsvariable ausgedrückt werden:

- bei idealen Gasen durch den Partialdruck: $a_i = p_i/p^0$
  (Standardzustand: ideales Gas beim Partialdruck $p_0 = 0{,}101$ MPa);
- bei idealen Mischungen bzw. Lösungen durch den Molenbruch: $a_i = x_i$ (Standardzustand: reiner Stoff mit Molenbruch 1) bzw. durch die Konzentration: $a_i = c_i/1$ mol l^{-1} (Standardzustand: Gelöstes mit 1 mol l^{-1}, Lösung mit Eigenschaften bei unendlicher Verdünnung).

Durch das Beziehen der Zusammensetzungsvariablen auf den Standardzustand wird die Aktivität, wie aus der thermodynamischen Ableitung gefordert, dimensionslos. Ideales Verhalten wird von realen Systemen erreicht, wenn

- in Gasen niedrige Drücke und hohe Temperaturen und
- in Lösung sehr niedrige Konzentrationen

angewendet werden, wenn also die zwischenmolekularen Wechselwirkungen zwischen den Partnern ihre Aktivität nicht mehr verändern.

Im Normalfall zeigen aber die Partner realer Systeme Aktivitäten, die von den analytisch ermittelten Zusammensetzungsvariablen abweichen, weil das Eigenvolumen der Teilchen und ihre zwischenmolekularen Wechselwirkungen (s. z. B. die Korrekturen beim Übergang zur *Van-der-Waals*-Gleichung für reale Gase!) die thermodynamisch wirksam werdende Aktivität gegenüber der tatsächlichen Konzentration verändern. Diese Abweichung zwischen idealem und realem Verhalten kann durch Korrekturfaktoren, die Aktivitätskoeffizienten f_i, im Zusammenhang zwischen Aktivität a_i und Zusammensetzungsvariabler z_i phänomenologisch erfaßt werden:

$$a_i = f_{zi} \cdot z_i \tag{2.10}$$

Beim Übergang eines Systems in den Bereich idealen Verhaltens geht der Aktivitätskoeffizient gegen Eins:

- Molenbruchaktivität: $a_{xi} = f_{xi}x_i$; $f_{xi} \rightarrow 1$ für ideale Mischungen;
- Konzentrationsaktivität: $a_{ci} = f_{ci}c_i/1$ mol l^{-1}; $f_{ci} \rightarrow 1$ für unendlich verdünnte Lösungen;
- Fugazität: $a_{pi} = f_{pi} \cdot p_i/p^0$; $f_{pi} \rightarrow 1$ für ideale Gase.

In der chemischen Praxis werden die Massenwirkungsgesetze mit den üblichen Zusammensetzungsvariablen z formuliert.

$$K_z = \frac{z_X^{\nu_X} z_Y^{\nu_Y}}{z_A^{|\nu_A|} z_B^{|\nu_B|}} \tag{2.11}$$

Um den Übergang zu den SI-Einheiten und die Verwertbarkeit der tabellierten Daten von Gleichgewichtskonstanten zu erleichtern, sollte man für die konventionellen Gleichgewichtskonstanten ebenfalls die auf die Standardzustände bezogenen Zusammensetzungsvariablen z_i/z^0 benutzen:

$$x_i/x^0 = x_i/1 = x_i; \quad c_i/c^0 = c_i/1 \text{ mol } l^{-1}; \quad p_i/p^0 = p_i/0,101 \text{ MPa } (= p_i/1 \text{ atm})$$

Damit bleiben die Struktur des jeweiligen MWG und die Werte der K_z erhalten, die letzteren haben aber keine Einheiten mehr. Das ist besonders vorteilhaft für die Massenwirkungsgesetze, in denen Partial- oder Gesamtdrücke auftreten.

Die so definierte konventionelle Gleichgewichtskonstante K_z geht nur für den Grenzfall des idealen Verhaltens in die thermodynamische Gleichgewichtskonstante K_z^+ über. In realen Systemen können K_z^+ und K_z unterschiedliche Werte haben, weil K_z außer von der Temperatur und dem Druck wegen des Produkts der Aktivitätskoeffizienten in Gl. (2.12) auch noch in gewissem Maße von der Zusammensetzung abhängt:

$$K_z^+ = \prod_i (a_{zi}{}^{\nu_i}) = \prod_i (z_i{}^{\nu_i}) \prod_i (f_{zi}{}^{\nu_i}) = K_z \prod_i (f_{zi}{}^{\nu_i}) = \text{konst.} \tag{2.12}$$

Für Gasreaktionen bei genügend kleinem Druck und ausreichend hoher Temperatur, was in den meisten Fällen realisiert ist (Abschn. 2.2.2.), gilt $K_p^+ = K_p$. Wegen $x_i = p_i/p$ (p-Gesamtdruck des Systems) ergibt sich gleichzeitig: $K_x = \prod_i (p_i{}^{\nu_i})\, p^{-\Sigma \nu_i} = K_p \cdot p^{-\Sigma \nu_i}$.

Das bedeutet aber, daß für Gasreaktionen K_x (und damit das Verhältnis der x_i) eine Funktion des Gesamtdruckes ist, wenn die Molzahl der Eduktgase ungleich der Molzahl der Produktgase in der Bruttogleichung ist. Für das Ammoniakgleichgewicht $N_2 + 3\,H_2 \rightleftharpoons 2\,NH_3$ ist $\Sigma \nu_i = -2$ und damit $K_x = K_p \cdot p^2$, d. h., mit wachsendem Gesamtdruck wird das Gleichgewicht nach rechts verschoben (Abschn. 2.2.4.). Bei Reaktionen in Lösung können K_x und K_c dann als ausreichende Näherungen für K_x^+ und K_c^+ angesehen werden, wenn in verdünnten Lösungen gearbeitet wird (Abschn. 2.2.2.).

Hier liegt das Hauptanwendungsgebiet des MWG, für solche Reaktionen (z. B. Säure-Base-Reaktionen im weitesten Sinne) existieren die meisten tabellierten Daten. Der Zusammenhang zwischen K_x und K_c ergibt sich unter der Voraussetzung idealen Verhaltens zu $K_x = K_c \cdot V_L{}^{\Sigma \nu_i}$ und für $\Sigma \nu_i = 0$ zu $K_x = K_c$ (V_L – Molvolumen des Lösungsmittels L).

Homogene Mischphasen verhalten sich nur selten nahezu ideal, weil die Partner wegen ihrer vergleichbaren Anteile an der Zusammensetzung untereinander nicht mehr vernachlässigbare zwischenmolekulare Wechselwirkungen zeigen, die die Aktivitäten beeinflussen. Deshalb weichen die thermodynamischen und die konventionellen Gleichgewichtskonstanten für Reaktionen zwischen den Partnern in homogenen Mischphasen deutlich voneinander ab.

Für das Gleichgewicht Veresterung/Esterhydrolyse:

$$H_3CCOOH + C_2H_5OH \rightleftharpoons H_3CCOOC_2H_5 + H_2O \tag{2.13}$$

ergeben sich z. B. die Gleichgewichtskonstanten bei $25\,°C$ zu $K_x^+ = 0,105$ und $K_x = 4$. Dieser beträchtliche Unterschied hat seine Ursache u. a. in den starken Wasserstoffbrückenbindungen zwischen allen Reaktionsteilnehmern.

Bei heterogenen Reaktionen ist es durchaus üblich, das MWG mit unterschiedlichen Zusammensetzungsvariablen zu formulieren. So werden Gase durch ihre Partialdrücke p_i und die mit ihnen im Gleichgewicht stehenden festen oder flüssigen Mischphasen durch die Molenbrüche x_i und/oder die Konzentrationen c_i charakterisiert.

Sind reine Stoffe (z. B. Feststoffe) als Partner beteiligt, dann erscheinen sie mit der Aktivität $a_i = 1$ im MWG.

So werden z. B. die MWG für Zersetzungsreaktionen fester Stoffe dann besonders einfach, wenn die Dampfdrücke der festen Phasen gegenüber dem Partialdruck der gasförmigen Zersetzungsprodukte vernachlässigt werden können, wie die folgenden Beispiele zeigen:

$$CaCO_3(s) \rightleftharpoons CaO(s) + CO_2(g); \quad K_p = (p_{CO_2})_{eq}$$

$$CuSO_4 \cdot H_2O(s) \rightleftharpoons CuSO_4(s) + H_2O(g); \quad K_p = (p_{H_2O})_{eq}$$

Es stellt sich für jede Temperatur ein bestimmter Zersetzungsdruck ein. Im Gleichgewicht zwischen gelöstem Salz und Bodensatz in gesättigten Lösungen vereinfacht sich das MWG zum Löslichkeitsprodukt, z. B.

$$BaSO_4(s) \rightleftharpoons Ba^{2\oplus} + SO_4^{2\ominus}; \quad K_L = c_{Ba^{2\oplus}} c_{SO_4^{2\ominus}} = 1 \cdot 10^{10} \ mol^2 l^{-2}$$

Aus allem bisher Gesagten ergibt sich, daß die Angabe einer Gleichgewichtskonstante nur Sinn hat in Verbindung mit der konkreten Bruttogleichung und dem entsprechenden MWG sowie der Angabe der gewählten Standardzustände. Außerdem muß erkennbar sein, ob es sich bei der Gleichgewichtskonstante um die aus der Analyse der konkreten Gleichgewichtssituation (Abschn. 2.2.3.) gewonnene konventionelle Gleichgewichtskonstante oder um die aus den thermodynamischen Standardreaktionsgrößen (Abschn. 2.3.) gewonnene thermodynamische Gleichgewichtskonstante handelt.

2.2.2. Einstellung des Gleichgewichts

Im Gleichgewichtszustand eines Reaktionssystems ist das Verhältnis der Produkt- und Eduktaktivitäten entsprechend dem MWG konstant. Jede Abweichung des Produkts $\prod_i (a_i^{r_i})_0$ der Ausgangsaktivitäten vom Wert $K^+ = \prod_i (a_i^{r_i})_{eq}$ führt dazu, daß sich das Reaktionssystem wieder in Richtung des Gleichgewichtes bewegt:

$\prod_i (a_i^{r_i})_0 < K^+$: Reaktion von links nach rechts bis zum Gleichgewicht (Verbrauch von A und B);

$\prod_i (a_i^{r_i})_0 > K^+$: Reaktion von rechts nach links bis zum Gleichgewicht (Verbrauch von X und Y);

$\prod_i (a_i^{r_i})_0 = K^+$: Reaktionssystem befindet sich im Gleichgewicht (keine Reaktion).

Durch die Wahl der Ausgangsaktivitäten $(a_i)_0$ kann damit die Richtung des Reaktionsablaufs einer Gleichgewichtsreaktion beeinflußt werden. Die gleichen Zusammenhänge gelten natürlich für die MWG mit konventionellen Gleichgewichtskonstanten; in der Folge soll bevorzugt mit K_c und c_i weitergearbeitet werden.
Der Zusammenhang zwischen den Ausgangs- und Gleichgewichtskonzentrationen $(c_i)_0$ und $(c_i)_{eq}$ sowie der Gleichgewichtskonstante K_c und dem Reaktionsgrad ϱ ist für jeden Typ von Gleichgewichtsreaktionen charakteristisch und läßt die Berechnung jeweils einer der genannten Größen aus den anderen zu. Das Vorgehen und die Eigenschaften der gewonnenen Beziehungen soll an einigen einfachen Beispielen gezeigt werden, wobei vorausgesetzt wird, daß die Produktkonzentrationen zu Beginn der Reaktion gleich Null sind.

$$A \rightleftharpoons X$$

Dieser einfachste Typ von Gleichgewichtsreaktionen ist z. B. bei Isomerisierungen (Umwandlung von (E)- und (Z)-Stilben bzw. (e)-Methyl- und (a)-Methyl-cyclohexan ineinander) und speziell bei Tautomerien (Umwandlung der Keto- und Enolform von Acetylaceton ineinander) realisiert.

	A	$\rightleftharpoons$	X
1. n_i^0	n_A^0		0
n_i^{equ}	n_A^{equ}		n_X^{equ}
	$n_A^0 - \varrho n_A^0$		ϱn_A^0
2. c_i^{equ}	c_A^{equ}		c_X^{equ}
	$\dfrac{1}{v_L} n_A^0 (1 - \varrho)$		$\dfrac{1}{v_L} \varrho n_A^0$
3. $K_c = \dfrac{c_X^{equ}}{c_A^{equ}} = \dfrac{\varrho}{1 - \varrho}$			
$\varrho = \dfrac{K_c}{1 + K_c}$			

4. K_c	10^{-3}	10^{-2}	10^{-1}	1	10^{1}	10^{2}	10^{3}
ϱ	0,001	0,01	0,09	0,50	0,91	0,99	0,999

Bild 2.1. Massenwirkungsgesetz für das Gleichgewicht $A \rightleftharpoons X$

Bild 2.1 zeigt für dieses Gleichgewicht die Schritte zur Ableitung des MWG:

1. Die Bruttoreaktionsgleichung beschreibt die Umsetzung von Stoffmengen, deshalb werden zuerst die Molzahlen der Reaktionspartner vor Beginn der Reaktion (n^0) und im Gleichgewicht ($n_{eq}^{\,i} = n_i^0 + v_i \varrho\, n_A^0 / |v_A|$) angegeben.

2. Da im Gleichgewicht die Reaktionspartner meist in einer Mischung vorliegen, wird von den Molzahlen n_i^{eq} zu den Werten der gewünschten Zusammensetzungsvariablen z_i^{eq} übergegangen.

3. Das MWG $K_z = \prod_i (z_i^{r_i})_{eq}$ wird formuliert und nach den gesuchten Größen umgestellt.

Im Falle des Gleichgewichtes $A \rightleftharpoons X$ ist der Reaktionsgrad nur eine Funktion der Gleichgewichtskonstante. Für $K \leq 10^{-2}$ liegt das Gleichgewicht praktisch völlig auf der Seite der Edukte, für $K \geq 10^{2}$ auf der der Produkte. $K = 1$ bedeutet, daß A und X im Verhältnis 1:1 im Gleichgewicht vorliegen.

$$A \rightleftharpoons X + Y$$

	A	$\rightleftharpoons$	X	+	Y
1.	n_i^0		n_A^0	0	0
	n_i^{equ}		n_A^{equ}	n_X^{equ}	n_Y^{equ}
			$n_A^0(1-\varrho)$	ϱn_A^0	ϱn_A^0
2.	c_i^{equ}		c_A^{equ}	c_X^{equ}	c_Y^{equ}
			$c_A^0(1-\varrho)$	$c_A^0\varrho$	$c_A^0\varrho$

$$3. \quad K_c = \frac{c_X^{equ} \cdot c_Y^{equ}}{c_A^{equ}} = \frac{\varrho^2}{1-\varrho}\, c_A^0$$

$$\varrho = \frac{1}{2}\frac{K_c}{c_A^0}\left(\sqrt{4\frac{c_A^0}{K_c}+1}\; - 1\right)$$

4.

K_c/c_A^0	10^{-4}	10^{-3}	10^{-2}	10^{-1}	1	10^1	10^2
ϱ	0,01	0,03	0,10	0,27	0,62	0,92	0,99

Bild 2.2. Massenwirkungsgesetz für das Gleichgewicht $A \rightleftharpoons X + Y$

Dieser Gleichgewichtstyp tritt bei Dissoziationsreaktionen aller Art auf (elektrolytische Dissoziation von n-n-wertigen Elektrolyten; homolytische und heterolytische Bindungsspaltung). Die quantitative Behandlung ist im Bild 2.2 dargestellt. In diesem Fall ist der Reaktionsgrad ϱ (oft als Dissoziationsgrad α bezeichnet) eine Funktion des Quotienten K_c/c_A^0. Das bedeutet z. B., daß selbst Salze mit sehr kleinen Gleichgewichtskonstanten (d. h. Dissoziationskonstanten) dann noch weitgehend dissoziiert vorliegen, wenn ihre Totalkonzentration $c_A^0 \ll K_c$ ist. Umgekehrt wird mit Erhöhung der Ausgangskonzentration c_A^0 der Quotient K_c/c_A^0 und damit der Dissoziationsgrad kleiner!

$A + B \rightleftharpoons X$

Zu diesem Gleichgewichtstyp gehören z. B. Additionsreaktionen (Addition von Brom an Stilben; *Diels-Adler*-Reaktion von Cyclopentadien mit Maleinsäureanhydrid; Reaktion von Schwefeltrioxid mit Wasser).

Besonders überschaubar werden die Beziehungen zwischen K und ϱ, wenn die Edukte A und B in stöchiometrischen Mengen eingesetzt werden ($n_A^0 = n_B^0$ bzw. $c_A^0 = c_B^0$):

$$K_c = \frac{\varrho}{(1-\varrho)^2 c_A^0} \tag{2.14}$$

$$\varrho = 1 - \frac{1}{2c_A^0 K_c}\left(\sqrt{4c_A^0 K_c + 1} - 1\right) \tag{2.15}$$

Der Reaktionsgrad ϱ ist danach eine Funktion des Produkts $K_c \cdot c_A^0$ und wächst deshalb mit der Einsatzkonzentration:

$K_c \cdot c_A^0$	10^{-3}	10^{-2}	10^{-1}	1	10^1	10^2	10^3
ϱ	0,001	0,01	0,08	0,38	0,73	0,91	0,97

Für den Fall, daß A und B in beliebigen Mengen eingesetzt werden, hängt der Reaktionsgrad in komplizierter Weise sowohl von K_c als auch von den beiden Ausgangskonzentrationen c_A^0 und c_B^0 ab. Besonders instruktiv ist der Vergleich von ϱ für den Fall $c_A^0 = c_B^0 = 1$ mol l^{-1} mit ϱ' für den Fall $c_A^0 = 1$ mol l^{-1}, $c_B^0 = 2$ mol l^{-1}:

K_c	10^{-2}	10^{-1}	1	10^1	10^2
ϱ'/ϱ	1,98	1,86	1,53	1,27	1,09

Die Erhöhung der Konzentration eines Edukts führt zu einer Erhöhung des Reaktionsgrades und damit zu einer besseren Ausnutzung des im Unterschuß vorhandenen Edukts. Dieser Effekt ist um so deutlicher, je kleiner die Gleichgewichtskonstante ist.

A + B $\rightleftharpoons$ X + Y

Dieser Gleichgewichtstyp wird in vielen Substitutionsreaktionen wiedergefunden, z. B. in dem klassischen Beispiel der Veresterung (Gl. (2.13)).
Der Einsatz stöchiometrischer Mengen der Edukte ($c_A^0 = c_B^0$) führt wieder zu einfachen Gleichungen:

$$K_c = \frac{\varrho^2}{(1-\varrho)^2} \quad \text{bzw. für} \quad \xi_{max} = 1 \quad K_c = \frac{\xi_{eq}^2}{(1-\xi_{eq})^2} \tag{2.16}$$

$$\varrho = \frac{\sqrt{K_c}}{1 + \sqrt{K_c}} \tag{2.17}$$

Bei dieser symmetrischen Bruttoreaktionsgleichung und bei Einsatz stöchiometrischer Eduktmengen hängt der Reaktionsgrad ϱ wieder nur von der Gleichgewichtskonstanten ab:

K_c	10^{-3}	10^{-2}	10^{-1}	1	10^1	10^2	10^3
ϱ	0,03	0,09	0,24	0,50	0,76	0,91	0,97

Generell läßt sich zeigen, daß für Reaktionen, in denen die Anzahl der Edukt- und Produktpartner gleich ist (Gl. 2.18) und bei denen stöchiometrische Eduktmengen eingesetzt werden, ϱ nur eine Funktion von K_c ist:

$$m\text{A} + n\text{B} \rightleftharpoons m\text{X} + n\text{Y} \tag{2.18}$$

$$\varrho = \frac{\sqrt[m+n]{K_c}}{1 + \sqrt[m+n]{K_c}} \tag{2.19}$$

Allerdings flacht sich die Funktion $\varrho = f(K_c)$ mit wachsendem Wert von $m + n$ ab.

Interessant ist wieder der Vergleich der Reaktionsgrade ϱ für $c_A^0 = c_B^0 = 1\ \text{mol}\ l^{-1}$ und ϱ' für $c_A^0 = 1\ \text{mol}\ l^{-1}$ und $c_B^0 = 2\ \text{mol}\ l^{-1}$ in Abhängigkeit von K_c:

K_c	10^{-2}	10^{-1}	1	10^1	10^2
ϱ'/ϱ	1,41	1,39	1,33	1,21	1,09

Der Überschuß eines Edukts verschiebt das Gleichgewicht nach rechts. Das wird noch deutlicher, wenn der Reaktionsgrad ϱ bei konstantem $K_c = 1$ in Abhängigkeit vom Verhältnis c_B^0/c_A^0 ($c_A^0 = 1\ \text{mol}\ l^{-1}$) verfolgt wird:

c_B^0/c_A^0	1	2	3	5	10	100	1000
ϱ'	0,5	0,67	0,75	0,83	0,91	0,99	0,999

Durch ausreichend hohen Überschuß von B kann A praktisch vollständig umgesetzt werden!

Die hier vorgestellten vier Typen einfacher Gleichgewichte lassen einige Verallgemeinerungen zu:

1. Die im Prinzip für jedes Gleichgewicht ableitbaren Zusammenhänge zwischen der Gleichgewichtskonstante, dem Reaktionsgrad und den Ausgangsstoffmengen aller Reaktionsteilnehmer gestatten die Lösung der zweiten im Abschn. 2.1. gestellten grundsätzlichen Frage der Stöchiometrie.

2. Die Form der Bruttoreaktionsgleichung bestimmt sehr stark den jeweiligen Zusammenhang zwischen Gleichgewichtskonstante und Reaktionsgrad. Besonders einfach wird er, wenn

– die Produktmengen zu Beginn der Reaktion gleich Null sind oder
– die Edukte in stöchiometrischen Mengen eingesetzt werden.

In diesem Fall gilt:

$\Sigma\,\nu_i = 0$: Der Reaktionsgrad ist unabhängig von den Ausgangskonzentrationen und wächst mit K.

$\Sigma\,\nu_i > 0$: Der Reaktionsgrad wächst, wenn K größer und n_A^0 kleiner wird.

$\Sigma\,\nu_i < 0$: Der Reaktionsgrad wächst mit K und n_A^0.

3. Werden beliebige Ausgangsstoffmengen der Reaktionsteilnehmer eingesetzt, hängt der Reaktionsgrad außer von K auch von allen Ausgangsstoffmengen ab.

4. Je mehr Reaktionsteilnehmer am Gleichgewicht beteiligt sind, um so flacher ist die Abhängigkeit $\varrho = f(K)$.

2.2.3. Beeinflussung des Gleichgewichts

Die Möglichkeiten zur Beeinflussung eines Gleichgewichts sind schon sehr früh qualitativ im Prinzip des kleinsten Zwanges von *Le Chatelier* und *Braun* formuliert worden: Ein System, das sich im Gleichgewicht befindet, reagiert auf jede äußere Änderung so, als wollte es dem äußeren Zwang ausweichen. Die wichtigsten Größen, mit denen von außen auf das Gleichgewicht eingewirkt werden kann, sind die Konzentrationen der Reaktionsteilnehmer, die Reaktionstemperatur und der Gesamtdruck.

Konzentrationsveränderungen

Das MWG verlangt nicht, daß die einzelnen Gleichgewichtskonzentrationen c_i^{eq} konstant bleiben müssen, vielmehr ist das Produkt $\prod_i (c_i^{\nu_i})_{eq} = K_c$.

Das bedeutet, daß jede Veränderung der Konzentration eines Reaktionsteilnehmers in einem Gleichgewicht dazu führt, daß sich alle Konzentrationen solange ändern, bis wieder gilt: $\prod_i (c_i^{\nu_i})_{eq} = K_c$. Die Erhöhung der Konzentration eines Reaktionsteilnehmers in einem Gleichgewicht führt zu einem Umsatz, bei dem alle Partner auf der gleichen Seite des Gleichgewichts verbraucht und auf der anderen Seite gebildet werden.
So kann der praktisch vollständige Umsatz eines Edukts dadurch erreicht werden, daß

– die anderen Edukte in einem großen Überschuß eingesetzt werden und/oder
– ein Produkt kontinuierlich aus dem Gleichgewicht entfernt wird.

Die quantitativen Zusammenhänge waren schon Gegenstand des Abschn. 2.2.2.

Veränderung der Reaktionstemperatur

Während die Behandlung des Konzentrationseinflusses auf das chemische Gleichgewicht gerade davon ausging, daß K^+ eine Konstante ist, wird beim Temperatur- und Druckeinfluß auf das Gleichgewicht die Abhängigkeit von K^+ von beiden Einflüssen quantitativ untersucht.
Für die Abhängigkeit der Gleichgewichtskonstante von der Reaktionstemperatur T bei konstantem Druck gilt die *Van't-Hoff*sche Reaktionsisobare:

$$\left(\frac{\delta \ln K^+}{\delta T}\right)_p = \frac{\Delta_R H^\circ}{RT^2} \quad \text{bzw.} \quad \lg K^+(T) = \lg K^+(T_0) + \frac{\Delta_R H^\circ}{2{,}303\,R}\left(\frac{T - T_0}{T_0 T}\right) \tag{2.20}$$

$\Delta_R H^\circ$ ist darin die Standardreaktionsenthalpie der zugrunde liegenden Reaktion, d. h. die Reaktionswärme für einen Formelumsatz unter Standardbedingungen (Abschn. 2.3.2) und beim Druck p und der Temperatur T.
Die Veränderung der Gleichgewichtskonstante hängt nach Gl. (2.20) vom Vorzeichen und Betrag von $\Delta_R H^\circ$ sowie der Ausgangstemperatur T_0 und der Temperaturdifferenz ab. Hat $\Delta_R H^\circ$ ein positives Vorzeichen, d. h. ist die Reaktion endotherm, dann wird die Gleichgewichtskonstante K^+ bei Temperaturerhöhung vergrößert; bei exothermer Reaktion fällt K^+ ab. Dabei ist der Effekt um so stärker, je größer die Temperaturdifferenz und je kleiner die Ausgangstemperatur T_0 ist.
Für viele Berechnungen von kleineren Temperaturdifferenzen kann näherungsweise davon ausgegangen werden, daß $\Delta_R H^\circ$ nicht von der Temperatur abhängt (1. *Ulich*sche Näherung). Mit dieser Annahme ist die Differenz $|\lg K^+(T) - \lg K^+(T_0)|$ für verschiedene Werte von $|\Delta_R H^\circ|$ in Abhängigkeit von $(T - T_0)/T_0 \cdot T$ berechnet worden und in Bild 2.3 dargestellt. Daraus lassen sich folgende Ergebnisse entnehmen, die die Größenordnung der Effekte erkennen lassen:

$T_0 = 300$ K, $\Delta T = 50$ K, $\Delta_R H = +100$ kJ mol^{-1}: $K^+(T)/K^+(T_0) = 316$;

$T_0 = 500$ K, $\Delta T = 100$ K, $\Delta_R H = -100$ kJ mol^{-1}: $K^+(T)/K^+(T_0) = 0{,}02$.

Durch eine Temperaturerhöhung um 100 K kann die Gleichgewichtskonstante um mehrere Größenordnungen verändert werden, wodurch naturgemäß auch der Reaktionsgrad entscheidend beeinflußt wird (vgl. Abschn. 2.2.2.). In der Sprache des Prin-

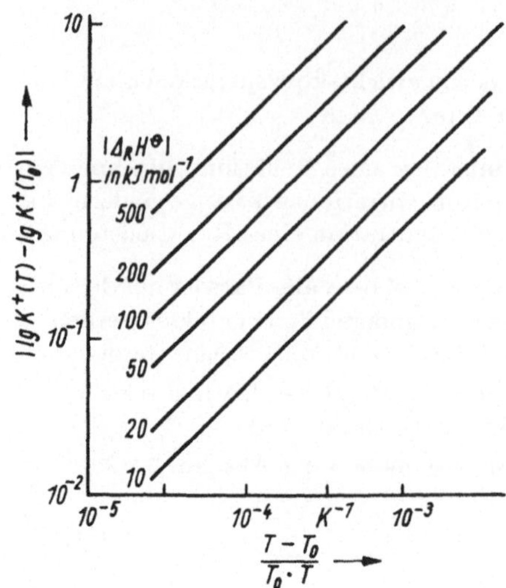

Bild 2.3. Abhängigkeit der Gleichgewichtskonstante K^+ von der Temperatur T und der Reaktionsenthalpie $\Delta_R H^\ominus$

zips des kleinsten Zwanges kann das Ergebnis der Analyse der Gl. (2.20) qualitativ wie folgt formuliert werden:

Bei Temperaturerhöhung weicht das Gleichgewicht zur Seite des Energieverbrauchs aus; in Richtung der Edukte bei exothermen und in Richtung der Produkte bei endothermen Reaktionen.

Für genauere Berechnungen über größere Temperaturbereiche muß die Temperaturabhängigkeit der Standardreaktionsenthalpie $\Delta_R H^\ominus$ berücksichtigt werden, die sich nach Gl. (2.21) aus den Molwärmen der Reaktionsteilnehmer ergibt:

$$\left(\frac{\delta \Delta_R H}{\delta T}\right)_p = \Delta_R C_p^\ominus = \sum_i \nu_i C_{p\,i}^\ominus \tag{2.21}$$

Wird $\Delta_R C_p^\ominus$ seinerseits als unabhängig von der Temperatur angenommen, ergibt sich die 2. *Ulich*sche Näherung, die meist zu ausreichend genauen Ergebnissen führt.

Veränderung des Gesamtdruckes

Eine Veränderung des Gesamtdrucks p wirkt sich nicht nur bei Gasreaktionen (vgl. Abschn. 2.2.1.) auf die Größe der Gleichgewichtskonstanten aus. Auch für Reaktionen in Lösungen sind recht beträchtliche Druckeffekte zu beobachten. Allgemein wird die Druckabhängigkeit der Gleichgewichtskonstante durch Gl. (2.22) beschrieben:

$$\left(\frac{\delta \ln K_x^+}{\delta p}\right)_T = -\frac{\Delta_R V^\ominus}{RT} \quad \text{bzw.} \quad \ln K_x^+(p) = \ln K_x^+(p_0) - \frac{1}{RT} \int\limits_{p_0}^{p} \Delta_R V^\ominus \, \mathrm{d}p \tag{2.22}$$

Darin ist $\Delta_R V^\ominus$ das molare Reaktionsvolumen, d. h. die Volumenänderung bei Ablauf eines Mols Formelumsatz unter Standardbedingungen. Deshalb kann $\Delta_R V^\ominus$ auch aus den partiellen Molvolumina $V_i = \left(\dfrac{\partial v_i}{\partial n_i}\right)_{p,T,n_i}$ der Reaktionsteilnehmer nach Gl. (2.23) berechnet werden:

$$\Delta_R V^\ominus = \nu_X V_X^\ominus + \nu_Y V_Y^\ominus - |\nu_A| V_A^\ominus - |\nu_B|_B^\ominus = \sum_i \nu_i V_i^\ominus \tag{2.23}$$

$\Delta_R V^\ominus$ ist also positiv, wenn sich bei der Reaktion entsprechend der Bruttoreaktionsgleichung das Gesamtvolumen vergrößert. Bei Reaktionen von Gasen (vgl. Abschn. 2.2.1.) wird bei Annahme idealen Verhaltens der Ausdruck für das Reaktionsvolumen und für $K_x^+(p)$ besonders einfach:

$$\Delta_R V^\ominus = \sum_i \nu_i V_0 = \frac{RT}{p} \sum_i \nu_i \tag{2.24}$$

$$\lg K_x^+(p) = \lg K_x^+(p_0) - \frac{\sum \nu_i}{2,303} \lg \frac{p}{p_0} \tag{2.25}$$

Daraus folgt:

Bei wachsendem Druck p wird K_x^+ größer, wenn bei der Reaktion mehr gasförmige Reaktionsteilnehmer verbraucht als gebildet werden ($\sum \nu_i < 0$) und umgekehrt.

Das Gleichgewicht wird also bei Druckerhöhung nach der Seite mit den wenigsten gasförmigen Reaktionspartnern verschoben.

Gilt $\sum \nu_i = 0$, dann wird das Gleichgewicht durch Veränderungen des Gesamtdruckes nicht beeinflußt.

Für $\sum \nu_i = -1$ ergibt sich z. B.

p/p_0	1	10	100	1000
$K_x^+(p)/K_x^+(p_0)$	1	2,7	7,4	20

Die Ammoniaksynthese $N_2 + 3H_2 \rightleftharpoons 2NH_3$ ($\sum \nu_i = -2$) wird technisch in einem Druckbereich zwischen 20 und 40 MPa betrieben. Dadurch wird K_x^+ gegenüber dem Normaldruck um einen Faktor zwischen 100 und 182 vergrößert und entsprechend die Ausbeute an Ammoniak erhöht.

Dieser hohe Druckeinfluß auf K_x^+ für Gasreaktionen wird auch bei heterogenen Reaktionen unter Beteiligung von Gasen gefunden und überdeckt den Einfluß der Volumenänderung der kondensierten Phase. Der Druckeinfluß auf Reaktionen in Lösung kann heute trotz der relativ kleinen Reaktionsvolumina (< 100 cm^3 mol^{-1}) nicht mehr vernachlässigt werden, weil ein relativ großer Druckbereich (bis zu einigen GPa) experimentell zugänglich und damit präparativ nutzbar ist.

Umgekehrt kann aus der Druckabhängigkeit von K_x^+ das Reaktionsvolumen $\Delta_R V^\ominus$ bestimmt und in Verbindung mit den bei der Reaktion ablaufenden molekularen Veränderungen gebracht werden. So ist es sinnvoll, das Reaktionsvolumen in einen Struktur- und einen Solvatationsanteil aufzuspalten:

$$\Delta_R V^\ominus = \Delta V_1^\ominus + \Delta V_2^\ominus \tag{2.26}$$

In den Strukturanteil $\Delta V_1^\ominus$ gehen Volumenänderungen infolge Bildung oder Lösung von Bindungen sowie infolge Änderungen von Bindungslängen oder -winkeln entscheidend ein.

Die Bildung von EDA-Komplexen (z. B. zwischen Hexamethylbenzen und Chloranil) bewirkt eine Änderung des Volumens von etwa $\Delta_R V^\ominus = -5 \ldots -10$ cm^3 mol^{-1}.

Die Ausbildung einer kovalenten Bindung ergibt folgerichtig $\Delta_R V^\ominus = -10 \ldots -20$ cm^3 mol^{-1} (z. B. die Dimerisation von NO_2 in Lösung). Bei *Diels-Alder*-Reaktionen, bei denen zwei kovalente Bindungen gebildet werden, ist $\Delta_R V^\ominus = -30 \ldots -40$ cm^3 mol^{-1}.

Die Solvatationsverhältnisse ändern sich bei einer Reaktion immer dann besonders

stark, wenn Ladungen entstehen bzw. verschwinden. Ein entstehendes Ion zieht die
es umgebenden Lösungsmittelmoleküle stark an und orientiert sie (Elektrostriktion).
Deshalb ist die Bildung von Ionen aus Neutralmolekülen immer mit einer Volumen-
kontraktion verbunden. Die Ausbildung eines einfach geladenen Ions bewirkt folgende
$\Delta V_2^{\ominus}$-Werte:

in Wasser	—1…—2	cm³ mol⁻¹
in Aceton	—5…—8	cm³ mol⁻¹
in Benzen	—20…—30	cm³ mol⁻¹

Die Wirkung des Ions ist offensichtlich um so größer, je unpolarer und damit weniger
geordnet das Lösungsmittel vorher ist.

Damit kann das Studium der Druckabhängigkeit der Gleichgewichtskonstante gerade
für Reaktionen in Lösung Aussagen über Elementarprozesse liefern und die Kenntnisse
vom Reaktionsablauf erweitern.

2.3. Änderungen der thermodynamischen Zustandsfunktionen bei chemischen Reaktionen

2.3.1. Triebkraft chemischer Reaktionen

Die bisherige Behandlung des chemischen Gleichgewichts hat gezeigt, daß ein Reaktionssystem, das sich noch nicht im Gleichgewicht befindet, die Tendenz hat, das Gleichgewicht zu erreichen. Diese Tendenz wird um so größer sein, je weiter die Ausgangsaktivitäten a_i^0 der Reaktionsteilnehmer von den Gleichgewichtsaktivitäten a_i^{eq} entfernt
sind. Ein Maß für die Triebkraft einer chemischen Reaktion muß deshalb die beiden
Ausdrücke $\prod_i (a_i^{\nu_i})_0$ und $\prod_i (a_i^{\nu_i})_{eq} = K^+$ im Sinne einer Differenz enthalten. Deshalb kann
die molare freie Reaktionsenthalpie $\Delta_R G$, für die Gl. (2.27) gilt, als Maß für die Triebkraft oder Affinität isotherm-isobarer Reaktionen verwendet werden.

$$\Delta_R G = -RT \ln K^+ + RT \ln \prod_i (a_i^{\nu_i})_0 \tag{2.27}$$

Die Aussagefähigkeit der *Van't-Hoff*schen Reaktionsisotherme Gl. (2.27) soll schrittweise geprüft werden:
Im Falle $a_i^0 = a_i^{eq}$, d. h., die Ausgangsaktivitäten der Reaktionsteilnehmer sind gleich
den Gleichgewichtsaktivitäten, findet keine Reaktion, d. h. kein Umsatz, statt. In
Übereinstimmung damit liefert Gl. (2.27) $\Delta_R G = 0$!
Der Fall $a_0^i = 1$ führt in Gl. (2.27) dazu, daß der zweite Summand verschwindet
($\prod_i (a_i^{\nu_i})_0 = 1$; $\ln 1 = 0$!) und die mit den Standardaktivitäten berechnete freie Reaktionsenthalpie nur noch eine Funktion der Gleichgewichtskonstanten wird:

$$\Delta_R G\,(a_i^0 = 1) = \Delta_R G^{\ominus} = -RT \ln K^+ \tag{2.28}$$

Die freien Standardreaktionsenthalpien $\Delta_R G^{\ominus}$ sind damit geeignet, die Reaktionstendenz verschiedener Reaktionen, ausgehend vom einheitlichen Ausgangszustand, mit
$a_i^0 = 1$ bei Normaldruck und 298 K zu vergleichen:

$K^+ > 1$ bzw. $\Delta_R G^{\ominus} < 0$: Die Hinreaktion läuft freiwillig ab.

$K^+ = 1$ bzw. $\Delta_R G^{\ominus} = 0$: Die Reaktion befindet sich mit $a_i^0 = 1$ im Gleichgewicht.

$K^+ < 1$ bzw. $\Delta_R G^{\ominus} > 0$: Die Rückreaktion läuft freiwillig ab.

Den zahlenmäßigen Zusammenhang zwischen $\Delta_R G^\ominus$ und K^+ zeigen die folgenden Werte:

K^+	10^{-3}	10^{-2}	10^{-1}	1	10^1	10^2	10^3
$\Delta_R G^\ominus$ (kJ mol^{-1})	17,1	11,4	5,7	0	—5,7	—11,4	—17,1
$\Delta_R G^\ominus$ (kJ mol^{-1})	—1	—5	—10	—20		—50	—100
K^+		1,5	7,5	57	$3,2 \cdot 10^3$	$5,8 \cdot 10^8$	$3,4 \cdot 10^{17}$

Für ein Gleichgewicht A $\rightleftharpoons$ X (z. B. ein Keto-Enol-Gleichgewicht R—CH$_2$—CO—R $\rightleftharpoons$ R—CH=C(OH)—R) besteht folgender Zusammenhang zwischen dem Molenbruch x_X, der Gleichgewichtskonstante K_x^+ und der freien Standardreaktionsenthalpie (Abschn. 2.2.2.):

x_X (Mol-%)	50	60	70	80	90	99	99,9
K_x	1	1,5	2,3	4,0	9,0	99	999
$\Delta_R G^\ominus$ (kJ mol^{-1})	0	—1,0	—2,1	—3,4	—5,4	—11,4	—17,1

Wenn $\Delta_R G^\ominus$ negativ ist, bedeutet das nicht, daß die dadurch beschriebene Reaktion unter allen Umständen freiwillig abläuft. Für beliebige a_i^0 gilt Gl. (2.27), und $\Delta_R G$ kann immer durch geeignete Wahl der Ausgangsaktivitäten beliebige Werte zwischen — ∞ (nur Edukte vorhanden!) und $+ \infty$ (nur Produkte vorhanden!) annehmen. Es gilt (vgl. Abschn. 2.2.3.):

$\Delta_R G < 0$, wenn $\prod_i (a_i^{\nu_i})_0 < K^+$: Die Reaktion läuft von links nach rechts.

$\Delta_R G > 0$, wenn $\prod_i (a_i^{\nu_i})_0 > K^+$: Die Reaktion läuft von rechts nach links.

Damit ist der Zusammenhang zwischen der Gleichgewichtskonstante, der Tendenz zur Einstellung des Gleichgewichts und der freien Reaktionsenthalpie, der zentralen Größe für die Thermodynamik chemischer Reaktionen, hergestellt worden (vgl. Gl. (2.2)).

2.3.2. Einiges über Reaktionsgrößen

$\Delta_R G$ gehört zu den Reaktionsgrößen, die speziell zur Beschreibung von Stoffwandlungsprozessen eingeführt worden sind. Es sind molare Größen, die sich auf eine Änderung der Reaktionslaufzahl, d. h. der Objektmenge der Formelumsätze, beziehen:

$$\Delta_R Y = \left(\frac{\partial y}{\partial \xi}\right)_{p,T} = \sum_i \nu_i Y_i \quad \text{mit} \quad Y_i = \left(\frac{\partial y}{\partial n_i}\right)_{p,T,n_j} \tag{2.29}$$

Die Y_i sind die partiellen molaren Größen in bezug auf die differentielle Änderung der Teilchenart i. Auf die Berechnung der Reaktionsgröße $\Delta_R Y$ aus den partiellen molaren Größen Y_i der Reaktionsteilnehmer wurde schon bei dem Reaktionsvolumen $\Delta_R V$ hingewiesen (Abschn. 2.2.3.).

Für $\Delta_R G$ ergibt sich nach Gl. (2.29) der Zusammenhang mit den chemischen Potentialen μ_i der Reaktionsteilnehmer:

$$\Delta_R G = \left(\frac{\partial g}{\partial \xi}\right)_{p,T} = \sum_i \nu_i \mu_i \tag{2.30}$$

Das chemische Potential eines Stoffes i in der Reaktionsmischung ist proportional zu seiner Aktivität a_i, wobei $\mu_i^\ominus$ das chemische Potential im Standardzustand ist:

$$\mu_i = \mu_i^\ominus + RT \ln a_i \tag{2.31}$$

Mit der thermodynamischen Gleichgewichtsbedingung $\Delta_R G = 0$ kann aus den Gln. (2.30) und (2.31) das MWG thermodynamisch abgeleitet werden.

Die Gln. (2.30) und (2.31) lassen weiterhin erkennen, daß $\Delta_R G$ als differentielle Größe immer nur den gegenwärtigen, durch die konkreten Werte der a_i der Reaktionsteilnehmer gegebenen Zustand beschreibt. Das bedeutet, daß sich $\Delta_R G$ mit dem Fortgang der Reaktion (d. h. mit ξ) laufend verändert und im Gleichgewicht den Wert Null erreicht. Auf den Verlauf der Funktion $\Delta_R G = f(\xi)$ wird im Abschn. 4. noch einmal eingegangen.

Daß in diesem Buch praktisch nur $\Delta_R G$ verwendet wird, hat seine Ursache darin, daß die meisten realen chemischen Reaktionen den isotherm-isobaren Prozessen (T und p konstant) zugeordnet werden können. Die maximale Nutzarbeit bei isotherm-isochorer Prozeßführung (T und v konstant), d. h. die freie Reaktionsenergie $\Delta_R F$, und die Reaktionswärme bei konstantem Volumen, d. h. die Reaktionsenergie $\Delta_R U$, werden mit $\Delta_R G$ und der Reaktionsenthalpie $\Delta_R H$ über das Reaktionsvolumen $\Delta_R V$ verknüpft und sind damit im Prinzip jederzeit zugänglich:

$$\Delta_R U = \Delta_R H - p\,\Delta_R V \tag{2.32}$$

$$\Delta_R F = \Delta_R G - p\,\Delta_R V$$

Die Reaktionsgrößen $\Delta_R Y$ lassen sich im allgemeinen in der Form

$$\Delta_R Y = \Delta_R Y^\ominus + F(n_i) \tag{2.33}$$

schreiben, wie es schon für $\Delta_R G = \Delta_R G^\ominus + RT \ln \prod_i (a_i^{\nu_i})_0$ nachgewiesen wurde. Die Standardreaktionsgröße $\Delta_R Y^\ominus$ ist darin die Größe, die das Werteniveau von $\Delta_R Y$ für das jeweilige Reaktionssystem unabhängig von der Zusammensetzung charakterisiert, weil sie $\Delta_R Y$ für den festgelegten Standardzustand ($a_i^0 = 1$) angibt. Damit ist $\Delta_R Y^\ominus$ für den Vergleich verschiedener Reaktionssysteme geeignet (s. o.).

Das Überführungsglied $F(n_i)$ beschreibt dann die Abhängigkeit von $\Delta_R Y$ von der Veränderung der Zusammensetzung des Reaktionssystems. Konkret gibt es die Änderung von $\Delta_R Y$ beim Übergang der Edukte von der konkreten Ausgangszusammensetzung in den Standardzustand und beim Übergang der Produkte vom Standardzustand zur konkreten Ausgangszusammensetzung wieder. Sehr deutlich wird das beim Überführungsglied $\prod_i (a_i^{\nu_i})_0$ für $\Delta_R G$.

Für viele vergleichende Betrachtungen ist es oft ausreichend, die Standardreaktionsgrößen zu kennen, die relativ einfach zugänglich sind (s. folgende Abschnitte).

Die Reaktionsgrößen $\Delta_R Y$ beschreiben die Änderung der Zustandsfunktion y bei differentieller Veränderung des Systems in Richtung fortschreitender Reaktion (Gl. (2.29)). Da die y (z. B. v, g, f, u, h) Zustandsfunktionen sind, muß die Änderung $\Delta_R Y$ unabhängig vom Weg sein. Als Weg wird bei chemischen Reaktionen die Stoffwandlung von Edukten A und B zu den Produkten X und Y verstanden. Dieser Weg kann direkt oder über beliebig viele Zwischenstufen P, R, Q verlaufen – $\Delta_R Y$ muß in allen Fällen den gleichen Wert haben! Daraus ergeben sich zwei äquivalente Formulierungen für $\Delta_R Y$ in Beziehung zum Weg:

1. In einem Kreisprozeß ist $\Delta_R Y = 0$.

$$\sum_r \Delta_R Y_r = 0$$

$$\Delta_R Y_1 = -\sum_{r=2}^{5} \Delta_R Y_r \qquad (2.34)$$

2. Die Reaktionsgrößen für zwei alternative Wege von den Edukten zu den Produkten sind gleich:

$$\Delta_R Y_1' = \sum_{r=2}^{5} \Delta_R Y_r' \qquad (2.35)$$

(Für $Y = H$: *Hess*scher Satz)

Die Darstellungen nach Gl. (2.34) und Gl. (2.35) weisen auf eine Problematik hin: Mit der Angabe der Pfeilrichtung ist auch die Vorzeichenregelung für die Stöchiometriezahlen gegeben bzw. festgelegt, welche Stoffe die Edukte und Produkte der jeweiligen Teilreaktion sind. Danach ergibt sich für unsere beiden Fälle:

$$\Delta_R Y_1 = \Delta_R Y_1' \quad \text{und z. B.} \quad \Delta_R Y_2 = -\Delta_R Y_5'.$$

Die gleichen Zusammenhänge gelten auch für die Standardgrößen $\Delta_R Y^\ominus$.

2.3.3. *Gibbs-Helmholtz*-Gleichung

In geschlossenen Systemen, d. h. in Systemen ohne Massenaustausch mit der Umgebung, und bei konstanter Temperatur und konstantem Druck verknüpft Gl. (2.36) die freie Reaktionsenthalpie $\Delta_R G$ mit der Reaktionsenthalpie $\Delta_R H$ und der Reaktionsentropie $\Delta_R S$. Sie ist die bekannteste und breit angewendete Form der *Gibbs-Helmholtz*-Gleichungen:

$$\Delta_R G = \Delta_R H - T\,\Delta_R S \qquad (2.36)$$

Mit Gl. (2.36) wird die Triebkraft einer Reaktion auf zwei unabhängig voneinander wirkende Aspekte zurückgeführt. $\Delta_R H$ beschreibt die energetischen Veränderungen im Reaktionsablauf (Abschn. 2.3.4.), $\Delta_R S$ die Veränderung im Ordnungszustand mit fortschreitender Reaktion (Abschn. 2.3.5.). Damit wird die Frage, ob eine Reaktion freiwillig abläuft, schon durch das Vorzeichen von $\Delta_R H$ und $\Delta_R S$ entschieden:
$\Delta_R G < 0$, wenn

1. $\Delta_R H < 0$ (exotherme Reaktion) und $\Delta_R S > 0$
2. $\Delta_R H < 0$ (exotherme Reaktion) und $\Delta_R S < 0$ bei kleinem T
3. $\Delta_R H > 0$ (endotherme Reaktion) und $\Delta_R S > 0$ bei großem T

Bei tiefer Temperatur entscheidet $\Delta_R H$ und bei hoher Temperatur $\Delta_R S$ über die Freiwilligkeit einer Reaktion.

In den Beziehungen zwischen $\Delta_R G$ und $\Delta_R H$ bzw. $\Delta_R S$ drückt sich das gleichzeitige Wirken der folgenden konkurrierenden Prinzipien aus:

1. Jedes System strebt zum Zustand niedrigster Energie ($\Delta_R H < 0$).

2. Jedes System strebt zum Zustand maximaler Unordnung ($\Delta_R S > 0$).

Die Beiträge von $\Delta_R H$ und $\Delta_R S$ zu $\Delta_R G$ sind einzeln qualitativ abschätzbar und quantitativ bestimmbar und geben damit die Möglichkeit, $\Delta_R G$ für eine beliebige Reaktion anzugeben. Von besonderer Bedeutung sind dabei die Standardreaktionsgrößen, für die entsprechend Gl. (2.36) gilt:

$$\Delta_R G^\ominus = \Delta_R H^\ominus - T\,\Delta_R S^\ominus \tag{2.37}$$

Der Standardzustand ist gekennzeichnet durch $a_i = 1$, $T = 298$ K und Normaldruck. Damit gestatten sie, die charakteristischen chemischen Veränderungen beim Ablauf verschiedener Reaktionen zu vergleichen, was für die Diskussion der Beziehung zwischen Struktur der Reaktionssysteme und der Triebkraft der Reaktionen wesentlich ist.

Die Standardreaktionsgrößen sind auch deshalb wichtig, weil sie in einfacher Weise mit den Standardbildungsgrößen $\Delta_B G_i^\ominus$, $\Delta_B H_i^\ominus$ bzw. den Standardentropien $S_i^\ominus$ der Reaktionsteilnehmer verknüpft werden können, die für sehr viele Stoffe i tabelliert sind [2.1].

Die freie Standardbildungsenthalpie $\Delta_B G_i^\ominus$ des Stoffes i ist die auf ein Mol des Stoffes i bezogene freie Standardreaktionsenthalpie für die Bildungsreaktion von i aus den Elementen. Bei der Ammoniakbildung aus den Elementen:

$$N_2(g) + 3\,H_2(g) \rightleftharpoons 2\,NH_3(g)$$

werden pro Mol Formelumsatz 2 Mol Ammoniak gebildet, hier gilt also

$$\Delta_B G_{NH_3}^\ominus = 1/2\,\Delta_R G^\ominus\,.$$

Nach dieser Definition wird den Elementen im unter Standardbedingungen stabilen Aggregatzustand die freie Standardbildungsenthalpie $\Delta_B G_{Element}^\ominus = 0$ zugeordnet.

Die analoge Definition gilt für die Standardbildungsenthalpie $\Delta_B H_i^\ominus$.

Die Entropie eines beliebigen Stoffes i unter Standardbedingungen, die Standardentropie $S_i^\ominus$, kann im Gegensatz zur freien Enthalpie bzw. zur Enthalpie wegen des 3. Hauptsatzes der Thermodynamik ($S_i^\ominus(T = 0$ K$) = 0$) absolut berechnet werden. Dazu werden die Molwärme C_p im Bereich zwischen 0 und 298 K und die $\Delta_U H$-Werte aller Phasenumwandlungen U in diesem Temperaturbereich benötigt.

$$\Delta S = S_T - S_0 = S_T = \int_0^T \frac{C_p}{T}\,\mathrm{d}T + \sum_U \frac{\Delta_U H}{T_U} \tag{2.38}$$

Die Berechnung ergibt für die Elemente in ihrer stabilen Form bei 298 K endliche Standardentropien $S_i^\ominus$. So gilt z. B. für metallisches Silber: $\Delta_B H^\ominus = 0$, $\Delta_B G^\ominus = 0$, aber $S^\ominus = 42{,}7$ J mol^{-1} K^{-1}. Das bedeutet, daß $S_i^\ominus$ als Stoffkonstante nicht den Charakter einer Standardbildungsgröße hat. $\Delta_B S^\ominus$ muß entsprechend der konkreten Bildungsreaktion jeweils berechnet werden.

Die Standardbildungsgrößen können wegen der Wegunabhängigkeit der Zustandsfunktionen (Abschn. 2.3.2.) zur Berechnung der Standardreaktionsgrößen benutzt
werden:

$$\text{Edukte} \xrightarrow{\Delta_R Y^\ominus} \text{Produkte}$$

$$\underset{\text{Edukte } j}{\Sigma} \nu_j \Delta_B Y_j^\ominus \qquad \underset{\text{Produkte } i}{\Sigma} \nu_i \Delta_B Y_i^\ominus$$

$$\text{Elemente}$$

$$\Delta_R G^\ominus = \underset{\text{Produkte } i}{\Sigma} \nu_i \Delta_B G_i^\ominus - \underset{\text{Edukte } j}{\Sigma} \nu_j \Delta_B G_j^\ominus \tag{2.39}$$

$$\Delta_R H^\ominus = \underset{\text{Produkte } i}{\Sigma} \nu_i \Delta_B H_i^\ominus - \underset{\text{Edukte } j}{\Sigma} \nu_j \Delta_P H_j^\ominus \tag{2.40}$$

Eine analoge Gleichung ergibt sich für die Standardreaktionsentropie bei Verwendung
der Standardentropien als einfache Differenzbildung zwischen dem Zustand vor und
nach einem Formelumsatz:

$$\Delta_R S^\ominus = \underset{\text{Produkte } i}{\Sigma} \nu_i S_i^\ominus - \underset{\text{Edukte } j}{\Sigma} \nu_j S_j^\ominus \tag{2.41}$$

Die Verwendung dieser Gleichungen zur Berechnung der Standardreaktionsgrößen
soll am folgenden Beispiel gezeigt werden:

$$C_2H_2(g) + 2\,H_2(g) \longrightarrow C_2H_6(g)$$

$\lvert\nu_i\rvert\Delta_B H_i^\ominus$:	$+225{,}5$	0	$-84{,}7$
$\lvert\nu_i\rvert S_i^\ominus$:	$+201{,}0$	$+261{,}4$	$+229{,}5$
$\lvert\nu_i\rvert\Delta_B G^\ominus$:	$+207{,}9$	0	$-32{,}8$

$$\Delta_R H^\ominus = -310{,}2 \text{ kJ mol}^{-1} \text{ (Gl. (2.40))}$$
$$\Delta_R S^\ominus = -232{,}9 \text{ J mol}^{-1}\text{K}^{-1} \text{ (Gl. (2.41))}$$
$$\Delta_R G^\ominus = -240{,}8 \text{ kJ mol}^{-1} \text{ (Gl. (2.36))}$$
$$\Delta_R G^\ominus = -240{,}8 \text{ kJ mol}^{-1} \text{ (Gl. (2.39))}$$

Stehen die Tabellenwerte für die Standardbildungsgrößen nicht zur Verfügung, dann
können für organische Verbindungen unter Annahme, daß sie sich bei Standardbedingungen im Gaszustand befinden, Inkrementsysteme benutzt werden, um die Standardbildungsgrößen aus Atom-, Gruppen- und Strukturinkrementen zusammenzusetzen.
Die Übereinstimmung zwischen so berechneten Standardbildungsgrößen und den Ta-
bellenwerten ist für die $\Delta_B H_i^\ominus$ am größten. Bei der Berechnung der Standardentropie
$S_i^\ominus$ muß ein Symmetrieanteil über die Symmetriezahl berücksichtigt werden. Ein breit
anwendbares Inkrementsystem ist z. B. zu finden bei [2.2].
Die Auswirkungen von Veränderungen der Reaktionsenthalpie und der Reaktionsentropie auf die resultierende freie Reaktionsenthalpie soll an einem organischen und
einem anorganischen Beispiel gezeigt werden:
Die Standardbildungsgrößen $\Delta_B Y^\ominus$ für n-Alkane gelten für die Bildungsreaktion:

$$n\,C_{(\text{Graphit})} + (n+1)\,H_2(g) \to C_nH_{2n+2}$$

Sie sind in Tab. 2.1 zusammengestellt. Es zeigt sich, daß die Bildungsreaktion exotherm und unter Entropieverlust verläuft. Für $n = 1\ldots5$ dominiert bei Zimmertemperatur der Enthalpiebeitrag, und $\Delta_B G^\ominus$ ist negativ.

Tab. 2.1. Standardbildungsgrößen für n-Alkane $C_n H_{2n+2}$

n	$\Delta_B H^\ominus$ in kJ mol^{-1}	$\Delta_B S^\ominus$ in J mol^{-1} K^{-1}	$\Delta_B G^\ominus$ in kJ mol^{-1}
1	—74,84	—80,6	—50,81
2	—84,67	—173,8	—32,89
3	—103,76	—269,4	—23,48
4	—124,72	—365,7	—15,74
5	—146,44	—463,6	— 8,29
6	—167,19	—562,7	+ 0,49
7	—187,82	—659,4	+ 8,68
8	—208,45	—757,3	+17,23

Das bedeutet, daß die Kohlenwasserstoffe unter Standardbedingungen stabil gegenüber dem Zerfall in die Elemente sind. Für $n > 5$ wird zunehmend der Enthalpie- durch den Entropiebeitrag überkompensiert, $\Delta_B G^\ominus$ wird positiv. Das bedeutet, daß die Kohlenwasserstoffe zunehmend instabil gegenüber dem Zerfall in die Elemente bzw. gegenüber der Zersetzung in kürzerkettige Kohlenwasserstoffe sind. (Wegen $\Delta_B H^\ominus < 0$ verstärkt sich diese Tendenz mit wachsender Temperatur, was die Grundlage der Crackprozesse darstellt.)

Die Standardreaktionsgrößen $\Delta_R Y^\ominus$ für die Fällung von Carbonaten nach

$$\text{Mt}^{2\oplus}(\text{aq}) + \text{CO}_3{}^{2\ominus}(\text{aq}) \rightleftharpoons \text{MtCO}_3(\text{s})$$

sind in Tab. 2.2 zusammengestellt. Die Reaktion ist endotherm und läuft trotzdem freiwillig ab, weil die positive Reaktionsentropie den Enthalpiebeitrag überkompensiert.

Tab. 2.2. Standardreaktionsgrößen für das Fällungsgleichgewicht $\text{Mt}^{2\oplus}(\text{aq}) + \text{CO}_3{}^{2\ominus}(\text{aq}) \rightleftharpoons$ $\rightleftharpoons \text{MtCO}_3(\text{s})$

Mt	$\Delta_R H^\ominus$ in kJ mol^{-1}	$\Delta_R S^\ominus$ in J mol^{-1} K^{-1}	$\Delta_R G^\ominus$ in kJ mol^{-1}
Mg	+25,1	+71,1	—46,0
Ca	+12,3	+59,8	—47,7
Sr	+ 3,3	+55,6	—52,3
Ba	— 4,2	+46,0	—50,2

Die starke Orientierung auf die Standardreaktionsgrößen zur Diskussion von chemischen Reaktionsproblemen macht zwei Bemerkungen nötig:

1. Werden die Standardreaktionsgrößen aus den Standardbildungsgrößen berechnet, dann bedeutet das immer, daß die Reaktion als von reinen Edukten zu reinen Produkten führend betrachtet wird. Die Standardreaktionsgrößen enthalten also die in realen

Reaktionssystemen unbedingt in Rechnung zu stellenden Mischungsbeiträge nicht, was allerdings für $\Delta_R H^\ominus$ oft in guter Näherung vernachlässigt werden kann. Für die Reaktionsentropie von gemischten Reaktionssystemen muß aber eigentlich die Mischungsentropie nach

$$\Delta_M S = - R \sum_i x_i \ln x_i \qquad (2.42)$$

mit berücksichtigt werden.

2. Die freie Standardreaktionsenthalpie $\Delta_R G^\ominus$ ist der Wert von $\Delta_R G$ unter Standardbedingungen. Von ihm ausgehend, kann $\Delta_R G$ auch für beliebige andere Bedingungen mit Hilfe schon genannter Gleichungen erhalten werden:

- für andere Aktivitäten mit der *Van't-Hoff*schen Reaktionsisotherme (Gl. (2.27));
- für andere Temperaturen über die Temperaturabhängigkeit von K^+ (Gl. (2.20)) und von $\Delta_R H^\ominus$ (Gl. (2.21));
- für andere Drücke über die Druckabhängigkeit von K^+ (Gl. (2.22)) nach $(\partial G / \partial p)_T = \Delta_R V$.

2.3.4. Reaktionsenthalpie

Die Gesetzmäßigkeiten des Energieaustauschs entsprechend dem 1. Hauptsatz der Thermodynamik ($\mathrm{d}u = \mathrm{d}q + \mathrm{d}a$) auf chemische Reaktionen anzuwenden ist ein Anliegen der Thermochemie. Für Prozesse mit $p =$ konst. wird dabei die Enthalpie h ($h = u + pv$) als Wärmetönung bei konstantem Druck zur zentralen Größe.
Die Reaktionsenthalpie $\Delta_R H$ ist eine außerordentlich wichtige, die Reaktion charakterisierende Größe. Ihre Kenntnis gibt die Möglichkeit, die bei technischen Prozessen auftretenden Wärmeeffekte zu bestimmen und die Temperatur bewußt zur Steuerung von Reaktionen zu nutzen (Abschn. 2.2.3.). Experimentell ist sie mit Hilfe kalorischer Messungen zugänglich [2.3]. Das Vorzeichen und die Größenordnung von $\Delta_R H^\ominus$ einer gegebenen Reaktion kann mit der folgenden Überlegung relativ leicht abgeschätzt werden:
Der Wert von $\Delta_R H^\ominus$ enthält alle energetischen Veränderungen bei einem Formelumsatz unter Standardbedingungen. Sie werden wesentlich durch die Energien bestimmt, die für die in der Reaktion notwendigen Bindungslösungen benötigt bzw. bei der Bildung der neuen Bindungen frei werden [2.4]:

$$\Delta_R H^\ominus \approx \sum \bar{E}_D \, (\mathrm{A-B}) - \sum \bar{E}_D \, (\mathrm{X-Y}) \qquad (2.43)$$

gelöste Bindungen   gebildete Bindungen

Daraus folgt, daß Reaktionen dann exotherm sind, wenn

schwache Bindungen gelöst und starke Bindungen gebildet werden. So führt die Halogenierung von Alkanen nach $H_3CCH_3 + X_2 \rightarrow H_3CCH_2X + HX$ für $X = F$ zu einer explosionsartigen exothermen Reaktion ($\Delta_R H^\ominus \sim -430$ kJ mol^{-1}), weil die H—F- (565 kJ mol^{-1}) und C—F-Bindung (439 kJ mol^{-1}) sehr viel stabiler als eine F—F- (158 kJ mol^{-1}) und eine C—H-Bindung (414 kJ mol^{-1}) zusammen sind. Für $X = I$ kehren sich diese Verhältnisse um.

- homonucleare in heteronucleare Bindungen übergehen. Es gilt im allgemeinen:

$\bar{E}_D(A—A) + \bar{E}_D(B—B) < 2\bar{E}_D(A—B)$, was z. B. von *Pauling* zur Definition der Elektronegativität genutzt wurde $(E_D(A—B) = \frac{1}{2}[E_D(A—A) + E_D(B—B)] +$ $+ 96{,}5\,\Delta\,\varkappa^2)$. Aus dem gleichen Grund sind auch die Standardbildungsenthalpien $\Delta_R H^\ominus$ der n-Alkane aus Tab. 2.1 alle negativ.

Die mittleren Bindungsenergien $\bar{E}(A—B)$ gelten für die homolytische Bindungsspaltung $(A—B \rightarrow A\cdot + B\cdot)$, und sie sind in vielen Lehrbüchern tabelliert. Die Energien für die heterolytische Bindungsspaltung $(A—B \rightarrow A^\oplus + B^\ominus)$ können mit Hilfe des *Hess*schen Satzes (Gl. (2.35)) aus der homolytischen Bindungsdissoziationsenergie E_D, der Ionisierungsenergie I und der Elektronenaffinität E_A gewonnen werden, z. B.

$$CH_3—Cl \xrightarrow{\Delta_R H^\ominus} CH_3^\oplus + Cl^\ominus$$

$$E_D \downarrow \qquad\qquad \uparrow E_A$$

$$CH_3 + C\cdot \xrightarrow{\ I\ } CH_3^\oplus + Cl\cdot + e$$

$$\Delta_R H^\ominus = E_D + I + E_A = (337 + 951 - 377)\ kJ\ mol^{-1} = 920\ kJ\ mol^{-1}$$

In der Gasphase sind die heterolytischen Bindungsdissoziationsenergien etwa dreimal so groß wie die entsprechenden Werte für die homolytischen Bindungsspaltungen. Für Reaktionen in Lösung ist Gl. (2.43) nur dann eine akzeptable Näherung, wenn unpolare Mechanismen gelten. Entstehen bei der Reaktion Ladungen oder werden sie neutralisiert, müssen die Solvatationsenthalpien unbedingt mit berücksichtigt werden. Die hohe Solvatationsenthalpie für die Ionen in Wasser (z. B. $Ca^{2\oplus}$: $1\,580\ kJ\ mol^{-1}$) ist zum Beispiel dafür verantwortlich, daß die $\Delta_R H^\ominus$-Werte für die Fällung der Carbonate (Tab. 2.2) trotz des hohen Energiegewinns bei der Kristallbildung besonders bei den kleineren Kationen positiv sind.

2.3.5. Reaktionsentropie

Die Entropie ist thermodynamisch über die reversible Wärme bei infinitesimalem Austausch definiert: $ds = q_{rev}/T$. Für die Interpretation der bei einer Reaktion stattfindenden chemischen Veränderungen ist allerdings die statistische Definition der Entropie wesentlich geeigneter. Sie verknüpft die Entropie mit der thermodynamischen Wahrscheinlichkeit W:

$$ds = s_2 - s_1 = k \ln (W_2/W_1) \tag{2.44}$$

Die thermodynamische Wahrscheinlichkeit eines makroskopischen Systems ist gleich der Zahl der Realisierungsmöglichkeiten für die Verteilung der Teilchen des Systems auf unterscheidbare Orte oder Energieniveaus.
Daraus sollen ohne nähere Ableitung folgende qualitative Schlußfolgerungen gezogen werden:

Die Entropie s wird bei einem Prozeß um so stärker wachsen,

- je größer die Zahl der Teilchen (z. B. der Moleküle) wird,
- je mehr unterschiedliche Teilchen entstehen,
- je regelloser sich die Teilchen zueinander anordnen können,

– je beweglicher die Teilchen in sich (intramolekulare Beweglichkeit: Rotation, Schwingungen) und im Raum (Translationsbewegung) werden.

Allgemein: Die Entropie wächst bei einem Prozeß, wenn sich im System die Beweglichkeit erhöht und die Ordnung abnimmt. Damit ist aber die Möglichkeit gegeben, das Vorzeichen und die Größenordnung der Reaktionsentropie $\Delta_R S^\ominus$ für eine gegebene Reaktion abzuschätzen, wie die folgenden Fälle zeigen:
Die Entropie nimmt zu ($\Delta_R S^\ominus > 0$), wenn

– ein Stoff vom festen zum flüssigen und gasförmigen Aggregatzustand übergeht; z. B.

$$H_2O(s) \underset{1}{\rightleftharpoons} H_2O(l) \underset{2}{\rightleftharpoons} H_2O(g); \qquad \begin{aligned} \Delta S_1^\ominus &= 30{,}6 \ J \ mol^{-1} K^{-1} \\ \Delta S_2^\ominus &= 118{,}8 \ J \ mol^{-1} K^{-1} \end{aligned}$$

– sich bei einer Reaktion die Molzahl der Gase erhöht; z. B.

$$2\,H_2O(g) \rightleftharpoons 2\,H_2(g) + O_2(g); \quad \Delta_R S^\ominus = 88{,}6 \ J \ mol^{-1} K^{-1}$$

$$CaCO_3(s) \rightleftharpoons CaO(s) + CO_2(g); \quad \Delta_R S^\ominus = 160{,}4 \ J \ mol^{-1} K^{-1}$$

– eine reine Phase in Lösung übergeht; z. B.

$$NH_4Cl(s) \rightleftharpoons NH_4^+(aq) + Cl^-(aq); \quad \Delta_R S^\ominus = 75{,}2 \ J \ mol^{-1} K^{-1}$$

– in kondensierter Phase bei einer Reaktion die Teilchenzahl erhöht wird (Dissoziationen) und nur geringe Wechselwirkungen zwischen dem Medium und den entstehenden Teilchen auftreten (ideale Mischung bzw. ideale Lösung);

– sich in einer Reaktion weitgehend starre Moleküle in flexiblere umwandeln, z. B.:

$$\begin{array}{c} H_2C\!-\!CH_2 \\ \diagdown \ \diagup \\ CH_2 \end{array} \rightleftharpoons H_2C\!=\!CH\!-\!CH_3; \quad \Delta_R S^\ominus = 29{,}3 \ J \ mol^{-1} K^{-1}$$

Von besonderer Bedeutung ist die Auswirkung der Solvatation auf die Entropie, wenn hochpolare Teilchen (kleine oder hochgeladene Ionen, stark polare Moleküle) in polaren Medien auftreten. Durch die Orientierung der Lösungsmittelmoleküle um die Ionen wird eine hohe Ordnung erreicht, die die Entropie erniedrigt. Allerdings muß dabei auch die Veränderung der Ordnung im Lösungsmittel selbst berücksichtigt werden (vgl. die Erscheinung der Elektrostriktion, s. S. 66). Die negative Reaktionsentropie bei der Dissoziation des Wassers trotz der Bildung von zwei Teilchen aus einem ist die Folge der starken Wechselwirkungen zwischen den gebildeten Ionen und dem Lösungsmittel Wasser:

$$H_2O \rightleftharpoons H^\oplus + OH^\ominus; \qquad\qquad \Delta_R S^\ominus = -80{,}7 \ J \ mol^{-1} K^{-1}$$

$$HCl(aq) \rightleftharpoons H^\oplus(aq) + Cl^\ominus(aq); \quad \Delta_R S^\ominus = -103 \ J \ mol^{-1} K^{-1}$$

In gleicher Weise müssen die positiven Reaktionsentropien bei der Carbonatfällung (Tab. 2.2) trotz der Bildung der hochgeordneten Kristalle als Folge der Entropiezunahme bei der Desolvatation gedeutet werden.
Die wachsenden negativen Reaktionsentropien $\Delta_R S^\ominus$ für die Bildung der n-Alkane (Tab. 2.1) werden verständlich, wenn man in Rechnung setzt, daß pro Mol Formelumsatz $n + 1$ Mole gasförmiger Wasserstoff zur Bildung jeweils eines Mols des immer weniger flüchtigen Alkans verbraucht werden.

2.3.6. Gleichgewichtszellspannung

Die Gleichgewichtszellspannung U_{eq} ist die Spannung, die zwischen den Elektroden einer galvanischen Zelle gemessen werden kann, wenn kein Strom fließt und sich an den Phasengrenzflächen das elektrochemische Gleichgewicht eingestellt hat. Sie ist ein direktes Maß für die maximale Nutzbarkeit und damit die Triebkraft der in der Zelle freiwillig ablaufenden Redoxreaktion:

$$\Delta_R G = z_r \cdot F \cdot U_{eq} \tag{2.45}$$

Die Reaktionsladungszahl z_r gibt die Zahl der bei einem Formelumsatz zwischen korrespondierenden Redoxpaaren ausgetauschten Elektronen an. F ist die *Faraday*-Konstante ($F = 96\,487\ \mathrm{C\ mol^{-1}} = 96{,}487\ \mathrm{kJ\ mol^{-1}\ V^{-1}}$).

Die Bedeutung der Gleichgewichtszellspannung liegt in ihrer leichten experimentellen Zugänglichkeit und ihrer Verknüpfung mit der freien Reaktionsenthalpie.

Besonders wertvoll sind die Standardzellspannungen $U^{\ominus}$, weil sie direkt mit den Gleichgewichtskonstanten verknüpft sind:

$$\Delta_R G^{\ominus} = - RT \ln K^+ = z_r F U^{\ominus} \tag{2.2}$$

Es ist üblich, eine Redoxreaktion aus den Halbreaktionen für die beiden Redoxpaare zusammenzusetzen (Red.: Reduktions-, Ox: Oxydationsmittel):

$$
\begin{array}{llll}
\mathrm{Red_1} & \rightleftharpoons \mathrm{Ox_1} + z_r\,\mathrm{e} & \text{z. B.} & 2\,\mathrm{Na} \rightleftharpoons 2\,\mathrm{Na}^{\oplus} + 2\mathrm{e} \\
\mathrm{Ox_2} + z_r\,\mathrm{e} & \rightleftharpoons \mathrm{Red_2} & & 2\,\mathrm{H}^{\oplus} + 2\mathrm{e} \rightleftharpoons \mathrm{H_2} \\
\hline
\mathrm{Red_1} + \mathrm{Ox_2} & \rightleftharpoons \mathrm{Ox_1} + \mathrm{Red_2} & & 2\,\mathrm{Na} + 2\,\mathrm{H}^{\oplus} \rightleftharpoons 2\,\mathrm{Na}^{\oplus} + \mathrm{H_2}
\end{array}
$$

Jedem Redoxpaar (Red, Ox) entspricht eine Elektrodenreaktion, die mit der Halbreaktion identisch ist. Das Redoxpaar $(\mathrm{H}^+, \mathrm{H_2})$ definiert unter Standardbedingungen die Standardwasserstoffelektrode, bezüglich der beliebige andere Redoxpaare $(\mathrm{Red}_i, \mathrm{Ox}_i)$ vermessen werden können. Diese Standardzellspannungen mit der Standardwasserstoffelektrode werden als *Standardelektrodenpotentiale* $U_H^{\ominus}$ $(\mathrm{Red}_i, \mathrm{Ox}_i) = U_H^{\ominus}$ $(\mathrm{Red}_i, \mathrm{Ox}_i/\mathrm{H}^+, \mathrm{H_2})$ bezeichnet und tabelliert ($U_H^{\ominus}$ $(\mathrm{H}^+, \mathrm{H_2}) = 0$), z. B. in [2,5]. Der Wert von $U_H^{\ominus}$ $(\mathrm{Red}_i, \mathrm{Ox}_i)$ in den Tabellen ist immer dem Prozeß $\mathrm{Red}_i \rightleftharpoons \mathrm{Ox}_i + z_r\mathrm{e}$ zuzuordnen, und aus dem Vorzeichen folgt:

$U_H^{\ominus}$ $(\mathrm{Red}_i, \mathrm{Ox}_i) < 0$: $\mathrm{Red}_i + z_r\mathrm{H}^{\oplus} \rightarrow \mathrm{Ox}_i + z_r/2\ \mathrm{H_2}$ läuft freiwillig ab.

$U_H^{\ominus}$ $(\mathrm{Red}_i, \mathrm{Ox}_i) > 0$: $\mathrm{Ox}_i + z_r/2\ \mathrm{H_2} \rightarrow \mathrm{Red}_i + z_r\,\mathrm{H}^{\oplus}$ läuft freiwillig ab. So entwickelt Natrium aus Wasser Wasserstoff ($U_H^{\ominus}$ $(\mathrm{Na}, \mathrm{Na}^+) = -2{,}71$ V). Im Gegensatz dazu reduziert in einer Zellreaktion Wasserstoff Kupferionen zu metallischem Kupfer ($U_H^{\ominus}(\mathrm{Cu}, \mathrm{Cu}^+) = 0{,}52$ V).

Allgemein gilt:

Das Redoxpaar 1 mit dem negativeren Standardelektrodenpotential wirkt auf ein zweites reduzierend, d. h., es läuft freiwillig die folgende Reaktion ab:

$$U_H^{\ominus}(1) < U_H^{\ominus}(2): \mathrm{Red_1} + \mathrm{Ox_2} \rightarrow \mathrm{Ox_1} + \mathrm{Red_2}$$

Die Standardzellspannung für diese Reaktion ergibt sich dann zu

$$U^{\ominus} = [U_H^{\ominus}(1) - U_H^{\ominus}(2)]$$

Damit erhält man die Möglichkeit, für neue Reaktionen mit Hilfe der tabellierten Standardelektrodenpotentiale die Standardzellspannung, $\Delta_R G^\ominus$ und K^+ zu gewinnen. Als Beispiel soll die relative Löslichkeit von Hg_2Cl_2 gegenüber Hg_2I_2 nach: $Hg_2Cl_2 + 2I^\ominus \rightleftharpoons Hg_2I_2 + 2Cl^\ominus$ untersucht werden. Diese Reaktion ist keine Redoxreaktion mehr!

$$
\begin{aligned}
2Hg + 2I^\ominus &\rightleftharpoons Hg_2I_2 + 2e & U^\ominus_H &= -0{,}0405 \text{ V} \\
Hg_2Cl_2 + 2e &\rightleftharpoons 2Hg + 2Cl^\ominus & -U^\ominus_H &= -0{,}2677 \text{ V} \\
\hline
Hg_2Cl_2 + 2I^\ominus &\rightarrow Hg_2I_2 + 2Cl^\ominus & U^\ominus &= -0{,}3083 \text{ V} \\
& & \Delta_R G^\ominus &= -59{,}5 \text{ kJ mol}^{-1} \\
& & K^+ &= 2{,}6 \cdot 10^{10}
\end{aligned}
$$

Daraus ergibt sich, daß Hg_2I_2 wesentlich weniger löslich als Hg_2Cl_2 ist, was in Übereinstimmung mit den experimentellen Löslichkeitsprodukten ist ($K_L(Hg_2Cl_2)/K_L(Hg_2I_2) = = K^+ = 2{,}5 \cdot 10^{10}$!).

Damit sind die Zusammenhänge, die das chemische Gleichgewicht beschreiben (Gl. (2.2), in ihrer phänomenologischen Aussagekraft kurz behandelt worden. Eine Verknüpfung der für makroskopische Systeme gültigen Gleichungen mit der molekular-statischen Betrachtungsweise stellt die statistische Thermodynamik her.

2.4. Ein Blick auf die statistische Thermodynamik [2.6]

Die thermodynamische Größe innere Energie U eines Stoffes findet sich im submikroskopischen Bereich im konkreten Energieinhalt der einzelnen Moleküle wieder. Die gesamte molare innere Energie muß die Summe über die Energieinhalte aller einzelnen Moleküle sein. Mit der Gesamtzahl der Moleküle N und ihrer mittleren kinetischen Energie $\bar{\varepsilon}$ ergibt sich für den thermischen Anteil der inneren Energie:

$$U_{th} = U - U_0 = N_0\,\varepsilon_0 + N_1\,\varepsilon_1 + N_2\,\varepsilon_2 + \ldots = \Sigma\, N_i\,\varepsilon_i = N \cdot \bar{\varepsilon} \tag{2.46}$$

Es müssen zwei Fragen beantwortet werden:

1. Welche konkreten Energieinhalte ε_i können die einzelnen Moleküle haben?

2. Wie verteilen sich die N Moleküle auf die i Energieniveaus?

Die erste Frage kann mit Hilfe der Quantentheorie beantwortet werden. Eines ihrer Grundprinzipien sagt aus, daß Moleküle Energie nur gequantelt aufnehmen können, anders ausgedrückt, daß die Moleküle definierte Energieniveaus besitzen. Die Abstände zwischen den Energieniveaus der verschiedenen Anregungsmöglichkeiten unterscheiden sich stark: $\Delta\varepsilon$ für

Elektronen-	>	Schwingungs-	>	Rotations-	>	Translations-anregung
(10^{-18} J/Molekül		(10^{-20} J/Molekül		(10^{-23} J/Molekül		(10^{-41} J/Molekül
10^3 kJ/mol)		10^1 kJ/mol)		10^1 J/mol)		10^{-17} J/mol)

Für Temperaturen $T < 1\,000$ K und bei Ausschluß photochemischer Anregung sind die Elektronen noch nicht angeregt, d. h., die chemischen Spezies (Atome, Moleküle usw.) befinden sich im elektronischen Grundzustand. Der Energieinhalt eines Moleküls wird dann nur von den Schwingungs-, Rotations- und Translationsniveaus bestimmt. Für ein zweiatomiges Molekül A—B sind die Verhältnisse in Bild 2.4 dargestellt.

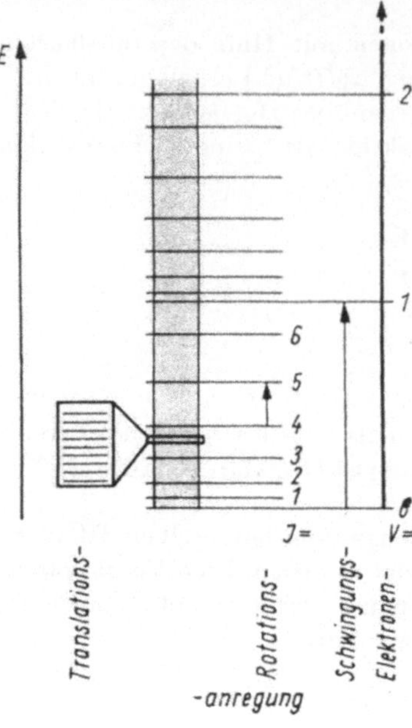

Bild 2.4. Stark vereinfachtes Energieniveauschema eines Moleküls A—B

Für chemische Probleme ist es sinnvoll, den Energieinhalt bei $T = 0$ K als Nullniveau zu nehmen und alle Energieniveaus des Moleküls darauf zu beziehen ($\Delta\varepsilon_0 = 0$, $\Delta\varepsilon_i$). Den konkreten Energieniveaus n im Bild 2.4 entsprechen dann $\Delta\varepsilon_n$,-Werte, die sich als Summe der Anregungsenergien für die Schwingung, die Rotation und die Translation ergeben.

Die Verteilung der N Moleküle auf die verschiedenen Energieniveaus $\Delta\varepsilon_i$ wird durch den *Boltzmann*-Faktor bestimmt:

$$N_i \approx \mathrm{e}^{-\Delta\varepsilon_i/k_\mathrm{B}T} \quad \text{bzw.} \quad \frac{N_i}{N} = \frac{\mathrm{e}^{-\Delta\varepsilon_i/k_\mathrm{B}T}}{\sum\limits_i \mathrm{e}^{-\Delta\varepsilon_i/k_\mathrm{B}T}} = \frac{\mathrm{e}^{-\Delta\varepsilon_i/k_\mathrm{B}T}}{q} \tag{2.47}$$

Das heißt, daß der Anteil der Moleküle mit dem Energieinhalt $\Delta\varepsilon_i$ unabhängig von der Gesamtzahl der Moleküle, aber abhängig von der Temperatur und der Höhe von $\Delta\varepsilon_i$ ist. N_i wächst mit steigender Temperatur und mit abnehmendem Wert für $\Delta\varepsilon_i$.

Der Nenner in Gl. (2.47) $\sum \mathrm{e}^{-\Delta\varepsilon_i/k_\mathrm{B}T}$ wird als *Zustandssumme* oder Verteilungsfunktion bezeichnet. Für das Nullniveau $\Delta\varepsilon_0 = 0$ ergibt sich $N_0/N = 1/q$. Damit ist die Zustandssumme definiert als

$$q = \sum_{i=0}^{\infty} \mathrm{e}^{-\Delta\varepsilon_i/k_\mathrm{B}T} = \frac{N}{N_0}; \quad 1 < q < \infty \tag{2.48}$$

Sie ist die Summe der *Boltzmann*-Faktoren für alle möglichen Energiezustände eines Moleküls, und sie ist das Verhältnis der Gesamtzahl der Moleküle zur Zahl der Moleküle im niedrigsten Energieniveau. Je dichter die Energieniveaus im Molekül liegen und je

Tab. 2.3. Verteilung der Moleküle auf zwei benachbarte Energieniveaus N_{i+1}/N_i in Abhängigkeit von der Temperatur T und der Energiedifferenz zwischen beiden Niveaus $\Delta\Delta\varepsilon$

T in K	$\Delta\Delta\varepsilon$ in J/Molekül		
	10^{-41} (Translation)	10^{-23} (Rotation)	10^{-20} (Schwingung)
0	0	0	0
10	1	0,93	$3 \cdot 10^{-32}$
100	1	0,99	$7 \cdot 10^{-4}$
300	1	0,998	$9 \cdot 10^{-2}$

höher die Temperatur ist, um so größer ist q und damit um so gleichmäßiger die Verteilung der Moleküle auf die ihnen möglichen Energieinhalte (vgl. Tab. 2.3).

Über die Lage der Energieniveaus ist die konkrete Struktur des Moleküls und seine Fähigkeit zur Energieaufnahme, d. h. seine innere Beweglichkeit, in der Zustandssumme verschlüsselt. Umgekehrt läßt sich die Zustandssumme aus den Strukturcharakteristika des Moleküls direkt berechnen [2.7]. Dieser Weg soll hier kurz angedeutet werden.

Jeder Energiezustand eines Moleküls $\Delta\varepsilon_i$ kann auf die Summe der Änderungen der Elektronen-, Schwingungs-, Rotations- und Translationsenergie zurückgeführt werden:

$$\Delta\varepsilon_i = \Delta\varepsilon_{el} + \Delta\varepsilon_{vib} + \Delta\varepsilon_{rot} + \Delta\varepsilon_{tr} \qquad (2.49)$$

Entsprechend läßt sich die Zustandssumme des Moleküls als Produkt der Beiträge der verschiedenen Anregungsformen schreiben:

$$q = q_{el} \cdot q_{vib} \cdot q_{rot} \cdot q_{tr} \qquad (2.50)$$

Die elektronische Zustandssumme q_{el} ist, wenn sich alle Moleküle im elektronischen Grundzustand befinden, gleich 1. Die übrigen Zustandssummenbeiträge können jeweils in die Beiträge pro Freiheitsgrad zerlegt werden.

Ein Molekül mit n Atomen besitzt drei Freiheitsgrade der Translation entsprechend der unabhängigen Bewegung in die drei Raumrichtungen x, y, z, drei Freiheitsgrade der Rotation (bei linearen Molekülen zwei) entsprechend der Rotation des Moleküls um die x-, y- und z-Achse sowie $3n-6$ Freiheitsgrade der Schwingung (bei linearen Molekülen $3n-5$) entsprechend der Anregung der $3n-6$ unabhängigen Eigenschwingungen.

$$q_{tr} = f_{tr}(x) f_{tr}(y) f_{tr}(z) \approx f_{tr}^3$$

$$q_{rot} = f_{rot}(x) f_{rot}(y) f_{rot}(z) \approx f_{rot}^3 \quad \text{(für nichtlineare Moleküle)}$$

$$q_{vib} = f_{vib}(\nu_1) \ldots f_{vib}(\nu_{3n-6}) \approx f_{vib}^{(3n-6)} \quad \text{(für nichtlineare Moleküle)}$$

Damit kann der Beitrag eines Freiheitsgrades zur Zustandssumme (und zu den thermodynamischen Größen) berechnet und abgeschätzt werden (Tab. 2.4). Hier wird besonders deutlich, daß die Beiträge eines Freiheitsgrades zur Zustandssumme sehr unterschiedlich sind:

Schwingung $<$ Rotation $\ll$ Translation

Bewegungsform	f Formel	Größenordnung pro Molekül
Translation	$\dfrac{\sqrt{2\pi mkT}}{h} \cdot x$	$10^8 \ldots 10^9$
Rotation	$\dfrac{\sqrt{8\pi^2 I_x kT}}{h}$	$10^1 \ldots 10^2$
Schwingung	$1/(1-\mathrm{e}^{-h\nu/kT})$	$10^0 \ldots 10^1$

Tab. 2.4. Beiträge von jeweils einem Freiheitsgrad der Bewegungsformen zur Zustandssumme

Für die Beziehung der Zustandssumme zu den thermodynamischen Größen gilt (mit $U_0 = H_0 = G_0$ – innere Energie eines Mols der Moleküle bei $T = 0$ K):

$$U - U_0 = RT^2 \left(\frac{\partial \ln q}{\partial T}\right)_v \tag{2.51}$$

$$H - U_0 = RT^2 \left(\frac{\partial \ln q}{\partial T}\right)_v + RT \tag{2.52}$$

$$S = RT \left(\frac{\partial \ln q}{\partial T}\right)_v + R \ln q + R \,(1 - \ln N_{\mathrm{A}}) \tag{2.53}$$

$$G - U_0 = -RT \ln (q/N_{\mathrm{A}}) \tag{2.54}$$

Gl. (2.53) zeigt, daß die Entropie im Gegensatz zur Enthalpie direkt mit den Zustandssummen verknüpft ist, deshalb können auch die Veränderungen der Freiheitsgrade bei einer Reaktion als Maß für die Reaktionsentropie diskutiert werden. Gl. (2.54) gestattet, die freie Reaktionsenthalpie einer Reaktion durch die Zustandssummen auszudrücken. Dabei wird von Gl. (2.55) ausgegangen.

$$\Delta_{\mathrm{R}} G^\ominus = \Sigma \, \nu_i G_i^\ominus = -RT \ln K^+ \tag{2.55}$$

Für die Reaktion A + BC → AB + C wird die Summe $\Sigma \, \nu_i \, G_j^\ominus$ zu

$$\Delta_{\mathrm{R}} G^\ominus = \Sigma \, \nu_i G_i^\ominus = \Delta_{\mathrm{R}} U_0 - RT \ln \frac{q_{\mathrm{AB}} q_{\mathrm{C}}}{q_{\mathrm{A}} q_{\mathrm{BC}}} \tag{2.56}$$

wobei $\Delta_{\mathrm{R}} U_0 = U_{0(\mathrm{AB})} + U_{0(\mathrm{C})} - U_{0(\mathrm{A})} - U_{0(\mathrm{BC})}$ die molare Reaktionsenergie bei $T = 0$ K ist. Sie entspricht der Änderung der Elektronenenergien der Partner bei der Reaktion. Die Gleichgewichtskonstante K^+ ergibt sich zu

$$K^+ = \frac{q_{\mathrm{AB}} q_{\mathrm{C}}}{q_{\mathrm{A}} q_{\mathrm{BC}}} \, \mathrm{e}^{-\Delta_{\mathrm{R}} U_0/RT} \tag{2.57}$$

Die Zustandssummen bilden in Gl. (2.57) einen Ausdruck, der in seiner Struktur dem MWG entspricht!

Literatur zum Abschnitt 2.

[2.1] *Karapetjanc, M. Ch.; Karapetjanc, M. L.:* Osnovnye thermodinamičeskie konstanty neorganičeskich i organičeskich veščestv. Moskva: Chimija 1968
Stull, D. R.; Westrum, Jr.; E. F.; Sinke, G. C.: The Chemical Thermodynamics of Organic Compounds. New York: Wiley 1969

[2.2] *Benson, S. W.*, u. a.: Chem. Rev. **68** (1968) S. 279

[2.3] *Rossini, D. F.*: Experimental Thermochemistry: Measurement of Heats of Reaction. New York: Interscience Publ. 1956

[2.4] *Mortimer, C. T.*: Reaction Heats and Bond Strengths. New York: Pergamon Press 1962

[2.5] *Dobos, D.*: Electrochemical Data. Budapest: Akad. Kiadó 1975

[2.6] *Kammer, H.; Schwabe, K.*: Einführung in die statistische Thermodynamik. Berlin: Akademie-Verlag 1979

[2.7] *Godnew, I. N.*: Berechnung thermodynamischer Funktionen aus Moleküldaten. Berlin: VEB Deutscher Verlag der Wissenschaften 1963

[2.8] Chemische Thermodynamik – Lehrbuch 4 im Lehrwerk Chemie. Leipzig: VEB Deutscher Verlag für Grundstoffindustrie 1982

[2.9] Chemische Thermodynamik – Arbeitsbuch 4 im Lehrwerk Chemie. Leipzig: VEB Deutscher Verlag für Grundstoffindustrie 1982

[2.10] Elektrolytgleichgewichte und Elektrochemie – Lehrbuch 5 im Lehrwerk Chemie. Leipzig: VEB Deutscher Verlag für Grundstoffindustrie

[2.11] Elektrolytgleichgewichte und Elektrochemie – Arbeitsbuch 5 im Lehrwerk Chemie. Leipzig: VEB Deutscher Verlag für Grundstoffindustrie

[2.12] *Wagner, W.*: Chemische Thermodynamik (WTB 6). Berlin: Akademie-Verlag 1982

[2.13] *Bittrich, H.-J.*: Leitfaden der chemischen Thermodynamik. Berlin: VEB Deutscher Verlag der Wissenschaften 1971

[2.14] *Bittrich, H.-J.; Lempe, D.*: Beispiele und Berechnungen zur chemischen Thermodynamik. Berlin: VEB Deutscher Verlag der Wissenschaften 1975

[2.15] *Prigogine, I.; Defay, R.*: Chemische Thermodynamik. Leipzig: VEB Deutscher Verlag für Grundstoffindustrie 1962

3. Reaktionskinetik

3.1. Das Verhältnis von Thermodynamik und Reaktionskinetik

Mit Vorzeichen und Wert von $\Delta_R G^\ominus$ bzw. $\Delta_R G$ für eine Reaktion ist eine eindeutige Aussage gegeben, ob die Reaktion entsprechend der Bruttogleichung von links nach rechts bzw. von rechts nach links verlaufen kann oder ob sich ein Gleichgewicht einstellt. Über die Dynamik der Hin- bzw. Rückreaktion oder des Gleichgewichtes wird damit allerdings noch nichts ausgesagt. Sie zu untersuchen und zu beschreiben ist Aufgabe der Reaktionskinetik.

Ein Reaktionssystem, für das $\Delta_R G < 0$ gilt, wäre zur Reaktion in Richtung des Gleichgewichtes in der Lage, es ist thermodynamisch instabil. Erfolgt die Gleichgewichtseinstellung sehr schnell, dann ist das System auch kinetisch instabil bzw. sehr reaktiv. Das Reaktionssystem $2\,H_2 + O_2$ ist thermodynamisch instabil ($\Delta_R G^\ominus = -457\,\text{kJ mol}^{-1}$), aber kinetisch stabil bzw. gehemmt, solange ein Katalysator oder eine Zündflamme, d. h. eine Erniedrigung der Aktivierungsenergie oder eine thermische Aktivierung, ausgeschlossen sind. Im Gegensatz dazu ist das ebenfalls thermodynamisch instabile System $Na + H_2O$ ($\Delta_R G^\ominus = -286\,\text{kJ mol}^{-1}$) hochreaktiv, d. h. kinetisch instabil. Der Begriff der thermodynamischen Stabilität, kurz Stabilität, hängt also mit der Tendenz zur Gleichgewichtseinstellung und der Begriff der kinetischen Stabilität, kurz Reaktivität, mit der Geschwindigkeit der Gleichgewichtseinstellung zusammen. Damit ist auch schon gesagt, daß die Stabilität bzw. Reaktivität immer nur in bezug auf ein bestimmtes Reaktionssystem (Reaktionspartner unter den gegebenen Reaktionsbedingungen) angegeben werden kann.

Diesem quantitativen Gebrauch der Begriffe Stabilität und Reaktivität steht der aus der chemischen Erfahrung gewachsene qualitative zur Seite:

Stabil sind Verbindungen, die keine Tendenz zum spontanen Zerfall bzw. zur Reaktion mit üblicherweise vorhandenen Partnern (O_2, H_2O, CO_2 usw.) zeigen. Als reaktiv werden Verbindungen bezeichnet, die mit verschiedenen Partnern schnell reagieren können. Allerdings wird dabei meist der Unterschied zwischen thermodynamischer und kinetischer Stabilität verwischt.

3.2. Die erste Aufgabe der Reaktionskinetik – Aufstellung des Zeitgesetzes

Der Ablauf einer Reaktion wird quantitativ durch die Reaktionslaufzahl ξ, d. h. durch die Objektmenge der Formelumsätze, beschrieben (Abschn. 2.). Die Geschwindigkeit einer Reaktion als zentrale Größe der Reaktionskinetik läßt sich mit Hilfe der zeitlichen Änderung der Reaktionslaufzahl $d\xi/dt$ definieren:

$$r = \frac{1}{V}\,\frac{d\xi}{dt} = \frac{1}{v_i}\,\frac{dc_i}{dt} \tag{3.1}$$

Diese Definition setzt den Bezug der Geschwindigkeit r auf eine bestimmte Bruttogleichung voraus. Für die Reaktion:

$$5NO_2^{\ominus} + 2MnO_4^{\ominus} + 6H^{\oplus} \rightarrow 5NO_3^{\ominus} + 2Mn^{2\oplus} + 3H_2O$$

gilt z. B.:

$$r = -\frac{1}{5}\,\frac{d\,[NO_2^{\ominus}]}{dt} = -\frac{1}{2}\,\frac{d\,[MnO_4^{\ominus}]}{dt} = \frac{1}{5}\,\frac{d\,[NO_3^{\ominus}]}{dt} = \frac{1}{2}\,\frac{d\,[Mn^{2\oplus}]}{dt}$$

Unabhängig davon, ob der Verbrauch eines Eduktes oder die Bildung eines Produktes verfolgt wird, sollte sich damit der gleiche Wert für die Reaktionsgeschwindigkeit ergeben. Sie wird üblicherweise in mol l^{-1} s^{-1} angegeben.

Eine Reaktion zwischen zwei Partnern kann nur stattfinden, wenn die Partnermoleküle zusammenstoßen. Da die Zahl der Zusammenstöße proportional zur Zahl der vorhandenen Moleküle ist (Stoßtheorie), wird die Konzentration der Reaktionspartner zu einer entscheidenden Einflußgröße auf die Reaktionsgeschwindigkeit. Die quantitative Beschreibung des Zusammenhanges zwischen Reaktionsgeschwindigkeit und Konzentrationen der an der Reaktion beteiligten Stoffe erfolgt mit der Geschwindigkeitsgleichung (dem Zeitgesetz):

$$r = f(c_1, c_2, \ldots c_i, c_I, c_{II}, \ldots c_X) \tag{3.2}$$

Außer den Konzentrationen c_i der in der Bruttogleichung auftretenden Reaktionspartner können im experimentellen Zeitgesetz auch die Konzentrationen c_X weiterer Stoffe erscheinen, z. B. von Katalysatoren bzw. Inhibitoren oder des Lösungsmittels. Für die saure Hydrolyse von Carbonsäureestern entsprechend der Bruttoreaktion:

$$R—COOR' + H_2O \rightarrow R—COOH + R'—OH$$

wird z. B. sehr oft folgendes Zeitgesetz gefunden:

$$\frac{d\,[RCOOR']}{dt} = k\,[RCOOR']\,[H^{\oplus}] \tag{3.3}$$

Es enthält nur die Konzentration eines Partners aus der Bruttogleichung und die Konzentration der katalytisch wirkenden Protonen.

3.2.1. Einfache Zeitgesetze

Die Gleichung (3.3) ist ein Beispiel für ein einfaches Zeitgesetz. Allgemein spricht man von einfachen Zeitgesetzen dann, wenn das Zeitgesetz die folgende mathematische Form hat:

$$r = k\,[A]^{\alpha}\,[B]^{\beta} \tag{3.4}$$

Die Reaktionsgeschwindigkeit ist danach den Potenzen von Konzentrationen proportional. Die Summe der Exponenten $\alpha + \beta = n$ wird Ordnung der Reaktion genannt.

α ist entsprechend die Ordnung in bezug auf den Stoff A. Gl. (3.3) ist danach ein Zeitgesetz zweiter Ordnung, und sie ist von erster Ordnung bezüglich des Esters.

Der Koeffizient k wird Geschwindigkeitskonstante genannt. Da die Reaktionsgeschwindigkeit immer in der Größenart (Konzentration) (Zeit)$^{-1}$ erhalten werden muß, hat die Geschwindigkeitskonstante in Abhängigkeit von der Ordnung unterschiedliche Größenarten: 0. Ordnung: (Konzentration) (Zeit)$^{-1}$; 1. Ordnung: (Zeit)$^{-1}$; 2. Ordnung: (Konzentration)$^{-1}$ (Zeit)$^{-1}$; 3. Ordnung: (Konzentration)$^{-2}$ (Zeit)$^{-1}$. Die Geschwindigkeitskonstante ist nur dann eine Konstante, wenn alle anderen Einflüsse auf das Reaktionssystem außer den Konzentrationen (z. B. die Temperatur, der Druck, das Medium) konstant gehalten werden. k als Geschwindigkeit bei der Konzentration 1 mol l^{-1} für alle im Zeitgesetz auftretenden Reaktionsteilnehmer charakterisiert das Geschwindigkeitsniveau einer Reaktion unter den konkreten konstanten Reaktionsbedingungen.

Die Aufgabe der experimentellen Kinetik besteht darin, aus der Veränderung der Konzentration eines Reaktionspartners mit der Zeit die Reaktionsordnung, die Ordnungen bezüglich der Reaktionsteilnehmer und den Wert der Geschwindigkeitskonstanten zu gewinnen. Hierbei erweist sich die Ordnung als wertvolles Klassifizierungsprinzip, weil sie den verschiedenen Reaktionen gleicher Ordnung unabhängig von den konkreten umgesetzten Stoffen jeweils einen gemeinsamen mathematischen Ausdruck zuordnet. In Tab. 3.1 sind die einfachen Zeitgesetze vom Typ:

$$r = \frac{1}{\nu_{\mathrm{A}}} \frac{\mathrm{d}[\mathrm{A}]}{\mathrm{d}t} = k\,[\mathrm{A}]^{\alpha} \tag{3.5}$$

in ihrer differentiellen und ihrer integrierten Form zusammengestellt. Tab. 3.1 enthält außerdem noch die Ausdrücke für die Halbwertszeit $t_{1/2}$, die dann abgelaufen ist, wenn die Edukte zur Hälfte umgesetzt sind.

Tab. 3.1. Einfache Zeitgesetze

Ordnung	Zeitgesetz differentiell	Zeitgesetz integriert	Halbwertzeit $t_{1/2}$
0	$-\dfrac{1}{|\nu_{\mathrm{A}}|} \dfrac{\mathrm{d}[\mathrm{A}]}{\mathrm{d}t} = k$	$[\mathrm{A}]_0 - [\mathrm{A}] = |\nu_{\mathrm{A}}|\,kt$	$\dfrac{|\mathrm{A}|_0}{2\,|\nu_{\mathrm{A}}|\,k}$
1	$-\dfrac{1}{|\nu_{\mathrm{A}}|} \dfrac{\mathrm{d}[\mathrm{A}]}{\mathrm{d}t} = k[\mathrm{A}]$	$\ln \dfrac{[\mathrm{A}]_0}{[\mathrm{A}]} = |\nu_{\mathrm{A}}|\,kt$	$\dfrac{0{,}693}{|\nu_{\mathrm{A}}|\,k}$
2	$-\dfrac{1}{|\nu_{\mathrm{A}}|} \dfrac{\mathrm{d}[\mathrm{A}]}{\mathrm{d}t} = k\,[\mathrm{A}]^2$	$\dfrac{1}{[\mathrm{A}]} - \dfrac{1}{[\mathrm{A}]_0} = |\nu_{\mathrm{A}}|\,kt$	$\dfrac{1}{|\nu_{\mathrm{A}}|\,k\,[\mathrm{A}]_0}$
3	$-\dfrac{1}{|\nu_{\mathrm{A}}|} \dfrac{\mathrm{d}[\mathrm{A}]}{\mathrm{d}t} = k\,[\mathrm{A}]^3$	$\dfrac{1}{2}\left(\dfrac{1}{[\mathrm{A}]^2} - \dfrac{1}{[\mathrm{A}]_0^2}\right) = |\nu_{\mathrm{A}}|\,kt$	$\dfrac{3}{2|\nu_{\mathrm{A}}|\,k\,[\mathrm{A}]_0^2}$

($[\mathrm{A}]_0$ – Konzentration des Stoffes A bei $t = 0$; $[\mathrm{A}]$ – Konzentration des Stoffes A zum Zeitpunkt t)

Die experimentellen Methoden zur Bestimmung der Ordnung, der Geschwindigkeitskonstanten und der Halbwertszeit sind in zahlreichen Lehrbüchern ausführlich dargestellt [3.1]. Auf zwei prinzipielle Möglichkeiten zur Vereinfachung der Auswertung einfacher Zeitgesetze soll an dieser Stelle aufmerksam gemacht werden.

1. Umsatz äquivalenter Mengen der Reaktionspartner

Das Zeitgesetz Gl. (3.4) enthält die Konzentrationen der zwei Edukte A und B. Für den speziellen Fall $\alpha = \beta = 1$ lautet das Zeitgesetz 2. Ordnung in seiner differentiellen und integrierten Form:

$$r = k\,[\mathrm{A}]\,[\mathrm{B}]; \qquad \frac{1}{|\nu_\mathrm{A}|\,[\mathrm{B}]_0 - |\nu_\mathrm{B}|\,[\mathrm{A}]_0} \ln \frac{[\mathrm{A}]_0[\mathrm{B}]}{[\mathrm{B}]_0[\mathrm{A}]} = kt \tag{3.6}$$

Werden die beiden Edukte A und B entsprechend der Bruttogleichung

$$|\nu_\mathrm{A}|\mathrm{A} + |\nu_\mathrm{B}|\,\mathrm{B} + \ldots \rightarrow \nu_\mathrm{X}\,\mathrm{X} + \nu_\mathrm{Y}\,\mathrm{Y} + \ldots \tag{3.7}$$

in äquivalenten Konzentrationen eingesetzt, dann gilt zu jedem Zeitpunkt der Reaktion:

$$\frac{1}{|\nu_\mathrm{A}|}\,[\mathrm{A}] = \frac{1}{|\nu_\mathrm{B}|}\,[\mathrm{B}] \tag{3.8}$$

Einsetzen in die differentielle Form von Gl. (3.6) ergibt:

$$r = k\left(\frac{|\nu_\mathrm{B}|}{|\nu_\mathrm{B}|}\right)^{\beta} [\mathrm{A}]^2 = k'\,[\mathrm{A}]^2 \quad \text{mit} \quad k' = k\left(\frac{|\nu_\mathrm{B}|}{|\nu_\mathrm{A}|}\right)^{\beta} \tag{3.9}$$

und führt damit auf ein Zeitgesetz gleicher Ordnung mit nur noch einer Konzentration. Allgemein geht das Zeitgesetz (3.4) bei Einsatz äquivalenter Konzentrationen der Edukte wegen Gl. (3.8) über in

$$r = k\left(\frac{|\nu_\mathrm{B}|}{|\nu_\mathrm{A}|}\right)^{\beta} [\mathrm{A}]^{\alpha+\beta} = k'\,[\mathrm{A}]^n \tag{3.10}$$

Dieses Verfahren führt bei einfachen Zeitgesetzen beliebiger Ordnung bei Erhalt der Ordnung zu einer starken Vereinfachung der Auswertung.

2. Umsatz mit Reaktionspartnern im Überschuß

Im experimentell gewonnenen Geschwindigkeitsgesetz können nur Konzentrationen erfaßt werden, die sich während des Reaktionsablaufes deutlich ändern. Liegt der Reaktionspartner B in einem großen Überschuß ($>$ zehnfach) gegenüber dem Reaktionspartner A vor, dann wird die Konzentrationsänderung von B während der Reaktion unbedeutend, und es gilt:

$$[\mathrm{B}]_0 \gg [\mathrm{A}]_0 \text{ und } [\mathrm{B}] \approx \text{const.}$$

Dann enthält das Zeitgesetz den Überschußpartner B nicht mehr als Konzentrationsvariable, und Gl. (3.8) geht über in

$$r = k'\,[\mathrm{A}]^{\alpha} \quad \text{mit} \quad k' = k\,[\mathrm{B}]^{\beta} \tag{3.11}$$

Das Zeitgesetz wird dadurch von der Ordnung $n = \alpha + \beta$ auf die Ordnung $n = \alpha$ reduziert, was erstens eine Vereinfachung der Auswertung mit sich bringt und zweitens gestattet, die Ordnung bezüglich des Partners A zu bestimmen. Wird umgekehrt der Partner A im Überschuß gegenüber dem Partner B eingesetzt, kann die Ordnung bezüglich des Partners B bestimmt werden, wodurch sich das vollständige Zeitgesetz ergibt.

Tritt in einem experimentell erhaltenen Zeitgesetz ein die Geschwindigkeit entscheidend mitbestimmender Reaktionspartner nicht auf, weil seine Konzentration während des Reaktionsablaufs nahezu konstant bleibt, dann wird die experimentell erhaltene, reduzierte Reaktionsordnung Pseudoordnung genannt. Pseudoordnungen treten auf, wenn

– Reaktionspartner im Überschuß eingesetzt werden (s. o.),
– das Lösungsmittel als Reaktionspartner mitwirkt (z. B. bei Solvolysen) oder
– Katalysatoren am Reaktionsablauf beteiligt sind, da sie der Definition nach in den Mechanismus eingreifen, aber nicht verbraucht werden.

Weil die Konzentrationen dieser Partner als Konstanten während des Reaktionsablaufs in die experimentell bestimmten Geschwindigkeitskonstanten k' mit einbezogen sind, kann aus der Bestimmung der Geschwindigkeitskonstanten k' bei verschiedenen Ausgangskonzentrationen der in Frage kommenden Partner das Vorliegen einer Pseudoordnung geprüft und die Teilnahmeordnung dieser Partner bestimmt werden. Ausgangspunkt ist die linearisierte Gleichung (3.11) für den Zusammenhang zwischen k und k':

$$\lg k' = \lg k + \beta \lg [\mathrm{B}] \tag{3.12}$$

wobei B ein Überschuß-Partner, das Lösungsmittel oder ein Katalysator sein kann. Durch Auftragen von $\lg k'$ gegen $\lg [\mathrm{B}]$ werden die Ordnung bezüglich B und die echte Geschwindigkeitskonstante k zugänglich.

Die Konzentration des Lösungsmittels kann z. B. durch Mischen des speziellen Lösungsmittels mit einem «inerten», d. h. mit einem, das nicht mit dem Reaktionssystem in spezifische Wechselwirkung tritt, verändert werden. So konnte die Teilnahmeordnung des Wassers durch Einsatz von Wasser-Aceton-Gemischen für die Hydrolyse von tert-Butylbromid nach dem S_N1-Mechanismus zu etwa 6 und für die Hydrolyse von Ethylbromid nach dem S_N2-Mechanismus zu etwa 2 gefunden werden.

Ebenfalls mit Hilfe der Gl. (3.12) konnte für die Hydrolyse des Acetaldehyddiethylacetals nach

$$\mathrm{H_3C{-}CH} \underset{\mathrm{OC_2H_5}}{\overset{\mathrm{OC_2H_5}}{\diagup}} + \mathrm{H_2O} \rightarrow \mathrm{H_3C{-}CHO} + 2\mathrm{C_2H_5OH}$$

die Teilnahmeordnung 1 für die Protonen nachgewiesen werden:

$$r = k\,[\mathrm{Acetal}]\,[\mathrm{H}^{\oplus}] \tag{3.13}$$

Wird die Geschwindigkeitskonstante k aus einfachen Zeitgesetzen als Funktion der Temperatur $k = f(T)$ bestimmt, ergibt sich für die meisten Reaktionen die *Arrhenius*-Gleichung:

$$k = A\,\mathrm{e}^{-E_A/RT} \quad \text{bzw.} \quad \ln k = \ln A - \frac{E_A}{RT} \tag{3.14}$$

oder in differenzierter Form:

$$\frac{\mathrm{d}\ln k}{\mathrm{d}t} = \frac{E_A}{RT^2}$$

Sie beschreibt quantitativ die chemische Erfahrung, daß die meisten chemischen Reaktionen bei Temperaturerhöhung beschleunigt werden ($E_A > 0$). Der Regel, daß bei Temperaturerhöhung um 10 K die Geschwindigkeit um das 2- bis 3fache steigt, liegt zugrunde, daß für viele Reaktionen Aktivierungsenergien E_A in der Größenordnung von 40...80 kJ mol^{-1} typisch sind. Die Aktivierungsenergie kann nach der linearisierten Gl. (3.14) durch Auftragen von ln k bzw. lg k gegen $1/T$ aus dem Anstieg E_A/R bzw. $E_A/2{,}303\,R$ erhalten werden. (Die auf diese Weise experimentell gewonnene Aktivierungsenergie für die Gesamtreaktion darf nicht mit der zur Aktivierung eines bestimmten Reaktionsschrittes aufzubringenden Aktivierungsenergie als Maximum im Energieprofildiagramm (Abschn. 4.) verwechselt werden.) Der präexponentielle Faktor A ergibt sich bei dieser Darstellung aus dem Ordinatenabschnitt ln A bzw. lg A und entspricht der Geschwindigkeitskonstante bei unendlich hoher Temperatur: $A = k_{(T \to \infty)}$. Die Werte für den präexponentiellen Faktor liegen im Bereich von $10^4...10^{13}$ l mol^{-1}s^{-1} für bimolekulare Reaktionen.

Mit E_A und A läßt sich unter der Annahme, daß beide Größen in erster Näherung unabhängig von der Temperatur sind, die Geschwindigkeitskonstante der entsprechenden Reaktion bei beliebiger Temperatur angeben. Deshalb ist es üblich, in Tabellenwerken zur kinetischen Charakterisierung einer Reaktion neben k (für eine bestimmte Temperatur) auch E_A und A bzw. lg A (für einen bestimmten Temperaturbereich) anzugeben. Die Temperatur erweist sich als eine Einflußgröße, die einerseits die Reaktionsgeschwindigkeit und andererseits die Gleichgewichtslage (Abschn. 2.) stark verändert: Haben E_A und $\Delta_R H$ beide ein positives Vorzeichen, dann wird bei Temperaturerhöhung die Reaktion schneller und gleichzeitig stärker auf die Produktseite verschoben. Liegen ein positives E_A und ein negatives $\Delta_R H$ vor, dann wird die Reaktion bei Temperaturerhöhung zwar schneller, aber das Gleichgewicht wird in Richtung der Edukte verschoben. Für die Reaktion $H_2 + I_2 = 2\,HI$ mit dem Zeitgesetz $r = k\,[H_2]\,[I_2]$ werden $\Delta_R H^\ominus = -10{,}4$ kJ mol^{-1} sowie $E_A = 165$ kJ mol^{-1} und $A = 1{,}6 \cdot 10^{11}$ l mol^{-1}s^{-1} angegeben. Bei einer Temperaturerhöhung von 125 °C auf 445 °C verringert sich die Gleichgewichtskonstante um den Faktor 0,197 und damit der Reaktionsgrad von 0,88 auf 0,78, wenn von $n_{H_2} = n_{T_2} = 1$ mol und $n_{HI} = 0$ ausgegangen wird. Gleichzeitig wird die Geschwindigkeitskonstante der Hinreaktion um den Faktor 10 erhöht!

3.2.2. Komplexe Zeitgesetze

Die Auswertung der einfachen Zeitgesetze, besonders der 0. bis 3. Ordnung, ist mathematisch unkompliziert. Es gibt aber zahlreiche Zeitgesetze, die von der einfachen Form abweichen, und es gibt viele Reaktionen, für die anfangs einfache Zeitgesetze ermittelt wurden, bei denen eine sehr genaue Untersuchung über den gesamten Zeitraum des Reaktionsablaufes bzw. die Erfassung eines größeren Konzentrations- oder Druckbereiches zu komplizierteren Geschwindigkeitsgleichungen führt.
Für die Reaktion

$$H_2 + Br_2 \to 2\,HBr$$

gilt in der Anfangsphase der Reaktion das Zeitgesetz:

$$\frac{1}{2}\,\frac{d[HBr]}{dt} = k\,[H_2]\,[Br_2]^{1/2} \tag{3.15}$$

Bei höherem Umsatz kompliziert es sich zu

$$\frac{1}{2}\,\frac{d[HBr]}{dt} = \frac{k\,[H_2]\,[Br_2]^{1/2}}{k' + [HBr]\,[Br_2]^{-1}} \tag{3.16}$$

Da bei Reaktionsbeginn die Produktkonzentration [HBr] ≈ 0 ist, verschwindet der zweite Summand im Nenner, und Gl. (3.16) geht in Gl. (3.15) über.

Als erschwerend können, wie Gl. (3.16) zeigt, in Zeitgesetzen gebrochene und negative Exponenten, Summen und Brüche auftreten, z. B.:

$$Cr^{*3\oplus} + CrO_4^{2\ominus} \rightarrow Cr^*O_4^{2\ominus} + Cr^{3\oplus}$$

$$r = k\,[Cr^{*3\oplus}]^{4/3}\,[CrO_4^{2\ominus}]^{2/3} \tag{3.17}$$

$$H_2O_2 + 2H^{\oplus} + 2I^{\ominus} \rightarrow 2H_2O + I_2$$

$$r = k\,[H_2O_2]\,[I^{\ominus}]\,(1 + k'\,[H^{\oplus}]) \tag{3.18}$$

$$OCl^{\ominus} + I^{\ominus} \rightarrow OI^{\ominus} + Cl^{\ominus} \qquad r = k\,[OCl^{\ominus}]\,[I^{\ominus}]\,[OH^{\ominus}]^{-1} \tag{3.19}$$

$$2Fe^{3\oplus} + 2I^{\ominus} \rightarrow 2Fe^{2\oplus} + I_2$$

$$r = \frac{k\,[Fe^{3\oplus}]^2\,[I^{\ominus}]^2}{[Fe^{3\oplus}] + k'\,[Fe^{2\oplus}]} \tag{3.20}$$

Aus dem bisher zur Form von Zeitgesetzen Gesagten und dem Vergleich der Bruttogleichungen mit den zugehörigen Zeitgesetzen ergeben sich zwingend die folgenden Fragen:

In welchem Zusammenhang stehen Zeitgesetz und tatsächlicher, detaillierter Ablauf der Reaktionen?

Welche Hilfe gibt die Kinetik zur Aufklärung von Reaktionsmechanismen?

3.3. Die zweite Aufgabe der Reaktionskinetik – Aussagen über den Reaktionsmechanismus

Die bei einer Reaktion vor sich gehende Stoffwandlung wird in kürzester Form in der Bruttogleichung beschrieben, die nur das Vorher und Nachher bezüglich eines vollständigen Reaktionsablaufs erfaßt und deshalb ohne direkten Bezug zum Mechanismus, dem Geschehen dazwischen, bleibt. Deshalb existiert *kein direkter Zusammenhang* zwischen:

1. Stöchiometrie der Bruttogleichung und dem Mechanismus

Für die Bromwasserstoffbildung aus den Elementen nach $H_2 + Br_2 \rightarrow 2\,HBr$ wird folgender Mechanismus diskutiert:

$$
\begin{aligned}
Br_2 &\xrightarrow{\ k_1\ } 2Br^{\cdot} \\
Br^{\cdot} + H_2 &\xrightarrow{\ k_2\ } HBr + H^{\cdot} \\
H^{\cdot} + Br_2 &\xrightarrow{\ k_3\ } HBr + Br^{\cdot} \\
Br^{\cdot} + Br^{\cdot} &\xrightarrow{\ k_4\ } Br_2
\end{aligned}
\tag{3.21}
$$

In keiner Elementarreaktion reagieren H_2 und Br_2 miteinander, wie es die linke Seite der Bruttogleichung nahelegen könnte.

2. Stöchiometrie der Bruttogleichung und der Ordnung im Zeitgesetz

Das zeigen die Zeitgesetze der Gln. (3.16), (3.17) und (3.18) im Vergleich mit den entsprechenden Bruttogleichungen deutlich.

3. Auftreten von Reaktionspartnern in der Bruttogleichung und Auftreten von Stoffen im Zeitgesetz

Im Zeitgesetz können Konzentrationen von Edukten wegfallen, wie z. B. in den Gln.(3.3) und (3.13), Konzentrationen von Produkten auftreten, wie z. B. in Gl. (3.16) und (3.20), sowie Konzentrationen von nicht in der Bruttogleichung erfaßten Stoffen erscheinen, wie z. B. in den Gln. (3.3), (3.13) und (3.19).

4. Ordnung des Zeitgesetzes und Molekularitäten der Elementarreaktionen

Die Ordnung kann z. B. eine Pseudoordnung sein wie in den Fällen Gl. (3.3) und Gl. (3.13), wo das Lösungsmittel H_2O Reaktionspartner ist. Oder die Ordnungen der Partner im Zeitgesetz lassen sich nicht in den Molekularitäten der beteiligten Elementarreaktionen wiedererkennen, wie das Beispiel der HBr-Bildung beweist. Das hat seine Ursache darin, daß der Mechanismus als komplexes System von Elementarreaktionen letztendlich in einem Zeitgesetz quantitativ beschrieben werden muß.

Im Gegensatz zur Bruttogleichung gibt die Gleichung für eine Elementarreaktion die tatsächliche elementare Wechselwirkung zwischen den beteiligten Reaktionspartnern wieder. Das bedeutet, daß in der Elementarreaktion $Br\cdot + H_2 \rightarrow HBr + H\cdot$ das Bromatom und der Wasserstoff zusammentreffen und einen gemeinsamen aktivierten Komplex bilden müssen, damit das Bromwasserstoffmolekül und das Wasserstoffatom entstehen können. Das bedeutet auch, daß die Geschwindigkeit dieser bimolekularen Elementarreaktion sowohl von $[Br\cdot]$ als auch von $[H_2]$ abhängt, d. h. das Zeitgesetz von 2. Ordnung ist. Allgemein gilt:

Für Elementarreaktionen stimmen Molekularität und Ordnung überein. Das Zeitgesetz einer Elementarreaktion ist dann das Produkt aus Geschwindigkeitskonstante und den Konzentrationen der Edukte mit den der Molekularität entsprechenden Ordnungen, z. B.:

$$A + B \xrightarrow{k_i} 2C \qquad r_i = -\frac{d[A]}{dt} = -\frac{d[B]}{dt} = \frac{1}{2}\frac{d[C]}{dt} = k_i\,[A]\,[B] \tag{3.22}$$

Dementsprechend können für die Reaktionsschritte der HBr-Bildung die folgenden Zeitgesetze formuliert werden:

$$
\begin{aligned}
Br_2 &\xrightarrow{k_1} 2Br\cdot & r_1 &= k_1\,[Br_2]\\
Br\cdot + H_2 &\xrightarrow{k_2} HBr + H\cdot & r_2 &= k_2\,[Br\cdot]\,[H_2]\\
H\cdot + Br_2 &\xrightarrow{k_3} HBr + Br\cdot & r_3 &= k_3\,[H\cdot]\,[Br_2]\\
2Br\cdot &\xrightarrow{k_4} Br_2 & r_4 &= k_4\,[Br\cdot]^2
\end{aligned}
\tag{3.23}
$$

Sie sind einzeln meist nicht bestimmbar, weil sie in den mechanistischen Gesamtablauf integriert sind. Gemessen werden kann aber im Prinzip die Veränderung der Konzentration der einzelnen Reaktionsteilnehmer X mit der Zeit.

Mit $d[X]/dt$ müssen alle Elementarreaktionen erfaßt werden, in denen X verbraucht und/oder gebildet wird. Hierin liegt die Verknüpfung der experimentellen Größe $d[X]/dt$ mit den die Elementarreaktionen charakterisierenden Zeitgesetzen. Für die HBr-Bildung ergibt sich damit:

$$\frac{d[HBr]}{dt} = k_2\,[Br\cdot]\,[H_2] + k_3\,[H\cdot]\,[Br_2] \tag{3.24}$$

$$\frac{d[Br_2]}{dt} = -\,k_1\,[Br_2] - k_3\,[H\cdot]\,[Br_2] + k_4\,[Br\cdot]^2 \tag{3.25}$$

(Die Vorzeichen der Summanden der letzten Gleichung ergeben sich, weil Brom in den Elementarreaktionen 1 und 3 verbraucht und in der Reaktion 4 gebildet wird.)

$$\frac{d\,[H_2]}{dt} = -\,k_2\,[Br^{\cdot}]\,[H_2] \tag{3.26}$$

Analog können die Ausdrücke $d[X]/dt$ auch für die reaktiven Zwischenstufen, die Radikale $H^{\cdot}$ und $Br^{\cdot}$, formuliert werden:

$$\frac{d\,[Br^{\cdot}]}{dt} = 2\,k_1\,[Br_2] - k_2\,[Br^{\cdot}]\,[H_2] + k_3\,[H^{\cdot}]\,[Br_2] - 2\,k_4\,[Br^{\cdot}]^2 \tag{3.27}$$

(Der Faktor 2 im ersten und vierten Summanden ergibt sich, weil die Gleichung für $d[Br^{\cdot}]/dt$ aufgestellt wird, für die entsprechenden Elementarreaktionen aber gilt:

$$r_1 = \frac{1}{2}\ \frac{d\,[Br^{\cdot}]}{dt} = k_1\,[Br_2] \quad \text{und} \quad r_4 = -\frac{1}{2}\ \frac{d\,[Br^{\cdot}]}{dt} = k_4\,[Br^{\cdot}]^2$$

Das Zeitgesetz für die Veränderung der Wasserstoffatomkonzentration schließlich lautet:

$$\frac{d\,[H^{\cdot}]}{dt} = k_2\,[Br^{\cdot}]\,[H_2] - k_3\,[H^{\cdot}]\,[Br_2] \tag{3.28}$$

Soll die Reaktionsgeschwindigkeit für die Bruttoreaktion $H_2 + Br_2 \rightarrow 2\,HBr$ durch

$$r = \frac{1}{2}\ \frac{d[HBr]}{dt}$$

ausgedrückt werden, ist nur Gl. (3.24) wesentlich. Aber in ihr treten die Konzentrationen $[Br^{\cdot}]$, $[H_2]$, $[H^{\cdot}]$ und $[Br_2]$ auf, für deren Zeitabhängigkeit die Gln. (3.27), (3.26), (3.28) und (3.25) gelten. Also kann r nur durch das Lösen des vollständigen Systems der gekoppelten Differentialgleichungen (3.24) bis (3.28) berechnet werden.

Die Lösung eines solchen Systems gekoppelter Differentialgleichungen, d. h. die Bestimmung aller Geschwindigkeitskonstanten k_i, kann dann erfolgen, wenn von allen Reaktionspartnern X die Konzentrationen in Abhängigkeit von der Zeit $[X] = f(t)$ bestimmt worden sind. Dabei müssen wegen des hohen mathematischen Aufwandes Computer eingesetzt werden. Bei Folgereaktionen mit hochreaktiven Zwischenstufen, z. B. Carbeniumionen, Carbanionen oder Radikalen, lassen sich deren Konzentrationen meist nicht quantitativ verfolgen, so daß die Lösung des Differentialgleichungssystems nicht auf diesem Wege erfolgen kann. Hier besteht die Aufgabe, die Konzentrationen der reaktiven Zwischenstufen als Funktionen der meßbaren Konzentrationen der Edukte und Produkte auszudrücken. Möglichkeiten dafür sollen in den folgenden Abschnitten vorgestellt werden.

Das Beispiel in Gl. (3.21) weist schon auf die zu erwartende Vielfalt im Ablauf chemischer Reaktionen hin. Die wesentlichen Prinzipien für die Gewinnung der Zeitgesetze für vorgegebene Mechanismen lassen sich allerdings an einfachen Fällen zeigen. Deshalb sollen in der Folge ausgehend von einfachen Mechanismen Ausdrücke für das experimentell überprüfbare zeitliche Verhalten der Reaktionen abgeleitet werden.

3.3.1. Monomolekulare irreversible Reaktionen

Die Gleichung $A \rightarrow X (+ Y + Z)$ beschreibt den irreversiblen monomolekularen Übergang der Spezies A in X bzw. in mehrere Spaltprodukte. Das zugehörige Zeitgesetz ist erster Ordnung und lautet:

$$-\frac{d[A]}{dt} = k[A]; \quad \ln \frac{[A]_0}{[A]} = kt;$$

$$[A] = [A]_0\, e^{-kt}; \quad [X] = [A]_0\,(1 - e^{-kt}) \tag{3.29}$$

Solange die Reaktion irreversibel verläuft, gilt dieses Gesetz unabhängig davon, in wieviel Produkte A zerfällt.

Beispiele für Reaktionen dieser Art sind Isomerisierungen und Zerfallsreaktionen; z. B.

$$H_3CCOO(CH_2)_5CH_3 \rightarrow H_3CCOOH + H_2C=CH-(CH_2)_3CH_3$$

Isomerisierungen und Zersetzungen aller Art sind aber mit Bindungslockerungen verbunden und bedürfen deshalb einer Aktivierung.

Die häufigste Art der Aktivierung ist die Zuführung von Wärmeenergie durch Erhöhung der Temperatur. Die dadurch vergrößerte mittlere kinetische Energie aller im Reaktionssystem vorhandenen Teilchen führt dazu, daß sich die Zahl der Zusammenstöße, bei denen die für eine Reaktion ausreichende Energie auf die Eduktmoleküle übertragen wird, erhöht.

Zwei Fälle sind zu unterscheiden:

1. Die aktivierenden Zusammenstöße können zwischen den Molekülen A erfolgen. Dann muß der Mechanismus eigentlich wie folgt formuliert werden:

$$A + A \xrightarrow{k_1} A^a + A$$

(Der obere Index a kennzeichnet ein angeregtes Teilchen, * kennzeichnet ein elektronisch angeregtes Molekül.)

Bei dem Zusammenstoß hat A^a so viel Schwingungs- und Rotationsenergie übernommen, daß die Umwandlung in X vor sich gehen kann:

$$A^a \xrightarrow{k_2} X$$

Wenn die Lebensdauer von A^a ausreichend groß ist, besteht allerdings die Möglichkeit, daß A^a bei einem weiteren Zusammenstoß mit einem Teilchen A wieder desaktiviert wird, indem die Energie über beide Stoßpartner verteilt wird:

$$A^a + A \xrightarrow{k_{-1}} A + A$$

Für die Bildung des Produktes X ergibt sich das Zeitgesetz:

$$\frac{d[X]}{dt} = k_2[A^a]$$

Da die aktivierten Moleküle A^a entweder schnell zu X reagieren oder durch weitere Zusammenstöße wieder desaktiviert werden, kann sich im Reaktionssystem nur eine kleine stationäre Konzentration von A^a ausbilden. Das bedeutet aber, daß $d[A^a]/dt \approx 0$ gesetzt werden kann (*Bodenstein*sches Stationaritätsprinzip; s. S. 97):

$$\frac{d[A^a]}{dt} = k_1[A]^2 - k_{-1}[A^a]\,[A] - k_2[A^a] = 0$$

$$[A^a] = \frac{k_1[A]^2}{k_{-1}[A] + k_2}$$

Damit ergibt sich für das Zeitgesetz:

$$\frac{d[X]}{dt} = \frac{k_1 k_2 \, [A]^2}{k_{-1}[A] + k_2}$$

Bei Reaktionen in der Gasphase ist bei hohen Drücken [A] sehr groß und die Wahrscheinlichkeit, daß A^a durch Zusammenstöße desaktiviert wird, sehr hoch. Das bedeutet, daß $k_{-1}[A] \gg k_2$ ist:

$$p \text{ groß}: \quad \frac{d[X]}{dt} = \frac{k_1 k_2}{k_{-1}}[A] = k[A]$$

Es wird das für die «monomolekulare» Reaktion erwartete Zeitgesetz 1. Ordnung (s. o.) erhalten!

Bei ausreichend niedrigen Drücken (d. h. [A] sehr klein) ist die Zeit zwischen zwei Zusammenstößen im Mittel so groß, daß A^a in X übergehen kann, ehe es seine Energie bei einem Zusammenstoß verlieren könnte.

Das bedeutet, daß $k_{-1}[A] \ll k_2$ ist:

$$p \text{ sehr klein}: \quad \frac{d[X]}{dt} = k_1[A]^2$$

Die monomolekulare Isomerisierung des Cyclopropans in Propen zeigt bei Drücken $p > 100$ Torr (0,01 MPa) und 500 °C ein Zeitgesetz 1. Ordnung, das bei wesentlich kleineren Drücken in ein Zeitgesetz 2. Ordnung übergeht.

2. Sind an den aktivierenden Zusammenstößen auch inerte Moleküle M beteiligt, dann erweitert sich der oben formulierte Mechanismus zu:

$$A + A \underset{k_{-1}}{\overset{k_1}{\rightleftharpoons}} A^a + A$$

$$A + M \underset{k_{-1'}}{\overset{k_{1'}}{\rightleftharpoons}} A^a + M$$

$$A^a \overset{k_2}{\rightarrow} X$$

Bei Anwendung des Stationaritätsprinzips auf A^a ergibt sich jetzt:

$$[A^a] = \frac{k_1[A]^2 + k_{1'}[A][M]}{k_{-1}[A] + k_{-1'}[M] + k_2}$$

$$\frac{d[X]}{dt} = k_2 \frac{k_1[A]^2 + k_{1'}[A][M]}{k_{-1}[A] + k_{-1'}[M] + k_2} \tag{3.30}$$

Da M nur Stoßpartner ist, ohne selbst umgewandelt zu werden, ist seine Konzentration während der Reaktion konstant, und es gilt: $k_{1'}[M] = $ const. und $k_{-1'}[M] = $ const.

In der Gasphase hängt es von der Natur des zugesetzten inerten Gases ab, ob die Reaktion durch Verstärkung der desaktivierenden Stöße $A^a + M$ ($\sim k_{-1}[M]$) verlangsamt oder durch Verbesserung der Energieübertragung $A + M$ ($\sim k_{1'}[M]$) beschleunigt wird. Bei der Isomerisierung des Cyclopropans zu Propen wurden folgende Ergebnisse erhalten: k_{rel} ohne Zusatz: 1,0; mit N_2: 0,05; mit Toluen: 1,60.

Verallgemeinernd kann gesagt werden, daß kleine Moleküle bevorzugt als desaktivierende Stoßpartner wirken, während große Moleküle mit der Anregung ihrer zahlreichen Schwingungsfreiheitsgrade so viel Energie speichern können, daß sie bei Zusammenstößen in der Lage sind, das Substrat zu aktivieren.

Wird die Reaktion in Lösung durchgeführt (M ist dann das Lösungsmittel), gilt $[M] \gg [A]$, und die Wahrscheinlichkeit für Zusammenstöße $A + M$ bzw. $A^a + M$ ist sehr viel größer als für Zusammenstöße $A + A$. Damit wird im Nenner von Gl. (3.30) $k_{-1}'[M] \gg k_{-1}[A] + k_2$ und im Zähler $k_1'[A][M] \gg k_1[A]^2$. Damit ergibt sich das für die «monomolekulare» Reaktion zu erwartende Zeitgesetz 1. Ordnung:

$$\frac{d[X]}{dt} = \frac{k_2 k_1'}{k_{-1'}}[A] = k[A]$$

In Übereinstimmung damit folgen z. B. die Zersetzung von Peroxiden oder von Azo-bis-isobutyronitril in Lösung Zeitgesetzen 1. Ordnung.

Auf die photochemische Aktivierung wird in den Abschn. 5.8. und 9. eingegangen.

Die Behandlung der monomolekularen Reaktion läßt zwei Aspekte erkennen:

1. Die Notwendigkeit der Aktivierung der monomolekular reagierenden Substrate A durch Wechselwirkung mit energiereichen Partnern ergibt selbst für diese einfache Elementarreaktion bei ihrer Untersuchung auf der molekularen Ebene eine Einbindung in ein komplexes mechanistisches Geschehen.

2. In dem Maße, wie bei der Beschreibung von der makroskopischen zur submikroskopischen Ebene vorgedrungen wird, kompliziert sich sehr oft unser Bild vom Mechanismus einer Reaktion. Eine gleiche Wirkung hat die Anwendung von immer empfindlicheren Meßmethoden auf schon bekannte Reaktionen.

3.3.2. Bimolekulare irreversible Reaktionen

Nach dem für die monomolekulare Reaktion Gesagten ist die irreversible bimolekulare Reaktion $A + B \rightarrow X (+Y + Z)$ die «normale» Elementarreaktion. In ihr sind die beiden Eduktteilchen A und B die Stoßpartner, zwischen denen im Stoßkomplex ausreichender Energie bzw. im aktivierten Komplex die elektronische Umgruppierung vor sich geht. Da beide Partner notwendig am Stoßkomplex bzw. am aktivierten Komplex $[AB]^{\ddagger}$ beteiligt sein müssen, leitet die Stoßtheorie für die bimolekulare Reaktion das folgende Zeitgesetz 2. Ordnung ab:

$$-\frac{d[A]}{dt} = k[A][B]; \quad \frac{1}{[B]_0 - [A]_0} \ln \frac{[A]_0[B]}{[A][B]_0} = kt$$

Der für die elektronische Umgruppierung im aktivierten Komplex notwendige Energiebetrag kann wieder aus der thermischen Energie der wechselwirkenden Partner A und B stammen (Umwandlung der kinetischen Energie beider Stoßpartner in potentielle Energie). Damit wird sofort die Beziehung zwischen der Geschwindigkeitskonstanten k und der Temperatur nach der *Arrhenius*-Gl. (3.14) verständlich.

Die notwendige Aktivierungsenergie kann für bestimmte Reaktionen aber auch durch direkte photochemische Anregung eines der beiden Edukte:

$$A + h\nu \xrightarrow{k_*} A^*$$

$$A^* + B \xrightarrow{k_1} X$$

oder duzchphotochemische Sensibilisierung eines Eduktes durch einen Partner im angeregten Zustand M* aufgebracht werden:

$$M* + A \xrightarrow{k_*} A* + M$$

$$A* + B \xrightarrow{k_1} X$$

In beiden Fällen komplizieren sich dann allerdings das mechanistische Bild und das für die «bimolekulare» Reaktion gültige Zeitgesetz, wie am Beispiel der monomolekularen Reaktion gezeigt wurde.

Bimolekulare Elementarreaktionen sind Teilschritte der meisten komplexen Mechanismen, wie das Beispiele (3.23) zeigt.

Als bimolekular werden z. B. folgende Reaktionen eingeordnet:

– nucleophile Substitutionen nach dem S_N2-Mechanismus:

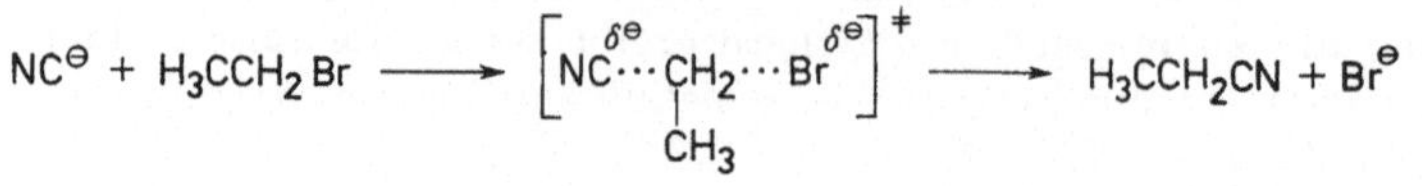

– thermische [4+2]-Cycloadditionen (*Diels-Alder*-Reaktionen)

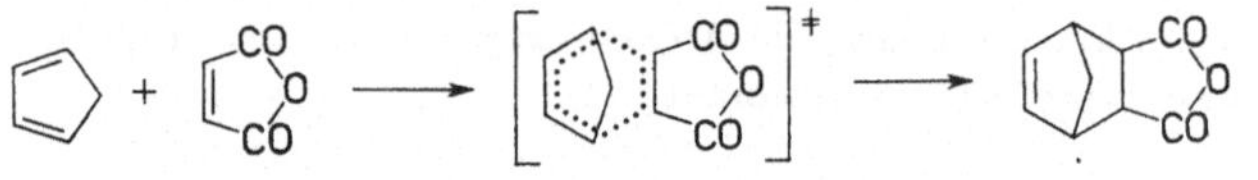

– photochemisch angeregte [2+2]-Cycloadditionen

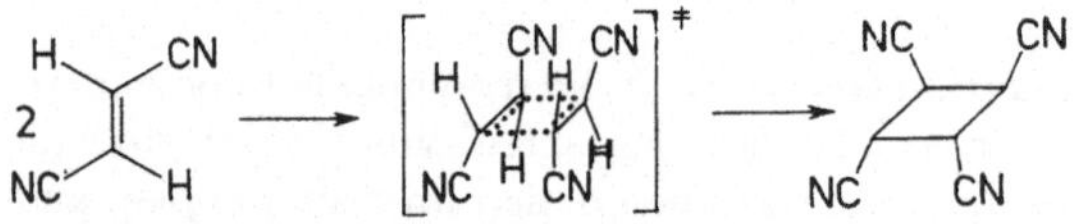

3.3.3.   Reversible Reaktionen

Der Typ A $\rightleftharpoons$ X stellt den einfachsten Fall eines komplexen Mechanismus dar: 2 Elementarreaktionen verknüpfen 2 Reaktionspartner. Er wird zu den reversiblen Reaktionen gezählt. Reversibel bedeutet dabei in der Kinetik, daß die Rückreaktion mit nicht vernachlässigbarer Geschwindigkeit verläuft. Als Beispiele können angeführt werden:

– Z,E-Isomerisierungen

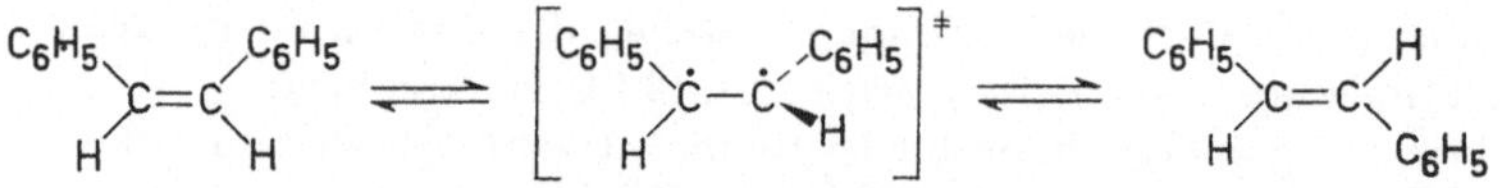

– thermisch und photochemisch angeregte elektrocyclische Reaktionen

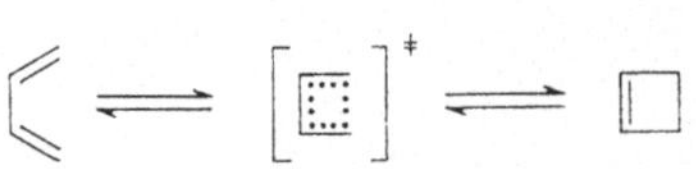

Der Mechanismus ist deutlicher wie folgt zu schreiben:

$$A \xrightarrow{k_1} X \qquad r_1 = k_1\,[A]$$

$$X \xrightarrow{k_{-1}} A \qquad r_{-1} = k_{-1}\,[X]$$

Für das Zeitgesetz ergibt sich, wenn von dem reinen Stoff A ausgegangen wird ($[A]_0 =$ $= [A] + [X]$):

$$r = \frac{d[X]}{dt} = k_1[A] - k_{-1}[X] = k_1[A] - k_{-1}\,([A]_0 - [A]) \tag{3.31}$$

Es läßt zwei Schlußfolgerungen zu:

1. Zu Beginn der Reaktion ist $[A]_0 - [A] \approx 0$, und es gilt das Zeitgesetz $r = k_1\,[A]$ wie für die monomolekulare irreversible Reaktion (s. o.).

2. Ist $k_{-1} \ll k_1$, dann kann $k_{-1}\,([A]_0 - [A])$ in einem relativ weiten Konzentrationsbereich gegenüber $k_1\,[A]$ vernachlässigt werden, und das experimentelle Zeitgesetz läßt eine irreversible monomolekulare Reaktion vermuten.

Da dieses Reaktionssystem aus Hin- und Rückreaktion ohne Folgereaktionen besteht, kann für die Auswertung des Zeitgesetzes nach Gl. (3.31) die Tatsache genutzt werden, daß sich zwischen A und X ein Gleichgewicht einstellen muß, so daß gilt:

$$(r)_{eq} = 0; \quad k_1\,[A]_{eq} = k_{-1}\,[X]_{eq} = k_{-1}\,([A]_0 - [A]_{eq})$$

Daraus ergibt sich:

$$K_c = \frac{k_1}{k_{-1}} = \frac{[A]_0 - [A]_{eq}}{[A]_{eq}}$$

Damit kann das integrierte Zeitgesetz in der folgenden einfachen Form erhalten werden:

$$\ln \frac{[A]_0 - [A]_{eq}}{[A] - [A]_{eq}} = (k_1 + k_{-1})\,t \quad \text{bzw:}$$

$$[X]_{eq} - [X] = [X]_{eq}\,e^{-(k_1 - k_{-1})t} \tag{3.32}$$

Gl. (3.32) verbindet thermodynamische mit kinetischen Aussagen. Die linke Seite entspricht der Entfernung des Reaktionssystems vom Gleichgewichtszustand, die rechte Seite beschreibt das Zeitverhalten des Systems. Je weiter das System vom Gleichgewicht entfernt ist, um so größer ist die Geschwindigkeit des Systems in Richtung des Gleichgewichtes.

3.3.4. Folgereaktionen mit irreversiblen Schritten

Die einfachste Reaktionsfolge wird durch die Gleichung $A \to R \to X$ beschrieben. Auf dem Weg vom Edukt A zum Produkt X folgen zwei Elementarreaktionen aufeinander, wobei die Zwischenstufe R für die erste Teilreaktion das Produkt und für die zweite das Edukt darstellt. In der Bruttogleichung $A \to X$ tritt die Zwischenstufe dagegen überhaupt nicht auf. Für jede der irreversiblen monomolekularen Elementarreaktionen gilt das zu diesem Reaktionstyp Gesagte (Abschn. 3.3.1.). Gleichzeitig sind in der Folgereaktion $A \rightarrow R \rightarrow X$ die Konzentrationen der Reaktionsteilnehmer direkt miteinander verknüpft.

Reaktionen, die diesem Mechanismus folgen, sind sehr selten. Am besten sind sie in den radioaktiven Zerfallsreihen realisiert, wo auch wegen der unterschiedlichen Geschwindigkeitskonstanten bzw. Halbwertszeiten für die Elementarprozesse alle noch zu diskutierenden Fälle wiedergefunden werden können. Bei chemischen Reaktionen ist dieser Typ von Folgereaktionen am ehesten bei monomolekularen Isomerisierungsfolgen zu finden; z. B.:

$R = C(CH_3)_3$; $R' = COOCH_3$

Nach dem Mechanismus

$$A \xrightarrow{k_1} R \qquad r_1 = k_1[A]$$

$$R \xrightarrow{k_2} X \qquad r_2 = k_2[R] \tag{3.33}$$

ergeben sich die folgenden Zeitgesetze für die drei Reaktionsteilnehmer:

$$\frac{d[A]}{dt} = k_1[A]; \quad [A] = [A]_0\, e^{-k_1 t} \tag{3.34}$$

$$\frac{d[R]}{dt} = k_1[A] - k_2[R]\,; \quad [R] = \frac{k_1}{k_2 - k_1}[A]_0\,(e^{-k_1 t} - e^{-k_2 t}) \tag{3.35}$$

$$\frac{d[X]}{dt} = k_2[R]; \quad [X] = [A]_0\left[1 + \frac{1}{k_1 - k_2}\,(k_2\, e^{-k_1 t} - k_1\, e^{-k_2 t})\right] \tag{3.36}$$

Dabei ist für die integrierten Zeitgesetze angenommen, daß zu Beginn der Reaktion nur A mit der Konzentration $[A]_0$ vorliegt. Die zwei Geschwindigkeitskonstanten k_1 und k_2 sind leicht zugänglich, wenn $[A] = f(t)$ und $[R] = f(t)$ experimentell bestimmt werden können. k_1 wird dann aus Gl. (3.34) erhalten. $[R] = f(t)$ ist eine Funktion mit einem Maximum. Zu Beginn der Reaktion von A wird sehr schnell R gebildet. Die Geschwindigkeit der Weiterreaktion von R zu X wächst in dem Maße, wie die Konzentration von R steigt. Das Maximum von $[R]$ wird erreicht, wenn die fallende Geschwindigkeit r_1 gleich der noch wachsenden Geschwindigkeit r_2 wird. Daraus ergibt sich:

$$[R]_{max} = [A]_0\left(\frac{k_2}{k_1}\right) 1/(k_1/k_2 - 1) \quad \text{und} \tag{3.37}$$

$$t_{max} = \frac{1}{k_2 - k_1}\ln\frac{k_2}{k_1} \tag{3.38}$$

Damit kann k_2 bei Kenntnis von k_1 aus den Maximumwerten der Funktion $[R] = f(t)$ berechnet werden.

Die maximale Konzentration von R ist eine Funktion des Quotienten der Geschwindigkeitskonstanten k_2/k_1:

k_2/k_1	10^4	10^2	10^1	10^{-1}	10^{-2}
$[R]_{max}/[A]_0$	$1{,}0 \cdot 10^{-4}$	$9{,}5 \cdot 10^{-3}$	$7{,}7 \cdot 10^{-2}$	$7{,}7 \cdot 10^{-1}$	$9{,}5 \cdot 10^{-1}$

$[R]$ erreicht 10 % der Ausgangskonzentration von A und mehr, wenn $k_2/k_1 < 10$. Das Maximum von $[R]$ liegt unter 1 % von $[A]_0$, wenn $k_2/k_1 > 100$. Die Zeit, bis $[R]$ das Maximum erreicht, hängt von den Werten beider Geschwindigkeitskonstanten ab. Für den Fall $k_2/k_1 = 100$ und damit $[R]_{max} = 0{,}1\ [A]_0$ wird $t_{max} = 4{,}7/k_2$. Das bedeutet aber, daß für $k_2 < 10^{-2}\ \text{s}^{-1}$ $[R]_{max}$ so langsam erreicht wird, daß $d[R]/dt$ gegenüber $d[A]/dt$ vernachlässigbar klein ist und gleich Null gesetzt werden kann. Das ist aber die Bedingung für die Anwendung des Stationaritätsprinzips nach *Bodenstein*:

Ist die Geschwindigkeitskonstante der Bildung der reaktiven Zwischenstufe R sehr viel kleiner als die Geschwindigkeitskonstanten aller R verbrauchenden Elementarreaktionen, dann kann $d[R]/dt \approx 0$ gesetzt werden.

Für die Folgereaktion $A \rightarrow R \rightarrow X$ lassen sich demnach zwei Grenzfälle diskutieren:

1. $k_2 \gg k_1$:

In diesem Fall ist das Stationaritätsprinzip anwendbar, und es ergibt sich:

$$\frac{d[R]}{dt} = k_1[A] - k_1[R] = 0 \quad \text{und} \quad [R] = \frac{k_1}{k_2}[A]$$

Damit erhält man für die Reaktionsgeschwindigkeit:

$$r = \frac{d[X]}{dt} = k_2[R] = k_1[A] \tag{3.39}$$

Das heißt, daß die Bruttogeschwindigkeit in diesem Fall durch die Geschwindigkeit der ersten Elementarreaktion bestimmt wird. Die langsamste Elementarreaktion ist der geschwindigkeitsbestimmende Schritt der Gesamtreaktion.

2. $k_1 \gg k_2$:

Das bedeutet, daß $[R]_{max}$ nahezu den Wert von $[A]_0$ erreicht (s. o.), die Reaktion zu R demnach praktisch abgeschlossen ist, bevor der zweite Reaktionsschritt merklich zum Tragen kommt. Die beiden Elementarreaktionen laufen nahezu getrennt ab, und die langsame zweite Elementarreaktion bestimmt im wesentlichen die Bruttogeschwindigkeit:

In dem Ausdruck für $[X]$ nach Gl. (3.36) können k_2 gegenüber k_1 und $k_2 e^{-k_1 t}$ gegenüber $k_1 e^{-k_2 t}$ vernachlässigt werden. Gl. (3.36) vereinfacht sich damit zu

$$[X] = [A]_0\,(1 - e^{-k_2 t}) \tag{3.40}$$

Ein Vergleich mit Gl. (3.29) zeigt, daß ein integriertes Zeitgesetz vorliegt, das dem einer monomolekularen Reaktion mit der Geschwindigkeitskonstante k_2 entspricht.

Die Diskussion der Folgereaktion $A \rightarrow R \rightarrow X$ diente in erster Linie dazu, einige Schlußfolgerungen für kompliziertere Folgereaktionen vorzubereiten:

1. Läuft eine Bruttoreaktion ihrem Mechanismus nach als Folgereaktion ab, dann gilt nicht mehr zwangsläufig die Gleichheit der Reaktionsgeschwindigkeiten, die sich aus

den Konzentrationsänderungen eines Eduktes bzw. eines Produktes ergeben:

$$\frac{1}{v_A} \frac{d[A]}{dt} \neq \frac{1}{v_X} \frac{d[X]}{dt}$$

(vgl. Gl. (3.34) und (3.36))

2. In einer Folgereaktion ist die deutlich langsamere Elementarreaktion der geschwindigkeitsbestimmende Schritt. Das bedeutet, daß das Zeitgesetz dieser Elementarreaktion die Struktur des Zeitgesetzes für die Produktbildung bestimmt (vgl. Gl. (3.39) und (3.40)).

3. Die Konzentration einer in einer Folgereaktion auftretenden Zwischenstufe R zeigt in Abhängigkeit von der Zeit eine Maximumkurve. Ist die Geschwindigkeitskonstante der Reaktion, die zu R hinführt, größer als die für die Reaktion, die von R wegführt, dann gilt:

$$k_{\to R} \gg k_{R \to} : [R]_{max} \to [A]_0 \text{ und } t_{max} \to 0$$

Die Elementarreaktionen lassen sich getrennt verfolgen. Für den umgekehrten Fall ergibt sich:

$$k_{\to R} \ll k_{R \to} : [R]_{max} \to 0 \text{ und } t_{max} \text{ wächst.}$$

Es gilt das Stationaritätsprinzip: $d[R]/dt = 0$

4. Die für die Folge von Elementarreaktionen abgeleiteten Gesichtspunkte und Formalismen gelten auch noch, wenn eine Reaktionsfolge beschrieben werden soll, deren Einzelreaktionen nicht unbedingt echte Elementarreaktionen sind, die aber Geschwindigkeitsgesetze haben, die denen echter Elementarreaktionen gleichen.

So können z. B. die Gl. (3.33) bis (3.38) auch auf die schrittweise saure Esterhydrolyse nach

$$H_2C \begin{matrix} \diagup COOC_2H_5 \\ \diagdown COOC_2H_5 \end{matrix} \xrightarrow[\substack{+H_2O \\ -C_2H_5OH}]{k_1} H_2C \begin{matrix} \diagup COOH \\ \diagdown COOC_2H_5 \end{matrix} \xrightarrow[\substack{+H_2O \\ -C_2H_5OH}]{k_2} H_2C \begin{matrix} \diagup COOH \\ \diagdown COOH \end{matrix}$$

angewendet werden. Beide Schritte, die jeweils in mehreren Elementarreaktionen verlaufen, folgen einem Zeitgesetz Pseudo-1. Ordnung, weil Wasser im Überschuß eingesetzt wird und die Konzentration der katalysierenden Protonen konstant bleibt:

$$r_i = k_i [\text{Ester}] [H_2O] [H^{\oplus}] = k_i' [\text{Ester}]$$

Damit kann für diese Reaktionsfolge formal das gleiche kinetische Schema $A \to R \to X$ zugrunde gelegt werden.

3.3.5. Folgereaktionen mit reversiblen Schritten

Der einfachste Fall dieses Typs wird durch die Gleichung

$$A \underset{k_{-1}}{\overset{k_1}{\rightleftharpoons}} R \xrightarrow{k_2} X$$

beschrieben. Sie enthält die beiden schon besprochenen komplexen Mechanismen, die monomolekulare Folgereaktion und die monomolekulare reversible Reaktion, in enger Verknüpfung. Entsprechend sollten die Rolle der Zwischenstufe R und die Möglichkeit der Gleichgewichtseinstellung zwischen A und R besonders bedeutungsvoll sein.

Die Behandlung des Mechanismus wird wieder erleichtert, wenn zu den Grenzfällen übergegangen wird, die bestimmten Größenverhältnissen der Geschwindigkeitskonstanten untereinander entsprechen.

1. $k_1, k_{-1} \gg k_2$:

Die Reaktion von R zu X ist sehr viel langsamer als die Reaktionen zwischen A und R. Das bedeutet, daß sich das schnelle Gleichgewicht zwischen A und R dem langsamen Verbrauch von R in jedem Moment der Reaktion sofort anpassen kann. Dann gilt auch im Verlauf der Reaktion:

$$K_c = \frac{k_1}{k_{-1}} = \frac{[R]}{[A]}; \quad [R] = K_c[A]$$

und für die Bildung des Produktes kann das folgende Zeitgesetz formuliert werden:

$$r = \frac{d[X]}{dt} = k_2[R] = K_c k_2[A] = k[A]$$

Eine Folgereaktion, in der dem geschwindigkeitsbestimmenden Schritt ein Gleichgewicht vorgelagert ist, hat ein sehr einfaches Zeitgesetz, in dem die Geschwindigkeitskonstante das Produkt aus Gleichgewichtskonstante und Geschwindigkeitskonstante des geschwindigkeitsbestimmenden Schrittes ist:

$$k = K_c k_2$$

2. $k_2, k_{-1} \gg k_1$

Die die Zwischenstufe R bildende Elementarreaktion ist geschwindigkeitsbestimmend. Die R verbrauchenden Elementarreaktionen sind dagegen beide sehr schnell. Das heißt, daß das gebildete R sofort wieder verbraucht wird und deshalb die Konzentration von R sehr klein und nahezu konstant bleibt.

Zwischen A und R stellt sich kein Gleichgewicht ein, aber für R als reaktive Zwischenstufe ist das Stationaritätsprinzip anwendbar:

$$\frac{d[R]}{dt} = k_1[A] - k_{-1}[R] - k_2[R] = 0 \quad \text{und} \quad [R] = \frac{k_1[A]}{k_{-1} + k_2}$$

Für die Bildung des Produktes in einer Reaktion über eine reaktive Zwischenstufe ergibt sich dann ebenfalls ein Zeitgesetz 1. Ordnung:

$$\frac{d[X]}{dt} = k_2[R] = \frac{k_1 k_2}{k_{-1} + k_2}[A] = k[A]$$

Beide Grenzfälle sind dadurch gekennzeichnet, daß in den resultierenden Zeitgesetzen die Konzentration der Zwischenstufe R, die oft nur schwer experimentell bestimmt werden kann, nicht mehr auftritt.

Reaktionen, in deren Mechanismus dem geschwindigkeitsbestimmenden Schritt

Gleichgewichte vorgelagert sind, findet man häufig; z. B. die Ozonzersetzung:

$$2\,O_3 \to 3\,O_2 \qquad\qquad (3.41)$$

$$O_3 \underset{k_{-1}}{\overset{k_1}{\rightleftharpoons}} O_2 + O \qquad K_c = \frac{k_1}{k_{-1}} = \frac{[O_2]\,[O]}{[O_3]}; \quad [O] = K_c \frac{[O_3]}{[O_2]}$$

$$O + O_3 \overset{k_2}{\to} 2\,O_2 \qquad r = \frac{1}{2}\,\frac{d[O_2]}{dt} = k_2[O]\,[O_3]$$

$$r = k\,\frac{[O_3]^2}{[O_2]} \quad \text{mit} \quad k = K_c k_2$$

Hierher gehören auch die meisten durch *Brönsted*-Säuren katalysierten Carbonylreaktionen.

Reaktionen über reaktive Zwischenstufen, auf die das Stationaritätsprinzip angewendet werden kann, sind ebenfalls häufig. Dazu zählen z. B. die nach dem S_N1-Mechanismus verlaufenden Reaktionen und die Radikalkettenreaktionen. Als Beispiel dient die Solvolyse des Benzhydrylchlorids in 80 %igem wäßrigem Aceton:

$$(C_6H_5)_2\,CHCl + H_2O \to (C_6H_5)_2\,CHOH + HCl \qquad\qquad (3.42)$$

$$R - Cl \underset{k_{-1}}{\overset{k_1}{\rightleftharpoons}} R^{\oplus} + Cl^{\ominus}$$

$$R^{\oplus} + H_2O \overset{k_2}{\longrightarrow} ROH + H^{\oplus} \qquad\qquad k_1 \ll k_{-1}, k_2$$

$$\frac{d[R^{\oplus}]}{dt} = k_1[RCl] - k_{-1}[R^{\oplus}]\,[Cl^{\ominus}] - k_2[R^{\oplus}]\,[H_2O] = 0$$

$$[R^{\oplus}] = \frac{k_1[RCl]}{k_{-1}[Cl^{\ominus}] + k_2[H_2O]} = \frac{k_1[RCl]}{k_{-1}[Cl^{\ominus}] + k_2'}$$

$$r = \frac{d[ROH]}{dt} = k_2[H_2O]\,[R^{\oplus}] = k_2'[R^{\oplus}] = \frac{k_1 k_2'[RCl]}{k_2' + k_{-1}[Cl^{\ominus}]} \quad \text{mit} \quad k_2' = k_2[H_2O]$$

Das Zeitgesetz läßt folgendes erkennen:

1. Zu Beginn der Reaktion ($k_{-1}[Cl^{\ominus}] \approx 0$) hat das Zeitgesetz die einfache Form $r = k_1\,[RCl]$ in Übereinstimmung mit dem geschwindigkeitsbestimmenden Schritt zur Bildung von $R^{\oplus}$.

2. Mit zunehmender Reaktionsdauer wird durch die Rückreaktion die Geschwindigkeit der Gesamtreaktion gegenüber einer reinen Reaktion 1. Ordnung verlangsamt. Ebenfalls verlangsamend wirkt ein Zusatz von $Cl^{\ominus}$ zum Reaktionssystem (Massenwirkungseffekt). Gerade die Abweichungen vom Zeitgesetz 1. Ordnung sprechen für den angenommenen S_N1-Mechanismus.

3.3.6. Kettenreaktionen

Der Mechanismus in Gl. (3.23) der thermischen Bromwasserstoffbildung nach $H_2 + Br_2 \to 2\,HBr$ enthält charakteristische Elementarreaktionen.

Die Reaktionsfolge beginnt mit der Erzeugung der hochreaktiven Zwischenstufe Br·
in der Startreaktion:

$$Br_2 \xrightarrow{k_1} 2\,Br^{\cdot}$$

Nach dem für monomolekulare Elementarreaktionen Gesagten sollte die Startreaktion
genauer wie folgt formuliert werden (Abschn. 3.3.1.):

$$Br_2 + M^a \xrightarrow{k_1} 2\,Br^{\cdot} + M$$

Die so erzeugte reaktive Zwischenstufe Br· greift das Edukt Wasserstoff an, wobei
eine neue reaktive Zwischenstufe H· gebildet wird, die ihrerseits das Edukt Brom unter
Neubildung von Br· angreift. Damit kann dieser einmal in Gang gesetzte Cyclus, die
Reaktionskette, immer wieder durchlaufen werden, solange die Kettenträger Br· und
H· nicht durch andere Reaktionen entfernt werden:

$$Br^{\cdot} + H_2 \xrightarrow{k_2} HBr + H^{\cdot}$$

$$H^{\cdot} + Br_2 \xrightarrow{k_3} HBr + Br^{\cdot}$$

In dem Maße, wie das Produkt Bromwasserstoff gebildet wird, kann es seinerseits
sowohl von H· als auch von Br· angegriffen werden. Am Mechanismus beteiligt ist
allerdings nur die Reaktion mit H·, wie eine einfache thermodynamische Betrachtung
erkennen läßt:

$$H^{\cdot} + HBr \xrightarrow{k_{-2}} H_2 + Br^{\cdot} \qquad \Delta_R H^{\ominus} = -71 \text{ kJ mol}^{-1};$$
$$E_A \approx 5 \text{ kJ mol}^{-1}$$

$$Br^{\cdot} + HBr \xrightarrow{k_{-3}} Br_2 + H^{\cdot} \qquad \Delta_R H^{\ominus} = +171 \text{ kJ mol}^{-1};$$
$$E_A \geq 171 \text{ kJ mol}^{-1}$$

Die Reaktion des Br· mit dem Bromwasserstoff als stark endotherme Reaktion muß
eine Aktivierungsenergie haben, die größer gleich der Reaktionsenthalpie ist, und deshalb wird nur der Weg mit der sehr niedrigen Aktivierungsenergie beschritten. Da
durch ihn Produkt verbraucht und Edukt zurückgebildet wird, führt er mit fortschreitender Reaktion zu einer zusätzlichen Verlangsamung der Produktbildung.
Die Kettenträger können durch zahlreiche Prozesse desaktiviert werden, die damit
zum Kettenabbruch führen. Besonders bedeutungsvoll ist die Umkehrung der Startreaktion, die Rekombination der Bromatome:

$$2\,Br^{\cdot} + M \xrightarrow{k_{-1}} Br_2 + M^a \qquad \Delta_R H^{\ominus} = -193 \text{ kJ mol}^{-1}; \quad E_A \approx 0$$

Diese Abbruchreaktion hat zwei Besonderheiten: Die stark exotherme Reaktion – es
wird die Bindungsenergie frei – zwischen den zwei hochreaktiven Radikalen, die der
Rekombination keinen Widerstand entgegensetzen, benötigt keine Aktivierungsenergie. Außerdem ist sie als trimolekulare Elementarreaktion formuliert. Ein dritter Stoßpartner ist nötig, um die frei werdende Bindungsenergie sofort zu übernehmen, sonst
würde das Brommolekül wieder zerfallen!
Die Folge von Kettenstart, Reaktionskette mit der ständigen Reproduzierung der
Kettenträger und Kettenabbruch kennzeichnet eine Kettenreaktion. Sie stellt einen
speziellen Typ der Folgereaktionen dar.

Die meisten Reaktionen über Radikale (z. B. radikalische Substitutionen, Autoxidationen) sind Kettenreaktionen. Aber auch Reaktionen über ionische Zwischenstufen können als Kettenreaktionen verlaufen (z. B. kationische und anionische Polymerisationen).

3.3.7. Parallelreaktionen

Die bisher behandelten Mechanismen können noch dadurch kompliziert werden, daß sich bei gegebenen Edukten alternative Reaktionswege ergeben.
Charakteristische Fälle sind

— die Bildung unterschiedlicher Produkte aus den gleichen Edukten A und B,

$$A + B \overbrace{}^{\begin{array}{l} \xrightarrow{k_1} X_1 + \ldots \\ \xrightarrow{k_2} X_2 + \ldots \end{array}} \tag{3.43}$$

z. B. die Bildung stellungsisomerer Produkte bei der radikalischen Halogenierung von Alkanen oder bei der elektrophilen Zweitsubstitution an Arene,

— die Konkurrenz zweier Reaktionsteilnehmer A und B um einen dritten R,

$$R \begin{array}{l} +A \xrightarrow{k_1} X_1 + \ldots \\ +B \xrightarrow{k_2} X_2 + \ldots \end{array} \tag{3.44}$$

z. B. die Bildung unterschiedlicher Produkte, wenn bei bimolekularen nucleophilen Substitutionen ein Gemisch zweier Nucleophile eingesetzt wird.

Beide Fälle gehören zu den Parallelreaktionen. Die kinetische Auswertung dieser Parallelreaktionen ist besonders einfach, wenn die alternativen Reaktionen 1 und 2 nach dem gleichen Mechanismus und damit nach dem gleichen Zeitgesetz verlaufen. Unter dieser Voraussetzung gilt für den Fall nach Gl. (3.43):

$$\frac{k_1}{k_2} = \frac{[X_1]}{[X_2]}$$

Ist R im Fall Gl. (3.44) wie bei dem genannten Beispiel (S_N2-Mechanismus) eine reaktive Zwischenstufe, von der die alternativen Reaktionswege ausgehen, dann ist die Konzentration von R sehr viel kleiner als die der Partner A und B ($[R] \ll [A]_0, [B]_0$). Unter dieser zusätzlichen Bedingung wird auch für Gl. (3.44) eine sehr einfache Beziehung erhalten:

$$\frac{k_1}{k_2} = \frac{[X_1]}{[X_2]} \frac{[B]_0}{[A]_0}$$

In beiden Fällen ist also das Verhältnis der Geschwindigkeitskonstanten k_1/k_2 lediglich durch Konzentrationsmessungen zugänglich. Für den zweiten Fall Gl. (3.44) ist beachtenswert, daß damit das Geschwindigkeitskonstantenverhältnis von Reaktionsschritten erhalten wird, die nach dem geschwindigkeitsbestimmenden Schritt, der Bildung der reaktiven Zwischenstufe, liegen!

Dieses Verhältnis der Geschwindigkeitskonstanten alternativer Reaktionswege k_1/k_2 bzw. $\lg k_1/k_2$ charakterisiert quantitativ die Bevorzugung der einen Reaktion gegenüber der zweiten. Deshalb ist es als Maß für die Selektivität geeignet (Abschn. 3.4.).

3.3.8. Aufklärung von Reaktionsmechanismen mit Hilfe der Kinetik

Die Beispiele zu typischen Mechanismen und speziell das Beispiel der Bromwasserstoffbildung zeigen, daß zu einem vorgegebenen Mechanismus ein ganz bestimmtes Zeitgesetz gehört.
Umgekehrt lassen sich zu einem experimentell gefundenen Zeitgesetz meistens mehrere mechanistische Alternativen finden:

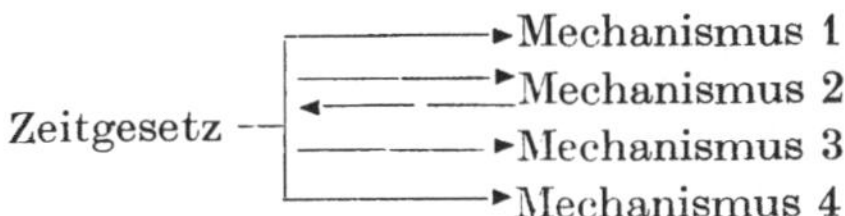

Daraus ergibt sich, daß ein vorgeschlagener Mechanismus dann auszuschließen ist, wenn sein theoretisches Zeitgesetz nicht mit dem experimentellen übereinstimmt. Die Übereinstimmung zwischen theoretischem und experimentellem Zeitgesetz ist aber nur dann ein Beweis für den zugrunde liegenden Mechanismus, wenn kein anderer diese Übereinstimmung zu zeigen vermag.
Wenn ein experimentelles Zeitgesetz auch keinen eindeutigen Schluß auf den zugrunde liegenden Mechanismus zuläßt, so gestattet es doch einige Schlußfolgerungen auf ihn:

— Stimmt die Struktur eines einfachen Zeitgesetzes nicht mit der Stöchiometrie der Bruttoreaktionsgleichung überein, dann liegt ein komplexer Mechanismus mit mindestens einer Zwischenstufe vor.
— Ein einfaches Zeitgesetz läßt erkennen, welche Partner im geschwindigkeitsbestimmenden Schritt und davor miteinander reagieren.
— Reaktionspartner im Nenner des Zeitgesetzes deuten darauf hin, daß der geschwindigkeitsbestimmende Schritt reversibel ist (Gl. (3.42)) oder ihm ein schnelles Gleichgewicht vorgelagert ist (Gl. (3.41)).
— Treten gebrochene Ordnungen auf, deutet das auf einen Reaktionsschritt hin, in dem ein Molekül gespalten wird, dessen Bruchstücke in einem späteren Schritt weiterreagieren (z. B. die HBr-Bildung).
  Diese Situation wird oft bei Kettenreaktionen gefunden, weshalb gebrochene Ordnungen auf Kettenreaktionen hinweisen.
Besondere Beachtung sollte bei der Analyse experimenteller Zeitgesetze finden, daß

— Pseudoordnungen vorliegen können, wenn z. B. das Lösungsmittel Reaktionspartner ist oder ein in der Bruttogleichung nicht auftretender Stoff als Katalysator wirkt;
— das Zeitgesetz in Abhängigkeit von der Reaktionsdauer seine Struktur ändern kann, wenn z. B. Produkte ihrerseits wieder auf die Reaktion zurückwirken (z. B. die HBr-Bildung bzw. die nucleophile Substitution nach Gl. (3.42)).

Aussagen über die Natur der reaktiven Zwischenstufen, über die Molekularität des geschwindigkeitsbestimmenden Schrittes und über den Bau des aktivierten Komplexes im geschwindigkeitsbestimmenden Schritt lassen sich aus kinetischen Messungen ab-

leiten, wenn die Werte der Geschwindigkeitskonstante und der Aktivierungsgrößen
(lg A und E_A bzw. ΔS^+ und ΔH^+) in Abhängigkeit von inneren (Abschn. 7.) und äußeren Einflüssen (Abschn. 8.) verfolgt werden. Erst kinetische und nichtkinetische Methoden zur Aufklärung des Reaktionsmechanismus (Abschn. 6.) gemeinsam führen zu
einem Vorschlag für den Mechanismus, der dann durch den Vergleich von theoretischem
und experimentellem Zeitgesetz geprüft werden kann. Damit ist die Kinetik einmal
eine Methode unter vielen zur Aufklärung eines Mechanismus und gleichzeitig der Prüf-
stein für die Gültigkeit des vorgeschlagenen Mechanismus.

3.4. Die dritte Aufgabe der Reaktionskinetik – Folgerungen für die Reaktionssteuerung

Die Kenntnis des genauen Mechanismus einer Reaktion gibt die Möglichkeit, sie durch
gezielte Veränderung innerer, d. h. in der Struktur der Edukte liegender (Abschn. 7.),
bzw. äußerer Einflußgrößen, d. h. der Reaktionsbedingungen (Abschn. 8.), in einem
bestimmten Ausmaß zu steuern.
Ziel ist es dabei u. a.,

– die Reaktionsgeschwindigkeit, d. h. die Reaktivität des Reaktionssystems zu beeinflussen bzw.

– die gewünschte Reaktion gegenüber störenden zu fördern, d. h. die Selektivität der
Reaktion zu erhöhen.

Wenn die Geschwindigkeit der Gleichgewichtseinstellung als *Reaktivität* des Reaktionssystems definiert ist (Abschn. 3.1.), dann wird, um die Beeinflussung der Reaktivität zu untersuchen, ein quantitatives Reaktivitätsmaß benötigt. Die Reaktionsgeschwindigkeit als von der aktuellen Konzentration der Reaktionspartner abhängige
und damit zeitlich veränderliche Größe ist dafür nicht geeignet, während die Geschwindigkeitskonstante und die Halbwertszeit das Geschwindigkeitsniveau einer Reaktion
unter den gegebenen Bedingungen charakterisieren. Allerdings hängen beide Größen
von der Reaktionsordnung ab. Die Geschwindigkeitskonstante verändert ihre Größenart (Abschn. 3.2.1.), und die Halbwertszeit ist eine mit der Ordnung veränderte Funktion der Anfangskonzentrationen (Tab. 3.1). Vergleichbar sind beide Größen für verschiedene Reaktionen dann, wenn diese von gleicher Ordnung sind.
Es ist aber üblich, die Reaktionen entsprechend ihren Halbwertszeiten in Geschwindig-
keitsbereiche einzuordnen:

– sehr schnelle Reaktionen: $t_{1/2} < 10^{-3}$ s.
  Sehr schnell ist ein großer Teil der Elementarreaktionen zwischen Atomen und Molekülen in der Gasphase. In diesen Bereich gehören auch die Protonierungsreaktionen
  als schnellste Reaktionen überhaupt.
  $H_3O^\oplus + OH^\ominus \rightarrow 2H_2O^-$; $k = 1{,}4 \cdot 10^{11}$ l mol^{-1} s^{-1}

– schnelle Reaktionen: $t_{1/2} = 10^{-3}...10^1$ s;
  z. B. $^*Fe^{2+} + Fe^{3+} \rightarrow {}^*Fe^{3+} + Fe^{2+}$; $k = 4{,}0$ l mol^{-1} s^{-1}

– normale Reaktionen: $t_{1/2} = 10^1...10^5$ s.
  In diesem Bereich liegen die meisten organischen Lösungsreaktionen, z. B.
  $(CH_3)_2CHBr + LiI \xrightarrow{\text{(Aceton)}} (CH_3)_2CHI + LiBr$; $k = 1{,}3 \cdot 10^{-5}$ l mol^{-1} s^{-1}.

– sehr langsame Reaktionen: $t_{1/2} \gg 10^5$ s.

Bei systematischen Untersuchungen von inneren oder äußeren Einflüssen auf die Reaktivität eines Reaktionssystems wird davon ausgegangen, daß sich die Wirkung von Veränderungen der Reaktionsbedingungen, aber auch von Strukturvariationen in den Reaktionspartnern in Veränderungen des Wertes der Geschwindigkeitskonstanten ausdrückt. Dabei wird im allgemeinen eine Reaktionsserie zugrunde gelegt. In dieser gilt für alle untersuchten Einzelfälle der gleiche Mechanismus und damit die gleiche Reaktionsordnung. Außerdem werden die Untersuchungen so durchgeführt, daß jeweils nur eine Einflußvariable verändert und die übrigen konstant gehalten werden. Damit ist die Vergleichbarkeit der Geschwindigkeitskonstanten von vornherein gegeben, und es hat sich als praktisch erwiesen, relative Reaktivitäten k_i/k_0 bzw. $\lg (k_i/k_0)$ zu verwenden, um ausgehend von einer Bezugsreaktion mit k_0 die Veränderung der Geschwindigkeit durch eine definierte Variation einer Einflußgröße deutlich zu machen. Die relativen Reaktivitäten sind auch Ausgangspunkt der Lineare-Freie-Enthalpie-Beziehungen (Abschn. 7.).

Der Begriff *Selektivität* ist mit der Möglichkeit der Auswahl alternativer Reaktionswege verbunden, wie sie in den verschiedenen Typen von Parallelreaktionen gegeben sind. Bei kinetischer Kontrolle der Produktverteilung kann die Selektivität als das Verhältnis k_1/k_2 bzw. $\lg k_1/k_2$ der Geschwindigkeitskonstanten für die alternativen Reaktionswege 1 und 2 definiert werden. Für den Fall, daß aus einem Substrat alternative Produkte gebildet werden können, haben sich auf die Produktstruktur bezogene Selektivitätsbegriffe herausgebildet, die von *Seebach* [3.2] präzisiert wurden (Tab. 3.2). Anstelle des Begriffes Typselektivität wird meist der Begriff Chemoselektivität verwendet.

Tab. 3.2. Strukturorientierte Arten der Selektivität

Art	Charakterisierung
1. **Typselektivität**	nichtisomere Produkte meist verschiedene Reaktionstypen
2. **Konstitutionsselektivität**	konstitutionsisomere Produkte gleichartige Reaktionstypen
2.1. Positionsselektivität	Unterscheidung zwischen Reaktionszentren gleichen Typs im Substrat, die nicht in Wechselwirkung stehen
2.2. Ambidoselektivität	Unterscheidung zwischen Reaktionszentren gleichen Charakters, die in konjugativer Wechselwirkung stehen
2.3. Regioselektivität	unterschiedliche Orientierung von Substrat und Reagens zueinander
3. **Stereoselektivität**	stereoisomere Produkte gleicher Reaktionstyp und gleiches Reaktionszentrum
3.1. Diastereoselektivität	diastereomere Produkte
3.2. Enantioselektivität	enantiomere Produkte

Als Beispiel für die quantitative Charakterisierung von Reaktivität und Selektivität dient die Ermittlung von partiellen Geschwindigkeitsfaktoren bei der elektrophilen aromatischen Substitution. Dazu unterwirft man z. B. ein Gemisch von Benzen und Toluen der Nitrierung, ermittelt die Produktverteilung und setzt die Menge an Nitrobenzen gleich 1. Folgende Werte ergeben sich:

Nitrobenzen	1	k_B
o-Nitro-toluen	13,56	k_o
m-Nitro-toluen	0,84	k_m
p-Nitro-toluen	9,60	k_p

$$k_{CH_3} = k_o + k_m + k_p = 24, \quad k_{CH_3}/k_B = 24$$

Demnach verläuft die Nitrierung von Toluen 24mal schneller als die von Benzen. Um die relative Reaktivität der individuellen Positionen vergleichen zu können, ermittelt man durch statistische Korrektur (Toluen: zwei o- und zwei m-Positionen, eine p-Position, Benzen: sechs Positionen) den partiellen Geschwindigkeitsfaktor f^{CH3} für jede Position des Toluens, bezogen auf Benzen:

$$f_0^{CH_3} = \frac{k_0}{2} : \frac{k_B}{6} = \frac{13,56}{2} : \frac{1}{6} = 41$$

$$f_m^{CH_3} = 2,5$$

$$f_p^{CH_3} = 58$$

Tab. 3.3. Partielle Geschwindigkeitsfaktoren für die Nitrierung von Toluen, Nitrobenzen und Chlorbenzen (A) sowie für die Bromierung von Toluen (B)

	Y	k_Y/k_B	f_o^Y	f_m^Y	f_p^Y
A:	CH_3	24	41	2,5	58
	NO_2	10^{-6}	$0,24 \cdot 10^{-6}$	$2,75 \cdot 10^{-6}$	$0,03 \cdot 10^{-6}$
	Cl	0,033	0,030	0,000	0,106
B:	CH_3	605	600	5,5	2420

Tab. 3.3 enthält derartige partielle Geschwindigkeitsfaktoren für die Nitrierung von Toluen ($Y = CH_3$), Nitrobenzen ($Y = NO_2$) und Chlorbenzen ($Y = Cl$). Beim Toluen sind die Faktoren größer als 1, d. h., es reagiert schneller als Benzen. Am kleinsten ist der Faktor für die Substitution in m-Position, dieses Isomere entsteht am langsamsten. Beim Nitrobenzen und Chlorbenzen sind die partiellen Geschwindigkeitsfaktoren kleiner als 1, diese Verbindungen reagieren langsamer als Benzen. Im Falle des Nitrobenzens entstehen das o- und das p-Isomere am langsamsten, im Falle des Chlorbenzens das m-Isomere.

Derartige Messungen ermöglichen weiterhin die Beurteilung der Substratselektivität eines Reagens gegenüber verschieden substituierten Arenen, bezogen auf Benzen. Je mehr k_Y/k_B von 1 abweicht, desto größer ist die Substratselektivität des Reagens, also bei der Nitrierung von Nitrobenzen größer als bei der Nitrierung von Toluen. Weiterhin kann man die Regioselektivität verschiedener Reagenzien vergleichen. Diese Selektivität des Reagens ist bei der Bromierung von Toluen größer als bei der Nitrierung von Toluen (Tab. 3.3).

Damit stellt die Reaktionskinetik den begrifflichen und methodischen Apparat zur Verfügung, um die Beziehungen zwischen Struktur und Reaktionsbedingungen auf der einen Seite sowie Reaktivität und Selektivität auf der anderen Seite systematisch zu analysieren. Das soll ausführlich in den Abschn. 7. und 8. dargestellt werden. Die

Nutzung der gewonnenen Erkenntnisse zur Steuerung wichtiger Prozesse wird dann abschließend im Abschn. 10. an einigen Beispielen demonstriert.

Literatur zum Abschnitt 3.

[3.1] Chemische Kinetik – Lehrbuch 6 im Lehrwerk Chemie. Leipzig: VEB Deutscher Verlag für Grundstoffindustrie 1982

[3.2] *Seebach, D.:* Angew. Chem. **91** (1979) S. 259

[3.3] Chemische Kinetik – Arbeitsbuch 6 im Lehrwerk Chemie. Leipzig: VEB Deutscher Verlag für Grundstoffindustrie 1980

[3.4] *Bamford, C. H.; Tipper, C. F. H.* (Eds.): Comprehensive Chemical Kinetics Sect. 1: The Practice and Theory of Kinetics (Vol. 1 and 2). Amsterdam: Elsevier 1969

[3.5] *Benson, S. W.:* The Foundations of Chemical Kinetics. New York: MacGraw-Hill 1960

[3.6] *Bittrich, H.-J.; Haberland, D.; Just, G.:* Leitfaden der chemischen Kinetik. Berlin: VEB Deutscher Verlag der Wissenschaften 1973

[3.7] *Bittrich, H.-J.; Haberland, D.; Just, G.:* Methoden chemisch-kinetischer Berechnungen. Leipzig: VEB Deutscher Verlag für Grundstoffindustrie 1979

[3.8] *Frost, A. A.; Pearson, R. G.:* Kinetik und Mechanismen homogener chemischer Reaktionen. Weinheim: Verlag Chemie 1964

[3.9] *Mauser, H.:* Formale Kinetik: Düsseldorf: Bertelmanns Universitätsverlag 1974

[3.10] *Moore, J. W.; Pearson, R. G.:* Kinetics and Mechanism – A Study of Homogeneous Chemical Reactions. Chimester: Wiley-Interscience 1981

[3.11] *Schwetlick, K.:* Kinetische Methoden zur Untersuchung von Reaktionsmechanismen. Berlin: VEB Deutscher Verlag der Wissenschaften 1971

4. Die Theorie des aktivierten Komplexes

4.1. Historische Stellung

Eine Theorie der Chemie soll in erster Linie eine Theorie der Synthese sein und das Ziel haben, Aussagen zu treffen, wie gewünschte Substanzen mit gewünschten Eigenschaften auf die effektivste Weise hergestellt werden können. Dafür gibt es bis jetzt keine geschlossene und erst recht keine abgeschlossene Theorie [4.1].

Die theoretische Interpretation der in der Praxis genutzten chemischen Reaktionen, vor allem derjenigen, die in der Gasphase oder in Lösung stattfinden, erfolgt heute fast ausschließlich mit Hilfe der Theorie des aktivierten Komplexes (Abkürzung TAK). Dieses Konzept wird synonym auch als Theorie des Übergangszustandes (transition state theory) bezeichnet. Es handelt sich bei der TAK nicht um eine Theorie im strengen Sinne, sondern um eine Modellvorstellung, die das Geschehen bei einer chemischen Elementarreaktion im submikroskopischen Bereich, d. h. bezüglich der reagierenden Einzelteilchen, beschreibt und daraus eine Geschwindigkeit-Temperatur-Abhängigkeit für den makroskopischen Ablauf ableitet. Die Grundgedanken dazu wurden in den dreißiger Jahren von *Pelzer*, *Polanyi*, *Eyring* und anderen Chemikern entwickelt [4.2]. Sie bauten auf älteren Ansätzen zur Theorie der Reaktionsgeschwindigkeit auf, insbesondere auf den aus der kinetischen Gastheorie abgeleiteten Betrachtungen zum Verhalten der Moleküle bei Zusammenstößen. Neu war vor allem die Beschreibung der Wechselwirkung von Teilchen durch Potentialhyperflächen, dargestellt durch Höhenschichtlinien in einem Energiegebirge. Die Übertragung geographischer Analoga auf chemische Reaktionen und damit die bildliche Darstellung von Mechanismen wirkte außergewöhnlich suggestiv und bestimmt bis heute die Denkschemata der praktisch arbeitenden Chemiker. Das ist auch dadurch bedingt, daß es trotz mancherlei Einwände seitens der strengen Theorie [4.3] bis heute keine praktikable Alternative zur Theorie des Übergangszustandes gibt. Unabhängige Ansätze zur Beschreibung von chemischen Elementarprozessen auf der Basis exakter mathematischer Formulierungen kommen zu den gleichen Ergebnissen und Aussagen, die mit dem anschaulichen Modell des aktivierten Komplexes erhalten werden.

4.2. Potentialhyperfläche und Reaktionskoordinate

Durch eine Potentialhyperfläche (potential surface) werden die Potentialänderungen zweier sich nähernder und miteinander reagierender Teilchen beschrieben. Wenn sich zwei Teilchen, die insgesamt n Atomkerne besitzen, einander nähern, so kann deren Geometrie durch $3n - 6$ innere Koordinaten beschrieben werden. Es ist günstig, dazu eine formal sehr einfache (experimentell jedoch sehr aufwendige) chemische Reaktion zu betrachten, nämlich die Einwirkung von atomarem Deuterium auf Wasserstoff in der Gasphase:

$$H_2 + D\cdot \rightarrow HD + H\cdot$$

Die Annäherung eines Deuteriumatoms an ein Wasserstoffmolekül kann durch die Variation von 3 inneren Koordinaten beschrieben werden. Jeder geometrischen Anordnung von den 3 Atomen entspricht ein bestimmtes Potential, das aus der Wechselwirkung sämtlicher Kerne und Elektronen resultiert (Abschn. 1.). Um die Potentialänderung in Abhängigkeit von der Geometrie zu beschreiben, muß bereits in diesem einfachsten Fall eine 4dimensionale Darstellung gewählt werden. Im allgemeinen Fall ist eine $3n - 5$-dimensionale Darstellung erforderlich. .

Die mathematische Beschreibung der Abhängigkeit des Potentials einer Kollektion von Teilchen von ihrer relativen räumlichen Lage (Kernkonfiguration) für einen gegebenen elektronischen Zustand heißt Potentialhyperfläche.

Potentialhyperflächen können durch quantenchemische Rechnungen, die allerdings schon bei einfachen Reaktionen sehr aufwendig sind, näherungsweise ermittelt werden. Für unterschiedliche elektronische Zustände der wechselwirkenden Teilchen ergeben sich unterschiedliche Potentialhyperflächen. Stabilen molekularen Anordnungen, also chemischen Spezies, entsprechen Potentialminima («Talsohlen»). Im Falle der 3 Kerne D, H und H gibt es 3 Minima, nämlich einmal beide H-Atome im Bindungsabstand und D weit entfernt, sowie zweimal die Möglichkeit von H und D im Bindungsabstand und H weit entfernt. Es läßt sich zeigen, daß von der unendlich großen Zahl der verschiedenen Möglichkeiten der Annäherung eines Deuteriumatoms an ein Wasserstoffmolekül zur Realisierung der genannten Reaktion diejenige energetisch am niedrigsten liegt, bei der sich die 3 Atome auf einer Geraden nähern. Für die Beschreibung dieser Annäherung sind nur 2 Geometrieparameter x und y erforderlich, und die Potentialhyperfläche läßt sich folglich in einem dreidimensionalen Bild darstellen (Bild 4.1). Man setzt bei derartigen Diagrammen voraus, daß die Werte aller nicht dargestellten

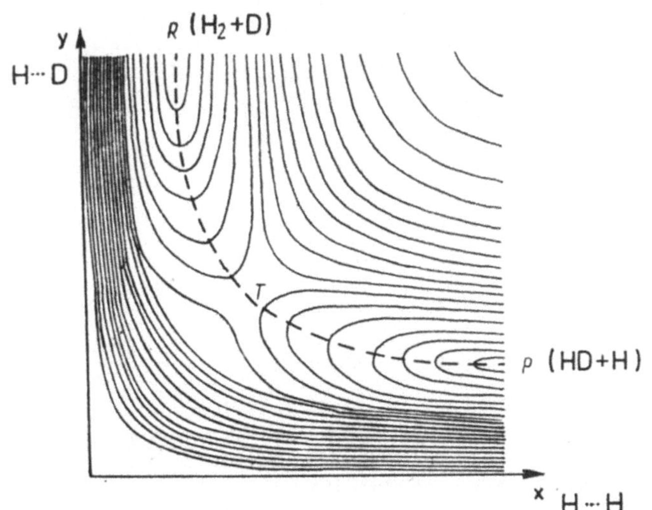

Bild 4.1. Vereinfachte Potentialhyperfläche der Reaktion
$$H_2 + D\cdot \rightarrow HD + H\cdot$$

Koordinaten, in diesem Falle der Winkel der Annäherung, der 0° bzw. 180° betragen
soll, einem Minimum der potentiellen Energie entsprechen.

Das Bild der Potentialhyperfläche hat das Aussehen einer topographischen Landkarte
mit Höhenlinien. Man erkennt auf dieser Karte den Weg, der in der Energiemulde
verläuft und den geringsten Energieaufwand erfordert, um von der Talsohle R, d. h.
dem Potentialminimum der reagierenden Teilchen **vor** der Wechselwirkung, über den
Paß T (transition state) zur Talsohle P, d. h. dem Potentialminimum der Teilchen
nach Ablauf des Elementarprozesses, zu gelangen. Es muß ausdrücklich darauf hingewiesen werden, daß der im Diagramm eingezeichnete «Weg» der geometrischen Annäherung des D-Atoms an das H_2-Molekül den Fall niedrigster Energie darstellt. Die
Annäherung im realen Geschehen wird natürlich in den seltensten Fällen in Richtung
der H—H-Bindungsachse erfolgen, zumal die Wasserstoffmoleküle auch Rotations-
und Vibrationsbewegungen ausführen, die der gegenseitigen Annäherung (Translation)
überlagert sind. Der im Bild 4.1 insofern willkürlich ausgewählte Weg bezüglich der
Geometrieänderung während des Elementarprozesses wird als Reaktionskoordinate
bezeichnet. Aus den Darlegungen ergibt sich, daß die Bezeichnung «Bewegungskoordinate» den Sachverhalt besser charakterisieren würde, da diese Koordinate Geometrieänderungen beschreibt. Entsprechend der in der Literatur üblichen Bezeichnungsweise
wird auch in diesem Buch der Begriff Reaktionskoordinate verwendet.

Die Annäherung des Deuteriumatoms an das Wasserstoffmolekül und die dabei erfolgende Umwandlung in ein HD-Molekül und ein H-Atom ist ein bimolekularer Elementarprozeß (Abschn. 3.). Es vollzieht sich dabei eine kontinuierliche Änderung der
Geometrie der beiden sich nähernden und miteinander wechselwirkenden Teilchen.
Von den auf der Reaktionskoordinate durchlaufenen geometrischen Anordnungen ist
eine gegenüber allen anderen durch ein Maximum der potentiellen Energie ausgezeichnet. Dieses Maximum liegt energetisch wesentlich tiefer, als auf Grund der Dissoziationsenergie des Wasserstoffs zu erwarten wäre, d. h., die Lösung der Bindung wird
durch die Wechselwirkung mit dem sich nähernden Teilchen begünstigt. Die Anordnung mit dem höchsten Potential wird auf Kosten der kinetischen Energie der beiden

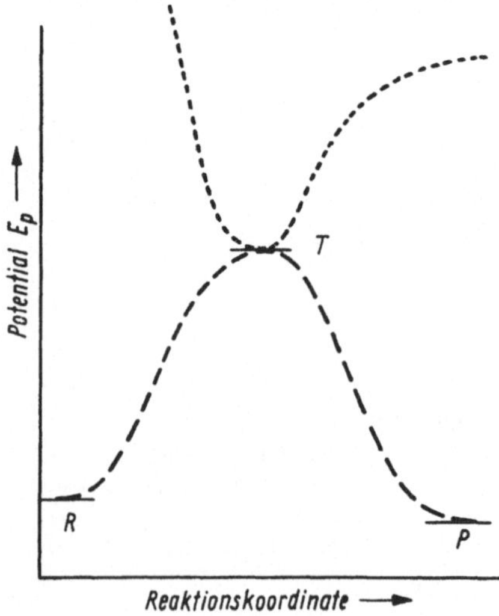

Bild 4.2. Graphische Darstellung der Potential-
änderungen während des Elementarprozesses
$H_2 + D· \rightarrow HD + H·$ (Schnitt durch die
Potentialhyperfläche)

sich nähernden Teilchen erreicht. Man bezeichnet sie als Übergangszustand (T). Die dem Übergangszustand entsprechende komplexe Spezies heißt aktivierter Komplex. Bild 4.2 zeigt den Schnitt durch die Potentialhyperfläche längs der Reaktionskoordinate. Zusätzlich ist ein Schnitt eingezeichnet, der ebenfalls durch den Punkt T verläuft, aber senkrecht zur Reaktionskoordinate steht (punktierte Linie). Dieser Schnitt zeigt die potentielle Energie der 3 Kerne für symmetrische Anordnungen mit $x = y$. Die Kurve ähnelt der Potentialkurve eines zweiatomigen Moleküls. Es wird deutlich, daß eine Potentialhyperfläche das Analogon zur Beschreibung der potentiellen Energie zweier sich nähernden Atome mittels einer Potentialkurve ist.

4.3. *Eyring*-Gleichung

Im *Eyring*schen Ansatz wird das vieldimensionale dynamische Problem eines bimolekularen Elementarprozesses auf eine eindimensionale Beschreibung reduziert. Es wird angenommen, daß die Kopplung zwischen den verschiedenen Freiheitsgraden der Bewegung entlang der Reaktionskoordinate keine schwerwiegenden Fehler mit sich bringt. Die Bewegung wird nach den Gesetzen der klassischen Mechanik behandelt. Die Voraussetzung für die Überwindung der Barriere ist also, daß die kinetische Energie der Teilchen entlang der Reaktionskoordinate mindestens so hoch ist wie die Barriere.

Man beschreibt den Ablauf dieses Vorgangs mit dem kinetischen Schema eines 2-Schritt-Mechanismus:

$$A + B \overset{1}{\underset{-1}{\rightleftharpoons}} (AB) \overset{2}{\rightarrow} C + D$$

Es sei besonders darauf hingewiesen, daß der Begriff «Schritt» in diesem Schema nicht gleichbedeutend mit einem Reaktionsschritt im Sinne einer Elementarreaktion ist, sondern die Bedeutung einer partiellen Umwandlung hat. Die Umwandlung bis zum mikroskopischen Zustand (AB), d. h. bis zum aktivierten Komplex, wird bei der Ableitung der *Eyring*-Gleichung als reversibel angesehen. Im Falle der erwähnten Modellreaktion zwischen $H_2 \equiv A$ und $D \cdot \equiv B$ handelt es sich also um die reversible Bildung des Komplexes H...H...D. Das Gleichgewicht zwischen ihm und den beiden Spezies H_2 und $D \cdot$ wird mit Hilfe der Statistik berechnet.

Entsprechend den Gesetzen der Statistik ist die Gleichgewichtskonstante K für den Vorgang

$$A + B \rightleftharpoons (AB)$$

gleich dem Verhältnis der Existenzwahrscheinlichkeiten des Komplexes (AB) zu denen der reagierenden Spezies A und B. Die Existenzwahrscheinlichkeit wird durch die Zustandssumme q (Abschn. 2.4.) charakterisiert:

$$q = \sum_i g_i \, e^{-\frac{\varepsilon_i}{k_B T}}$$

Ist ΔE_0 der Unterschied in der Energie von Ausgangs- und Übergangszustand bei 0 K bezogen auf ein Mol, so gilt:

$$K = \frac{q_{(AB)}}{q_{(A)} \, q_{(B)}} \, e^{-\frac{\Delta E_0}{RT}}$$

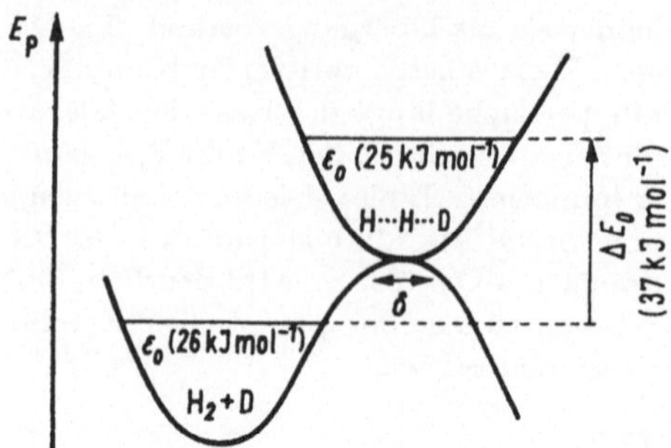

Bild 4.3. Energiebilanz für den aktivierten Komplex der Reaktion $H_2 + D^{\cdot} \rightarrow HD + H^{\cdot}$

Die beiden Energiewerte, aus denen die Differenz ΔE_0 resultiert, liegen über der Kurve der potentiellen Energie (vgl. Bild 4.3). Die Ursache dafür sind die Nullpunktschwingungsenergien:

$$E_0 = N_A \varepsilon_0$$

Der aktivierte Komplex ist so definiert, daß er alle Anordnungen einschließt, die auf dem Maximum der Energieschwelle innerhalb eines willkürlich gewählten, sehr kleinen Intervalls δ entlang der Reaktionskoordinate liegen, nämlich dort, wo die Änderung der potentiellen Energie praktisch gleich 0 ist. Man nimmt an, daß die Reaktionsgeschwindigkeit r durch die Häufigkeit, mit der die Potentialschwelle passiert wird, bestimmt ist. Beim sich anschließenden irreversiblen Zerfall des aktivierten Komplexes wird ein spezieller Schwingungsfreiheitsgrad in Translationsbewegung umgewandelt. Die Geschwindigkeit r für das Durchlaufen des Intervalls beträgt nach den Gesetzen der Kinetik

$$r = \frac{K}{\delta} \left(\frac{k_B T}{2\pi \, m_{\mp}} \right)^{\frac{1}{2}} [A][B]$$

Dabei ist $m_{\mp}$ die Masse des aktivierten Komplexes. Die Gleichgewichtskonstante K in dieser Geschwindigkeitsgleichung wird durch die Zustandssummen ausgedrückt. Dabei ist zu beachten, daß die Zustandssumme des aktivierten Komplexes sich von der eines stabilen Moleküls dadurch unterscheidet, daß sie einen besonderen Translationsfreiheitsgrad längs der Reaktionskoordinate besitzt. Der Betrag dieses Freiheitsgrades zur gesamten Zustandssumme ist

$$(2\pi \, m_{\mp} k_B T)^{\frac{1}{2}} \frac{\delta}{h} \, .$$

Wenn man die vollständige Zustandssumme mit Ausnahme dieses einen translatorischen Freiheitsgrades als $q_{(AB)}^{\mp}$ bezeichnet, so gilt:

$$q_{(AB)} = q_{(AB)}^{\mp} (2\pi \, m_{\mp} k_B T)^{\frac{1}{2}} \frac{\delta}{h} \, .$$

Der Ausdruck für die Geschwindigkeitsgleichung lautet danach

$$r = \frac{k_B T}{h} \, \frac{q^{\mp}{}_{(AB)}}{q_{(A)} \, q_{(B)}} \, e^{-\frac{\Delta E_0}{RT}} [A][B] \, .$$

Die Gleichung enthält den Faktor

$$\frac{q^{\neq}_{(AB)}}{q_{(A)}\,q_{(B)}}\,\mathrm{e}^{-\frac{\Delta E_0}{RT}} = K^{\neq}$$

in Form einer quasi-Gleichgewichtskonstante. Die Geschwindigkeits-Konstante k des Elementarprozesses besteht aus dem Produkt dieser Gleichgewichtskonstante K mit einem universellen Frequenzfaktor $\nu^{\neq}$

$$\frac{k_\mathrm{B}T}{h} = \nu_{\neq}\;.$$

Der Frequenzfaktor hängt von der Temperatur ab und hat die Dimension einer reziproken Zeit. Bei 298 K hat er den Wert $0{,}62 \cdot 10^{-13}$ s^{-1}. Größenordnung und Dimension entsprechen also der Frequenz von Molekülschwingungen.

Der Faktor $K^{\neq}$ hat bei den hier behandelten bimolekularen Prozessen die Dimension l mol^{-1}, bei monomolekularen Prozessen hat er die Dimension 1.

Es wird nun eine molare Freie-Enthalpie-Differenz $\Delta G^{\neq}$ definiert, die den Unterschied in der freien Standardenthalpie zwischen Ausgangs- und Übergangszustand beschreibt und die sich aus einer fundamentalen Beziehung der Thermodynamik (Abschn. 2.) ergibt.

$$\Delta G^{\neq} = -RT\ln K^{\neq}$$

Damit erhält man für die Geschwindigkeitskonstante den Wert

$$k = \frac{k_\mathrm{B}T}{h}\,\mathrm{e}^{-\frac{\Delta G^{\neq}}{RT}}$$

Die Freie-Enthalpie-Differenz wird noch unter Verwendung der *Gibbs-Helmholtz*-Beziehung

$$\Delta G^{\neq} = \Delta H^{\neq} - T\,\Delta S^{\neq}$$

in einen Enthalpie-Term und einen Entropie-Term zerlegt. Auf diese Weise resultiert die *Eyring*-Gleichung

$$k = \frac{k_\mathrm{B}T}{h}\,\mathrm{e}^{-\frac{\Delta H^{\neq}}{RT}}\,\mathrm{e}^{\frac{\Delta S^{\neq}}{R}}$$

Die Gleichung formuliert einen Zusammenhang zwischen der Geschwindigkeitskonstanten k, der Temperatur T und der freien Aktivierungsenthalpie $\Delta G^{\neq}$. Die Abhängigkeit zwischen Geschwindigkeitskonstante und Temperatur ist exponentiell.

Die in die Gleichung eingehenden Konstanten k_B (*Boltzmann*-Konstante), h (*Planck*sches Wirkungsquantum) und R (Gaskonstante) sind bekannt. Als Energieparameter treten die im Verlaufe der Ableitung der Gleichung definierten Größen, die freie Aktivierungsenthalpie $\Delta G^{\neq}$ oder die Aktivierungsenthalpie $\Delta H^{\neq}$ und die Aktivierungsentropie $\Delta S^{\neq}$ auf. Die Aktivierungsparameter sind reaktionsspezifische molare Größen. Sie sind auf direktem Wege weder theoretisch noch experimentell zugänglich, denn der hypothetische aktivierte Komplex läßt sich kalorisch nicht vermessen. In der Praxis werden die Parameter aus der Temperaturabhängigkeit der Geschwindigkeitskonstante bestimmt. Für sehr einfache Reaktionen bieten quantenchemische Berechnungen einen näherungsweisen Zugang zu den Aktivierungsgrößen.

Wie aus den Darlegungen hervorgeht, betrachtet man bei der Ableitung der *Eyring*-Gleichung den aktivierten Komplex als ein aktives Molekül, das monomolekular zerfällt. Monomolekulare Reaktionen [4.4] verlaufen über besonders einfache Elementarprozesse. Es handelt sich in diesem Fall entweder um die Dissoziation oder um die Isomerisierung eines Moleküls. Solche Prozesse sind strenggenommen nur in der Gasphase möglich. Beispiele sind der Zerfall von Distickstofftetroxid

$$N_2O_4 \rightarrow 2\,NO_2$$

oder die Isomerisierung von Cyclobuten zu Butadien.

Bei Zerfalls- oder Isomerisierungsreaktionen in Lösung stellt häufig die Beteiligung der Lösungsmittelmoleküle einen konstanten Faktor dar, so daß die zugrunde liegenden Elementarprozesse auch als monomolekular zu betrachten sind. Erwähnt sei die konformative Isomerisierung in flüssiger Phase, beispielsweise der Übergang von Cyclohexan aus der Sesselkonformation in die Twistkonformation.

Auch die Zersetzung oder Isomerisierung von Festkörpern verläuft über monomolekulare Elementarprozesse. Aus einem thermisch angeregten Riesenmolekül werden Bausteine abgetrennt, z. B. bei der Zersetzung von Calciumcarbonat:

$$\{(CaCO_3)_n\}_s \rightarrow \{(CaCO_3)_{n-1}\,CaO\}_s + CO_2$$

Im Falle von Isomerisierungen erfolgen Umgruppierungen im Gitter

$$\{\alpha - SiO_2\}_s \rightarrow \{\beta - SiO_2\}_s$$

Charakteristisch für monomolekulare Elementarprozesse ist, daß die Umgruppierung im Molekül asynchron zur Energieübertragung abläuft. Die energetischen Betrachtungen im Rahmen der TAK sollen deshalb am Beispiel monomolekularer Prozesse verdeutlicht werden. Um monomolekulare Reaktionen einzugehen, müssen die Moleküle zunächst die nötige innere Energie erlangen. Solche Moleküle heißen aktive Moleküle (energized molecules). Die Energieübertragung erfolgt meist durch Stöße, die bei Normaldruck und Normaltemperatur mit der Häufigkeit von 10^{10} s^{-1} stattfinden.

$$A \xrightarrow{\Delta T} A^a$$

Eine andere Möglichkeit ist die Aktivierung durch Strahlungsabsorption.

$$A \xrightarrow{h\nu} A^*$$

Aktive Moleküle brauchen nicht notwendigerweise zu reagieren. Die Energie muß erst auf die inneren Freiheitsgrade richtig verteilt sein. Der monomolekulare Elementarprozeß ist folglich im Gegensatz zu einem bimolekularen ein echter 2-Schritt-Vorgang. Der erste Schritt führt durch Stoßaktivierung reversibel zum aktiven Molekül A^a, der zweite Schritt irreversibel zum aktivierten Komplex A^+ und zur Umwandlung.

114

Das aktive Molekül A^a ist demnach ein Molekül mit genügender Energie, um zu reagieren, aber die Energieverteilung ist so, daß es noch nicht reagieren kann. Eine Reaktion des aktiven Moleküls hängt von der Wahrscheinlichkeit ab, mit der eine bestimmte Energie in dem entsprechenden Teil des Moleküls oder Festkörpers vorzufinden ist. In dem betreffenden Energiebereich gibt es zahlreiche mögliche Quantenzustände, aber nur wenige von ihnen entsprechen Energieverteilungen, die zu Umwandlungen führen. Darüber hinaus kann das aktive Molekül selbst dann nicht sofort reagieren, wenn einer der wenigen ausgezeichneten Quantenzustände erreicht ist, da die für die Reaktion notwendige Vibration nicht sofort in der richtigen Phase ist. Die aktiven Moleküle haben deshalb Lebensdauern, die wesentlich größer sind als Vibrationsperioden und im Bereich von 10^{-9} bis 10^{-4} s liegen.

Demgegenüber ist der aktivierte Komplex $A^{\neq}$ durch die Anordnung, die am Scheitelpunkt der Energiebarriere vorliegt, charakterisiert. Er hat keine meßbare Lebensdauer. Er wird aber in der theoretischen Ableitung wie eine chemische Spezies behandelt, indem man für ihn einen willkürlich kleinen Bereich der Reaktionskoordinate am Scheitelpunkt einräumt. Es gibt deshalb mehr als einen Quantenzustand für $A^{\neq}$, da es verschiedene mögliche Energieverteilungen zwischen der Translation in der Reaktionskoordinate und den Vibrations- und Rotationsfreiheitsgraden gibt.

Die statistischen Theorien, z. B. die von *Rice, Ramsperger, Kassel* (1928) und *Marcus* (1952) (RRKM-Theorie), berücksichtigen also die Verteilung der Energie auf die Freiheitsgrade. Dabei muß zwischen fixierten und austauschbaren Energien unterschieden werden. Fixierte Energie, die nicht umverteilt werden kann, ist

– die Translationsenergie mit Ausnahme des Anteils in der Reaktionskoordinate,
– die Nullpunktschwingungsenergie und
– der größte Teil der Rotationsenergie, die sog. adiabatische Rotationsenergie.

Die nichtfixierte Energie E^a des aktiven Moleküls (Bild 4.4) ist dagegen

– die Translationsenergie in der Bewegungskoordinate (E_t^a),
– die nichtadiabatische Rotationsenergie (E_r^a) und
– die Schwingungsenergie über der Nullpunktschwingung (E_v^a).

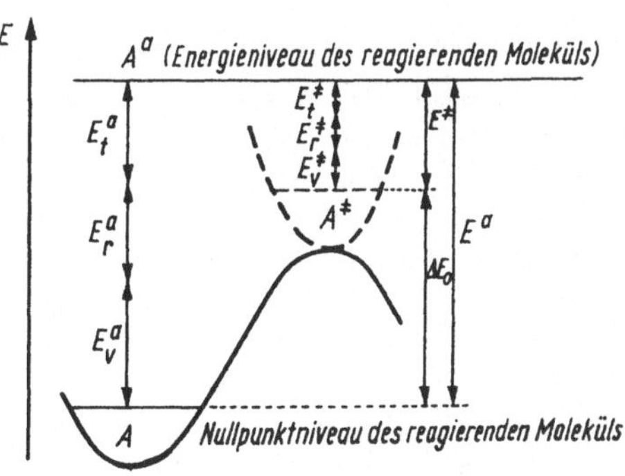

Bild 4.4. Umverteilung der verschiedenen Anteile an austauschbarer Energie E beim Übergang des aktiven Moleküls A^a in den aktivierten Komplex $A^{\neq}$

Die der Theorie zugrunde liegende kritische Energie ΔE_0 ist die Differenz zwischen den Grundzuständen von A und $A^{\neq}$. Entscheidend für die statistische Berechnung ist die verschieden mögliche Verteilung der Energie $E^{\neq} = E^a - \Delta E_0$ zwischen Vibration, Rotation und Translation ($E_v^{\neq}$, $E_r^{\neq}$, $E_t^{\neq}$).

Die Geschwindigkeitskonstante k_1 der Aktivierung ist eine Funktion der Energie E^a und wird quantenstatistisch berechnet. Die Geschwindigkeitskonstante der Desaktivierung k_{-1} wird als energieunabhängig angesehen und kann in erster Näherung der Stoßzahl gleichgesetzt werden. Die Berechnung von k_2 erfolgt auf der Basis der Annahme der Umwandlung eines Schwingungsfreiheitsgrades in einen Translationsfreiheitsgrad mit der Geschwindigkeit

$$ r^{\neq} = \frac{k_B T}{h} \, [A^{\neq}] \, . $$

Die Grundzüge dieser vereinfachten Darstellung der Energieumwandlung bei monomolekularen Prozessen zeigen die Analogie zu den oben dargelegten bimolekularen Prozessen, bei denen die zur Substitution oder zur Assoziation führende Wechselwirkung zweier Teilchen mit einer synchronen Energieübertragung gekoppelt ist. In der *Eyring*schen Näherung geht man davon aus, daß jede Wechselwirkung, bei der genügend austauschbare Energie in den Prozeß eingebracht wird, zum Durchlaufen des Übergangszustandes führt. Die Annahme, daß alle bimolekularen Stoßkomplexe, die die Potentialschwelle erreichen, auch wirklich den Übergangszustand durchlaufen, ist jedoch nicht gerechtfertigt. Es gelten analoge Überlegungen, wie sie bei den monomolekularen Elementarprozessen dargelegt wurden. Man berücksichtigt diesen Umstand durch die Einführung eines Transmissionskoeffizienten $\varkappa$. Dieser Koeffizient gibt an, mit welcher Wahrscheinlichkeit bei der Wechselwirkung zweier Teilchen, die die notwendige Mindestenergie besitzen, auch wirklich der Übergangszustand durchlaufen wird. Der Transmissionskoeffizient $\varkappa$ muß eingeführt werden, weil die Bewegung entlang der Reaktionskoordinate nicht unabhängig von der Bewegung in den anderen Freiheitsgraden ist. Über seine Größe ist aus theoretischen Überlegungen keine quantitative Aussage möglich. Sie liegt im allgemeinen zwischen 0,5 und 1, je nachdem, ob die Häufigkeit des Teilschrittes k_{-1} in der gleichen Größenordnung wie k_2 liegt oder ob k_{-1} gegenüber k_2 zu vernachlässigen ist.

4.4. Makroskopische Interpretation der Theorie des aktivierten Komplexes

Ein zentraler Gesichtspunkt der TAK ist, daß die Eigenschaften des aktivierten Komplexes auf der Basis von Zustandssummen beschrieben werden und daß daraus die Aktivierungsparameter $\Delta G^{\neq}$, $\Delta H^{\neq}$ und $\Delta S^{\neq}$ abgeleitet werden. Aus dem Modell des Elementarprozesses und seiner submikroskopischen Interpretation wird über eine statistische Betrachtung eine effektive Durchschnittsaktivierung mit makroskopischen Kennziffern, sog. Aktivierungsparametern, erhalten. Es handelt sich demnach nicht um eine «Theorie der absoluten Reaktionsgeschwindigkeit», obwohl diese Formulierung in der Literatur gelegentlich gebraucht wird.

Für die makroskopische Interpretation sind die folgenden grundsätzlichen Überlegungen wesentlich [4.5]. Die Reaktionskoordinate bezieht sich auf einen molekularen Elementarprozeß, nämlich auf die Annäherung und Entfernung zweier zusammenstoßender und reagierender chemischer Spezies. Sie stellt einen Schnitt durch die Potentialhyperfläche dar. Bezugsgröße ist das intermolekulare Potential der beiden Teilchen längs dieses Weges. Bei der makroskopischen Interpretation muß man berücksichtigen, daß

- sich die Moleküle in den einzelnen Elementarprozessen einer Reaktion auf verschiedenen Wegen nähern,
- die einzelnen Elementarprozesse nicht gleichzeitig stattfinden und
- die molekularen Energiegrößen mit anderen Bezugspunkten definiert sind als die makroskopischen Standardwerte.

In der folgenden Übersicht sind zunächst die für die submikroskopische und makroskopische Beschreibung einer chemischen Reaktion verwendeten Begriffe und Größen gegenübergestellt:

Submikroskopische Beschreibung	Makroskopische Beschreibung
Teilchen	Stoffe
Elementarprozeß	Reaktionsschritt
Wechselwirkende Teilchen	Edukte (Ausgangsstoffe)
Aktivierter Komplex	–
Entstandene Teilchen	Produkte (Endstoffe)
Potentialminimum	Standardenthalpie
Differenz zwischen Potentialminima	Reaktionsenthalpie
Sattelpunkt	Aktivierungsenthalpie
Reaktionskoordinate	–
–	Reaktionsablauf

Der Zusammenhang zwischen Teilchen und Stoff ist einfach und additiv. Eine Stoffmenge ist durch Art und Anzahl der Teilchen definiert. Demgegenüber ist der Vergleich der energetischen Größen im submikroskopischen und makroskopischen Bild komplizierter. Die molaren Standardenthalpien enthalten neben den chemischen Energien, d. h. den Bindungsenergien, auch thermische Energien mit Vibrations-, Rotations- und Translationsanteilen. Bestimmte thermische Energieanteile sind zwischen den Spezies austauschbar und deshalb statistisch verteilt. Weiterhin ist wesentlich, daß die freie Enthalpie eines chemischen Systems von der Temperatur abhängig ist, einer thermodynamischen Zustandsgröße, die makroskopisch definiert ist und sich nicht aus der submikroskopischen Beschreibung ableiten läßt. Besonders betont werden muß, daß der in der TAK verwendete Begriff «Reaktionskoordinate» grundsätzlich von dem in der makroskopischen Beschreibung notwendigen Begriff «Reaktionsablauf» zu unterscheiden ist. Die beiden Begriffe entsprechen sich nicht, denn der Reaktionsablauf gibt an, welcher Anteil an Molekülen im System den entsprechenden Elementarprozeß schon durchlaufen hat, während die Reaktionskoordinate sich auf den Fortgang eines Einzelprozesses bezieht.
Zur Erläuterung dieses Sachverhaltes sei hier nochmals an die Ausführungen in den Abschn. 2. und 3. erinnert. Bei der Beschreibung des makroskopischen Ablaufs einer chemischen Reaktion wird gewöhnlich die Konzentration bzw. die Reaktionslaufzahl gegen die Zeit aufgetragen. Für thermodynamische Betrachtungen werden energetische Änderungen zeitunabhängig in Beziehung zum fortschreitenden Umsatz gesetzt. So sind in den folgenden Bildern die molaren Energie- und Entropiegrößen $H^\ominus$, $S^\ominus$ und $G^\ominus$ reversibler Reaktionen gegen die Reaktionslaufzahl ξ aufgetragen.
Bild 4.5 zeigt den Gang der Standardenthalpie $H^\ominus$ der Reaktionsmischung mit der Reaktionslaufzahl zwischen $\xi = 0$ (kein Umsatz) und $\xi = 1$ (vollständiger Umsatz).

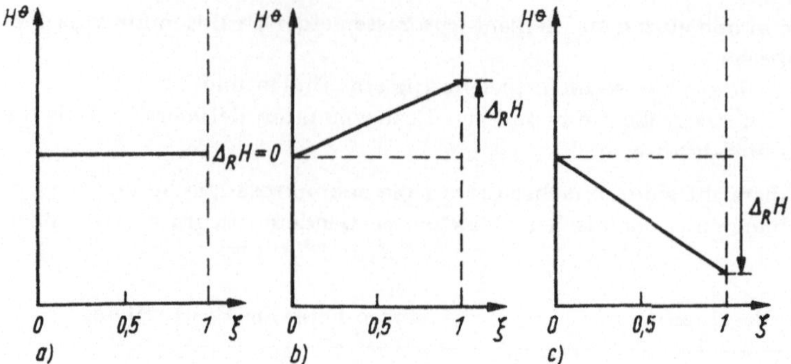

Bild 4.5. Abhängigkeit der Standardenthalpie $H^\ominus$ einer Reaktionsmischung vom Reaktionsablauf

a) Reaktion ohne Wärmeumsatz   b) endotherme Reaktion   c) exotherme Reaktion

Man erhält, ideales Mischungsverhalten von Edukten und Produkten vorausgesetzt, Geraden, die bei exothermen Reaktionen fallen und bei endothermen Reaktionen ansteigen. Zu den exothermen Reaktionen (c) gehören z. B. die Cyclobuten-Ringöffnung und die Dimerisierung von Stickstoffdioxid. Die jeweiligen Rückreaktionen sind dagegen endotherm (b). Ein Beispiel für eine Reaktion ohne Wärmeumsatz (a) ist die Konfigurationsumkehr von Aminen, eine Stereoisomerisierung, die auf der Inversion am Stickstoffatom beruht.

Die makroskopische Beschreibung eines Reaktionsablaufes erfordert auch die Angabe der Entropieänderungen. Bild 4.6 zeigt typische Beispiele für den Gang der Standardentropie $S^\ominus$ der Reaktionsmischung. Um vergleichbare Energiewerte in der Dimension J zu erhalten, wird in diesen Darstellungen $S^\ominus$ mit der Bezugstemperatur $T = 298$ K multipliziert.

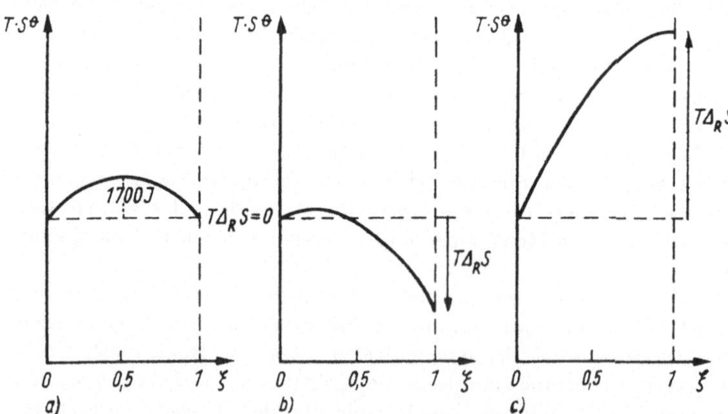

Bild 4.6. Abhängigkeit des Wertes $T \cdot S^\ominus$ einer Reaktionsmischung vom Reaktionsablauf

a) Reaktion mit $\Delta_R S = 0$ (z. B. entartete Isomerisierung)
b) Reaktion mit negativer Reaktionsentropie (z. B. assoziative Reaktion)
c) Reaktion mit positiver Reaktionsentropie (z. B. dissoziative Reaktion)

Die Abhängigkeit des so definierten Energieterms $TS^{\ominus}$ von der Reaktionslaufzahl
zeigt nach oben gekrümmte Kurven. Die Krümmung kommt dadurch zustande, daß
auch bei idealem Mischverhalten von Edukten und Produkten eine positive Mischungsentropie auftritt, die ihr Maximum bei $\xi = 0{,}5$ erreicht und bei 298 K etwa einen Energiebetrag von 1 700 J bedingt.

Kombiniert man nunmehr den Enthalpie-Term und den Entropie-Term entsprechend
der *Gibbs-Helmholtz*-Gleichung zur molaren freien Standardenthalpie der Reaktionsmischung und trägt diese zwischen $\xi = 0$ und $\xi = 1$ auf, so erhält man in allen Fällen
Kurven, die ein Minimum aufweisen.

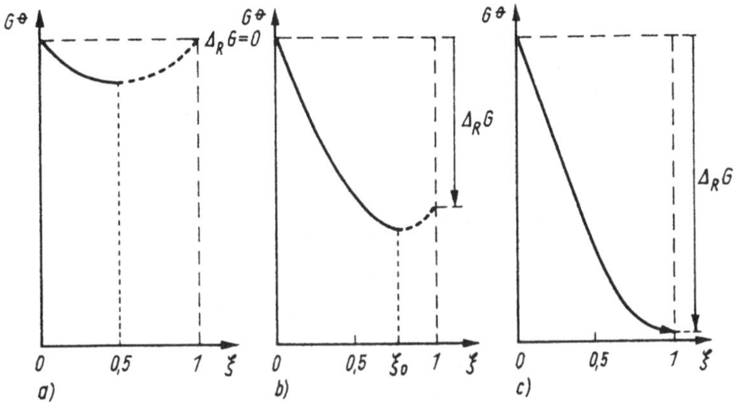

Bild 4.7. Abhängigkeit der Freien Standardenthalpie $G^{\ominus}$ einer Reaktionsmischung vom
Reaktionsablauf

a) Reaktion mit 50% Umsatz
b) Reaktion mit unvollständigem Umsatz
c) Reaktion mit vollständigem Umsatz

Im Bild 4.7 sind typische Kurven für die Änderung der freien Enthalpie während des
Reaktionsablaufes angegeben, wobei die Beispiele 4.7a (z. B. Umwandlung von Enan-
tiomeren) und 4.7c (z. B. eine Verbrennungsreaktion) so gewählt wurden, daß sich die
Kurven additiv aus den in den Bildern 4.5a bzw. c und 4.6a bzw. c dargestellten Änderungen ergeben. Die Kurve 4.7b ist charakteristisch für Reaktionen mit positiver Enthalpiebilanz und positiver Entropiebilanz (z. B. Crackreaktionen) sowie für die Mehrzahl der eigentlichen Synthese-Reaktionen mit negativer Enthalpiebilanz und negativer Entropiebilanz.

Die Lage des Minimums hängt von der Größe der freien Reaktionsenthalpie $\Delta_R G$ ab,
die negativ sein muß, wenn das Gleichgewicht auf der Seite der Produkte liegen soll.
Eine Reaktion läuft überhaupt nur solange ab, solange die Änderung der freien Enthalpie $\partial G^{\ominus}$ einen negativen Wert hat. Wie im Abschn. 2. erörtert (vgl. Gl. (2.16)),
stellt sich beim Erreichen des Minimums, also bei einem Umsatz ξ_{eq}, das Gleichgewicht
ein. Es liegt um so weiter auf der Seite der Produkte, je negativer $\Delta_R G$ ist. Dafür gelten
folgende Beziehungen:

$$\Delta_R G = -RT \ln K^+ \quad \text{und} \quad K^+ = \frac{\xi_{eq}}{(1 - \xi_{eq})^2}$$

Das Vorhandensein eines Maximums in der Potentialkurve für den submikroskopischen Elementarprozeß (Bild 4.2) und eines Minimums für die freie Enthalpie in der makroskopischen Beschreibung einer Reaktion (Bild 4.7) erscheint bei oberflächlicher Betrachtung als Widerspruch. Wie ist dieser scheinbare Widerspruch zu erklären? Ein Maximum existiert nur bezüglich des intermolekularen Potentials im Elementarprozeß, also bezüglich des Einzelvorgangs. Das Überschreiten dieses Maximums ist auch nur für das einzelne Molekül möglich, und zwar auf Kosten der kinetischen Energie anderer Moleküle. Die Existenz und die Höhe dieses Maximums haben keinerlei Beziehung zur thermodynamischen Realisierbarkeit der Reaktion, d. h. zur Lage des Gleichgewichtes. Es steht nur in Beziehung zur Reaktionsgeschwindigkeit.

Die Reaktionsgeschwindigkeit hängt außer von dem beim Elementarprozeß zu überwindenden Potential noch von einem zweiten Faktor ab, nämlich von der Zahl der möglichen geometrischen Anordnungen nahe des Maximums. Dieser Einfluß kommt im Entropie-Term $T\Delta S^{\neq}$ zum Ausdruck.

Die freie Aktivierungsenthalpie

$$\Delta G^{\neq} = \Delta H^{\neq} - T\,\Delta S^{\neq}$$

ist eine Größe, die durch kalorische Messungen nicht zugänglich ist. Es handelt sich um eine hypothetische Größe, nämlich um die freie Standardenthalpie der fiktiven Reaktion

$$A + B \rightarrow (AB)^{\neq}.$$

Wesentlich ist, daß $\Delta G^{\neq}$ der Wechsel eines Wertes ist, aber nicht ein Betrag, der sich kontinuierlich ändert. In Übereinstimmung mit IUPAC-Normen [4.6] sollen deshalb Freie-Enthalpie-Diagramme von chemischen Reaktionen wie im Bild 4.8 angegeben werden.

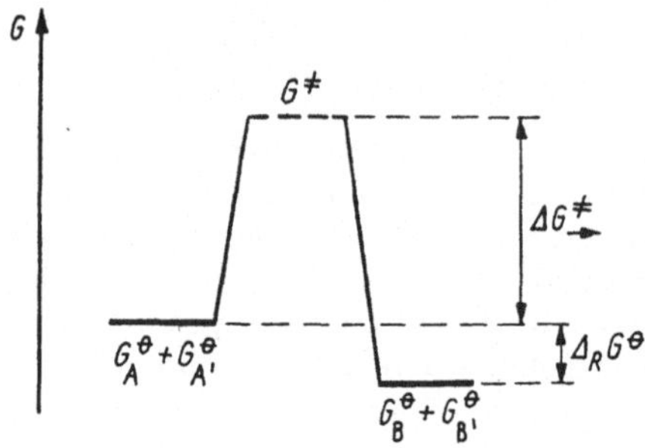

Bild 4.8. Diagramm für den Wechsel der freien Enthalpie einer Reaktion

4.5. Vergleich der *Eyring*schen und der *Arrhenius*schen Parameter

Die Abhängigkeit des Logarithmus der Geschwindigkeitskonstante einer Reaktion von der reziproken Temperatur ist gewöhnlich innerhalb der Fehlergrenzen der experimentellen Daten linear (Abschn. 3). Es gilt folglich:

$$k = A\mathrm{e}^{\frac{B}{T}} \quad \text{und} \quad \ln k = \frac{B}{T} + \ln A$$

Dabei sind A und B Konstanten. Der Zusammenhang wurde zuerst von *Arrhenius* erkannt, der die im Exponenten auftretende Konstante B als Kombination einer reaktionsspezifischen Konstante E_A, die die Dimension einer Energie besitzt, und einer absoluten Konstante, nämlich der molaren Gaskonstante R (Dimension: molare Energie/Temperatur) ausdrückte. Die von *Arrhenius* empirisch abgeleitete Beziehung gilt gleichermaßen für Elementarreaktionen und komplexe Reaktionen, d. h., die Geschwindigkeitskonstante k kann einfach oder komplex sein. Die *Eyring*-Gleichung wurde demgegenüber für bimolekulare und monomolekulare Elementarprozesse abgeleitet. Zunächst seien die beiden Funktionen nochmals zum Vergleich gegenübergestellt:

$$k = A\, e^{-\frac{E_A}{RT}} \qquad k = \frac{k_B T}{h}\, e^{-\frac{\Delta H^{\ddagger}}{RT}}\, e^{\frac{\Delta S^{\ddagger}}{R}}$$

Ein wesentlicher Unterschied zwischen beiden Gleichungen besteht darin, daß in der *Eyring*-Gleichung die Temperatur T im Gegensatz zur *Arrhenius*-Gleichung auch im präexponentiellen Faktor auftritt, d. h., es ist die Temperaturabhängigkeit der Bewegung der Teilchen berücksichtigt.

Wir verdeutlichen uns den Zusammenhang zahlenmäßig an einem einfachen Beispiel einer bimolekularen Reaktion, der *Williamson*schen Ethersynthese (Tab. 4.1).

T in K	k in l mol^{-1} s^{-1}
273	$5{,}6 \cdot 10^{-5}$
279	$11{,}8 \cdot 10^{-5}$
285	$24{,}5 \cdot 10^{-5}$
291	$48{,}8 \cdot 10^{-5}$
297	$100 \quad \cdot 10^{-5}$
303	$208 \quad \cdot 10^{-5}$

Tab. 4.1. Temperaturabhängigkeit der Geschwindigkeitskonstante der *Williamson*schen Ethersynthese mit Methyliodid und Natriumethylat in Ethanol

$$CH_3I + C_2H_5O^{\ominus} \rightarrow H_3C-O-C_2H_5 + I^{\ominus}$$

Trägt man nach *Arrhenius* den Logarithmus der Geschwindigkeitskonstante $\ln k$ gegen $1/T$ auf, so erhält man eine Gerade (Bild 4.9). Rechnerisch oder graphisch kann man daraus die *Arrhenius*schen Aktivierungsparameter ermitteln:

$$\ln A = 26{,}0 \pm 0{,}5 \quad (\text{Einheit von } A: \text{l mol}^{-1}\,\text{s}^{-1})$$

$$E_A = 81 \quad \pm 1 \text{ kJ mol}^{-1}$$

Trägt man statt dessen nach *Eyring* die Größe $\ln k/T$ gegen $1/T$ auf, so erhält man innerhalb der experimentellen Genauigkeit ebenfalls eine Gerade.

Die daraus ermittelten *Eyring*-Parameter betragen:

$$\Delta S^{\ddagger}_{288} = -36 \pm 4 \text{ J K}^{-1}\,\text{mol}^{-1}$$

$$\Delta H^{\ddagger}_{288} = 79 \pm 1 \text{ kJ mol}^{-1}$$

Es zeigt sich, daß der exponentielle Faktor in der *Arrhenius*- und in der *Eyring*-Gleichung so stark temperaturabhängig ist, daß das Eingehen oder Nichteingehen der Temperatur in den präexponentiellen Faktor keine wesentliche Rolle spielt, zumal der untersuchte Temperaturbereich sehr klein ist. ΔT beträgt im angeführten Beispiel 30 K und $\Delta 1/T$ nur 0,0004 K^{-1}.

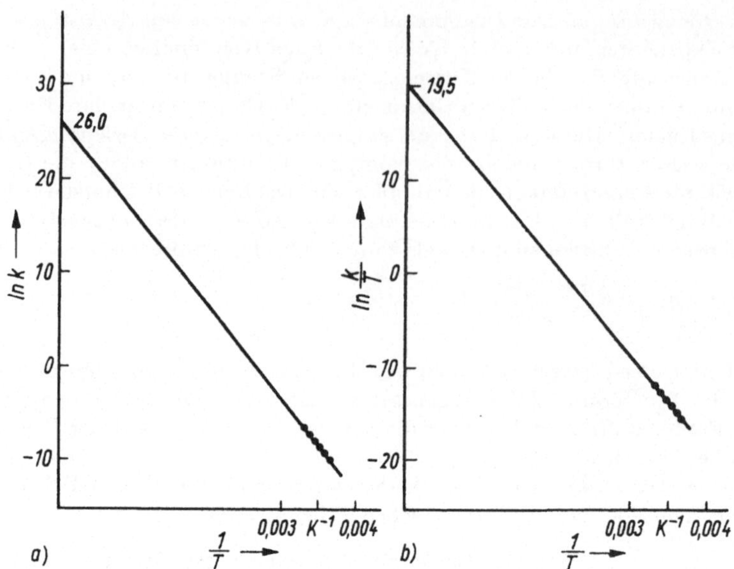

Bild 4.9. Graphische Auswertung der Temperaturabhängigkeit der Reaktion
$CH_3I + C_2H_5O^- \rightarrow H_3C\!-\!O\!-\!C_2H_5 + I^-$

a) nach *Arrhenius*
b) nach *Eyring*

Eine sehr exakte Bestimmung von Aktivierungsgrößen und eine mögliche Differenzierung zwischen *Arrhenius*- und *Eyring*-Parametern erfordert folglich temperaturabhängige Messungen der Reaktionsgeschwindigkeit über einen sehr weiten Temperaturbereich.

Es ist aus den dargelegten Gründen berechtigt, die nach der *Eyring*- oder *Arrhenius*-Auswertung erhaltenen Aktivierungsparameter formal ineinander umzurechnen. Dafür gelten folgende Gleichungen, wenn man die Temperatur T in K, die Energiewerte in J, die Entropiewerte in $J\,K^{-1}$ und die Konzentrationen in $mol\,l^{-1}$ einsetzt:

$$\Delta H_T^{\ddagger} = E_A - 8{,}31\,T$$

$$\Delta S_T^{\ddagger} = 8{,}31 \ln A - 8{,}31 \ln T - 205{,}8$$

$$E_A = \Delta H_T^{\ddagger} + 8{,}31\,T$$

$$\ln A = 0{,}12\,\Delta S_T^{\ddagger} + \ln T + 24{,}77$$

(Die Dimensionsfaktoren sind in den Zahlen dieser Gleichungen weggelassen.)
Es muß ausdrücklich betont werden, daß die Aktivierungsparameter nach *Eyring* grundsätzlich mit der Bezugstemperatur angegeben werden müssen. Für den praktischen Gebrauch hat die Benutzung und Diskussion dieser Parameter anstelle der *Arrhenius*-Parameter gewisse Vorteile. Der Wert für $\Delta G_T^{\ddagger}$ läßt sich schon bei der Kenntnis der Geschwindigkeitskonstante bei nur einer Temperatur angeben, d. h., tempera-

turabhängige Messungen sind dafür nicht erforderlich. Die Umrechnungsgleichungen lauten:

$$\Delta G_T^{\ddagger} = 8{,}31 \ T \ln 2{,}08 \cdot 10^{10} \ T - 8{,}31 \ T \ln k$$

$$\ln k = -0{,}12 \ \Delta G_T^{\ddagger}/T + 2{,}08 \cdot 10^{10} \ T$$

(Energien in J, Temperaturen in K und Konzentrationen in mol l^{-1}, der Wert ln 2,08 $\cdot 10^{10} \ T$ beträgt bei Raumtemperatur 29,455). Die Angabe von $\Delta S_T^{\ddagger}$ ist anschaulicher als der Wert ln A. Positive Aktivierungsentropien bedeuten nämlich immer den Übergang in Strukturen höherer Wahrscheinlichkeit bzw. niederer Symmetrie. So besitzen Zerfallsreaktionen immer positive Aktivierungsentropien, assoziative Prozesse dagegen immer negative Aktivierungsentropien (Abschn. 5.). Im Falle der Sesselinversion des Cyclohexans kann man die Aktivierungsentropie aus Symmetriebetrachtungen abschätzen. Der Cyclohexansessel besitzt die Symmetriezahl $\sigma = 6$, der Struktur des aktivierten Komplexes ist dagegen nur eine Symmetrie von $\sigma = 1$ zuzuordnen. Aus der Beziehung

$$\Delta S = R(\ln \sigma_A - \ln \sigma_B)$$

ist also eine positive Aktivierungsentropie in der Größenordnung bis 15 J K^{-1} mol^{-1} zu erwarten, was auch tatsächlich experimentell gefunden wird.

4.6.   Informationen aus den Aktivierungsparametern

Aktivierungsparameter sind fiktive thermodynamische Größen, die aus der Temperaturabhängigkeit der Geschwindigkeitskonstanten erhalten werden. Sie geben wichtige Informationen über den Mechanismus der betreffenden Reaktion.

Die **Aktivierungsenthalpie** $\Delta H_T^{\ddagger}$ ist ein Maß für den energetischen Aufwand, der notwendig ist, um die für die Reaktion notwendige Bindungs- und Elektronenumgruppierung im aktivierten Komplex zu erreichen. *Van-der-Waals*sche Abstoßungskräfte bilden den entscheidenden Anteil. Diese Abstoßungskräfte resultieren aus der Wechselwirkung der voll besetzten Elektronenschalen bzw. Orbitale sowie der Kernabstoßung bei der Annäherung der Spezies. Die Zahlenwerte für $\Delta H_{298}^{\ddagger}$ bei den verschiedensten Reaktionen reichen von schwach negativen Werten bis etwa 450 kJ mol^{-1}. Sie unterscheiden sich nur unwesentlich von E_A, wobei zu berücksichtigen ist, daß die Unsicherheit an sich dieser Enthalpiewerte meist in der Größenordnung von 5 kJ mol^{-1} liegt. Entsprechend der Umrechnungsgleichung ist $\Delta H_{298}^{\ddagger}$ nur um 2,5 kJ mol^{-1} kleiner als E_A.
Zwischen Aktivierungsenthalpien und Reaktionsenthalpien gibt es keinen Zusammenhang. Erst die Kenntnis der Aktivierungsenthalpien von Hin- und Rückreaktion gestattet durch Differenzbildung den Zugang zur Reaktionsenthalpie. Dadurch werden mit kinetischen Methoden eine experimentell unabhängige Ermittlung und ein Vergleich mit den durch kalorische Methoden bestimmten Reaktionsenthalpien möglich.
Tab. 4.2 gibt die Aktivierungsenthalpien einiger bekannter Reaktionen der verschiedensten Typen an. Um einen Überblick und einen Vergleich zu erhalten, wurden die Werte, obwohl vielfach bei höheren oder tieferen Temperaturen gemessen, einheitlich auf 298 K umgerechnet.
Bei der Kombination von Atomen, Radikalen oder Ionen zu neutralen Molekülen ist kein energetischer Aufwand für die Umgruppierung von Bindungen notwendig. Die Werte für $\Delta H^{\ddagger}$ liegen deshalb bei 0.

Tab. 4.2. Aktivierungsenthalpien $\Delta H^{\neq}_{298}$ ausgewählter Elementarreaktionen

Reaktion		Aggregatzustand (Lösungsmittel)	$\Delta H^{\neq}_{298}$ in kJ mol^{-1}
$H_3O^{\oplus} + OH^{\ominus}$	$\rightarrow 2\,H_2O$	l (H_2O)	0
$NO_2\cdot + NO_2\cdot$	$\rightarrow N_2O_4$	g	0
$H\cdot + Br_2$	$\rightarrow HBr + Br\cdot$	g	3
C_4H_{10} (anti)	$\rightarrow C_4H_{10}$ (syn)	g	12
$Cl\cdot + H_2$	$\rightarrow HCl + H\cdot$	g	21
NH_3	$\rightarrow NH_3$ (invertiert)	g	24
$D\cdot + H_2$	$\rightarrow HD + H\cdot$	g	33
$OH^{\ominus} + CO_2$	$\rightarrow HCO_3{}^{\ominus}$	l (H_2O)	36
C_6H_{12} (Sessel)	$\rightarrow C_6H_{12}$ (Twistboot)	l	45
$(C_2H_5)_3N + C_2H_5I$	$\rightarrow (C_2H_5)_4N^{\oplus} + I^{\ominus}$	l (C_6H_6)	50
N_2O_4	$\rightarrow 2\,NO_2$	g	57
$C_5H_6 + C_5H_6$	$\rightarrow C_{10}H_{12}$ (Dicyclopentadien)	l (C_6H_6)	60
$CH_3Br + I^{\ominus}$	$\rightarrow CH_3I + Br^{\ominus}$	l (CH_3COCH_3)	66
$CH_3I + C_2H_5O^{\ominus}$	$\rightarrow CH_3OC_2H_5 + I^{\ominus}$	l (C_2H_5OH)	79
$C_6H_6 + NO_2{}^{\oplus}$	$\rightarrow C_6H_6NO_2{}^{\oplus}$	l (C_6H_6)	80
$(CH_3)_3CCl$	$\rightarrow (CH_3)_3C^{\oplus} + Cl^{\ominus}$	l (H_2O)	86
$CH_3NO_2 + H_2O$	$\rightarrow CH_2NO_2{}^{\ominus} + H_3O^{\oplus}$	l (H_2O)	94
$C_4H_6 + C_2H_4$	$\rightarrow C_6H_{10}$ (Cyclohexen)	g	111
$C_{10}H_{12}$	$\rightarrow 2\,C_5H_6$ (Cyclopentadien)	l (C_6H_6)	139
$H_2 + I_2$	$\rightarrow H_2I\cdot + I\cdot$	g	163
Br_2	$\rightarrow 2\,Br\cdot$	g	190
$(GaAs)_n Cl + H_2$	$\rightarrow (GaAs)_n + HCl + H\cdot$	s	200
C_6H_{10} (Cyclohexen)	$\rightarrow C_4H_6 + C_2H_4$	g	240
CH_3Cl	$\rightarrow CH_3{}^{\oplus} + Cl^{\ominus}$	l (H_2O)	263
C_3H_6 (Cyclopropan)	$\rightarrow C_3H_6$ (Propen)	g	270
CH_3Cl	$\rightarrow CH_3\cdot + Cl\cdot$	g	334
C_2H_6	$\rightarrow 2\,CH_3\cdot$	g	366
H_2	$\rightarrow 2\,H\cdot$	g	433

Die Einwirkung von Ionen oder Radikalen auf neutrale Moleküle führt zu Additionen oder Substitutionen und erfordert nur geringe Aktivierungenthalpien. Das liegt in erster Linie daran, daß Ionen oder Radikale energiereiche Spezies darstellen und die Differenz des Energieinhaltes zwischen ihnen und den aktivierten Komplexen dadurch geringer ist.

Große Abstufungen in den $\Delta H^{\ddagger}$-Werten finden sich bei Reaktionen zwischen neutralen Molekülen. Auf der einen Seite stehen Reaktionen, bei denen zwar wesentliche Bindungsumgruppierungen stattfinden, aber nur relativ kleine Aktivierungsenthalpien erforderlich sind, z. B. bei der *Diels-Alder*-Reaktion. Auf der anderen Seite finden sich zahlreiche Reaktionen, wie die Umsetzung von Ethen mit Wasserstoff oder Iod mit Wasserstoff, bei denen wesentlich größere Aktivierungsenthalpien notwendig sind. Letztere verlaufen über mehrere Reaktionsschritte, und die Aktivierungsenthalpie gibt die Gesamtdifferenz zwischen der Energie der reagierenden Teilchen und dem energetisch am höchsten liegenden aktivierten Komplex an. In Übereinstimmung mit quantenchemischen Rechnungen lassen sich die Ursachen solcher Unterschiede mit Hilfe von Orbitalbetrachtungen erklären (Abschn. 7.).

Auch die Dissoziation von Bindungen in neutralen Molekülen erfordert sehr unterschiedliche Aktivierungen, je nachdem ob schwache Bindungen, z. B. die N—N-Bindung in Distickstofftetroxid, oder starke Bindungen, z. B. in Wasserstoff, gelöst werden. Für homolytische Reaktionen in der Gasphase gelten die Bindungsdissoziationsenergien. Sie korrelieren häufig auch mit den entsprechenden Ionen-Reaktivitäten, doch gilt dies nicht generell. Die für die Ionen-Dissoziation in Lösung notwendige Energie hängt entscheidend vom Lösungsmittel ab.

Auch bei Festkörperreaktionen lassen sich in manchen Fällen Aktivierungsenthalpien angeben. Als Beispiel wurde in Tab. 4.2 der geschwindigkeitsbestimmende Schritt bei der Gasphasenepitaxie von Galliumarsenid aufgenommen. Entscheidend ist in diesem Falle die Lösung einer Ga—Cl-Bindung durch Angriff von molekularem Wasserstoff an der Halbkristallage. Die Beteiligung von molekularem Wasserstoff am Übergangszustand kann durch die Abhängigkeit der Wachstumsrate vom Wasserstoff-Partialdruck bestimmt werden. Die entsprechende Aktivierungsenthalpie von etwa 200 kJ mol⁻¹ läßt sich abschätzen. Dieser Wert liegt etwa in der Größenordnung der Aktivierungsenthalpie für die Spaltung von Brom in Atome.

Die **Aktivierungsentropie** $\Delta S_T^{\ddagger}$ ist ein Maß für die Wahrscheinlichkeit, mit der der aktivierte Komplex unabhängig von der dazu notwendigen Enthalpie realisiert werden kann. Sie drückt die Existenzwahrscheinlichkeit der für den aktivierten Komplex angenommenen Struktur aus und steht deshalb im Zusammenhang mit der Weite der «Öffnung» am Sattelpunkt (Bild 4.2). Je steiler die Flanken am «Gebirgspaß» sind, desto geringer ist die Wahrscheinlichkeit für die Durchquerung.

Der Zahlenwert für $\Delta S_T^{\ddagger}$ läßt sich empirisch beurteilen und mit Hilfe der Zustandssummen abschätzen. Seine Kenntnis ist ein erster Anhaltspunkt, um ein Bild vom stereochemischen Ablauf des Elementarprozesses zu gewinnen.

Die Zahlenwerte für $\Delta S_{298}^{\ddagger}$ schwanken zwischen +100 und —250 J K⁻¹ mol⁻¹, wobei sie in erster Linie von der Molekularität des Elementarprozesses abhängen. Tab. 4.3 (s. S. 126) gibt einige auf Standardzustände (mol l⁻¹) bezogene $\Delta S_{298}^{\ddagger}$-Werte in J K⁻¹ mol⁻¹ an. Um den energetischen Beitrag aus dem Entropie-Term für die Freien Aktivierungsenthalpien der einzelnen Reaktionen im Vergleich zu $\Delta H_{298}^{\ddagger}$ besser einschätzen zu können, wurden in der Tabelle zusätzlich die Zahlen für $T\Delta S^{\ddagger}$ bei 298 K in kJ mol⁻¹ angegeben.

Tab. 4.3. Aktivierungsentropien $\Delta S_{298}^{\neq}$ ausgewählter Elementarreaktionen

Reaktion		Aggregat-zustand (Lösungs-mittel)	$\Delta S^{\neq}$ in J K^{-1} mol^{-1}	$T\Delta S^{\neq}$ in kJ mol^{-1}
C_2H_6	$\rightarrow 2\,CH_3\cdot$	g	$+\ 75$	$+\ 22$
$(CH_3)_3CCl$	$\rightarrow (CH_3)_3C^{\oplus} + Cl^{\ominus}$	l (H_2O)	$+\ 51$	$+\ 15$
N_2O_4	$\rightarrow 2\,NO_2\cdot$	g	$+\ 38$	$+\ 11$
C_3H_6 (Cyclopropan)	$\rightarrow C_3H_6$ (Propen)	g	$+\ 33$	$+\ 10$
C_6H_{12} (Sessel)	$\rightarrow C_6H_{12}$ (Twistboot)	l	$+\ 9$	$+\ 3$
$CH_3Cl + OH^{\ominus}$	$\rightarrow CH_3OH + Cl^{\ominus}$	l (H_2O)	$-\ 17$	$-\ 5$
$H_3O^{\oplus} + OH^{\ominus}$	$\rightarrow 2\,H_2O$	l (H_2O)	$-\ 30$	$-\ 9$
$CH_3Br + I^{\ominus}$	$\rightarrow CH_3I + Br^{\ominus}$	l (CH_3COCH_3)	$-\ 33$	$-\ 10$
$CH_3I + C_2H_5O^{\ominus}$	$\rightarrow CH_3OC_2H_5 + I^{\ominus}$	l (C_2H_5OH)	$-\ 36$	$-\ 11$
$H_2 + I_2$	$\rightarrow H_2I\cdot + I\cdot$	g	$-\ 39$	$-\ 12$
$OH^{\ominus} + CO_2$	$\rightarrow HCO_3^{\ominus}$	l (H_2O)	$-\ 58$	$-\ 17$
$CH_3\cdot + CH_3\cdot$	$\rightarrow C_2H_6$	g	$-\ 63$	$-\ 19$
$CH_3NO_2 + H_2O$	$\rightarrow CH_2NO_2^{\ominus} + H_3O^{\oplus}$	l (H_2O)	$-\ 77$	$-\ 23$
$ClO^{\ominus} + ClO^{\ominus}$	$\rightarrow ClO_2^{\ominus} + Cl^{\ominus}$	l (H_2O)	$-\ 82$	$-\ 24$
$CH_3COOC_2H_5 + OH^{\ominus}$	$\rightarrow CH_3COO^{\ominus} + C_2H_5OH$	l (H_2O)	$-\ 92$	$-\ 27$
$(C_2H_5)_3N + C_2H_5I$	$\rightarrow (C_2H_5)_4N^{\oplus} + I^{\ominus}$	l (CH_3SOCH_3)	-109	$-\ 32$
$C_4H_6 + C_2H_4$	$\rightarrow C_6H_{10}$ (Dicyclohexen)	g	-110	$-\ 33$
$NO_2\cdot + NO_2\cdot$	$\rightarrow N_2O_4$	g	-137	$-\ 41$
$C_5H_6 + C_5H_6$	$\rightarrow C_{10}H_{12}$ (Cyclopentadien)	l (C_6H_6)	-159	$-\ 47$
$(C_2H_5)_3N + C_2H_5I$	$\rightarrow (C_2H_5)_4N^{\oplus} + I^{\ominus}$	l (C_6H_6)	-176	$-\ 52$
$C_6H_5NH_2 + C_6H_5COCH_2Br$	$\rightarrow C_6H_5\overset{\ominus}{N}H_2CH_2COC_6H_5 + Br^{\ominus}$	l (C_6H_6)	-234	$-\ 70$

Folgende allgemeine Regeln lassen sich aus den Zahlenangaben ablesen:

Dissoziative Prozesse haben positive Aktivierungsentropien. Für Isomerisierungen liegt $\Delta S^{\neq}$ in der Nähe von 0. Bimolekulare Prozesse weisen immer negative Aktivierungsentropien auf. Diese negativen Werte ergeben sich, weil im aktivierten Komplex die Bewegungsmöglichkeiten der reagierenden Spezies eingeschränkt werden. Bei den bimolekularen Reaktionen werden 3 Translationsfreiheitsgrade eines Partners in Schwingungsfreiheitsgrade des aktivierten Komplexes umgewandelt. Der Verlust an 3 Translationsfreiheitsgraden macht sich signifikant bemerkbar, da die Translation den wesentlichsten Beitrag zur Zustandssumme leistet. Je größer die Moleküle sind, desto negativer wird $\Delta S^{\neq}$. Besonders drastische Beeinflussungen resultieren, wenn im aktivierten Komplex ein hoher sterischer Ordnungsgrad notwendig ist, z. B. bei Cyclo-additionen. Auch wenn bei einer Reaktion geladene Spezies entstehen oder wenn Ladungen konzentriert werden, z. B. bei der *Menschutkin*-Reaktion, sind stark negative Aktivierungsentropien zu verzeichnen. In solchen Fällen hat das Lösungsmittel einen erheblichen Einfluß auf die Aktivierungsparameter, da in den Werten, soweit sie Reaktionen in Lösung betreffen, auch die Solvatation, d. h. die Orientierung und die Ordnung der Lösungsmittelmoleküle, enthalten ist.

Die **freie Aktivierungsenthalpie** $\Delta G_T^{\ddagger}$ ist ein Maß für die Geschwindigkeit, mit der eine Reaktion abläuft. Sie wird gewöhnlich direkt aus den gemessenen Geschwindigkeitskonstanten berechnet. Für reversible Reaktionen ist die Differenz aus den freien Aktivierungsenthalpien der Hinreaktion und der Rückreaktion mit der freien Reaktions-

Tab. 4.4. Freie Aktivierungsenthalpien $\Delta G_{298}^{\ddagger}$ ausgewählter Reaktionen

Reaktion		Aggregatzustand (Lösungsmittel)	$\Delta G_{298}^{\ddagger}$ in kJ mol^{-1}
$H_3O^{\oplus} + OH^{\ominus}$	$\rightarrow 2\,H_2O$	l (H_2O)	9
$H_3O^{\oplus} + CH_3COO^{\ominus}$	$\rightarrow CH_3COOH + H_2O$	l (H_2O)	12
$CH_3\cdot + CH_3\cdot$	$\rightarrow C_2H_6$	g	19
$NO_2\cdot + NO_2\cdot$	$\rightarrow N_2O_4$	g	41
C_6H_{12} (Sessel)	$\rightarrow C_6H_{12}$ (Twistboot)	l	42
$^{56}Fe^{2\oplus} + {}^{55}Fe^{3\oplus}$	$\rightarrow {}^{56}Fe^{3\oplus} + {}^{55}Fe^{2\oplus}$	l (H_2O)	43
N_2O_4	$\rightarrow 2\,NO_2\cdot$	g	46
$OH^{\ominus} + CO_2$	$\rightarrow HCO_3^{\ominus}$	l (H_2O)	53
$CH_3Br + I^{\ominus}$	$\rightarrow CH_3I + Br^{\ominus}$	l (CH_3COCH_3)	76
$CH_3I + C_2H_5O^{\ominus}$	$\rightarrow CH_3OC_2H_5 + I^{\ominus}$	l (C_2H_5OH)	90
$H_2O + H_2O$	$\rightarrow H_3O^{\oplus} + OH^{\ominus}$	l (H_2O)	99
$(C_2H_5)_3N + C_2H_5I$	$\rightarrow (C_2H_5)_4N^{\oplus} + I^{\ominus}$	l (C_6H_6)	102
$C_5H_6 + C_5H_6$	$\rightarrow C_{10}H_{12}$ (Dicyclopentadien)	l (C_6H_6)	107
$CH_3NO_2 + H_2O$	$\rightarrow CH_2NO_2^{\ominus} + H_3O^{\oplus}$	l (H_2O)	117
$C_4H_6 + C_2H_4$	$\rightarrow C_6H_{10}$ (Cyclohexen)	g	144
$C_2H_2Cl_2$ (E)	$\rightarrow C_2H_2Cl_2$ (Z)	g (K)	172
$H_2 + I_2$	$\rightarrow 2\,HI$	g (K)	175
$C_2H_4 + H_2$	$\rightarrow C_2H_6$	g (K)	194
$HI + HI$	$\rightarrow H_2 + I_2$	g (K)	196
C_3H_6 (Cyclopropan)	$\rightarrow C_3H_6$ (Propen)	g	260
C_2H_6	$\rightarrow 2\,CH_3\cdot$	g	344

(K = komplexe Reaktionen)

enthalpie identisch. Für die beiden Anteile zur freien Enthalpie, den Enthalpie-Term und den Entropie-Term, gilt der gleiche Zusammenhang. Man erklärt diesen Sachverhalt mit dem «Prinzip der mikroskopischen Reversibilität». Das Prinzip besagt, daß bei Elementarprozessen der gleiche Übergangszustand durchlaufen wird, unabhängig von welcher Seite (Hinreaktion oder Rückreaktion) der aktivierte Komplex erreicht wird. Das Potentialprofil der *Eyring*-Ableitung ist für die Reaktion in beiden Richtungen gleichermaßen gültig. Auch für die Entropiebilanz gelten analoge Gesichtspunkte.

Die Freien Aktivierungsenthalpien einer Reihe ausgewählter Reaktionen sind in Tab. 4.4 zusammengestellt.

Tab. 4.5 gibt eine Übersicht zum Zusammenhang von freier Aktivierungsenthalpie und Geschwindigkeitskonstante bei monomolekularen Elementarreaktionen. Die Relaxationszeit $\tau = 1/k$ ist dabei die Zeit, in der die Konzentration des Eduktes auf $1/e$ des ursprünglichen Wertes zurückgeht, d. h. auf rund 37 %.

Tab. 4.5. Zusammenhang zwischen Geschwindigkeitskonstante und Freier Aktivierungsenthalpie für monomolekulare Elementarreaktionen bei 298 K

$\Delta G^{\neq}_{298}$ in kJ	k in s^{-1}	τ in s
2	$2{,}8 \cdot 10^{12}$	$3{,}6 \cdot 10^{-13}$
10	$1{,}1 \cdot 10^{11}$	$9{,}1 \cdot 10^{-12}$
20	$2{,}0 \cdot 10^{9}$	$5{,}1 \cdot 10^{-10}$
30	$3{,}5 \cdot 10^{7}$	$2{,}8 \cdot 10^{-8}$
40	$6{,}3 \cdot 10^{5}$	$1{,}6 \cdot 10^{-6}$
50	$1{,}1 \cdot 10^{4}$	$9{,}0 \cdot 10^{-5}$
60	$2{,}0 \cdot 10^{2}$	$5{,}0 \cdot 10^{-3}$
70	$3{,}5$	$2{,}8 \cdot 10^{-1}$
80	$6{,}3 \cdot 10^{-2}$	$1{,}5 \cdot 10$ (15 s)
90	$1{,}1 \cdot 10^{-3}$	$8{,}9 \cdot 10^{2}$
100	$2{,}0 \cdot 10^{-5}$	$5{,}0 \cdot 10^{4}$ (14 h)
110	$3{,}5 \cdot 10^{-7}$	$2{,}8 \cdot 10^{6}$
120	$6{,}3 \cdot 10^{-9}$	$1{,}5 \cdot 10^{8}$ (5 a)
130	$1{,}1 \cdot 10^{-10}$	$8{,}9 \cdot 10^{9}$
140	$2{,}0 \cdot 10^{-12}$	$5{,}0 \cdot 10^{11}$
150	$3{,}6 \cdot 10^{-14}$	$2{,}8 \cdot 10^{13}$

4.7. Energieprofil-Diagramme

Der Mechanismus chemischer Reaktionen wird im Rahmen der TAK gewöhnlich durch Energieprofildiagramme beschrieben. Aus diesen Diagrammen sind nicht nur die Zwischenstufen und aktivierten Komplexe, sondern auch die jeweiligen Energiedifferenzen zu entnehmen (Bild 4.10). Es ist üblich, als Energieparameter die Freie Enthalpie aufzutragen, da die Abstufungen dann im direkten Zusammenhang zu den Gleichgewichtskonstanten und den Geschwindigkeitskonstanten stehen. Die Energieangaben beziehen sich immer auf molare Größen, ebenso wie die Geschwindigkeitskonstanten für molare Konzentrationen definiert sind. Werden mehrstufige Reaktionen in solchen Diagrammen wiedergegeben, so ist zu beachten, daß sämtliche im Verlaufe der Gesamtreaktion beteiligten Stoffe mit ihren molaren Standardgrößen in den angegebenen Niveaus enthalten sind. Der geschwindigkeitsbestimmende Schritt einer Mehrstufenreaktion ist im Diagramm in den meisten Fällen daran zu erkennen, daß er dem energetisch am

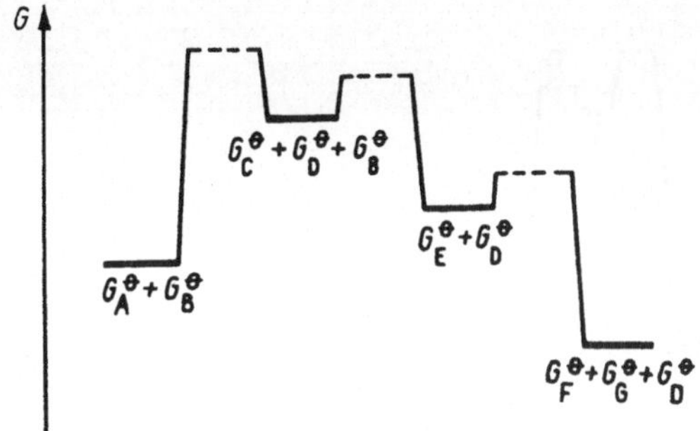

Bild 4.10. Energieprofildiagramm einer mehrstufigen Reaktion

$A = (CH_3)_3CCl$ $E = (CH_3)_3COH_{2(solv)}^{\oplus}$

$B = H_2O$ $F = (CH_3)_3COH$

$C = (CH_3)_{3\,(solv)}^{\oplus}$ $G = H_{(solv)}^{\oplus}$

$D = Cl_{(solv)}^{-}$

(Innere und äußere Ionenpaare sind nicht gesondert ausgewiesen)

höchsten gelegenen aktivierten Komplex entspricht. Das ist bei einer nach dem S_N1-Mechanismus ablaufenden Folgereaktion (Bild 4.10) der dissoziative Prozeß. Die Geschwindigkeiten der einzelnen Schritte einer komplexen Reaktion werden aber bekanntlich nicht nur von den jeweiligen freien Aktivierungsenthalpien, sondern auch von den Konzentrationen der Reaktionspartner bestimmt. Im Diagramm sind alle Angaben auf molare Größen genormt. Schritte, die von den meist in nur sehr geringen Konzentrationen vorliegenden Zwischenstufen weiterführen, können folglich geschwindigkeitsbestimmend sein, auch wenn der entsprechende aktivierte Komplex im Diagramm nicht das höchstgelegene Freie-Enthalpie-Niveau aufweist. Deshalb liefern die Freie-Enthalpie-Diagramme nur eine grobe Orientierung über den zeitlichen Ablauf komplexer Reaktionen. Ein direkter Vergleich der Geschwindigkeiten der einzelnen Schritte ist nicht möglich.
Den Energieprofil-Diagrammen sind Aussagen über die Reversibilität der einzelnen Reaktionsschritte zu entnehmen. Strenggenommen ist jede chemische Elementarreaktion reversibel. Für die Praxis ist es sinnvoll, Reaktionen, bei denen die Rückreaktion innerhalb der experimentellen Genauigkeit nicht nachweisbar ist, als irreversibel zu klassifizieren.
Die Irreversibilität eines Reaktionsschrittes kann verschiedene Ursachen haben. Liegt das thermodynamische Gleichgewicht weit ($> 99\,\%$) auf der Seite der Produkte, so kann die Rückreaktion gewöhnlich vernachlässigt werden. Das ist immer dann der Fall, wenn das Produkt bzw. die Zwischenstufe um mehr als 11 kJ mol^{-1} stabiler ist als die vorausgehende Stufe. Häufig hat die Irreversibilität aber kinetische Ursachen. Die dem betreffenden Schritt folgende Reaktion kann so schnell sein, daß die Rückreaktion vergleichsweise keine wesentliche Realisierungschance besitzt. Einen solchen Umstand macht man sich bei «Abfangreaktionen» zunutze. Für die Konkurrenz zwischen Rückreaktion und Folgereaktion ist bei gleicher Molekularität und gleichen Konzentrationen die relative Höhe der beiden Aktivierungsschwellen maßgebend. Ein

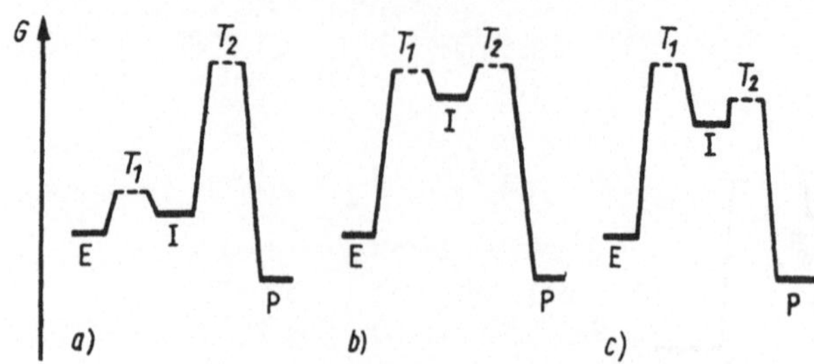

Bild 4.11. Energieprofildiagramme für Folgereaktionen mit zwei Reaktionsschritten

a) Schnelles vorgelagertes Gleichgewicht
b) Reaktiver Zwischenstoff, der in beiden Richtungen rasch weiterreagiert
c) Schnelle Folgereaktion nach dem geschwindigkeitsbestimmenden Schritt

um 11 kJ mol^{-1} kleinerer Wert bedeutet eine 100fach größere Reaktionsgeschwindigkeit.

Bei den in zwei Schritten ablaufenden Folgereaktionen sind 3 Möglichkeiten zu unterscheiden (Bild 4.11).

Im ersten Falle (Bild 4.11*a*) liegt ein schnell sich einstellendes Gleichgewicht vor dem geschwindigkeitsbestimmenden Schritt. Solche Reaktionsfolgen kommen häufig vor, z. B. wenn Konformationsisomerisierungen, Tautomerisierungen oder Protonierungen der eigentlichen Bindungsumgruppierung vorgelagert sind.

Bei der Eliminierung von Chlorwasserstoff aus erythro-1-Chlor-1,2-diphenyl-propan muß zunächst das instabilere Konformere mit Chlor und Wasserstoff in anti-Stellung gebildet werden, aus dem dann im geschwindigkeitsbestimmenden Schritt Chlorwasserstoff eliminiert wird, wobei (Z)-Methylstilben entsteht.

Solche vorgelagerten Gleichgewichte sind gewöhnlich in Form einer Gleichgewichtskonstanten in der Geschwindigkeitskonstanten der Gesamtreaktion enthalten (Abschn. 3.). Die Freie-Enthalpie-Differenz der Gesamtreaktion setzt sich demnach additiv aus der Reaktionsenthalpie des ersten und der Aktivierungsenthalpie des zweiten Schrittes zusammen. Das Vorliegen einer bestimmten Konformeren- oder Tautomeren-Population hat keinen direkten Einfluß auf die Kontrolle der Produktbildung. Entscheidend ist in jedem Falle die Gesamtdifferenz der freien Enthalpie zum jeweiligen aktivierten Komplex (Prinzip von *Curtin* und *Hammett* [4.7]).

Eine zweite Möglichkeit ist die, daß in der Nähe des Sattelpunktes eine reaktive Zwischenstufe existiert (Bild 4.11*b*).

Bei der Isomerisierung der α-Glucose zur β-Glucose tritt der offenkettige Aldehyd als Zwischenstufe auf.

Die Existenz einer Zwischenstufe ist in solchen Fällen aus den kinetischen Daten nicht erkennbar. Die freien Aktivierungsenthalpien von Einschritt- und Zweischrittreaktionen unterscheiden sich nur geringfügig.

Ein dritter Fall (Bild 4.11c) liegt schließlich vor, wenn dem geschwindigkeitsbestimmenden Schritt schnelle Gleichgewichte bzw. irreversible Prozesse nachgelagert sind. Für solche Reaktionsfolgen gibt es zahlreiche Beispiele, etwa die elektrophilen Substitutionsreaktionen der Arene oder die Substitutionen nach dem S_N1-Mechanismus.

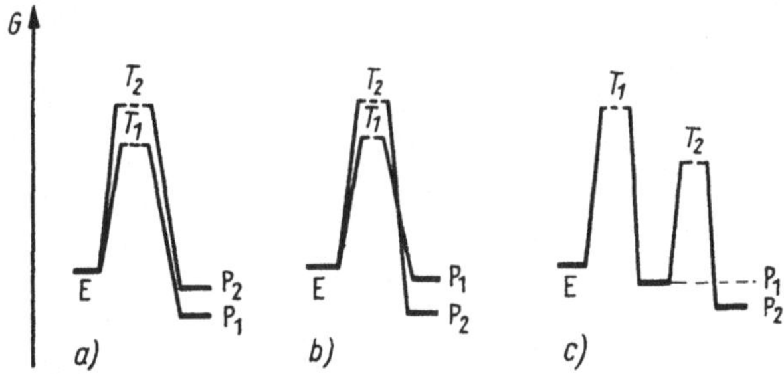

Bild 4.12. Energieprofildiagramme für Konkurrenzreaktionen

a) Bevorzugtes Entstehen von P_1
b) Bevorzugtes Entstehen von P_1 bei kinetischer Kontrolle, von P_2 bei thermodynamischer Kontrolle
c) Bevorzugtes Entstehen von P_2 in einer thermodynamisch kontrollierten Folgereaktion

Die Energieprofil-Diagramme von Konkurrenzreaktionen sollen ebenfalls an drei typischen Beispielen diskutiert werden (Bild 4.12). Werden ausgehend von den gleichen Edukten zwei oder mehr unterschiedliche Produkte, z. B. Isomere, erhalten, so kann das Energieprofil-Diagramm in vielen Fällen wie in Bild 4.12 *a* gezeichnet werden, d. h., es gibt zwei unterschiedliche aktivierte Komplexe, die zu zwei verschiedenen Produkten führen.

Bei der Eliminierung von Chlorwasserstoff aus Neomenthylchlorid mittels Natriummethanolats wird bevorzugt 1-Methyl-4-isopropyl-cyclohex-3-en (3-Menthen) und nur in geringen Mengen 1-Methyl-4-isopropyl-cyclohex-2-en (2-Menthen) gebildet.

Ist eine Reaktion dieser Art irreversibel, so wird der Anteil der beiden Produkte durch die relative Höhe der Aktivierungsschwelle determiniert. Eine solche Konkurrenzreaktion ist kinetisch kontrolliert.

Wenn aber die Reaktion z. B. durch die Beeinflussung der Konzentrationen oder der Temperatur reversibel geführt werden kann, so wird der Anteil der Produkte, genügend lange Reaktionszeit vorausgesetzt, durch die Freie-Enthalpie-Differenz der Produkte bestimmt. Die Produktverteilung ist dann thermodynamisch kontrolliert.

Bei manchen reversiblen Konkurrenzreaktionen liegt der Fall gemäß Bild 4.12 b vor. Die Reihenfolge der Energieniveaus der beiden aktivierten Komplexe und der beiden Produkte kehrt sich um. Ein typisches Beispiel ist die Sulfonierung von Naphthalen.

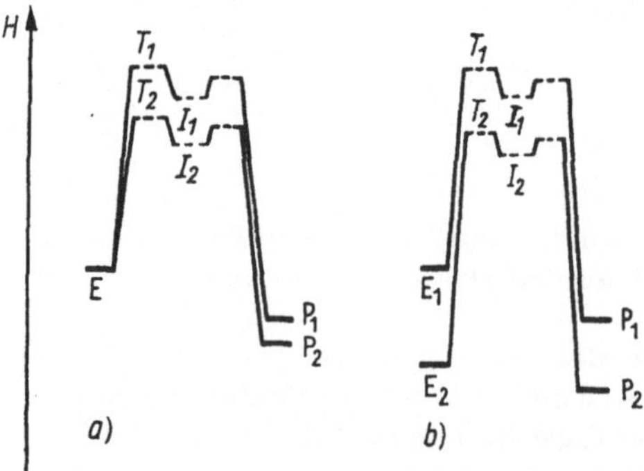

In diesem Falle ist das kinetisch kontrollierte Produkt, die 1-Sulfonsäure, die bevorzugt bei kurzer Reaktionszeit bzw. tiefer Temperatur erhalten wird, nicht identisch mit dem thermodynamisch kontrollierten Produkt, der 2-Sulfonsäure, die nach längerer Reaktionszeit bzw. höherer Temperatur bevorzugt entsteht.

Ein dritter Fall (Bild 4.12 c) soll erwähnt werden, bei dem zwei Stereoisomere auf Grund einer Folgereaktion entstehen. Erhitzt man cis-1-Ethoxy-3-brom-cyclobutan mit Lithiumiodid in Aceton, so erhält man unter Retention cis-1-Ethoxy-3-iod-cyclobutan.

Das bevorzugte Entstehen des cis-Produktes ist in diesem Falle nicht die Folge einer kinetisch kontrollierten Einschrittreaktion (S_N2 mit Retention!), sondern die Folge einer thermodynamisch kontrollierten zweiten Reaktion. Das cis-Produkt wird durch zweimalige Inversion erhalten [4.8].

Energieprofil-Diagramme werden häufig zur qualitativen Beschreibung von Reaktivitätsunterschieden in vergleichbaren Reaktionen benutzt. Eine wichtige Regel ist das *Hammond*-Prinzip [4.9]. Wenn in einer komplexen Reaktion der aktivierte Komplex und die auf ihn folgende Zwischenstufe energetisch nur geringe Unterschiede aufweisen, so bedeutet das, daß auch die strukturellen Unterschiede zwischen aktiviertem Komplex und den daraus entstehenden Spezies nur geringfügig sind.

Aufeinanderfolgende Spezies bzw. aktivierte Komplexe in einem Reaktionsablauf, die sich in ihrem Energieinhalt nahekommen, haben auch ähnliche Strukturen.

Bild 4.13. Energieprofildiagramme zum *Hammond*-Prinzip

Der Reaktionsschritt zu einer instabilen Zwischenstufe ist normalerweise endotherm.
Das bedeutet, daß der dazu führende aktivierte Komplex «produktähnlich», d. h. ähnlich der Zwischenstufe ist. Zum Beispiel sind in den im Bild 4.13 gezeigten Energie-
schemata die aktivierten Komplexe T_1 und T_2 «produktähnlich». Das bedeutet, daß
die energetischen und strukturellen Charakteristika der reaktiven Zwischenstufen I_1
und I_2 als Modelle für die aktivierten Komplexe dienen können. Wenn man in der Lage
ist, über diese reaktiven Zwischenstufen Angaben zu Struktur und Energieinhalt zu
machen, so ist damit auch ein indirekter Zugang zu den experimentell nicht unter-
suchbaren aktivierten Komplexen gegeben.

Typische Reaktionen, bei denen die reaktiven Zwischenstufen dem Übergangszustand
sehr ähnlich sind, finden sich bei der Addition von Elektrophilen an benzoide Verbindungen. Bei dieser Reaktion entstehen die σ-Komplexe als Zwischenstufen.

Bei der Nitrierung von p-Cresol erhält man zwei Produkte:

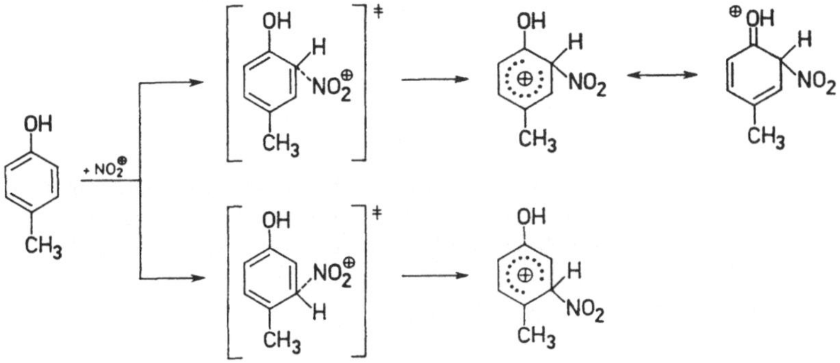

Der σ-Komplex («*Wheland*-Zwischenstufe») mit der Nitrogruppe in o-Stellung zur
Hydroxygruppe ist von beiden der energieärmere. Die positive Ladung kann in diesem
Falle durch Delokalisierung besser stabilisiert werden als im Falle der isomeren m-
Verbindung. Ähnlich sind die Strukturen und Energieinhalte der entsprechenden akti-
vierten Komplexe, d. h., der zur o-Verbindung führende aktivierte Komplex ist ener-
getisch bevorzugt und wird über eine geringere Aktivierungsenthalpie erreicht.

Unter Benutzung des *Hammond*-Prinzips können die Geschwindigkeiten von Konkurrenzreaktionen an Hand der Stabilität der Produkte abgeschätzt werden (s. S. 132).

Sehr typische Beispiele finden sich bei der massenspektrometrischen Fragmentierung.
Die in der Gasphase aus Molekülen entstehenden Fragmente sind sehr energiereiche
Spezies. Der zu ihnen führende Übergangszustand kann folglich in erster Näherung
durch die thermodynamische Stabilität der entstehenden Ionen und Radikale beschrieben werden. Obwohl die Fragmentierung kinetisch kontrolliert ist, korreliert die Intensität der einzelnen Fragmente mit ihrer thermodynamischen Stabilität.

Beim Zerfall der Moleküle der salpetrigen Säure entstehen z. B. vorwiegend NO^+-
Kationen und $OH\cdot$-Radikale, nicht OH^+-Kationen und $NO\cdot$-Radikale.

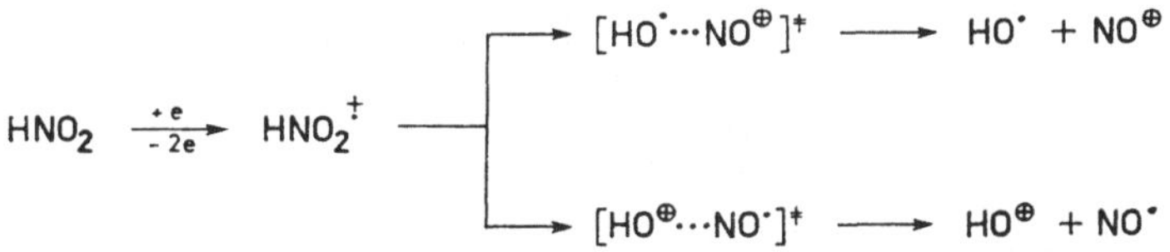

Es ist angebracht, das *Hammond*-Prinzip mit Vorsicht anzuwenden, wenn in Reaktionen der aktivierte Komplex deutlich energiereicher ist als die entstehende Spezies. Auch können nur bedingt Reaktionen diskutiert werden, bei denen man unterschiedliche Edukte vergleicht [4.10]. Nicht immer ist die höhere Reaktionsgeschwindigkeit innerhalb einer Serie von Reaktionen darauf zurückzuführen, daß die Energieniveaus von aktiviertem Komplex und reaktiver Zwischenstufe entsprechend niedriger liegen. Die Reaktionsgeschwindigkeit hängt natürlich auch von der energetischen Ausgangsposition der zu vergleichenden Edukte ab.

Zum Beispiel wird 1,3,5-Trimethyl-benzen (Mesitylen) in *Friedel-Crafts*-Alkylierungen deutlich rascher umgesetzt als Benzen.

Die relative Lage der Freie-Enthalpie-Niveaus bedingt beim Mesitylen eine kleinere Aktivierungsschwelle als beim Benzen. Reaktivitätsunterschiede in vergleichbaren Reaktionen können sowohl auf unterschiedliche Enthalpiedifferenzen bei den Edukten als auch bei den aktivierten Komplexen zurückzuführen sein. Ein einfacher Zusammenhang zwischen Reaktionsgeschwindigkeit und Stabilität der reaktiven Zwischenstufen entsprechend dem *Hammond*-Prinzip ist deshalb bei solchen nur indirekt vergleichbaren Reaktionen nicht gegeben.

Literatur zum Abschnitt 4.

[4.1] *Bittrich, H. J.:* Wiss. Z. TH Leuna-Merseburg **23** (1981) S. 401

[4.2] *Eyring, H.:* Chem. Rev. **17** (1935) S. 65

[4.3] *Simony, M.; Mayer, J.:* Acta Chim. Hung. **87** (1975) S. 15

[4.4] *Robinson, P. J.; Holbrook, K. H.:* Unimolecular Reactions. London: Wiley 1972

[4.5] *Cruickshank, F. R.; Hyde, H. J.; Pugh, D.:* J. Chem. Education **54** (1977) S. 88

[4.6] *Gold, V.:* Pure Appl. Chem. **51** (1979) S. 1725

[4.7] *Hammett, L. P.:* Physikalische Organische Chemie. Berlin: Akademie-Verlag 1976

[4.8] *Vergnani, T.; Karpf, M.; Hoesch, L.; Dreiding, A. S.:* Helv. Chim. Acta **58** (1975) S. 2524

[4.9] *Hammond, G. S.:* J. Am. Chem. Soc. **77** (1955) S. 334

[4.10] *Farcasiu, D.:* J. Chem. Educ. **52** (1975) S. 76

[4.11] *Frost, A. A.; Pearson, R. G.:* Kinetik und Mechanismen homogener chemischer Reaktionen. Weinheim: Verlag Chemie 1964

[4.12] *Müller, K.:* Angew. Chem. **92** (1980) S. 1

5. Chemische Elementarprozesse

5.1. Elementarreaktionen und Elementarprozesse

Das Ziel theoretischer Analysen von Reaktionsmechanismen besteht in erster Linie in der Beantwortung der Frage nach den aufeinanderfolgenden Reaktionsschritten. Die Umwandlung der Edukte einer chemischen Reaktion in die Produkte verläuft bei den meisten Umsetzungen über mehrere Stufen. Charakteristisch für solche Reaktionen ist, daß mehr oder weniger stabile Zwischenstufen auftreten, die entweder isoliert oder nachgewiesen werden können. Sind bei dem Ablauf einer Reaktion keine Zwischenstufen nachweisbar, so handelt es sich um eine Elementarreaktion.

Reaktionen, die in einer Richtung ablaufen und bei denen keine Zwischenstufen nachweisbar sind, werden Elementarreaktionen genannt. Eine Reaktion, die zu einem Gleichgewicht zwischen Edukt und Produkt führt, ohne daß Zwischenstufen auftreten, setzt sich aus zwei Elementarreaktionen, Hin- und Rückreaktion, zusammen. Die isolierte Beobachtung einer Elementarreaktion ist nur selten möglich. Fast immer laufen außer der Rückreaktion auch Parallel- und Folgereaktionen ab. Im Gegensatz zu den Elementarreaktionen bezeichnet man die in mehreren Schritten ablaufenden Reaktionen als komplexe Reaktionen. Jede komplexe Reaktion läßt sich durch eine Folge von Elementarreaktionen beschreiben. Aus den üblichen mechanistischen Bezeichnungen wie S_N1 oder S_N2 geht nicht ausdrücklich hervor, ob Einstufenreaktionen oder komplexe Reaktionen vorliegen. Eine nach dem S_N1-Mechanismus ablaufende Reaktion ist im Gegensatz zu einer, die nach dem S_N2-Mechanismus abläuft, eine Mehrstufenreaktion. Die Hydrolyse des tert-Butylbromids in wäßrigem Lösungsmittel

$$(CH_3)_3CBr + H_2O \rightarrow (CH_3)_3COH + HBr$$

verläuft über zwei nachweisbare Zwischenstufen und besteht aus 3 reversiblen Reaktionsschritten, insgesamt also aus mindestens 6 Elementarreaktionen:

$$(CH_3)_3CBr \rightleftharpoons (CH_3)_3C^{\oplus} + Br^{\ominus}$$

$$(CH_3)_3C^{\oplus} + H_2O \rightleftharpoons (CH_3)_3COH_2^{\oplus}$$

$$(CH_3)_3COH_2^{\oplus} \rightleftharpoons (CH_3)_3COH + H^{\oplus}$$

Auch in bezug auf das molekulare Geschehen kann man eine analoge Abfolge der Schritte bei der Umwandlung der reagierenden chemischen Spezies in die entstehenden chemischen Spezies annehmen. Selbstverständlich finden die Elementarprozesse für die einzelnen Moleküle der in der Reaktionsmischung vorliegenden Stoffe nicht gleichzeitig statt, so daß bereits nach sehr kurzer Zeit im reagierenden System alle auftretenden Spezies nebeneinander vorhanden sind.

Während die Bezeichnung Elementarreaktion sich auf ein chemisches System bezieht, spricht man bezüglich des molekularen Bereiches von einem Elementarprozeß.

Ein Elementarprozeß ist die Wechselwirkung zweier chemischer Spezies oder einer chemischen Spezies mit einem Elementarteilchen, in deren Ergebnis strukturelle Änderungen der Spezies resultieren.

Es entstehen im Verlaufe des Elementarprozesses also ein oder mehrere andersartige chemische Spezies. Typisch für chemische Elementarprozesse ist, daß im Verlaufe der Strukturänderung nur ein einziges Potentialmaximum auf der Potentialhyperfläche überschritten wird. Die Aussage, daß die potentielle Energie der beteiligten Spezies während des Elementarprozesses nur ein einziges Maximum durchläuft, bedeutet, daß sämtliche strukturellen Änderungen konzentriert ablaufen.

Das entscheidende Kriterium der Definition einer Elementarreaktion bzw. eines Elementarprozesses ist also die Nichtnachweisbarkeit von Zwischenstufen bzw. das Nichtdurchlaufen von Potentialminima auf der Hyperfläche bei der Umwandlung der reagierenden chemischen Spezies. Es ist notwendig, darauf hinzuweisen, daß es ein Grenzgebiet gibt, wo die Lebensdauer der Zwischenstufe bzw. die Tiefe der Potentialmulde nicht mehr groß genug ist, um von der Existenz chemischer Spezies zu sprechen. Diese Grenze liegt etwa bei dem Energiebetrag $k_B T$. Bei 298 K sind das $4{,}1 \cdot 10^{-21}$ J/ Molekül oder umgerechnet 2,5 kJ mol^{-1}. Energiemulden, die flacher sind, würden chemischen Spezies entsprechen, die mit einer Halbwertszeit von kleiner als $3 \cdot 10^{-13}$ s weiterreagieren. Da diese Zeit in der Größenordnung der Dauer von Molekülvibrationen liegt, ist mit diesem Wert eine natürliche Grenze für die Existenz chemischer Spezies gesetzt.

Auch monomolekulare Elementarprozesse in der Gasphase, etwa der Zerfall eines Moleküls oder die Isomerisierung eines Moleküls, lassen sich in die gegebene Definition einordnen. Man muß dabei berücksichtigen, daß dem Zerfall oder der Isomerisierung ein nichtreaktiver Zusammenstoß mit einer Spezies vorausgeht, bei dem die notwendige Energie übertragen wird.

Den Reaktionen in der Gasphase liegen in seltenen Fällen Elementarprozesse mit der gleichzeitigen Wechselwirkung dreier Teilchen, sog. termolekulare Elementarprozesse, zugrunde. In der flüssigen und festen Phase ist dagegen stets eine Mitwirkung der assoziierten Teilchen zu verzeichnen. Diese Wechselwirkung mit der Umgebung bleibt in der ersten Näherung einer Analyse von Elementarprozessen unberücksichtigt.

Es gibt zahlreiche Reaktionen, bei denen auch unter gleichen Reaktionsbedingungen das Produkt aus dem Edukt auf verschiedenen Wegen entsteht, d. h., die Reaktion verläuft simultan über zwei oder mehr Mechanismen. So wird bei der Hydrolyse von Isopropylbromid in verdünnter Lauge ein Teil der Spezies über einen dissoziativen und anschließend assoziativen Elementarprozeß umgewandelt ($S_N 1$), während ein anderer Teil über einen einzigen Elementarprozeß, nämlich eine konzertierte Substitution ($S_N 2$) reagiert (Bild 5.1).

In der mechanistischen Beschreibung wird gewöhnlich diejenige Reaktionsfolge der chemischen Spezies angegeben, die unter den gegebenen Reaktionsbedingungen überwiegend stattfindet. Bei manchen Reaktionen lassen sich quantitative Angaben über alternativ beschrittene Wege machen.

5.2. Klassifikation von Elementarprozessen nach Strukturänderungen

Eine Klassifikation der Reaktionen erfolgt in der anorganischen Chemie vorwiegend nach valenztheoretischen Gesichtspunkten und nach Phasenzuständen. In der organischen Chemie wird normalerweise das Bruttoergebnis (Substitution, Addition, Elimi-

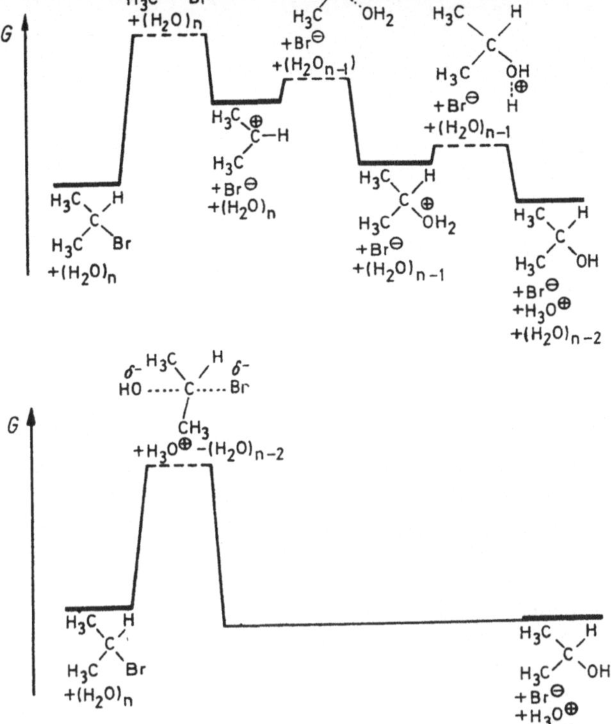

Bild 5.1. Energieprofildiagramme einer komplexen Reaktion (*a*) und einer Elementarreaktion (*b*) am Beispiel der nucleophilen Substitution

nierung) in den Vordergrund gerückt. Reaktionstheoretisch wird eine einheitliche Klassifikation angestrebt [5.1].

Jede Einteilung der chemischen Elementarprozesse verlangt die Abgrenzung von den physikalischen Elementarprozessen. Das wesentliche Charakteristikum chemischer Reaktionen sind Bindungsänderungen in den beteiligten Partnern. Eine enge Definition des chemischen Reaktionsbegriffes ist deshalb auf assoziative und dissoziative Prozesse begrenzt. Es hat sich als zweckmäßig erwiesen, als chemische Reaktionen auch solche Änderungen zu bezeichnen, bei denen zwar die kovalente Verknüpfung oder die Ionenbeziehung der beteiligten Atome erhalten bleibt, aber die relative Lage der Spezies, Atome oder Elektronen verändert wird. Dazu gehören Stereoisomerisierungen, etwa die Rotation einer Molekülgruppe um eine Bindung, und Phasenänderungen. Auch Elektronenübertragungsreaktionen und die Übergänge zwischen verschiedenen elektronisch angeregten Zuständen von Elementen oder Verbindungen fallen in die erweiterte Fassung des Begriffs «chemische Reaktion».

Durch die Aufnahme eines Lichtquants der Energie $15{,}2 \cdot 10^{-20}$ J kann ein Sauerstoffmolekül aus dem Triplett-Grundzustand (T_0) in den elektronisch angeregten Singulett-Zustand (S_1) überführt werden (Bild 5.2). Singulett-Sauerstoff unterscheidet sich im

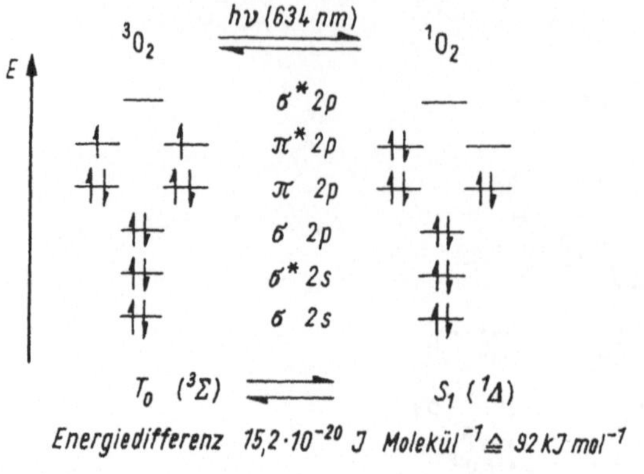

$$T_0 \; (^3\Sigma) \rightleftharpoons S_1 \; (^1\Delta)$$

Energiedifferenz $15{,}2 \cdot 10^{-20}$ J Molekül$^{-1} \triangleq 92$ kJ mol^{-1}

Bild 5.2. Elektronische Struktur von Triplett- und Singulett-Sauerstoff

chemischen Verhalten grundsätzlich vom Triplett-Sauerstoff. Er geht z. B. *Diels-Alder*-Reaktionen ein, während die für Triplett-Sauerstoff typischen Radikalreaktionen ausbleiben [5.2].

Wie das Beispiel zeigt, ist es gerechtfertigt, derartige elektronischen Strukturänderungen in den umfassenden Begriff der chemischen Reaktion einzubeziehen. Es ist allerdings zu beachten, daß in der molekularen Photochemie (Abschn. 9.) die Prozesse der elektronischen Anregung und Desaktivierung, d. h. Übergänge zwischen verschiedenen elektronischen Zuständen, als photophysikalische Prozesse bezeichnet werden. Demgegenüber sind die Folgeprozesse angeregter Moleküle, die zu neuen Konstitutionen und Konfigurationen führen, photochemische Prozesse im engeren Sinne (vgl. [5.3]).

Es besteht ein wichtiger Unterschied zwischen den gewöhnlichen thermisch angeregten Elementarprozessen und den meist durch Licht hervorgerufenen Übergängen zwischen verschiedenen elektronischen Zuständen. Im ersten Falle wird ein Maximum auf einer einzigen Potentialhyperfläche überschritten, im zweiten Falle erfolgt ein «Sprung» von der einen Potentialhyperfläche auf eine andere. Trotzdem wollen wir in konsequenter Anwendung der gegebenen Definition und in Übereinstimmung mit der photochemischen Literatur alle elektronischen Übergänge auf Grund der strukturellen und chemischen Konsequenzen als chemische Elementarprozesse im weiteren Sinne einordnen, denn

– Moleküle in verschiedenen Anregungszuständen sind elektronische Isomere,
– die Unterschiede in der Elektronenkonfiguration sind immer mit Unterschieden in der Kernkonfiguration assoziiert,
– elektronisch angeregte Moleküle unterscheiden sich bezüglich der chemischen Reaktivität und Selektivität beträchtlich von den entsprechenden Molekülen im Grundzustand.

Chemische Elementarprozesse führen zur Änderung der elektronischen Struktur der reagierenden chemischen Spezies.

Die Übergänge zwischen verschiedenen Translations-, Rotations- und Vibrationsniveaus der chemischen Spezies sind demgegenüber physikalische Elementarprozesse.

Aus der Sicht des Chemikers ist die bei einem Elementarprozeß resultierende Strukturänderung das wesentliche Kriterium für die Einteilung. Entsprechend den verschiedenen möglichen Strukturänderungen chemischer Spezies ergibt sich die in der Tab. 5.1 angeführte Klassifikation der Elementarprozesse, die drei Hauptgruppen umfaßt,

Tab. 5.1. Klassifikation chemischer Elementarprozesse nach Strukturänderungen

---

Elementarprozesse mit Änderung der Konstitution (Bindungsbildung und Bindungsspaltung)
 1. Assoziative Prozesse
 2. Dissoziative Prozesse
 3. Konzertierte Substitutionen

Elementarprozesse mit Änderung der räumlichen Struktur
 4. Konfigurationsumwandlungen
 5. Konformationsumwandlungen

Elementarprozesse mit Änderung der Ladung
 6. Elektronenaufnahme
 7. Elektronenabgabe
 8. Elektronenübertragung

Elementarprozesse mit Änderung des elektronischen Zustandes
 9. Lichtabsorption (elektronische Anregung)
 10. Lichtemission (Lumineszenz)
 11. Strahlungslose Übergänge zwischen elektronischen Zuständen
 12. Energieübertragung (Sensibilisierung und Löschung)

---

nämlich Änderung der Konstitution, Änderungen der räumlichen Struktur und Änderungen der elektronischen Struktur. Dabei schließen Konstitutionsänderungen immer räumliche und elektronische Änderungen ein und Änderungen der räumlichen Struktur (Konfiguration und Konformation) schließen elektronische Änderungen ein.
Den strukturellen Gesichtspunkten werden andere Kriterien für die Einteilung von Elementarprozessen im Rahmen der Gliederung dieses Abschnittes untergeordnet:

- Ein wesentliches Einteilungsprinzip sind die elektronischen Charakteristika der Bindungen und der Bindungsänderungen. Je nachdem, ob ungepaarte oder gepaarte Elektronen an der Umgruppierung beteiligt sind, unterscheidet man radikalische und polare Elementarreaktionen.

- Weiterhin spielt die Molekularität des Elementarprozesses eine wesentliche Rolle. Die Unterscheidung mono- und bimolekular ist strenggenommen nur für Gasreaktionen möglich, da nur dort Wechselwirkungen zwischen isolierten Molekülen auftreten. Man wendet aber sinngemäß die gleiche Bezeichnung auch für Reaktionen in Lösung an und vernachlässigt dabei die Beteiligung der Lösungsmittelmoleküle.

- Bei Reaktionen, die zur Bindungsbildung führen, besteht entweder die Möglichkeit, daß im Verlaufe des Elementarprozesses eine einzige Bindung entsteht oder daß gleichzeitig mehrere Bindungen gebildet werden. Analoge Möglichkeiten gibt es bei den dissoziativen Prozessen. Elementarreaktionen, in denen mehr als eine kovalente Bindung gebildet oder gelöst wird, bezeichnet man auch als konzertierte Mehrzentrenreaktionen. Dazu gehören Reaktionen, die über einen offen delokalisierten aktivierten Komplex verlaufen (z. B. S_N2, E2), und solche, die über einen cyclisch konjugierten aktivierten Komplex verlaufen (pericyclische Reaktionen). Der Begriff des Reaktionszentrums wird in der Literatur unterschiedlich gefaßt und sollte deshalb nicht zur Grundlage einer Einteilung gemacht werden. In unserer Übersicht sind Elementarreaktionen, bei denen mehr als eine Bindung gebildet oder gelöst wird, in gesonderten Abschnitten aufgeführt.

Selbstverständlich ist eine Einteilung der chemischen Elementarprozesse nicht frei von Willkür, und die Übergänge bzw. Überschneidungen zwischen den einzelnen Klassen sind mannigfaltiger Art.

5.3. Assoziative Prozesse

Assoziative Elementarprozesse sind die wesentlichsten Schritte bei der Bildung komplizierter Moleküle oder Festkörper. Sie sind entscheidend für alle technischen und biologischen Synthesen und betreffen das Kernstück der Arbeit des Synthesechemikers. Charakteristisch ist, daß alle assoziativen Reaktionen bei tiefen Temperaturen begünstigt sind. Das ist darauf zurückzuführen, daß bei der Bindungsbildung immer eine exotherme Enthalpiebilanz zu verzeichnen ist ($\Delta_R H$ negativ), andererseits aber auch durch die Verringerung der Teilchenzahl eine negative Entropiebilanz ($\Delta_R S$ negativ). Wegen der Gültigkeit der *Gibbs-Helmholtz*-Gleichung führt Erniedrigung der Temperatur zu negativeren $\Delta_R G$-Werten und damit zu einer Verstärkung der Triebkraft für assoziative Prozesse.

Man unterscheidet zwischen Reaktionen, bei denen zwischenmolekulare Kräfte wirksam werden (Adsorptionen, Bildung von Molekülkristallen), und solchen, bei denen kovalente, ionische oder metallische Bindungen aufgebaut werden. Häufig sind die ersteren vorgelagerte Elementarprozesse für die letzteren. Wir wählen in den folgenden Beispielen hauptsächlich Prozesse, bei denen kovalente oder ionische Bindungen aufgebaut werden.

5.3.1. Radikalische assoziative Prozesse (A$_R$)

Radikale sind chemische Spezies mit einem oder mehreren ungepaarten Elektronen. Sie sind meist durch hohe Reaktivität ausgezeichnet, was auf die Tendenz zur Elektronenpaarbildung zurückzuführen ist. Radikalische Elementarprozesse kommen insbesondere bei Kettenreaktionen vor, bei denen Radikale reaktive Zwischenstufen bilden. Die Kombination von Radikalen zu Molekülen oder die Addition von Radikalen an Moleküle sind sowohl in der Gasphase, in Lösung wie an der Oberfläche von Festkörpern häufig ablaufende Reaktionsschritte. Radikalkombinationen besitzen meist große Geschwindigkeitskonstanten ($k = 10^7$ bis $10^9\,l\,mol^{-1}\,s^{-1}$). Die Aktivierungsenthalpien liegen bei 0, d. h., es handelt sich um diffusionskontrollierte Reaktionen. Lösungsmitteleffekte sind gering. Relativ stabile Spezies mit ungerader Elektronenzahl sind z. B. Stickstoffoxid, Stickstoffdioxid, Chlordioxid und Kaliumnitrosodisulfonat («*Fremy*sches Salz»). Die Stabilität dieser Radikale ist darauf zurückzuführen, daß die ungepaarten Elektronen über mehrere Atome oder Atomgruppen delokalisiert sind. Wird Stickstoffdioxid, ein auf Grund der radikalischen Struktur braun aussehendes Gas, abgekühlt, so beobachtet man, daß die Farbe verblaßt. Diese Erscheinung beruht auf der bimolekularen Elementarreaktion

$$2\,NO_2 \cdot \;\rightarrow\; N_2O_4 \tag{5.1}$$

Die Bildung des farblosen Distickstofftetroxids ist die Hinreaktion eines chemischen Gleichgewichtes. Die Rückreaktion als dissoziativer Prozeß (Abschn. 5.4.1.) wird bei Erhöhung der Temperatur begünstigt und führt zur Farbvertiefung. Das gleiche gilt für die Dimerisierung des *Fremy*schen Salzes, dessen Lösung eine violette Farbe aufweist.

Bei der Kombination von Radikalen zu Molekülen wird die frei werdende Energie in Translations-, Rotations- und Vibrationsbewegungen umgewandelt. Mehratomige Moleküle können diese Energie selbst aufnehmen, insbesondere dann, wenn sie wie im Falle der NO_2-Dimerisierung mit 57 kJ mol^{-1} relativ klein ist. Bei stark exothermen Prozessen, wie bei der Bildung von Wasserstoffmolekülen aus Atomen

$$2\,H\cdot + M \rightarrow H_2 + [M]^a \tag{5.2}$$

muß die frei werdende Energie von 435 kJ mol^{-1} an die Umgebung bzw. an einen dritten Stoßpartner abgegeben werden. In Lösungen oder an Festkörpern steht der energieabführende Partner durch die Umgebung zur Verfügung. Der Prozeß nach Gl. (5.2) läuft z. B. an einer Anode ab, an der Wasserstoffatome gebildet werden. Analog wird bei der Ethanbildung aus Methylradikalen durch Elektrolyse von Essigsäure nach *Kolbe* die Energie (351 kJ mol^{-1}) abgeführt.

Bei der Bildung von Iodmolekülen aus Atomen liegt mit einer Energiebilanz von 150 kJ mol^{-1} ein Grenzfall vor. Die Energie kann entweder durch termolekulare Zusammenstöße, z. B. an der Gefäßwand, abgegeben werden, oder es bilden sich sehr energiereiche («heiße») Iodmoleküle, die dann rasch weiterreagieren.

$$2\,I\cdot \rightarrow [I_2]^a \tag{5.3}$$

Der Elementarprozeß nach Gl. (5.3) ist ein Reaktionsschritt bei der Iodwasserstoffbildung aus Iod und Wasserstoff [5.4].

Die bei Kettenreaktionen in der Gasphase oder in Lösung stattfindenden Radikalkombinationen werden als Kettenabbruch-Reaktionen bezeichnet.

Bei der radikalischen Olefin-Chlorierung führt die Reaktion von Chloratomen mit den im Verlaufe der Kettenreaktion gebildeten Kohlenwasserstoff-Radikalen zur «Radikallöschung» und damit zum Kettenabbruch.

$$ClH_2C-CH_2^{\cdot} + Cl\cdot \rightarrow ClH_2C-CH_2Cl \tag{5.4}$$

Der assoziative Schritt zwischen den Radikalen kann hierbei auch in der Gasphase als bimolekularer Elementarprozeß ablaufen, da die frei werdende Energie auf viele Freiheitsgrade verteilt wird. Vielfach finden aber in diesen und ähnlichen Reaktionen die radikallöschenden Prozesse an der Gefäßwand statt, wie die klassischen Experimente von *Paneth* (Auflösen eines Bleispiegels durch Methylradikale) eindrucksvoll bestätigen.

Sind in einer Lösung relativ langlebige Radikale vorhanden, so können diese mit entstehenden reaktiven Radikalen kombinieren. Dieser Vorgang wird als Abfangen (trapping) bezeichnet. Als Radikalfänger eignen sich z. B. Stickstoffmonoxid oder Verbindungen, die selbst leicht Radikale bilden, wie Iod oder Hydrochinon.

Dimerisierungsreaktionen wie im Falle der *Kolbe*-Synthese von Ethan führen zur Knüpfung von Kohlenstoff-Kohlenstoff-Bindungen. Ein Beispiel für die Assoziation sehr energiearmer Kohlenstoffradikale ist die im Jahre 1900 von *Gomberg* entdeckte reversible Reaktion des gelben Triphenylmethyls unter Bildung eines farblosen Dimeren.

$$\tag{5.5}$$

Ein wesentlicher Faktor für die Stabilität und Reaktivität von Radikalen, ebenso wie für die anderer reaktiver Zwischenstufen, ist bekanntlich deren räumliche Struktur. Radikale wie Triphenylmethyl können aus sterischen Gründen nur schwer dimerisieren. Im Gegensatz zu den entstehenden Molekülen bewirkt der ebene Bau der Radikale geringere sterische Anforderungen. Die Stabilität ist ferner darauf zurückzuführen, daß das ungepaarte Elektron über drei Phenylreste delokalisiert ist. Je energieärmer die reagierenden Radikale sind, desto schwächer ist die entstehende Bindung. Die Dissoziationsenergie des Dimeren beträgt nur 46 kJ mol^{-1}.

Ein analoger, aber monomolekularer Elementarprozeß ist die Rekombination von Kohlenstoff-1,3-Diradikalen zu Cyclopropanen [5.5]. Diese Reaktion führt jedoch nicht zur Verringerung der Teilchenzahl und ist demnach als Isomerisierung einzuordnen.

Diradikale können leicht an vorhandene oder entstehende Radikale addiert werden. Die aus Benzaldehyd durch Oxidationsprozesse entstehenden Radikale addieren Sauerstoffmoleküle:

$$C_6H_5CO\cdot + \cdot O{-}O\cdot \rightarrow C_6H_5CO{-}OO\cdot \tag{5.6}$$

Der diradikalische Charakter des Sauerstoffs ist die Ursache für Autoxidationen.

In den bisher vorgestellten Beispielen wurden nur Kombinationen zwischen zwei Radikalen erwähnt. Häufiger werden Radikale an geeignete im reagierenden System vorhandene Moleküle addiert. In vielen Reaktionen werden dabei Spezies erzeugt, in denen das ungepaarte Elektron über mehrere Atome delokalisiert ist, was zu einer Stabilisierung führt. Diese Radikale sind deshalb weniger reaktiv, d. h. längerlebig, und stehen in größeren Konzentrationen für Folgereaktionen zur Verfügung als kleinere Radikale.

Der entscheidende Schritt bei der peroxidkatalysierten Einwirkung von Bromwasserstoff auf Olefine ist die Addition des Bromatoms an das Olefin und der Übergang in ein Kohlenstoffradikal.

$$H_3C{-}CH{=}CH_2 + Br\cdot \rightarrow H_2C{-}\overset{\cdot}{C}H{-}CH_2Br \tag{5.7}$$

Solche Additionen lösen häufig Kettenreaktionen aus. Beispiele dafür sind die radikalischen Polymerisationen.

Zu den Assoziationen zwischen Radikalen und Molekülen gehören die Reaktionen, die unter der Bezeichnung «spin-trapping» bekannt sind. Bei solchen Elementarprozessen werden kurzlebige Radikale durch Nitrosoverbindungen oder analoge Substanzen abgefangen, wobei stabile Radikale gebildet werden, die man so durch EPR-Spektroskopie vermessen kann.

2-Methyl-2-nitroso-propan reagiert mit reaktiven Radikalen wie dem Phenylradikal zu relativ stabilen Nitroxid-Radikalen.

$$(CH_3)_3C{-}NO + C_6H_5\overset{\cdot}{} \longrightarrow \quad (CH_3)_3C\diagdown \underset{\underset{O\cdot}{|}}{N}\diagup C_6H_5 \tag{5.8}$$

5.3.2. Polare assoziative Prozesse (A$_P$)

Für die in Lösung, in Schmelzen und in Festkörpern stattfindenden Reaktionen sind polare Reaktionsschritte vorherrschend. Zu den assoziativen Prozessen gehören

- Additionen von Kationen an Anionen,
- Additionen von Kationen an Moleküle mit π-Elektronen oder freien Elektronenpaaren,
- Additionen von Molekülen mit Elektronenlücken an Anionen und
- Additionen von Molekülen mit Elektronenlücken an Moleküle mit freien Elektronenpaaren.

Will man einen assoziativen Prozeß als elektrophil oder nucleophil charakterisieren, so müßte dazu unbedingt zwischen Reagens und Substrat unterschieden werden. Dies ist häufig nicht ohne Willkür möglich. Wir beschränken uns deshalb auf die Kennzeichnung «polare Assoziation» (A_P).

Im Gegensatz zu den Einelektronenübergängen bei radikalischen Reaktionen finden bei den polaren Reaktionen Zweielektronenübergänge statt. Die bei assoziativen Prozessen entstehenden Bindungen können im Grenzfall kovalent oder heteropolar sein. Die meisten Bindungen weisen jedoch einen Zwischencharakter auf, weshalb es nicht zweckmäßig ist, eine willkürliche Grenze zu ziehen, zumal auch die Quantentheorie von einer einheitlichen Beschreibung ausgeht. Das allen polaren Additionen übergeordnete Prinzip ist die Wechselwirkung zwischen einem Elektronenpaardonor und einem Elektronenpaarakzeptor. In den verschiedenen Säure-Base-Theorien [5.6] von *Brönsted* (Protonenkonzept), *Lewis* (Elektronenschalenkonzept) [5.7] und *Usanovic* (Ionenübertragungskonzept) [5.8], deren Kenntnis aus dem Grundstudium (Lehrbuch 5) vorausgesetzt wird, ist immer das Donor-Akzeptor-Prinzip der wesentliche Gesichtspunkt.

In allen Säure-Base-Beschreibungen steht die Einteilung von Stoffen im Vordergrund, z. B. die Einteilung in harte und weiche Säuren und Basen. Je umfassender man dabei den Begriff der Säuren und Basen definiert, um so problematischer wird die quantitative Erfassung von Säure-Base-Gleichgewichten. Betrachtet man alle elektrophilen Reagenzien (Elektronenpaarakzeptoren) als Säuren, alle nucleophilen Reagenzien (Elektronenpaardonoren) als Basen, so ergibt sich, daß die meisten Stoffe je nach Reaktionspartner sowohl Säuren wie Basen sein können. Es erweist sich für eine mechanistische Diskussion der meist komplexen Reaktionen dieses Typs als notwendig, über die statischen Modelle mit funktionellen Merkmalen hinauszugehen und eine Analyse der chemischen Elementarprozesse vorzunehmen.

Die Grundreaktion einer Neutralisation in wäßriger Lösung wird in der einfachsten Form wie folgt geschrieben:

$$H^{\oplus} + OH^{\ominus} \rightarrow H_2O \tag{5.9}$$

In wäßriger Lösung gibt es keine freien Protonen. Dagegen läßt sich die Existenz des Hydroniumions $H_3O^{\oplus}$ nachweisen. Dieses Ion ist hydratisiert. Die Solvathülle besitzt keine meßbaren Grenzen, und die Struktur des Assoziats ist fließend und weist eine Vielzahl von Bindungsformen und Übergängen zwischen ihnen auf. Das Symbol $H^{\oplus}$ in Reaktionsgleichungen, die sich auf Lösungen beziehen, bedeutet demnach $H_3O^{\oplus}_{(aq)}$ bzw. allgemein $H^{\oplus}_{(solv)}$.

Die bimolekulare Geschwindigkeitskonstante der Neutralisation in wäßriger Lösung bei 298 K hat den Wert $1,4 \cdot 10^{11}$ l mol^{-1} s^{-1}. Es handelt sich also um eine extrem schnelle Reaktion. Die freie Aktivierungsenthalpie beträgt etwa 9 kJ mol^{-1} und ist hauptsächlich auf den Entropieterm mit $\Delta S^{\ominus}_{298} = -30$ J K^{-1} mol^{-1} zurückzuführen.

Für die Einordnung dieses Elementarprozesses in die Klassifikation wird nur die Bildung der kovalenten Bindung berücksichtigt. Bei der Reaktion eines Hydroniumions

(Akzeptor) mit einem Hydroxidion (Donor) wird eine kovalente O—H-Bindung (Abstand O—H 95 pm) gebildet. Gleichzeitig erfolgt die Umwandlung einer O—H-Bindung im Hydroniumion in eine Wasserstoffbrückenbindung (Abstand O· ·H 180 pm).

Protonierungsreaktionen in Lösung sind demnach immer Protonenübertragungsreaktionen und müßten genaugenommen unter die konzertierten Substitutionen (Abschn. 5.5.3.) eingeordnet werden. Eine Besonderheit besteht darin, daß das Proton zwar aus dem Lösungsmittel übertragen wird, daß aber insgesamt eine Verringerung der Teilchenzahl resultiert, da das entstehende Wassermolekül in das aggregierte System integriert wird.

Für die Addition von solvatisierten Protonen an Anionen gibt es sehr viele Reaktionsbeispiele in der anorganischen und organischen Chemie.

Bei den Anionen der organischen Verbindungen, insbesondere den Carbanionen, liegt das Gleichgewicht der Protonierung stark auf der Seite der undissoziierten Verbindungen. Auch O—H- und N—H-acide organische Substanzen (Alkohole, Phenole, Carbonsäuren, Amine, Stickstoffheterocyclen etc.) sind meist nur in geringem Umfange dissoziiert. So ist die Geschwindigkeit der Dissoziation der Essigsäure um 5 Zehnerpotenzen kleiner als die der Protonierung des Acetatanions ($\lg k_1 = 10{,}5$; $\lg k_{-1} = 5{,}9$). Der pK_S-Wert der Essigsäure in Wasser ergibt sich aus den beiden Geschwindigkeitskonstanten zu 4,8.

Ebenfalls sehr stark auf der Seite des Additionsproduktes liegt das Gleichgewicht bei Reaktionen von Protonen mit Verbindungen wie Ammoniak, die freie Elektronenpaare zur Verfügung haben.

$$H^{\oplus}_{(solv)} + NH_{3(solv)} \rightarrow NH_4^{\oplus}{}_{(solv)} \tag{5.10}$$

Die Ammoniumionenbildung ist auch bei den analogen organischen Stickstoffverbindungen zu beobachten. Demgegenüber liegt bei den meisten organischen Sauerstoffverbindungen das Gleichgewicht der Protonierung nur in sehr geringem Umfange auf der Seite der Addukte. In diesem Falle führt der assoziative Elementarprozeß, obwohl mit hoher Geschwindigkeit ablaufend, zu protonierten Spezies, die auf Grund der noch rascheren Rückreaktion im Gleichgewicht nur in sehr geringen Konzentrationen vorliegen. Dennoch besitzt die Protonierung auch bei diesen Reaktionen eine wesentliche Bedeutung, da die entstehenden reaktiven Spezies zahlreiche gewünschte Folgereaktionen eingehen können. Sehr viele katalysierte Reaktionen der organischen Chemie und der Biochemie führen über protonierte Zwischenstufen.

Ein typisches Beispiel ist die Protonierung als Reaktionsschritt bei der säurekatalysierten Esterhydrolyse.

$$H^{\oplus} + H_3C-CO-OC_2H_5 \longrightarrow \tag{5.11}$$

Bei der Protonierung von Olefinen oder Arenen entstehen Carbokationen, die ebenfalls sehr reaktive Zwischenstufen darstellen. Als Folgereaktionen schließen sich meist Umlagerungen oder Eliminierungen an. Da auch hier Protonierung und Deprotonierung sehr rasche Reaktionen sind, bilden sich bei der Addition von den verschiedenen möglichen Kationen bevorzugt die thermodynamisch stabileren.

Die Addition von Protonen an unsymmetrische Olefine läßt z. B. drei Möglichkeiten zu:

$$R-\overset{\oplus}{C}H-CH_2-R' \qquad R-CH_2-\overset{\oplus}{C}H-R' \qquad R-CH\overset{\overset{H}{\cdots\overset{\oplus}{\cdots}}}{=}CH-R'$$

Das überbrückte Carbokation ist, wie quantenchemische Berechnungen zeigen, nur in einigen seltenen Fällen, bei denen die beiden Alkyl- bzw. Arylsubstituenten R und R' gleich sind, thermodynamisch stabiler als die Kationen mit lokalisierten C—H-Bindungen. Der zum «nichtklassischen» Kation führende Elementarprozeß ist ein Beispiel für den Aufbau einer Mehrzentrenbindung (Abschn. 5.3.3.).

Protonierungsgleichgewichte stellen sich auch in den zahlreichen Aquokomplexen anorganischer Ionen ein, wenn die entsprechenden Salze in protischen Lösungsmitteln gelöst werden. Protonen können dabei sowohl an komplexe Anionen wie an komplexe Kationen addiert werden.

In allen bisher vorgestellten Beispielen wird ein Proton an die nucleophile Spezies addiert. Elementarreaktionen dieses Typs sind nur in protischen Lösungsmitteln möglich und verlaufen sehr rasch. Sie werden bei der Formulierung von Mechanismen häufig nicht gesondert aufgeführt. Ebenso wie Protonen können andere elektrophile Spezies mit einem Donor Bindungen eingehen. Die elektrophilen Spezies können dabei sowohl positiv geladen sein, neutrale Moleküle darstellen oder auch negative Ladungen tragen. Entscheidend ist, daß sie eine Oktettlücke aufweisen oder wie Iod zur Oktetterweiterung befähigt sind.

Iodidionen assoziieren nicht nur mit Iodkationen, sondern auch mit Iodmolekülen:

$$I^{\oplus} + I^{\ominus} \rightarrow I_2 \quad \text{und} \quad I_2 + I^{\ominus} \rightarrow I_3^{\ominus} \tag{5.12}$$

Für Neutralisationsreaktionen anorganischer Verbindungen in wäßrigem Medium sind Bildungen koordinativer Bindungen typisch. Die Elementarvorgänge in Komplexgleichgewichten weisen eine Vielzahl mechanistischer Varianten auf [5.9]. Der Eintritt eines Liganden in eine Koordinationssphäre kann entweder zur Erweiterung der Ligandenzahl führen, oder es besteht die Möglichkeit, daß gleichzeitig bzw. nahezu gleichzeitig ein anderer Ligand, z. B. ein Solvensmolekül, aus der inneren Sphäre austritt. Eine Grenze zwischen assoziativen und substitutiven Schritten ist deshalb schwer zu ziehen. Im realen molekularen Geschehen kann jeder Einzelprozeß unterschiedlich sein. Rein assoziative Elementarprozesse sind deshalb als Grenzfälle zu betrachten. Klassische Beispiele für Komplexe, in denen durch dissoziative Schritte Koordinationsstellen frei geworden sind, finden sich bei den fünffach koordinierten Kobaltkomplexen. Sie können Nucleophile addieren:

$$[Co(NH_3)_5]^{3\oplus} + Cl^{\ominus} \rightarrow [Co(NH_3)_5Cl]^{2\oplus} \tag{5.13}$$

In organisch-chemischen Reaktionen liegen Kationen als Assoziationspartner meist nur als reaktive Zwischenstufen vor. Sie werden entweder rasch deprotoniert oder an Moleküle mit freien Elektronenpaaren addiert. So wird z. B. an das bei der Dissoziation von tert-Butylhalogeniden entstehende Carbokation rasch Wasser addiert. Typische

polare assoziative Elementarprozesse in der organischen Chemie, bei denen ein Kation
Reaktionspartner ist, sind die Bildungen der σ-Komplexe bei der elektrophilen Substitution an Aromaten. So ist bei der Nitrierung von Benzen die Addition des Kations der
geschwindigkeitsbestimmende Schritt.

$$NO_2^{\oplus} + \text{[Benzen]} \longrightarrow \text{[}\sigma\text{-Komplex]} \qquad (5.14)$$

Die entstandenen Spezies unterliegen raschen Folgeprozessen. Nur in Supersäuren
gelingt es, Kationen dieses Typs in meßbaren Konzentrationen herzustellen. Wird
z. B. Trifluormethylbenzen in NO_2F/BF_3 nitriert, erhält man einen relativ stabilen,
auch spektroskopisch charakterisierbaren σ-Komplex.

Als elektrophile Partner bei assoziativen Prozessen fungieren nicht nur Kationen, son-
dern auch andere Elektronenpaarakzeptoren. Beispiele für die Addition neutraler
Moleküle an Anionen sind die Bildung von Hydrogencarbonat aus Kohlendioxid und
Hydroxidionen oder die Addition von Halogenidionen an *Lewis*-Säuren.

$$CO_2 + OH^{\ominus} \rightarrow CO_3H^{\ominus} \qquad (5.15)$$

$$AlCl_3 + Cl^{\ominus} \rightarrow AlCl_4^{\ominus} \qquad (5.16)$$

In der Gasphase reagiert Bortrifluorid mit Ammoniak zu Bortrifluoridammoniakat,
einem *Lewis*-Säure-Base-Komplex mit Dipolcharakter.

$$BF_3 + NH_3 \rightarrow F_3\overset{\ominus}{B}-\overset{\oplus}{N}H_3 \qquad (5.17)$$

Kohlenstoff-Verbindungen mit C—O- oder C—C-Doppelbindungen addieren nucleophile Partner wie Ammoniak unter Funktionalisierung. In organischen Molekülen bewirken vorhandene Heteroatome, daß die Kohlenstoffatome unterschiedliche Partialladungen erhalten. Alle partiell positiv geladenen Kohlenstoffatome sind in der Lage,
mit negativen Zentren anderer Moleküle unter Ausbildung kovalenter Bindungen zu
reagieren. Solche Elementarprozesse sind die Grundlage für den Aufbau von C—C-Bindungen.
Die Addition einer Verbindung mit Carbonylgruppen, in der das Kohlenstoffatom die
positive Partialladung trägt, an ein Carbanion ist der entscheidende Schritt in zahlreichen präparativ wertvollen Reaktionen vom Aldol-Typ.

$$H_3C-\overset{O}{\underset{H}{C}} + H_2\overset{\ominus}{C}-\overset{O}{\underset{H}{C}} \longrightarrow H_3C-\overset{O^{\ominus}}{\underset{H}{C}}-CH_2-\overset{O}{\underset{H}{C}} \qquad (5.18)$$

Zu dieser in der organischen Chemie wichtigen Reaktionsklasse gehören u. a. die
Benzoin-, *Claisen*-, *Knoevenagel*-, *Stobbe*-, *Darzens*-, *Dieckmann*-, *Perkin*- und *Mannich*-
Reaktion sowie entsprechende vinyloge Additionen wie z. B. die *Michael*-Reaktion.
Die für diese Reaktionen erforderlichen mesomeriestabilisierten Anionen werden meist
in vorgelagerten Gleichgewichten als reaktive Zwischenstufen gebildet. Für den Aufbau
von Kohlenstoff-Kohlenstoff-Bindungen können aber auch direkt zugängliche Anionen
wie $CN^{\ominus}$-Ionen eingesetzt werden. Die Cyanhydrin-Bildung ist eine Grundreaktion
für den Aufbau von Kohlenstoffketten.
Ein Grenzfall zwischen Assoziation und Substitution ist die Hydrolyse von Epoxiden.
In dieser Reaktion wird in einer cyclischen Verbindung durch Addition eines Teilchens

eine Bindung gebildet und gleichzeitig am selben Atom eine andere gelöst, ohne daß
Teilchen aus dem Molekülverband austreten.

$$R-\underset{\diagdown O \diagup}{CH-CH}-R' + OH^{\ominus} \longrightarrow R-\underset{O^{\ominus}}{\overset{OH}{CH-CH}}-R'$$

$$R-\underset{\diagdown O \diagup}{CH-CH}-R' + H_2O \longrightarrow R-\underset{O^{\ominus}}{\overset{OH_2^{\oplus}}{CH-CH}}-R' \tag{5.19}$$

$$R-\underset{\diagdown O^{\oplus} \diagup}{CH-CH}-R' + H_2O \longrightarrow R-\underset{OH}{\overset{OH_2^{\oplus}}{CH-CH}}-R'$$

Der Anteil der verschiedenen Elementarprozesse in der Reaktion nach Gl. (5.19)
hängt vom pH-Wert und den vorgelagerten Protonierungsgleichgewichten ab.
Wie die Beispiele zeigen, sind die Kombinationsmöglichkeiten von elektrophilen mit
nucleophilen Partnern sowohl in der anorganischen wie organischen Chemie außerordentlich vielfältig. Polare Additionsschritte sind dabei keineswegs auf Lösungen beschränkt. In Salzschmelzen fungieren Anionen häufig als nucleophile Spezies. Alumi-
niumoxid-Moleküle werden z. B. als elektrophile Spezies an vorhandene Sauerstoff-
Dianionen addiert.

$$Al_2O_3 + O^{2\ominus} \rightarrow Al_2O_4^{2\ominus} \tag{5.20}$$

Partner wie das Sauerstoff-Dianion werden nach *Bjerrum* als Antibasen bezeichnet.
Die polare Assoziation ist ein die gesamte Chemie durchdringendes Aufbauprinzip.
Aus der Dualität Donor-Akzeptor können auch quantitative Werte für Säurenstärke
und Basenstärke, für Elektrophilie und Nucleophilie abgeleitet werden, wenn genormte
Reaktionsbedingungen definiert werden (Abschn. 7.).

5.3.3. Konzertierte Assoziationen unter Bildung mehrerer Bindungen (AA)

Additionsreaktionen, bei denen gleichzeitig oder nahezu gleichzeitig mehrere Bindungen gebildet werden, ohne daß Zwischenstufen entstehen, gehören zu den konzertierten
Mehrzentrenreaktionen. Zwei oder mehr Umwandlungsvorgänge bezüglich Zustand
oder Struktur sind konzertiert (concerted), wenn keine Zwischenstufe bestimmter
Lebensdauer nachgewiesen werden kann. Die absolute Synchronität (Gleichzeitigkeit)
der Umwandlungen an den Zentren, z. B. der Bindungsbildung, ist dabei nicht unbedingt vorausgesetzt. Der Übergangszustand kann «früh» (eduktähnlich) oder «spät»
(produktähnlich) sein.
Der Begriff der Mehrzentrenreaktion wird hier in folgendem Sinne gebraucht. In einem
Elementarprozeß treffen zwei Spezies zusammen und bilden einen aktivierten Komplex,
in welchem die Bindungsumgruppierung mehrerer Bindungen und damit auch mehr als
zwei Zentren erfaßt. Solche Reaktionen sind bei der Bildung von kovalenten Bindungen besonders ausführlich untersucht und theoretisch diskutiert worden [5.10]. Wir
werden bei der Behandlung von qualitativen Beziehungen zwischen Struktur, Reaktivität und Selektivität ausführlicher auf solche Reaktionen, insbesondere auf pericyclische Reaktionen, eingehen (Abschn. 7.).

Elementarprozesse, bei denen konzertiert mehrere Ionenbindungen oder polare Wechselwirkungen ausgebildet werden, finden sich z. B. unter den Prozessen, die beim Wachstum von Ionenkristallen ablaufen. Eine exakte Abgrenzung konzertierter Mehrzentrenprozesse von den Vorgängen, die über mehrere Schritte zum entsprechenden Produkt führen, ist allerdings nicht möglich. Das gilt in besonderem Maße für die Ausbildung ionischer, koordinativer und zwischenmolekularer Wechselwirkungen.

Eine konzertierte Assoziation unter Bildung mehrerer Bindungen bedingt einen hohen Ordnungsgrad im aktivierten Komplex. Es ist deshalb verständlich, daß derartige Reaktionen eine besonders stark negative Aktivierungsentropie aufweisen. Trotzdem laufen die Reaktionen erstaunlich schnell ab, d. h., es sind nur geringe Aktivierungsenthalpien für die Bindungsumgruppierung erforderlich. Außerdem zeichnen sich die Produkte durch eine hohe Einheitlichkeit bezüglich der räumlichen Struktur aus, wobei prinzipiell die Anwendung photochemischer Bedingungen (Belichtung) zu anderen räumlichen Strukturen der Produkte führt als die thermische Aktivierung. Im Jahre 1968 wurden die bis dahin vorliegenden Erfahrungen über solche Reaktionen von *Woodward* und *Hoffmann* [5.11] zusammengefaßt und theoretisch verallgemeinert. Konzertierte Mehrzentrenreaktionen sind symmetrieerlaubt und damit energetisch begünstigt, wenn die Orbitalsymmetrie beim Übergang der reagierenden Spezies in die entstehenden Spezies erhalten bleibt.

Die sich aus dieser allgemeinen Feststellung ergebenden Konsequenzen für Reaktivität und Selektivität (*Woodward-Hoffmann*-Regeln) sollen im Abschn. 7. erläutert werden. An dieser Stelle seien zunächst phänomenologisch einige Beispiele von Elementarreaktionen genannt, bei denen mehrere Bindungen konzertiert gebildet werden und die unter Erhaltung der Orbitalsymmetrie ablaufen.

Dibortetrachlorid reagiert auch bei tiefer Temperatur glatt mit Wasserstoff:

$$B_2Cl_4 + H_2 \rightarrow B_2H_2Cl_4 \tag{5.21}$$

Unter den gleichen Reaktionsbedingungen kann demgegenüber Tetrachlorethen nicht hydriert werden. Orbitalbetrachtungen machen den Unterschied zwischen den beiden Additionen deutlich (Bild 5.3).

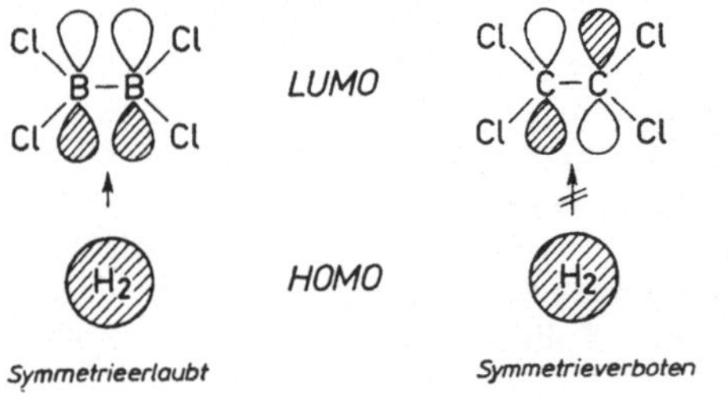

LUMO

HOMO

Symmetrieerlaubt

Symmetrieverboten

Bild 5.3. HOMO-LUMO-Wechselwirkung bei der Hydrierung von Dibortetrachlorid und Tetrachlorethen

Nur im Falle der Borverbindung führt die Wechselwirkung von HOMO und LUMO bei der Annäherung zu einer positiven Überlappung. Die Orbitalsymmetrie bleibt erhalten.

Eine Addition von Wasserstoffmolekülen an Kohlenstoffverbindungen mit konjugierten Doppelbindungen muß immer eine 1,4-Addition sein. Butadien wird leicht zum But-2-en hydriert.

$$H_2C{=}CH{-}CH{=}CH_2 + H_2 \rightarrow H_3C{-}CH{=}CH{-}CH_3 \tag{5.22}$$

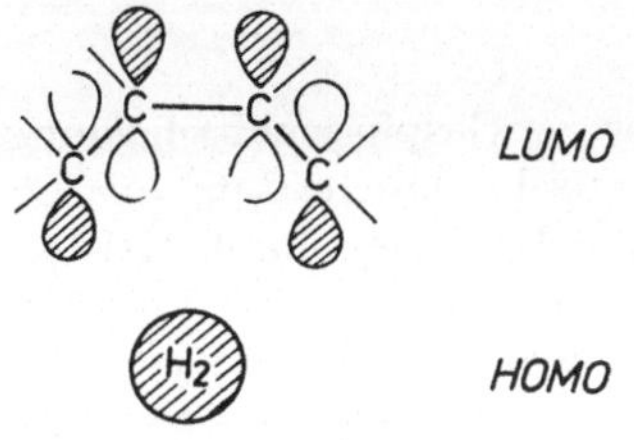

Bild 5.4. HOMO-LUMO-Wechselwirkung bei der Hydrierung von Butadien

Auch in diesem Falle bleibt die Orbitalsymmetrie erhalten (Bild 5.4). Ein experimenteller Beweis für den bevorzugten Ablauf der 1,4-Addition von Wasserstoff an Diene kann durch Isotopen-Experimente erbracht werden. Deuterium wird an Cyclopentadien eindeutig in 1,4-Stellung addiert.

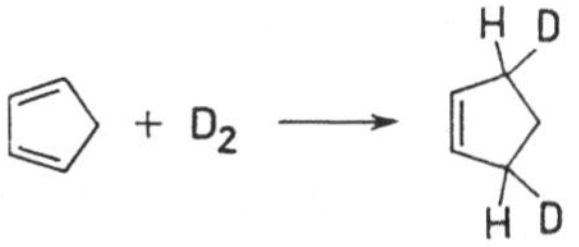

$$(5.23)$$

Die 1,2-Hydrierung von Alkenen mit Diimin ist, wie Orbitalbetrachtungen deutlich machen, ebenfalls symmetrieerlaubt.

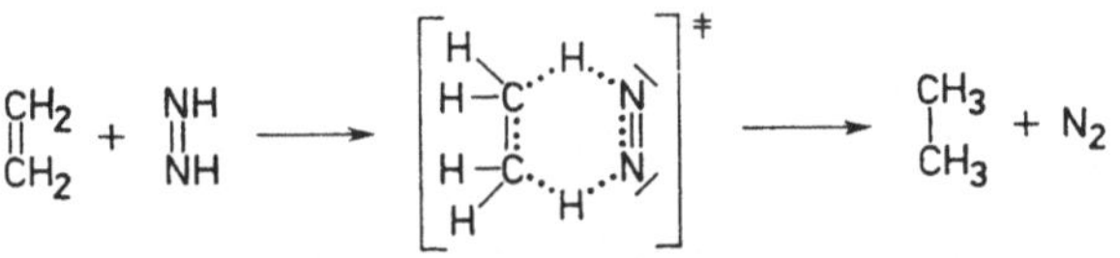

$$(5.24)$$

Bei diesem Elementarprozeß sind insgesamt 6 Elektronen an der Umgruppierung beteiligt. Analoge Beispiele für symmetrieerlaubte Reaktionen sind die katalytische Hydrierung von Alkenen mit Metallen als Katalysator und auch zahlreiche Additionsreaktionen in der anorganischen Chemie, z. B. die Addition von Fluor an Schwefeldifluorid [5.15].

Bei den Betrachtungen der Orbitalsymmetrie in den erwähnten Beispielen wird vorausgesetzt, daß die Annäherung des zu addierenden Moleküls von nur einer Seite der σ-Bindungsebene erfolgt. Diese σ-Bindungsebene ist im Falle des Cyclopentadiens identisch mit der Ringebene und einer π-Knotenfläche des LUMO-Orbitals. Man bezeichnet eine derartige Annäherung von nur einer Seite als suprafacial (Abschn. 7.). Aus sterischen Gründen ist eine suprafaciale Annäherung häufiger als eine Annäherung, bei der das besetzte Molekülorbital des Wasserstoffs mit den unbesetzten «Orbitallappen» auf den verschiedenen Seiten der Ebene in Wechselwirkung tritt. Eine solche Annäherung und Wechselwirkung bezeichnet man als antarafacial. Eine antarafaciale Annäherung ist z. B. bei der Kombination von zwei P_2-Molekülen zu einem tetraedrischen P_4-Molekül erforderlich. Dieser Elementarprozeß findet bei einer Temperatur von etwa 1 000 K in der Gasphase statt. Dabei werden gleichzeitig 4 P—P-Bindungen geknüpft.

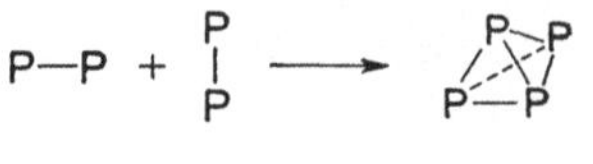

$$(5.25)$$

5.3.4.   Kristallwachstumsprozesse

Der Aufbau kristalliner Festkörper kann durch chemische Gasphasenabscheidung, durch Fällungsreaktionen aus Lösungen, durch elektrolytische Abscheidung aus Lösungen bzw. Schmelzen, durch Auskristallisieren in Schmelzen oder durch Kristallwachstumsprozesse in festen Mischphasen erfolgen (Abschn. 9.). Alle diese Vorgänge setzen sich aus Elementarprozessen zusammen, bei denen chemische Spezies zunächst an die Kristalloberfläche transportiert und dort adsorbiert werden. Die Adsorption ist ein chemischer Elementarprozeß, der nur zu lockeren Bindungen führt. Es folgen Oberflächen-Diffusionsprozesse und Keimbildungsprozesse. Im eigentlichen Wachtumsschritt werden dann die Ionen oder Neutralteilchen in Halbkristallagen, sogenannte Kinks, eingebaut. Dabei entstehen gleichzeitig mehrere Bindungen. Elementarprozesse dieser Art bestimmen die Wachstumsrate, d. h. die Reaktionsgeschwindigkeit an der Oberfläche.

Der Einbau von Nichtmetallen oder Metallen aus flüchtigen Verbindungen wie Siliziumtetrachlorid oder Galliumchlorid in kristalline Festkörper wie Silizium oder Galliumarsenid kann durch orientiertes Aufwachsen auf eine einkristalline Unterlage (Epitaxie) erreicht werden. Die Gasphasenepitaxie ist heute wichtiger Bestandteil industrieller Technologien zur Herstellung dünner Schichten insbesondere für Halbleiter. Während des Wachstums bedecken relativ dichte Adsorptionsschichten die Oberfläche des Kristalls. Gasförmiges Galliumchlorid und Arsen liefern z. B. die Bausteine für das Wachstum einer Galliumarsenid-Oberfläche. Die Bruttoreaktionsgleichung lautet in diesem Fall:

$$4\,GaCl + As_4 + 2\,H_2 \rightarrow 4\,GaAs + 4\,HCl$$

Von den dabei ablaufenden Elementarprozessen ist der Einbau einer aus Gallium, Arsen und Chlor zusammengesetzten Spezies als Anlagerungskomplex in die Halbkristallage maßgebend (Bild 5.5).

$$\{(GaAs)_n\}_s + AsGaCl \rightarrow \{(GaAs)_n \cdot AsGaCl\}_s \qquad\qquad (5.26)$$

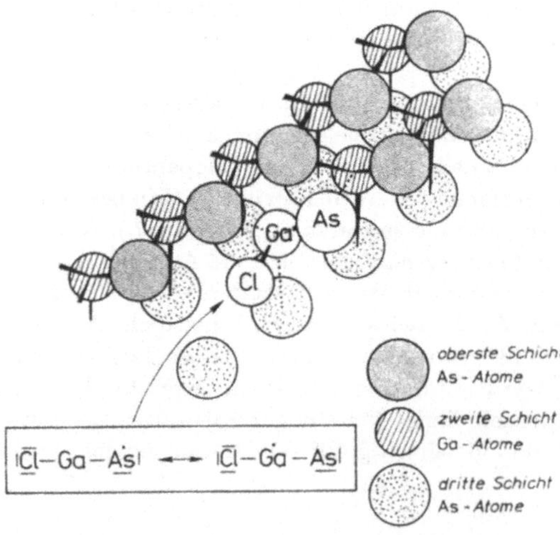

Bild 5.5. Einbau eines Anlagerungskomplexes As-Ga-Cl in die Halbkristallage eines Galliumarsenid-Kristalles (Zinkblende-Gitter)

In dem darauf folgenden dissoziativen Schritt wird Chlorwasserstoff abgespalten (s.
S. 157), und die Halbkristallage ist frei für die Anlagerung des nächsten As—Ga—Cl-
Komplexes. Wie bei vielen komplexen Reaktionen läuft demnach eine Folge von
assoziativen und dissoziativen Schritten ab.

Fällungsreaktionen anorganischer Salze aus wäßrigen Lösungen setzen sich aus assoziativen Elementarprozessen zusammen.

Bei der Ausfällung von Silberchlorid aus einer Lösung von Silber-Kationen und Chlor-
Anionen werden in den rasch aufeinanderfolgenden Elementarprozessen entweder ein
Chloridion gleichzeitig an 3 Silberatome oder ein Silberion gleichzeitig an 3 Chloratome
gebunden (Bild 5.6).

$$\{(AgCl)_n\}_s + Cl^\ominus \rightarrow \{(AgCl)_n \cdot Cl^\ominus\}_s$$

$$\{(AgCl)_n \cdot Cl^\ominus\}_s + Ag^\oplus \rightarrow \{(AgCl_{n+1}\}_s \tag{5.27}$$

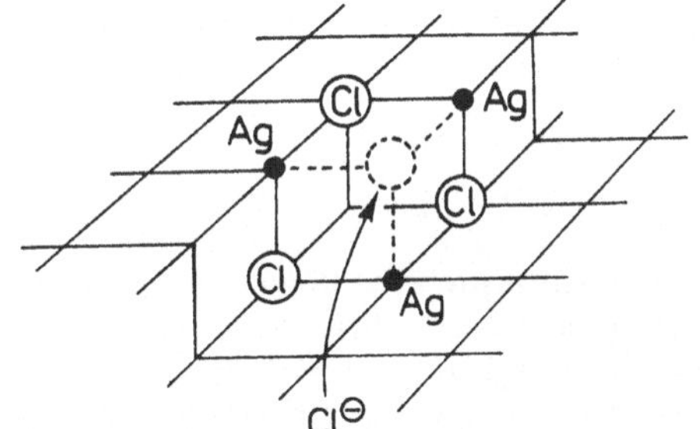

Bild 5.6. Einbau eines Chloridions in die
Halbkristallage eines Silberchloridkristalles

Als Beispiel für den Aufbau metallischer Festkörper sei die Elektrolyse einer Metall-
salzlösung angeführt. Die kristallaufbauenden Elementarprozesse sind hierbei die sog.
Durchtrittsreaktionen an der Elektrode. So wird die Abscheidung von Silber an einer
Anode durch folgenden Elementarprozeß beschrieben:

$$\{(Ag)_n\}_s + Ag^\oplus \quad \rightarrow \quad \{(Ag)_{n+1}{}^\oplus\}_s \tag{5.28}$$

Der Aufbau von Molekülkristallen erfolgt über Reaktionsschritte, bei denen jeweils
ein durch Diffusion herangeführtes Molekül durch polare Kräfte an verschiedene Zentren des wachsenden Kristalls gebunden wird.

2,2,3,3-Tetramethyl-butan-Kristalle (Schmp. 101 °C) lassen sich z. B. sowohl aus einer
Lösung wie aus einer Schmelze gewinnen. Die Zuführung von Molekülen an den wachsenden Kristall kann aber auch aus der Gasphase erfolgen.

$$\{(C_8H_{18})_n\}_s + C_8H_{18} \rightarrow \{(C_8H_{18}\}_{n+1}\}_s \tag{5.29}$$

Das Wachsen großer Molekülkristalle gehört zu den eindrucksvollsten Reaktionen
der Chemie.

5.4. Dissoziative Prozesse

Dissoziative Prozesse sind typisch für Abbau-Reaktionen. Sie sind aber ebenfalls wichtige Schritte für den fast immer über eine Vielzahl von Assoziations- und Dissoziations-
prozessen führenden Aufbau hochstrukturierter Materie.

Im Gegensatz zu den assoziativen Prozessen sind die dissoziativen Prozesse bei höheren Temperaturen begünstigt. Ebenso wie bei den Assoziationen ist in der Gasphase hauptsächlich ein radikalischer Verlauf (D_R), in Flüssigkeiten und Festkörpern ein polarer Verlauf (D_P) des Elementarprozesses zu erwarten. Die für die Spaltung des Methylchlorids notwendigen Energien (Reaktionsenthalpien) verdeutlichen diesen Sachverhalt:

$$CH_3Cl \rightarrow CH_3\cdot + Cl\cdot \qquad \text{(Gasphase)} + 334 \text{ kJ mol}^{-1}$$

$$CH_3Cl \rightarrow CH_3^\oplus + Cl^\ominus \qquad \text{(Gasphase)} + 949 \text{ kJ mol}^{-1}$$

$$CH_3Cl \rightarrow CH_3^\oplus{}_{(aq)} + Cl^\ominus{}_{(aq)} \qquad \text{(Wasser)} \quad + 263 \text{ kJ mol}^{-1}$$

Ein wesentliches Kriterium für dissoziative Prozesse sind positive Reaktions- und Aktivierungsentropien. Die Ursache dafür ist die dabei stattfindende Vergrößerung der Teilchenzahl. Ist in einer Reaktionsfolge der dissoziative Schritt geschwindigkeitsbestimmend, so werden für die Gesamtreaktion positive Aktivierungsentropien gemessen. Im Gegensatz zur Hydrolyse von Methylchlorid verläuft die Hydrolyse von tert-Butylchlorid im geschwindigkeitsbestimmenden Schritt über eine Dissoziation.

$$CH_3Cl \quad + OH^\ominus \rightarrow CH_3OH \quad + Cl^\ominus \quad \Delta S_{298}^{\ddagger} -17 \text{ J K}^{-1} \text{ mol}^{-1}$$

$$(CH_3)_3CCl + OH^\ominus \rightarrow (CH_3)_3COH + Cl^\ominus \quad \Delta S_{298}^{\ddagger} +51 \text{ J K}^{-1} \text{ mol}^{-1}$$

Alle im Abschn. 5.3. formulierten assoziativen Elementarprozesse können bei entsprechenden Reaktionsbedingungen, z. B. höherer Temperatur, auch in der umgekehrten Richtung ablaufen. Bei der Auswahl der folgenden Beispiele beschränken wir uns auf solche Elementarreaktionen, die als dissoziative Schritte den Verlauf von komplexen Reaktionen in typischer Weise bestimmen.

5.4.1. Radikalische dissoziative Prozesse (D_R)

Die homolytische Spaltung einer Bindung erfordert einen mehr oder weniger großen Energieaufwand. Tab. 5.2 zeigt die Dissoziationsenthalpien für die homolytische Spaltung einiger kovalenter Einfachbindungen.

Die für die Dissoziation der C—C-, N—N- und O—O-Bindungen notwendigen Energien können durch entsprechende Substituenten wesentlich herabgesetzt werden. Moleküle, bei denen durch den Einfluß der Substituenten in beiden Atomen gleiche Partialladungen induziert werden, wie z. B. im Distickstofftetroxid, unterliegen bevorzugt der radikalischen Dissoziation, weil dabei keine Ladungstrennung erforder-

Tab. 5.2. Dissoziationsenergien für die homolytische Spaltung von Einfachbindungen

Bindung	E_D in kJ mol^{-1}	Bindung	E_D in kJ mol^{-1}
H—F	564	$H_2N—NH_2$	251
H—OH	502	Cl—Cl	242
H—H	435	HO—OH	217
H—Br	364	Br—Br	192
$H_3C—CH_3$	351	F—F	155
H—I	297	I—I	150

lich ist. Die Dissoziationsenthalpie beträgt beim Distickstofftetroxid 57 kJ mol^{-1} gegenüber 251 kJ mol^{-1} beim Hydrazin. Ein ähnlicher Fall liegt beim Dimeren des Triphenylmethyls vor (Gl. (5.5)). Hier hat die Dissoziationsenergie die Größe 46 kJ mol^{-1} gegenüber 351 kJ mol^{-1} beim Ethan. Selbstverständlich spielen auch sterische Faktoren eine entscheidende Rolle. Für die Spaltung sterisch gespannter Verbindungen wie Cyclopropan ist eine zu Diradikalen führende Ringöffnung typisch.

Als einfachstes Beispiel eines radikalischen dissoziativen Prozesses sei der Übergang von Iodmolekülen in Iodatome genannt.

$$I_2 \rightarrow 2\,I\cdot \quad \text{bzw.} \quad [I_2]^* \rightarrow 2\,I\cdot \tag{5.30}$$

Auf Grund des vergleichsweise geringen Energieaufwandes ist diese Spaltung durch thermische wie durch photochemische Anregung möglich. Iodatome sind Zwischenstufen in zahlreichen nach radikalischen Mechanismen ablaufenden Reaktionen, z. B. bei Radikalabfangreaktionen oder bei der Iodwasserstoffbildung.

Ebenfalls geringe Dissoziationsenthalpien weisen symmetrisch substituierte Peroxide auf. Sie zerfallen leicht in Sauerstoffradikale und werden deshalb als Radikalkettenstarter benutzt.

$$\tag{5.31}$$

Die Produkte radikalischer Dissoziationen sind meist instabil. So können sich weitere Zerfallsreaktionen anschließen. Zum Beispiel zerfallen die nach Gl. (5.31) entstehenden Radikale in Acetonmoleküle und Methylradikale.

$$\tag{5.32}$$

Typische Beispiele für den Zerfall von Radikalkationen finden sich bei den im Massenspektrometer durch Elektronenstoß initiierten Reaktionen.

Fluorbenzen zerfällt bevorzugt in Phenylradikale und Fluorwasserstoff, Brombenzen dagegen in Phenylkationen und Bromradikale.

$$\tag{5.33}$$

Die in Klammern für die einzelnen Spaltstücke angegebenen Bildungsenthalpien (in J mol^{-1}) verdeutlichen die Ursachen für den jeweils bevorzugten Zerfall. In Anwendung des *Hammond*-Prinzips (Abschn. 4.7.) ist die Stabilität der entstehenden Spaltstücke für die Zerfallsrichtung maßgebend, da die aktivierten Komplexe produktähnlich sind.

Zahlreiche metallorganische Verbindungen zerfallen bei thermischer Anregung außer-

ordentlich leicht in Radikale. Bleitetramethyl bildet z. B. Methylradikale und wird
deshalb als Antiklopfmittel Treibstoffen beigesetzt.

$$\text{H}_3\text{C}-\underset{\underset{\text{CH}_3}{|}}{\overset{\overset{\text{CH}_3}{|}}{\text{Pb}}}-\text{CH}_3 \longrightarrow \text{H}_3\text{C}-\underset{\underset{\text{CH}_3}{|}}{\overset{\overset{\text{CH}_3}{|}}{\text{Pb}}}{}^{\bullet} + \text{CH}_3{}^{\bullet} \tag{5.34}$$

Radikalische Bindungsöffnungen sind demnach für thermisch oder photochemisch
angeregte Moleküle sehr typische und häufig zu beobachtende Elementarprozesse.

5.4.2. Polare dissoziative Prozesse (D_P)

In Lösungen sind auf Grund der ladungsinduzierenden und ladungsstabilisierenden
Wirkung der Solvensmoleküle polare Dissoziationen gegenüber radikalischen bevorzugt. Auch in reiner flüssiger Phase, z. B. in Salzschmelzen, sind Ionenreaktionen ty-
pisch. So läßt sich zeigen, daß die in der Gasphase radikalisch dissoziierende Verbindung Distickstofftetroxid als Flüssigkeit eine Eigenleitfähigkeit besitzt, was auf das
Vorhandensein von $\text{NO}^{\oplus}$-Kationen und $\text{NO}_3^{\ominus}$-Anionen schließen läßt. Die polaren
Reaktionsschritte sind Elementarprozesse, bei denen außer den elektronischen Ände-
rungen an der zu betrachtenden Bindung gleichzeitig auch Änderungen an mehreren
Bindungen der Solvathülle stattfinden.
Von den zahlreichen Reaktionen, die zur Ionisierung führen, diskutieren wir zunächst
ein Beispiel, bei dem das Gleichgewicht sehr stark auf der Seite der Spaltprodukte
liegt. Chlorwasserstoff wird in wäßriger Lösung praktisch vollständig ionisiert.

$$\text{HCl}_{(aq)} \rightarrow \text{H}^{\oplus}{}_{(aq)} + \text{Cl}^{\ominus}{}_{(aq)} \tag{5.35}$$

Eine solche dissoziative Reaktion in Lösung verläuft über 3 reversible Stufen. Zunächst
wird ein inneres Ionenpaar $(\text{E}^{\oplus}\text{N}^{\ominus})_{solv}$ gebildet. Nach Einschub von Lösungsmittelmolekülen zwischen die Partner entstehen äußere oder solvensgetrennte Ionenpaare
$(\text{E}^{\oplus}||\text{N}^{\ominus})_{solv}$, aus denen sich schließlich in einem 3. Schritt die nicht mehr wechselwirkenden Ionen mit eigener Solvathülle bilden $(\text{E}^{\oplus}_{(solv)} + \text{N}^{\ominus}_{(solv)})$. Eine quantitative Erfassung der Teilschritte etwa in einem Energieprofildiagramm entsprechend
Bild 5.7 ist jedoch schwer möglich. Im Gegensatz zu den bei einer Heterolyse in der
Gasphase zu überwindenden hohen Aktivierungsschwellen sind die aufeinanderfolgenden Aktivierungsbarrieren klein.
Wegen der geringen Energiebarrieren und der fließenden Übergänge wird ein dissoziativer Prozeß in Lösung meist vereinfachend als Einstufenreaktion beschrieben.

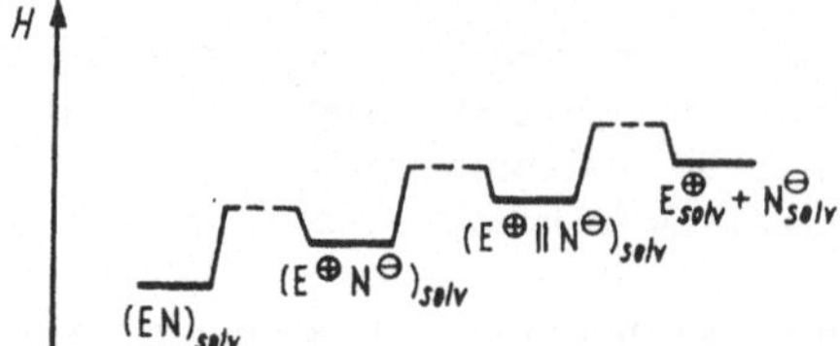

Bild 5.7. Energieprofildiagramm für einen polaren dissoziativen Prozeß in Lösung (E: elek-
trophiles Teilchen, N: nucleophiles Teilchen)

Es gibt zahlreiche Säuren, insbesondere unter den organischen Verbindungen, die im Gleichgewicht nur in untergeordnetem Maße dissoziiert sind. Die entstehenden Anionen sind deshalb reaktive Zwischenstufen, die häufig die Möglichkeit haben, Protonen an verschiedenen Positionen zu binden. In diesem Falle entstehen tautomere Verbindungen. Aus den verschiedenen Tautomeren bilden sich durch Dissoziation wieder gleiche Anionen. Die Geschwindigkeitskonstante der dissoziativen Elementarreaktion ist eine Maßzahl für die kinetische Acidität des betreffenden Tautomeren. Tautomere Verbindungen entstehen auch, wenn protonierte Spezies ein Proton aus unterschiedlichen Positionen abspalten.

Aus Carbonylverbindungen bilden sich Keto-Enol-Tautomere:

$$\tag{5.36}$$

Wie bereits bei den Protonierungsreaktionen erwähnt, sind diese hier vereinfachend als dissoziative Prozesse formulierten Deprotonierungen genaugenommen Übertragungsreaktionen, bei denen basische Partner mitwirken.

Nicht nur Protonen, sondern auch andere Kationen können bei der heterolytischen Dissoziation aus Molekülen mit polaren Bindungen abgespalten werden.

Bei der Reaktion von *Grignard*-Verbindungen entstehen z. B. Metallhalogen-Kationen.

$$CH_3MgI_{(solv)} \rightarrow MgI^{\oplus}{}_{(solv)} + CH_3{}^{\ominus}{}_{(solv)} \tag{5.37}$$

Carbokationen werden gebildet, wenn Halogenid oder Pseudohalogenid aus entsprechenden organischen Verbindungen abgetrennt wird. Die nach einem S_N1-Mechanismus verlaufende Substitution am tert-Butylbromid wird durch einen dissoziativen Elementarprozeß eingeleitet:

$$(CH_3)_3CBr_{(solv)} \rightarrow (CH_3)_3C^{\oplus}{}_{(solv)} + Br^{\ominus}{}_{(solv)} \tag{5.38}$$

Die Austrittstendenz von Kationen bzw. elektrophilen Molekülen aus organischen Verbindungen, die ohne Unterstützung eines Nucleophils abgetrennt werden (S_N1-Typ), wächst in folgender Reihenfolge:

$$NO_2{}^{\oplus} < CH_3\overset{\oplus}{C}HCH_3 < SO_3 < (CH_3)_3C^{\oplus} < ArN_2{}^{\oplus} < CO_2$$

Entsprechend dieser Reihenfolge ist z. B. die Decarboxylierung von Carbonsäuresalzen ein relativ leicht ablaufender Elementarprozeß:

$$C_nH_{2n+1}COO^{\ominus} \rightarrow CO_2 + C_nH_{2n+1}{}^{\ominus} \tag{5.39}$$

Am Beispiel wird deutlich, daß ein polarer dissoziativer Prozeß nicht immer wie bei der Heterolyse im engeren Sinne zu einem Ionenpaar führen muß.

Ein zur Reaktion nach Gl. (5.39) analoger Elementarprozeß, der in Salzschmelzen stattfindet, ist die Abtrennung von Kohlendioxid aus Carbonat-Anionen:

$$CO_3{}^{2\ominus} \rightarrow CO_2 + O^{2\ominus} \tag{5.40}$$

(Vgl. dazu das Antibase-Konzept nach *Bjerrum* und Reaktion (5.20)

Auch die Entstehung von zwei Neutralteilchen aus einem ungeladenen Molekül ist durch Dissoziation auf polarem Wege möglich. Ein Beispiel ist die thermische Zersetzung von Diazomethan zu Carben und Stickstoff. Entsprechend der polaren Bindungsumgruppierung ist in diesem Falle Carben das elektrophile und Stickstoff das nucleophile Molekül.

$$H-\overset{\ominus}{\underset{\underset{H}{|}}{C}} - \overset{\oplus}{N} \equiv N \longrightarrow \bar{C}H_2 + N_2 \tag{5.41}$$

Bei Koordinationsverbindungen ist der polare Zerfall in neutrale Moleküle häufig anzutreffen. Ein Beispiel sind die Metallcarbonyle. Darüber hinaus besteht in Koordinationsgleichgewichten auch die Möglichkeit, daß Anionen aus komplexen Kationen austreten und damit eine weitere Ladungstrennung erfolgt.

Aus positiv geladenen Chloro-Komplexen des Cobalts und anderer Metalle können z. B. Anionen dissoziieren.

$$[Co(H_2O)_4(NH)_2Cl]^{\oplus} \rightarrow [Co(H_4O)_2(NH_2)]^{2\oplus} + Cl^{\ominus} \tag{5.42}$$

Diese Elementarreaktion ist der dissoziative Schritt in einer nach D-Mechanismus ablaufenden Austauschreaktion und typisch für Verbindungen mit der Koordinationszahl 6.

Nachdem in den angeführten Beispielen ausschließlich D_P-Prozesse in Lösungen oder Schmelzen vorgestellt wurden, soll schließlich noch ein Beispiel für einen monomolekularen Zerfallsprozeß in der Gasphase angeführt werden, bei dem ein Carbokation entsteht. Aus tritiumsubstituiertem Methan bildet sich durch β-Strahlung positiv geladenes Methylhelium, das unter Entstehen von Methylkationen zerfällt.

$$CH_3^3He^{\oplus} \rightarrow CH_3^{\oplus} + {}^3He \tag{5.43}$$

Durch diese Reaktion ist ein sehr unbeständiges Kation auch in der Gasphase erhältlich.

5.4.3.   Konzertierte Fragmentierungen (DD)

Als Fragmentierungen bezeichnen wir diejenigen Elementarprozesse, bei denen konzertiert mindestens zwei Bindungen gelöst werden. Einbezogen sind hier auch Reaktionen, bei denen gleichzeitig an einem weiteren Reaktionszentrum eine neue Bindung gebildet wird. Entscheidend ist, daß im Elementarprozeß eine Vergrößerung der Teilchenzahl resultiert.

Ein Beispiel für die Fragmentierung eines komplexen anorganischen Anions ist der Zerfall des Iodperoxidisulfat-Ions in ein Iodkation und zwei Sulfatanionen.

$$\left[I-O-\overset{O}{\underset{O}{\overset{\|}{\underset{|}{S}}}}-O-O-\overset{O}{\underset{O}{\overset{\|}{\underset{|}{S}}}}-O \right]^{3\ominus} \longrightarrow I^{\oplus} + 2\,SO_4^{2\ominus} \tag{5.44}$$

Analoge Reaktionen aus der organischen Chemie sind die polaren β-Eliminierungen nach dem E2-Mechanismus und analoge Fragmentierungen (β-Eliminierung von Halogenwasserstoff aus Halogenalkanen, Fragmentierung von γ-Halogenaminen, Fragmentierung von β-Halogen-carbonsäuren u. a.). Die zu eliminierenden Gruppen nehmen im Übergangszustand eine gestaffelte anti-Konformation ein, d. h., sie liegen in einer Ebene mit der zu bildenden Doppelbindung.

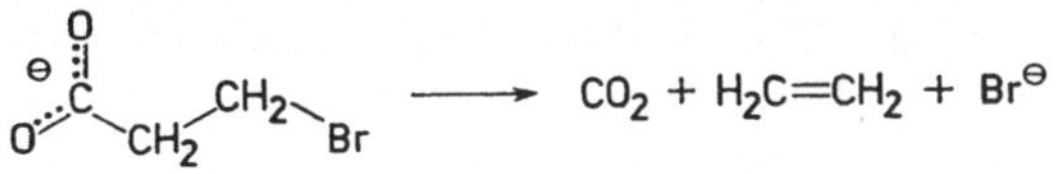

(5.45)

Konzertierte Fragmentierungen können auch nach einem radikalischen Mechanismus ablaufen. Das aus 3,6-Dimethyl-1,2-dioxan entstehende Diradikal zerfällt in Ethen und zwei Acetylradikale.

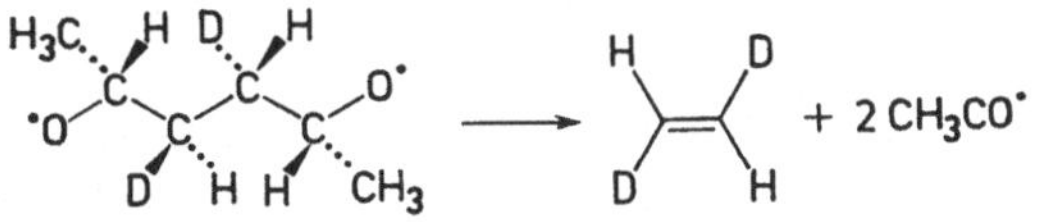

(5.46)

Die Aktivierungsparameter dieser Elementarreaktion wurden mit $\Delta H^{+}_{500} = 134$ kJ mol^{-1} und $\Delta S^{+}_{500} = -53$ J K^{-1} mol^{-1} ermittelt [5.13], d. h., die hohe sterische Anforderung an den Übergangszustand verursacht eine negative Aktivierungsentropie, obgleich ein dissoziativer Prozeß vorliegt.
Ähnliche radikalische Dissoziationen sind auch im Verlaufe der Reaktionsfolgen anzunehmen, die in Kristallwachstumsprozessen bei der Gasphasenepitaxie vorkommen (s. S. 150).
Die bei der Galliumarsenid-Synthese an der Kristalloberfläche zunächst mit eingebauten Halogenatome werden im geschwindigkeitsbestimmenden Schritt durch die Reaktion mit Wasserstoffmolekülen entfernt:

$$\{(GaAs)_n \cdot Cl\}_s + H_2 \rightarrow [—Ga—As\cdot\cdot Cl\cdot\cdot H\cdot\cdot H]^{+} \rightarrow \{(GaAs)_n\}_s + HCl + H\cdot \qquad (5.47)$$

Ein Elementarprozeß mit einer analogen Teilchenbilanz in der Molekülchemie findet sich z. B. bei der thermischen Zersetzung von Acetaldehyd, die über einen Radikalkettenmechanismus verläuft. Im dissoziativen Schritt werden bei der Wechselwirkung des Acetaldehyd-Moleküls mit einem Methylradikal die C—C- und die C—H-Bindung gelöst und eine neue C—H-Bindung gebildet.

$$H_3C—CO—H + CH_3^{\cdot} \rightarrow CH_3^{\cdot} + CO + CH_4 \qquad (5.48)$$

Für die Eliminierung von Kohlenmonoxid oder Kohlendioxid aus organischen Verbindungen gibt es zahlreiche Reaktionsbeispiele. Häufig verlaufen diese Dissoziationen nach konzertierten Mechanismen. Als bekannte Reaktion sei die fotochemische Darstellung von Cyclobutadien aus α-Pyron bei 8 K in einer Argon-Matrix erwähnt.

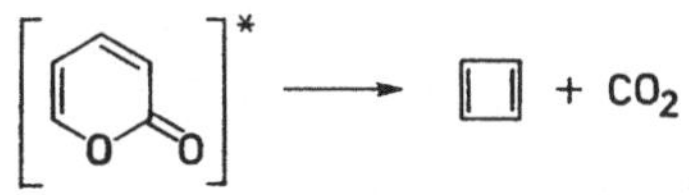

(5.49)

Zahlreiche monomolekulare Zerfallsreaktionen verlaufen über cyclische Übergangszustände, z. B. die *Cope*-Eliminierung, die Xanthogenatspaltung, die Decarboxylierung von β-Keto-carbonsäureestern und die thermischen cis-Eliminierungen.

$$R-COOC_2H_5 \longrightarrow \left[R-C\underset{O^{\cdot}H}{\overset{O-CH_2}{\underset{}{\cdots CH_2}}} \right]^{\ddagger} \longrightarrow R-COOH + H_2C{=}CH_2 \qquad (5.50)$$

Alle diese Fragmentierungen gehorchen den *Woodward-Hoffmann*-Regeln über die Erhaltung der Orbitalsymmetrie (Abschn. 7.). Für die Retro-*Diels-Alder*-Reaktion des Cyclohexans zu Butadien und Ethen

$$\text{◯} \longrightarrow \text{〈} + \text{‖} \qquad (5.51)$$

wurde z. B. eine Aktivierungsenthalpie von 240 kJ mol^{-1} gemessen, d. h., der Energiebedarf liegt deutlich unter dem für die homolytische Spaltung einer C—C-Bindung (ca. 330 kJ mol^{-1}).

Nach *Woodward* und *Hoffmann* werden Reaktionen, bei denen zwei σ-Bindungen am gleichen Atom synchron geöffnet werden, als cheletrope Reaktionen bezeichnet [5.11]. Thiolendioxid (Sulfolen) spaltet beim Erwärmen Schwefeldioxid ab.

$$\text{◯}SO_2 \longrightarrow \text{〈} + SO_2 \qquad (5.52)$$

Die Aktivierungsentropie dieser Elementarreaktion beträgt $+37$ J K^{-1} mol^{-1}. Auf Grund der positiven Reaktionsentropien sind Cycloreversionen und cheletrope Reaktionen bei erhöhter Temperatur begünstigt.

5.4.4. Kristallabbauprozesse

Kristallabbauprozesse finden beim Verdampfen, bei der thermischen Zersetzung, beim Schmelzen und bei Lösungsvorgängen statt. Sie sind meist als die Rückreaktionen zu den im Abschn. 5.3.4. beschriebenen Kristallwachstumsprozessen zu formulieren. Die Bindungsverhältnisse in den Kristallen sind entscheidend für die Möglichkeit und die Geschwindigkeit des Kristallabbaus.

Die Abtrennung eines Atoms, Ions oder Moleküls von einer Kristalloberfläche unterscheidet sich von einem dissoziativen Prozeß in der homogenen Phase dadurch, daß der für den Übergang der kovalenten oder ionischen Bindung in eine adsorptive oder koordinative Bindung erforderliche Energieaufwand aus der thermischen Energie des Festkörpers, d. h. seiner Vibrationsenergie bestritten wird.

Beim Lösen eines Salzes wird ein Ionengitter unter Einwirkung eines Lösungsmittels abgebaut. Die Dipole des Lösungsmittels werden dabei ähnlich wie bei einer Komplexbildung an die Kationen und Anionen der Oberfläche addiert. Von dort werden dann die komplexierten Ionen abgelöst.

$$\{(Na^{\oplus})_n (Cl^{\ominus})_n \cdot (H_2O)_m\}_s \rightarrow \{(Na^{\oplus})_{n-1}(Cl^{\ominus})_n\}_s + [Na(H_2O)_m]^{\oplus} \qquad (5.53)$$

Verbindungen wie Natriumchlorid sind auch in der Gasphase existent. Beim Verdampfen eines Kristalls wird das Ionengitter in Moleküle aufgespalten. In den dabei stattfindenden Elementarprozessen werden die Ionenbeziehungen des Gitters gelöst, und eine kovalente Bindung entsteht.

$$\{Na(^{\oplus})_n(Cl^{\ominus})_n\}_s \rightarrow \{(Na^{\oplus})_{n-1}(Cl^{\ominus})_{n-1}\}_s + NaCl \qquad (5.54)$$

Bei der thermischen Zersetzung von Festkörpern wie Calciumcarbonat werden in den Elementarprozessen sowohl ionische wie kovalente Bindungen gelöst.

$$\{(CaCO_3)_n\}_s \rightarrow \{(CaCO_3)_{n-1}\,CaO\}_s + CO_2 \tag{5.55}$$

Alle Kristallabbaureaktionen haben positive Aktivierungs- und Reaktionsentropien. Die meist positive Reaktionsenthalpie z. B. beim Lösungsvorgang (Abkühlung!) wird durch den Entropieterm in der Freie-Enthalpie-Bilanz kompensiert.

5.5. Konzertierte Substitutionen

Substitutionen sind Austausch- oder Verdrängungsreaktionen (I-Reaktionen). Unabhängig davon, ob es sich um inter- oder intramolekulare Substitutionen handelt, bleibt die Gesamtzahl der Teilchen im Verlaufe der Reaktion konstant. Substitutionen können im molekularen Bereich auf verschiedenen Wegen ablaufen:

- Konzertierte Bindungsbildung und -lösung (AD) [5.11],
- Addition eines Teilchens und anschließende Eliminierung eines anderen Teilchens (A + D),
- Eliminierung eines Teilchens und anschließende Addition eines anderen Teilchens (D + A),
- Kettenmechanismus mit Elektronentransferprozessen

Nur der zuerst genannte Weg ist unter die Elementarprozesse einzuordnen. Die anderen Wege entsprechen komplexen Reaktionen.

Im Gegensatz zu Assoziationen und Dissoziationen können polare Substitutionen eindeutig als nucleophil oder elektrophil klassifiziert werden, je nachdem, zu welcher Kategorie die ein- und austretenden Spezies zählen. Wir unterscheiden deshalb drei Typen konzertierter Substitutionen:

1. Radikalische Substitutionen (AD_R), z. B. die Substitution von $Cl^{\cdot}$ durch $H^{\cdot}$ **am Chlor** als Teilschritt der Chlorknallgasreaktion

$$H^{\cdot} + Cl{-}Cl \rightarrow H{-}Cl + Cl^{\cdot}$$

2. Nucleophile Substitutionen (AD_N), z. B. die Substitution von $OH^{\ominus}$ durch $H^{\ominus}$ **am Wasserstoff** bei der Einwirkung von Hydriden auf Wasser

$$H^{\ominus} + H{-}OH \rightarrow H{-}H + OH^{\ominus}$$

3. Elektrophile Substitutionen (AD_E), z. B. die Substitution von $NO^{\oplus}$ durch $H^{\oplus}$ **am Sauerstoff** bei der Reaktion von salpetriger Säure mit Protonen

$$H^{\oplus} + HO{-}NO \rightarrow H{-}OH + NO^{\oplus}$$

Handelt es sich bei den ein- und austretenden Teilchen um gleichartige Spezies, so resultiert aus der Substitution eine Isomerisierung. Dabei sind sowohl Konstitutions- wie Stereoisomerisierungen möglich. Ebenfalls zur Isomerisierung führen Substitutionen, die intramolekular stattfinden. Solche intramolekulare Substitutionen werden auch als Umlagerungen bezeichnet. Der Begriff der Umlagerung ist jedoch weiter gefaßt als der Begriff der Isomerisierung. Bei manchen Umlagerungen führt der intramolekulare Prozeß nämlich gleichzeitig zu einer Dissoziation, etwa bei der Umlagerung eines N-Brom-amids in einen Isocyansäureester unter Abspaltung von Bromid (Reaktion nach *Hoffmann*).

Entsprechend der hier benutzten Klassifikation werden zunächst radikalische, nucleophile und elektrophile intermolekulare Substitutionen charakterisiert. Die intramolekularen Konstitutionsisomerisierungen sind in einen gesonderten Abschn. 5.5.4. eingeordnet.

5.5.1.   Radikalische Substitutionen (AD$_R$)

Einfache Austauschprozesse wie die Umsetzung von Deuterium mit Fluoratomen wurden in den letzten Jahren ausführlich mit der Methode der gekreuzten Molekularstrahlen untersucht, wobei die Produkt- und Energieverteilung massenspektroskopisch in Abhängigkeit vom Auf- bzw. Austrittswinkel analysiert werden kann.

$$F^{.} + D_2 \rightarrow DF + D^{.} \qquad (5.56)$$

Substitutionsreaktionen setzen voraus, daß sich die beiden wechselwirkenden Spezies unter bestimmten Winkeln nähern. Diese Bedingung äußert sich in negativen Aktivierungsentropien. Die $\Delta S^{\neq}_{298}$-Werte liegen bei Substitutionsreaktionen zwischen 0 und —250 J K^{-1} mol^{-1}. Je größer und komplizierter die Spezies sind, desto negativer ist die Aktivierungsentropie (vgl. Tab. 4.3).

In der Praxis wichtige radikalische Reaktionen sind die Halogenierungen von Alkanen. Es handelt sich hierbei nicht um direkte Verdrängungsreaktionen am Kohlenstoff, sondern der einleitende Elementarprozeß ist die Ablösung eines Wasserstoffatoms. Der kettenfortführende Schritt ist die radikalische Substitution an einem Halogenmolekül oder am Wasserstoff des Alkanmoleküls (S$_H$2-Reaktion). Methylradikale reagieren mit Brom zu Methylbromid, und Bromatome reagieren mit Methan zu Bromwasserstoff:

$$CH_3^{.} + Br—Br \rightarrow CH_3Br + Br^{.}$$

$$Br^{.} + H—CH_3 \rightarrow HBr + CH_3^{.}. \qquad (5.57)$$

Radikalische Substitutionen finden bei der Einwirkung von Metalldämpfen auf viele anorganische und organische Verbindungen statt. Läßt man Natriumdampf auf Methylchlorid einwirken, so entsteht Natriumchlorid (Experiment nach *Polanyi*).

$$Na^{.} + Cl—CH_3 \rightarrow NaCl + CH_3^{.}. \qquad (5.58)$$

Beim Abfangen energiereicher Radikale in Lösung finden außer Radikalrekombinationen vorwiegend radikalische Substitutionen statt. Hydrochinon reagiert z. B. mit energiereichen Radikalen wie Phenacyl zu weniger reaktionsfähigen, mesomeriestabilisierten Radikalen.

$$C_6H_5\dot{C}O + H—O—C_6H_4—OH \rightarrow C_6H_5CHO + \dot{O}—C_6H_4—OH \qquad (5.59)$$

Der bei der Iodwasserstoff-Darstellung ablaufende Elementarprozeß ist nicht eine Cycloaddition, sondern eine radikalische Substitution am Iod:

$$I_2 + H_2 \rightarrow H_2I^{.} + I^{.} \qquad (5.60)$$

Radikalische Substitutionen sind häufig Schritte in komplexen Reaktionen und können heute mit empfindlichen analytischen Methoden (z. B. EPR, CIDNP) nachgewiesen werden.

Konzertierte nucleophile Substitutionen sind in der anorganischen und organischen Chemie außerordentlich häufig vorkommende Elementarprozesse.
Der Ligandenaustausch an Metallionen in Lösung verläuft in vielen Fällen synchron.

$$[Cr(H_2O)_6]^{2\oplus} + NH_3 \rightarrow [Cr(H_2O)_5NH_3]^{2\oplus} + H_2O \tag{5.61}$$

Nicht nur einfache Liganden wie Solvensmoleküle, sondern auch komplexe Spezies, z. B. andere Metallkomplexe, können die Liganden am Zentralatom substituieren:

$$[Cr(H_2O)_6]^{2\oplus} + [Co(NH_3)_5CN]^{2\oplus} \rightarrow [Cr(H_2O)_5(CN)(NH_3)_5Co]^{4\oplus} + H_2O \tag{5 62}$$

Dabei entstehen Komplexe (sog. Precursorkomplexe), in denen Elektronenübertragungen als nachfolgende Elementarprozesse möglich sind.
Auch die sehr große Zahl der Protonenübertragungs-Reaktionen gehört zu den nucleophilen Substitutionen. Als Beispiele seien die Eigendissoziationen von Verbindungen wie Fluorwasserstoff und anderen Säuren erwähnt.

$$2\,HF \rightarrow H_2F^{\oplus} + F^{\ominus} \tag{5.63}$$

$$2\,H_2SO_4 \rightarrow H_3SO_4^{\oplus} + HSO_4^{\ominus} \tag{5.64}$$

Es handelt sich bei diesen Reaktionen um nucleophile Substitutionen am Wasserstoff. Analoge Substitutionen am Sauerstoff sind Oxydationsreaktionen, in denen Sauerstoffatome übertragen werden. Dazu gehören die Disproportionierung des Hypochlorits und ähnliche Reaktionen.

$$2\,ClO^{\ominus} \rightarrow ClO_2^{\ominus} + Cl^{\ominus} \tag{5.65}$$

$$ClO^{\ominus} + NO_2^{\ominus} \rightarrow NO_3^{\ominus} + Cl^{\ominus} \tag{5.66}$$

Grundsätzlich ist bei allen polaren Substitutionen dieser Art die Solvenshülle des Ions beteiligt. Der eigentliche Elementarprozeß ist demnach vereinfacht wiedergegeben.
Eine Substitution am Fluor erfolgt in der sogenannten «magischen Säure»:

$$FSO_3^{\ominus} + SbF_5 \rightarrow SbF_6^{\oplus} + SO_3^{2\ominus} \tag{5.67}$$

Die Übertragung von Protonen aus solchen «Supersäuren» gehört ebenfalls zur Kategorie der nucleophilen Substitutionen. Bei der Einwirkung von Fluorsulfonsäure in Antimonpentafluorid auf Methan oder andere gesättigte Kohlenwasserstoffe entstehen Carboniumionen:

$$HSO_3F + CH_4 \rightarrow CH_5^{\oplus} + SO_3F^{\ominus}$$

$$HSbF_5^{\oplus} + CH_4 \rightarrow CH_5^{\oplus} + SbF_5 \tag{5.68}$$

Die entstehenden Carboniumionen dieses Typs weisen eine Zweielektronen-Dreizentrenbindung auf.

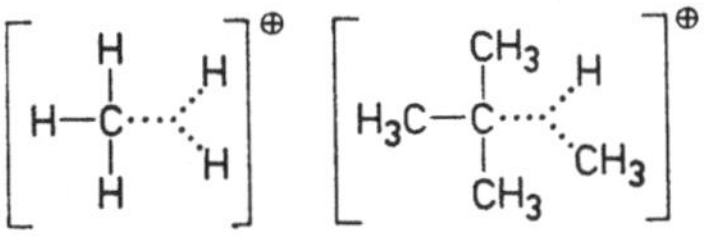

Sie sind auch in der Gasphase, z. B. im Massenspektrometer, experimentell nachweisbar.

Der Grundtyp der konzertierten nucleophilen Substitution ist aus der organischen Chemie unter der Bezeichnung S_N2-Mechanismus bekannt. Alkylhalogenide reagieren z. B. mit Hydroxidionen zu Alkoholen:

$$CH_3Br + OH^\ominus \rightarrow CH_3OH + Br^\ominus \tag{5.69}$$

Durch Einsatz chiraler Alkylhalogenide läßt sich zeigen, daß die Substitution am Kohlenstoffatom unter Inversion erfolgt.

Viele organische Reaktionen basieren auf der heterolytischen Lösung einer C—H-Bindung, indem ein Proton an eine Base abgegeben wird. Diese Übertragungsreaktion (mechanistische Bezeichnung E1cB) ist ebenfalls eine nucleophile Substitution, denn ein Hydroxidion wird an Wasserstoff gebunden, und das Carbanion als nucleophile Spezies tritt aus.

Bei der Reaktion von Basen mit Aceton bilden sich z. B. Carbanionen, die ihrerseits in der Lage sind, als nucleophile Spezies mit den verschiedensten Partnern unter Substitution zu reagieren:

$$H_3C-CO-CH_3 + OH^\ominus \rightarrow H_2O + HC_3-CO-CH_2^\ominus \tag{5.70}$$

$$Br_2 + H_3C-CO-CH_2^\ominus \rightarrow H_3C-CO-CH_2Br + Br^\ominus \tag{5.71}$$

Der Übergang zwischen Eliminierungs-Additions-Mechanismen (D + A) und konzertierten Substitutionen (AD) ist fließend. In vielen Fällen kann das molekulare Geschehen nicht ausschließlich in der einen oder anderen Weise charakterisiert werden.

Analoges gilt bei Substitutionen, die an trigonalen Kohlenstoffatomen stattfinden. Die Umesterung eines Carbonsäureesters kann auf dem Wege Assoziation und Dissoziation (A + D) oder konzertiert stattfinden.

$$R-CO-CCH_3 + C_2H_5O^\ominus \rightarrow R-CO-OC_2H_5 + CH_3O^\ominus \tag{5.72}$$

Viele bekannte Reaktionen der modernen Synthesechemie, etwa die Komplexierung von Kationen mit Kronenethern, bei der die Nucleophilie eines Anions erhöht wird, sind ebenfalls nucleophile Substitutionsreaktionen. Ein Kation wird in diesem Falle aus einem Ionenpaar an den Kronenether übertragen, d. h., dieser Elementarprozeß ist ein Analogon zur Protonenübertragungs-Reaktion.

Wie bei allen konzertierten Substitutionen werden bei den angeführten Reaktionen negative Aktivierungsentropien gemessen. Darin kommen die sterischen Anforderungen an die bimolekularen Elementarprozesse zum Ausdruck.

5.5.3. Elektrophile Substitutionen (AD_E)

Die konzertierte elektrophile Substitution findet sich im einfachsten Falle bei der Übertragung eines Hydridions.

Verbindungen wie Cycloheptatrien, die unter Abgabe eines Hydridions in resonanzstabilisierte Kationen übergehen können, übertragen Wasserstoff an elektrophile Partner.

$$C_7H_8 + CrO_3 \rightarrow HCrO_3^\ominus + C_7H_7^\oplus \tag{5.73}$$

Der stereoelektronische Verlauf einer elektrophilen Substitution ist entgegengesetzt
zu dem einer nucleophilen Substitution. Die zur Bildung der neuen Bindung führende
Wechselwirkung zwischen den Orbitalen erfolgt bei der nucleophilen Substitution zwischen dem HOMO des Nucleophils und dem antibindenden MO der σ-Bindung, dessen
räumliche Ausdehnung sich vorwiegend auf der zur Bindung entgegengesetzten Seite
befindet. Bei einer elektrophilen Substitution tritt die Wechselwirkung zwischen dem
LUMO des Elektrophils und dem bindenden MO der betreffenden Bindung auf.

Im Gegensatz zur nucleophilen Substitution am Kohlenstoffatom, bei der Inversion
eintritt, beobachtet man im Falle der elektrophilen Substitution oft Retention, wenn
chirale Verbindungen in die Reaktion eingesetzt werden. Zum Beispiel ist bei der Umsetzung von 1-Brom-mercuri-1-phenyl-ethan 100 %ige Stereoselektivität zu verzeichnen.

$$\text{H}-\overset{\overset{\displaystyle C_6H_5}{|}}{\underset{\underset{\displaystyle CH_3}{|}}{C}}-\text{HgBr} + \text{Br}^{\oplus} \longrightarrow \text{H}-\overset{\overset{\displaystyle C_6H_5}{|}}{\underset{\underset{\displaystyle CH_3}{|}}{C}}-\text{Br} + \text{HgBr}^{\oplus} \tag{5.74}$$

Beispiele für elektrophile Substitutionen finden sich vor allem bei den Reaktionen der
metallorganischen Verbindungen. Die folgenden *Grignard*-Umsetzungen seien genannt:

$$\text{H}_3\text{C}-\text{MgI} + \text{H}^{\oplus} \rightarrow \text{CH}_4 + \text{MgI}^{\oplus} \tag{5.75}$$

$$\text{H}_3\text{C}-\text{MgI} + \text{CO}_2 \rightarrow \text{H}_3\text{C}-\text{COO}^{\ominus} + \text{MgI}^{\oplus} \tag{5.76}$$

Hydridübertragungen als elektrophile Substitutionen am Wasserstoffatom treten sowohl in der anorganischen wie organischen Chemie häufig auf. Ein gut untersuchtes
Beispiel ist die *Cannizzaro*-Reaktion:

$$\text{H}_5\text{C}_6-\overset{\overset{\displaystyle OH}{|}}{\underset{\underset{\displaystyle O^{\ominus}}{|}}{C}}-\text{D} + \overset{\displaystyle O}{\underset{\displaystyle D}{\diagdown}}\text{C}-\text{C}_6\text{H}_5 \longrightarrow \text{H}_5\text{C}_6-\text{C}\overset{\displaystyle OH}{\underset{\displaystyle O}{\diagdown}} + \text{D}-\overset{\overset{\displaystyle O^{\ominus}}{|}}{\underset{\underset{\displaystyle D}{|}}{C}}-\text{C}_6\text{H}_5 \tag{5.77}$$

Der dieser Reaktion zugrunde liegende Elementarprozeß gehört zu den Oxydations-
Reduktions-Reaktionen. Die Elektronen werden in diesem Falle zusammen mit einem
Atom übertragen (Abschn. 5.7.).

5.5.4. Intramolekulare Konstitutionsisomerisierungen

Intramolekulare Elementarreaktionen, die zu Konstitutionsisomeren führen, sind
meist konzertierte Substitutionen oder können formal als solche angesehen werden.
Ihnen liegen monomolekulare Elementarprozesse zugrunde, bei denen in einem Molekül
eine Bindung gelöst und eine andere gebildet wird, so daß damit die «Wanderung»
eines Atoms oder einer Atomgruppe stattfindet. Es muß folglich ein cyclischer Übergangszustand durchlaufen werden. Solche intramolekularen Elementarreaktionen gehören deshalb zu den pericyclischen Reaktionen.

Im Ergebnis des Elementarprozesses können entweder Bindungen zwischen verschiedenen Atomen verschoben werden, oder es kann ein Ring gebildet bzw. geöffnet werden.

Die erste Gruppe nennt man sigmatrope Reaktionen, die zweite elektrocyclische Reaktionen, wenn aus einer π-Bindung eine σ-Bindung entsteht. Die Öffnung des Ringes ABC kann auch zu Zwitterionen $\oplus$ABC$\ominus$ oder Diradikalen ·ABC· führen. Die Geschwindigkeit der Reaktionen wird von der Lage und möglichen Wechselwirkung der Orbitale im Molekül bestimmt. Ebenso wie die Cycloadditionen und die Cycloreversionen werden intramolekulare Isomerisierungen von der Orbitalsymmetrie kontrolliert und gehorchen den *Woodward-Hoffmann*-Regeln (Abschn. 7.).

Sigmatrope Reaktionen sind unkatalysierte konzertierte intramolekulare Verschiebungen von σ-Bindungen. Wanderungen von Wasserstoffatomen führen dabei zu Tautomeren.

Im Hydrogensulfit-Anion kann ein Proton vom Sauerstoff zum Schwefel übertragen werden:

$$(5.78)$$

Eine analoge Verschiebung vom Sauerstoff zum Stickstoff ist in der salpetrigen Säure möglich.

Man charakterisiert die Verschiebung der σ-Bindung in einem Molekül dadurch, daß man durch Zahlen in eckigen Klammern angibt, um wieviel Atome die Endpunkte der betreffenden Bindung verlagert werden. Sigmatrope Reaktionen von der Ordnung [1,2] wie im Beispiel (5.78) sind selten. Tautomerisierungen dieser Art sind meist komplexe Reaktionen mit Dissoziations-Assoziations-Schritten.

In einem Doppelbindungssystem ist nach *Woodward-Hoffmann* eine suprafaciale [1,5]-Verschiebung thermisch erlaubt. In diesem Fall werden im Übergangszustand 6 Elektronen umgruppiert. Ein Beispiel ist die Tautomerisierung von 1,3-Dicarbonylverbindungen:

$$(5.79)$$

Die Aktivierungsenthalpie dieser Reaktion beträgt nur 50 kJ mol⁻¹. Ebenfalls thermisch erlaubt und mit geringen Aktivierungsenthalpien verläuft die *Cope*-Umlagerung von 1,5-Dienen. Bei der *Cope*-Umlagerung handelt es sich um eine [3,3]sigmatrope Verschiebung.

$$(5.80)$$

In kationischen Verbindungen sind besonders häufig sigmatrope Verschiebungen zu beobachten. Die [1,2]-Verschiebungen sind in diesen Fällen orbitalsymmetrieerlaubt und verlaufen sehr rasch zum thermodynamisch kontrollierten Produkt. Die Wasserstoffverschiebung ist dabei eine Hydridverschiebung. Andere Reste wandern als Anionen. Das Isobutylkation wird in das stabilere tert-Butylkation umgewandelt:

$$(5.81)$$

Derartige [1,2]-Verschiebungen werden unter der Bezeichnung *Wagner-Meerwein*-Umlagerungen zusammengefaßt.

Bei elektrocyclischen Reaktionen werden im Elementarprozeß cyclische Isomere auf Kosten von Mehrfachbindungen oder freien Elektronenpaaren gebildet. Bei solchen Reaktionen zwingt die Orbitalsymmetrie dem Molekül den sterischen Ablauf der Elektronenumgruppierung auf. Ein Ringschluß in einem System mit konjugierten Doppelbindungen kann entweder konrotatorisch oder disrotatorisch erfolgen (Abschn. 7.). Elektrocyclische Reaktionen sind reversibel. Für die Ringöffnungsreaktionen gelten die gleichen stereoelektronischen Gesetzmäßigkeiten wie für den Ringschluß.

5.6. Stereoisomerisierungen

In nichtstarren Molekülen, Clustern, übermolekularen Strukturen und Kristallgittern können Elementarprozesse zu geometrischen Änderungen führen. Damit sind auch Änderungen der elektronischen Struktur und der intramolekularen Wechselwirkungen verbunden. Umwandlungen von chemischen Spezies, bei denen im Ergebnis kovalente Bindungen weder gelöst noch gebildet werden, gehören zu den Stereoisomerisierungen. Zahlreiche Stereoisomerisierungen verlaufen über Assoziations-Dissoziations-Folgen oder über bimolekulare Substitutionen. Demgegenüber sind in diesem Abschnitt diejenigen Elementarprozesse aufgeführt, die durch intramolekulare Umwandlungen zu Stereoisomeren führen.

Man unterscheidet gewöhnlich Konformationsisomerisierungen und Konfigurationsisomerisierungen. Eine definitorisch exakte Grenze gibt es allerdings nicht. Als konformative Isomerisierungen werden solche Umwandlungen bezeichnet, bei denen vorwiegend Torsionswinkeländerungen zwischen den miteinander verbundenen Atomen oder Atomgruppen stattfinden.

Die Umwandlung von syn-n-Butan in anti-n-Butan und zurück verläuft extrem schnell. Die Aktivierungsschwelle beträgt nur 12 kJ mol^{-1}.

$$\text{(5.82)}$$

Unterschiedliche geometrische Anordnungen von Atomen oder Atomgruppen an einer Einfachbindung bezeichnet man als Konformere, sofern sie Potentialminima entsprechen. Der Übergang von einem Potentialminimum zu einem anderen ist demnach ein chemischer Elementarprozeß. An einfachen Molekülen wie Ethan führen Elementarprozesse dieses Typs zu Spezies, die äquivalent sind. Solche Stereoisomerisierungen sind entartete Isomerisierungen (Topomerisierungen).

Im Gegensatz dazu verhalten sich die beiden Konformeren des Wasserstoffperoxids wie Objekt und Spiegelbild, sind also Enantiomere.

$$\text{(5.83)}$$

Die Ringinversion von Cyclohexan, die zu einem Austausch der äquatorialen bzw. axialen Orientierung der Substituenten führt, verläuft über zwei aufeinanderfolgende Elementarprozesse mit einer Aktivierungsenthalpie von 45 kJ mol^{-1}. Dabei finden gleichzeitig Torsionsbewegungen an allen C—C-Bindungen statt. Am Cyclopentan weisen die entsprechenden Torsionsbewegungen besonders niedrige Aktivierungsschwellen auf. Die als Pseudorotation bezeichnete geometrische Änderung stellt einen Grenzfall dar. Sie hat eine Aktivierungsbarriere von weniger als 2 kJ mol^{-1} und ist eher als Vibration statt als chemischer Elementarprozeß zu charakterisieren.

Ringinversionen werden auch in anorganischen Chelatringen beobachtet. So wurde die mit einer Frequenz von $4 \cdot 10^3$ s^{-1} ($\Delta G^{\neq}_{235} = 42$ kJ mol^{-1}) ablaufende Inversion der Einheit PrO_6N_2 im angegebenen Praseodym-Komplex studiert [5.15].

Geometrieänderungen an Doppelbindungen, z. B. (Z)-(E)-Isomerisierungen, werden als Konfigurationsisomerisierungen bezeichnet und erfordern gewöhnlich deutlich höhere Aktivierungsenergien als Konformationsumwandlungen. Die Isomerisierung kann aber leicht nach photochemischer Anregung erreicht werden.

Fumarsäure wird durch Belichten in Maleinsäure umgewandelt. Entscheidender Elementarprozeß ist die innere Rotation der Spezies im Triplettzustand um die zentrale C—C-Bindung.

$$\tag{5.84}$$

Thermische (Z)-(E)-Isomerisierungen sind in Kationen und in konjugierten Doppelbindungssystemen möglich.

Die Rotationsbarriere in Allylkationen beträgt etwa 100 kJ mol^{-1}.

$$\tag{5.85}$$

Am Beispiel des Prozesses nach Gl. (5.85) wird deutlich, daß eine scharfe Grenze zwischen Konformations- und Konfigurationsumwandlungen nicht existiert. Das zeigt sich auch bei anderen Typen von Stereoisomerisierungen, z. B. bei Elementarprozessen, die durch Atominversionen zu Konfigurationsisomeren führen.

Moleküle, in denen 3 Liganden und ein freies Elektronenpaar tetraedrisch um das Zentralatom angeordnet sind, können über Bindungswinkeländerungen in die optischen Antipoden umgewandelt werden.

$$\tag{5.86}$$

Eine solche Konfigurationsisomerisierung ist am 1-Methyl-piperidin schneller als die zum gleichen Produkt führende Konformationsisomerisierung. Es entstehen in den beiden unterschiedlichen Prozessen äquivalente Moleküle:

$$(5.87)$$

Entsprechende Umwandlungen an den Verbindungen des Phosphors erfordern ebenso
wie die am tetraedrischen Kohlenstoff wesentlich höhere Aktivierungsenergien. Zum
Beispiel wäre beim Kohlenstoff ein aktivierter Komplex mit planar-quadratischer
Geometrie um 640 kJ mol^{-1} energiereicher als die tetraedrische Anordnung. Moleküle, bei denen eine Atominversion sehr hohe Aktivierungsenergien erfordert, bezeichnet
man als konfigurationsstabil.
Nicht konfigurationsstabil sind vor allem Atome mit 5 und mehr Liganden. Am 5fach
koordinierten Silizium oder in den Carbokationen vom Typ des $CH_5^\oplus$ finden Atominversionen sehr rasch statt. Sie besitzen «fluktuierende» Strukturen.
Geometrische Änderungen der Bausteine eines Kristalls sind den Konfigurations- und
Konformationsänderungen in Molekülen analog. Diese als Modifikationsumwandlungen bezeichneten Reaktionen bedeuten eine Änderung der Anordnung der Teilchen im
Kristallgitter. Sie verlaufen über aufeinanderfolgende Elementarprozesse, in denen
jeweils der Platzwechsel eines Gitterbausteins stattfindet. Das weiße β-Zinn wandelt
sich unterhalb 286 K in das graue α-Zinn um:

$$\{\beta\text{-Sn}\}_s \rightarrow \{\alpha\text{-Sn}\}_s \qquad (5.88)$$

Die Umwandlung geht von Störungen im Gitter aus und pflanzt sich allmählich als
Folge zahlreicher Elementarprozesse durch das gesamte Gitter fort.
Bei einem Modifikationswechsel tritt natürlich in einem von Fall zu Fall unterschied-
lichen Maße auch ein Wechsel der Bindungsverhältnisse ein («Bindungsfluktuation»).
In den meisten Fällen müßte man deshalb statt von Stereoisomerisierungen genauer
von Konstitutionsisomerisierungen sprechen, z. B. beim Übergang der Kohlenstoff-
Modifikationen Diamant/Graphit oder der Phosphor-Modifikationen ineinander.
Weißer Phosphor, der aus P_4-Bausteinen aufgebaut ist, geht bei der Umwandlung in
schwarzen Phosphor aus den tetraedrischen Anordnungen in Ketten und Schichten
über.
Ein gutes Beispiel für die Umwandlung einer kristallinen Substanz in eine bindungsiso-
mere Verbindung ist die bei Raumtemperatur mit einer Halbwertszeit von 35 h stattfindende Reaktion von Tetrachlorfluorphosphor zu der energetisch begünstigten ionischen Verbindung.

$$\{(PCl_4F)_n\}_s \rightarrow \{[PCl_4]^\oplus{}_n\,[F]^\ominus{}_n\}_s \qquad (5.89)$$

Demgegenüber ist der Modifikationswechsel des Schwefels bei 369 K eine Wandlung
unter weitestgehender Beibehaltung der Bindungsverhältnisse:

$$\{\alpha\text{-}(S_8)_n\}_s \rightarrow \{\beta\text{-}(S_8)_n\}_s \qquad (5.90)$$

Die S_8-Ringmoleküle bleiben als Bausteine erhalten, erfahren aber eine Änderung der Gitterordnung.

Beispiele von Isomerisierungen aus der Festkörperchemie werden im Abschn. 9. behandelt.

5.7. Elektronenübertragungen ($\underset{\rightarrow}{e}$)

Elementarprozesse mit Elektronenaufnahme, -abgabe und -übertragung gehören zu den Oxydations-Reduktions-Reaktionen. In den meisten der als Oxydationen und Reduktionen bezeichneten Reaktionen werden Elektronen zusammen mit Atomen oder Atomgruppen übertragen. Wird bei einer Klassifikation der Begriff «Oxydation» sehr weit gefaßt, so hat das zur Konsequenz, daß alle Elementarreaktionen und komplexen Reaktionen mit Ausnahme einiger weniger radikalischer Prozesse zu den Oxydations-Reduktions-Reaktionen zu zählen sind (vgl. [5.1]). Wir haben in der hier vorgestellten Übersicht und Klassifizierung diese Reaktionen in die verschiedenen Abschn. 5.3. bis 5.5. eingeordnet. Es müssen nun solche Oxydations- und Reduktionsreaktionen im engeren Sinne erwähnt werden, bei denen nur die Elementarladung übertragen wird, unabhängig davon, ob dabei das Elektron als Elementarteilchen «frei» auftritt.

Die Aufnahme eines Elektrons findet z. B. statt, wenn an der Katode einer Elektrolyseapparatur Elektronen aus einem metallischen Leiter auf dort auftreffende, adsorbierte oder gebundene Atome, Ionen oder Moleküle übergeben.

Bei der Elektrolyse von Mineralsäuren in wäßrigem Medium ergeben sich an der Katode elektronenübertragende Prozesse:

$$H^{\oplus} + e^{\ominus} \rightarrow H^{\cdot} \quad \text{bzw.} \quad H^{\cdot} + e^{\ominus} \rightarrow H^{\ominus} \tag{5.91}$$

In beiden Fällen folgen sehr rasch weitere assoziative Prozesse, die zur Bildung von Wasserstoffmolekülen führen.

Der analoge Prozeß bei der Elektrolyse von Salzen oder Salzlösungen führt zur Abscheidung des Metalls. Aus Silbernitratlösung wird z. B. Silber abgeschieden.

$$Ag^{\oplus} + e^{\ominus} + \{(Ag)_n\}_s \rightarrow \{(Ag)_{n+1}\}_s \tag{5.92}$$

Treffen Elektronen in der Gasphase auf Moleküle auf, so erfolgt häufig mit der Aufnahme des Elektrons gleichzeitig ein dissoziativer Prozeß. Beim Beschuß von Wasserdampf mit Elektronen werden Hydridionen und Hydroxylradikale gebildet:

$$H_2O + e^{\ominus} \rightarrow H^{\ominus} + OH^{\cdot} \tag{5.93}$$

Die Abtrennung von Elektronen aus Molekülen, d. h. der dissoziative Elementarprozeß, heißt Ionisierung und ist nur durch entsprechende Energiezufuhr (Ionisierungsenergie) zu realisieren.

Das Auftreffen von energiereichen Elektronen auf Moleküle im Massenspektrometer führt zur Ablösung von Elektronen. Im Spektrum ist aus den Signalen der ionisierten Moleküle das Molekulargewicht der betreffenden Verbindung erkennbar.

$$C_4H_{10} + e^{\ominus} \rightarrow C_4H_{10}{}^{\oplus} + 2e^{\ominus} \tag{5.94}$$

Eine thermische Ionisierung von Molekülen erfordert sehr hohe Temperaturen. Demgegenüber findet die Abtrennung von Elektronen aus photochemisch angeregten Molekülen oder aus Anionen wesentlich leichter statt.

$$[Br_2]^* \rightarrow Br_2^{\oplus} + e^{\ominus} \tag{5.95}$$

$$Br^{\ominus} \rightarrow Br\cdot + e^{\ominus} \tag{5.96}$$

Das entsprechende Gegenstück zur katodischen Reduktion ist die anodische Oxydation. Bei der Elektrolyse von Carbonsäuren entstehen im Elementarprozeß aus Anionen Radikale:

$$R{-}COO^{\ominus} \rightarrow R{-}COO\cdot + e^{\ominus} \tag{5.97}$$

In neuerer Zeit wurde gezeigt, daß auch in homogener Lösung Einelektronenübertragungen häufig stattfinden. Eine Spezies des Substrats nimmt z. B. vom Reaktionspartner ein Elektron auf oder gibt ein Elektron an ihn ab und wird dadurch aktiviert. Es kann sich nun eine Reaktionskette bilden, in deren Verlauf sowohl die chemischen Spezies des Produktes erzeugt als auch die im ersten Schritt gebildeten Teilchen ständig reproduziert werden. Diese Elektronen-Transfer-Katalyse (ETC) erweist sich sowohl in der Chemie der Kohlenstoffverbindungen wie der Übergangsmetall-Komplexe als häufig auftretender Reaktionsmechanismus und ist damit ein sehr typisches Beispiel für ein einheitliches mechanistisches Konzept der anorganischen und organischen Chemie [5.16]. Die Elektronentransferprozesse, mit denen eine organische bzw. anorganische Austauschreaktion ausgelöst werden, sollen das verdeutlichen:

$$C_6H_5I + NH_2^{\ominus} \rightarrow C_6H_5I^{\ominus} + NH_2\cdot \tag{5.98}$$

$$[Pt^{IV}Cl_6]^{2\ominus} + Cl^{\ominus} \rightarrow [Pt^{III}Cl_6]^{3\ominus} + Cl\cdot \tag{5.99}$$

Das entstehende Radikalanion in der Reaktion (5.98) ist der Kettenträger für die Substitution von Iod durch die Aminogruppe in benzoiden Verbindungen ($S_{RN}1$-Mechanismus), der Pt$_{III}$-Komplex in der Gl. (5.99) ist der Kettenträger für den Chloraustausch an Platin(IV)-Komplexen.

In den kettenfortführenden Schritten der beschriebenen Austauschreaktionen sind neben dissoziativen und assoziativen Prozessen weitere Elektronenübertragungen zu verzeichnen:

$$C_6H_5NH_2^{\ominus} + C_6H_5I \rightarrow C_6H_5NH_2 + C_6H_5I^{\ominus} \tag{5.100}$$

$$[Pt^{III\,36}Cl_6]^{3\ominus} + [Pt^{IV}Cl_6]^{2\ominus} \rightarrow [Pt^{IV\,36}Cl_6]^{2\ominus} + [Pt^{III}Cl_6]^{3\ominus} \tag{5.101}$$

In beiden beschriebenen Reaktionen setzt sich die Kette nach dem kettenstartenden Schritt $\xrightarrow{e}$ aus den Elementarprozessen

$$(D + A + \xrightarrow{e})_n$$

zusammen.

Elektronenübertragungen in Lösung können entweder nach einem Inner-sphere-Mechanismus oder nach einem outer-sphere-Mechanismus ablaufen (Abschn. 7.5.)

5.8. Elementarprozesse mit elektronischer Anregung

Durch eingestrahltes Licht können relativ große Energiequanten auf Moleküle übertragen werden. Dabei werden in den betreffenden Spezies auch Änderungen in der elektronischen Struktur erzeugt, die immer mit geometrischen Änderungen gekoppelt sind. Die Chemie der elektronisch angeregten Zustände heißt Photochemie. Photochemische Reaktionen werden im Abschn. 9. dieses Lehrbuchs behandelt. Jetzt sollen zur Vervollständigung der Systematik der Elementarprozesse diejenigen Energieübertragungen, die zur Änderung der elektronischen Struktur führen, klassifiziert und mit einigen Beispielen belegt werden.

Prozesse der Aktivierung und Desaktivierung bezeichnet man gewöhnlich als photophysikalische Prozesse. Sie müssen von den chemischen Folgeprozessen unterschieden werden, die zu Bindungsänderungen oder Elektronenübertragungen führen. Assoziationen, Dissoziationen, Substitutionen, Stereoisomerisierungen und Elektronenübertragungen mit oder in elektronisch angeregten Molekülen sind von der Systematik her in die entsprechenden Abschn. 5.3. bis 5.7. einzuordnen. Beispiele wurden in den Reaktionen (5.30), (5.49), (5.84) und (5.95) formuliert.

Man unterscheidet 4 Gruppen von photophysikalischen Elementarprozessen:

1. Absorption eines Photons und Übergang des Moleküls in einen elektronisch angeregten Zustand:

Die Energie des absorbierten Photons veranlaßt den «Sprung» eines Elektrons in ein engeretisch höher gelegenes Orbital. Mit dieser elektronischen Strukturänderung werden im Molekül gleichzeitig auch Vibrationen und Rotationen angeregt. Die nach der Anregung in unterschiedlichen Orbitalen befindlichen ungepaarten Elektronen können antiparallelen oder parallelen Spin besitzen. Man unterscheidet deshalb angeregte Singulettzustände S und angeregte Triplettzustände T. Ist mit der Absorption des Photons keine Umkehr des Spins des Elektrons verbunden, so wird ein elektronisch angeregter Zustand gleicher Multiplizität erreicht. Eine solche Absorption ist «spinerlaubt». Ist dagegen mit der Absorption eine Spinumkehr verbunden, so ändert sich die Multiplizität des elektronischen Zustandes, und es handelt sich um eine «spinverbotene» Absorption.

Zwei bekannte Reaktionen sollen als Beispiel für spinerlaubte Absorptionen dienen. Bei der Erzeugung angeregter Brommoleküle beträgt die Wellenlänge des eingestrahlten Lichtes 420 nm, was einer Energie von 284 kJ mol^{-1} entspricht:

$$Br_2 + h\nu \rightarrow [Br_2]^* \tag{5.102}$$

Der photochemische Primärprozeß bei der Einwirkung von Licht auf Silberhalogenid ist die Grundlage der konventionellen Photographie:

$$\{(Ag^{\oplus})_n\,(Br^{\ominus})_n\}_s + h\nu \rightarrow \{(Ag^{\oplus})_n\,(Br^{\ominus})_{n-1}\cdot[Br^{\ominus}]^*\}_s \tag{5.103}$$

Aus dem angeregten Bromidion wird im chemischen Folgeprozeß ein Elektron abgespalten, das dann ein Silberkation entlädt.

2. Emission eines Photons und Übergang in einen energetisch tiefer liegenden elektronischen Zustand:

Das Elektron wird gleichzeitig mit der Lichtemission in ein energetisch tiefer liegendes Orbital übergeführt. Ist mit dem «Elektronensprung» keine Spinumkehr verbunden, so handelt es sich um «erlaubte» Emission mit der Bezeichnung Fluoreszenz. Tritt gleichzeitig Spinumkehr ein, so handelt es sich um «verbotene» Emission mit der Bezeichnung Phosphoreszenz.

Die Fluoreszenz dauert etwa 10^{-9} bis 10^{-5} s und entspricht damit Aktivierungsschwellen, die $\Delta G^{\pm}$-Werte zwischen 20 und 40 kJ mol^{-1} haben.

$$^1[C_6H_5{-}CO{-}C_6H_5]^* \rightarrow \dot{C}_6H_5{-}CO{-}C_6H_5 + h\nu \tag{5.104}$$

Der Grundzustand des Benzophenons ist ebenso wie der der meisten Moleküle ein Singulettzustand (S_0). Deshalb können angeregte Moleküle, die sich im tiefsten Triplettzustand (T_1) befinden, nur unter Spinumkehr in den Grundzustand zurückkehren. Da der Übergang «verboten» ist, haben diese Zustände Lebensdauern von 10^{-5} bis 10^{-3} s, d. h. die Aktivierungsschwelle der Phosphoreszenz liegt bei 40 bis 60 kJ mol^{-1}.

$$^3[C_6H_5—CO—C_6H_5]^* \rightarrow C_6H_5—CO—C_6H_5 + h\nu \tag{5.105}$$

Moleküle im Triplettzustand haben auf Grund der größeren Lebensdauer neben der Phosphoreszenz noch andere Möglichkeiten, chemische Folgeprozesse einzugehen (Abschn. 9.).

3. *Strahlungslose Übergänge zwischen verschiedenen elektronischen Zuständen:*

Strahlungslose Übergänge zwischen elektronischen Zuständen verschiedener Multiplizität bezeichnet man als Interkombination (intersystem crossing).
Triplett-Benzophenon (T_1) kann z. B. aus angeregtem Singulett-Benzophenon durch Spinumkehr entstehen:

$$^1[C_6H_5—CO—C_6H_5]^* \rightarrow {}^3[C_6H_5—CO—C_6H_5]^*; \quad \Delta_R H^{\ominus}_{298} = 21 \text{ kJ mol}^{-1} \tag{5.106}$$

Dieser Elementarprozeß läuft in Konkurrenz zur Strahlungsdesaktivierung des Singulett-Benzophenons (Gl. (5.104)) ab.
Strahlungslose Desaktivierungen können auch zu Übergängen zwischen verschiedenen elektronischen Zuständen gleicher Multiplizität führen, z. B. von S_2 nach S_1. Derartige Übergänge nennt man innere Umwandlung (internal conversion). An den Wechsel des elektronischen Zustandes schließt sich in allen Fällen ein rascher Wechsel des Schwingungszustandes an. Elektronische Energie wird über eine Desaktivierungskaskade in Schwingungsenergie umgewandelt.
Die verschiedenen Übergänge zwischen elektronisch angeregten Zuständen sind im Bild 5.8 in einem vereinfachten *Jablonski*-Diagramm zusammengestellt.

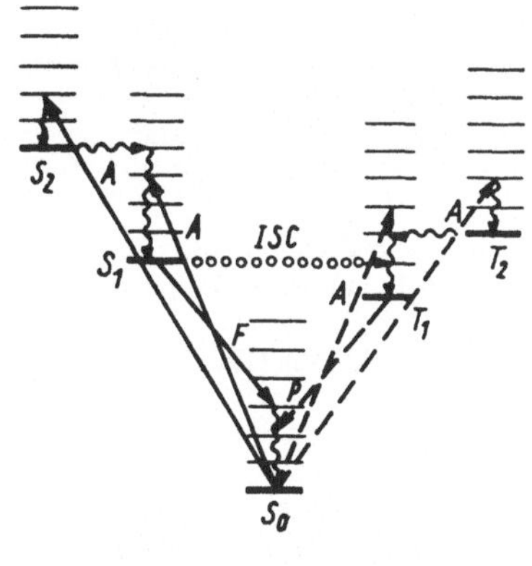

Bild 5.8. Photophysikalische Elementarprozesse (vereinfachtes *Jablonski*-Diagramm)

4. *Energieübertragungen (Sensibilisierung und Löschung):*

Angeregte Moleküle mit einer Lebensdauer von länger als 10^{-10} s, insbesondere Moleküle im tiefsten Triplettzustand, haben die Möglichkeit, mit anderen chemischen Spe-

zies bimolekulare Prozesse einzugehen. An dieser Stelle soll zur Vervollständigung der
Übersicht noch die bimolekulare Energieübertragung durch angeregte Moleküle angeführt werden.

In einem Quecksilber-Wasserstoff-Gasgemisch wird die von Quecksilber aufgenommene
Strahlungsenergie auf Wasserstoff übertragen, wodurch in der Folge atomarer Wasserstoff erzeugt werden kann.

$$[Hg]^* + H_2 \rightarrow Hg + [H_2]^* \tag{5.107}$$

Die Übertragung von elektronischer Anregungsenergie auf andere Moleküle in bimolekularen Elementarprozessen heißt Sensibilisierung. Durch die Abgabe der Anregungsenergie wird die Rückreaktion in den Grundzustand unter Emission von Licht verhindert. Man bezeichnet diesen Tatbestand als Löschung (quenching). Sensibilisierung
und Löschung infolge Energieübertragung sind immer gekoppelt.

Als Beispiel sei Triplett-Benzophenon angeführt, das sich in einer «Freie-Enthalpie-
Mulde» befindet und deshalb eine genügend große Lebensdauer besitzt, um mit anderen
Molekülen bimolekulare Elementarprozesse einzugehen. So kann z. B. beim Zusam-
mentreffen mit Butadien-Molekülen die Energie auf diese übertragen werden:

$$^3[H_5C_6-CO-C_6H_5]^* + H_2C=CH-CH=CH_2 \rightarrow H_5C_6-CO-C_6H_5$$
$$+ \ ^3[H_2C=CH-CH=CH_2]^* + 38 \ kJ \ mol^{-1} \tag{5.108}$$

In weiteren Folgeprozessen kann nunmehr Triplett-Butadien z. B. zu Bicyclo[1.1.0]-
butan isomerisieren oder zu 1,3-Divinyl-cyclobutan dimerisieren.

Literatur zum Abschnitt 5.

[5.1] *Satchell, D. P. N.:* Naturwissenschaften **64** (1977) S. 113

[5.2] *Lechtken, P.:* Chemie in unserer Zeit **8** (1974) S. 11

[5.3] *Turro, N. J.:* Modern Molecular Photochemistry. London: Verlag Benjamin 1978

[5.4] *Ottinger, C.:* Naturwissenschaften **59** (1972) S. 255

[5.5] *Martin, H. D.:* Nachr. Chem. Techn. **22** (1974) S. 412

[5.6] *Beyer, L.,* u. a.: Säuren und Basen. Leipzig: VEB Deutscher Verlag für Grundstoffindustrie 1983

[5.7] *Jensen, W. B.:* Chem. Rev. **78** (1978) S. 1

[5.8] *Usanovič, M.:* Ž. obšč. Chim. **9** (1939) S. 182

[5.9] *Sargeson, A. M.:* Pure Appl. Chem. **33** (1973) S. 527

[5.10] *Epiotis, N. D.:* Theory of Organic Reactions. Berlin: Springer-Verlag 1978.

[5.11] *Woodward, R. B.; Hoffmann, R.:* Die Erhaltung der Orbitalsymmetrie. Leipzig: Akademische Verlagsgesellschaft 1970

[5.12] *Jolly, W. L.:* The Principles of Inorganic Chemistry. New York: MacGraw Hill 1976

[5.13] *Adam, W.; Sanabia, J.:* Angew. Chem. **85** (1973) S. 914

[5.14] *Guthrie, R. D.:* J. Org. Chem. **40** (1975) S. 402

[5.15] *Evans, D. F.; De Villardi, G. C.:* Chem. Comm. **1976**, S. 7

[5.16] *Chanon, M.; Tobe, M. L.:* Angew. Chem. **94** (1982) S. 27

[5.17] *Taube, H.:* Electron Transfer Reactions of Complex Ions in Solution. New York: Academic Press 1970

[5.18] *Basolo, F.; Pearson, R. G.:* Mechanismus of Inorganic Reactions. New York: Wiley
1967

[5.19] *Isaacs, N. S.:* Reactive Intermediates in Organic Chemistry. London: Wiley 1974

6. Ausgewählte Methoden zur Aufklärung von Reaktionsmechanismen

6.1. Zielstellung und Probleme

Das Anliegen dieses Abschnittes besteht darin, die Grundlagen reaktionstheoretischer Betrachtungsweise mit dem methodischen Vorgehen zu verbinden und an konkreten Reaktionen zu erläutern. Dabei stehen die Reaktionen im Vordergrund und nicht die systematische Behandlung der Methoden, deren Vielfalt und an die Reaktionsbedingungen geknüpfte Spezifik in diesem Rahmen ohnehin nicht erschöpft werden können. Die physikalischen Grundlagen der Methoden werden ebenso wie die Kenntnis der Stoffe vorausgesetzt.

Zweckmäßigerweise unterscheidet man kinetische und nichtkinetische Methoden. Diese Unterteilung soll auch hier beibehalten werden, obwohl eine eindeutige Abgrenzung nicht möglich ist.

Im folgenden werden die für den Synthesechemiker relevanten kinetischen Methoden zur Aufklärung von Reaktionsmechanismen nicht noch einmal behandelt (Abschn. 3.). In der weiterführenden Literatur wird auf Monographien hingewiesen, die speziell den kinetischen Methoden gewidmet sind und zum Studium der Reaktionstheorie unmittelbar herangezogen werden können.

6.2. Kinetische Methoden – Aussagefähigkeit und Grenzen

Aus methodischer Sicht sind kinetische Messungen die zeitliche Verfolgung von Konzentrationsveränderungen der Edukte bzw. Produkte. Im Falle von Einstufenreaktionen kann dann bei bekannter Stöchiometrie und irreversiblem Verlauf durch Vergleich von Bruttoreaktionsgleichung und ermitteltem Zeitgesetz auf einen mono- bzw. bimolekularen Elementarschritt gefolgert werden. Im Falle komplexer Reaktionen bezieht sich die Aussage über die Molekularität auf den geschwindigkeitsbestimmenden Schritt. Die Mitwirkung vorgelagerter Gleichgewichte oder die Beteiligung des Mediums, in welchem sich die Reaktion vollzieht, sowie von Katalysatoren ist der einfachen kinetischen Analyse nicht zu entnehmen. Bei solchen Reaktionen in flüssiger Phase oder in homogener Lösung und besonders in Mehrphasensystemen (Abschn. 9.) hat damit die Aussagefähigkeit experimenteller Zeitgesetze bestenfalls noch Hinweischarakter. Auch die Geschwindigkeitskonstante läßt in der Regel keine direkte Folgerung auf den Mechanismus zu. Die kinetische Untersuchung eines Reaktionsmechanismus liefert in erster Linie Hinweise auf einen einfachen bzw. komplexen Reaktionsverlauf. Wird ein komplexer Verlauf nahegelegt, so kann dann durch geeignete Variation der kinetischen Versuchsbedingungen (Abschn. 3. und Lehrbücher der chemischen Kinetik) eine Erweiterung der Aussagefähigkeit kinetischer Methoden erreicht werden. Es wird allerdings häufig nicht beachtet, daß mit der Änderung des kinetischen Experiments (zeitliche Verfolgung in «inerten» Medien, drastischer Überschuß einer Komponente, Veränderung von Phasenzuständen, Mikrophasenbildung ohne visuelle Nachweismöglichkeit, Temperaturänderungen usw.) bereits die Reaktionsbedingungen so weitgehend verändert sein können, daß sich auch der Mechanismus geändert hat. Die Gefahr der Fehlinterpretation besteht grundsätzlich bei einseitiger Stützung auf kinetische Argumente, da sie in der Regel mit mehreren Mechanismusmodellen verträglich sind. Beispielsweise kann für die ein Zeitgesetz 1. Ordnung befolgende basische Hydrolyse des tert-Butylbromids in Wasser die Aktivierung der C—Br-Bindung bei Raumtemperatur nicht ohne Wechselwirkung mit anderen Molekülen erfolgen. Die Ionisierungsenthalpie $\Delta_R H^\ominus$ beträgt für die Gasphase 553 kJ mol^{-1}. Die unter den vorgenannten Bedingungen gemessene Aktivierungsenthalpie $\Delta H^{\neq}$ wird mit 88 kJ mol^{-1} mehr als sechsmal kleiner gefunden. Damit ist die vereinfachende molekulare Deutung des kinetischen Experimentes als eine monomolekulare Reaktion eigentlich eine unzulässige Interpretation, die den wirklichen Verlauf der Reaktion in zeitlicher Reihenfolge nicht widerspiegelt. Mit geeigneten kinetischen Experimenten kann die Mitwirkung von Wassermolekülen an der Reaktion, z. B. in wäßrigem Aceton, bestimmt werden. Man erhält Werte zwischen 4 bis 6 Wassermolekülen. Die Folgerung, daß die Reaktion in Wasser genauso abläuft, bedarf aber weiterer nichtkinetischer Untersuchungen, da sich Aceton und Wasser in ihrem Solvatationsvermögen erheblich unterscheiden.

Das Modell eines Mechanismus vertiefende Aussagen können oft aus den Aktivierungsparametern gewonnen werden, die man über die Verfolgung der Temperaturabhängigkeit der Reaktionsgeschwindigkeit erhält. Insbesondere bei homogenen Reaktionssystemen wendet man diese Methode mit Erfolg an. Bei komplexen Reaktionen wird die Interpretationsmöglichkeit von $\Delta G^{\neq}$ bzw. $\Delta H^{\neq}$ und $\Delta S^{\neq}$ natürlich ebenso begrenzt, wie oben bereits ausgeführt, und beschränkt sich oft darauf, die Bruttoaktivierungsparameter als durch den geschwindigkeitsbestimmenden Schritt geprägt zu betrachten.

Bei komplexen Reaktionen, die aus vielerlei Gründen unvollständig verlaufen (Konzentrationshemmung, Inhibitoren u. ä.), ergibt die Konzentrationsanalyse zu unterschiedlichen Zeitintervallen verschiedene Geschwindigkeitskonstanten. Diese Feststellung kann auf einen Wechsel des Mechanismus mit fortschreitender Reaktionsdauer hinweisen (z. B. bei Polymerisationsreaktionen). Es kann sich aber auch um den parallelen Ablauf verschiedener Mechanismen handeln, wobei die Konzentrationsanalyse der Produkte bei kurzzeitiger Verfolgung ein kinetisch bedingtes Resultat liefert (kinetische Kontrolle), während bei Langzeitverfolgung die thermodynamisch stabilsten Produkte aus den Edukten gebildet werden und damit die Konzentrations-Zeit-Analyse einem thermodynamisch bedingten Resultat entspricht (thermodynamische Kontrolle). Neben diesen prinzipiellen Grenzen der Aussagefähigkeit kinetischer Methoden sind schließlich noch Unterschiede zu bedenken, die auf die Methode selbst zurückzuführen sind. So wird häufig die Konzentration der Edukte oder Produkte nicht direkt ermittelt, sondern als Funktion einer chemischen oder physikalischen Veränderung des reagierenden Systems. Physikalische Methoden (Temperatur-, Druck-, Volumenmessungen, spektroskopische Messungen usw.) haben den Vorteil, daß keine Unterbrechung der Reaktion zur Probennahme nötig ist und damit relativ schnelle Reaktionen (Sekundenbereich) mit konventioneller Technik untersucht werden können. Spektroskopische Methoden haben den weiteren Vorteil eines relativ geringen Substanzbedarfs und der Möglichkeit einer zerstörungsfreien Rückgewinnung der Edukte oder Produkte. Zur

mechanistischen Interpretation nach derartigen Methoden ermittelter Daten ist aber
der Nachweis des eindeutigen Zusammenhanges zwischen der Konzentrationsveränderung und der Meßvariablen während der Reaktion erforderlich. Oft stößt die Erfüllbarkeit dieser Voraussetzung, z. B. bei Konkurrenzreaktionen mit vergleichbarer Geschwindigkeit oder bei Kettenreaktionen, auf prinzipielle Schwierigkeiten. Obwohl
solche Geschwindigkeitskonstanten für die technische Prozeßgestaltung (Reaktordimensionierung, Rührgeschwindigkeiten usw.) von großer Bedeutung sein können,
sind sie für Folgerungen auf den Mechanismus in der Regel ungeeignet. Durch die
Kombination verschiedener kinetischer Methoden zur gleichzeitigen Messung unterschiedlicher Veränderungen, z. B. Reaktionswärme, elektrische Leitfähigkeit und
Lichtabsorption in einem Teil des Spektrums, konnten in neuerer Zeit auch bei komplexen Reaktionen Fortschritte erreicht werden. Die Schlüssigkeit der kinetischen
Daten bedurfte aber auch in diesen Fällen der Ergänzung durch nichtkinetische Experimente.

Die bisherigen Betrachtungen beziehen sich auf die Aussagefähigkeit konventioneller
kinetischer Methoden zur Untersuchung chemischer Reaktionen, deren Halbwertszeiten mindestens im Sekundenbereich liegen. Zur kinetischen Untersuchung schnellerer Reaktionen haben sich Strömungsmethoden bewährt. Als ein Beispiel für die Anwendung der «stopped flow-Methode» dient die oxidative Farbkupplung, auf der die
chromogene Entwicklung von Colorfilmen beruht. Bei dieser komplexen Reaktion entsteht z. B. aus dem Farbkuppler 3-Methyl-1-phenyl-2-pyrazolin-5-on, dem Entwickler
N,N-Diethyl-p-phenylendiamin und Kaliumhexacyanoferrat(III) als Oxydationsmittel
in wäßrig-alkalischer Lösung ein purpurner Bildfarbstoff:

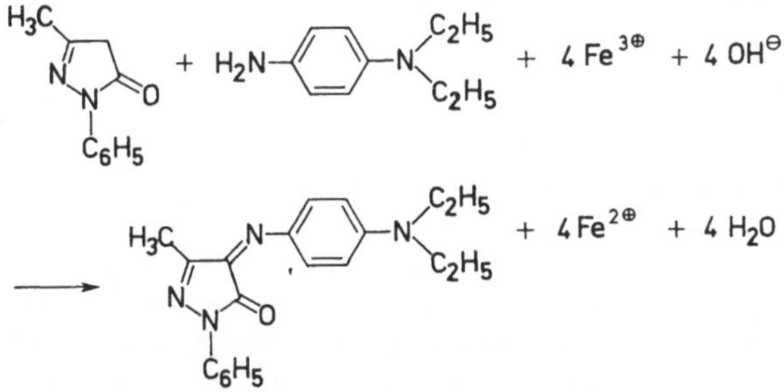

Das Prinzip der «stopped flow-Methode» ist in Bild 6.1 schematisch dargestellt. Verdünnte Lösungen der Edukte E_1 bis E_3 strömen unter hohem Druck durch eine Küvette.
Das strömende System wird mechanisch gestoppt und von diesem Zeitpunkt an die
Zunahme der Farbstoff-Konzentration in der Küvette gemessen. Die Aufzeichnung
erfolgt durch einen Speicheroszillographen. Man ermittelte auf diesem Wege eine komplexe Geschwindigkeitskonstante 2. Ordnung von $k = 3{,}6 \pm 0{,}6 \cdot 10^4 \, l \, mol^{-1} \, s^{-1}$.
Eine Reihe von Reaktionen, z. B. Ionenrekombinationen, Reaktionen heißer Radikale,
biochemische Impulsleitungsmechanismen, Elektronenanregung in Atomen und Molekülen, aber auch die eigentlichen Elementarprozesse in komplexen Reaktionsfolgen,
verlaufen mit Halbwertszeiten bis zu 10^{-12} s. Durch impulsartige Veränderungen der
Temperatur bzw. des Druckes (Temperatur-Sprung- bzw. Druck-Sprung-Methoden)
von Reaktionsgleichgewichten und die zeitliche Verfolgung ihrer Wiedereinstellung
(Relaxation) konnten z. B. die sehr schnell verlaufenden Protonenübertragungsreaktionen bei säure- bzw. basekatalysierten Reaktionsfolgen mit Geschwindigkeitskon

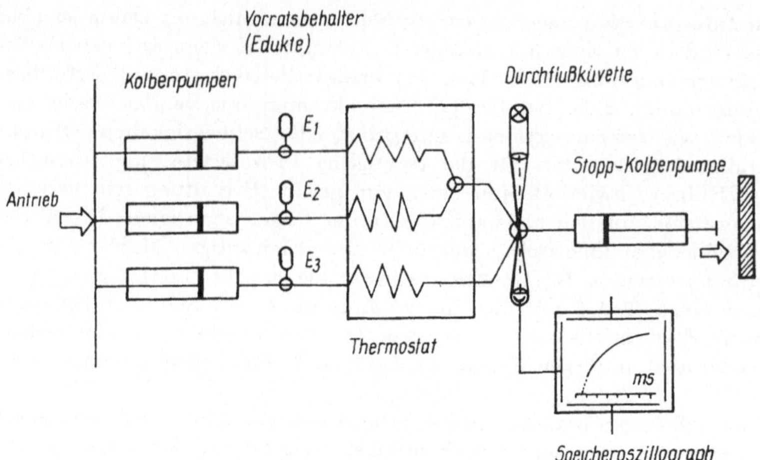

Bild 6.1. Prinzip der «stopped flow-Methode»

stanten von 10^9 bis 10^{11} l mol^{-1} s^{-1} gut untersucht werden. Große Fortschritte beim
Bau von Strahlungsquellen (Blitzlichtphotolyse, Laser-Impuls-Spektroskopie) und
deren Detektion in geeigneten optischen Systemen nach Wechselwirkung mit den
Edukten oder Produkten haben die Entwicklung kurzzeit- und ultrakurzzeitkinetischer
Methoden erlaubt, mit deren Hilfe Elementarprozesse im Nano- und Picosekunden-
bereich (10^{-9} bis 10^{-12} s) untersucht werden können. Für die Weiterentwicklung der
Theorie der Reaktionskinetik sowie zur Untersuchung photochemischer Reaktionen
oder Reaktionen in Flammen und Plasmen ist dieser Zugang zur Gewinnung experimenteller Daten von außerordentlicher Bedeutung. Die Möglichkeiten zur Verfolgung
eines bestimmten Elementarprozesses innerhalb einer Reaktionsfolge sind gegenwärtig noch auf sehr einfache, dem Leistungsvermögen der Methode angepaßte Modelle
beschränkt. Die dazu erforderliche anspruchsvolle Gerätetechnik befindet sich ebenfalls noch in der Entwicklung. Trotzdem soll die Aussagefähigkeit kurzzeitspektro-
skopischer Methoden für die Untersuchung von Mechanismen an geeigneten Stellen
(Abschn. 6.7. und 9.) mit einbezogen werden. Zur Erläuterung der Methoden und ihrer
unterschiedlichen physikalischen Grundlagen muß auf das Studium von Speziallitera-
tur verwiesen werden [6.1, 6.2].
Ergänzend zu den im Abschn. 3. beschriebenen kinetischen Methoden soll hier noch
auf die Nutzung kinetischer Isotopeneffekte zur Aufklärung von Reaktionsmechanismen hingewiesen werden. Sie beruhen auf der Feststellung der Geschwindigkeitsände-
rung, wenn in vergleichenden Experimenten Atome unterschiedlicher Masse am geschwindigkeitsbestimmenden Schritt der Reaktion teilnehmen. Ist das isotopmarkierte Atom unmittelbar an der Bindungsumordnung beteiligt, dann spricht man von
einem primären Isotopeneffekt, andernfalls von einem sekundären Isotopeneffekt.
Eindeutige kinetische Isotopeneffekte werden bei der Markierung einer X—H-Bindung
durch Deuterium erhalten, wo der Masseunterschied von 100 % den Nachweis unterschiedlicher Geschwindigkeit mit normalen kinetischen Methoden zuläßt, während bei
geringeren Masseunterschieden (z. B. $^{16}O/^{18}O$ oder $^{12}C/^{14}C$) nur durch Kopplung des
kinetischen Experimentes mit einem Massenspektrometer ein Isotopeneffekt erkannt

werden kann. Man ermittelt das Verhältnis der Geschwindigkeitskonstanten

$$\alpha = \frac{k_H}{k_D}$$

aus der normalen Reaktion (k_H) und der Reaktion unter Einsatz deuterierter Edukte (k_D). Der kinetische Isotopeneffekt resultiert aus dem unterschiedlichen Nullpunkt-schwingungsniveau einer C—H- und einer C—D-Bindung. Für C—D liegt $h\nu_0$ wegen der größeren Masse tiefer, so daß eine Aufweitung der C—D-Bindung im aktivierten Komplex vergleichsweise mehr Energie erfordert. In Tab. 6.1 sind quantenchemisch berechnete X—H/X—D-Verhältnisse angegeben. Mit Erhöhung der Temperatur nehmen die α-Werte ab. Die experimentell ermittelten α-Werte entsprechen in manchen Fällen den theoretischen, häufig werden sie kleiner gefunden (Tab. 6.1).

α bei	25°C	100°C	200°C
C—H/C—D	6,9	4,7	3,4
N—H/N—D	8,5	5,5	3,9
O—H/O—D	10,6	6,6	4,4

Tab. 6.1. Theoretisch berechnete Werte für den kinetischen Isotopeneffekt $\alpha = \dfrac{k_H}{k_D}$

Für die Oxydation von Benzaldehyd mit Kaliumpermanganat in neutraler Lösung bei 25 °C beträgt $\alpha = 7{,}5$. Damit wird die Beteiligung der C—H- bzw. C—D-Bindung am geschwindigkeitsbestimmenden Schritt gezeigt.

Zur Klärung der Frage, ob am geschwindigkeitsbestimmenden Schritt der Oxydation von Isopropylalkohol zu Aceton mit Chromium(VI)-oxid die C—H- oder die O—H-Bindung beteiligt ist, konnte der Nachweis eines kinetischen Isotopeneffektes von $\alpha = 6{,}4$ beitragen. Bei primärer Spaltung der OH-Gruppe sollte kein Isotopeneffekt auftreten.

Für die radikalische Halogenierung von Toluen und Ph—CD$_3$ in CCl$_4$ bei 77 °C beträgt $\alpha = 4{,}6$ für die Bromierung und $\alpha = 1{,}30$ für die Chlorierung. Während mit dem Nachweis des kinetischen Isotopeneffektes prinzipiell die Lösung der C—H- bzw. C—D-Bindung durch das Halogenatom im geschwindigkeitsbestimmenden Schritt gezeigt wird, sind aus der Differenz der α-Werte noch weitergehende Folgerungen auf die Symmetrie der Übergangszustände in den beiden gleichartigen Mechanismen möglich.
Schließlich kann aus der Tatsache, daß für die Kernhalogenierung (bzw. Nitrierung) von Arenen wie Benzen beim Vergleich mit entsprechend deuterierten Verbindungen, z. B. D$_6$-Benzen, kein kinetischer Isotopeneffekt gefunden wird, gezeigt werden, daß die Lösung der C—H- bzw. C—D-Bindung nicht im geschwindigkeitsbestimmenden

Schritt erfolgt, sondern als schneller Stabilisierungsschritt einer Zwischenstufe im Verlaufe eines Mehrschrittmechanismus.

6.3. Nichtkinetische Methoden

6.3.1. Vollständige Produktanalyse

Für die Aufklärung eines Reaktionsmechanismus ist die Ermittlung der Struktur und der Menge aller Haupt- und Nebenprodukte erforderlich. Bei vielen Reaktionen können je nach den Reaktionsbedingungen aus gleichen Edukten unterschiedliche Produkte entstehen.

Wird die Reaktion zwischen Ethen und Chlor in einem geeigneten Lösungsmittel (Pentan, Freone) bei tiefer Temperatur durchgeführt, so ist 1,2-Dichlor-ethan das einzige Reaktionsprodukt. Führt man dagegen die Reaktion in der Gasphase durch, so wird in Abhängigkeit von den Bedingungen (Temperatur, UV-Licht) ein Produktgemisch unterschiedlicher Zusammensetzung erhalten. Natürlich verlaufen beide Reaktionen nicht nach dem gleichen Mechanismus.

In komplexen Reaktionsfolgen entstehen oft aus einer reaktiven Zwischenstufe mehrere aktivierte Komplexe, wobei sich die Aktivierungsparameter nur geringfügig unterscheiden. Das Verhältnis unterschiedlicher Produkte wird dann stark von der Struktur der Edukte und den Reaktionsbedingungen abhängig sein. Als ein Beispiel ist in Tab. 6.2 die Solvolyse tertiärer Alkylhalogenide in wäßrigem Ethanol angegeben. Während beim tert-Butylchlorid die Substitution zum tert-Butanol überwiegt und damit die Hauptreaktion ist, wird im Falle des 3-Chlor-2,3,4-trimethyl-pentans die Eliminierung zur Hauptreaktion. Die strukturbedingte unterschiedliche Stabilität der intermediären Carbeniumionen ist für das Produktverhältnis verantwortlich. Aus seiner Kenntnis bei Strukturvariation können bereits wesentliche Schlußfolgerungen über den Ablauf der Reaktion erhalten werden.

Bei der Desaminierung primärer aliphatischer Amine in Wasser wird normalerweise nur der primäre Alkohol als das Substitutionsprodukt des außerordentlich instabilen Diazoniumions gebildet.

$$R-CH_2-CH_2-NH_2 \xrightarrow[-2H_2O]{+2H^{\oplus},\ +NO_2^{\ominus}} (R-CH_2-CH_2-\overset{\oplus}{N}{\equiv}N)(H_2O)_n$$

$$(R-CH_2-CH_2-\overset{\oplus}{N}{\equiv}N)(H_2O)_n \xrightarrow{-N_2} (R-CH_2-CH_2-\overset{\oplus}{O}H_2)(H_2O)_{n-1}$$

Alkylhalogenid	Olefin	Anteil an Olefin in %
$(CH_3)_3C{-}Cl$	$(CH_3)_2C{=}CH_2$	16
$(CH_3CH_2)_3C{-}Cl$	$(CH_3CH_2)_2C{=}CHCH_3$	40

$[(CH_3)_2CH]_2C{-}Cl$
 	
	    CH_3
		$(CH_3)_2CH{-}C{=}C(CH_3)_2$
		
			    CH_3
				78

Tab. 6.2. Beteiligung der Eliminierung bei der Solvolyse tertiärer Alkylhalogenide in 80%igem wäßrigem Ethanol bei 25 °C

Ob nun die Reaktion unmittelbar mit einem Wassermolekül aus der Solvathülle erfolgt oder in Abhängigkeit von den Reaktionsbedingungen (Temperatur, Lösungsmittel) zwischenzeitig ein Carbeniumion gebildet wird, dessen unterschiedliche Stabilisierungsmöglichkeiten (Reaktion mit Nucleophilen, Eliminierung, Umlagerung zum sekundären Carbeniumion mit Folgereaktionen) die Produktverteilung bestimmt, kann durch eine quantitative Produktanalyse, gegebenenfalls unter Einsatz physikalischer Methoden (Chromatographie, Massenspektrometrie u. a.) erkannt werden.

$$(R-CH_2-CH_2-\overset{\oplus}{N}\equiv N) \xrightarrow{-N_2} (R-CH_2-\overset{\oplus}{CH_2})_{solv.} \underset{\sim H^{\ominus}}{\rightleftharpoons} (R-\overset{\oplus}{CH}-CH_3)_{solv.}$$

$$\downarrow {+H_2O, -H^{\oplus}} \qquad \searrow {-H^{\oplus}} \quad {-H^{\oplus}} \qquad \downarrow {+H_2O, -H^{\oplus}}$$

$$R-CH_2-CH_2-OH \qquad R-CH=CH_2 \qquad R-\underset{\underset{OH}{|}}{CH}-CH_3$$

Die wenigen Beispiele mögen ausreichen, um zu zeigen, daß auf der Basis einer vollständigen Produktanalyse, insbesondere bei Beobachtung

– strukturabhängiger Faktoren der Produktbildung,
– der Variation der Reaktionsbedingungen (Temperatur, Druck, Lösungsmittel, Konzentrationen) und
– der zeitabhängigen Produktbildung (kinetische bzw. thermodynamische Kontrolle)

bereits wesentliche Hinweise auf den Reaktionsmechanismus bzw. konkurrierende Mechanismen erhalten werden. Zur Untersuchung von Reaktionsmechanismen reicht daher die noch häufig in der Literatur anzutreffende Angabe der Ausbeute nur eines Reaktionsproduktes (z. B. zwischen 40 bis 60 %) ohne Hinweis, ob der «Rest» nichtumgesetzte Edukte oder eben nichtidentifizierte Nebenprodukte sind, nicht aus.

6.3.2. Isotopenmarkierung

Üblicherweise unterteilt man diese Methoden in die Markierung mit stabilen Isotopen und die Markierung mit radioaktiven Isotopen. Während die stabilisotope Markierung z. B. zur Untersuchung des Verlaufs organischer Reaktionen ohne besondere Voraussetzungen in jedem Labor ausgeführt werden kann, ist man bei radioisotopen Markierungen, wie sie häufig zur Untersuchung von Diffusionsprozessen in Festkörpern angewendet werden, auf ein radiochemisches Labor mit entsprechenden technischen Voraussetzungen (Zählrohre, Manipulatoren, Strahlenschutzvorrichtungen) angewiesen. Beide Markierungsarten können bei zeitabhängiger Verfolgung der Bindungsumordnung, an welcher eine isotopmarkierte Bindung beteiligt ist, entsprechend Abschn. 6.2. auch als kinetische Methode genutzt werden oder bei Verfolgung einer durch die Markierung veränderten Struktureigenschaft (z. B. durch Schwingungsspektroskopie) als nichtkinetische Methode.

Markierung mit stabilen Isotopen

Für die stabilisotope Markierung sind eine Reihe von Grundchemikalien (D_2O, DCl, D_2SO_4, ND_3, $H_2^{18}O$, $H^{13}CO_2H$ u. a.) erhältlich, die unmittelbar eingesetzt werden können oder zunächst zur Synthese markierter Verbindungen dienen. So gewinnt man durch Hydrolyse von Alkylhalogeniden mit D_2O sowohl deuterierten Alkohol als auch deuterierten Halogenwasserstoff durch Konzentrationsanreicherung.

$$R-X + D_2O \rightarrow R-OD + DX$$

Auch die nichtkinetische Anwendung der stabilisotopen Markierung liefert bei großen Masseunterschieden die überzeugendsten Aussagen, obwohl mit Hilfe der Massenspektrometrie auch bei geringeren Unterschieden hohe Empfindlichkeiten erreicht werden. Bei der *Cannizzaro*-Reaktion des Benzaldehyds in wäßrig-alkalischem Medium erhebt sich die Frage, ob der Wasserstoff an der Methylengruppe des Benzylalkohols von einem zweiten Benzaldehydmolekül stammt oder aus dem Medium.

$$2\,Ph{-}CHO + OH^{\ominus} \xrightarrow{\ H_2O\ } Ph{-}CO_2^{\ominus} + Ph{-}CH_2OH$$

Bei der Durchführung dieser Reaktion in D_2O, wobei gleichzeitig ein $OH^{\ominus}/OD^{\ominus}$-Austausch erfolgt, konnte nach sorgfältiger Trennung der Reaktionsprodukte kein an Kohlenstoff gebundenes Deuterium im Benzylalkohol gefunden werden. Dieser Nachweis kann IR-spektroskopisch sehr leicht geführt werden, da die C—H-Streckschwingung der Methylengruppe im Falle der Deuterierung um mehr als $700\ cm^{-1}$ längerwellig verschoben wird und damit CD_2-Gruppen in einem Schwingungsbereich (um $2100\ cm^{-1}$) liegen, in dem organische Verbindungen mit wenigen Ausnahmen (Dreifachbindungen) nicht absorbieren. Der Hinweis auf eine Hydridübertragung durch ein zweites Benzaldehydmolekül im geschwindigkeitsbestimmenden Schritt (erhärtet auch aus dem Geschwindigkeitsgesetz) konnte weiter gestützt werden durch die Reaktion von deuteriertem Benzaldehyd in wäßrigem Alkali.

$$2\,Ph{-}CDO + OH^{\ominus} \xrightarrow{\ H_2O\ } Ph{-}CO_2^{\ominus} + Ph{-}CD_2OH$$

Erwartungsgemäß wurde jetzt eine Absorption der C—D-Streckschwingung bei $2120\ cm^{-1}$ im Benzylalkohol gefunden.

Für die Untersuchung organischer Reaktionen sind auch Markierungen mit ^{18}O, ^{15}N und ^{13}C von Bedeutung.

Die cis-Diolbildung aus Alkenen in wäßrig-alkalischer Permanganatlösung wird über einen cyclischen Permangansäureester formuliert, dessen Isolierung bislang nicht gelungen ist. Seine zumindest kurzzeitige Existenz kann durch Reaktion mit $KMn^{18}O_4$ gezeigt werden. Es erweist sich, daß beide OH-Gruppen des cis-Diols ^{18}O-markiert sind. Dies ist nur durch die hydrolytische Spaltung von O—Mn-Bindungen verständlich und nicht durch Anlagerung von Wasser an eine aktivierte Doppelbindung.

Zur Aufklärung von Reaktionen der Koordinationsverbindungen erwiesen sich Isotopenmarkierungen als Methode von hoher Aussagefähigkeit. So konnte gezeigt werden, daß bei der Reaktion des Aquopentaamincobalt(III)-ions mit Nitrit die Metall-Sauerstoffbindung nicht gespalten wird, da sich das ^{18}O-markierte Isotop im Nitritokomplex befindet:

$$[(H_2{}^{18}O)Co(NH_3)_5]^{3\oplus} + NO_2^{\ominus} \rightarrow [ON^{18}O{-}Co(NH_3)_5]^{2\oplus} + H_2O$$

Damit wird auf einen elektrophilen Angriff am Donoratom der Sauerstoff-Cobalt-Bindung hingewiesen und nicht, wie man vermuten könnte, auf eine nucleophile Ligandenverdrängungsreaktion des H_2O durch $NO_2^{\ominus}$.

Durch die Markierung mit ^{18}O wurde auch der Austausch von Wassermolekülen zwischen dem Lösungsmittel Wasser und der Hydrathülle von Aquokomplexen untersucht. Zum Beispiel ergab sich für den nachfolgenden Hexaquokomplex des Chromiums eine Geschwindigkeitskonstante (berechnet nach 1. Ordnung bei 27°C) von $2 \cdot 10^{-4}\,min^{-1}$.

$$[Cr(H_2O)_6]^{3\oplus} + H_2{}^{18}O \rightleftharpoons [(H_2{}^{18}O)Cr(H_2O)_5]^{3\oplus} + H_2O$$

In anderen Aquokomplexen erfolgt der Austausch wesentlich schneller (z. B. $Cu^{2\oplus}$, $Fe^{3\oplus}$, $Al^{3\oplus}$, $Ni^{2\oplus}$ oder Lanthaniden). Unter anderem durch Anwendung dieser Methode (auch mit ^{15}N-markierten Stickstoffliganden) können die häufig an Metallatomen in Mt—X-Bindungen erfolgenden nucleophilen Substitutionsreaktionen entsprechend den zeitlichen Unterschieden bei der elektronischen Umordnung in assoziative und dissoziative Mechanismen klassifiziert werden (s. S. 145). Neben diesen Fällen gibt es auch den dem S_N2-Mechanismus analogen synchronen Substitutionsmechanismus, wobei auf Grund der großen Unterschiede in der Elektrophilie der Metallatome und gegebenenfalls auch der Nucleophilie der Liganden (bei weiterer Strukturvariation) das mechanistische Verhalten von Koordinationsverbindungen weitaus komplizierter ist als bei organischen Verbindungen [6.3].

Markierung mit radioaktiven Isotopen

Durch die Entwicklung der Kernreaktortechnik stehen heute Radioisotope für praktisch alle Elemente zur Verfügung. Ihre Anwendung zum Studium von Bewegungsvorgängen reicht von physikalischen Diffusionsprozessen über chemische Reaktionen bis zu Biosynthesen oder der Biotransformation von Arzneimitteln in der Medizin. Da die Halbwertszeiten der Radioisotope zwischen 10^{-9} s und über 10^{12} Jahren variieren, ist bei der Untersuchung chemischer Reaktionen deren Geschwindigkeit sowie der Zeitbedarf zur Synthese der radioisotop markierten Edukte aus meist sehr einfachen Ausgangsverbindungen (z. B. TCl, ^{14}CO, $H_2{}^{35}S$, $K^{82}Br$) wichtig. Abgesehen von speziellen Aufgabenstellungen, für die sich Nuklide mit Halbwertszeiten im Sekundenbereich eignen, sind für die Durchführung organischer und anorganischer Reaktionen, denen oft eine Folge von Synthesestufen vorausgeht oder die Präparation geeigneter Targets durch Pressen, Schmelzen, Aufdampfen usw. Zeit in Anspruch nimmt, Halbwertszeiten von mehreren Stunden bis Tagen erforderlich. Die außerordentlich hohe Empfindlichkeit der Strahlungsdetektion erlaubt allerdings die analytische Bestimmung, wenn nur ein kleiner Prozentsatz eines Eduktes mit dem Radioisotop markiert wurde.
Für organische Reaktionen ist die ^{14}C-Markierung (β-Strahler, Halbwertszeit 5730 Jahre) von Bedeutung. Die große Halbwertszeit gestattet auch Langzeitexperimente, und der schwache β-Strahler kann bei Anbringung geeigneter Abdeckplatten unter einem Abzug in jedem chemischen Labor gehandhabt werden. Als ein spektakuläres Beispiel der ^{14}C-markierten Isotopenanalyse kann die Untersuchung der Ammonolyse des Chlorbenzens betrachtet werden, die neben der mechanistischen Interpretation der konkreten Reaktion für die Entwicklung der Chemie der Arine wegweisend war.

Der Beweis annähernder Gleichverteilung NH_2-tragender C-Atome auf das markierte
^{14}C-Atom und dessen ursprüngliche o-Positionen wurde über eine Reaktionsfolge von
8 Abbaustufen geführt. Mit dem Postulat einer Arin-Zwischenstufe konnte ein Eliminierungs-Additions-Mechanismus anstatt eines Additions-Eliminierungs-Mechanismus
wahrscheinlich gemacht werden.

Für die *Claisen*-Umlagerung des Allyl-p-cresylethers konnte durch ^{14}C-Markierung des
endständigen C-Atoms der Allylgruppe und dessen Verbleib in dem nach oxydativem
Abbau entstehenden Aldehyd ein intramolekularer Verlauf über einen cyclischen
Übergangszustand nahegelegt werden.

Bei der Reaktion von Carboxylationen mit Bromcyan konnte durch ^{14}C-Markierung
der Verbleib des Radioisotops im entstehenden Nitril festgestellt werden, während das
Kohlendioxid kein ^{14}C enthielt.

$$R^{14}CO_2{}^{\ominus} + BrCN \xrightarrow{\,250\,^{\circ}C\,} R^{14}CN + CO_2 + Br^{\ominus}$$

Dieses Ergebnis und die in einigen Fällen gelungene Isolierung einer Zwischenstufe
mit der Struktur $R—CO—N=C=O$ lassen folgenden Mechanismus plausibel erscheinen, wobei die in Klammern angegebenen Zwischenstufen bislang noch nicht direkt
bewiesen wurden:

Mit Hilfe von $H_2{}^{35}SO_4$ (Halbwertszeit 87,1 Tage) sind organische und anorganische
Reaktionen schwefelhaltiger Verbindungen gut zu untersuchen. In neuerer Zeit hat
sich z. B. die Endgruppenanalyse für mechanistische Untersuchungen von Polymerisationsreaktionen mit Hilfe radioaktiver Endgruppen auf Grund der außerordentlich
hohen Empfindlichkeit der Strahlungsmessungen als die beste Methode erwiesen. So
können kationische Polymerisationen mit radioaktiven Anionen (z. B. $^{35}SO_4^{2\ominus}$, $^{82}Br^{\ominus}$)
abgebrochen werden, und man erhält aus der gemessenen Strahlungsintensität und der
Molmasse der Polymeren die Endgruppenkonzentration.

$$\sim\!P^{\oplus}X^{\ominus} + RO—^{35}SO_3{}^{\ominus} \rightarrow \sim\!P—^{35}SO_3OR + X^{\ominus}$$

Die radioisotope Markierung kann auch zur Untersuchung der Austauschgeschwindigkeit von Isotopen benutzt werden, um z. B. bei Redoxreaktionen die Beteiligung verschiedener Atome nachzuweisen. Ersetzt man in einer Lösung, die $Fe^{2\oplus}$- und $Fe^{3\oplus}$-Ionen enthält, einen Teil der Ionen durch das Isotop $^{55}Fe^{3\oplus}$, so erfolgt dessen Austausch über beide Oxydationszustände. Für die Austauschgeschwindigkeit der folgenden Reaktion berechnet sich aus der Strahlungsintensität nach einem Geschwindigkeitsgesetz 2. Ordnung bei $0\,^{\circ}C$ ein Wert von $k = 0{,}87\ 1\ mol^{-1}\ s^{-1}$.

$$[Fe(H_2O)_6]^{2\oplus} + [^{55}Fe(H_2O)_6]^{3\oplus} \rightleftharpoons [^{55}Fe(H_2O)_6]^{2\oplus} + [Fe(H_2O)_6]^{3\oplus}$$

Wie in den folgenden Abschnitten gezeigt wird, ist die Isotopenmarkierung zu einer unentbehrlichen Methode bei der Diagnose reaktiver Zwischenstufen geworden. Gerade bei nichttrivialen Reaktionen, z. B. Gasreaktionen in Flammen und Plasmen (Abschn. 9.), stützen sich mechanistische Aussagen häufig auf Isotopenexperimente. Bei der Addition von atomarem Kohlenstoff (Darstellung im Graphitbogen oder durch Kernreaktionen, z. B. $^{12}C(\gamma, n)^{11}C$) an Ethen wird die Bildung eines Cyclopropylidens nahegelegt, das sich schnell monomolekular in Allen umlagert. Daneben entstehen Ethin und Propin. Führt man die Reaktion mit atomarem Kohlenstoff aus, der ^{11}C (Halbwertszeit 20,4 min) enthält, so tritt das ^{11}C-Isotop ausschließlich als mittelständiges C-Atom des Allens auf. Durch den Einsatz von deuteriertem Ethen konnte weiterhin die intramolekulare Bildung des Allens gesichert werden, so daß sich der gegenwärtig vorgeschlagene Mechanismus vornehmlich auf Isotopenexperimente stützt.

$$^{11}C + H_2C{=}CH_2 \longrightarrow \underset{H_2C\text{------}CH_2}{\overset{^{11}\ddot{C}}{\triangle}} \longrightarrow H_2C{=}\overset{^{11}}{C}{=}CH_2$$

Abschließend sei noch erwähnt, daß die zur Untersuchung von Festkörperreaktionen außerordentlich wichtigen Informationen über die Diffusionsprozesse (Geschwindigkeit und Richtung der Diffusion) vorrangig durch radiochemische Methoden erhalten werden. So kann z. B. für eine Mischkristallbildung zwischen MtO und Mt_2O_3 die Frage, welche Ionenarten zur Phasengrenzfläche wandern und damit die Keimbildung der neuen Phase bewirken oder ob eine Ionenart bevorzugt in die angrenzende Phase eindringt, durch Markierung einer Ionenart geklärt werden. Bild 6.2 soll das experimentelle Vorgehen schematisch verdeutlichen.

Danach werden beide Metalloxidphasen (z. B. gepreßte Formkörper), wovon z. B. *MtO Radioisotope enthält, durch eine Halterung aneinandergepreßt. Bei geeigneter Gestaltung der Halterung kann unter Inertgasatmosphäre (z. B. Transport über die Gasphase), Druck- bzw. Temperaturvariation gearbeitet werden. Nach der Trennung beider Formkörper oder der Präparation spezieller Segmente (Gradientenermittlung) wird dann die Veränderung der Strahlungsintensität gemessen. In prinzipiell ähnlicher Weise kann auch die Diffusion durch Deckschichten gemessen werden, woraus z. B. Hinweise auf den Mechanismus von Korrosionsvorgängen auf Metallen erhalten wurden.

Isotopenanalyse biochemischer Mechanismen

Von großer Bedeutung ist die Isotopenmarkierung bei der Aufklärung biochemischer Reaktionen bis hin zu modernen Diagnoseverfahren in der Medizin. Neben Problemstellungen, für die z. B. ^{32}P, ^{35}S, ^{37}Cl, ^{82}Br, ^{131}I oder spezielle Metallisotope verwendet wurden, sind dabei D, T, ^{15}N, ^{18}O und vor allem die Kohlenstoffisotope ^{11}C und ^{14}C

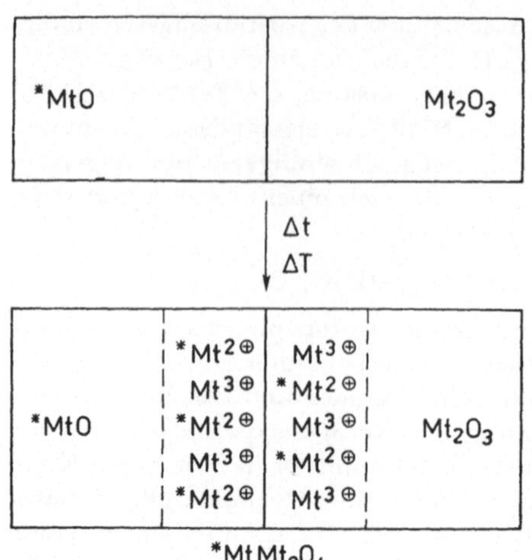

Bild 6.2. Schematische Darstellung der Untersuchung von Diffusionsprozessen in Feststoffen durch radioisotope Markierung (*Mt bedeutet das markierte zweiwertige Kation)

vielfältig eingesetzt worden. Als ein Paradebeispiel der ^{11}C-Markierung gilt die Untersuchung der Folge von Zwischenstufen bei der Photosynthese, ausgehend von $^{14}CO_2$. Auch die Biosynthese komplizierter Naturstoffe (Antibiotika, Peptide, Alkaloide, Steroide) wurde untersucht, ausgehend von ^{14}C-markierter Essigsäure und deren Verknüpfung mit Coenzym-A zur «aktivierten Essigsäure» (Acetyl-Coenzym A).

$$CH_3{}^{14}COOH + CoA{-}SH \rightarrow CH_3{}^{14}CO{-}S{-}CoA$$

Die von den Organismen synthetisierten Produkte werden dann chemisch abgebaut und aus der Stellung markierter Atome in den Abbauprodukten auf den Syntheseweg geschlossen.

Ähnliche Zielstellungen werden zur Untersuchung der Biotransformation von Arzneimitteln verfolgt. Dabei synthetisiert man das Pharmakon unter Verwendung von ^{14}C-markierten Reagenzien. Mit diesem Pharmakon werden dann Abbaureaktionen unter physiologischen Bedingungen (Biotransformation), toxikologische Testungen, Messung von Verteilungsgeschwindigkeiten usw. durchgeführt. Für Untersuchungen im lebenden Organismus ist allerdings die ^{14}C-Markierung infolge der sehr hohen Halbwertszeit nachteilig. Dagegen wird ^{11}C für derartige Versuche in der Nuklearmedizin eingesetzt, da die γ-Strahlung dieses Isotops auch bei ganz niedrigen Konzentrationen noch gemessen werden kann und die Strahlenschädigung durch den relativ raschen Zerfall (20,4 min Halbwertszeit) gering ist. Ausgehend von einfachen markierten Stoffen (^{11}CO, $^{11}CO_2$, $^{11}CN^{\ominus}$) muß die Synthese der zu untersuchenden Verbindungen sehr schnell erfolgen. Beispielsweise benötigte man bei der Untersuchung des cerebralen Glucosemetabolismus für den Aufbau von Glucose aus $^{11}CO_2$ über die Photosynthese 45 bis 55 min.

6.4. Chemische Methoden zum indirekten Nachweis reaktiver Zwischenstufen

In der bisherigen Darlegung wurde die zentrale Bedeutung reaktiver Zwischenstufen bei der Untersuchung chemischer Reaktionen mehrfach hervorgehoben und an Beispielen erläutert. Ihre Charakterisierung als Voraussetzung zur Kenntnis des Reaktionsmechanismus bietet zugleich die Möglichkeit, unter Nutzung ihres Relaischarakters den Ablauf der Reaktion gezielt zu beeinflussen, und damit die Möglichkeit für die in Abschn. 10. angedeutete Reaktionssteuerung. In den folgenden Abschnitten sollen die methodischen Aspekte beim Nachweis reaktiver Zwischenstufen in den Vordergrund gestellt werden. Dabei muß man sich stets über die relative Aussagefähigkeit *einer* Nachweismethode im klaren sein. Die Frage, wie kurzlebig eine Zwischenstufe sein muß, um zutreffend als solche bezeichnet zu werden, ist nicht quantitativ zu beantworten. In geeigneten Fällen gelingt es, Zwischenstufen soweit zu stabilisieren, daß sie isoliert werden können (rasches Unterkühlen, Käfigeffekte, schnelle Strömung aus der Reaktionszone). Wieder den Bedingungen der ursprünglichen Reaktion ausgesetzt, reagieren sie wie hochreaktive Reagenzien, und der Ausdruck reaktive Zwischenstufe wäre unkorrekt. In Tab. 6.3 sind einige Beispiele zusammengestellt, die im chemischen Sprachgebrauch als Zwischenstufen oder als Zwischenprodukte bezeichnet werden. In diesem Abschnitt sollen nur die in der rechten Spalte von Tab. 6.3 angegebenen Beispiele behandelt werden.

Tab. 6.3. Beispiele für Zwischenprodukte, hochreaktive Reagenzien und reaktive Zwischenstufen bei chemischen Reaktionen

Zwischenprodukt (in technologischer Hinsicht)	hochreaktive Reagenzien	reaktive Zwischenstufen
R-Halogen	$R-Mg-X$	Carbokationen
Olefine	$R-N_2{}^\oplus X^\ominus$	Radikale
Metallpulver	Pt-Schwamm	SiO
Kieselgel	SiO_2-hochdispers	AlCl

Der Nachweis reaktiver Zwischenstufen und ihrer relativen Stabilität ist auch deshalb von Bedeutung, um Hinweise über vorausgehende bzw. nachfolgende aktivierte Komplexe zu erhalten, über die in einer Reaktionsfolge keine direkte experimentell zugängliche Information gewonnen werden kann. Nach dem *Hammond*-Prinzip nimmt man für unterschiedliche Spezies in einer Reaktionsfolge mit vergleichbaren Energieinhalten auch vergleichbare Strukturen an (s. S. 132).
Die Methoden zur Diagnose reaktiver Zwischenstufen kann man in direkte und indirekte unterteilen, wobei zu den direkten nur die physikalischen zu zählen sind. Chemische Methoden sind immer indirekt, da hierbei aus den Reaktionsprodukten auf die Natur der Zwischenstufe zurückgefolgert werden muß. Schließlich können einige der folgenden Methoden auch zur zeitabhängigen Verfolgung einer Zustandsänderung am reagierenden System benutzt werden.
Aus den meisten chemischen Methoden kann häufig nur der Hinweis erhalten werden,

- ob eine Zwischenstufe auftritt oder ob dies auszuschließen ist,
- ob die Reaktion intermolekular verläuft oder intramolekular,
- ob zwischenzeitig Ionen oder Radikale oder elektroneutrale Spezies mit Elektronenmangel- bzw. Elektronenüberschußcharakter auftreten.

Hat man aber solche Hinweise aus möglichst mehreren unabhängigen Methoden erhalten, so kann man zielgerichteter vorgehen und z. B. versuchen, mit Hilfe geeigneter

Abfangreaktionen die mutmaßliche Zwischenstufe in Form eines mehr oder minder
stabilisierten Reaktionsproduktes zu identifizieren. Daraus würden sich wiederum
Folgerungen über Struktur und Eigenschaften der nachzuweisenden Zwischenstufe
ergeben, auf deren Basis man physikalische Methoden auswählt (DK- oder Leitfähigkeitsmessungen bei Ionen, Art der Spektroskopie und deren Empfindlichkeit bzw.
Zeitauflösung) und experimentell so gestaltet, daß durch temporäre Stabilisierung
(tiefe Temperatur, Lösungsmittel) eine für den Nachweis ausreichende Konzentration
vorhanden ist. Natürlich dürfen die der physikalischen Methode angepaßten Bedingungen nicht zu weit von den Bedingungen des Reaktionsablaufes entfernt sein.
Insgesamt sollte man bei der Vermutung auf eine Zwischenstufe, wie sie z. B. aus dem
Geschwindigkeitsgesetz (höhere Ordnung als 2, gebrochene Ordnung usw.) nahegelegt
wird, in der im folgenden gewählten Reihenfolge vorgehen. So darf auf die Anwendung
chemischer Methoden, auch bei der heute leichten Verfügbarkeit der verschiedenen
Spektroskopiearten, nicht verzichtet werden. Die Vieldeutigkeit physikalischer Methoden läßt häufig erst durch weitere Argumente aus chemischen Experimenten die Aufstellung eines Mechanismus zu.

6.4.1. Kreuzungsexperimente

Strenggenommen betreffen Kreuzungsexperimente den Nachweis, ob ein intra- oder
intermolekularer Reaktionsschritt vorliegt. Aus methodischer Sicht wird dabei ebenso
wie bei Abfangreaktionen (Abschn. 6.5.) vorausgesetzt, daß die nachzuweisende Zwischenstufe die erforderliche Lebensdauer für das Eingehen von Konkurrenzreaktionen
besitzt. In weitem Sinne kann die Konkurrenz unterschiedlicher Reaktanden um eine
Zwischenstufe sowohl als Kreuzungs- als auch Abfangexperiment aufgefaßt werden.
Im Zusammenhang mit der *Claisen*-Umlagerung wurde bereits die Möglichkeit zur
Unterscheidung einer intramolekularen bzw. intermolekularen Reaktion gezeigt. Dabei
konnte gleichzeitig die besondere Eignung der Isotopenmarkierung zur Rückfolgerung
aus dem Produkt auf den geschwindigkeitsbestimmenden Schritt einer Reaktion belegt
werden. Das folgende Beispiel zeigt, daß die Übertragung von Analogieschlüssen aus
der chemischen Erfahrung nicht immer gerechtfertigt ist. Für die *Fries*-Umlagerung
von Phenolestern, die unter Mitwirkung einer *Lewis*-Säure verläuft, könnte man einen

der *Claisen*-Umlagerung analogen Verlauf vermuten. Setzt man in einem Kreuzungs-experiment den Benzoesäure(4-methyl-phenyl)ester gemeinsam mit einer äquimolaren Menge eines in 2-Position substituierten Carbonsäure(4-methyl-phenyl)esters (X = Halogen) mit Aluminiumchlorid bei 150 °C um, so entstehen neben den erwarteten Umlagerungsprodukten auch die Kreuzungsprodukte. Damit wird der intermolekulare Verlauf der Reaktion eindeutig gezeigt, der wahrscheinlich als Mehrschrittfolge einer durch Aluminiumchlorid bewirkten Entacylierung mit nachfolgender Kernacylierung abläuft. Dagegen konnte für die säurekatalysierte Benzidinumlagerung von Hydrazo-benzenen der intramolekulare Verlauf der Reaktion durch sicheren Ausschluß des Kreuzungsproduktes nachgewiesen werden.

Dieses Kreuzungsexperiment kann mit der gleichen Eindeutigkeit auch mittels Isoto-penmarkierung (z. B. ^{14}C in X) durchgeführt werden.

Als ein Beitrag zum Nachweis des Mehrschrittverlaufs der elektrophilen Bromaddition an Olefine kann die Bildung von Kreuzungsprodukten durch Reaktion der Zwischen-stufe mit nucleophilen Reagenzien gesehen werden. Führt man die Bromaddition z. B. in Gegenwart von Lithiumchlorid (oder anderen in organischen Lösungsmitteln löslichen Salzen) durch, so kann neben dem Dibromprodukt auch das beide Anionen enthaltende Chlorbromprodukt erhalten werden.

Die Möglichkeit einer Reaktion des Dibromproduktes mit Chloridionen müßte zur Sicherung der Eindeutigkeit des Kreuzungsexperimentes natürlich ausgeschlossen werden.

Ähnlichkeit mit der vorherigen Reaktion haben Untersuchungen des Einflusses von Salzzusätzen auf nucleophile Reaktionen mit kationischen Zwischenstufen, wo zwar das Kreuzungsprodukt nicht direkt isoliert wird, die enorme Reaktivitätsveränderung (Erhöhung der Geschwindigkeit) aber nur mit seiner temporären Existenz verständlich ist. Bei der Reaktion von Tritylchlorid mit Wasser in feuchtem Ether entsteht in lang-samer Reaktion Tritylalkohol. Ein Zusatz von 0,1 mol Lithiumperchlorat erhöht die Geschwindigkeit um den Faktor 10^3, d. h. weit mehr, als durch die Veränderung der Ionenstärke des Mediums erklärbar wäre.

$$Ph_3C-Cl \rightleftharpoons Ph_3C^{\oplus}\ Cl^{\ominus}$$

$$\xrightarrow{\ H_2O\ } Ph_3C-OH + H^{\oplus}$$

$$\xrightarrow{\ ClO_4^{\ominus}\ } Ph_3C^{\oplus}\ ClO_4^{\ominus} \xuparrow{H_2O}$$

Offensichtlich überwiegt im inneren Ionenpaar des nucleophileren Chloridions die Ionenrekombination, während im Ionenpaar des temporären Kreuzungsproduktes mit dem weniger nucleophilen Perchloration die Konkurrenzreaktion mit dem Wasser schneller erfolgt. Derartige Unterschiede im Grad der Ladungstrennung von Ionenpaaren sind für die Steuerung von Reaktionen mit ionischen Zwischenstufen von großer Bedeutung.

6.4.2. Folgerungen aus der Art der Katalyse

Die allgemeinste Aussage, die man bei Feststellung der Geschwindigkeitserhöhung durch Zusatz einer *Brönsted*-Säure (bzw. -Base) erhält, ist der Verlauf über ionische Zwischenstufen.

Bei vielen anorganischen Redoxprozessen werden in Abhängigkeit von der Natur des Katalysators und den Reaktionsbedingungen aus gleichen Edukten unterschiedliche reaktive Zwischenstufen gebildet, die entsprechend zu verschiedenen Produkten führen. So wird bei der durch Iodidionen katalysierten Oxydation von Thiosulfat mit Wasserstoffperoxid das Tetrathionat erhalten, wobei als reaktive Zwischenstufe Hypoioditionen entstehen, die über eine weitere Reaktionsfolge die bekannte Iod-Thiosulfatreaktion ergeben:

$$H_2O_2 + I^{\ominus} \rightarrow IO^{\ominus} + H_2O$$

$$IO^{\ominus} + I^{\ominus} + 2H^{\oplus} \rightarrow I_2 + H_2O$$

$$I_2 + 2S_2O_3{}^{2\ominus} \rightarrow 2I^{\ominus} + S_4O_6{}^{2\ominus}$$

$$H_2O_2 + 2S_2O_3{}^{2\ominus} + 2H^{\oplus} \xrightarrow{(I^{\ominus})} S_4O_6{}^{2\ominus} + 2H_2O$$

In der Bruttoreaktionsgleichung ist die reaktive Zwischenstufe nicht enthalten.
Wird die vorstehende Reaktion mit Molybdationen katalysiert, so erfolgt eine weitergehende Oxidation des Schwefelsauerstoffanions zum Sulfat, wobei als reaktive Zwischenstufe Peroxymolybdationen entstehen.

$$4H_2O_2 + 4MoO_4{}^{2\ominus} \rightarrow 4MoO_5{}^{2\ominus} + 4H_2O$$

$$4MoO_5{}^{2\ominus} + S_2O_3{}^{2\ominus} + H_2O \rightarrow 2SO_4{}^{2\ominus} + 2H^{\oplus} + 4MoO_4{}^{2\ominus}$$

$$4H_2O_2 + S_2O_3{}^{2\ominus} \xrightarrow{(MoO_4{}^{2\ominus})} 2SO_4{}^{2\ominus} + 2H^{\oplus} + 3H_2O$$

Die unterschiedliche Selektivität von Katalysatoren, die bei vergleichbaren Reaktionsbedingungen über die Bildung verschiedener reaktiver Zwischenstufen zu unterschiedlichen Produkten führt, kann besonders bei schwermetallhaltigen Katalysatoren durch deren unterschiedliche Neigung zur Änderung der Wertigkeit zu Folgerungen auf den Mechanismus herangezogen werden. Aus der Vielzahl möglicher Beispiele sei hier nur die Hydrazinoxidation herausgegriffen, die mit Einelektronenakzeptoren (Fe(III), Ce(IV)) zu Stickstoff und Ammoniak führt, während mit Zweielektronenakzeptoren (Cr(VI), V(V)) Stickstoff und Wasserstoff gebildet werden. Der heutige Stand der Koordinationschemie und die dabei gewonnenen Kenntnisse über Metall-σ-Bindungen bzw. Metall-π-Bindungen erlauben bereits weitreichende Folgerungen über reaktive Zwischenstufen bei homogenkatalysierten Reaktionen. Bei heterogenkatalysierten Reaktionen gibt es ebenfalls Beispiele für reaktive Zwischenstufen und daraus resultierende Folgerungen auf den Mechanismus der Reaktion. Häufig wird jedoch der katalytische Effekt mehr von der Beschaffenheit der Phasengrenzfläche zwischen Katalysator und Edukt beeinflußt als von der chemischen Natur des Katalysators. Der Verallgemeinerungsgrad ist dementsprechend gering (Abschn. 9.). Die hier für *Brönsted*-Säure bzw. -Base-Katalyse erläuterte Schlußweise kann ohne prinzipielle Unterschiede auf die Katalyse durch *Lewis*-Säuren bzw. -Basen übertragen werden.

Bekanntlich erfolgt zwischen Halogenen und Benzen unter Lichtausschluß und bei tiefer Temperatur keine Reaktion, da der π-Donor nicht nucleophil genug ist, um den ebenfalls schwachen σ-Akzeptor (das Halogen) zu ionisieren bzw. zu dissoziieren. Wird die Reaktion dagegen durch eine starke *Lewis*-Säure (v-Akzeptor, z. B. Aluminiumchlorid) katalysiert, so kann durch den ionischen Gleichgewichtsanteil des starken lokalisierten n, v-EDA-Komplexes eine Zwischenstufe mit einem hinreichend elektrophilen Kationogen gebildet werden, die wiederum über eine mutmaßliche Carbeniumion-Zwischenstufe zum entsprechenden Halogenbenzen und Halogenwasserstoff führt.

$$AlCl_3 + Cl_2 \longrightarrow (Cl{-}Cl \rightarrow AlCl_3 \rightleftharpoons Cl^{\oplus}AlCl_4^{\ominus})$$

Während die prinzipiell ionische Natur der Zwischenstufen dieses Mehrstufenmechanismus aus der Neigung des v-Akzeptors zur Übernahme eines Elektronenpaares zwingend gefolgert werden kann, bedarf das gleichzeitige Auftreten beider Spezies oder ihre zeitliche Folge weiterer experimenteller Sicherung. Wird dagegen eine Reaktion durch Donoren (z. B. Alkalimetalle) oder Akzeptoren (organische π-Akzeptoren, wie z. B. Tetracyanethen $\sim$ TCNE), die für die Einelektronenübertragungsprozesse typisch sind, katalytisch beeinflußt, so kann mit dem gleichzeitigen Auftreten von Ionen und Radikalen bzw. Radikalionen als Zwischenstufen gerechnet werden. Häufig schließen sich radikalische sowie auch ionische Kettenreaktionen an.

Als ein weiteres Beispiel sei die Elektronenübertragungs-Initiierung der Polymerisation von Olefinen hoher π-Elektronendichte (Vinylether, Vinylcarbazol, Vinylarene) durch π-Akzeptoren (z. B. TCNE) genannt.

$$H_2C{=}CH + TCNE \rightleftharpoons EDA\text{-}Komplex \rightarrow H_2\dot{C}{-}\overset{\oplus}{C}H + TCNE^{\ominus}$$

Nach Desaktivierung der Radikalfunktionen, z. B. durch Rekombination, kann über das entstehende Dikation eine kationische Kettenreaktion mit dem Olefin ablaufen.

Zum Nachweis ungepaarter Spins sei neben magnetischen Messungen besonders auf die im Abschnitt 6.6. behandelte ESR-Spektroskopie hingewiesen [6.4].

6.4.3. Folgerungen aus der Stereochemie der Reaktion

Jede chemische Reaktion hat eine Veränderung der Elektronenanordnung der beteiligten Atome, Moleküle oder kollektiven Teilchenensembles in kristallinen oder amorphen Festkörpern zur Folge. Aus der Orbitalgeometrie und den Symmetrieregeln ergeben sich damit notwendigerweise Veränderungen der räumlichen Struktur zwischen Edukten und Produkten. In geeigneten Fällen können daraus Folgerungen auf Zwischenstufen in Mehrstufenreaktionen gezogen werden. Natürlich sind die Methoden stereochemischer Untersuchungen in der Chemie wiederum recht unterschiedlich und damit auch ihre Aussagefähigkeit. Während z. B. die Stereochemie von Molekülreaktionen oft nur relative Änderungen erfaßt, können mittels Beugungsmethoden an Festkörpern durch die Ermittlung von Gitterabständen, Gitterkonstanten bzw. der Elementarzelle einer Festkörperstruktur quantitative Angaben gemacht werden. Durch die relativ geringe Teilchenbewegung in Festkörpern kann man zum Nachweis sterischer Veränderungen, etwa bei einer Phasentransformation (bzw. allgemein Phasenneubildung), durch mehrere aufeinanderfolgende Röntgenbeugungsdiagramme innerhalb eines Temperaturintervalls die Zwischenstufen «direkt» beobachten (Abschn. 9.). Der experimentelle Aufwand hat allerdings erst in neuerer Zeit solche Resultate erlaubt, während die indirekte Schlußweise optischer, dielektrischer oder spektroskopischer Methoden in der Stereochemie von Molekülreaktionen seit 20 bis 30 Jahren praktisch erprobt wird.
Auch bei der Addition von Brom an 1,2-Diphenyl-ethen kann man aus der Stereochemie der Reaktion Rückschlüsse auf den Mechanismus ziehen (Tab. 6.4).

Tab. 6.4. Elektrophile Addition von Brom an (E)- bzw. (Z)-1,2-Diphenyl-ethen (DIPhEt) in verschiedenen Lösungsmitteln. Der Anteil an ($\pm$)-Dibromprodukt entspricht der Differenz (100—meso-Anteil).

Lösungsmittel	%-meso-1,2-Diphenyl-1,2-dibrom-ethan bei der Addition an	
	E-1,2-DIPhEt	Z-1,2-DIPhEt
Schwefelkohlenstoff	94,5	19,6
Tetrachlorkohlenstoff	89	23
Trichloressigsäureethylester	79	49
Trichloracetonitril	81,5	66
Nitrobenzen	83,5	71,5

Während in unpolaren Lösungsmitteln aus dem (E)-Olefin vorrangig das meso-1,2-Dibrom-Produkt und aus dem (Z)-Olefin das ($\pm$)-1,2-Dibrom-Produkt entsteht, wird in stark solvatisierenden Lösungsmitteln aus beiden Olefinen vorrangig die meso-Form gebildet. Damit wird nicht nur das Auftreten einer ionischen Zwischenstufe gezeigt, sondern weiterhin darauf hingewiesen, daß deren Lebensdauer offensichtlich durch Solvatstabilisierung so weit erhöht werden kann, daß durch Rotation um die

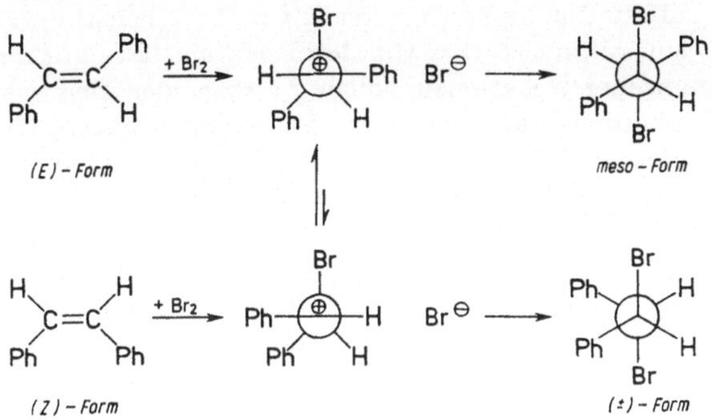

Bild 6.3. Konformationsgleichgewicht der Zwischenstufe bei der elektrophilen Addition von Brom an 1,2-Diphenylethen

C—C-Bindung das sterisch weniger behinderte anti-Konformere (bez. der Phenylgruppen) der Zwischenstufe entsteht, das im 2. Schritt zur meso-Form führt (Bild 6.3).

Wenn sich bei Reaktionen von Koordinationsverbindungen die Koordinationszahl (Zahl der Haftatome am Metall) und die räumliche Anordnung der Liganden um das Zentralatom im Koordinationspolyeder ändern, kann man durch Untersuchung der Stereochemie Rückschlüsse auf den Mechanismus ziehen. Im Gegensatz zu den organischen Reaktionen, deren Betrachtung von kovalenten Bindungsverhältnissen ausgeht, die, wie in früheren Abschnitten gezeigt, durch Ansätze aus der MO- bzw. VB-Theorie beschrieben werden, richtet sich die Beurteilung koordinationschemischer Reaktionen nach der Natur der Bindung im Koordinationspolyeder. Handelt es sich ebenfalls um kovalente Bindungen zwischen Zentralatom und Ligand, wie z. B. in Ni(O)-, V(O)-, Cr(O)-Komplexen mit π-Akzeptorliganden (CO, Alkene, Alkine, PPh₃, PF₃), so ist die Orbitalgeometrie in gleicher Weise bestimmend für sterische Veränderungen wie bei organischen Reaktionen. Insbesondere durch die Einbeziehung von d-Orbitalen sind die Koordinationspolyeder vielgestaltiger als die vorherrschende Tetraederanordnung der organischen Stereochemie. Auch Reaktionen metallorganischer Verbindungen mit kovalenter Bindung werden über MO- bzw. VB-Modelle geeignet behandelt. Überwiegt dagegen die elektrostatische Natur der Bindung, wie z. B. in Ni(II)-, Co(II)-, Cr(III)-Komplexen, so werden sterische Veränderungen während der Reaktion besser auf der Basis der Ligandenfeldtheorie beurteilt.

Bei Substitutionsreaktionen an Cr-, Mo- und W-Komplexen konnte auch eine Abhängigkeit des Mechanismus von der Größe des Zentralatoms beobachtet werden. Für die Reaktion von Phosphinen mit Hexacarbonylkomplexen der sechsten Nebengruppe

$$Mt(CO)_6 + R_3P \rightarrow Mt(CO)_5PR_3 + CO$$

ergaben kinetische Untersuchungen bei kleinem Zentralatom und damit verbundener stärkerer Abschirmung durch die CO-Liganden eine Reaktion 1. Ordnung, was einen D-Mechanismus nahelegt, während mit zunehmender Größe des Zentralatoms ein Geschwindigkeitsgesetz 2. Ordnung für den A-Mechanismus spricht.

Die Anwendbarkeit theoretischer Grundlagen der Stereochemie ist im Prinzip nicht auf Reaktionen in Lösung beschränkt und gilt unter Berücksichtigung von Besonderheiten auch für kondensierte Phasen, Mischphasen und Phasengrenzflächen. Im letztgenannten Falle besteht die Besonderheit der Phasengrenzfläche darin, daß nur ein Teil des Koordinationspolyeders für die elektronische Umordnung zur Verfügung steht. Der Nachweis reaktiver Zwischenstufen ist dann besser mit direkten grenzflächendiagnostischen Methoden zu führen als durch die indirekte Schlußweise sterischer Veränderungen im Phasenvolumen. Obwohl der Nachweis einer reaktiven Zwischenstufe bei koordinationschemischen Reaktionen weitaus stärker von den Reaktionsbedingungen abhängt als bei der Mehrzahl organischer Reaktionen, sollen die folgenden Beispiele das methodische Vorgehen zur Gewinnung stereochemischer Folgerungen zeigen. Die von den Bedingungen abhängige Vielfalt des Reaktionsablaufes kann besonders am Beispiel des trans-$[Ir(CO)Cl(PPh_3)_2]$ (VASKA-Komplex) verdeutlicht werden. Erfolgt an dem planaren d^8-Komplex eine oxydative Addition, so verläuft diese bei homonuclearen starken Bindungen (H_2 oder O_2) konzertiert als cis-Addition. Ist die Bindung im zu addierenden Edukt relativ schwach und unpolar (z. B. Halogene, allgem. X_2), so konnte ein radikalischer Mechanismus mit einer pentakoordinierten Zwischenstufe nachgewiesen werden:

$$\overset{I}{[Ir(CO)Cl(PPh_3)_2]} + X\!-\!X \rightarrow \overset{II}{[Ir(CO)Cl(PPh_3)_2X]} + X^{\cdot}$$

$$\overset{II}{[Ir(CO)Cl(PPh_3)_2X]} + X^{\cdot} \rightarrow \overset{III}{[Ir(CO)Cl(PPh_3)_2X]}$$

Ist dagegen das zu addierende Edukt polar, z. B. Methyliodid, und wird die Reaktion in polarem Medium durchgeführt, so wird ein Metheniumion als Elektrophil gebunden, und die pentakoordinierte Zwischenstufe reagiert im zweiten Schritt mit dem Iodidion zum oktaedrischen Komplex unter trans-Addition.

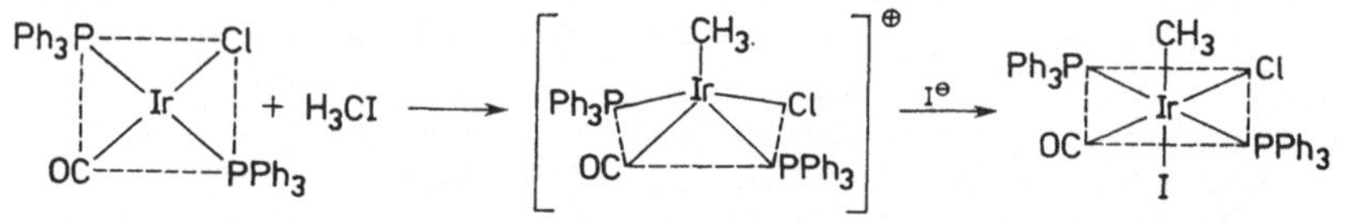

Bei der Addition von Chlorwasserstoff an trans-$[Ir(CO)Cl(PPh_3)_2]$ konnte in Benzen eine synchron verlaufende cis-Addition festgestellt werden, während die Reaktion in polaren Lösungsmitteln als ionische Zweischrittreaktion mit pentakoordinierter Zwischenstufe als trans-Addition abläuft.

6.4.4. Folgerungen aus dem Aggregatzustand

So wie stereochemische Folgerungen auf der Gestalt der Orbitale beruhen, sollten sich Folgerungen auf Zwischenstufen aus dem Aggregatzustand auf eine Theorie der Wechselwirkung von Atomen, Ionen oder Molekülen gründen. Da noch keine derartige Theorie besteht, können gegenwärtig nur Hinweise auf der Basis qualitativer Kriterien erhalten werden. Als solche wären zu nennen:

1. Polarität der isolierten Spezies und die Polarisierbarkeit als Folge der Wechselwirkung
2. Natur der Wechselwirkung in ihrem Verhältnis von kovalentem und elektrostatischem Bindungsanteil
3. Volumenordnung in ihrem Verhältnis von Nahordnung und Fernordnung

Die Betrachtung dieser Kriterien läßt verständlich werden, daß in der Gasphase als dem «unpolarsten Medium» mit schwacher Wechselwirkung über Ionen verlaufende Reaktionen wenig wahrscheinlich sind. Ausnahmen bilden Reaktionen in energiereichen Gasen (z. B. Plasmen), auf die im Abschn. 9. eingegangen wird. In kondensierten Phasen treten dagegen häufig ionische Zwischenstufen auf. Ihre Bildungswahrscheinlichkeit nimmt zu mit der Polarität der Bindungsdipole und damit auch der Polarität des makroskopischen Dielektrikums, da in der genannten Richtung die temporäre Stabilisierung von Ladungen durch Wechselwirkung (z. B. Solvatation, Ionenaggregation) erfolgen kann. Umgekehrt kann bei unpolaren Edukten in unpolarem Medium entweder auf konzertiert verlaufende Elektronenumordnung geschlossen werden oder auf homolytische Bindungsdissoziation unter Bildung radikalischer Zwischenstufen.

6.5. Abfangen von Zwischenstufen

Das Abfangen reaktiver Zwischenstufen entspricht häufig der Verfahrensweise, wie sie im Abschn. 6.4.1. bereits behandelt wurde. Die dort angegebenen Beispiele erlauben nicht nur den Hinweis auf eine Zwischenstufe oder eine konzertierte elektronische Umordnung, sondern aus der Natur des Abfangreagens (Ladung, Donor- bzw. Akzeptorcharakter) kann zugleich auf die Natur der Zwischenstufe gefolgert werden (vgl. z. B. Halogenaddition an Olefine im Abschn. 6.4.1.).
Für die Schlüssigkeit des Abfangexperimentes muß gesichert sein, daß das Abfangreagens nicht bereits vor der Bildung der Zwischenstufe verändernd in den Mechanismus eingreift. Dazu kann die Messung der Geschwindigkeit des Verbrauches der Edukte in Gegenwart bzw. Abwesenheit des Abfangreagens erfolgen. Schließlich muß man sich durch weitere Experimente davon überzeugen, daß das Abfangreagens mit der Zwischenstufe reagiert und nicht mit dem Produkt (s. S. 187).
Da Abfangreaktionen bimolekular verlaufen, ist natürlich die Lebensdauer der Zwischenstufe ausschlaggebend für die Nachweismöglichkeit. Bei den sehr hohen Geschwindigkeiten der Radikal- bzw. Ionenrekombination oder den ebenfalls sehr schnellen monomolekularen Stabilisierungsreaktionen durch Umlagerung oder Fragmentierung bedarf es daher in der Gasphase besonderer Abfangtechniken, während die Nachweismöglichkeit durch Wechselwirkung stabilisierter Zwischenstufen in kondensierter Phase einfacher ist. Das Abfangen von Zwischenstufen kann daher nur bei positivem Ausgang des Experimentes der Mechanismusaufklärung dienen.

6.5.1. Abfangen von Radikalen

Ein klassisches Abfangreagens für Radikale ist das Diphenylpikrylhydrazylradikal (DPPH), das selbst aus sterischen Gründen nicht dimerisieren kann und daher sterisch geeignetere Radikale aus einer Lösung abfängt. Infolge seiner intensiv violetten Farbe kann die Reaktion mit einer radikalischen Zwischenstufe durch Colorimetrie quantitativ verfolgt werden. $R\cdot$ kann z. B. ein Alkylradikal sein.

Die schnelle Reaktion von Radikalen mit molekularem Sauerstoff wird häufig zum Nachweis radikalischer Zwischenstufen benutzt. Dabei dient die Verringerung der Reaktionsgeschwindigkeit bereits als Hinweis. In Abhängigkeit von der Struktur und den Reaktionsbedingungen konnten die entstehenden Peroxyverbindungen isoliert werden:

$$R\cdot + O_2 \rightarrow R\!-\!O\!-\!O\cdot \xrightarrow{+X-H} R\!-\!O\!-\!O\!-\!H + X\cdot$$

Auch Chinone vermögen Radikale zu addieren, wobei die zwischenzeitlich entstehenden Semichinone ebenfalls ein Radikal abfangen können.

Semichinon

Schließlich ist es möglich, Radikale in Feststoffmatrices «einzufangen», ohne daß sie mit dem Medium reagieren·oder infolge Diffusionsbehinderung rekombinieren können. So konnten in einer Matrix aus Natrium und Natriumchlorid bei tiefen Temperaturen selbst Alkylradikale stabilisiert werden.

$$R\!-\!Cl + Na \xrightarrow{-180\,°C} R\cdot + NaCl$$

6.5.2. Abfangen von Ionen

Die koordinationschemische Fixierung von Elementen in niedrigen Wertigkeitsstufen kann als Abfangen der jeweiligen Oxydationsstufe durch σ- oder π-Liganden aufgefaßt werden. Grundsätzlich gilt, daß man Kationen mit Anionen abfängt oder durch starke neutrale Nucleophile in Kationen so geringer Elektrophilie überführt, daß sie unter den Reaktionsbedingungen nicht weiterreagieren und isoliert bzw. analytisch identifiziert werden können. Während z. B. bei den Reaktionen des elementaren Schwefels unter wenig polaren Bedingungen (u. a. mit Olefinen) die S_8-Ringe über Diradikale aufspalten und weitere radikalische Zwischenstufen bilden, erfolgt in Gegenwart von Nucleophilen (Nu) in polaren Medien die Bildung ionischer Zwischenstufen.

$$S_8 + Nu \rightarrow \overset{\oplus}{Nu}(S_8)^{\ominus}$$

Der Nachweis von Carbokationen bei organischen Reaktionen erfolgt ganz analog. So gelingt in manchen Fällen die Stabilisierung des Kations durch stabile Gegenionen ($SbF_6^{\ominus}$, $AsF_6^{\ominus}$, $BF_4^{\ominus}$ u. a.), oder man fängt das Carbokation mit einem Nucleophil ab. Dafür eignen sich π-Donoren ebenso wie n-Donoren.

$$R\oplus + H_2C = CH\!-\!OR' \rightarrow R\!-\!CH_2\!-\!\overset{\oplus}{C}HOR' \xrightarrow{\text{Polymerisation}}$$

$$R\oplus + Ph_3P \rightarrow R\!-\!\overset{\oplus}{P}Ph_3$$

Durch ^{31}P-NMR-Spektroskopie des stabilen Phosphoniumsalzes kann die Konzentration des Carbokations quantitativ bestimmt werden. Bei Verwendung radioaktiver Nucleophile bzw. Anionen kann die Nachweisempfindlichkeit der Abfangreaktion von Kationen außerordentlich erhöht werden.

Umgekehrt führt man Abfangreaktionen von anionischen Zwischenstufen mit geeigneten Kationen oder Elektrophilen durch. Neben stabilen Gegenionen ($Li^{\oplus}$, $Mg^{2\oplus}$

oder $Mt^{\oplus}$ solvatisiert mit Kronenethern) eignen sich besonders π-Akzeptoren.

$$R|^{\ominus} + H_2C = CH-CN \rightarrow R-CH_2-\overset{\ominus}{CH}-CN \xrightarrow{\text{Polymerisation}}$$

$$R|^{\ominus} + {\Large>}C = O \rightarrow R-\overset{|}{\underset{|}{C}}-\overline{O}|^{\ominus}$$

Aber auch die Reaktion mit σ-Akzeptoren (X—H-acide Elektrophile) kann für die qualitative und quantitative Charakterisierung von anionischen Zwischenstufen herangezogen werden. Setzt man z. B. einer Carbanionreaktion geringe Mengen Wasser zu oder bei massenspektrometrischer Analyse D_2O bzw. T_2O bei Radioanalyse, so kann die Bildung von R—H (D bzw. T) quantitativ verfolgt werden.

$$R|^{\ominus} + T_2O \rightarrow R-T + TO^{\ominus}$$

6.5.3. Abfangen von neutralen Spezies

Bei den reaktiven Zwischenstufen ohne Ladung handelt es sich in der Regel um mehr oder minder elektronendefizite Atome bzw. Moleküle, die von atomaren Metallen oder Nichtmetallen bis zu Carbenen, Nitrenen und Arinen reichen.
Bei der Verdampfung von Graphit im Lichtbogen wurden neben massenspektrometrischer Analyse auch durch Abfangexperimente mit Chlor sowohl atomare Spezies C_1 als auch molekulare Spezies, besonders C_2 und C_3, nachgewiesen. Durch Cokondensation von atomaren Nebengruppenmetallen (Ni, Pd, Fe, Cr, Co u. a.) in der Gasphase mit starken π-Donoren (Ethen, Bicyclo[2.2.1]hepten u. a.) als Abfangreagenzien konnten Mt(O)-Komplexe, teilweise in präparativem Maßstab, hergestellt werden. Als Beispiele seien genannt: tris-Ethen-Ni(O) und tris-Bicyclo[2.2.1]hepten-Pd(O). Erinnert sei in diesem Zusammenhang an die Vielzahl von Metallcarbonylen, die auf dem vorgenannten Wege dargestellt bzw. analytisch charakterisiert werden konnten. Auf Grund der Fähigkeit des Kohlenmonoxids, als σ-Donor bzw. π-Akzeptor zu wirken, können sie in Abhängigkeit von der Elektronenkonfiguration der Metalle zu stabilen Carbonylkomplexen (z. B. $Ni(CO)_4$, $Fe(CO)_5$, $Mo(CO)_6$) über mehr oder minder instabile Zwischenstufen führen (z. B .$Ni(CO)_2$, $Fe(CO)_4$, $Mo(CO)_5$) oder auch durch Wechselwirkung mit anderen Reaktanden stabilisiert werden (z. B. Edelgase, CH_4, SF_6). Auch n-Donoren können als Abfangreagenzien dienen, wobei je nach Reaktionsmedium verschieden substituierte Amine bzw. Phosphine Verwendung finden. Die Charakterisierung freier Koordinationsstellen an Metallatomen ist auch für mechanistische Untersuchungen an Metalloberflächen (Oberflächencluster) bei der heterogenen Katalyse oder bei Korrosionsvorgängen bedeutungsvoll.
Bei den sehr langsam verlaufenden Reaktionen in Silicatlösungen spielt der Nachweis von Oligokieselsäuren eine wesentliche Rolle. Diese können durch Umsetzung mit Trimethylchlorsilan abgefangen und massenspektrometrisch nachgewiesen werden [6.5].

$$H_2C{=}CHR + R_2C: \longrightarrow H_2C\underset{\underset{R_2}{C}}{\diagup\diagdown}CHR$$

$$H_2C{=}CH{-}H + H_2C: \longrightarrow H_2C{=}CH{-}CH_3$$

$$Ph-\underset{\cdot}{\overset{\cdot}{N}} + H-Ph \longrightarrow Ph-\underset{\underset{H}{|}}{\overline{N}}-Ph$$

Auch zum Abfangen der elektronendefiziten Carbene bzw. Nitrene bietet man π-, n- oder σ-Donoren an, wobei Additions- bzw. Einschubreaktionen der auf S. 195 beschriebenen Art eintreten. Schließlich sei auf die Abfangreaktionen der Arine hingewiesen, die eine wichtige Rolle zur Aufklärung des Mechanismus bei der Einwirkung von Nucleophilen auf Halogenarene spielten. Danach liegt ein Eliminierungs-Additions-Mechanismus vor.

6.6. Physikalische Methoden zum direkten Nachweis reaktiver Zwischenstufen

Neben den indirekten chemischen Methoden kommt heute den physikalischen Methoden zum Nachweis reaktiver Zwischenstufen eine große Bedeutung zu, wobei davon wiederum die spektroskopischen Methoden besonders hervorzuheben sind. Dazu müssen zwei Bedingungen erfüllt sein:

1. Die Konzentration der reaktiven Zwischenstufe muß hinreichend hoch sein, um einen Nachweis zu führen.
2. Die Lebensdauer der reaktiven Zwischenstufe muß hoch genug sein, um eine Nachweisführung zu gewährleisten.

Der Stand der Meßgeräteentwicklung hat bezüglich Empfindlichkeit (Spurenanalytik im ppm-Bereich) und methodischer Zeitauflösung (Ultrakurzzeitmethoden bis 10^{-12} s) erstaunliche Resultate erlaubt. Grundsätzlich sind alle physikalischen Methoden auf chemische Reaktionen anwendbar, unabhängig davon, ob die Edukte in klassischer Einteilung der anorganischen oder der organischen Chemie zugerechnet werden. Die Bevorzugung einer Methode hängt häufig vom Aggregatzustand und damit den Bindungsverhältnissen bei der Umwandlung der Edukte in die Produkte ab. Neben molekülspektroskopischen Methoden bei überwiegend kovalenten Bindungsverhältnissen werden bei amorphen und kristallinen Feststoffen mit überwiegend elektrostatischer Bindung auch emissionsspektroskopische Methoden (z. B. UV, IR) angewendet. Hinzu kommen spezielle Methoden der Feststoffstrukturaufklärung (z. B. Beugungsmethoden, Elektronenmikroskopie, Dynamische Thermoanalyse), die im Abschn. 9. behandelt werden.

Leitfähigkeitsmessungen

Messungen der elektrischen Leitfähigkeit erfassen die Beweglichkeit von Ionen bzw. Elektronen. Wenn man von strukturabhängigen Leitfähigkeitsveränderungen in kristallinen bzw. amorphen Festkörpern absieht, bezieht sich der Nachweis reaktiver Zwischenstufen durch temporäre Leitfähigkeitsänderungen mehr auf die qualitative Natur von positiven bzw. negativen Ladungen ohne Ermittlung struktureller Aspekte (z. B. Struktur der Ladungsträger, Assoziationsgrad, Solvathülle). Bei der elektronischen Umordnung von stark polaren Bindungen, wo ionische Zwischenstufen vermutet werden, kann aus der Messung der Dissoziationskonstanten von Edukten und der Größenordnung ihrer Veränderung beim Wechsel des Mediums der Schluß gezogen werden, ob die Reaktion in einem Medium ionisch verläuft oder nicht. So ändert sich die Leitfähigkeit von Tritylhalogeniden beim Lösungsmittelwechsel von Tetrachlorkohlenstoff zu flüssigem Schwefeldioxid um mehrere Größenordnungen. Nucleophile Substitutionen an der C-Halogen-Bindung werden daher in einem Ladungen stabilisierenden Medium bevorzugt über ionische Zwischenstufen verlaufen (S_N1-Mechanismus). In geeigneten Fällen kann aus der Veränderung der Leitfähigkeit bei Verdünnung die Dissoziationskonstante für das Gleichgewicht zwischen Ionenpaaren und freien solvatisierten Ionen erhalten werden. Auf diesem Wege gewinnt man Hinweise auf die unterschiedliche Reaktivität dieser Spezies bei Folgereaktionen.

Zum Nachweis reaktiver Zwischenstufen in flüssiger Phase bzw. in Lösung hat sich auch die Hochfrequenz-Konduktometrie als nützlich erwiesen. Durch Messung mit Außenelektroden (System *Pungor*) besitzt diese Methode den Vorteil, daß Elektrodenreaktionen oder Konzentrationspolarisation auf der Elektrodenoberfläche vermieden werden und damit Messungen in aciden bzw. basischen Medien mit temporären Leitfähigkeitseffekten auf ionische Zwischenstufen während der beobachteten Reaktion hinweisen [6.6].

Dielektrische Messungen

Die Dielektrizitätskonstante (DK bzw. häufig mit ε bezeichnet) hatte bereits lange vor spektroskopischen Daten als Stoffkonstante Bedeutung für den Chemiker erlangt. Messungen der dielektrischen Polarisation, des dielektrischen Verlustes oder des Dipolmomentes können in der Gasphase, in Flüssigkeiten und in Feststoffen durchgeführt werden. Zeitabhängige Messungen (sog. dielektrische Kinetik) erlauben nicht nur die Diagnose reaktiver Zwischenstufen bei mechanistischen Untersuchungen, sondern können auch zur Steuerung von Produktionsprozessen angewendet werden. So kann z. B. die stufenweise Chlorierung des Methans in der Technik durch DK-Messungen überwacht und die optimale Bildung des gewünschten Produktes gesteuert werden. Tab. 6.5 enthält die DK-Werte der unterschiedlichen Chlorierungsprodukte, die unter den Reaktionsbedingungen zugleich als Zwischenstufen der vollständigen Chlorierung aufgefaßt werden können.

Tab. 6.5. DK-Werte der Reaktionsprodukte bei der stufenweisen Chlorierung von Methan

Produkt	CH_4	CH_3Cl	CH_2Cl_2	$CHCl_3$	CCl_4
DK	1,0	12,6	8,65	4,81	2,24

Bei Reaktionen, die zu Strukturisomeren mit großem Unterschied der Dipolmomente führen (z. B. Addition an Mehrfachbindungen), kann die bevorzugte Bildung eines Isomeren verfolgt und damit auf die Bildung eines bestimmten Übergangszustandes aus den Edukten oder aus einer reaktiven Zwischenstufe geschlossen werden. Eine starke Änderung des Dipolmomentes (oder der DK) während der Reaktion ist als Ausdruck der Zunahme elektrostatischer Bindungsanteile im Laufe der elektronischen Umordnung und damit als Hinweis auf ionische Zwischenstufen zu werten. In ähnlicher Weise können dielektrische Messungen bei Feststoffreaktionen, die mit starken Veränderungen der Bindungsverhältnisse (kovalent-elektrostatisch) verknüpft sind, zum Nachweis von Zwischenstufen besonderer Strukturprägung dienen. Als Beispiel sei auf die Glasbildung in binären Oxidsystemen verwiesen (Abschn. 9.), wo durch DK-Messungen oder die Verfolgung dielektrischer Verluste die Veränderung von Nahordnungs- bzw. Fernordnungsbereichen beobachtet werden kann und damit bei Temperaturvariation verschiedene Strukturanordnungen bis zum Erreichen der Struktur der erstarrten Schmelze nachweisbar sind.

6.7. Spektroskopische Methoden zum Nachweis reaktiver Zwischenstufen

UV/VIS-Spektroskopie

Bei manchen Reaktionen tritt unmittelbar nach dem Vermischen der Edukte im UV/VIS-Spektrum eine temporäre Absorption auf, die in Abhängigkeit von den Reaktionsbedingungen (Medium, Temperatur) mehr oder weniger rasch unter Aufbau der produktcharakteristischen Absorption verschwindet. Bekannte Beispiele, wo die temporäre Absorption im sichtbaren Teil des Spektrums liegt und der Vorgang damit visuell verfolgt werden kann, sind die Reaktion von Iod mit Aminen oder von Vinylethern und Tetracyanoethen.

$$R_3NI + nI_2 \xrightleftharpoons{K_{EDA}} R_3N\!\longrightarrow\!I_2 \longrightarrow [R_3N\!-\!I]^{\oplus}\,I^{\ominus}_{n-1}$$

(farblos in unpol. Lösung)   (violett)   (dunkelbraun)   (farblos bis gelb)

$$\underset{\text{(farblos)}}{\overset{\displaystyle H_2C}{\underset{\displaystyle HC\!-\!OEt}{\|}}} + \underset{\text{(farblos bis hellgelb)}}{\overset{\displaystyle C(CN)_2}{\underset{\displaystyle C(CN)_2}{\|}}} \xrightleftharpoons{K_{EDA}} \underset{\text{(orange, } \lambda_{max}=410\,\text{nm)}}{H_2C\cdots C(CN)_2 \;\; HCOEt\;\;C(CN)_2} \longrightarrow \underset{\text{(farblos)}}{\overset{H_2C\!-\!C(CN)_2}{EtOC\!-\!C(CN)_2}}$$

In beiden Reaktionen werden Elektronen-Donor-Akzeptor-Komplexe (EDA-Komplexe) gebildet, wobei die Edukte bereits auf einen intermolekularen Abstand je nach EDA-Komplextyp zwischen 2,3 bis 3,5 Å gebracht werden ($-\Delta_R G^{\ominus} = RT \ln K_{EDA}$), der für die elektronische Umordnung im geschwindigkeitsbestimmenden Schritt die günstigsten sterischen Voraussetzungen besitzt. Die Lebensdauer der EDA-Komplexe und damit ihre Nachweismöglichkeit hängt außer von der Natur der Bindung (D + A ⇌ [D—A → D$^{\oplus}$A$^{\ominus}$]) stark von den Reaktionsbedingungen ab. Beispielsweise können π,σ-EDA-Komplexe zwischen Halogenen und But-1-en oder But-2-en durch schichtweise Kondensation auf einer tiefgekühlten Fläche (Küvettenfenster) so weit eingefroren werden, daß die Reaktion praktisch auf dieser Stufe stehenbleibt. Werden dagegen die Edukte bei Raumtemperatur in Lösung vermischt, ist durch konventionelle UV/VIS-Spektroskopie kein EDA-Komplex nachweisbar, da im Erwartungsbereich der EDA-Bande die aus der Folgereaktion resultierende weitaus stärkere Halogenanionabsorption liegt. Wird die Aufnahmetechnik dahingehend verändert, daß in einer Durchflußmeßzelle die Mischung der Edukte den Strahlengang bereits passiert hat, bevor mehr als 1 $^o/_o$ Additionsprodukt gebildet wurde (spektrokinetisches Verfahren), so kann die EDA-Komplexbildung trotzdem noch mit einem normalen UV/VIS-Spektrometer nachgewiesen werden. Der Hinweis auf reaktive Zwischenstufen (EDA-Komplexe, Ionen, Radikale) oder deren Ausschluß mit Hilfe der UV/VIS-Spektroskopie folgt auch bei zeitabhängiger Registrierung des Spektrums aus der Abwesenheit bzw.

dem Auftreten isosbestischer Punkte zwischen Edukt- und Produktbanden. Im Falle einer synchronen Reaktion zwischen zwei Reaktionszentren (D bzw. A) tritt bei Überlagerung von Edukt- und Produktbanden bei einer Wellenlänge ein Punkt auf, an dem sich die Absorption mit der Zeit nicht ändert (isosbestischer Punkt). Beim Auftreten einer Zwischenstufe mit zumindest kurzzeitiger Konzentrationsanreicherung sollte dagegen kein isosbestischer Punkt gefunden werden.

Es muß betont werden, daß der spektroskopische Nachweis von EDA-Komplexen nicht gleichzeitig ihre Mitwirkung am geschwindigkeitsbestimmenden Schritt beweist. Dazu hat man sich weiterer, vom spektroskopischen Nachweis unabhängiger Methoden zu bedienen. So konnte für viele Additionsreaktionen an Mehrfachbindungen, elektrophile und nucleophile Substitutionsreaktionen an benzoiden Verbindungen, Ligandenaustauschreaktionen an Übergangsmetallkomplexen, aber auch für intramolekulare Umlagerungen, der direkte spektroskopische Nachweis einer EDA-Komplexbildung erbracht werden, ohne daß in jedem Falle ihre Beteiligung am geschwindigkeitsbestimmenden Schritt zwingend bewiesen werden konnte. Auch der spektroskopische Nachweis von Clustern in Feststoffen oder an Phasengrenzflächen ist dem allgemeinen Aspekt einer EDA-Wechselwirkung zuzuordnen und kann damit in gleicher Weise zur Diskussion von Zwischenstufen im Mechanismus von Mehrphasenreaktionen herangezogen werden.

IR-Spektroskopie

Die prinzipielle Verfahrensweise beim IR-spektroskopischen Nachweis reaktiver Zwischenstufen während einer Reaktionsfolge ist der Absorptionsspektroskopie im UV/VIS-Bereich analog. Neben methodisch bedingten Unterschieden ist die größere Anwendungsbreite der IR-Spektroskopie auf Grund der Vielzahl möglicher Rotations-Schwingungs-Anregungen in isolierten Molekülen ebenso wie in kondensierten Phasen hervorzuheben. Dem ist entgegenzuhalten, daß infolge der wesentlich geringeren Bandenintensitäten der IR-Spektren bei konventioneller Meßmethode (ohne Bandenakkumulation mit rechentechnischer Auswertung) Konzentrationen von 10^{-2} bis 10^{-1} mol l^{-1} erforderlich sind, während für die UV/VIS-Spektroskopie Konzentrationen von 10^{-3} bis 10^{-4} mol l^{-1} ausreichen.

Bei der Untersuchung von Polykondensationsreaktionen von Phosphaten, Silicaten oder deren Säuren kann mit Hilfe der IR-Spektroskopie aus den P—O- bzw. Si—O-Valenzschwingungen sowie aus den Deformationsschwingungen von O—P—O- bzw. O—Si—O-Gruppen (durch Winkelveränderungen bei Strukturwandlung) auf Zwischenstufen geschlossen werden, die nicht die zur Isolierung erforderliche Stabilität besitzen. Durch die Unterscheidungsmöglichkeit von Brückensauerstoffatomen (z. B. P—O—P bzw. Si—O—Si) und Trennstellensauerstoffatomen (z. B. P—O$^{\ominus}$ bzw. Si—O$^{\ominus}$) ist eine weitere Vertiefung der Strukturdiagnose möglich. Dabei konnten im Verlauf von Einkomponenten- und Mehrkomponentenfeststoffreaktionen, wie Modifikationsumwandlungen des Siliziumdioxids oder Glasbildungsprozessen, reaktive Zwischenstufen mit unterschiedlicher Struktur der Koordinationspolyeder nachgewiesen werden. Die so gewonnenen Hinweise werden heute durch NMR-Spektroskopie (z. B. [29]Si, ^{31}P) weitgehend ergänzt und vertieft.

Besonders im Bereich der Koordinationschemie konnten IR-spektroskopisch in Folgen von Substitutions- oder Redoxreaktionen an Übergangsmetallzentralatomen wenig stabile Zwischenstufen beobachtet werden. Zum Beispiel wurde in Nickel-Azomethin-

Komplexen aus der geringen Veränderung der $C=N$-Valenzschwingung im Komplex ($1\,620$ cm^{-1}) im Vergleich zum unkomplexierten Azomethin ($1\,628$ cm^{-1}) auf eine relativ lockere Bindung der Liganden am Nickel geschlossen [6.7], wodurch die beträchtliche Geschwindigkeit von Folgereaktionen verständlich wird. Andererseits konnte für d-elektronenreiche Metallkomplexe (Ni, Co, Mo, Ru), die molekularen Stickstoff als Ligand enthalten, z. B. $[Ru(NH_3)_5(N_2)]X_2$, gezeigt werden, daß die Valenzschwingung des freien Stickstoffmoleküls ($2\,331$ cm^{-1}) im Komplex um 200 bis 300 cm^{-1} längerwellig verschoben ist, was auf eine σ-N-Mt-Bindung mit zusätzlicher π-Bindung durch π-back-donation hinweist. Das läßt wiederum verständlich werden, warum diese Komplexe nicht die erhoffte Reaktionsfreudigkeit für Folgereaktionen besitzen, wie sie für Synthesen ausgehend von Luftstickstoff erforderlich wäre.

NMR-Spektroskopie

Bei vielen Reaktionen erfolgt die elektronische Umordnung auf heterolytischem Wege, so daß Ionen als Zwischenstufen auftreten können.

$$R_2C=CR_2 + X_2 \rightarrow R_2C\underset{\underset{\displaystyle X}{|}}{\overset{}{}}\!\!-\!\!\overset{\oplus}{C}R_2X^{\ominus} \rightarrow R_2\underset{\underset{\displaystyle X}{|}}{C}\!\!-\!\!\underset{\underset{\displaystyle X}{|}}{C}\!\!-\!\!R_2$$

Zu ihrem Nachweis eignet sich besonders die NMR-Spektroskopie, da sich zum Beispiel im voranstehenden Falle die Elektronendichte am Carbeniumion erheblich von den Bindungsverhältnissen im Edukt und im Produkt unterscheidet. In einem ^{13}C-NMR-Spektrum bedeutet die starke Verminderung der Elektronendichte am $^{13}C\oplus$ dessen geringere Abschirmung, was eine Niederfeldverschiebung von 200—300 ppm zur Folge hat. Auch die α-^{13}C-Atome werden durch den Elektronenzug des Kations entschirmt und erfahren eine Änderung der chemischen Verschiebung zu niederem Feld um 15—35 ppm. Diese Veränderung der chemischen Verschiebung im Falle von Ionenbildung an resonanzfähigen Kernen (^{1}H, ^{13}C, ^{19}F, ^{31}P, ^{29}Si, ^{27}Al usw.) oder in ihrer chemischen Umgebung gilt allgemein und kann zur Untersuchung verschiedenster chemischer Reaktionen angewendet werden. So gewinnt man für die bereits erwähnte Polykondensationsreaktion von Phosphaten wertvolle Hinweise auf die Natur temporärer Zwischenstufen aus der ^{31}P-NMR-Spektroskopie. Im Bereich der organischen Chemie fand die ^{1}H-NMR-Spektroskopie die bislang umfangreichste Anwendung. Bild 6.4 enthält die ^{1}H-NMR-Spektren einiger Chloralkane und der durch *Lewis*-Säure-Einwirkung daraus entstehenden Carbeniumionen.

Dem Bild 6.4 entnimmt man die aus bereits angeführten Gründen erfolgende chemische Verschiebung der Resonanzabsorption zu niederen Feldstärken, wobei die zur Kationladung β-ständigen Protonen nur eine Verschiebung von $\delta = 1$—2 ppm auf $\delta = 4$ bis 5 ppm erfahren.

Als Mangel der NMR-Spektroskopie muß auf die relativ geringe Empfindlichkeit und die geringe Zeitauflösung verwiesen werden. Die Informationen über Carbeniumionen beziehen sich daher größtenteils auf Systeme mit starker Resonanzstabilisierung. Weiterhin wurden die Spektren in Gegenwart stabiler Anionen bei meist sehr tiefen Temperaturen aufgenommen (z. T. —180 °C). So findet man in Lösungen der 2,3-Dihalogen-2,3-dimethyl-butane in supersauren Medien (z. B. SbF_5/SO_2) bei tiefen Temperaturen eine Niederfeldverschiebung der Methylprotonen in der gleichen Größenordnung wie in Bild 6.4. Überraschend ist dabei, daß man nur ein Signal erhält. Demnach entsteht ein cyclisches Haloniumion mit vier äquivalenten Methylgruppen. Im

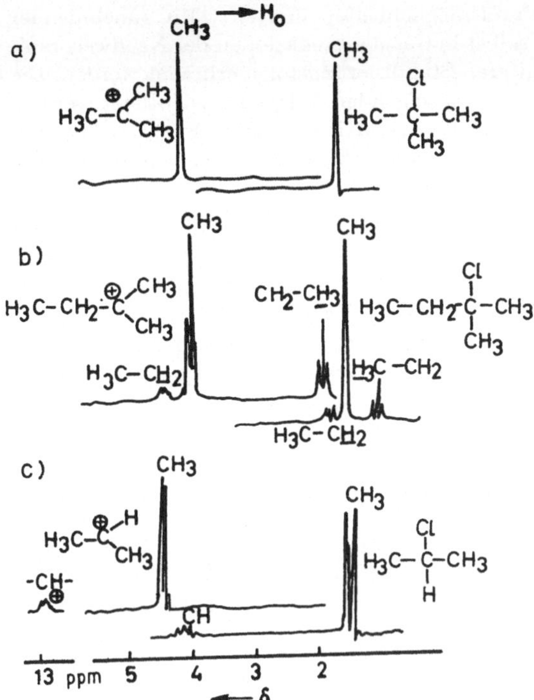

Bild 6.4. ^{1}H—NMR-Spektren verschiedener aliphatischer Carbeniumionén im Vergleich mit den entsprechenden Ausgangsverbindungen

Falle der Bildung eines Carbeniumions müßte ein Spektrum mit zwei Signalen beobachtet werden.

ESR-Spektroskopie

Verläuft die elektronische Umordnung zwischen Bindungen geringer Polarität, so treten häufig infolge homolytischer Bindungsspaltung Radikale als reaktive Zwischenstufen auf. Zu ihrem Nachweis ist die ESR-Spektroskopie besonders geeignet, wobei die hohe Nachweisempfindlichkeit bis 10^{-12} mol hervorzuheben ist [6.4]. Da die Methode grundsätzlich auf ungepaarte Elektronenspins in deren Wechselwirkung mit Kernen, die über ein magnetisches Moment verfügen, anspricht, kann ihre vielfältige Nutzung bei der Aufklärung von Reaktionsmechanismen, z. B. in der Koordinationschemie der Metalle, bei Feststoffreaktionen, aber auch in thermischen bzw. energiereichen Gasreaktionen hier nur erwähnt werden.

Es muß darauf hingewiesen werden, daß der Erhalt von Spektren mit scharfen Linien bei Raumtemperatur sehr stark von der Zahl ungepaarter Elektronen (z. B. bei Nebengruppenelementen) abhängt. Andernfalls kann infolge zu starker Linienverbreiterung kein Nachweis erbracht werden.

Die Chance zum Nachweis von Radikalen im Reaktionsverlauf hängt weiterhin sehr stark von der inneren und äußeren Stabilisierung ab und ist im Falle «heißer» Radikale

(C·, N· u. a.) bezüglich direkter Nachweismöglichkeiten limitiert. Mit zunehmender Resonanzstabilisierung kann dagegen selbst in Gasphasereaktionen der Nachweis radikalischer Zwischenstufen vor einer weiteren Stabilisierungsfolge erbracht werden. Die Bedeutung der Resonanzstabilisierung soll im folgenden Beispiel verdeutlicht werden. Bei der Reaktion von Natriumdampf mit 3-Chlor-but-1-en bzw. mit 1-Chlor-but-2-en wird das gleiche ESR-Spektrum des resultierenden Radikals erhalten, was die Äquivalenz der C-Atome 1 bis 3 infolge Resonanz beweist.

$$H_2C{=}CH{-}\underset{\underset{\displaystyle Cl}{|}}{CH}{-}CH_3 + Na \rightarrow H_2C{=}CH{-}\dot{C}H{-}CH_3 + NaCl$$

$$Cl{-}CH_2{-}CH{=}CH{-}CH_3 + Na \rightarrow H_2\dot{C}{-}CH{=}CH{-}CH_3 + NaCl$$

Bei der anionischen Polymerisation von Butadien mit Natrium als Initiator erfolgt eine Elektronenübertragung unter Bildung eines Butadien-Anionradikals, das schnell zum Dianion dimerisiert, über welches mit weiterem Butadien der anionische Kettenwachstumsprozeß fortgesetzt werden kann. Trotz geringer Lebensdauer kann das Anionradikal als reaktive Zwischenstufe nachgewiesen werden, wobei man dem Bild 6.5 entnimmt, daß die Radialfunktion offensichtlich über das gesamte Molekül delokalisiert ist.

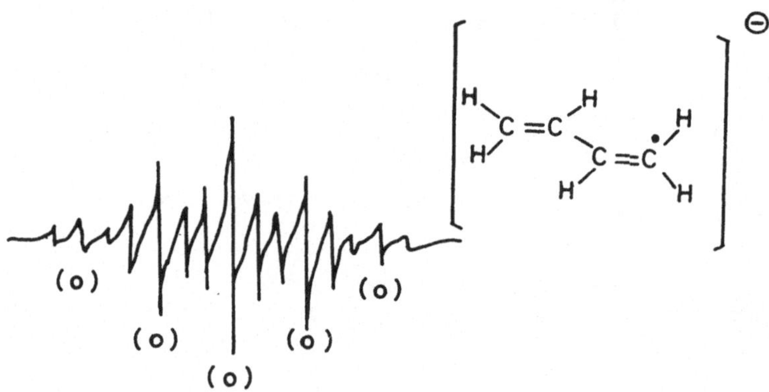

Bild 6.5. ESR-Spektrum des Butadien-Anionradikals

Diese Information gewinnt man aus der Hyperfeinstruktur des ESR-Spektrums, wo durch Kopplung des freien Elektrons mit den vier äquivalenten Protonen der CH_2-Gruppen fünf Linien (o) im Verhältnis 1:4:6:4:1 entstehen. Die weitere Aufspaltung dieses Tripletts im Verhältnis 1:2:1 ist auf die Kopplung mit den beiden CH-Protonen zurückzuführen. Man erhält also außer dem Nachweis des Radikals aus dem Aufspaltungstyp des ESR-Spektrums weitergehende Strukturinformationen der reaktiven Zwischenstufe, die zur Beurteilung des Mechanismus von Folgereaktionen bedeutungsvoll sind. Bei Radikalzwischenstufen, deren Lebensdauer nicht durch Resonanzstabilisierung eine zum direkten Nachweis erforderliche Konzentration garantiert, kann durch Abfangen des Radikals («spin trapping») mit Hilfe von Nitrosoverbindungen oder Nitronen ein Nachweis versucht werden

$$R· + Ph{-}N{=}O \rightarrow Ph{-}\underset{\underset{\displaystyle R}{|}}{N}{-}O·$$

Die stabilen Nitroxid-Radikale können dann in üblicher Weise über ihre Hyperfein-
aufspaltung analysiert werden. Zunehmende Bedeutung gewinnt die ESR-Spektroskopie bei der Aufklärung von Reaktionen metallorganischer Verbindungen mit Einelektronenübergängen.

Photoelektronen-Spektroskopie (ESCA)

Bei der Wechselwirkung von Atomen, Ionen oder Molekülen mit Photonen entsprechender Energie bis zur Röntgenstrahlung (Röntgen-Photoelektronen-Spektroskopie)
können neben Valenzelektronen auch Elektronen innerer Schalen über die Systemgrenze hinaus freigesetzt werden. Durch elektrische bzw. magnetische Messung der
kinetischen Energie dieser Elektronen (im Prinzip auch der entstehenden Ionen durch
Massenspektrometrie) kann man deren Bindungsenergie ermitteln, die Aufschluß über
die Elektronendichteverteilung bzw. den Ladungszustand eines Atoms oder einer
Gruppe gibt. In Bild 6.6 ist das C-1s-Röntgen-Photoelektronen-Spektrum des tert-

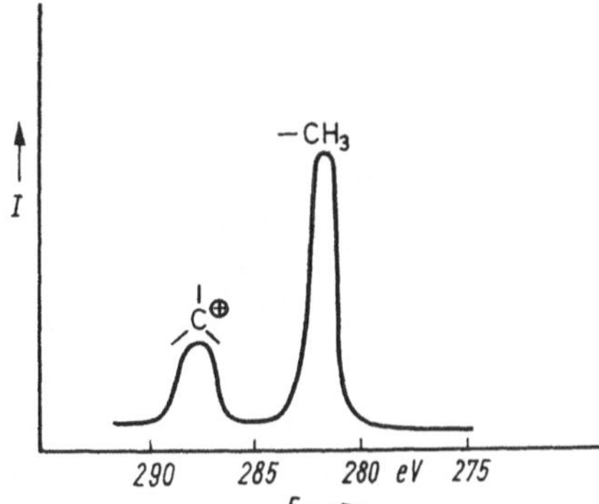

Bild 6.6. C-1s-Röntgen-Photoelektronen-
Spektrum des tert-Butyl-Carbeniumions

Butyl-Carbeniumions dargestellt, das häufig als Zwischenstufe nucleophiler Substitutionsreaktionen oder von Additionsreaktionen an Isobuten diskutiert wird. Das
ESCA-Spektrum enthält 2 Signale im Verhältnis 1 : 3, wobei die Elektronenfreisetzung
am positiven Kohlenstoff mehr Energie erfordert als für die 1s-Elektronen der Methylgruppen. Wie man dem Beispiel leicht entnehmen kann, eignet sich die Methode also
besonders zum Nachweis elektronischer Veränderungen an gleichen Atomen relativ zu
unterschiedlicher Umgebung. Da die elektronische Umordnung der Valenzelektronen
sowohl von den inneren Elektronen als auch von ihrer chemischen Umgebung beeinflußt wird, ist hier zumindest potentiell eine hohe Differenzierung bei der Strukturdiagnose möglich. In Tab. 6.6 sind die Bindungsenergien der 1s-Elektronen des C-
Atoms von Methanderivaten angegeben. Man erkennt die Abhängigkeit vom Substitu-
tionsgrad und der Natur der Substituenten.
Die Nutzung dieser Methode zur Oberflächendiagnose von Feststoffreaktionen oder
zeit- bzw. temperaturabhängigen Veränderungen der Bindungsverhältnisse an Phasengrenzflächen befindet sich noch am Anfang, läßt aber eine breite Entwicklung erwarten. Wie bei allen direkten Nachweismethoden ist natürlich auch die ESCA-Spektro-
skopie durch die Lebensdauer der reaktiven Spezies und die Mindestkonzentration zum
Nachweis limitiert.

Verbindung	Bindungsenergie des 1s-C in eV
CH_4	290,8
CH_3Br	291,8
CH_3Cl	292,4
CH_2Cl_2	293,9
$CHCl_3$	295,1
CCl_4	296,3
CH_3F	293,6
CHF_3	299,1
CF_4	301,8

Tab. 6.6. Bindungsenergien substituierter Methane aus der Röntgen-Photoelektronen-Spektroskopie (Mg—$K_\alpha \sim 1253{,}6$ eV)

Blitzlicht-, Röntgen- und Laserimpuls-Spektroskopie

Vorzugsweise bei nichtthermischen, teilweise aber auch bei thermischen Reaktionen treten Zwischenstufen mit extrem kurzer Lebensdauer auf, so daß die konventionellen spektroskopischen Methoden wegen ihrer zu geringen Zeitauflösung nicht zum direkten Nachweis geeignet sind. Mitunter ist es möglich, auf photochemischem Weg reaktive kurzlebige Zwischenstufen zu erzeugen, die auch bei thermischen Reaktionen auftreten. Seit der Einführung von Impulsmethoden, z. B. der Blitzlichtphotolyse, der Pulsradiolyse und der Laserimpulsspektroskopie, lassen sich selbst dann noch Radikale, Carbeniumionen oder andere elektronendefizite Zwischenstufen wie Carbene und Nitrene sowie kurzlebige Reaktionsprodukte und angeregte Zustände nachweisen und spektroskopisch charakterisieren, wenn ihre Lebensdauer zwischen 1 und 10^{-12} s liegt. Bei den genannten Arbeitstechniken wird mit Hilfe eines Licht- oder Laserimpulses die Reaktion ausgelöst und infolge der hohen eingestrahlten Energie kurzzeitig eine hohe Konzentration der kurzlebigen Zwischenstufen erzeugt. Kurze Zeit nach dem Impuls wird die Probe bzw. Reaktionsmischung mit monochromatischem Licht geringerer Energie durchstrahlt und die zeitliche Veränderung der Extinktion bei einer Wellenlänge gemessen. Durch punktweises Abtasten erhält man so das Gesamtspektrum der Zwischenstufe und dessen zeitliche Änderung. Es ist auch möglich, nach dem Impuls polychromatisches Licht einzustrahlen und das Absorptionsspektrum der Zwischenstufe mit Hilfe eines Spektrometers zu registrieren. Die Veränderungen des Zeitabstandes zwischen Impuls und der Einstrahlung des polychromatischen Lichtes geben dann Aufschluß über die zeitliche Änderung des Spektrums. Somit erlauben es die genannten Methoden, reaktive Zwischenstufen mit ihren spektroskopischen und kinetischen Eigenschaften zu charakterisieren. Im Abschn. 9. wird auf Beispiele ultrakurzzeitspektroskopischer Untersuchungen eingegangen.

Literatur zum Abschnitt 6.

[6.1] *Krüger, H.:* Chem. Soc. Rev. **11** (1982) S. 227

[6.2] *Kustin, K.; Swinehart, J.:* Progr. Inorg. Chem. **13** (1970) S. 107

[6.3] *Basolo, F.; Pearson, R. G.:* Mechanism of Inorganic Reactions. A Study of Metal Complexes in Solution. New York. John Wiley and Sons 1967

Williams, A. F.: A Theoretical Approach to Inorganic Chemistry. West-Berlin: Springer-Verlag 1979

[6.4] *Rehorek, D.:* Z. Chem. **20** (1980) S. 325

[6.5] *Harris, R. K.; Knight, C. T. G.; Smith, D. N.:* Chem. Comun. (1980) S. 726; *Glasser, L. S. D.; Lachowski, E. E.:* J. Chem. Soc. Dalton Trans. **1980**, S. 393, 399

[6.6] *Heublein, G.; Helbig, M.:* Tetrahedron (London) **29** (1973) S. 3247

[6.7] *Walther, D.; Sieler, J.; Kaiser, J.:* Z. Anorg. Allg. Chem. **472** (1981) S. 149

[6.8] *Sykes, P.:* A Guidebook to Mechanism in Organic Chemistry. New York: Longman Inc. 1981

[6.9] *Hauptmann, S.:* Über den Ablauf organisch-chemischer Reaktionen. Berlin: Akademie-Verlag 1973

[6.10] Autorenkollektiv: Reaktive Zwischenstufen in der organischen Chemie. Berlin: Akademie-Verlag 1981

[6.11] *Schwetlick, K.:* Kinetische Methoden zur Untersuchung von Reaktionsmechanismen. Berlin: VEB Deutscher Verlag der Wissenschaften 1971

[6.12] *Isaacs, N. S.:* Reactive Intermediates in Organic Chemistry. London/New York: John Wiley & Sons 1974

[6.13] *Abramovitch, R. A.:* Reactive Intermediates. New York/London: Plenum Press 1980

[6.14] *Wentrup, C.:* Reaktive Zwischenstufen. Stuttgart: Thieme-Verlag 1978

[6.15] *Heublein, G.:* Zum Ablauf ionischer Polymerisationsreaktionen. Berlin: Akademie-Verlag 1975

[6.16] *Fitz, I.:* Reaktionstypen in der anorganischen Chemie. Berlin: Akademie-Verlag 1981

7. Struktur, Reaktivität und Selektivität

In den vorhergehenden Abschnitten sind die theoretischen und experimentellen Voraussetzungen zur Aufklärung und Diskussion von Reaktionsmechanismen beschrieben worden. Danach kann im Prinzip für jede chemische Reaktion der Zusammenhang zwischen der Struktur von Edukten, Produkten sowie eventuellen Zwischenstufen und der Reaktivität charakterisiert werden. Die Reaktivität ist bei alternativen Reaktionswegen wiederum mit der Selektivität verbunden. Die Vielfalt chemischer Reaktionen hat es erforderlich gemacht, den Selektivitätsbegriff weiter zu spezifizieren. Definitionen der Chemoselektivität, Regioselektivität sowie weitere Untergliederungen der Stereoselektivität wurden im Abschn. 3. angegeben.

Neben den inneren Faktoren zur Bestimmung der Reaktivität, die bei theoretischen Ableitungen (Abschn. 7.6.2.) Struktureinflüsse wechselwirkungsfreier Spezies, z. B. in der Gasphase, enthalten, sind die Reaktionsbedingungen als sogenannte äußere Faktoren von Bedeutung. Bei der Diskussion von Reaktionsmechanismen betreffen strukturbezogene Reaktivitätsprognosen immer eine «relative Reaktivität», da in Realsystemen innere und äußere Faktoren gemeinsam wirken und den Wert der Geschwindigkeitskonstanten bzw. das Verhältnis von Geschwindigkeitskonstanten bestimmen. Aus didaktischen Gründen soll in diesem Abschnitt der Struktureinfluß behandelt werden, gefolgt von den äußeren Bedingungen im Abschn. 8. Dabei stehen Reaktionen in homogener Phase im Vordergrund. Obwohl es für die thermodynamische bzw. kinetische Behandlung der Bewegungsvorgänge in einem reagierenden System gleichgültig sein sollte, ob die Aktivierung der Spezies zur Überwindung des Diffusionswiderstandes oder des Reaktionswiderstandes erforderlich ist, ergeben sich für Reaktionen in Mischphasen eine Reihe von Besonderheiten, die ihre getrennte Behandlung im Abschn. 9. rechtfertigt. Als Ausgangspunkt wurden Reaktionsbeispiele der im Abschn. 5. behandelten Elementarreaktionen gewählt, da sie als geschwindigkeitsbestimmende Reaktionsschritte die Reaktivität eines komplexen Reaktionssystems bestimmen können. Diese Auswahl zur Veranschaulichung von Reaktionsmechanismen ist willkürlich, aber die Auswahl nach Stoffgruppen oder nach der Mechanismeneinteilung molekularer Systeme, wie sie in der organischen bzw. der metallorganischen Chemie üblich ist, bietet keine besseren Möglichkeiten und erschwert die Einbeziehung von Reaktionen ohne festlegbares Reaktionszentrum, wie z. B. bei Phasentransformationen oder Kristallisationen aus Lösung bzw. Schmelzen.

7.1. Dissoziative Reaktionen

Dissoziative Reaktionen führen zu Zwischenstufen, deren thermodynamische Stabilität in homogenen Systemen ohne Diffusionskontrolle die Geschwindigkeit von Parallel- und Folgeschritten bestimmt (vgl. Bilder 4.10 bis 4.13 und 5.1). Bei Reaktionen kovalenter Bindungen kann der Struktureinfluß von Substituenten am Reaktionszentrum durch ihre Elektronegativität (I-Effekt), die Möglichkeit zur Konjugation (M-Effekt) oder durch ihr Volumen (sterischer Effekt) am übersichtlichsten entweder qualitativ, z. B. durch Vergleich von Geschwindigkeitsveränderungen, oder quantitativ durch semiempirische LFE-Korrelationen (Abschn. 7.6.1.) sowie theoretische Berechnungen (Abschn. 7.6.2.) charakterisiert werden. Der unmittelbare Zusammenhang von Struktur und Reaktivität kann nur bei radikalischen Zwischenstufen oder elektroneutralen Elektronenmangel- bzw. Elektronenüberschußspezies abgeleitet werden. Bei Reaktionen ionischer Zwischenstufen wird deren Stabilität in starkem Maße durch das Reaktionsmedium geprägt, so daß sich die aus den inneren Strukturfaktoren ableitbare Reaktivitätsprognose (isolierte Spezies in der Gasphase) nicht selten unter dem Einfluß der Solvatation umkehrt.

Bei grober Verallgemeinerung gilt: Je größer die thermodynamische Stabilität einer radikalischen Zwischenstufe ist, desto geringer ist ihre relative Reaktivität, aber desto höher wird häufig die Selektivität der dem Dissoziationsschritt folgenden Stabilisierungsschritte gefunden:

$$\text{Stabilität} \approx \frac{a}{\text{relat. Reaktivität}}$$

$$\text{Selektivität} \approx \frac{a}{\text{relat. Reaktivität}}$$

Umfangreiche Untersuchungen gibt es zum Mechanismus des Zerfalls von Peroxiden, Peroxysäureestern und Azo-Verbindungen, wobei der dissoziative Schritt konzertiert oder nichtkonzertiert erfolgen kann.

Für das Diacetylperoxid konnte in Lösung mit ^{18}O-Markierung der nichtkonzertierte Schritt bewiesen werden. Dagegen zerfallen tert-Butyl-arylperoxyacetate, insbesondere mit elektronenabstoßenden Substituenten (OCH_3, CH_3), nach dem konzertierten Mechanismus.

Tab. 7.1 enthält Aktivierungsparameter für den Zerfall einiger Peroxide und Peroxysäureester in Lösung.

Man erkennt deutlich eine Abnahme der Aktivierungsenthalpie mit zunehmender Radikalstabilität, was gleichbedeutend mit einer Präformierung des Radikalcharakters

Tab. 7.1. Aktivierungsparameter für einige Peroxide und Peroxysäureester

Substanz	ΔH^{*} in kJ mol^{-1}	ΔS^{*} in JK^{-1} mol^{-1}
$(H_3C)_3C\!-\!O\!-\!O\!-\!C(CH_3)_3$	159	62
$H_3C\!-\!\underset{\underset{O}{\|}}{C}\!-\!O\!-\!O\!-\!\underset{\underset{O}{\|}}{C}\!-\!CH_3$	122	52
$H_3C\!-\!\underset{\underset{O}{\|}}{C}\!-\!O\!-\!O\!-\!C(CH_3)_3$	159	71
$C_6H_5\!-\!\underset{\underset{O}{\|}}{C}\!-\!O\!-\!O\!-\!C(CH_3)_3$	140	42
$(H_3C)_3C\!-\!\underset{\underset{O}{\|}}{C}\!-\!O\!-\!O\!-\!C(CH_3)_3$	125	54
$C_6H_5\!-\!CH_2\!-\!\underset{\underset{O}{\|}}{C}\!-\!O\!-\!O\!-\!C(CH_3)_3$	118	16,3
$C_6H_5\!-\!CH_2\!-\!\underset{\underset{O}{\|}}{C}\!-\!O\!-\!O\!-\!\underset{\underset{O}{\|}}{C}\!-\!CH_2\!-\!C_6H_5$	92	10
$O_2N\!-\!C_6H_4\!-\!CH_2\!-\!\underset{\underset{O}{\|}}{C}\!-\!O\!-\!O\!-\!C(CH_3)_3$	122,6	18,4
$H_3C\!-\!C_6H_4\!-\!CH_2\!-\!\underset{\underset{O}{\|}}{C}\!-\!O\!-\!O\!-\!C(CH_3)_3$	108	$-1,26$
$H_3CO\!-\!C_6H_4\!-\!CH_2\!-\!\underset{\underset{O}{\|}}{C}\!-\!O\!-\!O\!-\!C(CH_3)_3$	103	0

im Übergangszustand der dissoziativen Reaktion ist. Dabei ist die Resonanzstabilisierung der Acylradikale stärker als die Stabilisierung der t-Butoxyradikale durch den induktiven bzw. sterischen Effekt (erschwerte Rekombination). Vorteilhaft für den konzertierten Mechanismus ist schließlich die Kohlendioxidbildung beim Zerfall, denn die Reaktion wird um einen Teil der Bildungsenthalpie des CO_2 ($\Delta H^{\circ} = -393{,}6$ kJ mol^{-1}) weniger endotherm. Dagegen entnimmt man Tab. 7.1 eindeutig eine erhebliche Entropieabnahme im Übergangszustand des konzertierten Mechanismus, was offensichtlich auf eingeschränkte Rotationsfreiheitsgrade hindeutet, die eine Synchronisa-

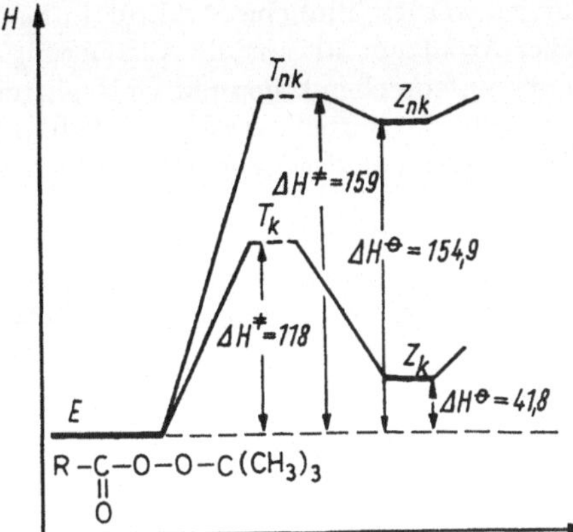

Bild 7.1. Enthalpieprofil für den thermischen Peroxysäureesterzerfall nach konzertiertem ($E \rightarrow T_k \rightarrow Z_k$) bzw. nichtkonzertiertem ($E \rightarrow T_{nk} \rightarrow Z_{nk}$) Mechanismus

tion der Bindungsschwingungen voraussetzen. Im Bild 7.1 soll der Unterschied an zwei Beispielen aus Tab. 7.1 veranschaulicht werden. Die ebenfalls angegebenen Standardbildungsenthalpien [7.1] können aus tabellierten Standardreaktionsgrößen nach der im Abschn. 2. beschriebenen Verfahrensweise berechnet werden.

Im Bild 7.1 bedeutet der Zerfall des Acetyl-tert-butylperoxids bei vergleichbarem Betrag von $\Delta H^{\neq}$ und $\Delta H^{\ominus}$ die homolytische Spaltung einer Bindung ($T_{nk} \rightarrow Z_{nk}$).

$$H_3C-\underset{O}{\underset{\|}{C}}-O-O-C(CH_3)_3 \xrightarrow{\Delta} [H_3C-\underset{O}{\underset{\|}{C}}-O\cdots O-C(CH_3)_3]^{\neq} \longrightarrow H_3C-\underset{O}{\underset{\|}{C}}-O\cdot + \cdot O-C(CH_3)_3$$

Beim Phenacetyl-tert-butylperoxid ist $\Delta H^{\neq}$ um etwa 40 kJ mol⁻¹ kleiner, als zur homolytischen Bindungsspaltung erforderlich ist, und der Zwischenzustand ($T_k \rightarrow Z_k$) durch die Resonanzstabilisierung des Benzylradikals weit weniger endotherm, was den konzertierten Mechanismus nahelegt.

Tab. 7.2. Aktivierungsparameter und relative Geschwindigkeitskonstanten für den Zerfall von (E)-Azoalkanen in Ethylbenzen

R_1	R_2	R_3	k_{rel} (bei 180 °C)	$\Delta H^{\neq}$ in kJ mol⁻¹	$\Delta S^{\neq}$ in JK⁻¹ mol⁻¹
CH₃	CH₃	CH₃	1	180,8	74,0
CH₃	CH₃	tert-Butyl	5,30	171	68,1
CH₃	CH₃	Neopentyl	247	148,8	50,0
CH₃	Isopropyl	Neopentyl	453	141,3	39,3
CH₃	Neopentyl	Neopentyl	57 000	125,4	21,7

Für dissoziative Reaktionen von Azoverbindungen werden ähnliche Struktureinflüsse gefunden [7.2]. Bei der Thermolyse aliphatischer Azoalkane nimmt die Aktivierungsenthalpie mit zunehmender Gruppengröße ab und entsprechend die relative Reaktivität zu, während sich die Aktivierungsentropie nicht wesentlich verändert. Tab. 7.2 enthält einige Daten für die Thermolyse von (E)-Azoalkanen des Typs $R^1R^2R^3C-N=$ $=N-CR^1R^2R^3$.

Wegen starker sterischer Einflüsse wurde die relative Reaktivität bei einigen (Z)-Azoalkanen mit zunehmender Gruppengröße wesentlich höher gefunden als die der entsprechenden (E)-Azoalkane, so daß deren Zerfall schon rund 200 °C tiefer erfolgt. Zum Vergleich dienen folgende Daten:

$k_{rel} = 5{,}30$; $R^1 = R^2 = CH_3$ (Ethylbenzen, 180 °C)

$k_{rel} > 1600$, $R^1 = R^2 = CH_3$ (Ethanol, – 28 °C)

Diese sterische Beschleunigung der Thermolyse wird auf die Abstoßung der freien Elektronenpaare an den beiden Stickstoffatomen sowie auf die sterische Hinderung zwischen den Alkylgruppen im Übergangszustand der (Z)-Isomeren zurückgeführt. Für symmetrisch substituierte Azoverbindungen der allgemeinen Struktur

R^1, R^2 = Alkyl; R = Alkyl, CN, COOCH$_3$, C$_6$H$_5$

wird aus den Aktivierungsparametern (Tab. 7.2) auf eine konzertierte Spaltung der beiden C—N-Bindungen geschlossen. Bei unsymmetrischen Azoverbindungen wurden auch nichtkonzertierte Reaktionen gefunden. Für symmetrische α-phenyl-substituierte Azoalkane wirkt sich der Ersatz einer Alkylgruppe durch eine Arylgruppe geschwindigkeitserhöhend aus, da offenbar die Schwingungssynchronisation für einen konzertierten Zerfall des Übergangszustandes durch Resonanzstabilisierung gefördert wird.

Mit zunehmender Gruppengröße von R^1 und R^2 kann allerdings die Absenkung der potentiellen Energie des Übergangszustandes auch verringert werden, was auf eine teilweise sterische Behinderung der Resonanzstabilisierung der entstehenden Radikale hinweist.

Die stabilisierende Wirkung von Arylgruppen erkennt man auch bei den Folgereaktionen des dissoziativen Schrittes. Das Triphenylmethoxyl-Radikal lagert sich durch 1,2-Phenylwanderung in ein stabileres Radikal um, welches schließlich dimerisiert. Die Bildung des folgenden Übergangszustandes ist auf die sterische Gruppenhäufung am C-Atom zurückzuführen (s. S. 211).

Im Falle des tert-Butoxyl-Radikals führt dagegen die sterische Gruppenhäufung zur Abspaltung des äußerst reaktiven Methylradikals und dessen Folgereaktionen.

$$(H_3C)_3 C-O-O-C(CH_3)_3 \xrightarrow{\ \Delta\ } 2 (H_3C)_3 C-O\cdot \longrightarrow 2 H_3C\cdot + 2 (CH_3)_2 C=O$$

$$Ph_3C{-}O{-}O{-}CPh_3 \xrightarrow{\ \Delta\ } 2\ Ph_3C{-}O\cdot \longrightarrow \left[\begin{array}{c} Ph \\ {\diagdown} \\ C{-}O \\ {\diagup} \\ Ph \end{array} \right]^{\ddagger}$$

$$\longrightarrow Ph_2\overset{\cdot}{C}{-}OPh \longrightarrow \underset{\underset{PhO\quad OPh}{|\qquad|}}{Ph_2C{-}CPh_2}$$

Der Einfluß der Gruppengröße auf dissoziative Reaktionen entspricht auch bei der Bildung ionischer Zwischenstufen den bisherigen Betrachtungen. So konnte z. B. eine lineare Beziehung zwischen den Thermolysegeschwindigkeiten von Azoalkanen (Tab. 7.2) und der nach dem S_N1-Mechanismus verlaufenden Solvolyse der entsprechenden tert-Alkyl-p-nitrobenzoate in 80 % Aceton/Wasser nachgewiesen werden [7.3].

$$O_2N{-}\langle\!\!\!\bigcirc\!\!\!\rangle{-}\underset{\underset{O}{\|}}{C}{-}O{-}\underset{\underset{R^3}{|}}{\overset{\overset{R^1}{|}}{C}}{-}R^2 \xrightarrow{H_2O} O_2N{-}\langle\!\!\!\bigcirc\!\!\!\rangle{-}\underset{\underset{O}{\|}}{C}{-}\bar{O}|^{\ominus} \quad \underset{R^2\quad R^3}{\overset{R^1}{\underset{\diagdown\ \diagup}{C^{\oplus}}}}$$

$$\longrightarrow O_2N{-}\langle\!\!\!\bigcirc\!\!\!\rangle{-}\underset{\underset{O}{\|}}{C}{-}OH + R^1R^2R^3C{-}OH$$

Auch bei der Bildung der Carbeniumionen-Zwischenstufe wird der dissoziative Schritt durch die Verminderung der sterischen Wechselwirkung (Back-Strain-Effekt) am tertiären Kohlenstoffatom energetisch begünstigt. Die äußere Stabilisierung der Zwischenstufe durch Solvatation wird dagegen mit zunehmender Gruppengröße von R^1, R^2 und R^3 stärker behindert (Front-Strain-Effekt), so daß die Produktbildung aus konkurrierenden Reaktionsschritten des Carbeniumions (Substitution, Eliminierung, Umlagerungen) stark vom Verhältnis innerer und äußerer Einflüsse auf das Reaktionszentrum abhängig ist. Auf den daraus resultierenden Relaischarakter der reaktiven Zwischenstufe wurde bereits mehrfach hingewiesen. Als Beispiel sei die im Bild 7.2 (s. S. 212) nach dem S_N1-Mechanismus verlaufende Solvolyse von trans-1-Methyl-cyclohexan-2-ol-toluensulfonat in Methanol angegeben.

Nach Bild 7.2 stabilisieren sich nur ca. 50 % der im dissoziativen Schritt durch Eliminierung des Tosylatrestes gebildeten Carbeniumionen durch Addition des Lösungsmittels unter Bildung der Produkte (A) und (B). Als weitere Stabilisierungsmöglichkeiten der Zwischenstufe und damit Konkurrenzreaktionen treten Eliminierungen von Protonen unter Bildung der Olefine (C) und (D) sowie eine Umlagerungsreaktion des Kations mit nachfolgender Addition des Lösungsmittels (E) auf.

Obwohl die Einflüsse innerer Faktoren auf die Reaktivität im dissoziativen Schritt wirksam bleiben, wie z. B. sterische Beschleunigung durch Erhöhung der Gruppengröße in der 1-Position des Cyclohexanringes (tert-Butyl statt CH_3) oder Erhöhung der Nucleofugie der Abgangsgruppe (Brosylatgruppe statt Tosylatgruppe), kann eine Reaktivitätsprognose als Voraussetzung zur Reaktionssteuerung (Abschn. 10.) nur unter Berücksichtigung der äußeren Einflüsse erhalten werden. So verläuft die Schwingungsaktivierung der C—OTs-Bindung auf Grund der wesentlich höheren Aktivie-

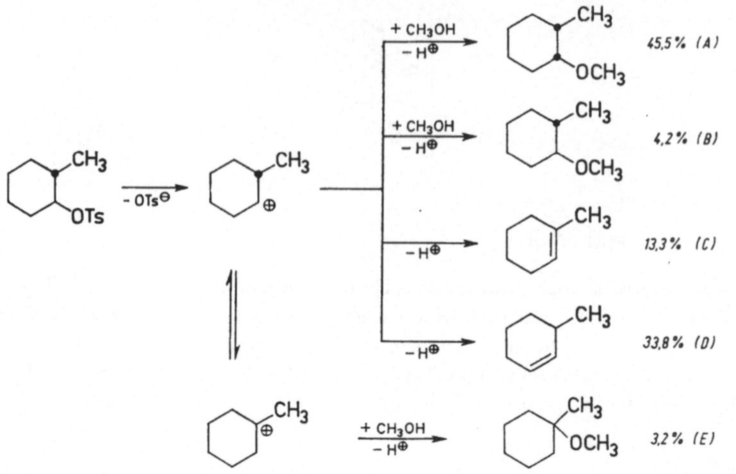

Bild 7.2. Solvolyse von trans-1-Methyl-cyclohexan-2-ol-toluensulfonat in Methanol

rungsenergie zur ionischen Dissoziation nicht wie bei den Azoalkanen in einem Elementarschritt, sondern über mehrere, die potentielle Energie des zu erreichenden Übergangszustandes sukzessive absenkende Elementarschritte, wie das im oberen Teil von Bild 5.1 am Beispiel des Isopropylbromids bereits veranschaulicht wurde. Auf die Analogie zu homogen-katalysierten Reaktionen, deren geschwindigkeitsbestimmender dissoziativer Reaktionsschritt schnelle vorgelagerte Gleichgewichte voraussetzt, wird im Abschn. 8. eingegangen. Eine Abschätzung «reiner» Substituenteneffekte auf die thermodynamische Stabilität von Zwischenstufen kann daher nur aus Bildungsenthalpien von Gasphasereaktionen erfolgen. Vergleicht man z. B. die Bildungsenthalpien von Alkylcarbeniumionen, so ist die Umwandlung vom primären zum sekundären und weiter zum tertiären Carbeniumion um jeweils 65 kJ mol^{-1} exotherm. Bei den entsprechenden Radikalen beträgt die Stabilisierung mit jeweils 11 kJ mol^{-1} nur noch etwa ein Sechstel. Man erkennt daraus, daß Alkylgruppen Carbeniumionen viel mehr stabilisieren als Radikale. Weiterhin wird verständlich, warum Reaktionen mit Alkylcarbeniumionen als Zwischenstufen wesentlich stärker von intramolekularen Umlagerungen begleitet sind, als Reaktionen, die über entsprechende Radikalzwischenstufen verlaufen. Diese thermochemischen Folgerungen über Struktur-Reaktivitätsbeziehungen stehen voll im Einklang mit theoretischen Ableitungen aus der quantenchemischen Störungstheorie.

Die thermodynamische Stabilisierung ionischer Zwischenstufen durch intramolekulare Ladungsdelokalisation erklärt auch, daß Carbanionen durch +I-Substituenten destabilisiert werden, während stark elektronegative Gruppen (CN, NO$_2$, Acyl) stabilisierend wirken. Neben der Wechselwirkung mit dem LUMO der vorgenannten Substituenten oder α-ständigen Phenyl- bzw. Allyl-Systemen erfahren Carbanionen auch eine Stabilisierung durch Wechselwirkung mit den freien Orbitalen von Elementen der zweiten Periode. Aus der Fülle über Carbanion-Zwischenstufen verlaufender Reaktionen mit solchen Orbitalwechselwirkungen sei an die *Michael*-Addition erinnert. Dabei wird durch Basenkatalyse die Bildung eines resonanzstabilisierten Anions erreicht, in welchem die Anionladung durch Wechselwirkung mit dem LUMO der benachbarten Mehrfachbindung delokalisiert wird. Das stärker nucleophile Kohlenstoffatom der Zwischenstufe ist dann in einem exothermen Reaktionsschritt zur Addition an Mehrfachbindungen befähigt, wobei die dabei entstehende Carbanion-Zwischenstufe in protischen Lösungsmitteln schnell unter Protonenübertragung reagiert.

$$CH_3\,CNI \quad \xrightarrow[-\,ROH]{+\,RO^\ominus} \quad [I\overset{\ominus}{C}H_2-C\equiv NI \quad \longleftrightarrow \quad CH_2=C=\overset{\ominus}{\underline{N}}]$$

$$[I\overset{\ominus}{C}H_2-C\equiv NI \quad \longleftrightarrow \quad CH_2=C=\overset{\ominus}{\underline{N}}] + H_2C=CH-COOC_2H_5$$

$$\longrightarrow \quad INC-CH_2-CH_2-\overset{\ominus}{C}H-COOC_2H_5$$

$$\xrightarrow[-\,RO^\ominus]{+\,HOR} \quad INC-CH_2-CH_2-CH_2-COOC_2H_5$$

Wird die Carbanion-Zwischenstufe dagegen in unpolaren oder in dipolar aprotischen Lösungsmitteln erzeugt, so kann der Additionsschritt an eine Doppelbindung wiederholt erfolgen, wie der Fall der anionischen Polymerisation zeigt.

$$H_2C=\underset{\underset{Ph}{|}}{CH} \quad \xrightarrow{(RLi)_n} \quad R-CH_2-\underset{\underset{Ph}{|}}{\overset{\ominus}{C}HLi^\oplus} + H_2C=\underset{\underset{Ph}{|}}{CH}$$

$$\longrightarrow \quad R-CH_2-\underset{\underset{Ph}{|}}{CH}-CH_2-\underset{\underset{Ph}{|}}{\overset{\ominus}{C}HLi^\oplus} \quad \longrightarrow \quad \text{Polymerisation}$$

Bei Verwendung von Styren oder Butadien als Monomere kann die Wechselwirkung der Anionladung durch Resonanz mit dem Benzenring bzw. der Doppelbindung zu einer so weitgehenden Stabilisierung führen, daß die Carbanionstufe nach Verbrauch des Monomers in unpolarem Medium kinetisch stabil bleibt. Fügt man weiteres Monomer zu, so wird die Polymerisation fortgesetzt, die daher als «lebende» Polymerisation bezeichnet wird. Natürlich trägt auch das Gegenion zur Stabilisierung bei. Ähnlich wie bei den über Carbeniumionen verlaufenden Reaktionen ist natürlich auch in diesem Beispiel der Zusammenhang von Struktur und Reaktivität nicht ausschließlich der thermodynamischen Stabilität der Zwischenstufe (aus $\Delta_B G^\ominus$ bzw. $\Delta_R G^\ominus$) zu entnehmen, sondern bedarf weiterer Argumente zu ihrer kinetischen Stabilität, die von der Höhe der Aktivierungsbarriere ($\Delta G^{\neq}$) für intra- bzw. intermolekulare Folgereaktionen abhängt. Die außerordentliche Bedeutung der Ionensolvatation zur Stabilisierung von Zwischenstufen wird daher im Abschn. 8. behandelt.

7.2.   Assoziative Reaktionen

Während im vorhergehenden Abschnitt der geschwindigkeitsbestimmende Dissoziationsschritt in der Regel endotherm verläuft, resultiert aus der bindenden Wechselwirkung von zwei bzw. mehreren Teilchen ein exothermer Reaktionsschritt. $\Delta H^{\neq}$ ist in der Regel klein und $\Delta S^{\neq}$ meistens negativ.

Dem assoziativen Reaktionsschritt können schnelle Elementarreaktionen vorgelagert sein, wie z. B. die Desolvatation von Ionen bei der Kristallisation aus Lösungen. Ebenso können zur Stabilisierung der entstandenen Spezies weitere assoziative oder dissoziative Elementarreaktionen folgen. Unabhängig von der Natur der entstehenden Bindung wird die qualitative Betrachtung assoziativer Reaktionen bekannte Wechselwirkungskonzepte einschließen müssen (Abschn. 5.3.). Das ist bei ausschließlich ladungskontrolliertem Verlauf in homogenen Ionenlösungen relativ einfach möglich (Ionenradien, Ionenfeldstärken, Ionen-Ionen- bzw. Ionen-Dipol-Wechselwirkungsenergien usw.). Gleiches gilt bei ausschließlich orbitalkontrollierten Reaktionen koordinativ gesättigter molekularer Systeme, wo die elektronische Umordnung stets in einer Kopplung von Bindungsneuknüpfung und Bindungsspaltung erfolgt (Donor-Akzeptor-Prinzip, HSAB-Konzept, MO-Theorie). Wesentlich schwieriger ist dagegen die Struktur-Reaktivitätsbetrachtung koordinativ ungesättigter Systeme, insbesondere der Haupt- und Nebengruppenelemente höherer Perioden. Geht man z. B. von den Reaktionen atomarer Metalle aus, so verlaufen homoassoziative Prozesse (Metallcluster, Homogenität von Aufdampfschichten) neben heteroassoziativen Prozessen (Reaktionen mit Atmosphärilien, dem System zugefügten Reaktionspartnern, der Kondensationsunterlage) außerordentlich schnell infolge des Höchstmaßes an koordinativer Ungesättigtheit der Eduktatome. Dagegen verlaufen Reaktionen von Metallkomplexen mit thermodynamisch begünstigten Koordinationszahlen bereits übersichtlicher, wobei die Bezeichnung assoziative Reaktion nur bei Erhöhung der Koordinationszahl (in Zwischenstufen oder dem Produkt) gerechtfertigt ist.

Gegenwärtig gibt es noch keine für alle Reaktionen gleichermaßen gültigen Beziehungen zwischen $\Delta_R G$ und $\Delta G^{\neq}$, so daß der Leser in diesem Abschnitt besonders auf die Vertiefung durch die weiterführenden Literaturangaben angewiesen ist, die jeweils ähnliche Reaktionen (organische Reaktionen, Reaktionen von Metallkomplexverbindungen, Gasreaktionen, Feststoffreaktionen) zusammenfassen und unter reaktionstheoretischen Aspekten behandeln. Wir müssen uns hier auf wenige, repräsentative Beispiele beschränken.

In Tab. 7.3 sind Daten für die Gasphasereaktion von Na-Dampf mit Alkylhalogeniden bzw. mit Dicyan angegeben [7.4].

Tab. 7.3. Reaktions- und Aktivierungsgrößen für die Gasphasereaktion von Na-Dampf mit Alkylhalogeniden bzw. Dicyan im Temperaturbereich zwischen 240—500 °C [7.4]

Reaktion	Stoßzahlverhältnis	E_A in kJ mol^{-1}	$\Delta_R H$ in kJ mol^{-1}
$Na + H_3CI \rightarrow NaI + H_3C^{\cdot}$	$1:1{,}6\ (240\,°C)$	1,25	112,0
$Na + H_3CBr \rightarrow NaBr + H_3C^{\cdot}$	$1:25\ (240\,°C)$	13,4	120,4
$Na + H_3CCl \rightarrow NaCl + H_3C^{\cdot}$	$1:5{\cdot}10^3\ (260\,°C)$	36,8	102,4
$Na + H_3CF \rightarrow NaF + H_3C^{\cdot}$	$1:1{\cdot}10^5\ (500\,°C)$	104,5	41,8
$Na + (CN)_2 \rightarrow NaCN + NC^{\cdot}$	$1:1{,}5{\cdot}10^5\ (260\,°C)$	50,2	—

Die Daten zeigen die leichtere Spaltung der C—I- bzw. C—Br-Bindung, die fast ohne Aktivierungsenergie und bei hoher Stoßausbeute erfolgt. Geht man in der Tabelle weiter nach unten, so kann die Bildung des günstigsten Übergangszustandes im Hinblick auf die große Zahl «ungünstiger» Stöße nur unter Berücksichtigung zusätzlicher sterischer Faktoren verstanden werden. Für die Reaktion von Na-Dampf mit Dicyan wurde gefunden, daß die in Tab. 7.3 für 260 °C angegebene Stoßausbeute mit steigender Temperatur abnimmt. Daraus wird gefolgert, daß die Energie zur Schwingungsaktivierung der $C-C$-Bindung zwar sehr klein ist, aber eben nur beim Stoß einer geeigneten sterischen Anordnung zwischen dem Na-Atom und der $C-C$-Bindung von dieser aufgenommen werden kann. Um welche Konfiguration des Übergangszustandes es sich dabei handelt, kann experimentell nicht belegt werden. Dagegen könnte man aus quantenchemischen Berechnungen mit Geometrieoptimierung möglicher Konfigurationen die Anordnung mit dem energetisch günstigsten Verlauf erhalten.

Assoziative Gasreaktionen von Metallatomen zu Metall-Clustern mit spezifischen katalytischen Eigenschaften oder von Metallatomen mit Komplexliganden beanspruchen zunehmendes Interesse, da die Untersuchung solcher Mechanismen zur reaktionstheoretischen Vertiefung der homogenen bzw. heterogenen Katalyse unmittelbar beiträgt. Die experimentelle Untersuchung von Metallatomen ist jedoch schwierig, infolge der Neigung, bereits bei $-196°C$ größere Aggregate zu bilden. Vergleichende Untersuchungen zum Mechanismus bei Katalysereaktionen erfordern daher die Einbettung in Tieftemperaturmatrices, die Immobilisierung der Metallatome auf geeigneten Trägern oder die gezielte Darstellung molekularer einkerniger bzw. mehrkerniger Metallkomplexe. Gerade das Studium derartiger Metall-Cluster sollte den Zusammenhang zwischen elektronischen bzw. sterischen Faktoren an den vakanten Koordinationsplätzen der Komplexe und ihrer katalytischen Wirkung verdeutlichen. Dabei sind folgende allgemeine Aspekte zu beachten:

1. Die Donor-Akzeptor-Eigenschaften der betreffenden Wechselwirkung zwischen dem Metall (Mt) und einem polaren Molekül (A-D), das ein Akzeptorzentrum (A) bzw. Donorzentrum (D) hat.
2. Die Elektronenspinzustände der Metallatome. Singulett- bzw. Triplettzustände begünstigen über Radikale verlaufende Reaktionen bzw. Einschubreaktionen in A-D (Oxydative Addition).
3. Verfügbarkeit nichtbindender σ- oder π-Elektronen in A-D und Verfügbarkeit entsprechender Orbitale in den Metallatomen Mt.
4. Der Energieaufwand zur Erzeugung atomarer Metalle ist zu berücksichtigen, da bei sehr hoher Verdampfungsenergie von Mt die Mt $(A-D)_n$-Komplexe bei ihrer Tieftemperaturisolierung eine hohe potentielle Energie besitzen und teilweise nur als instabile reaktive Zwischenstufen erhalten werden, die vielfältigen Folgereaktionen unterliegen.

Im Bild 7.3 (s. S. 216) sind die wesentlichsten Typen heteroassoziativer Reaktionen zwischen Mt und A-D schematisch veranschaulicht.
Nahezu ohne Aktivierungsenergie sollten einfache Orbitalüberlappungsreaktionen (Typ I im Bild 7.3) zwischen geeigneten π- bzw. σ-Donoren und Metallen verlaufen, da letztere über vakante Orbitale verfügen und im atomaren Zustand keinen sterischen Einschränkungen unterliegen. Cokondensationsuntersuchungen von Propen mit Al, Ni, Co, Pd und Pt bei -196 °C ließen im Falle des Al auf die Bildung von Dialuminium-alkan-σ-Bindungen schließen, während die Atome der achten Nebengruppe Komplexbildung mit π-Bindungen bevorzugen. Dafür sprechen IR- und ESR-spektroskopische Untersuchungen von matrixisolierten Spezies (z. B. Al/Propen/Neon im Verhältnis $1:10:10^3$ mit Neon als inerter Matrix). Während kinetische Untersuchungen bei derartig reaktiven Systemen kaum strukturabhängige Unterschiede erkennen lassen, führen Isotopenmarkierungsexperimente oft zu weitergehenden Schlußfolgerungen.

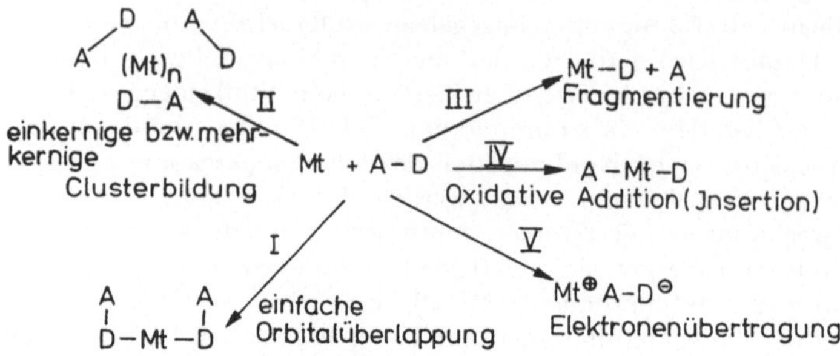

Bild 7.3. Assoziative Reaktionstypen von atomaren Metallen (Mt) und polaren Molekülen (A—D; A = Akzeptorstelle, D = Donorstelle)

So wird angenommen, daß beim «Auftauen» der matrixisolierten Spezies und Hydrolyse mit D_2O im Falle von Mt—C—σ-Bindungen deuterierte Produkte erhalten werden, während Mt—C—π-Bindungen unter Rückbildung von nichtdeuteriertem Propen reagieren.

In Übereinstimmung mit den spektroskopischen Untersuchungen ergab die Hydrolyse des Produktes der Cokondensation von Al und Propen deuteriertes Propan. Für die gleiche Reaktion mit Co, Ni, Pt und Pd wurde nach der Behandlung mit D_2O nur undeuteriertes Propen erhalten. Auch für die Cokondensation von Cu, Ni und Co mit Ethen wurden durch Matrixisolierung in Argon mono-, bis- und tris-Ethenkomplexe erhalten, wovon die tris-Ethenkomplexe am stabilsten waren (z. B. $Ni(C_2H_4)_3$ bis $0\,°C$). IR-spektroskopische Untersuchungen der $\nu_{C=C}$-Streckschwingungen für die tris-Ethenkomplexe ergaben folgende Reihenfolge:

$Cu(C_2H_4)_3$, $\nu_{C=C} = 1\,517\ \mathrm{cm^{-1}}$ > $Ni(C_2H_4)_3$, $\nu_{C=C} = 1\,512\ \mathrm{cm^{-1}}$ >
> $Co(C_2H_4)_3$, $\nu_{C=C} = 1\,499\ \mathrm{cm^{-1}}$

Diese Reihenfolge Cu > Ni > Co, d. h. von 17-, 16- bzw. 15-Elektronen-Systemen, befindet sich in Übereinstimmung mit der erwarteten Wechselwirkungsstärke der dativen Rückbindung vom Metall zu dem antibindenden π-Orbital im Ethen, die vom Cu über Ni zum Co zunehmen sollte. Tatsächlich entspricht die Valenzaufweitung der $\nu_{C=C}$-Streckschwingung dem erwarteten Gang für die $Mt(d\pi) \rightarrow C_2H_4(\pi^*)$-Wechselwirkung. Insgesamt deuten die ähnlichen IR-Spektren der drei tris-Ethenkomplexe auf deren strukturelle Identität hin, wobei eine planare D_{3h}-Geometrie angenommen wird [7.5]. Schließlich sei darauf hingewiesen, daß beim stufenweisen Aufbau von Mt-π-Komplexen nach der hier beschriebenen Methode und bei vergleichbaren Reaktionen nach klassischen Synthesewegen häufig gleiche Struktur-Reaktivitätsverhältnisse gefunden werden. So kann z. B. $Ni(COD)_2$ sowohl durch Cokondensation von Nickelatomen mit Cycloocta-1,5-dien (COD) als auch durch klassische Synthese in Lösung erhalten werden. Durch Behandlung dieses hochreaktiven Ni-Komplexes mit Ethen wird in glatter Reaktion $Ni(C_2H_4)_3$ gebildet [7.6].

$$Ni(COD)_2 + 3\,C_2H_4 \rightarrow Ni(C_2H_4)_3 + 2\,COD$$

Das zeigt, daß in beiden Fällen relativ schwache π-Ligand-stabilisierte Komplexe mit einem hochreaktiven Zentralatom vorliegen (sog. nacktes Nickel). Gleichzeitig wird damit die Berechtigung zu Folgerungen aus Komplexbildungsreaktionen atomarer Metalle auf ihr Verhalten als Zentralatome bei katalytischen Reaktionen nahegelegt (vgl. Abschn. 10.2.).

Nach Weg II im Bild 7.3 entstehen einkernige bzw. mehrkernige Cluster, die, soweit stabil, als Modelle für Mt-Cluster-katalysierte Reaktionen (z. B. Isomerisierung von Alkenen, Hydrierung von Alkinen und Alkenen, Methanolsynthese aus CO und H_2, Wassergas-Reaktion) direkt herangezogen werden können oder durch Reaktion mit stabilisierenden Liganden (Phosphine, Kohlenmonoxid) für Modelluntersuchungen zur katalytischen Wirkung von Metallen zugänglich werden [7.7].

Zu den assoziativen Mehrschrittreaktionen zählen auch die zahlreichen anorganischen und organischen Polymerisationsreaktionen. Diese Wachstumsmechanismen werden nach ihren reaktionskinetischen Unterschieden eingeteilt:

1. Kettenwachstumsreaktionen, die im allgemeinen durch einen Initiator (bzw. Katalysator) ausgelöst werden und deren assoziativer Schritt mit verhältnismäßig niedrigen Aktivierungsenthalpien durch einfache Orbitalüberlappung zwischen Donor- und Akzeptorzentren erfolgt.

2. Stufenwachstumsreaktionen, die mit der Verknüpfung zweier Teilchen (Ladungsausgleich bei Ionen, dipolare Moleküle mit ausgeprägtem Donor- bzw. Akzeptorzentrum, bi- oder polyfunktionelle Moleküle) beginnen. Dabei ist in der weiteren Unterteilung bei der sogenannten Additionspolymerisation die Aktivierungsenergie im Wachstumsschritt ebenfalls gering (Reaktion monomerer koordinativ ungesättigter Atome bzw. Moleküle), während im Falle der Kondensationspolymerisation (Abspaltung niedermolekularer Verbindungen, wie H_2O, NH_3, H_2S, Halogenwasserstoffe usw.) im Wachstumsschritt ein Teil der Bildungsenthalpie für Bindungsdissoziationen der zu eliminierenden Moleküle verbraucht wird. Im Abschn. 10. (Bild 10.4) wird auf diese Unterschiede im Zusammenhang mit der Reaktionssteuerung organischer Polymerisationsreaktionen nochmals eingegangen.

Bei allen diesen Reaktionen ist der Zusammenhang zwischen Struktur und Reaktivität in einfacher Weise nach dem Donor-Akzeptor-Prinzip oder seinen vertieften Ausdrucksformen (HSAB-Konzept, Grenzorbitalkonzept) zu betrachten. Typische Beispiele sind die Assoziationsreaktionen von Elektronenmangelverbindungen. Im Abschn. 1. wurden die Grundlagen über Mehrelektronen-Mehrzentrenbindungen vermittelt. Danach resultiert die Koordinationsstabilisierung der Borwasserstoffe durch Polymerisation aus dem schrittweisen Energiegewinn bindender Orbitalwechselwirkungen, deren Maximum bei der dichtesten Packung der entstehenden Koordinationspolyeder erreicht wird. Aus Tab. 7.4 erkennt man die zunehmende Verdichtung der monomeren BH_3-Einheit bis zum polymeren Zustand aus den physikalischen Eigenschaften bei unterschiedlichem Polymerisationsgrad [7.8].

Diese makroskopische Stabilisierung reflektiert unmittelbar die schrittweise zunehmende Orbitalwechselwirkung des Polymerisationsmechanismus. Das Atomskelett des Diborans besteht aus 8 Atomen mit 12 zur Bindung befähigten Elektronen, wovon 8 zur Ausbildung der Zweielektronen-Zweizentrenbindungen benötigt werden. An den

B_nH_{n+4}	Sdp. in °C	Gasdichte ($H_2 = 1$)	Aggregat-zustand
B_2H_6	—92,5	13,9	Gas
B_5H_9	48	32,0	Flüssigkeit
B_5H_{11}	63	32,1	Flüssigkeit
$B_{10}H_{14}$	213	61,0	Kristalle

Tab. 7.4. Physikalische Eigenschaften von Borwasserstoffen in Abhängigkeit vom Polymerisationsgrad

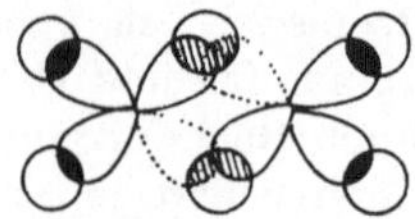 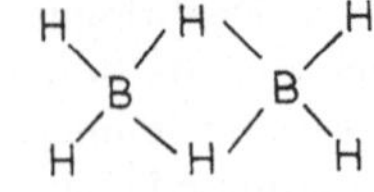

Bild 7.4. Mehrelektronen-Mehrzentrenbindungen im Diboran
Die beiden unbesetzten Orbitale sind punktiert gezeichnet [7.8]

Dreizentren-MO der beiden B—H—B-Brücken beteiligt sich jedes Boratom mit zwei gleichwertigen Orbitalen, wobei aber jeweils nur ein Orbital mit einem Elektron besetzt ist (Bild 7.4). Diese können nun zu geschlossenen bzw. offenen Dreizentrenbindungen zwischen drei Boratomen (Abschn. 1.) überlappen. Im B_5H_9 sind 12 MO mit 24 Elektronen besetzt, aber mit der entstandenen Struktur ist die dichteste Packung der Boratome zur Besetzung weiterer Dreizentrenorbitale noch nicht erreicht. Das ist bei elektroneutralen Polyedern nahezu beim $B_{10}H_{14}$ und vollständig bei der Ikosaeder-Struktur im $B_{12}H_{12}^{2\ominus}$-Anion der Fall.

Die symmetrische Ladungsverteilung und weitgehende Delokalisierung führt zu einer hohen thermodynamischen Stabilität dieses Anions, dessen Natriumsalz in vollständiger Ausbeute aus Diboran und Natriumborhydrid erhalten werden kann.

$$5\,B_2H_4 + 2\,NaBH_4 \rightarrow 2\,Na^{\oplus} + B_{12}H_{12}^{2\ominus} + 13\,H_2$$

Diese Polymerisation koordinativ ungesättigter Verbindungen, häufig als Koordinationspolymerisation bezeichnet, zur Erreichung maximaler Koordinationszahlen spielt im Bereich der Elementorganochemie sowie der Koordinationschemie eine außerordentliche Rolle. Die Bildung von Brückenstrukturen in $(CH_3Li)_4$, $[(CH_3)_2Be]_n$, $(AlCl_3)_n$, $(AgCN)_n$, $(AgSCN)_n$ und anderen Koordinationspolymeren ist als Folge des Vorhandenseins von Donor- und Akzeptororbitalen in einem Molekül zu interpretieren. In dem Maße, wie die Lage der Energieniveaus oder deren Differenzen, z. B. aus spektroskopischen Daten, bekannt sind, kann der Energiebeitrag bindender Wechselwirkungen für die Assoziationsschritte quantitativ erhalten werden. Der Polymerisationsgrad wird neben der Elektronenstruktur natürlich auch durch sterische Einflüsse bestimmt. Interessanterweise ist $(CH_3)_3B$ monomer, da offensichtlich die Bildung von Dreizentrenorbitalen der Boratome aus sterischen Gründen nicht gegeben ist. Aus dem gleichen Grunde liegen Lithiumalkyle in unpolaren Lösungsmitteln tetramer bis hexamer vor, wenn ein n-Alkylrest an das Lithium gebunden ist. Mit zunehmender Gruppengröße nimmt der Assoziationsgrad ab, so daß tert-Butyllithium nur noch Dimere bildet, die in Gegenwart von n- bzw. π-Donoren (Ether bzw. Olefine) außerordentlich leicht entassoziiert werden, da stärker stabilisierend wirkende Orbitalwechselwirkungen zwischen den leeren Atomorbitalen des Metalls und dem HOMO des Donors zustande kommen. Damit wird sofort verständlich, daß MtR_n-Verbindungen in Gegenwart starker Donoren nicht assoziieren, sondern zunächst eine einfache Addition des Donors erfolgt, die zu thermodynamisch stabilen Produkten führt oder über reaktive Zwischenstufen weitere

Stabilisierungsfolgen (Eliminierung, Fragmentierung, Ringbildung, Polymerisationen) anschließt. Erinnert sei in diesem Zusammenhang an die Addition von Boranen an Olefine oder die Addition von stark polaren, kovalenten Mt—C-Bindungen (z. B. LiR, MgR$_2$, AlR$_3$) an C=C- oder C=O-Doppelbindungen.

$$R—Li + O=C(CH_3)_2 \longrightarrow [\overset{\delta\ominus}{R}\cdots Li \leftarrow O \cdots \overset{\delta\oplus}{C}(CH_3)_2]^{\ddagger} \longrightarrow Li—O—C(CH_3)_2R$$

Während diese Addition zu Lithiumalkoxyverbindungen führt, die in aprotischen Lösungsmitteln stabil sind, erfolgt bei der Addition an olefinische Doppelbindungen ein Einschub in die Li—C-Bindung, wobei eine konzertierte Vierzentrenelektronenumordnung angenommen wird:

$$R—Li + H_2C=CHX \longrightarrow R—Li \Leftarrow \overset{CH_2}{\underset{CHX}{\parallel}} \longrightarrow \left[\begin{array}{c} R\cdots CH_2 \\ Li\cdots CHX \end{array}\right]^{\ddagger} \longrightarrow R—CH_2—\overset{H}{\underset{X}{C}}—Li \longrightarrow \text{Polymer}$$

Die Polarität der Li—C-Bindung ist stark vom Substituenten X abhängig. Ist X in der Lage, die Li—C-Bindung durch induktiven Effekt oder noch besser durch Resonanz zu stabilisieren (Methyl < Phenyl ~ Vinyl), so wird ein konzertierter Verlauf wahrscheinlicher. Daraus resultiert die hohe Regio- und Stereoselektivität der Styren- oder Butadienpolymerisation nach anionischem Mechanismus in unpolarem Medium (vgl. Abschn. 10.3.1.). Ist X dagegen ein elektronenanziehender Substituent (NO$_2$, CN, COOH, COOR), so wird die Ionisation der Li—C-Bindung erleichtert, und in Abhängigkeit von den Reaktionsbedingungen (Lösungsmittel, Temperatur) kann eine mehr oder weniger starke Dissoziation primär entstehender Ionenpaare erfolgen.
Es liegt nahe, daß die Tendenz zu Koordinationspolymerisationen mit der Zahl verfügbarer Valenzorbitale zunimmt. Weiterhin wird die Assoziation begünstigt, je weiter die Zahl der besetzten Orbitale von der Edelgaskonfiguration der jeweiligen Periode entfernt ist. Das erklärt die außerordentliche Vielfalt der Reaktionsmechanismen von Verbindungen der höheren Perioden, insbesondere bei Beteiligung von d-Orbitalen. Die räumliche Ausdehnung der d-Orbitale und ihre relativ geringen Energieunterschiede erklären schließlich auch, weshalb Nebengruppenmetallatome bei Koordinationspolymerisationen (Clusterbildung) zu Mehrkernkomplexen mit Mt—Mt-Bindungen führen. So wie im Falle der Borane sp^3-Hybridorbitale der Boratome eine zusätzliche Koordinationsstabilisierung bewirken, trifft dies auf d-Orbitalwechselwirkungen in Mt—Mt-Bindungen von Nebengruppenelementen zu. Als Beispiel seien die Carbonylmetall-Cluster der achten Nebengruppe genannt. Im Gegensatz zu reinen Metallclustern, wie sie aus der Gasphase durch Matrixisolation kondensiert werden können, ist die Reaktivität der Metallcarbonyl-Cluster (z. B. Rh$_6$(CO)$_{16}$, Os$_3$(CO)$_{12}$, Ir$_4$(CO)$_{12}$) wesentlich geringer. Sie sind durch den π-aciden CO-Liganden und durch die Mt—Mt-Bindung koordinationsstabilisiert. Die Bindungsenergien von Mt—Mt-Bindungen und Mt—CO-Bindungen sind vergleichbar, aber wesentlich geringer als für Bindungen zwischen Atomen der ersten beiden Perioden. Bei höherer Temperatur können sowohl Mt—CO-Bindungen als auch Mt—Mt-Bindungen relativ leicht gespalten werden. An die dabei frei werdenden Koordinationsstellen können sich dann andere π-, n- bzw. σ-Donoren anlagern (Alkene, H$_2$O, H$_2$). Die Bindungsenergien von Mt—Mt-Bindungen steigen dabei innerhalb einer Gruppe von den 3d- über 4d- zu den 5d-Metallen an [7.7]. Beispielsweise reagiert Fe$_3$(CO)$_{12}$ bei 80 °C mit Alkenen zu sogenannten [(η^2-Alken)Fe(CO$_4$)]-Komplexen, die zur katalytischen Isomerisierung von Olefinen geeignet sind. Dagegen

reagiert $Os_3(CO)_{12}$ selbst bei etwas höheren Temperaturen nicht mit Alkenen, da die Os—Os-Bindung unter diesen Bedingungen nicht gespalten wird.

Für die katalytische Wirkung von Mt-Komplexen ist das Verhältnis von thermodynamischer Stabilität der assoziativen Bindungsbildung und der kinetischen Stabilität der entstandenen Spezies von ausschlaggebender Bedeutung. Beispielsweise sind d-Orbitale in Ti- oder Ni-Komplexen in der Lage, durch Wechselwirkung mit π-Orbitalen in Olefinen diese zu koordinieren. Im Gegensatz zu den d-Elementen der höheren Perioden (z. B. Pd, Pt) ist jedoch die $d\pi$—$p\pi$-Bindung in Titanium- bzw. Nickelolefinkomplexen «gerade» so stabil, daß eine Umlagerung am Koordinationszentrum durch Einschub in eine Mt—C-Bindung erfolgen kann. Darauf beruht die Olefinpolymerisation mit *Ziegler-Natta*-Katalysatoren (Abschn. 10.3.3.). Zusammenfassend kann festgehalten werden, daß bei Betrachtung des gesamten Periodensystems die Tendenz zur Koordinationspolymerisation unter folgenden Voraussetzungen zunimmt:

– wenn ein Metallion bi- bzw. polyfunktionelle Eigenschaften hat, wie insbesondere die d-Metallionen, und Komplexliganden als Brückenliganden fungieren oder Mt—Mt-Mehrzentrenbindungen gebildet werden,
– wenn mehrzählige Liganden (Chelate) zur Koordinationsstabilisierung dienen,
– wenn ein Ligand funktionelle Gruppen enthält (OH, NH_2, COOH), die zur Additions- bzw. Kondensationspolymerisation neigen.

Letzteres betrifft z. B. die große Zahl thermischer Dehydratisierungen, wie die Kationenaggregation von Aquokomplexen zu Zwei- und Mehrkernkomplexen unter Wasseraustritt oder die Anionenaggregation unter Bildung sogenannter Isopolysäuren (Si, B, P usw.) bzw. Heteropolysäuren (Mo, W). Derartige Reaktionen sind stark vom pH-Wert abhängig, was zeigt, daß schnelle Protonierungs-Deprotonierungsgleichgewichte der Liganden (z. B. HO-Gruppen) dem geschwindigkeitsbestimmenden Kondensationsschritt vorgelagert sind. Sie bewirken eine Erhöhung der Polarisierung der Mt-Ligandbindung und vermindern damit die erforderliche Aktivierungsenergie zur Eliminierung der niedermolekularen Spezies (H_2O, NH_3, CO_2) bei der Kondensation. Moleküle mit koordinativ gesättigten Zentralatomen (z. B. $(CH_3)_4C$, $(CH_3)_4Si$) neigen nicht zu assoziativen Reaktionen, sondern erleiden bei thermischer Aktivierung meist eine Fragmentierung, wobei homolytische Dissoziationen am häufigsten sind. Die entstehenden Radikale gehen unterschiedliche Stabilisierungsfolgeschritte ein, wie das an anderer Stelle bereits erläutert wurde.

Wird dagegen an einem von acht Elektronen umgebenen Kohlenstoffatom, durch einen vorgelagerten Elementarschritt die Elektronendichte stark erhöht (Donorangriff) oder stark vermindert (Akzeptorangriff), so entstehen in beiden Fällen gegenüber dem Ausgangszustand energiereichere Spezies, die quasi koordinativ «übersättigt» bzw. ungesättigt sind und deshalb konzertiert oder nichtkonzertiert weitere Stabilisierungsschritte eingehen. Die daraus resultierenden Reaktionen, wie nucleophile bzw. elektrophile Substitution am gesättigten C-Atom oder an aromatischen Systemen sowie entsprechende Additionen bzw. Polymerisationen, unterscheiden sich zwar in der kinetischen Folge von assoziativen oder dissoziativen Schritten bzw. deren Kopplung, aber nicht im Aktivierungsverhalten zur Erreichung des ersten Übergangszustandes. So führt die Assoziation von Liganden an ein beliebiges Metallatom, das Elektronenladung aufnehmen oder abgeben kann, zu kinetisch labilen Komplexen, die Folgereaktionen eingehen, oder zu kinetisch stabilen Komplexen, die als Produkte isoliert werden können. Aus reaktionstheoretischer Sicht ist dies analog zu den vorgenannten Reaktionstypen der organischen Chemie zu betrachten. Auf Substitutions- und Ligandenaustauschreaktionen werden wir aus systematischen Gründen im Abschn. 7.3.2. eingehen. Hier sollen typisch assoziative Reaktionsschritte bei Polymerisationen oder Additionsreaktionen zur Verdeutlichung dienen. Bei der Lösung von $(AlCl_3)_2$ in Ether wird das Dimer unter Bildung eines n,v-EDA-Komplexes entassoziiert:

$$(AlCl_3)_2 + Et_2O \xrightarrow{K_{EDA}} Et_2O \rightarrow AlCl_3 + AlCl_3$$

Bei Temperaturerhöhung kann der Komplex heterolytisch zerfallen:

$$Et_2O \rightarrow AlCl_3 \xrightarrow{\Delta T} Et^{\oplus}[AlCl_3OEt]^{\ominus}$$

Neben freien Elektronenpaaren an Donorzentren (R_2O, $R{-}NH_2$, $X^{\ominus}$) oder Elektronenlücken (*Lewis*-Säuren mit nichtbindenden p- und d-Orbitalen) an Akzeptorzentren sollten auch Mehrfachbindungen zur Komplexbildung befähigt sein, wobei auf Grund der Polarisierbarkeit der Doppelbindung beim Angriff eines starken Donors (z. B. $(LiCH_3)_4$) eine Erhöhung der Elektronendichte erfolgt und im Falle des Angriffs eines starken Akzeptors (z. B. $(AlCl_3)_2$, $(AlBr_3)_2$) eine Verminderung. Die Möglichkeit des Angriffs eines Donors an Olefine mit der folgenden anionischen Polymerisation haben wir bereits in diesem Abschnitt behandelt. Löst man Isobuten in Hexan oder Methylenchlorid und gibt eine Lösung von $(AlBr_3)_2$ dazu, so erfolgt ebenfalls eine π,v-EDA-Komplexbildung ($K_{EDA} = 0{,}62\ 1\ mol^{-1}$ in CH_2Cl_2), gefolgt von einer kationischen Polymerisation. Der Mechanismus wird folgendermaßen formuliert:

$$H_2C = C(CH_3)_2 + (AlBr_3)_2 \xrightarrow{K_{EDA}} {-}\|\!\begin{array}{c} CH_2 \\ \\ C(CH_3)_2 \end{array}\!\!\longrightarrow AlBr_3 + AlBr_3 \rightarrow$$

$$Br_2Al{-}CH_2{-}\overset{\oplus}{C}(CH_3)_2\ Al\overset{\ominus}{Br}_4$$

Das entstandene Carbeniumion als koordinativ ungesättigte Zwischenstufe kann nun mit weiteren Isobutenmolekülen reagieren und so den Wachstumsmechanismus der kationischen Polymerisation einleiten. Der bislang sicherste Nachweis einer Al-Kohlenstoffbindung im Polyisobuten konnte durch Reaktion mit T_2O und radiochemischer Tritiumbestimmung im Polymeren erbracht werden [7.9].

7.3.   Konzertierte Reaktionen

7.3.1.   Pericyclische Reaktionen [7.10]

Im Abschn. 5. wurden einige Reaktionstypen entsprechend ihrer Molekularität an verschiedenen Stellen vorgestellt, obwohl sie gemeinsam haben, daß sie über cyclisch konjugierte aktivierte Komplexe verlaufen. Als Beispiele sind im Bild 7.5 solche Reaktionen gewählt worden, bei denen die konzertierte Elektronenumgruppierung zwischen sechs Zentren unter Beteiligung von sechs Elektronen erfolgt.
Ihr gemeinsames Merkmal – konzertierter Ablauf über einen cyclisch-konjugierten aktivierten Komplex – liefert die Grundlage für die Behandlung der Beziehung zwischen Struktur und Reaktivität, speziell der Beziehung zwischen elektronischer Struktur der Edukte und Stereochemie der Produkte, wie sie in den *Woodward-Hoffmann*-Regeln formuliert ist.

Bild 7.5. Typen pericyclischer Reaktionen mit 6gliedrigem cyclisch konjugiertem aktiviertem Komplex

Tab. 7.5. *Woodward-Hoffmann*-Regeln

Zahl der am cyclisch-konjugierten aktivierten Komplex beteiligten Elektronen	Stereochemie bei thermischer Reaktionsführung	Stereochemie bei photochemischer Reaktionsführung
Cycloadditionen/Cycloreversionen und sigmatrope Umlagerungen		
$4\,q$	suprafacial, antarafacial antarafacial, suprafacial	suprafacial, suprafacial antarafacial, antarafacial
$4\,q + 2$	suprafacial, suprafacial antarafacial, antarafacial	suprafacial, antarafacial antarafacial, suprafacial
elektrocyclische Reaktionen		
$4\,q$	konrotatorisch	disrotatorisch
$4\,q + 2$	disrotatorisch	konrotatorisch

$q = 0, 1, 2, \ldots$

In Tab. 7.5 sind die *Woodward-Hoffmann*-Regeln für Cycloadditionen, sigmatrope Umlagerungen und elektrocyclische Reaktionen angeführt. Als entscheidend für die energetische Bevorzugung einer bestimmten Stereochemie der Wechselwirkung im cyclisch konjugierten aktivierten Komplex erweist sich die Zahl der beteiligten Elektronen. Die Erklärung für die Fälle bei thermischer Reaktionsführung kann mit zwei einfachen Konzepten gegeben werden.

1. Aromatizitätskonzept [7.11]. Es besagt, daß pericyclische Reaktionen bevorzugt über aromatisch stabilisierte aktivierte Komplexe ablaufen. Eine aromatische Stabilisierung ähnlich der durch das cyclisch delokalisierte π-Elektronensextett im Benzen setzt voraus, daß die an der Bindungsumgruppierung beteiligten Atomorbitale jeweils mit beiden Nachbaratomorbitalen im cyclischen aktivierten Komplex überlappen können. Nach Abschn. 1.2.5. sind *Hückel*-Systeme mit $4q + 2$ und *Möbius*-Systeme mit $4q$ Elektronen ($q = 0, 1, 2\ldots$) aromatisch stabilisiert. Bild 7.6 zeigt, daß die entsprechend den Regeln für die Reaktionen in Bild 7.5 formulierten cyclisch konjugierten

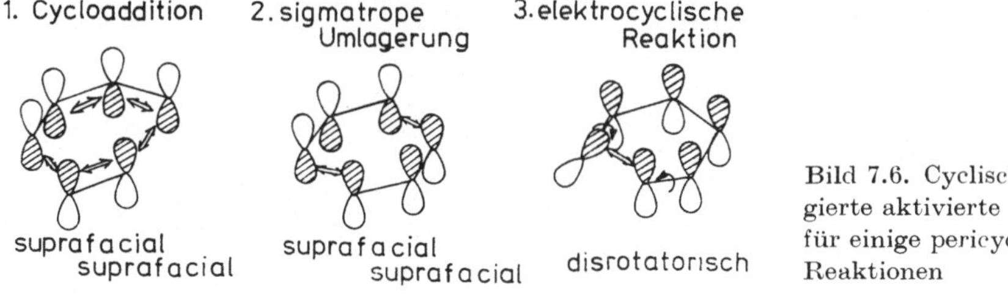

Bild 7.6. Cyclisch konjugierte aktivierte Komplexe für einige pericyclische Reaktionen

aktivierten Komplexe *Hückel*-aromatisch stabilisiert sein sollten ($q = 1$), da die Systeme aus ohne Phasensprung gekoppelten Atomorbitalen jeweils sechs Elektronen enthalten. Diese primären Orbitalwechselwirkungen bestimmen damit auch die hohe Stereoselektivität der Produktbildung, wie die folgenden Reaktionen zeigen.

– Cycloaddition

– Sigmatrope Umlagerung

– Elektrocyclische Reaktion

Für die elektrocyclische Ringöffnung des trans-3,4-Dimethyl-cyclobutens ($q = 0$) (Bild 7.7) würde die disrotatorische Bindungsspaltung über einen *Hückel*-antiaromatischen aktivierten Komplex führen, während der aktivierte Komplex der konrotatorischen Ringöffnung *Möbius*-aromatisch und damit «erlaubt» ist. Die beobachtete Stereochemie der Reaktion – die Entstehung von (E,E)-Hexa-2,4-dien – entspricht dieser Bevorzugung.

2. *Das Grenzorbitalkonzept* [7.12]. Die besondere Bedeutung der Grenzorbitale für Reaktivitätsdiskussionen wurde im Abschn. 1.3.2. herausgestellt. Sie soll am Beispiel der Cycloadditionen auch für die Diskussion von pericyclischen Reaktionen belegt werden.

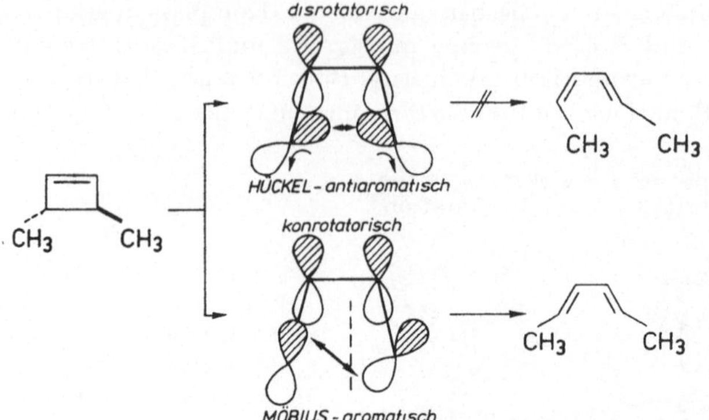

Bild 7.7. Elektrocyclische Ringöffnung von trans-3,4-Dimethylcyclobuten

Um die Cycloaddition zwischen Butadien und Ethen (Bild 7.5) einzuleiten, müssen die Enden der beiden π-Systeme mit gleichem Vorzeichen der beteiligten Atomorbitale in Wechselwirkung treten. Das ist für beide Kombinationen der Grenzorbitale – $HOMO_{Dien}/LUMO_{En}$ und $HOMO_{En}/LUMO_{Dien}$ – für den sterisch sehr günstigen Fall möglich, daß beide Partner suprafacial in Wechselwirkung treten (Bild 7.8).

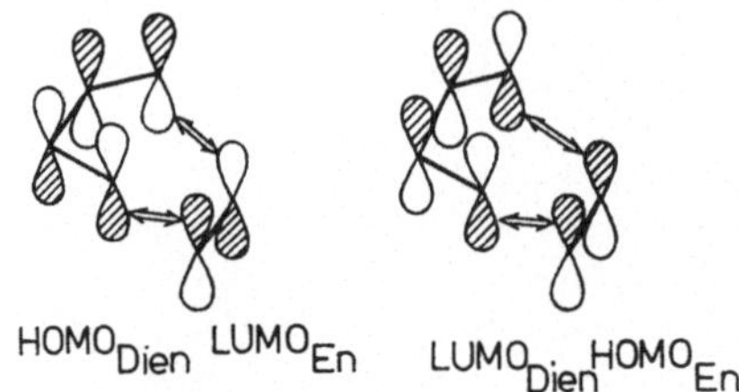

Bild 7.8. Wechselwirkung zwischen den Grenzorbitalen von Butadien und Ethen

Dies ist ein Grund dafür, daß die [4+2]-Cycloaddition als *Diels-Alder*-Reaktion schon seit 50 Jahren als Standardsynthese für sechsgliedrige Ringe gilt. Für die thermische [2+2]-Cycloaddition von Ethen an Ethen fordern die Regeln in Übereinstimmung mit der Überlappungssituation zwischen den Grenzorbitalen der Partner eine suprafacial/antarafacial-Wechselwirkung (Bild 7.9), die nur in von vornherein stark verdrillten Olefinen möglich wird, wie die spontane Dimerisierung des Bicyclo[4.2.2]decatriens gerade an der stark gespannten trans-Doppelbindung zeigt, während die normalen cis-

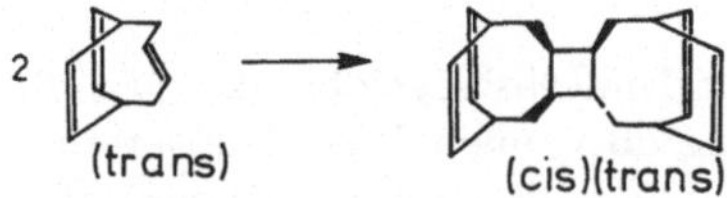

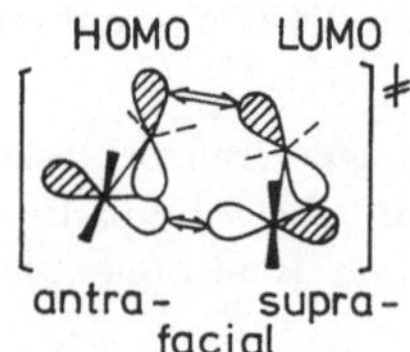

Bild 7.9. Spontane Dimerisierung eines Bicyclo[4.2.2]decatriens

224

Doppelbindungen unverändert bleiben (Bild 7.9). Die antarafaciale Wechselwirkung des einen Partners gibt sich in der cis-Ankopplung des einen Bicyclus an das Cyclobutan zu erkennen.

Beide dargestellten Konzepte können zur theoretischen Begründung der *Woodward-Hoffmann*-Regeln herangezogen werden und kennzeichnen damit die pericyclischen Reaktionen als vorwiegend orbital- bzw. als stereoelektronisch kontrolliert. Die Symmetrie der im aktivierten Komplex überlappenden Orbirale der Partner entscheidet darüber, ob die pericyclische Reaktion über den untersuchten aktivierten Komplex «erlaubt», d. h. energetisch durch die cyclische Konjugation favorisiert wird oder nicht. Das schließt nicht aus, daß sekundäre Effekte

– zwischen «erlaubten» Alternativen differenzieren,
– die Geschwindigkeit der Reaktion modifizieren bzw.
– die «erlaubte» Reaktion völlig unterdrücken [7.14].

Als Beleg für letzteres kann das Fehlen von Beispielen für thermische konzertierte [2+2]-Cycloadditionen von ungespannten Olefinen (s. o.) genommen werden. Drei sekundäre Effekte sollen am Beispiel der *Diels-Alder*-Reaktionen genauer behandelt werden.

1. Sekundäre Orbitalwechselwirkungen.

Cyclische Diene bilden mit Dienophilen, die an der Doppelbindung konjugationsfähige Gruppen tragen, bevorzugt das endo-Isomere, während mit anderen Olefinen endo- und exo-Isomere zu etwa gleichen Teilen entstehen, wie das folgende Beispiel beweist:

Bild 7.10 zeigt, daß in den zwei alternativen aktivierten Komplexen für den endo- und exo-Angriff der erstere energetisch bevorzugt ist, weil in ihm das gesamte LUMO des konjugierten Dienophils in bindende Wechselwirkung mit dem HOMO des Diens treten kann, während beim exo-Angriff nur das C=C-Fragment des konjugierten Systems in Wechselwirkung tritt. Die zusätzliche Orbitalwechselwirkung ist damit die Ursache für die hohe Stereoselektivität.

2. Substituenteneffekte auf die Lage der Grenzorbitale.

Für orbitalkontrollierte Reaktionen ist die Wechselwirkung zwischen den Grenzorbitalen reaktivitätsbestimmend. Im Bild 7.11 sind für die *Diels-Alder*-Reaktionen die drei charakteristischen Grenzorbitalsituationen zusammengestellt. Die Verschiebung der Grenzorbitale relativ zu denen der neutralen *Diels-Alder*-Reaktionen soll in Über-

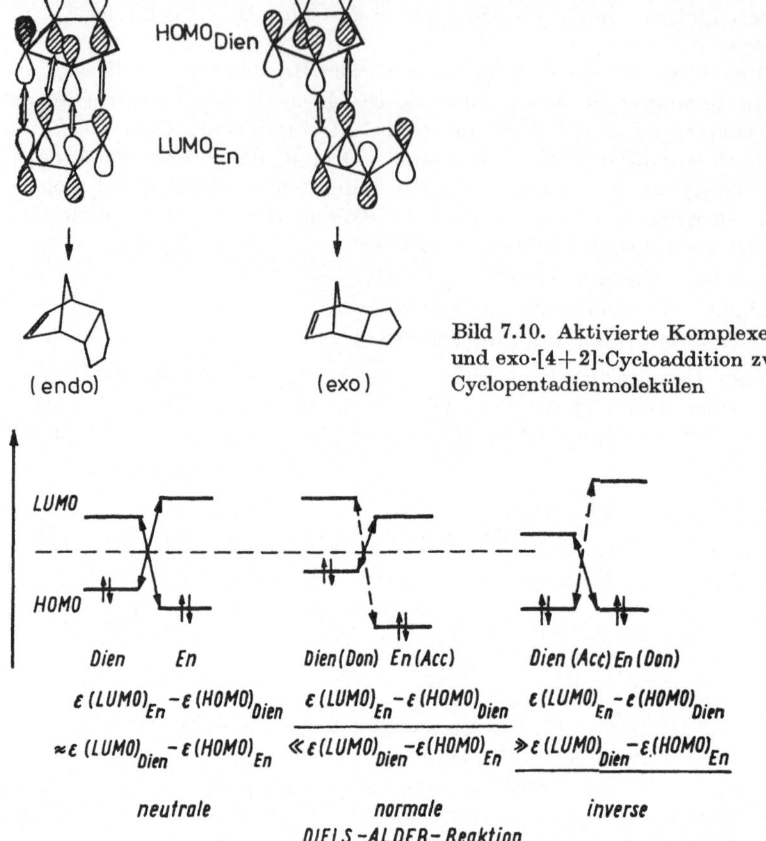

Bild 7.10. Aktivierte Komplexe für die endo-
und exo-[4+2]-Cycloaddition zwischen zwei
Cyclopentadienmolekülen

Bild 7.11. Typen von *Diels-Alder*-Reaktionen nach dem Grenzorbitalkonzept

einstimmung mit den Überlegungen im Abschn. 1.3.2. an folgenden Reaktionsbeispie-
len diskutiert werden (vgl. Bild 7.12):

Das Dienophil Maleinsäureanhydrid wird durch die Carbonylgruppen an der Doppelbindung zum Akzeptor, weil HOMO und LUMO des Olefins abgesenkt werden. Die
Vergrößerung des Konjugationssystems des Diens durch den Benzenring bewirkt eine
starke Anhebung des HOMO und eine schwache Absenkung des LUMO des Diens.
Damit ergibt sich eine bevorzugte $HOMO_{Dien}/LUMO_{En}$-Wechselwirkung im Sinne

einer «normalen» *Diels-Alder*-Reaktion (normal, weil dieser Typ schon am längsten untersucht wurde). Abgeleitet daraus sollte ein elektronenabstoßender Substituent R (Anhebung des $HOMO_{Dien}$) die Reaktion beschleunigen, während ein elektronenanziehender Substituent R (Absenkung des $HOMO_{Dien}$) verlangsamend wirken sollte. Das steht in Übereinstimmung mit den Experimenten für $R = OCH_3$ und NO_2.

Das Dienophil wird durch die OR-Gruppe zum Donor (Anhebung von HOMO und LUMO), während der Einbau eines Sauerstoffatoms in das Butadiensystem HOMO und LUMO absenkt. Damit wird der Fall der «inversen» *Diels-Alder*-Reaktion erreicht, für den die $LUMO_{Dien}/HOMO_{En}$-Wechselwirkung entscheidend ist. Folgerichtig wird mit $R = OCH_3$ eine Verlangsamung und mit $R = NO_2$ eine Beschleunigung der Reaktion beobachtet.

3. *Polarisation der Grenzorbitale durch Substituenten.*

Substituenten an der Dien- bzw. En-Struktureinheit beeinflussen neben der energetischen Lage auch die Struktur der Grenzorbitale, d. h. die Koeffizienten c_{ij} für die Anteile der Atomorbitale an den Grenzorbitalen. Im Bild 7.12 sind die Koeffizienten durch unterschiedlich große Kreise für Dien- und En-Strukturen mit charakteristischen Substituenten angegeben. Die stärkste Wechselwirkung im aktivierten Komplex wird erreicht, wenn die Atomorbitale mit den beiden größten Koeffizienten miteinander überlappen, so daß eine Aussage über die Regioselektivität gewonnen werden kann. So ergibt sich für die folgenden $HOMO_{Dien}/LUMO_{En}$-kontrollierten Reaktionen in Übereinstimmung mit dem Experiment folgende Regioselektivität:

$R = N(C_2H_5)_2$, OCH_3 , CH_3 , C_6H_5
$X = COOC_2H_5$, CN

Die Diskussion der Beziehungen zwischen Struktur und Reaktivität bei pericyclischen Reaktionen wurde exemplarisch am Beispiel der *Diels-Alder*-Reaktion geführt und sollte auf die elektronischen und sterischen Besonderheiten bei Reaktionen über cyclisch konjugierte aktivierte Komplexe aufmerksam machen. Die Voraussetzung konzertierten Ablaufs ist natürlich nicht a priori gegeben. Vielmehr muß der alternative, asynchrone Ablauf über Diradikal- bzw. Zwitterionzwischenstufen immer dann in Rechnung gesetzt werden, wenn der konzertierte Ablauf nicht «erlaubt» ist bzw. ein

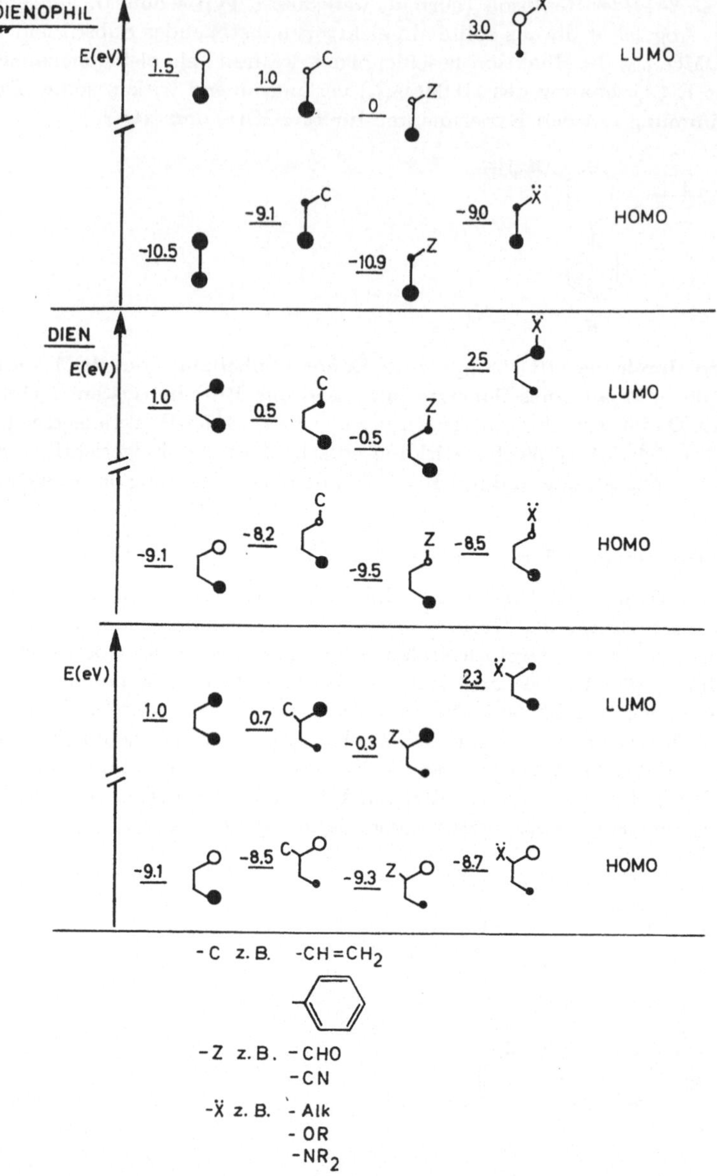

Bild 7.12. Verallgemeinerte Grenzorbitalenergien und -koeffizienten
für Dienophile und Diene

«erlaubter» Weg aus sterischen oder sekundären elektronischen Gründen energetisch ungünstiger wird. So laufen die thermischen [2+2]-Cycloadditionen, die beboachtet werden, meist über solche Zwischenstufen ab. Die Diskussion wurde an dieser Stelle auf

Reaktionen mit thermischer Anregung beschränkt, auf die mit photochemischer Anregung soll noch kurz im Abschn. 9. eingegangen werden.

7.3.2. Substitutions- bzw. Ligandenaustauschreaktionen

Im Abschn. 5. erfolgte bereits eine Einteilung von Substitutions- bzw. Ligandenaustauschreaktionen. Dabei hat sich gezeigt, daß die von *Ingold* und *Hughes* vorgeschlagene Terminologie für die Beschreibung organischer S_N-, S_E- bzw. S_R-Reaktionen prinzipiell auch für Reaktionen an Koordinationsverbindungen geeignet ist. In der Regel verlaufen Substitutionsreaktionen an Mt-Zentralatomen als nucleophile Reaktionen, bei denen der angreifende Ligand Elektronen zur Verfügung stellt. Besonderheiten bei der Substitution an Koordinationsverbindungen resultieren wiederum aus der Spezifik von d-Orbitalbeteiligung und der damit verbundenen Stereochemie der Reaktion. Während bei der Substitution am gesättigten C-Atom nur zwei Möglichkeiten zur Elektronenumordnung bestehen, nämlich der konzertierte Mechanismus (z. B. S_N2) oder der nichtkonzertierte Mechanismus mit dissoziativem geschwindigkeitsbestimmendem Schritt (z. B. S_N1), kann durch die Oktettaufweitung an Elementen höherer Perioden auch ein assoziativer Schritt geschwindigkeitsbestimmend sein. Wie bereits im Abschn. 6. gezeigt wurde, können die in den nichtkonzertierten Folgeschritten entstehenden Zwischenstufen, insbesondere bei Substitutionen an d-Elementen, durch deren höhere Koordinationsstabilisierung in vielen Fällen direkt nachgewiesen werden. Dies bedeutet aber, daß man z. B. bei einer Substitution an einem tetraedrischen oder planar-quadratischen Mt-Zentralatom durch Nachweis eines pentakoordinierten Zwischenzustandes den Mechanismus experimentell weitergehend aufklären kann als am gesättigten Kohlenstoffatom mit der Formulierung hypothetischer pentakoordinierter Übergangszustände. Da in der anorganischen Chemie Ligandenaustauschreaktionen den häufigsten Reaktionstyp darstellen, sollen sie hier in den Vordergrund gestellt werden.

Zu diesem Typ gehört z. B. folgende Reaktion:

$$[Co(NH_3)_5 OH_2]^{3+} + Cl^- \longrightarrow [Co(NH_3)_5 Cl]^{2+} + H_2O$$

Als Substitutionsreaktion kann sie allgemein wie folgt formuliert werden:

$$L_{n-1}ZY + B \longrightarrow L_{n-1} ZB + Y$$

Darin bedeutet Z Zentralatom, L Ligand, Y neutraler oder anionischer Ligand, er entspricht der nucleofugen Abgangsgruppe bei den nucleophilen Substitutionsreaktionen am gesättigten C-Atom. B ist wiederum ein Ligand, der ebenfalls neutral oder anionisch sein kann und dem Nucleophil entspricht. Im einfachsten Fall sind alle Liganden einzähnig.

Die Reaktivität von Verbindungen bei Ligandenaustauschreaktionen hängt in erster Linie von der Koordinationszahl und der Koordinationsgeometrie des Zentralatoms ab. Weiterhin sind die Art der Liganden L, Y und B sowie das Lösungsmittel von Einfluß. Aus umfangreichen experimentellen Untersuchungen wurden Regeln über die Reaktivität und Stereoselektivität bei Ligandenaustauschreaktionen abgeleitet:

1. Verbindungen mit einem tetraedrisch koordinierten Zentralatom (Koordinationszahl 4) reagieren nach dem A-Mechanismus. Die Reaktion ist stereoselektiv, meist er-

folgt Inversion, z. B.:

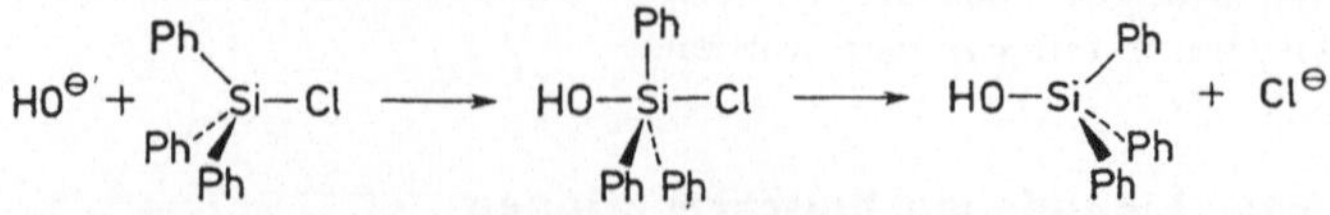

$$HO^{\ominus} + \underset{Ph}{\overset{Ph}{Si}}{-}Cl \longrightarrow HO{-}\underset{Ph\ Ph}{\overset{Ph}{Si}}{-}Cl \longrightarrow HO{-}\underset{Ph}{\overset{Ph}{Si}}\underset{Ph}{\diagdown} + Cl^{\ominus}$$

Man kann diesen Mechanismus auch als S_N2-Mechanismus bezeichnen. Im Gegensatz zum S_N2-Mechanismus der nucleophilen Substitution am gesättigten C-Atom ist aber die pentakoordinierte Spezies eine Zwischenstufe und kein aktivierter Komplex. Da der 1. Schritt der Folgereaktion geschwindigkeitsbestimmend ist, wird eine Kinetik 2. Ordnung gemessen.

Eine Ausnahme bilden tetraedrisch koordinierte Metallcarbonyle. Sie reagieren nach dem D-Mechanismus, z. B.:

$$Ni(CO)_4 \xrightarrow[-CO]{} Ni(CO)_3 \xrightarrow{+PPh_3} Ni(CO)_3\,PPh_3$$

Dieser Mechanismus entspricht dem S_N1-Mechanismus der nucleophilen Substitution am gesättigten C-Atom. Der 1. Schritt ist geschwindigkeitsbestimmend.

2. Verbindungen mit einem quadratisch-planar koordinierten Zentralatom (Koordinationszahl 4), insbesondere Platin(II)-Komplexe, reagieren stereoselektiv nach dem A-Mechanismus, z. B.

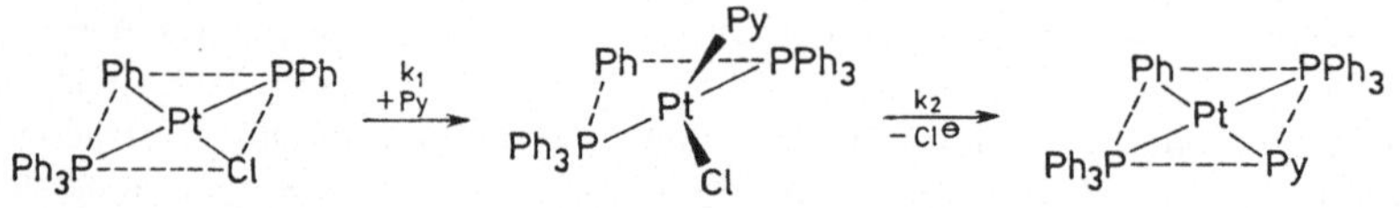

$k_1 \blacktriangleleft k_2$

Wiederum ist der 1. Schritt geschwindigkeitsbestimmend. Die trans-Konfiguration des Substrates bleibt erhalten.

3. Verbindungen mit einem oktaedrisch koordinierten Zentralatom (Koordinationszahl 6) reagieren bevorzugt nach dem D-Mechanismus. Die Reaktion ist nicht stereoselektiv, z. B.

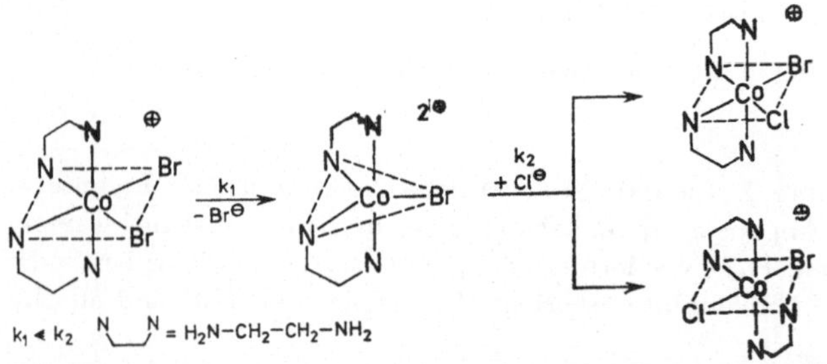

$k_1 \blacktriangleleft k_2$ $\quad$ $N{\diagdown}{\underline{}}{\diagup}N = H_2N{-}CH_2{-}CH_2{-}NH_2$

Wiederum ist der 1. Schritt geschwindigkeitsbestimmend. Geht man von einem Substrat mit cis-Konfiguration aus, dann entsteht ein Gemisch von cis- und trans-Produkt.

4. Verbindungen mit einem trigonal-bipyramidal koordinierten Zentralatom (Koordinationszahl 5) tendieren zum D-Mechanismus, z. B. $Fe(CO)_4PPh_3$. Einige Verbindungen reagieren nach dem A-Mechanismus, z. B. $Mn(CO)_4NO$.

Zur Erklärung dieser Regeln kann man verschiedene theoretische Modelle heranziehen. Bei Verbindungen mit tetraedrisch koordiniertem Zentralatom eines Hauptgruppenelements herrschen kovalente Bindungsanteile vor. Der entscheidende Unterschied z. B. zwischen Silicium- und Kohlenstoffverbindungen besteht darin, daß Silicium zur Oktettüberschreitung befähigt ist und daß deswegen die pentakoordinierte Spezies eine Zwischenstufe darstellt. Mit weiter zunehmender Größe des Zentralatoms steigt die Geschwindigkeit des Ligandenaustauschs analoger Verbindungen, z. B. in der Reihe Si < Ge < Sn. Bei Siliciumverbindungen wird Inversion beobachtet, wenn der Ligand Y eine gute Abgangsgruppe ist, z. B. Y = $Cl^\ominus$, $Br^\ominus$, $RCOO^\ominus$, $TosO^\ominus$. Das HOMO des Nucleophils B tritt mit dem LUMO des Substrats, einem e-MO (d_{x2-y2}) in Wechselwirkung:

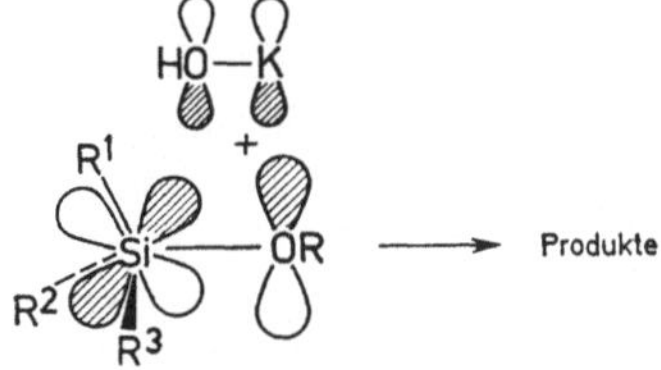

Die Wechselwirkung der Orbitale ist am größten, wenn sich das Nucleophil von der der Abgangsgruppe Y abgewandten Seite her dem Tetraeder nähert, was Inversion der Konfiguration zur Folge hat. Handelt es sich beim Liganden Y dagegen um eine schlechte Abgangsgruppe, z. B. Y = $H^\ominus$, $RO^\ominus$, dann tritt das HOMO des Nucleophils mit einem unbesetzten t_2-MO (d_{xz}) des Substrats in Wechselwirkung, gleichzeitig wird die Abgangsgruppe in die Wechselwirkung einbezogen, und in der Zwischenstufe liegt ein Vierzentren-System vor:

Das Resultat ist Retention der Konfiguration.

Ähnlich liegen die Verhältnisse bei Verbindungen mit tetraedrisch koordiniertem Zentralatom eines Nebengruppenelements, z. B. $CoCl_2Py_2$.

Bei tetraedrisch koordinierten Metallcarbonylen ist das Zentralatom von 18 Valenzelektronen (ns^2, np^2, $(n-1)d^{10}$) umgeben, weist also Edelgaskonfiguration auf. Deswegen ist $\Delta G^{\neq}$ für die Anlagerung eines weiteren Liganden hoch, so daß der Ligandenaustausch nach dem D-Mechanismus schneller verläuft.

Verbindungen mit einem quadratisch-planar koordinierten Zentralatom trifft man bei Nebengruppenelementen an, vor allem dann, wenn ein low-spin-d^8-Zentralatom vorliegt, d. h., die 8 d-Elektronen besetzen paarweise 4 geeignete MO. Beispiele sind $Rh^\oplus$, $Ir^\oplus$, $Ni^{2\oplus}$, $Pd^{2\oplus}$, $Pt^{2\oplus}$, $Au^{3\oplus}$. Das Zentralatom ist nur von 16 Valenzelektronen umgeben, so daß $\Delta G^{\neq}$ für die Anlagerung eines weiteren Liganden niedrig und damit der A-Mechanismus favorisiert ist. Das HOMO des Nucleophils B tritt mit einem geeigneten, unbesetzten MO des Substrats in Wechselwirkung, z. B. mit dem a_{2n}-MO (p_z):

Der A-Mechanismus hat zur Folge, daß die Reaktionsgeschwindigkeit nicht nur von der Konzentration des Nucleophils B, sondern auch von seiner Art abhängt. Um die Reaktivität von B beurteilen zu können, ermittelt man die Geschwindigkeitskonstanten der Reaktionen mit einem Standardsubstrat, z. B. mit trans-$PtCl_2Py_2$. Folgende Reihe zunehmender Nucleophilie ergibt sich:

$$CH_3OH < CH_3O^\ominus < NH_3 < Py < NO_2^\ominus < N_3^\ominus < NH_2OH < N_2H_4 < Br^\ominus <$$
$$< PhSH < SO_3^{2\ominus} < I^\ominus < SCN^\ominus < SeCN^\ominus < PhS^\ominus < S{=}C(NH_2)_2 < S_2O_3^{2\ominus}.$$

Der Unterschied zwischen Methanol ($k = 10^{-5}$) und dem Thiosulfation ($k = 9 \cdot 10^3$) beträgt fast 9 Zehnerpotenzen. Da $Pt^{2\oplus}$ ein weiches Elektrophil ist, reagieren harte Nucleophile wie $CH_3O^\ominus$ langsam, weiche Nucleophile wie $PhS^\ominus$ dagegen schnell.

In Verbindungen mit einem oktaedrisch koordinierten Zentralatom schirmen die 6 Liganden die unbesetzten MO derart ab, daß ΔG^* für den D-Mechanismus niedriger ist als für den A-Mechanismus. Die Reaktionsgeschwindigkeit hängt stark von der Art der Abgangsgruppe ab. In einigen Fällen führt das Nucleophil eine chemische Veränderung an einem Liganden herbei, ohne daß der Koordinationskern davon betroffen wird. Bei Verbindungen mit trigonal-bipyramidal koordinierten d^8-Zentralatomen, z. B. $Ni^{2\oplus}$, $Pd^{2\oplus}$, $Pt^{2\oplus}$, ist das Zentralatom von 18 Valenzelektronen umgeben und weist demnach Edelgaskonfiguration auf. Deswegen ist der D-Mechanismus bevorzugt. Die Zwischenstufe mit 4 Liganden weist quadratisch-planare Geometrie wie die entsprechenden Koordinationsverbindungen auf.

Eine zahlenmäßige Abschätzung dieses Struktur-Reaktivitäts-Verhaltens kann auf der Basis der Ligandenfeldtheorie durch Ermittlung der Ligandenfeldstabilisierungsenergie (LFSE) erreicht werden. Sie ist praktisch die zusätzliche Koordinationsstabilisierung, die Ionen der d-Elemente aus der Abweichung von der Kugelsymmetrie und dem daraus resultierenden elektrischen Moment höherer Ordnung erfahren. Vergleicht man z. B. die Hydratationsenthalpien ($\Delta_H H$) von zweiwertigen d-Elementen für die Bildung der entsprechenden Hexaaquokomplexe, so liegen auf der erwarteten Geraden einer Auftragung von zunehmendem $\Delta_H H$-Wert mit der Ordnungszahl lediglich

$$d^0(Ca^{2\oplus}) < d^5(Mn^{2\oplus}) < d^{10}(Zn^{2\oplus}).$$

Alle anderen $\Delta_H H$-Werte sprechen für eine Abweichung von einer kugelsymmetrischen Ladungsverteilung und liegen oberhalb der Geraden. Für die Hexaaquokomplexe wird die LFSE näherungsweise nach folgender Gleichung erhalten [7.14]:

$$LFSE = -[4n - 6(N - n)]D_q$$

Dabei ist N die Gesamtzahl der d-Elektronen des d^N-Problems, n die Zahl der Elektronen auf dem t_{2g}-Zustand und $N - n$ die Zahl der Elektronen auf dem e_g-Zustand. Dq ist der Feldstärkeparameter, der aus Absorptionsspektren entsprechender Komplexe erhalten werden kann. Die Differenz aus den gemessenen Hydratationsenthalpien und der LFSE entspricht in der oben genannten Abhängigkeit von $\Delta_H H$ und der Ordnungszahl, einem hypothetischen $\Delta H_{k\,sym.}$, d. h. bei kugelsymmetrischer Ladungsverteilung.

$$\Delta_H H_{k\,sym.} = \Delta_H H - \Delta H_{LFSE}$$

Obwohl der größte Teil der Bindungsenergie (über 90 %) auf die elektrostatische Wechselwirkungsenergie zwischen dem Zentralatom und den Liganden zurückzuführen ist, kann die LFSE trotzdem innerhalb einer Reihe von Zentralatomen gleicher Ladung zur Interpretation der Energieunterschiede von Komplexen einer bestimmten Struktur

(Oktaeder, Tetraeder u. a.) herangezogen werden. Bezieht man diese Aussage auf die Ligandenaustauschreaktion an Hexaaquokomplexen durch die Liganden L_x, nach folgender Gleichung:

$$[Mt(H_2O)_6] + 6\,L_x \rightleftharpoons [Mt(L_x)_6] + 6\,H_2O,$$

so entspricht der LFSE-Anteil an der Bildungsenthalpie ($\Delta_B H$) des entstehenden Komplexes der Differenz der LFSE von $[Mt(L_x)_6]$- und dem $[Mt(H_2O)_6]$-Komplex.

$$\Delta_B H_{\text{LFSE}} = \Delta_{L_x} H_{\text{LFSE}} - \Delta_{H_2O} H_{\text{LFSE}}$$

Unter Anwendung von

$$\text{LFSE} = -[4n\,6\,(N-n)]\,\{Dq_{(L_x)} - Dq_{(H_2O)}\}$$

kann $\Delta_B H_{\text{LFSE}}$ ermittelt werden. Unterstellt man, daß bei gleichen Reaktionsbedingungen innerhalb einer Reihe, z. B. zweiwertiger d-Metallionen, die Entropieänderung konstant bleibt, so gilt $\Delta_B H \approx \Delta_B G$. Die aus den Gleichgewichtskonstanten der Komplexbildungsreaktion erhältlichen experimentellen $\Delta_B G$-Werte können bei Gültigkeit dieser Gleichsetzung mit dem berechneten LFSE-Anteil $\Delta_B H_{\text{LFSE}}$ verglichen werden. Für die Reaktion von zweiwertigen Hexaaquokomplexen mit Ethylendiamin (en) soll der hier entwickelte Zusammenhang zwischen $\Delta_B H$-Werten und den aus Dq-Daten gewonnenen $\Delta_B H_{\text{LFSE}}$-Werten verdeutlicht werden.

$$[Mt(H_2O)_6] + 3\text{ en} \xrightleftharpoons{K_3} [Mt(en)_3] + 3\,H_2O$$

Zur Vereinfachung soll nur die Bruttokonstante K_3 dieser Stufenreaktion betrachtet werden. Die daraus berechneten $\Delta_B H$-Werte sind in Bild 7.13 gegen die Ordnungszahl einiger $[Mt(en)_3]$-Komplexe aufgetragen. Die durchbrochene Kurve enthält die Differenz aus $\Delta_B H$-Werten und dem aus entsprechenden Dq-Daten (Absorptionspektren) ermittelten LFSE-Anteil. Diese Kurve nähert sich der idealen Geraden zwischen den beiden kugelsymmetrischen Ionen $d^5(Mn^{2\oplus})$ und $d^{10}(Zn^{2\oplus})$ weitgehend an, während die Realkurve die Auswirkung der LFSE deutlich zum Ausdruck bringt.

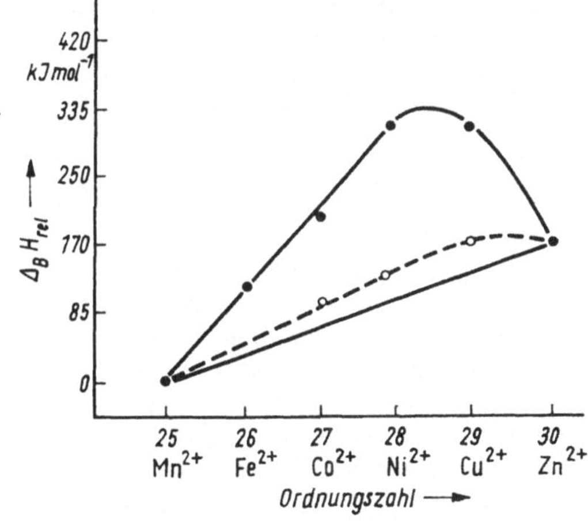

Bild 7.13. Relative $\Delta_B H$-Werte für $[Mt(en)_3]$-Komplexe, berechnet aus den Komplexbildungskonstanten in 1molarer KCl-Lösung bei 303 K [7.4]

Auf dieser Basis können relative Stabilitäten und damit Reaktivitätsverhältnisse oktaedrischer und tetraedrischer high-spin-Komplexe sehr gut beurteilt werden. So kann z. B. dem Bild 7.13 entnommen werden, daß die zusätzliche Stabilisierung durch Ethylendiamin bei den Ionen $Fe^{2\oplus}$, $Co^{2\oplus}$ und $Ni^{2\oplus}$ etwa im Verhältnis $1:2:3$ ansteigt. Auf diesem Wege kann auch die qualitative Unterscheidung in kinetisch stabile (inerte) bzw. kinetisch labile Komplexe und deren Reaktivitätsprognose bei Ligandenaustauschreaktionen reaktionstheoretisch objektiviert werden [7.14].

7.4. Umlagerungen von Molekülen und in Feststoffen

Im Abschn. 6.3.2. wurde durch Isotopenmarkierung gezeigt, daß die *Claisen*-Umlagerung des Allyl-p-cresylethers intramolekular verläuft. Auch Allylvinylether verhalten sich analog. Beide Reaktionen sowie die *Cope*-Umlagerung werden daher zu den pericyclischen Umlagerungen mit konzertiertem Verlauf der elektronischen Umordnung gerechnet. Als Beispiel sei die bei 150 °C erfolgende Umlagerung des Allylvinylethers (E) in Pent-4-enal (P) genannt:

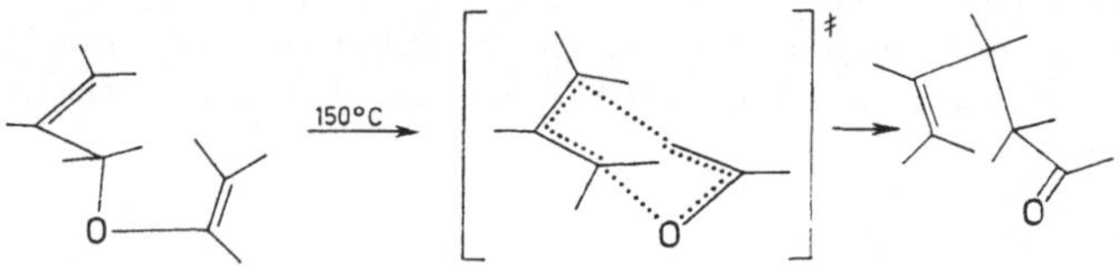

(E)   (T)   (P)

Während der Reaktion muß eine C—O-σ-Bindung gespalten werden, und eine C—C-σ-Bindung wird gebildet, wobei ein Übergangszustand (T) durchlaufen wird, für den die bekannten Sessel- bzw. Bootkonformationen des Sechsrings in Frage kommen. Die erforderliche Energie zur Anordnung in der günstigsten Konformation des Übergangszustandes und der Schwächung der C—O-σ-Bindung wird vom individuellen Molekül durch intermolekulare Stoßprozesse aufgenommen und so auf die Rotations- und Schwingungsfreiheitsgrade verteilt, daß eine konzertierte elektronische Umordnung über einen Zustand, der im zweidimensionalen Freie-Enthalpie-Diagramm dem Maximum $\Delta G^{\neq}$ entspricht, ablaufen kann. Die freie Aktivierungsenthalpie beträgt für obige Reaktion $136{,}7$ kJ mol^{-1}. Bei Strukturvariation an (E) verändert sich dieser Wert in Abhängigkeit von sterischen und elektronischen Faktoren. Bild 7.14 enthält die relativen Geschwindigkeiten für die Reaktion bei einfacher Strukturvariation. Zum Vergleich ist die analog verlaufende *Cope*-Umlagerung des 3-Methyl-hexa-1,5-diens angegeben.

Man erkennt, daß relativ einfache Strukturänderungen zu teilweise erheblichen Geschwindigkeitsunterschieden führen. Eine Analyse der Aktivierungsparameter zeigt entsprechende Veränderungen in $\Delta H^{\neq}$, während sich der um -50 J K^{-1} mol^{-1} gefundene Wert von $\Delta S^{\neq}$ kaum verändert. In diesem Wert steckt lediglich die Einschränkung der Rotationsfreiheitsgrade in (T). Dadurch stehen in (T) praktisch zwei Allylfragmente (1-2-3 und 1'-2'-3') in Wechselwirkung, die dann besonders günstig ist, wenn beide in (T) suprafacial bzw. beide antarafacial miteinander verknüpft sind, wie die *Hoffmann-Woodward*-Regeln für sigmatrope Umlagerungen verlangen (Abschn. 5. und Abschn. 7.3.1.). Die supra-supra-Wechselwirkung aus der sterisch günstigen Sessel-

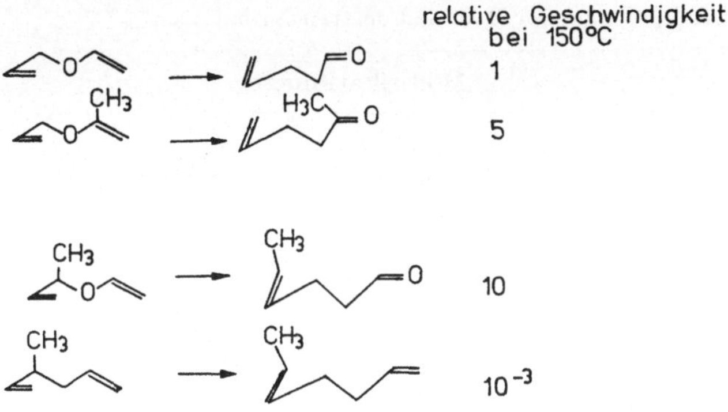

Bild 7.14. Struktureinfluß auf die relative Geschwindigkeit der *Claisen*- und der *Cope*-Umlagerung

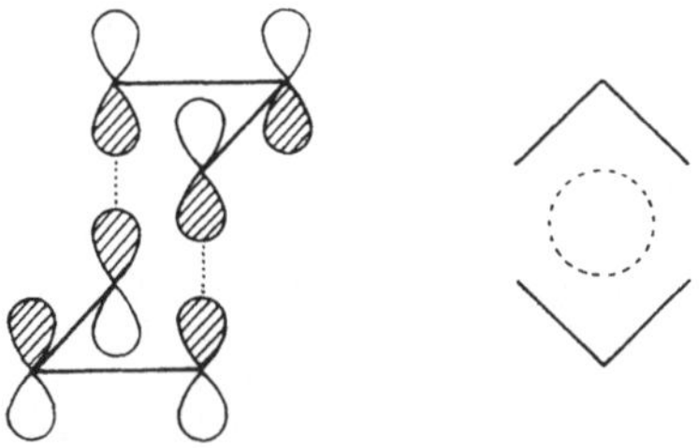

Bild 7.15. Supra-Supra-Wechselwirkung zweier Allylfragmente bei einer cyclohexananalogen Sesselanordnung

konformation in (T) ist natürlich gegenüber der antara-antara-Wechselwirkung favorisiert. Die beiden wechselwirkenden Allylfragmente können als ein 6-Elektronen-*Hückel*-aromatisches System aufgefaßt werden, wenn beide suprafacial miteinander verbunden sind, wie durch Bild 7.15 veranschaulicht werden soll. Damit erfährt (T) eine Art aromatische Stabilisierung (Abschn. 1.2.5.).

Den Beispielen sigmatroper Umlagerungen ist gemeinsam, daß sie über Übergangszustände verlaufen, die relativ einfach im Aktivierungsschritt durch konformative Beweglichkeit im Edukt gebildet werden können.

In prinzipiell ähnlicher Weise sind Homogenreaktionen einphasiger Systeme aufzufassen. So handelt es sich z. B. bei derartigen Reaktionen in fester Phase um eine lokale Umverteilung von Strukturelementen des Kristallgitters, die nicht durch Diffusion von Gitterbausteinen über längere Diffusionsstrecken zustande kommen. Für die Geschwindigkeit dieser Reaktionen ist damit nicht die im Abschn. 9.1.1. behandelte Kinetik von Keimbildung und Keimwachstum verantwortlich.

In Tab. 7.6 sind einige Beispiele von Modifikationstransformationen aufgeführt, die bei Elementen als Allotropie und bei chemischen Verbindungen als Polymorphie bezeichnet werden. In beiden Fällen wird eine Transformation in einer Richtung als Monotropie und die wechselseitige Transformation als Enantiotropie bezeichnet.

Als Beispiel einer Homogenreaktion aus Tab. 7.6 sei der sogenannte Umklappmechanismus bei der allotropen Umwandlung der dichtesten Kugelpackungen des kubisch-flächenzentrierten Gitters in den hexagonalen Gittertyp beim Cobalt hervorgehoben.

$$Co_{(hexagonal)} \xrightleftharpoons{753\,K} Co_{(kubisch)}$$

Die Umwandlungsenthalpie bzw. -entropie ist außerordentlich gering und beträgt für die Reaktion vom hexagonalen zum kubischen Gittertyp: $\Delta_U H = 0{,}46\,kJ\,mol^{-1}$; $\Delta_U S = 0{,}67\,J\,K^{-1}\,mol^{-1}$. Das deutet bereits darauf hin, daß der Gitterumbau nicht diffu-

Tab. 7.6. Beispiele allotroper und polymorpher Modifikationstransformationen

Substanz	Modifikationen
Cobalt	$Co_{(hexag.)} \underset{\longleftarrow}{\overset{753\ K}{\longrightarrow}} Co_{(kub.)}$
Eisen	$\alpha\text{-}Fe_{(kubrze)} \underset{\longleftarrow}{\overset{1138\ K}{\longrightarrow}} \gamma\text{-}Fe_{(kubflze)} \underset{\longleftarrow}{\overset{1661\ K}{\longrightarrow}} \delta\text{-}Fe_{(kubrze)}$
Schwefel	$\alpha\text{-}S_{(rhomb.)} \underset{\longleftarrow}{\overset{368,8\ K}{\longrightarrow}} \beta\text{-}S_{(monokl.)}$
Zinn	$\alpha\text{-}Sn_{(kub.)} \underset{\longleftarrow}{\overset{286,4\ K}{\longrightarrow}} \beta\text{-}Sn_{(tetrag.)} \underset{\longleftarrow}{\overset{435\ K}{\longrightarrow}} \gamma\text{-}Sn_{(rhomb.)}$
Ammoniumchlorid	$\alpha\text{-}NH_4Cl_{(kub.)} \underset{\longleftarrow}{\overset{457,7\ K}{\longrightarrow}} \beta\text{-}NH_4Cl_{(hexag.)}$
Silberiodid	$\alpha\text{-}AgI_{(kub.)} \underset{\longleftarrow}{\overset{410\ K}{\longrightarrow}} \beta\text{-}AgI_{(hexag.)} \underset{\longleftarrow}{\overset{418\ K}{\longrightarrow}} \gamma\text{-}AgI_{(kub.)}$
Siliciumdioxid	$\alpha\text{-}SiO_{2(trig.)} \underset{\longleftarrow}{\overset{846\ K}{\longrightarrow}} \beta\text{-}SiO_{2(hexag.)}$
Zinksulfid	$Zinkblende_{(kub.)} \underset{\longleftarrow}{\overset{1293\ K}{\longrightarrow}} Wurtzit_{(hexag.)}$

sionskontrolliert sein kann, zumal derartige Umklappmechanismen schon in Temperaturbereichen relativ schnell verlaufen, in denen die Diffusionsgeschwindigkeit der Atome (vgl. Abschn. 9.) sehr klein ist. Der Unterschied beider Gittertypen besteht lediglich in der Packungsfolge der Atome, die gerade bei Cobaltkristallen häufig zu Fehlordnungszentren (Dislokationen) führt. Wird nach dem Prinzip der dichtesten Kugelpackung einer Zweischichtfolge AB eine dritte Schicht auf die zweite gepackt, so ergeben sich für die «Anordnung auf Lücke» zwei Möglichkeiten: ABA bzw. ABC. Bei Fortführung dieser Stapelung entsprechen die Sequenzen ABABAB... der hexagonal dichtesten Packung und ABCABC... der kubisch dichtesten Packung. Diese Idealsequenzen beider Gittertypen werden jedoch häufig durch Fehlordnungsbereiche unterbrochen, wie z. B.:

        hexagonaler Bereich

...ABCABCABABCABC...

  kubische Bereiche

Ist nun bei einer bestimmten Temperatur ein Gittertyp thermodynamisch begünstigt, so ist die Fehlstelle bestrebt, sich durch einen zum Gleichgewicht führenden Gleitvorgang möglichst schnell auszubreiten. Es gibt drei Möglichkeiten zur Ausbreitung der Fehlstelle:

1. Innerhalb der ursprünglichen Schicht
2. Reflexion in der nächstfolgenden Schicht
3. Reflexion in der übernächsten Schicht

Nur die dritte Möglichkeit führt zum thermodynamisch begünstigten Zustand und damit zur räumlichen Ausdehnung des Gleitmechanismus. Auf diesem Wege kann die Umordnung des thermodynamisch begünstigten Gittertyps durch dreidimensionale Ausbreitung von Fehlordnungsstellen sehr schnell ablaufen.

Auch die homogenen Phasentransformationen von Ionenkristallen mit relativ hohen kovalenten Bindungsanteilen (SiO_2, ZnS, AgI) laufen in ähnlicher Weise ab. Wenn es sich bei der Umwandlung um einfache Deformationen des Ausgangsgitters, z. B. durch konformative Drehung um kovalente Bindungen (z. B. Si—O; vgl. dazu Bild 10.10) handelt, dann tritt im allgemeinen enantiotrope Umlagerung ein, z. B.:

$$\alpha\text{-}SiO_2(\text{trigonal}) \xrightleftharpoons{846\,\mathrm{K}} \beta\text{-}SiO_2(\text{hexagonal})$$

Die Achsenverhältnisse und die Kristallform bleiben dabei nahezu unverändert. Erfolgt dagegen die Umordnung zu einem völlig neuen Gitter, so ist die Reaktion vielfach kinetisch gehemmt und verläuft daher meist sehr langsam als monotrope Umwandlung. Das trifft für die Phasentransformation von Zinkblende und Wurtzit zu, die sich trotz tetraedrischer Koordination benachbarter Atome in beiden Gittertypen und geringem Unterschied in der Gitterenergie (≈ 13 kJ mol^{-1}) relativ stark im Ordnungsgrad unter scheiden. Der hier gezeigte Zusammenhang zwischen Struktur und Reaktivität bei Homogenreaktionen einphasiger Systeme gilt nicht nur für anorganische Feststoffreaktionen. Er muß im Gegenteil als ein Spezifikum organischer Feststoffreaktionen [7.18] betrachtet werden. Ein typisches Beispiel einer homogenen Phasentransformation bietet das Dibenzoylmethan, das in zwei kristallinen Modifikationen der enolischen Struktur (I, Schmp. $= 344$ K) und (II, Schmp. $= 351$ K) erhalten werden kann.

Die (E)-Form (I) lagert sich beim Stehen in die (Z)-Form (II) um, ohne daß sich die Kristalle äußerlich verändern. Diese homogene Phasenumwandlung führt zu einem Stereoisomeren, das mit dem Ausgangskristall (I) isomorph ist [7.16]. Ein Stofftransport, wie er nach den im Abschn. 9. erläuterten Diffusionsmechanismen erfolgt, ist bei organischen Reaktionen in fester Phase auszuschließen. Ähnlich wie bei den Beispielen in Tab. 7.6 ist die Reaktivität hierbei von der molekularen Packung der Moleküle und ihren bei der Umordnung erfolgenden spezifischen Bewegungsmöglichkeiten (Rotation frei stehender Substituenten, Ringkonversionen u. ä.) abhängig. Die Geschwindigkeit wird also von der Topologie des Kristallgitters durch geringe Veränderungen der relativen Atomanordnungen kontrolliert. In geeigneten Fällen kann nach neueren Untersuchungen (Abschn. 9.) neben dem topochemisch gleichartigen, geschwindigkeitsbestimmenden Schritt auf gleichzeitig ablaufende, sehr schnelle und reversible Elementarprozesse unter Bindungsfluktuation geschlossen werden. Bei Reaktionen in festen Polymeren (Eiweiße, Kohlenhydrate) können z. B. Protonenübertragungsreaktionen über intramolekulare und intermolekulare Wasserstoffbrückenbindungen erfolgen, die insgesamt zu sehr komplexen Mechanismen führen.

7.5. Reaktionen mit Ladungsänderung

Eine große Gruppe chemischer Reaktionen sind die Redoxreaktionen. Sie können einmal durch Atomtransfer zustande kommen, z. B.:

$$NO_2^{\ominus} + ClO^{\ominus} \longrightarrow NO_3^{\ominus} + Cl^{\ominus}$$

$$R{-}C\begin{smallmatrix}O\\\\H\end{smallmatrix} + H_2O_2 \longrightarrow R{-}C\begin{smallmatrix}O\\\\OH\end{smallmatrix} + H_2O$$

Eine weitere Möglichkeit ist der Elektronentransfer, z. B.:

$$CrO_4^{2\ominus} + 3\,Fe^{2\oplus} + 8\,H^{\oplus} \rightarrow Cr^{3\oplus} + 3\,Fe^{3\oplus} + 4\,H_2O$$

Im folgenden wird auf Elektronentransfer-Reaktionen von Komplexverbindungen eingegangen. Der einfachste Fall liegt vor, wenn ein Elektron übertragen wird. Er läßt sich für zwei oktaedrische Komplexe allgemein wie folgt formulieren:

$$A^{III}L_6 + B^{II}L_6 \rightarrow A^{II}L_6 + B^{III}L_6$$

Durch verschiedene Experimente wurden zwei Mechanismen nachgewiesen (Abschn. 5.).

1. Outer-sphere-Mechanismus. Beim Zusammenstoß zweier Eduktmoleküle entsteht ein Begegnungskomplex. Der nächste Schritt ist der Übergang des Elektrons vom Zentralatom B durch die intakt bleibenden Koordinationssphären zum Zentralatom A. Der resultierende Folgekomplex zerfällt in die Produkte, z. B.:

$$[Fe(CN)_6]^{4\ominus} + [IrCl_6]^{2\ominus} \underset{k_1}{\overset{k_1}{\rightleftharpoons}} (Fe(CN)_6^{4\ominus}\ IrCl_6^{2\ominus}) \xrightarrow{k_2}$$

Begegnungskomplex

$$(Fe(CN)_6^{3\ominus}\ IrCl_6^{3\ominus}) \xrightarrow{k_3} [Fe(CN)_6]^{3\ominus} + [IrCl_6]^{3\ominus}$$

Folgekomplex

$$k_2 < k_1 < k_3$$

Der 2. Schritt der Folgereaktion ist geschwindigkeitsbestimmend.

2. Inner-sphere-Mechanismus. Im 1. Schritt der Folgereaktion kommt eine chemische Bindung zwischen zwei Eduktmolekülen über einen sogenannten Brückenliganden zustande. Der resultierende zweikernige Precursorkomplex wandelt sich in einen Folgekomplex um, wobei das Elektron von B durch den Brückenliganden zu A übertragen wird. In den folgenden Schritten entstehen aus dem Folgekomplex die Produkte, z. B.:

$$[(H_3N)_5\,Co{-}C{\equiv}NI]^{2\oplus} + [Cr(H_2O)_6]^{2\oplus} \underset{+\,H_2O}{\overset{k_1,\ -\,H_2O}{\rightleftharpoons}}$$

$$[(H_3N)_5\,Co^{III}{-}C{\equiv}N{-}Cr^{II}(H_2O)_5]^{4\oplus} \xrightarrow{k_2} [(H_3N)_5\,Co^{II}{-}C{\equiv}N{-}Cr^{III}(H_2O)_5]^{4\oplus}$$

$$\xrightarrow[-\,5\,NH_4^{\oplus}]{k_3,\ +\,6\,H_2O,\ +\,5\,H^{\oplus}} [Co(OH_2)_6]^{2\oplus} + [IC{\equiv}N{-}Cr\,(H_2O)_5]^{2\oplus}$$

Dem Elektronentransfer geht demnach eine Ligandenverdrängung an einem Zentralatom voraus. Jeder der drei Schritte kann geschwindigkeitsbestimmend sein. Im obigen Beispiel zeigt die Struktur der Produkte, daß auch eine Ligandenübertragung stattgefunden hat. In einem 4. Schritt wandelt sich $[|C\equiv N-Cr(H_2O)_5]^{2\oplus}$ in $[|N\equiv C-Cr(H_2O)_5]^{2\oplus}$ um.

Aus den Experimenten lassen sich folgende Regeln ableiten:

1. Voraussetzung für einen Inner-sphere-Mechanismus ist das Vorhandensein eines Brückenliganden in einem der Edukte, z. B. CN, Halogen, O, $(COO)_2$, 4,4′-Bipyridyl.

2. Sind beide Edukte substitutionsträge (kinetisch stabil, inert), dann ist der Outer-sphere-Mechanismus bevorzugt, weil ΔG^{+} für den 1. Schritt des Inner-sphere-Mechanismus hoch und deswegen k_1 klein ist.

3. Unterscheiden sich die Edukte in ihrer Stabilität erheblich und trägt das stabilere von beiden den Brückenliganden, dann ist der Inner-sphere-Mechanismus bevorzugt.

Die Theorie des Outer-sphere-Mechanismus ist von *Marcus* entwickelt worden. Bei der Bildung des Begegnungskomplexes gehen Freiheitsgrade der Translation und Rotation verloren, deswegen ist ΔS^{+} negativ und wirkt sich stark auf k_1 aus. Auch die Änderung der Solvatation sowie die elektrostatische Wechselwirkung zwischen den Edukten beeinflussen k_1. Der 2. Schritt der Reaktion kann nur stattfinden, wenn die Energie der MO der Komplexe, die vom Elektronentransfer betroffen sind, ungefähr gleich ist. Dies setzt eine Änderung der Bindungslängen beider oktaedrischer Komplexe (Streckung oder Stauchung von Bindungen) voraus. Sie erfolgt im Rahmen der thermischen Molekülschwingungen im Begegnungskomplex, ihre Notwendigkeit ist eine Folge des *Franck-Condon*-Prinzips. Danach verlaufen Elektronenübertragungen wegen der geringen Masse der Elektronen hundertmal schneller (innerhalb von 10^{-15} s) als die Bewegung der Atomkerne ($> 10^{-13}$ s). Während des Elektronentransfers bewegen sich die Atomkerne praktisch nicht, sie müssen schon vorher in der für die energetische Annäherung der beiden MO günstigsten räumlichen Lage «eingefroren» sein. Bild 7.16 zeigt das Energieprofil des 2. Schrittes [7.17]. k_2 wird im wesentlichen durch ΔE_P, die Höhe der sogenannten *Franck-Condon*-Barriere, bestimmt.

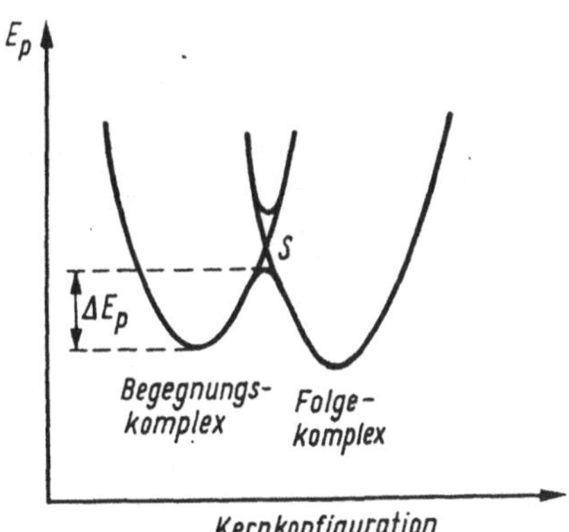

Bild 7.16. Energieprofil des 2., geschwindigkeitsbestimmenden Schrittes beim Outer-sphere-Mechanismus (E_p = Potentielle Energie)

Kernkonfiguration bedeutet die Gesamtheit aller Kernkoordinaten innerhalb des Begegnungskomplexes ($3N$ Koordinaten bei N Atomen). Im Punkt S haben sich die Kernkoordinaten so geändert, daß die vom Elektronentransfer betroffenen MO der Komplexe die gleiche Energie haben.

Der Inner-sphere-Mechanismus konkurriert immer dann erfolgreich mit dem Outer-sphere-Mechanismus, wenn durch die Existenz eines zweikernigen Precursorkomplexes die *Franck-Condon*-Barriere gegenüber einem Outer-sphere-Mechanismus stark herabgesetzt wird. Einige Beispiele seien zur Verdeutlichung der vorher beschriebenen Regeln genannt. Bekanntlich kann aus Messungen der Standardpotentiale bei Redoxreaktionen auf die strukturellen Einflüsse beim Atom- bzw. Elektronentransfer geschlossen werden. Bei Gasphasereaktionen kann die relative Stabilität und die daraus resultierende Reaktivität aus den Ionisierungspotentialen der an den Bindungen beteiligten Atome bzw. Ionen sowie dem eventuellen Einfluß nichtbindender Elektronenpaare (Endoeffekt, z. B. $F < Cl < Br < I$) relativ übersichtlich interpretiert werden. In Lösung und dabei besonders wieder bei d-Elementen ergeben sich Besonderheiten bei Variation der Liganden am Zentralatom. Bei d-Elementen müssen die Liganden zur Stabilisierung höherer Oxydationsstufen

- eine hohe Elektronegativität haben,
- möglichst klein und wenig polarisierbar sein und
- freie Elektronenpaare auf kleinem Raum konzentriert enthalten, die möglichst nicht auf andere Ligandorbitale ausweichen können.

Diese Voraussetzungen bieten z. B. $O^{2\ominus}$, $OH^{\ominus}$ und $F^{\ominus}$-Ionen. Beispielsweise werden durch diese Ionen hohe Oxydationsstufen beim Ruthenium und Osmium stabilisiert.

$Ru^{8\oplus}$ in: RuO_4

$Os^{8\oplus}$ in: OsO_4, $[OsO_4(OH)_2]^{2\ominus}$, $[OsO_4F_2]^{2\ominus}$

Die Beispiele zeigen gleichzeitig die innerhalb einer Nebengruppe mit zunehmender Ordnungszahl zunehmende Stabilität der höheren Oxydationsstufe. Quantitativ kann dieser Effekt den Oxydationspotentialen vergleichbarer Reaktionen entnommen werden, z. B.:

$$[RuF_6]^{\ominus} + e^- \rightleftharpoons [RuF_6]^{2\ominus} \quad E° \simeq 2,1 \text{ Volt}$$

$$[OsF_6]^{\ominus} + e^- \rightleftharpoons [OsF_6]^{2\ominus} \quad E° \simeq 0,6 \text{ Volt}$$

Niedrige Oxydationsstufen der d-Elemente werden vor allem durch sogenannte π-Säure-(bzw. Akzeptor-) Liganden stabilisiert, wie z. B. CO, $NO^{\oplus}$, $CN^{\ominus}$, Phosphine, 2,2'-Dipyridyl (dipy). Durch die π-Rückgabebindung von besetzten d-Orbitalen der Metallatome zu unbesetzten antibindenden Orbitalen der Liganden wird die Elektronendichte am Zentralatom vermindert, oder anders ausgedrückt, zwischen Zentralatom und Ligand delokalisiert, so daß eine Stabilisierung niedriger Oxydationsstufen erfolgt. Von besonderem Interesse sind in diesem Zusammenhang die Komplexe des Typs

$[Mt(dipy)_2]^{n\oplus}$ oder $[Mt(dipy)_3]^{n\oplus}$,

die zu Komplexen mit der Formalladung 1, 0, —1 oder —2 reduziert werden können. Diese Formalladungen sind nur durch Delokalisation über den gesamten Komplex, in Analogie zu Kation- bzw. Anionen-Clustern, verständlich. Kinetische und spektroskopische Untersuchungen von Reaktionen mit d-Elementen in niedrigen Oxydationsstufen werden heute durch quantenchemische LCAO-Berechnungen ergänzt, die eine Entscheidung über die Elektronenverteilung zwischen Metallatom und Liganden zulassen. Durch den Nachweis veränderter Bindungsabstände bzw. -winkel (IR-Spektren, NMR-Spektren, Röntgenbeugung) bei Edukten, Produkten sowie mehr oder minder labilen Zwischenstufen können Korrelationen zwischen experimentellen und berech-

neten Daten die Reaktionsaufklärung vertiefen [7.21]. Redoxreaktionen bei mittleren
Wertigkeiten ($Fe^{2\oplus}/Fe^{3\oplus}$, $Co^{2\oplus}/Co^{3\oplus}$ usw.) in Lösung werden vor allem durch den
Einfluß der Solvatmoleküle auf den Elektronenaustausch-Mechanismus in ihrer Inter-
pretation erschwert. Für den früher erwähnten Brückenmechanismus wird z. B. vorausgesetzt, daß ein Komplex des Redoxpaares gegen Substitution kinetisch labil, der
andere dagegen inert ist. Nach dem Elektronenaustausch ist das Stabilitätsverhalten
umgekehrt. Da Cr(II)- und Co(II)-Komplexe kinetisch labil und die entsprechenden
Cr(III)- und Co(III)-Komplexe stabil sind, erfüllt ein Redoxpaar derartiger Komplexe
die genannte Voraussetzung. Für den Brückenliganden $Cl^\ominus$ wird folgende Reaktion
betrachtet:

$$[Co(NH_3)_5Cl]^{3\oplus} + [Cr(H_2O)_6]^{2\oplus} + 5\,H_3O^\oplus \longrightarrow [Cr(H_2O)_5Cl]^{3\oplus} + [Co(H_2O)_6]^{2+} + 5\,NH_4^\oplus$$

stabil   labil   stabil   labil

Durch die Brückenbildung über den $Cl^\ominus$-Liganden kommt es zu einer starken Annäherung der Metallionen, wobei sich der Brückenligand von Co(III) zum Cr(II) bewegt,
während die Elektronenübertragung nach Erreichen einer optimalen Struktur sehr
schnell über die Brücke in umgekehrter Richtung verläuft.

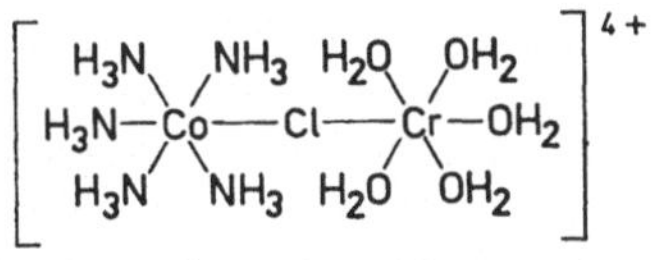

$$\begin{bmatrix} H_3N & & NH_3 & H_2O & & OH_2 \\ H_3N{-} & \!\!Co{-}\!\!\!\!&{-}Cl{-}\!\!\!\!&{-}Cr{-}&\!\!OH_2 \\ H_3N & & NH_3 & H_2O & & OH_2 \end{bmatrix}^{4+}$$

Oxydations-   +3   −1   +2
zustand:

Die dabei erfolgende Atomübertragung konnte durch Isotopenmarkierung sowie auf
spektroskopischem Wege gezeigt werden. Bei resonanzfähigen organischen Anionen
als Brückenliganden (z. B. Oxalat, Maleat) erfolgt der Elektronentransfer sehr schnell,
während der Zerfall der labilen Brückenstruktur genügend langsam ist, um den direkten Nachweis zu führen [7.18]. In diesen Fällen entspricht die Brückenspezies keinem
Übergangszustand, sondern einem reaktiven Zwischenzustand. Für die Reaktion zwi-
schen $[Co(CN)_5]^{3\ominus}$ und $[Fe(CN_6)]^{3\ominus}$ ist das komplexe Anion $[(CN)_5Co{-}NC{-}Fe(CN_5)]^{6\ominus}$
so stabil, daß es als kristallines Salz isoliert werden kann.
Beim Brückenmechanismus mit Atom- bzw. Gruppenübertragung kann der übertra-
gene Ligand auch als einwertiges Radikal aufgefaßt werden (bei Wechsel der Oxyda-
tionszahl um 1), dessen «freie Radikalnatur» bei der hohen Geschwindigkeit des Elektronentransfers nicht nachweisbar ist.
Bei Redoxreaktionen mit Elektronentransfer durch die im wesentlichen unveränderten
Koordinationssphären von kurzzeitigen Begegnungskomplexen konnten dagegen
Radikale als instabile Zwischenstufen nachgewiesen werden. Ein Beispiel ist die praktisch wichtige Reaktion von H_2O_2 mit Fe(II)-Ionen im sauren Medium. Die Bildung
von $HO\cdot$- bzw. $HO_2^\cdot$-Radikalen konnte durch Absorptionsspektroskopie und durch
Initiierung von Polymerisationen nachgewiesen werden. Das Geschwindigkeitsgesetz
lautet:

$$-\frac{d[Fe^{2\oplus}]}{dt} = k[Fe^{2\oplus}][H_2O_2]$$

In einem Mehrschrittmechanismus sind folgende Reaktionen wahrscheinlich:

$$Fe^{2\oplus} + H_2O_2 \rightleftharpoons Fe^{3\oplus} + HO^\ominus + HO\cdot$$

$$Fe^{3\oplus} + H_2O_2 \rightleftharpoons Fe^{2\oplus} + HO_2^{\cdot} + H^{\oplus}$$

$$HO^{\cdot} + H_2O_2 \rightarrow H_2O + HO_2^{\cdot}$$

$$Fe^{3\oplus} + HO_2^{\cdot} \rightarrow Fe^{2\oplus} + O_2 + H^{\oplus}$$

$$Fe^{2\oplus} + HO^{\cdot} \rightarrow Fe^{3\oplus} + HO^{\ominus}$$

Der katalytische Effekt der Eisenionen wird also durch das Redoxpaar $Fe^{2\oplus}/Fe^{3\oplus}$ bewirkt, wobei die elektronenübertragende (oxydative) Wirkung, z. B. zur Initiierung einer Polymerisation, an die Wanderung der Radikale geknüpft ist. Bei der Aktivierung zur homolytischen Bindungsdissoziation im H_2O_2, die die Wechselwirkung mit den aquotisierten Eisenionen einschließt, können allerdings auch Wasserstoffatom- bzw. Protonenübertragungsgleichgewichte zwischen den Ligandensphären mitwirken. Da über temporäre Änderungen der Lösungsstruktur in nichtstöchiometrischen Kontaktaggregaten keine Informationen vorliegen, kann für diesen komplexen Mechanismus gegenwärtig keine zeitliche Reihenfolge der einzelnen Reaktionen angegeben werden. Bei den bisherigen Beispielen erfolgte der Transfer eines Elektrons. Wenn die sterischen Voraussetzungen zur Orbitalüberlappung gegeben sind, können auch Zweielektronenübertragungsreaktionen erfolgen, die als oxydative Addition bzw. reduktive Eliminierung bezeichnet werden. Eine konzertierte Chloraddition an eine Doppelbindung als Vierzentrenwechselwirkung ist symmetrieverboten. Die cis-Addition einer geeigneten Brücke (z. B. $MnO_4^{\ominus}$) ist dagegen erlaubt. Für die Chloraddition bleibt bei thermischer Aktivierung nur der nichtkonzertierte Weg. Die Elemente des P-Blocks und auch Übergangselemente in kovalenten Bindungsverhältnissen bilden normalerweise keine stabilen Verbindungen bei Einelektronenübertragung, sondern die stabilen Oxydationsstufen unterscheiden sich meist um zwei Einheiten: (Tl(I) und Tl(III), Sn(II) und Sn(IV), P(III) und P(V), Pt(II) und Pt(IV), Rh(I) und (Rh(III) usw.). Man hat deshalb Redoxpaare von Metallionen eingeteilt in:

1. komplementäre Reaktionen, z. B.

$$Co(III) + Cr(II) \rightarrow Co(II) + Cr(III)$$
$$Co(III) + Fe(II) \rightarrow Co(II) + Fe(III)$$
$$Sn(II) + Tl(III) \rightarrow Sn(IV) + Tl(I)$$

2. nichtkomplementäre Reaktionen, z. B.

$$2\,Fe(III) + Sn(II) \rightarrow 2\,Fe(II) + Sn(IV)$$
$$2\,Cr(II) + Pt(IV) \rightarrow 2\,Cr(III) + Pt(II)$$
$$Mn(VII) + 5\,Fe(II) \rightarrow Mn(II) + 5\,Fe(III)$$

Auch für die Zweielektronenübertragung gilt natürlich die notwendige Übereinstimmung der Energie des Redoxpaares (*Franck-Condon*-Prinzip) vor dem Elektronenübergang. Damit wird unmittelbar klar, daß die Chance für eine synchrone Übertragung von zwei Elektronen nur dann gegeben ist, wenn die Mt-Ligand-Bindungen und die äußeren Einflüsse auf die Aktivierung (Lösungsmittelkäfig, Matrixeffekte, Strukturen an Phasengrenzflächen) einen Brückenmechanismus favorisieren. In Begegnungskomplexen können bereits bei Einelektronenübertragung reaktive Zwischenstufen nachgewiesen werden. Das ist aus der meist nicht erfüllten Äquivalenz beider Metallatome bei einer Zweielektronenübertragung erst recht zu erwarten. Die konzertierte Zweielektronenübertragung in nichtkomplementären Redoxpaaren ist daher als Grenzfall idealer struktureller Voraussetzungen zu betrachten (z. B. Pt(II)-katalysierter Chloridionenaustausch in trans-$[Pt(en)_2Cl_2]^{2\oplus}$-Komplexen). In der Regel treten instabile Oxydationsstufen der Komponenten des Redoxpaares auf, deren Nachweismöglichkeit (vgl. Abschn. 6.) den Mechanismus als konzertierte bzw. nichtkonzertierte Elektronenübertragung zu klassifizieren gestattet. Die praktische Bedeutung solcher Untersuchungen liegt bei der reaktionstheoretischen Durchdringung der homogenen bzw. heterogenen Katalyse technischer Prozesse. Allgemeine Aspekte zum Mechanismus der oxydativen Addition wurden am Beispiel der VASKA-Komplexe im Abschn. 6. im Zusammenhang mit den Nachweismöglichkeiten reaktiver Zwischenstufen behandelt. Da der Mechanismus sehr stark von den äußeren Bedingungen der Reaktion abhängt, soll auf technisch relevante Katalysereaktionen in den Abschn. 8. (homogene Katalyse) bzw. 9. (heterogene Katalyse) eingegangen werden.

7.6. Quantifizierung von Struktur-Reaktivitäts-Beziehungen

Die qualitative Betrachtung ließ deutlich werden, daß der elektronische bzw. sterische Einfluß von Substituenten auf ein Reaktionszentrum bei organischen Verbindungen am übersichtlichsten ist. Deshalb wurde der erste Versuch, einen quantitativen Zusammenhang zwischen der Struktur und der Reaktivität organischer Verbindungen zu erhalten, bereits 1911 von *Derick* unternommen [7.19]. Die Zahlenwerte für den Substituenteneinfluß auf die Dissoziation organischer Säuren bzw. Basen wurden jedoch erst 1924 von *Brönsted* und *Pederson* [7.20] für die quantitative Korrelation mit Geschwindigkeitskonstanten unterschiedlicher Reaktionen verwendet. Wir kommen im Abschn. 8. auf das *Brönsted*sche Katalysegesetz zurück. Auf der Basis dieser Entwicklungen wurden dann von *Hammett* (1937) und *Taft* (1952) Korrelationsbeziehungen erhalten, die sich als außerordentlich tragfähig erwiesen [7.21], [7.22], [7.23]. Da die Korrelationen für die meisten Reaktionen gegenwärtig nicht mit Daten aus quantenchemischen Berechnungen oder der statistischen Thermodynamik durchgeführt werden können, spricht man von empirischen Struktur-Reaktivitäts-Beziehungen. Für eine Reaktionsserie (z. B. Verseifung substituierter Benzoesäureester) der allgemeinen Form

$$X_i - R - Z + Y_j \xrightarrow{k_i} X_i - R - Y_j + Z$$

zeigten die Logarithmen der Geschwindigkeitskonstanten bei der Variation von X_1 bis X_i am Reaktionszentrum R-Z und der Variation von Y_1 bis Y_j einen linearen Zusammenhang:

$$\lg(k_i)_{j=1} = a \lg (k_i)_{j=2} + b \tag{7.1}$$

Einige dieser empirischen Beziehungen gelten auch für Gleichgewichtskonstanten:

$$\lg(k_i)_{j=1} = a \lg(K_i)_{j=2} + b \tag{7.2}$$

$$\lg(K_i)_{j=1} = a \lg(K_i)_{j=2} + b \tag{7.3}$$

Der Logarithmus einer Geschwindigkeitskonstante ist der freien Aktivierungsenthalpie der betreffenden Reaktion proportional, der Logarithmus der Gleichgewichtskonstante der freien Reaktionsenthalpie. Deswegen gilt:

$$(\Delta G_i)_{j=1} = a (\Delta G_i)_{j=2} + b$$

ΔG_i kann sowohl $\Delta G_i^\ast$ als auch $\Delta_R G_i^\circ$ bedeuten. Man nennt Gleichungen vom Typ (7.1), (7.2) und (7.3) daher lineare Beziehungen der freien Enthalpie, abgekürzt LFE-Beziehungen oder LFER (linear free energy relationships).

7.6.1. LFE-Beziehungen

Hammett-Gleichung

Die *Hammett*-Gleichung wird dann wie folgt formuliert:

$$\lg \frac{k_i}{k_0} = \varrho \lg \frac{K_i}{K_0} \qquad \lg \frac{K_i}{K_0} = \sigma_i$$

$$\lg \frac{k_i}{k_0} = \varrho\, \sigma_i$$

Die σ_i-Werte heißen *Hammett*sche Substituentenkonstanten. Sie werden durch Messung der Dissoziationskonstanten von Benzoesäure und der entsprechend substituierten Benzoesäuren in Wasser bei 25 °C ermittelt. Tab. 7.7 enthält die *Hammett*schen Substituentenkonstanten σ_m und σ_p für eine Reihe von Substituenten.

Tab. 7.7. Substituentenkonstanten nach *Hammett*

Substituent	σ_m	σ_p	σ_p^-	σ_p^+
$N(CH_3)_2$	—0,15	—0,83		—1,7
NH_2	—0,16	—0,66		—1,30
CH_3	—0,07	—0,17		—0,31
C_6H_5	0,06	—0,01		—0,18
OH	0,12	—0,37		—0,92
OCH_3	0,12	—0,27		—0,78
SCH_3	0,15	0,00		—0,60
$NHCOCH_3$	0,21	0,00		—0,60
OC_6H_5	0,25	—0,32		—0,50
SH	0,25	0,15		
COC_6H_5	0,34	0,42		
F	0,34	0,06		—0,07
I	0,35	0,27		0,14
$COOR$	0,37	0,45	0,68	0,49
Cl	0,37	0,23		0,11
$COCH_3$	0,39	0,31		
Br	0,39	0,23		0,15
$SOCH_3$	0,52	0,49		
CN	0,56	0,66	0,90	
SO_2CH_3	0,60	0,72	1,05	
NO_2	0,71	0,78	1,27	0,79
$\overset{\oplus}{N}(CH_3)_3$	0,88	0,82		0,41

Die Substituentenkonstante σ_i ist ein Maß für die Veränderung der Elektronendichte am Reaktionszentrum durch den Substituenten. Sie ist positiv für Elektronenakzeptorsubstituenten (—I bzw. —M) und negativ für Elektronendonorsubstituenten (+I bzw. +M). ϱ bezeichnet man als Reaktionskonstante. Sie ist ein Maß für die Empfindlichkeit der Reaktion gegenüber dem polaren Substituenteneinfluß. Zur Bestimmung von ϱ ermittelt man k_i bzw. K_i für unterschiedlich substituierte Edukte bei konstanten Reaktionsbedingungen (Lösungsmittel, Temperatur, Konzentration des angreifenden Reagens) und trägt einige Wertepaare von lg k_i/k_0 bzw. lg K_i/K_0 gegen tabellierte σ_i-Werte auf. Die Steigung der *Hammett*-Auftragung ist ϱ. Bei der rechentechnischen Auswertung der Korrelationsdaten nach der Methode der kleinsten Fehlerquadrate erhält man die Standardabweichung s und den Korrelationskoeffizient r, die die Korrelationsgüte charakterisieren. Die Korrelationsgüte ist um so besser, je näher r gegen 1 geht. ϱ hat ein positives Vorzeichen, wenn die Geschwindigkeitskonstante k_i bzw. die Gleichgewichtskonstante K_i relativ zu k_0 bzw. K_0 bei nucleophilem Angriff des Reaktionszentrums durch Elektronenakzeptorsubstituenten erhöht wird. Umgekehrt resultiert ein negatives Vorzeichen, wenn Elektronendonorsubstituenten den elektrophilen Angriff des Reaktionszentrums begünstigen. Eine Umkehrung der genannten Trends wirkt dem Donor-Akzeptor-Prinzip entgegen, womit k_i bzw. K_i kleiner werden. Das hat in jedem Falle eine Verminderung der Steigung von ϱ zur Folge, oder anders ausgedrückt, eine Verringerung der Empfindlichkeit der Reaktion gegenüber dem Substituenteneinfluß. Für die Untersuchung von Reaktionsmechanismen können daher aus dem Vorzeichen und aus dem Betrag von ϱ wichtige Hinweise auf die Ladungsänderung am Reaktionszentrum bei der Bildung des Übergangszustandes für den geschwindigkeitsbestimmenden Schritt der Reaktion erhalten werden. Es gelten folgende Regeln:

1. *Die Steigerung vou ϱ ist um so negativer, je mehr die Elektronendichte am Reaktionszentrum bei der Bildung des Übergangszustandes vermindert wird.* Zur Verdeutlichung ist in Bild 7.17 die *Hammett*-Auftragung für die elektrophile Bromaddition an substituierte (E)-1,2-Diphenyl-ethene dargestellt ($\varrho = $ —1,99 bei 30 °C in Brombenzen).

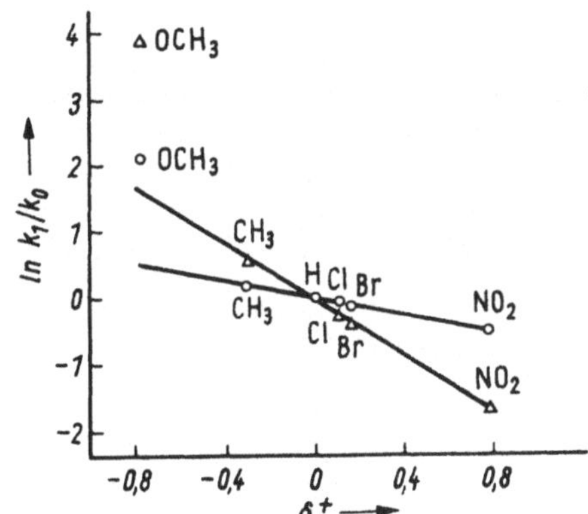

Bild 7.17. *Hammett*-Auftragung für die Bromaddition an p-substituierte (E)-1,2-Diphenylethene ($T = 30°$C)
△ Brombenzen; o Tetrachlorkohlenstoff

2. *Die Steigerung von ϱ ist um so positiver, je mehr die Elektronendichte am Reaktionszentrum bei der Bildung des Übergangszustandes erhöht wird.* Bild 7.18 enthält die

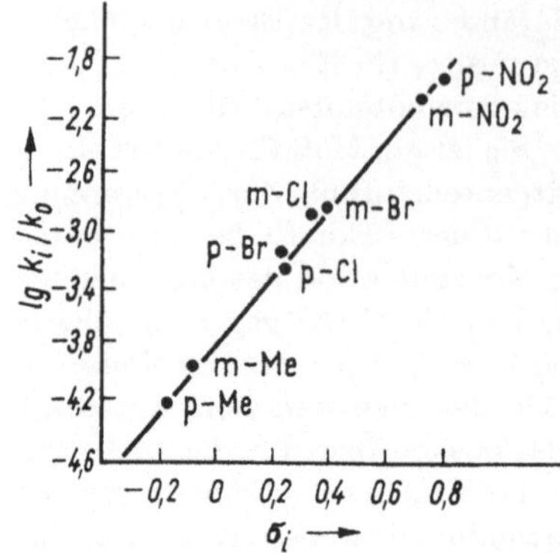

Bild 7.18. *Hammett*-Auftragung für die Reaktionsserie:

$$X_i\text{-ArCOOMenthyl} + H_3COH \xrightarrow{\ (H_3CONa)\ } X_i\text{-ArCOOCH}_3 + \text{Menthol}$$

Hammett-Auftragung für die basekatalysierte (CH_3ONa)-Methanolyse von m- bzw. p-substituierten Benzoesäurementhylestern ($\varrho = 1{,}19$ bei 50 °C).

Aus Bild 7.17 erkennt man, daß der geschwindigkeitsbestimmende Schritt, bestehend aus der Bildung des α-Brom-carbeniumions, durch Donorsubstituenten begünstigt wird ($k_i > k_0$), während Akzeptorsubstituenten die π-Elektronendichte der Doppelbindung herabsetzen und damit der Wechselwirkung des angreifenden Elektrophils zur Übernahme von Ladung aus den p,π-Orbitalen entgegenwirken ($k_i < k_0$). Die Methoxygruppe als Donorsubstituent in p-Position bewirkt in diesem System eine höhere Reaktivität, als es nach dem σ^+-Wert zu erwarten wäre (s. S. 249). Bei Verwendung des ursprünglichen σ-Wertes ist die Differenz noch viel größer. Das (E)-1(4-Methoxy-phenyl)-2-phenyl-ethen wurde deshalb zur Berechnung von ϱ nicht mit einbezogen. Die Steigung von ϱ ist in diesem Fall natürlich auch von der Elektrophilie des angreifenden Reagens abhängig und vergrößert sich in der Reihenfolge:

$$Cl_2 < Br_2 < Br^{\oplus}\,[Al_2Br_7]^{\ominus} < Ar\text{—}\overset{\oplus}{C}HCH_3\,[Al_2Br_7]^{\ominus}$$

So konnte für die kationische Polymerisation von p-substituierten Styrenen, initiiert mit $SnCl_4/H_2O$ in Dichlormethan bei 0 °C, ein stark negativer Wert erhalten werden:

$$\lg k_{Br} = -1{,}24 - 3{,}36\,\sigma_p;\quad r = 0{,}99;\quad s = 0{,}104$$

Voraussetzung für die Zulässigkeit des Schlusses auf die sich ständig wiederholende Kationbildung aus dem Monomer ist, daß die Geschwindigkeitskonstante des Kettenwachstums (k_W) annähernd der gemessenen Bruttokonstante (k_{Br}) entspricht, d. h., daß bei Gültigkeit des Stationaritätsprinzips ein schnell erfolgender Initiierungsschritt (Addition von $H^{\oplus}$ an das Monomer $\rightarrow k_I$) und ein schnell erfolgender Kettenabbruchschritt (Polymer—$\overset{\oplus}{C}HC_6H_5 + X^{\ominus} \rightarrow k_A$) gegenüber dem geschwindigkeitsbestimmenden Wachstumsschritt vernachlässigt werden können. Die Gültigkeit der Voraussetzung

$$\frac{k_I}{k_A} \ll k_W \approx k_{Br}$$

konnte für unterschiedliche Reaktionsserien bei kationischen [7.24] und auch bei anionischen Polymerisationen [7.25] nachgewiesen werden. Während der polare Substituenteneinfluß auf das Reaktionszentrum beim elektrophilen Wachstumsschritt stark negative ϱ-Werte (—3 bis —6) ergibt, werden für den nucleophilen Wachstumsschritt der anionischen Polymerisation entsprechend hohe positive ϱ-Werte gefunden. Gegenüber diesen ϱ-Werten ist $\varrho = 1{,}19$ für die in Bild 7.18 dargestellte Reaktion vergleichsweise gering, was auf die weniger starke Erhöhung der Elektronendichte in der Estergruppe beim Angriff von $H_3CO^\ominus$ bzw. H_3COH im Gegensatz zum Angriff eines Carbanions auf die Monomerdoppelbindung zurückzuführen ist.

Generell ist aber bei Mehrschrittreaktionen zu sichern, daß die gemessene Geschwindigkeit auch die Bildung des Übergangszustandes repräsentiert, über dessen Natur Folgerungen aus dem Vorzeichen und dem Betrag von ϱ zur Aufklärung des Mechanismus gezogen werden sollen.

In Tab. 7.8 sind weitere Reaktionskonstanten zusammengestellt. So zeigt z. B. die Reaktion von Methyliodid mit substituierten N,N-Dimethylanilinen stark negative ϱ-Werte.

$$X_i - Ar - \bar{N}R_2 + CH_3I \rightleftharpoons [X_i - Ar - \overset{\delta \dotplus}{N} \mid \rightarrow CH_3 - \overset{\delta-}{I}]^{\ddagger} \rightarrow X_i - Ar - \overset{\oplus}{N}R_2CH_3 + I^\ominus$$
$$\mid$$
$$R_2$$

Sie deuten auf eine Verringerung der Elektronendichte am Stickstoffatom bei der Bildung des Übergangszustandes hin. Naheliegenderweise wird die Ionenbildung durch Elektronendonorsubstituenten am Phenylring in dieser assoziativen Reaktion ebenso beschleunigt wie die elektrophile Addition bzw. Polymerisation. Aus Betrag und Vorzeichen von ϱ kann aber auch erkannt werden, ob in einer Mehrschrittreaktion ein dissoziativer Schritt geschwindigkeitsbestimmend ist. So zeigt die Ethanolyse substituierter Diphenylmethylchloride oder Tritylchloride stark negative ϱ-Werte. Dies ist ein Beweis für den S_N1-Mechanismus, wo im Übergangszustand des dissoziativen Schrittes durch Spaltung der Kohlenstoff-Chlor-Bindung die positive Partialladung erhöht wird. In einem schnellen, nachgelagerten Schritt erfolgt dann die Bindungsbildung zwischen dem Carbeniumion und dem Nucleophil. Interessanterweise werden auch manche Radikalreaktionen und auch pericyclische Reaktionen von polaren Substituenten beeinflußt. Als Beispiel sei die Reaktion substituierter 1-Aryl-buta-1,3-diene mit Maleinsäureanhydrid ($\varrho = -0{,}62$ in Dioxan bei 45 °C) genannt. Die Ausbildung von Partialladungen bei konzertierter Elektronenumordnung wird verständlich, wenn man bedenkt, daß die Edukte selbst dipolar sind und offenbar ein Grenzfall zur dipolaren Cycloaddition vorliegt.

Schließlich sei nochmals hervorgehoben, daß mechanistische Interpretationen von ϱ unbedingt konstante Reaktionsbedingungen voraussetzen. Das gilt besonders für den Lösungsmitteleinfluß. Während dies z. B. bei Solvolysen in protischen Lösungsmitteln (H_2O, Alkohole) wegen ihrer starken Solvatationskraft unmittelbar verständlich wird (vgl. Abschn. 8.), ist in Tab. 7.8 am Beispiel der elektrophilen Bromaddition an substituierte (E)-1,2-Diaryl-ethylene gezeigt, daß selbst beim Wechsel von einem unpolaren (CCl_4, $\varrho = -0{,}67$) zum dipolar aprotischen Lösungsmittel (Brombenzen, $\varrho = -1{,}99$) signifikante Veränderungen auftreten können. Hier wird offensichtlich die Verminderung der Elektronendichte an der Doppelbindung und damit die Polarität im aktivierten Komplex durch die Solvatwechselwirkung verstärkt.

Aber auch Abweichungen von der *Hammett*-Geraden können für die Mechanismusaufklärung wichtige Hinweise geben. Folgende Fälle allgemeiner Bedeutung seien diskutiert:

1. Wenn zum Beispiel in den geschwindigkeitsbestimmenden Schritt eingehende Gleichgewichte vom Substituenten ebenfalls stark beeinflußt werden, dann ist die Brut-

Tab. 7.8. Reaktionskonstanten der *Hammett*-Gleichung
(Der Substituent X_i am Arylrest wurde zur Vereinfachung weggelassen)

Reaktionsserie	Lösungsmittel	T in °C	ϱ
$ArCOOEt \xrightarrow[-EtOH]{+OH^{\ominus}} ArCOO^{\ominus}$	60proz. Aceton	0	2,44
$ArCH_2COOEt \xrightarrow[-EtOH]{+OH^{\ominus}} ArCH_2COO^{\ominus}$	88proz. Ethanol	30	0,82
$ArCOOEt \xrightarrow[-EtOH]{+H_2O(H)^{\oplus}} ArCOOH$	60proz. Ethanol	100	0,14
$ArCOOCH_3 + H_2SO_4/H_2O \rightarrow ArCOOH + H_3COH$	99,8proz. H_2SO_4	100	—3,0
$ArCH_2Cl \xrightarrow[-HCl]{+H_2O} ArCH_2OH$	48proz. Ethanol	30	—2,18
$ArNH_2 + C_6H_5COCl \xrightarrow[-HCl]{} ArNHCOC_6H_5$	Benzen	25	—2,78
$ArN(CH_3)_2 + CH_3I \rightarrow Ar\overset{\oplus}{N}(CH_3)_3I^{\ominus}$	90proz. Aceton	35	—3,30
$Ar(C_6H_5)CHCl + EtOH \rightarrow Ar(C_6H_5)CHOEt + HCl$	Ethanol	25	—4,1
$Ar(C_6H_5)_2CCl + EtOH \rightarrow Ar(C_6H_5)_2COEt + HCl$	Ethanol/Aceton (40:60)	0	—2,57
$ArCH{=}CH{-}CH{=}CH_2 + MSA \rightarrow$ DIELS—ALDER—Produkt	Dioxan	45	—0,62
$ArCH_3 + Cl_2 \rightarrow ArCH_2Cl + HCl$	CCl_4	40	—0,66
$ArCH_3 + Br_2 \rightarrow ArCH_2Br + HBr$	CCl_4	80	—1,39
$ArCH{=}CHC_6H_5 + Br_2 \rightarrow ArCHBr{-}CHBrC_6H_5$	CCl_4	30	—0,67
$ArCH{=}CHC_6H_5 + Br_2 \rightarrow ArCHBr{-}CHBr\,C_6H_5$	Brombenzen	30	—1,99

togeschwindigkeitskonstante $k_{Br} = k_i \cdot K_i$. Es gilt dann:

$$\lg \frac{(k_{Br})_i}{k_0} = \lg \frac{K_i}{K_0} + \lg \frac{k_i}{k_0} = (\varrho_1 + \varrho_2)\sigma = \varrho'\sigma$$

ϱ' ist vergleichbar mit einer Pseudokonstante bei der kinetischen Reaktionsanalyse. Bei getrennter Untersuchung des vorgelagerten Gleichgewichtes und des geschwindigkeitsbestimmenden Schrittes, kann ϱ' in die beiden Partial-ϱ-Werte aufgegliedert werden. Das ist z. B. der Fall bei der Acidolyse von substituierten Benzoesäureestern. Aus Tab. 7.8 entnimmt man für die basekatalysierte Esterverseifung positive ϱ-Werte, die zeigen, daß der geschwindigkeitsbestimmende Schritt in der Bindungsbildung mit dem Nucleophil besteht. In schwach saurem Medium konkurriert dagegen die Verringerung der Elektronendichte in der Estergruppe durch Akzeptorsubstituenten mit ihrer Wirkung auf den zweiten Reaktionsschritt. Während K_i kleiner wird, nimmt k_i zu (sog. $A_{Ac}2$-Mechanismus). Diese gegenläufige Wirkung des polaren Effektes erklärt ein $\varrho' = 0{,}14$. Von *Taft* wurde diese Beobachtung bei der Verseifung aliphatischer Ester zur Separierung des polaren und sterischen Effektes genutzt (vgl. S. 251). In stark saurem Medium zeigt schließlich der hohe negative ϱ-Wert der Acidolyse einen Wechsel des Mechanismus (sog. $A_{Ac}1$-Mechanismus), worin offensichtlich die Abspaltung des Alkohols von einem im Übergangszustand resonanzstabilisierten Acyliumkation geschwindigkeitsbestimmend ist. Das Acyliumkation wird in einem schnellen Reaktionsschritt als Schwefelsäureester stabilisiert, der in Abhängigkeit von der Restwasserkonzentration ebenfalls schnell weiter reagiert. Aus der von der H_2SO_4-Konzentration abhängigen Überlagerung beider Mechanismen muß wegen des unterschiedlichen Beitrags von ϱ_1 und ϱ_2 zu ϱ' ein Knick in der *Hammett*-Geraden erwartet werden, an dem sogar eine Umkehr der Steigung der beiden Kurvenäste beobachtet wurde.

2. Ein weiterer Grund für Abweichungen von der *Hammett*-Geraden besteht darin, daß der Anteil induktiver und mesomerer Einflüsse bei der Weiterleitung durch das Molekülgerüst zum Reaktionszentrum nicht unabhängig von der Struktur der reagierenden Moleküle ist. Sonst müßten z. B. die m- bzw. p-σ-Werte für den gleichen Substituenten identisch sein. Aus Tab. 7.7 sieht man, daß das nicht der Fall ist. Von starken —M-Substituenten wird außerdem in manchen Reaktionsserien eine stärkere Wirkung auf das Reaktionszentrum ausgeübt als am Bezugssystem der substituierten Benzoesäuren. Analoge Beobachtungen wurden bei starken +M-Substituenten gemacht. Das führte zu vielfältigen Korrekturen von σ-Werten, die als σ^-- bzw. σ^+-Werte oder in weiteren Formen in die Literatur eingegangen sind [7.21]. Einige Werte sind in Tab. 7.7 aufgenommen.

3. Bei Reaktionen mit mehreren potentiellen Reaktionszentren werden ebenfalls Abweichungen von der *Hammett*-Geraden gefunden. Beispielsweise wird bei *Lewis*-Säure-katalysierten Reaktionen von substituierten Anilinen oder m- bzw. p-Dimethylamino-styrenen oft eine geringere Geschwindigkeit gefunden, als durch den starken +M-Effekt der Aminogruppe zu erwarten ist. $\lg k_i/k_0$ liegt dann unterhalb der *Hammett*-Geraden. Die Ursache ist hier eine konkurrierende Wechselwirkung mit dem Elektrophil, die zu einer Verringerung der π-Elektronendichte am Reaktionszentrum führt, wodurch dessen elektrophiler Angriff erschwert wird, z. B.:

$$R_2N\!-\!\!\langle\text{C}_6\text{H}_4\rangle\!\!-\!CH{=}CH_2 + SnCl_4 / H_2O \xrightarrow{\ k_i\ } R_2N\!-\!\!\langle\text{C}_6\text{H}_4\rangle\!\!-\!\overset{\oplus}{C}H{-}CH_3 [SnCl_4OH]^{\ominus}$$

$$R_2N\!-\!\!\langle\text{C}_6\text{H}_4\rangle\!\!-\!CH{=}CH_2 + SnCl_4 \rightleftharpoons[\ ]{K_i} Cl_4Sn \leftarrow \overset{}{\underset{R_2}{N}}\!-\!\!\langle\text{C}_6\text{H}_4\rangle\!\!-\!CH{=}CH_2$$

Mit zunehmender Gleichgewichtskonzentration des n-v-EDA-Komplexes nimmt die Reaktionsgeschwindigkeit des elektrophilen Schrittes ab. Auch starke Komplexbildungen mit Lösungsmittelmolekülen im vorgenannten Sinne können Abweichungen von der LFE-Beziehung verursachen.

4. Wenn der Substituenteneinfluß auf das Reaktionszentrum nicht nur auf die Elektronenpolarisation zurückzuführen ist, sondern aus sterischen Gründen ein assoziativer Reaktionsschritt erschwert (o-Substituenten zum Reaktionszentrum) oder ein dissoziativer Reaktionsschritt erleichtert wird (Solvolyse substituierter Tritylverbindungen), dann ist ebenfalls mit Abweichungen zu rechnen.

Die Abweichungen wurden deshalb ausführlicher behandelt, weil Verständnis für die Bedeutung von ϱ zur Aufklärung von Reaktionsmechanismen, aber auch für die dabei gebotene Vorsicht erreicht werden sollte. Aus thermodynamischer Sicht könnte man vereinfacht sagen, daß sich zur Aufrechterhaltung einer linearen Beziehung zwischen k_i und $\Delta G_i^{\neq}$, auch $\Delta H_i^{\neq}$ bzw. $-T\Delta S_i^{\neq}$ bei der Variation von $j = 1$ bis $j = n$ linear verändern müssen. Diese Voraussetzung ist nur erfüllt, wenn bei stets gleicher Struktur des Übergangszustandes Änderungen des Entropiegliedes vernachlässigt werden können oder sich Änderungen im Enthalpie- und Entropieglied kompensieren. Letzteres bezeichnet man als Kompensationseffekt oder Isokinetische Beziehung [7.21]. Ihre Überprüfung erfolgt durch Auftragung von $\Delta H^{\neq}$ gegen $\Delta S^{\neq}$ für eine bestimmte Temperatur. So können auf der Basis der Aktivierungsparameter oftmals weitergehende Folgerungen über den Mechanismus erhalten werden als aus lg k_i/k_0. Bei der Anwendung dieser Methode ist allerdings zu bedenken, daß die Aktivierungsparameter meistens nicht unabhängig voneinander aus dem gleichen Meßvorgang (Konzentrations-Zeit-Analyse) gewonnen werden und deshalb stark fehlerbehaftet sind.

Taft-Gleichung

Die *Taft*-Gleichung (1952) beschreibt den Einfluß von Substituenten auf die Reaktivität aliphatischer Verbindungen:

$$\lg\left(\frac{k_i}{k_0}\right)_j = \varrho_j^{*}\sigma_i^{*}$$

Die Substituenten R sind direkt an das Reaktionszentrum gebunden. Als Bezugssubstituent wurde die Methylgruppe gewählt, die entsprechende Reaktion der jeweiligen Serie hat die Geschwindigkeitskonstante k_0. Die σ^{*}-Werte nennt man induktive Substituentenkonstanten, weil sie die Beeinflussung des Reaktionszentrums durch den I-Effekt zum Ausdruck bringen. Die experimentelle Ermittlung der induktiven Substituentenkonstanten ist schwieriger als die der *Hammett*schen Substituentenkonstanten, da sich die Substituenten sehr nahe am Reaktionszentrum befinden und in den meisten Reaktionsserien das Reaktionszentrum und damit die Geschwindigkeitskonstanten durch den I-Effekt und durch sterische Effekte beeinflussen. Gestützt auf Arbeiten von *Ingold* ging *Taft* von der Beobachtung aus, daß für die säurekatalysierte Hydrolyse von substituierten Benzoesäureestern die Reaktionskonstante ϱ nahezu Null ist (Tab. 7.8). Daraus kann geschlossen werden, daß dies auch für die säurekatalysierte Hydrolyse von aliphatischen Carbonsäureestern ($j = 1$) zutrifft ($\varrho^{*} \approx 0$). In dieser Serie ist demnach der I-Effekt der Substituenten wirkungslos, und die unterschiedlichen Geschwindigkeitskonstanten sind eine Folge der sterischen Abschirmung des Reaktionszentrums durch die Substituenten. Demgegenüber gilt für die Verseifung von Carbonsäureestern $(j = 2)$ $\varrho^* = 2{,}84$. In dieser Serie wirken sich I-Effekt und sterische Abschirmung aus. Damit ergibt sich eine Möglichkeit zur Separierung der induktiven Beeinflussung [7.21]:

$$\sigma^* = \frac{1}{2{,}48}\left[\lg\left(\frac{k_i}{k_0}\right)_{j=2} - \lg\left(\frac{k_i}{k_0}\right)_{j=1}\right]$$

Der Faktor $1/2{,}48$ wurde eingeführt, damit die σ^*-Werte den *Hammett*schen σ_i-Werten größenordnungsmäßig entsprechen. In Tab. 7.9 sind einige induktive Substituentenkonstanten angegeben. Für die Methylgruppe als Bezugssubstituent gilt $\sigma^* = 0{,}00$. Demgegenüber beträgt für das H-Atom als Substituent $\sigma^* = 0{,}49$. Tab. 7.10 enthält einige Reaktionskonstanten für irreversible Reaktionen (k_i) und reversible Reaktionen (K_i).

Die theoretische Deutung von ϱ^* und σ^* ist in Analogie zur *Hammett*-Gleichung mit Hilfe des Konzepts der Stabilisierung von Partialladungen im Übergangszustand möglich. Wie bereits erläutert wurde, liefert dieses Konzept auch eine Erklärung dafür, daß ϱ^* für die säurekatalysierte Hydrolyse von Carbonsäureestern ungefähr Null ist. Durch den gegenläufigen Substituenteneinfluß auf das vorgelagerte Gleichgewicht (K_i) und auf den geschwindigkeitsbestimmenden Schritt (k_i) hebt sich die Substituentenwirkung auf und beeinflußt die Geschwindigkeit der Gesamtreaktion nicht.

Die verschiedenen Werte $k_1 \ldots k_i$ innerhalb der Serie $j = 1$ sind dann die Folge der unterschiedlichen sterischen Abschirmung des Reaktionszentrums durch R. Bei der Verseifung von Carbonsäureestern dagegen kommen im geschwindigkeitsbestimmenden Schritt I-Effekte und sterische Effekte zum Zuge:

Für die Ermittlung von σ^* wird dabei nach *Taft* vorausgesetzt, daß sich die von R ausgeübte sterische Abschirmung des Reaktionszentrums bei säurekatalysierter Hydrolyse und Verseifung etwa gleich stark auswirkt.

Die säurekatalysierte Hydrolyse von Carbonsäureestern kann man benutzen, um die sterische Abschirmung des Reaktionszentrums durch Substituenten R quantitativ festzulegen:

$$\lg\left(\frac{k_i}{k_0}\right)_{j=1} = E_s$$

E_s wird sterische Substituentenkonstante genannt. Auch für die säurekatalysierte Veresterung von Carbonsäuren ist ϱ^* nahezu Null. Aus dem Mittelwert von vier säurekata-

Tab. 7.9. Substituentenkonstanten nach *Taft*

Substituent R	σ^*	E_S	Substituent R	σ^*	E_S
Cl_3C	2,65	—2,06	$ClCH_2CH_2$	0,38	—0,90
CH_3OOC	2,00		$CH_3CH{=}CH$	0,36	—1,63
Cl_2CH	1,94	—1,54	$C_6H_5CH_2$	0,22	—0,38
$(CH_3)_3\overset{\oplus}{N}CH_2$	1,90		$C_6H_5CH_2CH_2$	0,08	—0,38
CH_3CO	1,65		CH_3	0,00	0,00
$NCCH_2$	1,30		C_2H_5	—0,10	—0,07
FCH_2	1,10	—0,24	n-Propyl	—0,12	—0,36
$ClCH_2$	1,05	—0,24	n-Butyl	—0,13	—0,39
$BrCH_2$	1,00	—0,27	sec-Butyl	—0,13	—0,39
ICH_2	0,85	—0,37	Cyclohexyl	—0,15	—0,79
C_6H_5	0,60	—2,55	Neopentyl	—0,17	—1,74
CH_3COCH_2	0,60		Isopropyl	—0,19	—0,47
$HOCH_2$	0,56		Cyclopentyl	—0,20	—0,51
CH_3OCH_2	0,52	—0,19	tert-Butyl	—0,30	—1,54
H	0,49	1,24			

Tab. 7.10. Reaktionskonstanten der *Taft*-Gleichung

Reaktionsserie	Lösungsmittel	T in °C	ϱ^*
$R{-}CCOEt \xrightarrow[-EtOH]{+HO^{\ominus}} R{-}COO^{\ominus}$	60proz. Aceton	25	2,84
$R{-}CH_2Br \xrightarrow[-Br^{\ominus}]{+PhS^{\ominus}} R{-}CH_2SPh$	Methanol	20	—0,61
$R{-}CH_2OTos \xrightarrow[-TosOH]{+H_2O} R{-}CH_2OH$	Ethanol	100	—0,74
$R{-}CH(OEt)_2 \xrightarrow[-2\,EtOH]{+H_2O(H^{\oplus})} R{-}CHO$	50proz. Dioxan	25	—3,65
$R{-}COOH + H_2O \rightleftharpoons R{-}COO^{\ominus} + H_3O^{\oplus}$	Wasser	25	1,72
$R{-}CH_2OH + H_2O \rightleftharpoons R{-}CH_2O^{\ominus} + H_3O^{\oplus}$	Wasser	25	1,42
$R{-}NH_3^{\oplus} + H_2O \rightleftharpoons R{-}NH_2 + H_3O^{\oplus}$	Wasser	25	3,14

lysierten Reaktionsserien berechnete *Taft* eine Reihe von sterischen Substituentenkonstanten E_s (Tab. 7.9). Wiederum gilt für die Methylgruppe als Bezugssubstituent $E_s = 0,00$. Nur für R=H ist E_s positiv, d. h., $\lg k_i/k_0 > 0$. Das H-Atom behindert das Reaktionszentrum weniger als die Methylgruppe. Für alle anderen Substituenten trifft das Gegenteil zu, nämlich $\lg k_i/k_0 < 0$. Je raumerfüllender die Substituenten sind, desto negativer ist E_s, und desto langsamer verläuft die säurekatalysierte Hydrolyse des entsprechenden Esters.

Bei den meisten Reaktionsserien sind jedoch polare und sterische Substituenteneffekte wirksam. Dem trägt die erweiterte *Taft*-Gleichung Rechnung:

$$\lg\left(\frac{k_i}{k_0}\right)_j = \varrho_j^{*}\sigma_i^{*} + \delta_j(E_s)_i$$

δ ist charakteristisch für eine Reaktionsserie und wird sterische Reaktionskonstante oder sterischer Suszeptibilitätsfaktor genannt. Je größer δ ist, desto stärker wirken sich die vom Substituenten ausgehenden sterischen Effekte auf das Reaktionszentrum und damit auf die Reaktionsgeschwindigkeit aus. Wegen der Definition von E_s gilt für die säurekatalysierte Hydrolyse von Carbonsäureestern $\delta = 1{,}00$. Für die Verseifung von Carbonsäuremethylestern wurde δ zu $0{,}71$ ermittelt. Dagegen ist die Quaternierung von 2-substituierten Pyridinen sehr empfindlich gegenüber den von R ausgehenden sterischen Effekten ($\delta = 2{,}06$):

Bei der Anwendung der E_s-Werte hat sich gezeigt, daß es sich nicht um universelle Parameter zur Quantifizierung sterischer Effekte auf ein Reaktionszentrum handelt. In der Literatur gibt es deshalb eine Fülle korrigierter Parameter mit anderen Bezugssystemen [7.21 bis 7.23], ohne daß eine durchgängige Lösung des Problems erreicht werden konnte. Generell dürfte es problematisch bleiben, polare und sterische Substituenteneinflüsse auf ein Reaktionszentrum exakt zu separieren, da beide entweder gleichsinnig oder gegenläufig wirken. Wenn man weiter die Abhängigkeit vom angreifenden Agens und spezifische Medieneffekte berücksichtigt, so dürfte die Kompensation sterischer und polarer Substituentenwirkung mehr einer Ausnahme als einer Regel entsprechen.

Swain-Scott-Gleichung

Wie bereits dargelegt, ist bei nucleophilen Substitutionsreaktionen an gesättigten C-Atomen auch die Art des Nucleophils von Einfluß auf die Reaktionsgeschwindigkeit. Verlaufen derartige Reaktionen nach dem S_N2-Mechanismus, dann hat eine von *Swain* und *Scott* (1953) aufgestellte LFE-Beziehung Gültigkeit: Serie 1 ($j = 1$)

$$\lg\left(\frac{k_i}{k_0}\right)_j = s_j \ \lg\left(\frac{k_i}{k_0}\right)_{j=1}$$

$$\lg\left(\frac{k_i}{k_0}\right)_{j=1} = n_i \ .$$

$$\lg\left(\frac{k_i}{k_0}\right)_j = s_j \, n_i$$

Diese Gleichung beschreibt den Einfluß der Struktur von Nucleophilen auf die Geschwindigkeitskonstante in Wasser/Aceton = 1:1 als Lösungsmittel mit Wasser als Bezugsnucleophil. Die n-Werte heißen Konstanten der relativen Nucleophilie. Sie werden experimentell aus den Geschwindigkeitskonstanten der nucleophilen Substitu-

Tab. 7.11. Konstanten der relativen Nucleophilie

Nucleophil	n	Nucleophil	n
$HPSO_3^{2\ominus}$	6,60	$HPO_4^{2\ominus}$	3,80
$S_2O_3^{2\ominus}$	6,36	$HCO_3^{\ominus}$	3,80
$SO_3^{2\ominus}$	5,10	Pyridin	3,60
$SH^{\ominus}$	5,10	$Cl^{\ominus}$	3,04
$CN^{\ominus}$	5,10	$CH_3COO^{\ominus}$	2,72
$I^{\ominus}$	5,04	$SO_4^{2\ominus}$	2,50
$SCN^{\ominus}$	4,77	$F^{\ominus}$	2,00
$PhNH_2$	4,49	Pikrat-Ion	1,90
$S{=}C(NH_2)_2$	4,49	$NO_3^{\ominus}$	1,03
$OH^{\ominus}$	4,20	$TosO^{\ominus}$	$<1,00$
$N_3^{\ominus}$	4,00	H_2O	0,00
$Br^{\ominus}$	3,89	$ClO_3^{\ominus}, ClO_4^{\ominus}, BrO_3^{\ominus}, IO_3^{\ominus}$	$<0,00$

Tab. 7.12. Suszeptibilitätsfaktoren der *Swain-Scott*-Gleichung

Reaktionsserie (Substrat)	Lösungsmittel	T in °C	s
PhCO—Cl	50proz. Aceton	0,5	1,34
$PhSO_2Cl$	50proz. Aceton	0,5	1,25
H_3C—Br	50proz. Aceton	20	(1,00)
H_2C—$CHCH_2OH$ (Epoxid, O-Brücke)	Wasser	20	1,00
H_2C—CH_2 / $S^{\oplus}$—CH_2CH_2Cl	5proz. Ethanol	25	0,95
H_2C—$CHCH_2Cl$ (Epoxid, O-Brücke)	Wasser	20	0,93
$PhCH_2$—Cl	61proz. Dioxan	50	0,87
H_2C—O / H_2C—$C{=}0$	Wasser	25	0,77
Et—OTos	61proz. Dioxan	50	0,66

tionsreaktionen des Brommethans ($j = 1$) ermittelt. Man kann auch sagen, daß für die Basisreaktionsserie $s = 1$ gesetzt wurde. Tab. 7.11 enthält auf diesem Wege berechnete Konstanten der relativen Nucleophilie. Für das Bezugsnucleophil Wasser gilt $n = 0{,}00$. Die Tabelle weist aus, daß z. B. die relative Nucleophilie des Iodidions größer ist als die des Chloridions. Der Suszeptibilitätsfaktor s einer Reaktionsserie wird ermittelt, indem man lg k_i/k_0 für die Reaktionen der betreffenden Serie gegen n_i aufträgt und die Steigung der resultierenden Gerade bestimmt (Tab. 7.12).

Eine theoretische Deutung der Konstanten der relativen Nucleophilie ist mit Hilfe des HSAB-Prinzips und der FO-Theorie möglich. Hier sei nur vermerkt, daß diese Konstanten weder mit pK_S- oder pK_B-Werten noch mit der Nucleofugie entsprechender Abgangsgruppen korrelieren. LFE-Beziehungen vom Typ der *Swain-Scott*-Gleichung wurden auch für nach dem A-Mechanismus verlaufende Ligandenaustauschreaktionen an Platin(II)-Komplexen formuliert.

Auf LFE-Beziehungen für nach dem S_N1-Mechanismus verlaufende Solvolysen wird im Abschn. 8.4.3. eingegangen.

Edwards-Gleichung

Es wurde schon darauf hingewiesen, daß die Reihenfolge der Konstanten n der relativen Nucleophilie von Reagenzien unterschiedlich ist, wenn das Reaktionszentrum in den Substraten einer Serie sich erheblich von dem der Substrate einer anderen Serie unterscheidet, z. B.:

Substrat	Reagenzien
(Elektrophil)	(Nucleophile)
$PhCOCl$	$n(NH_3) > n(Ph_3As)$
$PtPy_2Cl_2$	$n(Ph_3As) > n(NH_3)$

Im ersten Fall ist das Reaktionszentrum ein C-Atom, im zweiten Fall ein quadratisch-planar koordiniertes Pt-Atom. Dem trägt eine zwei Parameter enthaltende LFE-Beziehung Rechnung, die von *Edwards* (1954, 1956) aufgestellt wurde [7.26]:

$$\lg \frac{k_i}{k_0} = \alpha P_i + \beta H_i$$

k_i sind die Geschwindigkeitskonstanten der Reaktionen verschiedener Nucleophile, bezogen auf Wasser (k_0) · P_i und H_i sind Strukturparameter, die das Nucleophil charakterisieren. P_i ist ein Maß für die relative Polarisierbarkeit des Nucleophils:

$$P_i = \lg \frac{(M_R)_i}{(M_R)_{H_2O}}$$

(M_R Molrefraktion)

H_i ist die relative thermodynamische Basizität (Protonenbasizität) des Nucleophils:

$$H_i = (pK_s)_i + 1{,}74.$$

(pK_s thermodynamische Acidität der konjugierten Säure des Nucleophils).

Infolge des Bezugs auf Wasser wird der pK_s-Wert von $H_3O^\oplus$ ($-1{,}74$) von $(pK_s)_i$ subtrahiert. Somit können P_i und H_i für einige Nucleophile berechnet werden. α und β charakterisieren das Substrat (Elektrophil) und werden experimentell aus lg k_i/k_0, P_i und H_i ermittelt.

Eine wichtige Aussage der *Edwards*-Gleichung besteht darin, daß die relative Reaktivität $\lg k_i/k_0$ eines Nucleophils durch seine Polarisierbarkeit und durch seine Protonenbasizität bestimmt wird. Ausgehend davon entwickelte *Pearson* das Prinzip der harten und weichen Säuren und Basen (HSAB-Prinzip).

Die Anwendung dieses Prinzips auf die beiden obengenannten Reaktionsserien erklärt die unterschiedliche Reihenfolge der n-Werte. Das C-Atom als Reaktionszentrum im Elektrophil Benzoylchlorid ist hart. Das Nucleophil Ammoniak ist ebenfalls hart. Somit entscheidet der *Coulomb*-Term der *Klopman-Salem*-Gleichung, und Acylchloride reagieren mit Ammoniak viel schneller als mit dem weichen Nucleophil Triphenylarsin. Demgegenüber ist das Pt^{II}-Atom als Reaktionszentrum im elektrophilen trans-Dichloro-dipyridin-platin(II) weich, das LUMO dieser Verbindung liegt tief. Das Nucleophil Triphenylarsin ist ebenfalls weich, sein HOMO liegt hoch. Damit sind die Voraussetzungen für eine große HOMO-LUMO-Wechselwirkung gegeben. Nunmehr entscheidet der Grenzorbital-Term der *Klopman-Salem*-Gleichung, und Platin(II)-Komplexe reagieren mit Triphenylarsin schneller als mit Ammoniak. Man könnte sagen, in der *Edwards*-Gleichung bringt αP_i die Wechselwirkung der Grenzorbitale zum Ausdruck, denn das nucleophile Zentrum (Atom) ist um so polarisierbarer (weicher), je größer der Koeffizient des HOMO an ihm ist. Demgegenüber enthält βH_i die *Coulomb*-Wechselwirkung.

Reaktivitäts-Selektivitäts-Prinzip

Als Beispiel dient die folgende Serie kinetisch kontrollierter Parallelreaktionen:

$$A_1, A_2, \dots A_i \;\xrightarrow[\;\;]{}\; \begin{array}{l} \xrightarrow{\substack{k_1 \\ + B_1}} X_1 + Y_1 \\[1em] \xrightarrow{\substack{k_2 \\ + B_2}} X_2 + Y_2 \end{array}$$

Die Reagenzien B_1 und B_2 konkurrieren um die Substrate oder Zwischenstufen A, die entsprechenden Geschwindigkeitskonstanten sind k_1 und k_2. Für einige dieser Reaktionsserien wurde die Gültigkeit des Reaktivitäts-Selektivitäts-Prinzips nachgewiesen. Wenn Substrate A_1, A_2, ... A_i mit den Reagenzien B_1 und B_2 reagieren, dann ist die Selektivität $\lg\left(\dfrac{k_1}{k_2}\right)_i$ der Reaktion um so geringer, je größer die Reaktivität $\lg k_i$ der Substrate ist:

$$\lg\left(\frac{k_1}{k_2}\right)_i = a - b \lg k_i$$

Ein Beispiel bietet die Quaternierung 2-substituierter Pyridine mit Methylfluorsulfonat (k_1) und Iodmethan (k_2) bei 30 °C:

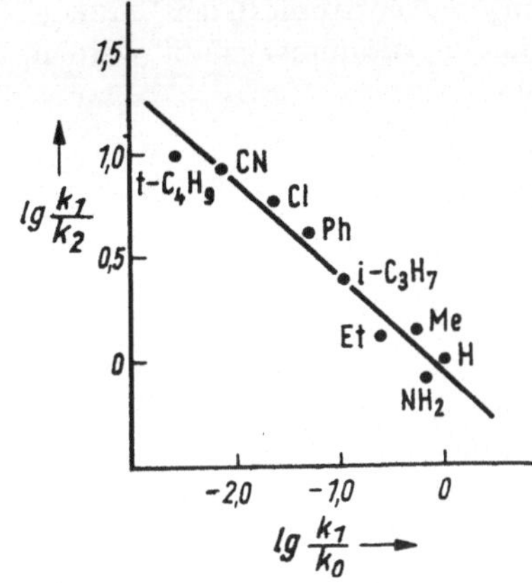

Bild 7.19. Graphische Darstellung des Reaktivitäts-Selektivitäts-Prinzips (k_0 Geschwindigkeitskonstante der Reaktion von Pyridin mit Methylfluorsulfonat)

Bild 7.19 zeigt das entsprechende Diagramm. Die Reaktivität der Substrate, gemessen als lg k_1/k_0, nimmt von R = tert-Butyl zu R = H zu, wobei sowohl die abnehmende sterische Abschirmung des Reaktionszentrums durch R als auch die von R ausgehenden polaren Effekte wirksam sind.

Die Selektivität der Reaktion, gemessen als lg k_1/k_2, nimmt von R = tert-Butyl zu R = H ab. Die Quaternierung der Substrate durch Methylfluorsulfonat ist demnach die schnellere Reaktion ($k_1 > k_2$). Bei wenig reaktiven Substraten liegt ein später Übergangszustand und somit ein produktähnlicher aktivierter Komplex vor. Dabei wirkt sich aus, daß das Fluorsulfonation beim S_N2-Mechanismus eine bessere Abgangsgruppe ist als das Iodidion, deswegen gilt $k_1 > k_2$. Beim Übergang zu immer reaktiveren Substraten kommt es zu einem frühen Übergangszustand entsprechend einem edukt-ähnlichen aktivierten Komplex. Die unterschiedliche Nucleofugie der Abgangsgruppen kann sich nun nicht auswirken, somit ist $k_1 \approx k_2$ und lg $k_1/k_2 = 0$ [7.27].

Es ist möglich, das Reaktivitäts-Selektivitäts-Prinzip, das vor allem bei produktähn-lichen Übergangszuständen zur Geltung kommt, und die FO-Theorie, die von edukt-ähnlichen Übergangszuständen ausgeht, als Grenzfälle einer allgemeinen Beziehung zwischen der Lage des Übergangszustandes und der Selektivität der Reaktion zu be-trachten. Je später (produktähnlicher) der Übergangszustand, desto größer die Selek-tivität. Allerdings sind gegen das Reaktivitäts-Selektivitäts-Prinzip auch Einwände vorgebracht worden [7.28].

7.6.2. Theoretische Ableitung von Struktur-Reaktivitäts-Beziehungen

In zunehmendem Maße gelingt für einzelne Reaktionstypen die theoretische Ableitung von Struktur-Reaktivitäts-Beziehungen. Voraussetzung dafür ist eigentlich die voll-ständige Berechnung von Reaktionswegen minimaler Energie auf den Potentialhyper-flächen (Abschn. 4.). Dies bedeutet für ein aus N Atomen bestehendes Reaktionssystem die Berechnung der potentiellen Energie als Funktion aller 3N—6 Bewegungsfreiheits-grade der Atome. Eine solche Potentialhyperfläche als Funktion von mehr als zwei Geometrieparametern läßt sich nicht mehr anschaulich darstellen.

In vielen Fällen ist es möglich, eine höherdimensionale Potentialhyperfläche auf eine dreidimensionale zurückzuführen und damit anschaulich zu machen, wenn die bei der

Reaktion vor sich gehenden geometrischen Veränderungen aller Atome in der Veränderung zweier ausgewählter charakteristischer Koordinaten zusammengefaßt werden. Als Beispiel kann eine Wasserstoffübertragung dienen.

$$\text{C}_6\text{H}_5 \quad H-CH_2-CH_3 \longrightarrow \left[\text{C}_6\text{H}_5 \cdots H \cdots CH_2-CH_3\right]^{\ddagger}$$
$$\overset{\quad\; R_1 \quad R_2}{}$$

$$\longrightarrow \text{C}_6\text{H}_5-H + \cdot CH_2-CH_3$$

Bei Annahme eines linearen aktivierten Komplexes reichen die beiden Abstände R_1 und R_2 aus, um den Reaktionsfortschritt von den Edukten zu den Produkten zu charakterisieren. Die dabei selbstverständlich auch vor sich gehenden Strukturveränderungen in dem Phenyl- und insbesondere in dem Ethylfragment können entweder

- gegenüber den starken Veränderungen von R_1 und R_2 vernachlässigt werden, was nur zu einer angenäherten Kenntnis der Potentialfläche führt, oder
- dadurch berücksichtigt werden, daß für jedes Wertepaar R_1, R_2 die Geometrie der Restfragmente so lange variiert wird, bis die potentielle Energie E zum Minimum wird, d. h., die Werte aller nicht dargestellten Koordinaten entsprechen jeweils dem Energieminimum. Die Anschaulichkeit einer solchen Potentialfläche hängt dann offensichtlich von der geschickten Auswahl der zwei Koordinaten zur Charakterisierung des Reaktionsverlaufs ab.

Für die Berechnung der Potentialflächen $E = f(P,Q)$ als Funktion zweier geeigneter Geometrieparameter P und Q steht ein großes Arsenal quantenchemischer Methoden unterschiedlichen Anspruchsniveaus zur Verfügung (Abschn. 1.). Um den Verlauf der Energiefunktion zu erhalten, sind zwei prinzipielle Vorgehensweisen möglich [7.29].

1. Es wird in die Fläche, die die beiden Koordinaten P und Q aufspannen, ein Punktraster der Wertepaare P_i, Q_j gelegt und für jeden Punkt ij die zugehörige potentielle Energie E_{ij} berechnet. Aus den erhaltenen Energiewerten kann die Reliefdarstellung bzw. die Darstellung der Äquipotentiallinien konstruiert werden. Um die Minima stabiler Molekülstrukturen bzw. die Sattelpunkte für Übergänge zwischen ihnen ausreichend genau zu finden und zu charakterisieren, muß die Maschenweite des Punktrasters so klein sein, daß die Energien der Minima und Sattelpunkte mit einem Fehler <5 bis 10 kJ/mol angegeben werden können. Das führt in den meisten Fällen zu einem unvertretbar hohen Rechenaufwand. Deshalb setzt sich in zunehmendem Maße eine alternative Arbeitsweise durch.

2. Auf der Potentialfläche stellt sich eine Reaktion als Übergang des Reaktionssystems aus einem Minimum über einen Sattelpunkt in ein anderes Minimum dar. Deshalb ist für viele Reaktivitätsuntersuchungen, insbesondere bei Nutzung der Theorie des aktivierten Komplexes, nicht die gesamte Potentialfläche wichtig, sondern nur die Kenntnis der lokalen Minima und der Sattelpunkte zwischen ihnen. Diese ausgezeichneten Punkte auf der Potentialfläche können in zunehmendem Maße durch geeignete mathematische Verfahren aufgefunden und dann durch aufwendigere quantenchemische Verfahren genauer bezüglich ihrer Energie und ihrer Geometrie charakterisiert werden.

Der Aufwand für die quantenchemischen Berechnungen sowie die Vorgehensweise werden maßgeblich bestimmt durch die Größe des zu behandelnden Reaktionssystems und die chemischen Fragestellungen. Die folgenden Beispiele sollen dies demonstrieren und gleichzeitig auf das enge Wechselspiel von Experiment und Theorie hinweisen.

1. Vergleich lokaler Minima auf der Potentialfläche. Die Reduktion von Alkylcarbonsäureestern mit gelösten Metallen liefert bevorzugt die entsprechenden Alkane und nicht die Alkohole. Als reaktive Zwischenstufe wird das Esterradikalanion postuliert, das durch Spaltung der C_{Alkyl}—O- (Weg *a*) bzw. der $C_{Carbonyl}$—O-Bindung (Weg *b*) zu Folgereaktionen Anlaß geben kann (Bild 7.20). Ab-inito-Berechnungen (*Simonetta*

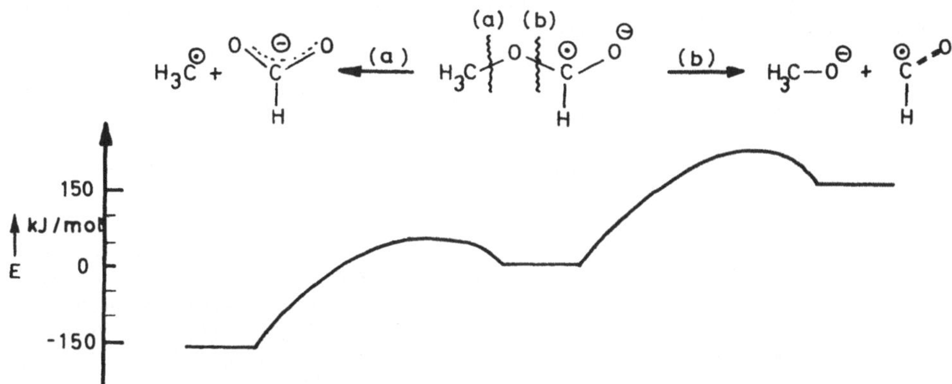

Bild 7.20. Quantenchemische Modellrechnung zum Zerfall eines Esterradikalanions (*Simonetta* u. a, 1981)

u. a., 1981) ergaben die optimierten Geometrien und Energien des Esterradikalanions und der alternativen Zerfallsprodukte. Es zeigt sich, daß die Produkte der C_{Alkyl}—O-Bindungsspaltung energetisch so stark bevorzugt sind, daß die reale Reaktion diesen Weg gehen sollte, der in Übereinstimmung mit der Erfahrung zu den Alkanen führt. Dieses Ergebnis kann nur orientierenden Charakter haben, weil über die Barrieren zwischen den Minima des Esterradikalanions und der Zerfallsprodukte keine Aussage gemacht wird. Außerdem wird in diesem Fall wie auch in den folgenden Beispielen der Einfluß des Mediums nicht berücksichtigt.

2. Berechnung von Energieprofilen. Das Tetra-tert-butyltetrahedran kann durch photochemische Aktivierung aus dem Tetra-tert-butylcyclobutadien erhalten werden und wandelt sich in einer thermischen Isomerisierung wieder in das Edukt um (Bild 7.21). Überraschend war, daß aus beiden Valenzisomeren durch Oxydation mit $AlCl_3/CH_2Cl_2$ dasselbe planare Radikalkation entsteht. Zur Deutung dieses experimentellen Sachverhalts wurden MNDO-Berechnungen (*Bock* u. *Maier*, 1980) für die Isomerisierung tetredrische $\rightleftharpoons$ planare Struktur der Neutralverbindung sowie des Radikalkations durchgeführt. Für diesen Fall läßt sich das Energieprofil, d. h. der Schnitt durch die Potentialhyperfläche entlang der Reaktionskoordinate, besonders leicht finden, weil als Reaktionskoordinate ein geometrischer Parameter, der Einebnungswinkel α des Tetraeders (Winkel zwischen der Verbindungslinie Ecke – Mittelpunkt und einer Kante), gewählt werden kann. Die berechneten Energieprofile (Bild 7.21) lassen folgende mit den Experimenten übereinstimmende Aussagen zu: Bei den Neutralverbindungen ist die planare Spezies thermodynamisch stabiler. Aber das Tetrahedran ist durch eine

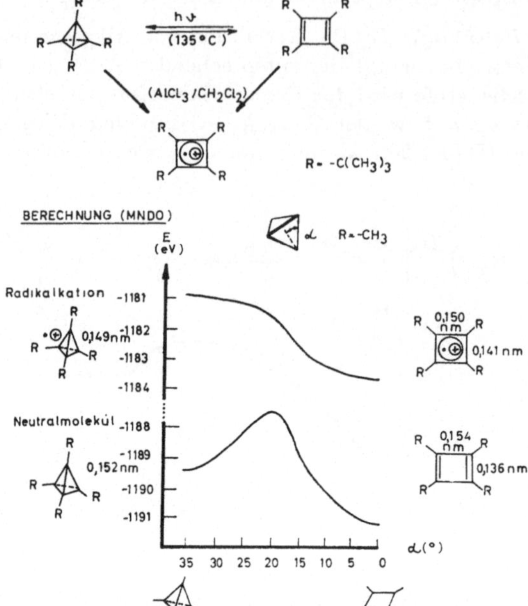

Bild 7.21. Experimentelle Ergebnisse und quantenchemische Berechnungen zur Isomerisierung Tetrahedran $\rightleftharpoons$ Cyclobutadien (*Bock* und *Maier*, 1980)

Aktivierungsbarriere von dem Cyclobutadien getrennt, die bei thermischer Aktivierung überwunden werden kann. Im Gegensatz dazu geht das tetraedrische Radikalkation ohne Barriere in das planare Isomere über, weshalb bei der Oxydation sowohl des Tetrahedrans als auch des Cyclobutadiens spontan das planare Radikalkation gebildet werden muß.

3. Berechnung von Potentialflächen. Für das vergleichsweise einfache Reaktionssystem $NH_3 + HCl \rightleftharpoons NH_4Cl$ wurde mit ab-inito-Methoden die vollständige Potentialfläche $E = f(R_{H—Cl}, R_{N—H})$ berechnet (*Clementi*, 1967). Sie zeigt (Bild 7.22):

- ein Potentialminimum für einen Molekülkomplex $H_3N...H...Cl$ mit den Bindungslängen $R_{N—H} = 0{,}127$ nm und $R_{H—Cl} = 0{,}197$ nm und einer um 81,4 kJ/mol tieferen Energie als die Ausgangsstoffe $NH_3 + HCl$;
- ein horizontales Tal, das der Bildung des Molekülkomplexes aus den Ausgangsstoffen bei nahezu konstantem Wert von $R_{H—Cl}$ entspricht;
- ein vertikales Tal, das mit stark ansteigender Energie der Abspaltung eines Chloridions aus dem Molekülkomplex nach $H_3N \cdots H \cdots Cl \rightarrow [H_3N—H]^{\oplus} + Cl^{\ominus}$ entspricht, wie die Analyse der Veränderungen in der Ladungsverteilung zeigt.

Dieses Ergebnis steht mit der Erfahrung in Widerspruch, daß in der Gasphase über festem NH_4Cl nur NH_3 und HCl, aber kein Molekülkomplex $H_3N·HCl$ bzw. keine Ionen $NH_4^{\oplus}$ und $Cl^{\ominus}$ nachgewiesen werden können. Hier wird eine prinzipielle Grenze der quantenchemischen Berechnungen erkennbar: Sie liefern allein Aussagen über die potentielle Energie eines Systems. Das entspricht der Situation des Reaktionssystems bei $T = 0$ K, wobei auch die Nullpunktschwingungsenergien noch fehlen. Um die Reaktivität des Systems in den realen Temperaturbereichen zu diskutieren, muß neben der

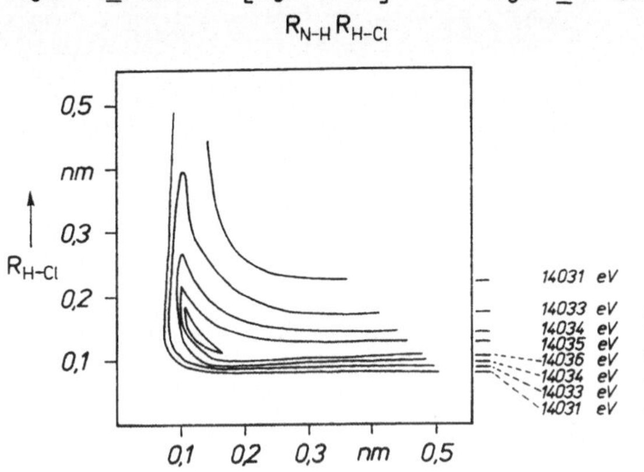

Bild 7.22. Quantenchemisch berechnete Potentialfläche für die Wechselwirkung von Ammoniak mit Chlorwasserstoff (*Clementi*, 1967)

potentiellen auch die kinetische Energie des Systems aus der Anregung von Translationen, Rotationen und Schwingungen durch eine statistisch-thermodynamische Behandlung (Abschn. 2.) berücksichtigt werden. Die dazu erforderlichen Daten für die Geometrie und Eigenschwingungen von Edukten, Produkten und aktivierten Komplexen können wiederum den Potentialhyperflächen entnommen werden. Eine statistisch-thermodynamische Behandlung des Reaktionssystems: $H_3N + HCl \rightleftharpoons$ $\rightleftharpoons H_3N \cdots H \cdots Cl \rightleftharpoons H_3N{-}H^\oplus + Cl^\ominus$ ausgehend von der Potentialfläche im Bild 7.22 ergibt nun, daß im Temperaturbereich $T = 530...1\,100$ K in Übereinstimmung mit den Messungen bei etwa 700 K NH_3 und HCl praktisch vollständig dissoziiert (Dissoziationsgrad $\alpha = 0,982...0,997$) vorliegt.

Ein Beispiel für die Synthese einer bisher unbekannten Verbindung durch die Untersuchung von Potentialflächen bietet das [2.2.2]-Propellan [7.30]. In einigen Fällen ergeben Syntheseversuche nicht diesen Kohlenwasserstoff, sondern das konstitutionsisomere 1,4-Dimethylen-cyclohexan, z. B.

Die Untersuchung der Potentialfläche mit Hilfe der ab-initio-SCF-Methode zeigte, daß die Energiebarriere der Umwandlung von [2.2.2]-Propellan in ein 1,4-Diradikal nur 121 kJ mol⁻¹ beträgt.

Dieses 1,4-Diradikal ist zugleich die Zwischenstufe der entarteten *Cope*-Umlagerung von 1,4-Dimethylen-cyclohexan. Da 1,4-Dimethylen-cyclohexan kaum eine Ringspannung aufweist, ist es thermochemisch stabiler als das stark gespannte [2.2.2]-

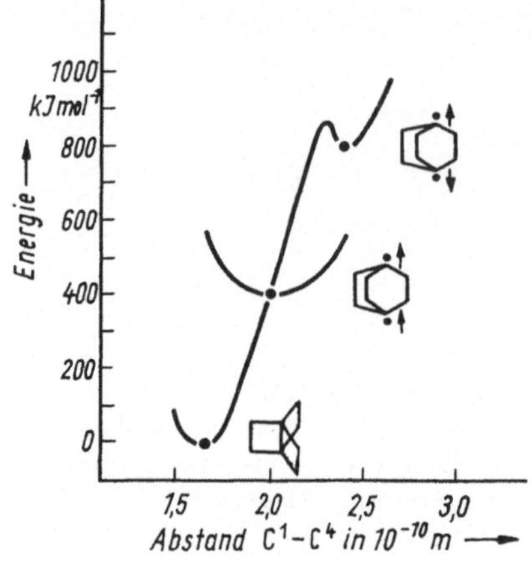

Bild 7.23. Energie als Funktion des Abstandes der C-Atome 1 und 4 im [2.2.2]-Propellan bzw. den entsprechenden 1,4-Diradikalen (INDO-Methode)

Propellan mit einer Spannungsenergie von ≈ 376 kJ mol^{-1} bei 298 K. Das Dien kann entweder nach erfolgter Bildung des Propellans über das Diradikal unter den Reaktionsbedingungen entstehen oder bei einer Reaktion, bei der man auf der Potentialfläche auf die Seite des zum Diradikal gehörenden Minimums kommt, z. B. bei der Einwirkung von Lithium auf 1,4-Dibrom-bicyclo[2.2.2]octan. Das Problem besteht darin, bei der Synthese auf die richtige Seite der Barriere der Potentialfläche zu gelangen und bei so tiefen Temperaturen zu arbeiten, daß sich das Propellan nur langsam über das Diradikal in das Dien umwandelt. Die Untersuchung der Potentialfläche mit Hilfe der semiempirischen INDO-Methode (intermediate neglect of differential overlap) ergab, daß der Abstand zwischen den Brückenkopfatomen beim ersten Triplettzustand des 1,4-Diradikals ungefähr in der Mitte zwischen den Abständen im [2.2.2]-Propellan und im Singulettzustand des 1,4-Diradikals liegt und daß sich die Grundzustandsgeometrie des Tripletts auf derselben Seite der Energiebarriere befindet wie [2.2.2]-Propellan (Bild 7.23). Demnach müßte 1,4-Dimethylen-cyclohexan durch Bestrahlung in Gegenwart eines Triplettsensibilisators zu seinem Triplettzustand angeregt werden, der dann über den Triplettzustand des 1,4-Diradikals zu [2.2.2]-Propellan relaxiert:

Diese Voraussage wurde experimentell bestätigt.

Die hier gezeigten Beispiele lassen erkennen, daß quantenchemische Berechnungen individuelle Struktur-Reaktivitätsprobleme lösen helfen. Auf die Möglichkeit, quantenchemische Reaktivitätsindices (Abschn. 1.3.1.) zur qualitativen Diskussion und zur quantitativen Beschreibung von Reaktivitätsabstufungen in Reaktionsserien einzusetzen, wurde im Abschn. 7. schon wiederholt hingewiesen.

Die Berechnung von Strukturen minimaler Energie und ihrer Energieinhalte als Voraussetzung für quantitative Struktur-Reaktivitätsbeziehungen ist für organische Moleküle auch in alternativer Weise rein empirisch möglich. Die dazu entwickelten Verfahren sind als Kraftfeld bzw. Molekül-Mechanik-Rechnungen in die Literatur eingegangen

[7.31]. Bei ihnen werden der Energieinhalt E und die geometrischen Parameter wie Atomabstände und Bindungswinkel eines Moleküls als Summe von Beiträgen aller Streckschwingungen E_R, Winkeldeformationen E_Θ, Torsionen E_Φ und Wechselwirkungen nicht aneinander gebundener Atome E_{nb} ausgedrückt:

$$E = E_R + E_\Theta + E_\Phi + E_{nb}$$

Die einzelnen Energiebeiträge sind wiederum Summen über alle entsprechenden Strukturelemente im Molekül und werden durch empirische Potentialansätze berechnet. So ist die Torsionsenergie E_Φ die Summe über die Beiträge aller rotationsfähigen Bindungen im Molekül und das Torsionspotential ist eine Kosinusfunktion des Diederwinkels φ

$$E_\Phi = \Sigma\, E_\varphi(\varphi)$$

$$E_\varphi = \frac{V_0}{2}\,(1 + \cos 3\,\varphi)$$

V_0 ist einer der empirischen Parameter des Kraftfeldes, die durch Anpassung der Ergebnisse der Kraftfeldrechnungen an experimentelle Daten bzw. beste ab-initio-Ergebnisse für Modellverbindungen so weit optimiert werden, daß ein weites Spektrum von Verbindungen richtig berechnet werden kann. Heute werden für Kohlenwasserstoffe Bindungswinkel in der Regel auf ± 1—$2\,°$ und Energiewerte auf ± 8 kJ mol^{-1} genau erhalten. Eine wichtige abgeleitete Energiegröße ist die Spannungsenergie SE. Sie ist die Differenz der Energien bzw. Bildungsenthalpien für die reale Struktur eines Moleküls und eine hypothetische «ideale» Struktur, in der alle Strukturelemente ungestörte Geometrien zeigen (z. B. r(C—C) = 154 pm, ϑ(C—C—C) = 109°, φ(H—C—C—H) = = 60°):

$$SE = E_{\text{real}} - E_{\text{ideal}}$$

Für den Zusammenhang zwischen Spannungsenergie und Reaktivität gibt es zahlreiche Beispiele:

Von den beiden möglichen Produkten der ionischen Addition an die parallelen Doppelbindungen wird ausschließlich A gebildet, das eine um 44 kJ/mol geringere Spannungsenergie besitzt. Diese Reaktion läuft kinetisch kontrolliert ab. Trotzdem kann die unterschiedliche Stabilität der Produkte als Maß für die Höhe der Aktivierungsbarrieren angenommen werden, weil die aktivierten Komplexe produktähnlich sind.

Diese Solvolyse läuft etwa 10^4mal schneller ab als die des tert-Butylchlorids. Das überraschende Ergebnis wird verständlich, wenn für den geschwindigkeitsbestimmen-

den Schritt, die Bildung des Carbeniumions, die Änderung der Spannungsenergie für
eine passende Modellreaktion berechnet wird:

Für die Ionenbildung in diesem Bicyclus aus mittleren Ringen ergibt sich eine deutliche
Abnahme der Spannungsenergie.

3.

Für eine thermische Homolyse von hexasubstituierten Ethanen, bei der die Spannungsenergie im Edukt durch die Reaktion deutlich verringert wird, kann die Spannungsenergie des Edukts mit der experimentellen freien Aktivierungsenthalpie $\Delta G^{\neq}$ korreliert
werden.

$$\Delta G^{\neq} = -0{,}60\,SE\,(\text{Alkan}) + 274\;\text{kJ/mol}$$

Damit wird deutlich, daß auch Kraftfeldrechnungen die Beziehungen zwischen Struktur und Reaktivität in individuellen Reaktionssystemen sowie in Reaktionsserien in
geeigneten Fällen beschreiben können.

Literatur zum Abschnitt 7.

[7.1] *Wentrup, C.:* Reaktive Zwischenstufen I (S. 62). Stuttgart: Georg Thieme Verlag 1979

[7.2] *Rüchardt, Ch.:* Topics in Current Chemistry 88 (1980) S. 1—32

[7.3] *Nguyen-Tran-Giac; Rüchardt, Ch.:* Chem. Ber. 110 (1977) S. 1 095

[7.4] *Abramovitch, R. A.:* Reactive Intermediates, Vol. 1 (S. 67). New York/London: Plenum
Press 1980

[7.5] *Klabunde, K. J.:* Reactive Intermediates (S. 37—150), Vol. 1 (Herausgeber R. A.
Abramovitch). New York/London: Plenum Press 1980

[7.6] *Fischer, K.; Jonas, K.; Wilke, G.:* Angew. Chem. 85 (1973) S. 620

[7.7] *Muetterties, E. L.; Krause, M. J.:* Angew. Chem. 95 (1983) S. 135

[7.8] *Kolditz, L.:* Anorganische Chemie (S. 322). Bd. 1. Berlin: VEB Deutscher Verlag der
Wissenschaften 1980

[7.9] *Grattan, D. W.; Plesch, P. H.:* Makromol. Chemie, 181 (1980) S. 751

[7.10] *Woodward, R. B.; Hoffmann, R.:* Die Erhaltung der Orbitalsymmetrie, Leipzig: Akademische Verlagsgesellschaft Geest & Portig 1970

[7.11] *Dewar, M. S. J.:* Angew. Chem. 83 (1971) S. 859

[7.12] *Fleming, I.:* Grenzorbitale und Reaktionen organischer Verbindungen, Weinheim:
Verlag Chemie 1979

[7.13] *Gleiter, R.; Böhm, M. C.:* Pure Appl. Chem. 55 (1983) S. 237
Sauer, J.; Sustmann, R.: Angew. Chem. 92 (1980) S. 773

[7.14] *Fitz, I.:* Reaktionstypen in der anorganischen Chemie, (S. 67), Berlin: Akademie-Verlag
1981

[7.15] *Hedvig, P.:* Experimental Quantum Chemistry, Kap. 8. Budapest: Akadémiai Kiadó
1975

[7.16] *Engels, S.:* Anorganische Festkörperreaktionen, Kap. 7. Berlin: Akademie-Verlag 1981

[7.17] *Henri-Rousseau, A.; Texler, F.:* J. Chem. Educ. **55** (1978) S. 437

[7.18] *Taube, H.:* Electron Transfer Reactions of Complex Ions in Solution. New York: Academic Press 1970

[7.19] *Derick, C. G.:* J. Am. Chem. Soc. **33** (1911) S. 1152, 1162, 1167

[7.20] *Brönsted, B. J. N.; Pederson, K. J.:* Z. Phys. Chem. **108** (1924) S. 185

[7.21] *Palm, V. A.:* Grundlagen der quantitativen Theorie organischer Reaktionen. Berlin: Akademie-Verlag 1971

[7.22] *Hammett, L. P.:* Physikalische organische Chemie. Berlin: Akademie-Verlag 1976

[7.23] *Chapman, N. B.; Shorter, J.:* Advances in Linear Free Energy Relationships. London: Plenum Press 1972

[7.24] *Heublein, G. u. a.:* Z. Chem. **20** (1980) S. 11

[7.25] *Szwarc, M.; Smid, J.:* Progress in Reactionkinetics **2** (1964) S. 219

[7.26] *Edwards, J. O.; Pearson, R. G.:* J. Am. Chem. Soc. **84** (1962) S. 16

[7.27] *Giese, B.:* Angew. Chem. **89** (1977) S. 162

[7.28] *Johnson, C. D.:* Chem. Rev. **75** (1975) S. 755;
Johnson, C. D.: Tetrahedron **36** (1980) S. 3461

[7.29] *Müller, K.:* Angew. Chem. **92** (1980) S. 1

[7.30] *Stohrer, W.-D.; Hoffmann, R.:* J. Am. Chem. Soc. **94** (1972)
Newton, M. D.; Schulmann, J. M.: J. Am. Chem. Soc. **94** (1972) S. 4391
Dannenberg, J. J.; Prociv, T. M.: J. C. S. Chem. Comm. **1973** S. 291

[7.31] *Osawa, E.; Musso, H.:* Angew. Chem. **95** (1983) S. 1
Ermer, O.: Aspekte von Kraftfeldrechnungen, München: Wolfgang Baur Verlag 1981

[7.32] *Basolo, F.; Pearson, R. G.:* Mechanismen in der anorganischen Chemie. Stuttgart: Georg Thieme Verlag 1973

[7.33] *Tobe, M. L.:* Reaktionsmechanismen der Anorganischen Chemie. Weinheim: Verlag Chemie 1976

[7.34] *Fitz, I.:* Reaktionstypen in der anorganischen Chemie. Berlin: Akademie-Verlag 1981

[7.35] *Engels, S.:* Anorganische Festkörperreaktionen. Berlin: Akademie-Verlag 1981

[7.36] *Jones, R. A. Y:* Physical and mechanistic organic chemistry. Cambridge: Cambridge University Presse 1979

[7.37] *Seebach, D.:* Angew. Chem. **91** (1979) S. 259

8. Einfluß äußerer Faktoren auf Ablauf und Ergebnis chemischer Reaktionen

Im Abschn. 7. wurde gezeigt, wie innere Faktoren, d. h. die Struktur der Edukte, Ablauf und Ergebnis chemischer Reaktionen determinieren. Von großem Einfluß sind aber auch die äußeren Faktoren, meist als Reaktionsbedingungen bezeichnet. Dazu zählt man die Konzentration, die Temperatur, den Druck, das Lösungsmittel sowie Salze und Katalysatoren. Vom Aspekt der Steuerung der Reaktionen aus betrachtet, also im Hinblick auf die Lenkung der Reaktionen zum gewünschten Ergebnis, hat man durch Änderung der Struktur der Edukte relativ wenig Möglichkeiten. Beispiele sind die Einführung sogenannter Kontrollelemente, darunter versteht man abspaltbare Schutzgruppen, aktivierende und dirigierende Gruppen oder überbrückende Gruppen. Demgegenüber ist die Änderung der Reaktionsbedingungen die wichtigste Methode, die Reaktion zu steuern und zum gewünschten Ergebnis zu führen. Zu den Reaktionsbedingungen im weiteren Sinne zählt man die Art der Aktivierung. Sie erfolgt bei den meisten Reaktionen thermisch, d. h., die Aktivierungsenergie wird der kinetischen Energie der Teilchen entnommen. Daher beeinflußt die Temperatur Ablauf und Ergebnis solcher thermischer Reaktionen oft entscheidend. Eine andere Art der Aktivierung liegt den photochemischen Reaktionen zugrunde. Dabei werden die Teilchen durch Absorption von sichtbarem oder UV-Licht aktiviert. Bereits im Abschn. 7.3.1. wurde erläutert, wie die Art der Aktivierung (thermisch oder photochemisch) Ablauf und Ergebnis der entsprechenden Reaktionen steuert. Auf weitere Möglichkeiten der Aktivierung wird im Abschn. 9. eingegangen.

8.1. Einfluß der Konzentration

Sowohl die Abnahme der freien Enthalpie bei chemischen Reaktionen als auch die Reaktionsgeschwindigkeit ist von der Konzentration abhängig. Für eine Isomerisierung $A \rightleftharpoons X$ gilt:

$$\Delta_R G = \Delta\Delta_B G^\ominus + RT \ln \frac{[X]}{[A]}$$

$$r = k\,[A]$$

Ist die Differenz der freien Standardbildungsenthalpien $\Delta_B G^\ominus$ von X und A nicht sehr groß, dann wird die Lage des Gleichgewichts durch die Änderung der Konzentration von X und A gesteuert.

Bei Folgereaktionen kann die Änderung einer Ausgangskonzentration dazu führen, daß ein anderer Schritt geschwindigkeitsbestimmend wird. Voraussetzung ist, daß sich die freien Aktivierungsenthalpien der einzelnen Schritte nicht allzusehr unterscheiden.

Ein Beispiel dafür bietet die Bildung von Benzaldehydsemicarbazon.

$$Ph{-}\overset{O}{\underset{H}{C}} \;+\; H_2N{-}NH{-}\overset{O}{C}{-}NH_2 \longrightarrow$$

$$Ph{-}\overset{OH}{CH}{-}NH{-}NH{-}\overset{O}{C}{-}NH_2 \;\xrightarrow[-\,H_2O]{(H^{\oplus})}\; Ph{-}CH{=}N{-}NH{-}\overset{O}{C}{-}NH_2$$

In neutraler oder schwach saurer Lösung ist die Eliminierung geschwindigkeitsbestimmend. Bei pH 2 dagegen wird einmal die Konzentration an Semicarbazid durch Salzbildung stark herabgesetzt und andererseits die Eliminierung katalytisch beschleunigt. Nunmehr ist die Addition geschwindigkeitsbestimmend.

Bei Parallelreaktionen hat die Änderung der Ausgangskonzentration der Edukte manchmal zur Folge, daß ein Mechanismus bevorzugt wird. Häufig konkurriert eine bimolekulare Reaktion mit einer Folgereaktion, deren geschwindigkeitsbestimmender Schritt monomolekular ist.

$$A \;+\; B \;\xrightarrow{\;k_1\;}\; X \;+\; Y$$

$$A \;\xrightarrow[-Y]{k_2}\; D \;\xrightarrow{\overset{k_3}{+\,B}}\; X$$

$$k_1 \approx k_2 \blacktriangleleft k_3$$

Eine Erhöhung der Ausgangskonzentration der Edukte bewirkt, daß die bimolekulare Reaktion schneller abläuft. Sind die Produkte X und Y der bimolekularen Reaktion verschieden von denen der konkurrierenden Folgereaktion, dann kann man durch die Wahl der Ausgangskonzentrationen die Reaktion lenken. Als Beispiel dient die nucleophile Substitution von (+)—2-Brom-propansäure durch Natronlauge:

$$H_3C{-}\overset{Br}{CH}{-}COO^{\ominus} \;\xrightarrow[-\,NaBr]{+\,NaOH}\; H_3C{-}\overset{OH}{CH}{-}COO^{\ominus}$$

Bei Anwendung verdünnter Natronlauge liegt ein S_N1-Mechanismus vor. Infolge der konfigurationserhaltenden Wirkung der $COO^{\ominus}$-Gruppe wird Retention der Konfiguration beobachtet. Mit konzentrierter Natronlauge dagegen verläuft die Reaktion nach dem S_N2-Mechanismus schneller, wobei Inversion der Konfiguration erfolgt. Auf diese Weise kann man durch die Konzentration des Reagens die Stereoselektivität der Reaktion steuern.

Konzentrations- und Diffusionseffekte sind die Ursache dafür, daß bei einigen Reaktionen das Ergebnis von der Intensität des Durchmischens (Rührens) der Reaktionslösung abhängt [8.1]. Als Beispiel für eine Folgereaktion, bei der dieser Effekt beobachtet wurde, dient die Nitrierung von Duren:

$$\xrightarrow[-\,H_2O]{\overset{k_1}{+\,HNO_3}} \qquad \xrightarrow[-\,H_2O]{\overset{k_2}{+\,HNO_3}}$$

Bei der Nitrierung von Duren in Nitromethan im Molverhältnis Duren:Salpetersäure =
=1:1 entsteht zehnmal mehr Dinitroduren als Mononitroduren, eine entsprechende
Menge Duren bleibt unverändert. Je intensiver die Lösung des Substrats und die des

Reagens beim Zusammengeben durchmischt (gerührt) werden, desto größer ist die
Ausbeute an Mononitroduren. Man könnte annehmen, daß Mononitroduren schneller
nitriert wird als Duren ($k_2 > k_1$). Dies widerspricht jedoch der Regel, daß die Nitro-
gruppe als Substituent 2. Ordnung die elektrophile Zweitsubstitution verzögert.
Durch Konkurrenzexperimente wurden partielle Geschwindigkeitsfaktoren für die
Nitrierung von Duren und Mononitroduren ermittelt. Sie unterscheiden sich nur wenig.
Somit ergibt sich $k_1 \approx k_2$. Die Ursache dafür ist, daß die desaktivierende Wirkung der
Nitrogruppe im Mononitroduren kaum zum Zuge kommt, weil die Nitrogruppe wegen
der beiden o-ständigen Methylgruppen nicht koplanar zum Benzenring liegt. In einer
Volumeneinheit der Reaktionslösung steigt die lokale Konzentration an Mononitro-
duren zunächst schnell an, was zur Bildung von Dinitroduren führt. Je intensiver beim
Zusammengeben der Lösungen gerührt wird, desto geringer ist die lokale Konzentration an Mononitroduren und desto größer die lokale Konzentration an Duren.
Schließlich kann die Intensität des Durchmischens auch die Selektivität von Parallelreaktionen beeinflussen, z. B.:

Bei der Bromierung von Resorcin mit 2 mol Brom in Methanol entsteht über Mono-
bromsubstitutionsprodukte ein Gemisch von 2,4- und 4,6-Dibrom-resorcin. Je intensiver die Lösungen von Substrat und Reagens durchmischt werden, desto größer ist
der Anteil an 2,4-Dibrom-resorcin. Es konnte gezeigt werden, daß das 2,4-Isomere über
ein Phenolation als Zwischenstufe entsteht:

Die Isomerenverteilung ist demnach von der Substratselektivität des Reagens abhängig. Da bei der Reaktion Bromwasserstoff entsteht, kommt es zur Ausbildung lokaler
pH-Gradienten. Je größer der lokale pH-Wert ist, desto geringer ist die Konzentration
an Phenolationen und desto geringer der Anteil an 2,4-Dinitro-resorcin. Intensives
Durchmischen beseitigt die lokalen pH-Gradienten und erhöht deswegen die Ausbeute
an 2,4-Dinitro-resorcin.
Die in lebenden Organismen ablaufenden Reaktionen des Stoffwechsels (Metabolismus)
sind in vielen Fällen reversibel, weil die Differenz der freien Standardbildungsenthalpien von Produkten und Edukten nicht sehr groß ist. Weiterhin unterscheiden sich die
freien Aktivierungsenthalpien nur wenig. Da zudem häufig Parallelreaktionen vorliegen, ist die Konzentration von großem Einfluß [8.2].

8.2. Einfluß der Temperatur

Im Abschn. 4. wurde der Temperatureinfluß auf das Aktivierungsverhalten chemischer Reaktionen behandelt. Dabei war gezeigt worden, daß E_A aus der *Arrhenius*-Gleichung bzw. die Aktivierungsparameter $\Delta H^{\neq}$ und $\Delta S^{\neq}$ aus der *Eyring*-Gleichung bei Untersuchungen über einen größeren Temperaturbereich selbst temperaturabhängig sind. Quantitativ charakterisiert man die Temperaturabhängigkeit der Aktivierungsparameter durch die Wärmekapazität der Aktivierung $C_p^{\neq}$:

$$C_p^{\neq} = \frac{\mathrm{d}(\Delta H^{\neq})}{\mathrm{d}T} = T\,\frac{\mathrm{d}(\Delta S^{\neq})}{\mathrm{d}T}$$

Bezeichnet man die Aktivierungsparameter bei 298 K als $\Delta H_{298}^{\neq}$ und $\Delta S_{298}^{\neq}$, dann gilt für die Werte bei einer Temperatur T:

$$\Delta H_T^{\neq} = \Delta H_{298}^{\neq} + (T - 298)\,\Delta C_p^{\neq}$$

$$\Delta S_T^{\neq} = \Delta S_{298}^{\neq} + \Delta C_p^{\neq} \ln (T - 298)$$

Für die Hydrolyse von Methylchlorid in Wasser nach dem S_N2-Mechanismus beträgt $\Delta C_p^{\neq} = -205 \text{ J K}^{-1} \text{ mol}^{-1}$. Bei dieser Reaktion nimmt demzufolge $\Delta H^{\neq}$ bei der Erhöhung der Temperatur von 25 °C auf 100 °C um 15,4 kJ mol^{-1} ab und $\Delta S^{\neq}$ um 46 J K^{-1} mol^{-1}. Für die Hydrolyse von tert-Butylchlorid nach dem S_N1-Mechanismus wurde $\Delta C_p^{\neq}$ zu -347 J K^{-1} mol^{-1} ermittelt.

Irreversible Parallelreaktionen unterliegen stets kinetischer Kontrolle. Ihre Selektivität hängt von der Temperatur ab, sofern die konkurrierenden Reaktionen verschiedene Aktivierungsenthalpien aufweisen. Dies ergibt sich aus der *Eyring*-Gleichung:

$$\lg \frac{k_1}{k_2} = \frac{\Delta H_2^{\neq} - \Delta H_1^{\neq}}{2,303\,R\,T} - \frac{\Delta S_2^{\neq} - \Delta S_1^{\neq}}{2,303\,R}$$

Da das erste Glied auf der rechten Seite der Gleichung mit steigender Temperatur kleiner wird, nimmt die Selektivität von kinetisch kontrollierten Parallelreaktionen mit steigender Temperatur ab. Beispielsweise wurde die Selektivität von Alkylradikalen gegenüber Bromtrichlormethan und Tetrachlormethan zwischen 0 °C und 130 °C ermittelt:

$$R\cdot \begin{cases} \xrightarrow[\;+\,BrCCl_3\;]{k_1} & R\!-\!Br \;+\; \cdot CCl_3 \\[2ex] \xrightarrow[\;+\,CCl_4\;]{k_2} & R\!-\!Cl \;+\; \cdot CCl_3 \end{cases}$$

Im Bild 8.1 ist die Selektivität $\lg k_1/k_2$ gegen die reziproke Temperatur aufgetragen. Die Selektivität nimmt mit steigender Temperatur ab, jedoch resultiert für jedes Radikal eine Gerade unterschiedlicher Steigung. Die Geraden schneiden sich ungefähr in einem Punkt, der der sogenannten isoselektiven Temperatur T_{is} entspricht, im genannten Beispiel 70 °C. Unterhalb dieser Temperatur nimmt die Selektivität der Alkylradikale in der Reihe CH_3 < primär < sekundär < tertiär zu, bei 70 °C sind die Selektivitäten ungefähr gleich, oberhalb dieser Temperatur kehrt sich die Reihenfolge um. Da die Reaktivität der Methylradikale am größten ist, wird ersichtlich, daß das Reak-

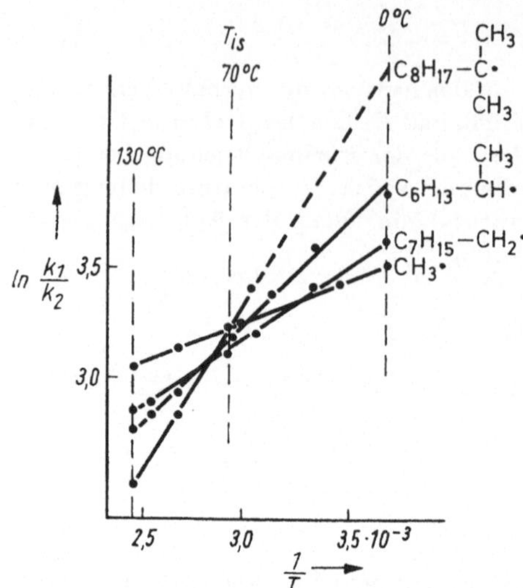

Bild 8.1. Temperaturabhängigkeit der Selektivitäten von Alkylradikalen gegenüber $BrCCl_3$ und CCl_4

tivitäts-Selektivitäts-Prinzip nur unterhalb der isoselektiven Temperatur Gültigkeit besitzt.

In Analogie zur isokinetischen Beziehung (Abschn. 7.6.1.) bringt der in Bild 8.1 dargestellte Sachverhalt die sogenannte isoselektive Beziehung für kinetisch kontrollierte Parallelreaktionen zum Ausdruck [8.3].

$$A_1, A_2, \ldots A_i \quad \begin{cases} \xrightarrow{\ k_1,\, \Delta H_1^{\ddagger},\, \Delta S_1^{\ddagger} \ +\, B_1\ } X_1 + Y \\[2em] \xrightarrow{\ k_2,\, \Delta H_2^{\ddagger},\, \Delta S_2^{\ddagger} \ +\, B_2\ } X_2 + Y \end{cases}$$

Die Temperaturabhängigkeit der Selektivität für jede Spezies A folgt aus der *Eyring*-Gleichung. In der Umgebung der isoselektiven Temperatur T_{is} gilt:

$$\delta \lg \frac{k_1}{k_2} = 0$$

Der Faktor δ bringt die Strukturvariation von A (A_1, $A_2 \ldots A_i$) zum Ausdruck. Nunmehr folgt:

$$0 = \frac{\delta \Delta H_2^{\ddagger} - \delta \Delta H_1^{\ddagger}}{2{,}303\,R\,T_{is}} - \frac{\delta \Delta S_2^{\ddagger} - \delta \Delta S_1^{\ddagger}}{2{,}303\,R}$$

$$\delta (\Delta H_2^{\ddagger} - \Delta H_1^{\ddagger}) = T_{is}\, \delta(\Delta S_2^{\ddagger} - \Delta S_1^{\ddagger})$$

Danach kann man die isoselektive Beziehung wie folgt formulieren: Bei kinetisch kontrollierten Parallelreaktionen sind die Unterschiede der Aktivierungsenthalpien $\Delta H_2^{\ddagger} -$ $- \Delta H_1^{\ddagger}$ den Unterschieden der Aktivierungsentropien $\Delta S_2^{\ddagger} - \Delta S_1^{\ddagger}$ proportional. Die Analogie zur isokinetischen Beziehung ist offensichtlich:

$$A_i + B \xrightarrow{\ k_i\ } X + Y$$

$$\delta \Delta H^{\ddagger} = \beta\, \delta\, \Delta S^{\ddagger}$$

Weitere Beispiele für die Gültigkeit der isoselektiven Beziehung sind bekannt [8.4]. Im Abschn. 7.6.1. wurde gezeigt, daß auch die Suszeptibilitätsfaktoren in LFE-Beziehungen, z. B. die Reaktionskonstante ϱ der *Hammett*-Gleichung, temperaturabhängig sind [8.5].

Parallelreaktionen, bei denen mindestens eine der konkurrierenden Reaktionen reversibel ist, können kinetischer oder thermodynamischer Kontrolle unterliegen. Ein bekanntes Beispiel bietet die Sulfonierung von Naphthalen (Abschn. 4.7.). Naphthalen-2-sulfonsäure ist thermodynamisch stabiler als Naphthalen-1-sulfonsäure (um etwa 5,3 kJ mol^{-1}). Unterhalb von 100 °C ist die Reaktion regioselektiv, es entsteht vorwiegend Naphthalen-1-sulfonsäure. Das Mengenverhältnis der Produkte entspricht nicht deren thermodynamischer Stabilität, weil $k_1 > k_2$, somit liegt kinetische Kontrolle vor. Bei 160 °C ist die Reaktion wieder regioselektiv, jetzt entsteht vorwiegend Naphthalen-2-sulfonsäure. Nunmehr stellen sich die Gleichgewichte schneller ein, es wirkt sich aus, daß $k_{-1} > k_{-2}$. Bereits vorhandene Naphthalen-1-sulfonsäure wandelt sich über die Edukte in Naphthalen-2-sulfonsäure um. Das Mengenverhältnis der Produkte wird durch die Lage der Gleichgewichte mitbestimmt, es entsteht vorwiegend das thermodynamisch stabilste Produkt. Bei 160 °C unterliegt die Parallelreaktion somit thermodynamischer Kontrolle. Alle Parallelreaktionen, bei denen mindestens eine der konkurrierenden Reaktionen reversibel ist, unterliegen bei genügend hohen Temperaturen thermodynamischer Kontrolle. Somit ist die Wahl der Reaktionstemperatur eine entscheidende Möglichkeit, derartige Parallelreaktionen zu steuern.

8.3.   Einfluß des Druckes

Die Lage chemischer Gleichgewichte und die Reaktionsgeschwindigkeit sind vom Druck abhängig. Im allgemeinen ist der Einfluß des Druckes auf die Gleichgewichtskonstante signifikanter als auf die Geschwindigkeitskonstante, insbesondere bei Reaktionen in der Gasphase. Quantitativ läßt sich der Einfluß des Druckes beschreiben, wenn man eine chemische Reaktion allgemein wie folgt formuliert:

Edukte (E) $\rightarrow$ [aktivierter Komplex]$^{+}$ $\rightarrow$ Produkte (P)

Das Reaktionsvolumen $\Delta_\mathrm{R} V^{\ominus}$ ist dann wie folgt definiert:

$$\Delta_\mathrm{R} V^{\ominus} = V_\mathrm{P} - V_\mathrm{E}$$

Analog gilt für das Aktivierungsvolumen:

$$\Delta V^{+} = V^{+} - V_\mathrm{E}$$

$\Delta_\mathrm{R} V^{\ominus}$ ist demnach gleich der Differenz aus der Summe der partiellen Molvolumina der Produkte und der Summe der partiellen Molvolumina der Edukte. Entsprechend ist ΔV^{+} gleich der Differenz aus dem partiellen Molvolumen des aktivierten Komplexes und der Summe der partiellen Molvolumina der Edukte. Bei konstanter Temperatur gilt:

$$\left(\frac{\partial \ln K}{\partial \mathrm{p}}\right)_T = - \frac{\Delta_\mathrm{R} V^{\ominus}}{RT}$$

$$\left(\frac{\partial \ln k}{\partial \mathrm{p}}\right)_T = - \frac{\Delta V^{+}}{RT}$$

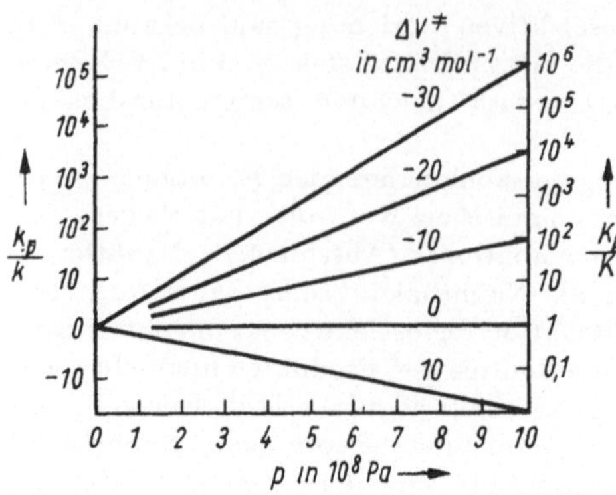

Bild 8.2. Einfluß hoher Drücke auf Gleichgewichts- und Geschwindigkeitskonstanten für verschiedene Aktivierungsvolumina (k und K Konstanten bei Normaldruck)

Für Reaktionen in Lösung liegt das Aktivierungsvolumen in der Größenordnung von $+15$ bis -50 cm³ mol⁻¹. Wie im Bild 8.2 dargestellt, hat ein positives Aktivierungsvolumen ($V^{\neq} > V_{\mathrm{E}}$) zur Folge, daß die Geschwindigkeitskonstante mit zunehmendem Druck kleiner wird ($k_p/k < 0$). Zugleich verschiebt sich das Gleichgewicht auf die Seite der Edukte. Für Reaktionen mit negativem Aktivierungsvolumen ($V^{\neq} < V_{\mathrm{E}}$) trifft das Gegenteil zu ($k_p/k > 0$). Beträgt das Aktivierungsvolumen -30 cm³ mol⁻¹, dann bewirkt die Erhöhung des Druckes auf $2 \cdot 10^8$ Pa, daß die Reaktion zehnmal schneller verläuft (Bild 8.2). Damit verbunden ist eine Verschiebung des Gleichgewichts auf die Seite der Produkte [8.6].
Als Abszisse im Bild 8.2 ist ein bestimmter Druckbereich angegeben. Es hat sich als zweckmäßig erwiesen, den gesamten Druckbereich gemäß Tab. 8.1 zu unterteilen [8.7]. Demnach hat für die Beeinflussung von Geschwindigkeitskonstanten bei Reaktionen in Lösung der Bereich des Höchstdruckes Bedeutung. Allerdings ist der technische Aufwand bei der Konstruktion der entsprechenden Apparaturen beträchtlich. Aus

Tab. 8.1. Einteilung der Druckbereiche

Druckbereich	Bezeichnung	Wirkung
$1-2 \cdot 10^6$ Pa (1—20 bar)	Niederdruck	Erzielung höherer Reaktionstemperaturen durch den Dampfdruck
$2 \cdot 10^6 - 10^7$ Pa (20—100 bar)	Mitteldruck	Stoff- und Wärmetransport, Verschiebung des Gleichgewichts bei Gas-Flüssig-Reaktionen
$10^7 - 10^8$ Pa (100—1 000 bar)	Hochdruck	Verschiebung des Gleichgewichts bei Gasreaktionen, z. B. Ammoniaksynthese
$10^8 - 15 \cdot 10^8$ Pa (1—15 kbar)	Höchstdruck	Änderung von k bei Reaktionen in Lösung
$15 \cdot 10^8 - 4 \cdot 10^{10}$ Pa (15—400 kbar)	Ultrahochdruck	Phasenumwandlungen und Feststoffreaktionen, z. B. Diamantsynthese
bis $8,5 \cdot 10^{10}$ Pa (bis 850 kbar)	Schockwellen	Abspaltung von Elektronen, kaltes Plasma

diesen Gründen liegt die obere Druckgrenze, bis zu der chemische Reaktionen in groß-
technischem Maßstab durchgeführt werden, bei etwa $3 \cdot 10^8$ Pa (3 kbar).
Bei der theoretischen Interpretation wird hier nur auf das Aktivierungsvolumen eingegangen [8.8]. Es hat sich als zweckmäßig erwiesen, das Aktivierungsvolumen in
einen Strukturanteil $\Delta V_1^{\ddagger}$ und in einen Solvatationsanteil $\Delta V_2^{\ddagger}$ zu zerlegen:

$$\Delta V^{\ddagger} = \Delta V_1^{\ddagger} + \Delta V_2^{\ddagger}.$$

Im Strukturanteil sind die Volumenänderungen der reagierenden Teilchen auf dem
Wege zum aktivierten Komplex enthalten, die aus der Bewegung der Atomkerne resultieren, also aus der Lösung oder Entstehung von Bindungen und den damit verbundenen Veränderungen von Bindungslängen und Bindungswinkeln. Bei der Lösung von
Bindungen ist $\Delta V_1^{\ddagger}$ positiv, die entsprechenden Reaktionen werden durch zunehmenden Druck verzögert. Für die Entstehung von Bindungen trifft das Gegenteil zu.
Der Solvatationsanteil $\Delta V_2^{\ddagger}$ berücksichtigt den Volumenbeitrag, der durch die Änderung der Polarität von Bindungen auf dem Wege zum aktivierten Komplex und der
damit verbundenen Änderung der Solvatation zustande kommt. Er dominiert bei polaren oder ionischen Reaktionen und hängt vom Lösungsmittel ab. Tab. 8.2 enthält
einige $\Delta V_1^{\ddagger}$- bzw. $\Delta V_2^{\ddagger}$-Werte. Demnach beträgt $\Delta V_2^{\ddagger}$ für die Entstehung entgegen-
gesetzter Ladungen auf dem Wege zum aktivierten Komplex infolge ständig zunehmen-
der Orientierung der Lösungsmittelmoleküle -20 cm^3 mol^{-1}, die entsprechenden

Effekt (mechanistisches Detail)	Beitrag zu $\Delta V^{\ddagger}$ in cm^3 mol^{-1}
Lösung einer Bindung	$+10$
Deformation einer Bindung	≈ 0
Entstehung einer Bindung	-10
Substitution	-5
Diffusionskontrolle	$>+20$
Cyclisierung	≈ 0
Ionisation	-20
sterische Hinderung	negativ
Neutralisation	$+20$
Verteilung von Ladung	$+5$
Konzentration von Ladung	-5

Tab. 8.2. Beiträge von Struktur- und Solvatationseffekten zum Aktivierungsvolumen

Reaktionstyp	$\Delta V^{\ddagger}$ in cm^3 mol^{-1}
Homolyse	0 bis $+15$
Cope- und *Claisen*-Umlagerung	-8 bis -15
Radikalische Polymerisation	-10 bis -25
Menschutkin-Reaktion	-20 bis -40
Heterolyse	-15 bis -45
Diels-Alder-Reaktion	-25 bis -50

Tab. 8.3. Aktivierungsvolumina

Reaktionen werden durch Druckerhöhung beschleunigt. In Tab. 8.3 sind die Aktivierungsvolumina für einige Reaktionstypen aufgeführt.

Die beschriebenen Zusammenhänge eröffnen Möglichkeiten zur Steuerung von Reaktionen. Dies betrifft einmal die Beeinflussung der Lage chemischer Gleichgewichte. *Diels-Alder*-Reaktionen haben ein negatives Reaktionsvolumen. Bei der *Diels-Alder*-Reaktion von Naphthalen mit einem 30fachen Überschuß an Maleinsäureanhydrid bei 100 °C unter Normaldruck liegen im Gleichgewicht weniger als 1 % des Addukts vor:

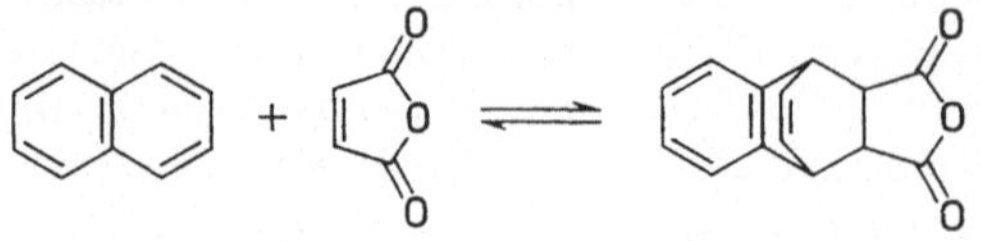

Durch Erhöhung des Druckes auf 10^9 Pa (10 kbar) steigt die Ausbeute an Addukt auf 80 %.

Wird eine Reaktion durch Druckerhöhung beschleunigt, dann kann die Reaktionstemperatur soweit herabgesetzt werden, daß keine unerwünschten Zersetzungen mehr auftreten. So wird Hochdruckpolyethen großtechnisch in einem einzigen Reaktor bei 180 °C und $3,5 \cdot 10^8$ Pa (3,5 kbar) in Gegenwart von 20 ppm Sauerstoff als Initiator erzeugt. Der hohe Druck bewirkt zugleich, daß die Kettenverzweigungen zurückgehen und damit die Dichte des Polymeren größer wird. Dies wiederum führt zu einer Verbesserung der mechanischen Eigenschaften. Besonders stark werden Reaktionen mit sterischer Hinderung durch Anwendung hoher Drücke beschleunigt, was durch Steigerung der Reaktionstemperatur weniger gut zu erreichen ist. Ein Beispiel dafür bietet die Herstellung des Oxims von 2,2,4,4-Tetramethyl-pentan-3-on:

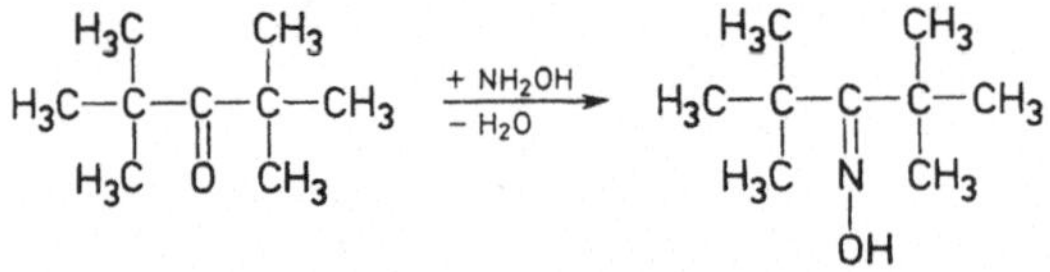

Infolge sterischer Hinderung beträgt die Ausbeute an Oxim bei 75 °C unter Normaldruck nur 10 %. Bei $6,6 \cdot 10^8$ Pa ist $k_p/k = 570$ (Ausbeute an Oxim 50 %), bei $9,1 \cdot 10^8$ Pa ist $k_p/k = 1\,300$ (Ausbeute an Oxim 85 %). Ähnlich liegen die Verhältnisse bei der N-Methylierung von 2,6-Di-tert-butyl-pyridin, die bei Normaldruck unmeßbar langsam verläuft:

Die Anwendung hoher Drücke ist immer dann vorteilhaft, wenn durch eine Temperaturerhöhung unerwünschte Folgereaktionen oder konkurrierende Reaktionen beschleunigt werden. Weiterhin läßt sich durch den Druck die Selektivität von Parallelreaktionen lenken. Dies ist von Vorteil, wenn die Entstehung des gewünschten Produktes ein wesentlich stärker negatives Aktivierungsvolumen als die Entstehung des unerwünschten Produktes hat. Bei einem Unterschied der Aktivierungsvolumina der konkurrierenden Reaktionen von 10 cm³ mol⁻¹ läßt sich ein Produktverhältnis von 1:10 bei Normaldruck in ein solches von 10:1 bei 10^9 Pa (10 kbar) umkehren. Beispielsweise reagiert Allylchlorid mit wäßrigem Natriumphenolat unter O- und unter C-

Alkylierung. Bei Normaldruck entstehen Allylphenylether und die beiden Allylphenole im Verhältnis $1:0,67$, bei $0,7 \cdot 10^9$ Pa (7 kbar) im Verhältnis $1:1,43$. Die Ausbeute an Allylphenolen hat sich ungefähr verdoppelt.

8.4. Einfluß des Lösungsmittels

Bei vielen chemischen Reaktionen hat das Lösungsmittel entscheidenden Einfluß, d. h., sie finden nur in einem oder einigen untereinander ähnlichen Lösungsmitteln statt. Das klassische Beispiel ist die Herstellung von *Grignard*-Verbindungen in Ethern als Lösungsmittel. Auch die Selektivität von Parallelreaktionen läßt sich in vielen Fällen durch das Lösungsmittel beeinflussen.

8.4.1. Einteilung von Lösungsmitteln

Eine Einteilung in drei Klassen ermöglicht die chemische Konstitution der Lösungsmittel. Eine Klasse bilden die molekularen Flüssigkeiten (Molekülschmelzen), deren Moleküle nur kovalente Bindungen enthalten. Dazu gehören Wasser, verflüssigtes Ammoniak, verflüssigtes Schwefeldioxid und Zinntetrachlorid ebenso wie die organischen Lösungsmittel. Molekulare Flüssigkeiten sind die für chemische Reaktionen am häufigsten verwendeten Lösungsmittel.

Eine weitere Klasse stellen die ionischen Flüssigkeiten dar, z. B. geschmolzene Salze. Sie zeichnen sich durch thermische Stabilität, hohe elektrische Leitfähigkeit, niedrigen Dampfdruck, niedrige Viskosität und hohe Wärmeleitfähigkeit aus. Die Bedeutung von geschmolzenen Salzen als Lösungsmittel für spezielle Reaktionen nimmt ständig zu (Abschn. 9.).

Die 3. Klasse von Lösungsmitteln bilden die atomaren Flüssigkeiten, z. B. flüssige Metalle wie Quecksilber oder geschmolzenes Natrium. Sie wurden bisher wenig als Lösungsmittel für chemische Reaktionen benutzt.

Als weiteres Einteilungsprinzip für Lösungsmittel eignen sich ihre physikalischen Konstanten. Dazu gehört der Siedepunkt bei Normaldruck. Er liegt bei niedrig siedenden Lösungsmitteln unterhalb 100 °C, bei hoch siedenden Lösungsmitteln oberhalb 150 °C. Durch den Siedepunkt des Lösungsmittels kann man die Reaktionstemperatur einstellen (Kochen unter Rückfluß). Besondere Bedeutung haben das Dipolmoment μ und die Dielektrizitätskonstante ε als physikalische Konstanten zur Charakterisierung von Lösungsmitteln. Das permanente Dipolmoment der Moleküle organischer Lösungsmittel liegt im Bereich von 0 bis $18,5 \cdot 10^{-30}$ C m (0 bis 5,5 D). Lösungsmittel, deren Moleküle kein permanentes Dipolmoment aufweisen, nennt man apolar, solche mit

Dipolmoment dipolar. Die Dielektrizitätskonstante organischer Lösungsmittel liegt zwischen 2 und 190. Lösungsmittel mit niedriger Dielektrizitätskonstante werden als apolar bezeichnet, solche mit hoher Dielektrizitätskonstante als polar. Man kann insbesondere organische Lösungsmittel durch den sogenannten elektrostatischen Faktor $EF = \mu \cdot \varepsilon$ charakterisieren. Danach wird zwischen Kohlenwasserstoffen ($EF = 0$ bis 2), Donor-Lösungsmitteln ($EF = 2$ bis 20), hydroxylgruppenhaltigen Lösungsmitteln ($EF = 15$ bis 50) und dipolar-aprotischen Lösungsmitteln ($EF > 50$) unterschieden. Obwohl auf diese Weise eine quantitative Charakterisierung der Polarität von Lösungsmitteln möglich ist, hat sich gezeigt, daß die EF-Werte nicht ausreichen, um den Einfluß des Lösungsmittels auf die Lage chemischer Gleichgewichte und die Reaktionsgeschwindigkeit zu beschreiben. Man versteht heute unter der Polarität eines Lösungsmittels sein Solvatationsvermögen, das durch die Summe derjenigen seiner Eigenschaften bestimmt wird, die die intermolekularen Wechselwirkungen zwischen den Lösungsmittelmolekülen und den Teilchen des gelösten Stoffes verursachen bzw. zum Ausdruck bringen. Quantitativ läßt sich die so definierte Polarität von Lösungsmitteln mit Hilfe empirisch abgeleiteter Parameter angeben [8.9]. Dabei hat sich insbesondere der E_T-Wert nach *Reichardt* und *Dimroth* bewährt. Er wird folgendermaßen ermittelt.

Der Farbstoff 2,6-Diphenyl-4-(2,4,6-triphenyl-1-pyridino)phenolat ist negativ solvatochrom, d. h., sein längstwelliges Absorptionsmaximum verschiebt sich mit zunehmender Polarität des Lösungsmittels nach kürzeren Wellenlängen. Man mißt spektroskopisch die Wellenzahl $\tilde{\nu}$ [cm^{-1}] dieses Maximums und berechnet daraus die molare Anregungsenergie des CT-Überganges:

$$E_T \ [\text{kcal mol}^{-1}] = h \ c \ N_A \ \tilde{\nu}$$

E_T kann direkt als empirischer Parameter für die Polarität von Lösungsmitteln benutzt werden. Günstig ist die Umrechnung in dimensionslose RPM-Werte gemäß folgender Gleichung:

$$RPM = \frac{E_T(\text{n--Hexan}) - E_T}{E_T(\text{n--Hexan})}$$

RPM ist die Abkürzung für relatives Polaritätsmaß. Die Bezeichnung wurde wegen des Bezuges auf n-Hexan gewählt. Für dieses am wenigsten polare Lösungsmittel gilt $RPM = 0$. Tab. 8.4 enthält die E_T- und RPM-Werte für einige ausgewählte Lösungsmittel. Derartige Werte sind für 151 reine Lösungsmittel und zahlreiche binäre Lösungsmittelgemische bekannt. Das solvatochrome Farbstoffmolekül ist deswegen als empirischer Indikator der Lösungsmittelpolarität geeignet, weil es die Summe aller möglichen Wechselwirkungen zwischen gelöstem Stoff und Lösungsmittel zu registrieren vermag. Es hat ein ausgedehntes, leicht polarisierbares π-Elektronensystem, das Dispersions- und Induktionswechselwirkungen mit dem Lösungsmittel ermöglicht. Sein großes Dipolmoment verursacht Dipol-Dipol-Wechselwirkungen. Im Pyridinteil besitzt es ein Elektronenpaarakzeptor-Zentrum, das mit Donorlösungsmitteln in Wechselwirkung treten kann. Das O-Atom schließlich kann Wasserstoff-Brücken-Bindungen in protischen Lösungsmitteln betätigen.

Als drittes Einteilungsprinzip für Lösungsmittel kann ihr Verhalten als *Brönsted-Lowry*-Säuren und Basen herangezogen werden (Tab. 8.5). Lösungsmittel mit Autoprotolyse werden amphiprotisch genannt. Dazu gehören z. B. Wasser, Schwefelsäure und Ammoniak. Lösungsmittel ohne Autoprotolyse heißen aprotisch, z. B. Diethylether.

Tab. 8.4. E_T- und RPM-Werte für einige Lösungsmittel, geordnet nach abnehmender Polarität

Lösungsmittel	E_T in kcal mol^{-1}	RPM	Lösungsmittel	E_T in kcal mol^{-1}	RPM
Wasser	63,1	—1,042	Methylenchlorid	41,1	—0,330
Formamid	56,6	—0,832	Tetramethylharnstoff	41,0	—0,327
Ethan-1,2-diol	56,3	—0,822	Hexamethylphosphor-säuretriamid	40,9	—0,324
Methanol	55,5	—0,796	Pyridin	40,2	—0,301
2-Methoxy-ethanol	52,3	—0,693	Chloroform	39,1	—0,265
Ethanol	51,9	—0,680	Essigsäureethylester	38,1	—0,233
Essigsäure	51,2	—0,657	Tetrahydrofuran	37,4	—0,210
Propan-1-ol	50,7	—0,641	1,4-Dioxan	36,0	—0,165
Propan-2-ol	48,6	—0,573	Diethylether	34,6	—0,120
Nitromethan	46,3	—0,498	Benzen	34,5	—0,117
Acetonitril	46,0	—0,489	Toluen	33,9	—0,097
Dimethylsulfoxid	45,0	—0,456	Triethylamin	33,3	—0,078
Sulfolan	44,0	—0,424	Schwefelkohlenstoff	32,6	—0,055
tert-Butanol	43,9	—0,421	Tetrachlorkohlenstoff	32,5	—0,052
N,N-Dimethyl-formamid	43,8	—0,417	Cyclohexan	31,2	—0,010
Aceton	42,2	—0,366	n-Hexan	30,9	0,000
Nitrobenzen	42,0	—0,359	Ethanol/Wasser 80/20 Vol.-%	53,7	—0,738
1,2-Dichlor-ethan	41,9	—0,356			

Tab. 8.5. Einteilung der Lösungsmittel nach ihrem Verhalten als *Brönsted-Lowry*-Säuren und Basen

Bezeichnung		Beispiele
amphiprotisch	neutral	H_2O, CH_3OH, $PhOH$
	protogen	H_2SO_4, CH_3COOH
	protophil	NH_3, $HCONH_2$
aprotisch	dipolar protophil	Et_2O, C_5H_5N, CH_3SOCH_3
	dipolar protophob	CH_3COCH_3, CH_3CN, CH_3NO_2
	inert	C_6H_{12}, C_6H_6, CCl_4

Gemäß Tab. 8.5 teilt man die amphiprotischen Lösungsmittel weiter ein in neutrale, protogene und protophile, die aprotischen Lösungsmittel in dipolar protophile, dipolar protophobe und inerte. Amphiprotische Lösungsmittel, die stärkere Säuren und schwächere Basen als Wasser sind, werden protogen genannt, für den umgekehrten Fall ist die Bezeichnung protophil üblich. Bei den aprotischen Lösungsmitteln sind die dipolar-protophilen Lösungsmittel ebenfalls schwächere Säuren und stärkere Basen als Wasser.

277

Die Tatsache, daß viele Lösungsmittel Säuren oder Basen nach *Brönsted-Lowry* sind,
hat zur Folge, daß die thermodynamisch definierte Stärke von Säuren und Basen vom
jeweiligen Lösungsmittel abhängt.

Als viertes Einteilungsprinzip für Lösungsmittel kann ihr Verhalten als *Lewis*-Säuren
und -Basen dienen [8.10]. Diese Definition wurde für beliebige chemische Spezies wie
folgt verallgemeinert: *Lewis*-Säuren sind Elektronenpaarakzeptoren (EPA). Sie wirken
bei der Solvatation und beim 1. Schritt einer chemischen Reaktion durch ein unbesetztes Orbital. *Lewis*-Basen sind Elektronenpaardonoren (EPD). Entscheidend für
ihre Wirkung bei der Solvatation und beim 1. Schritt einer chemischen Reaktion ist
ein mit zwei Elektronen besetztes Orbital.

Bei den meisten Lösungsmitteln überwiegen Donor-Eigenschaften, sie sind also *Lewis*-
Basen. Man hat verschiedene Versuche unternommen, um die *Lewis*-Basizität von Lösungsmitteln quantitativ festzulegen [8.11]. Gut bewährt hat sich die Donorzahl
(Donizität) [8.12]. Sie ist definiert als der negative Wert der Standardreaktionsenthalpie in kcal mol^{-1} der Reaktion einer *Lewis*-Base mit der *Lewis*-Säure Antimon(V)-
chlorid in einer Lösung von 1,2-Dichlor-ethan, z. B.:

$$\text{Pyridin} + SbCl_5 \longrightarrow \text{Pyridin} \rightarrow SbCl_5 \qquad \Delta_R H^{\ominus} = -33{,}1 \text{ kcal mol}^{-1}$$

Tab. 8.6 enthält die Donorzahlen für einige Lösungsmittel. Danach ist Benzen die
schwächste *Lewis*-Base (das schwächste Donorlösungsmittel) und Triethylamin die
stärkste *Lewis*-Base (das stärkste Donorlösungsmittel).

Viele Lösungsmittel weisen zugleich Akzeptoreigenschaften auf, sie sind amphiphil.
Zur quantitativen Festlegung kann die Akzeptorzahl dienen. Sie wird aus der chemischen Verschiebung des Signals im ^{31}P-NMR-Spektrum von Triethylphosphinoxid
im betreffenden Lösungsmittel mit n-Hexan als Bezugslösungsmittel berechnet [8.13].
In Tab. 8.7 sind einige Akzeptorzahlen aufgeführt.

Lewis-Säuren lösen sich gut in Donorlösungsmitteln und *Lewis*-Basen gut in Akzeptor-
lösungsmitteln. Eine weitere Aussage folgt aus dem HSAB-Prinzip: Harte Säuren bzw.
Basen lösen sich gut in harten Lösungsmitteln und weiche Säuren bzw. Basen in wei-

Tab. 8.6. Lösungsmittel, geordnet nach zunehmender Donorzahl

Lösungsmittel	Donorzahl	Lösungsmittel	Donorzahl
Benzen	0,1	Wasser	18,0
Thionylchlorid	0,4	Diethylether	19,2
Nitromethan	2,7	Tetrahydrofuran	20,0
Nitrobenzen	4,4	Dimethylformamid	26,6
Acetanhydrid	10,5	Dimethylsulfoxid	29,8
Phosphoroxidchlorid	11,7	Pyridin	33,1
Acetonitril	14,1	Hydrazin	44,0
Sulfolan	14,8	Ethylendiamin	55,0
1,4-Dioxan	14,8	Ammoniak	59,0
Aceton	17,0	Triethylamin	61,0
Essigsäureethylester	17,1		

Tab. 8.7. Lösungsmittel, geordnet nach zunehmender Akzeptorzahl

Lösungsmittel	Akzeptorzahl	Lösungsmittel	Akzeptorzahl
Hexan	0,0	Dimethylsulfoxid	19,3
Diethylether	3,6	Methylenchlorid	20,4
Tetrahydrofuran	8,0	Nitromethan	20,5
Benzen	8,2	Chloroform	23,1
Tetrachlorkohlenstoff	8,6	Ethanol	37,1
1,4-Dioxan	10,8	Methanol	41,3
Aceton	12,5	Essigsäure	52,9
Pyridin	14,2	Wasser	54,8
Nitrobenzen	14,8	Antimon(V)-chlorid	100,0
Dimethylformamid	16,0	Trifluoressigsäure	105,3
Acetonitril	18,9	Methansulfonsäure	126,3

chen Lösungsmitteln. Beispielsweise ist Wasser hart und Donor sowie Akzeptor zugleich. Es löst daher harte Säuren und Basen sehr gut.

Eine fünfte Möglichkeit zur Einteilung von Lösungsmitteln geht auf *Parker* zurück. Sie wurde aus der Beeinflussung der Reaktionsgeschwindigkeit durch Lösungsmittel bei nucleophilen Substitutionsreaktionen am gesättigten C-Atom abgeleitet. Apolar-aprotische Lösungsmittel weisen niedrige Dielektrizitätskonstanten und keine Dipolmomente auf. Zu dieser Klasse gehören Kohlenwasserstoffe, tertiäre Amine und Schwefelkohlenstoff. Die zweite Klasse bilden die dipolar-aprotischen Lösungsmittel mit hohen Dielektrizitätskonstanten und großen Dipolmomenten. Sie solvatisieren wegen ihrer Donoreigenschaft Kationen gut, Anionen dagegen schlecht. Vertreter dieser Klasse sind Ketone, N,N-disubstituierte Amide, Nitrile, Sulfoxide, Sulfone und Nitrokohlenwasserstoffe. Die dritte Klasse stellen die protischen Lösungsmittel dar. Sie enthalten OH- oder NH-Gruppen, z. B. Wasser, Alkohole, Carbonsäuren, Ammoniak, unsubstituierte und N-monosubstituierte Amide. Charakteristisch ist ihre Fähigkeit zur Ausbildung von Wasserstoffbrücken-Bindungen zu den Teilchen des gelösten Stoffes. Protische Lösungsmittel solvatisieren Anionen sehr gut, Kationen dagegen schlecht.

8.4.2. Einfluß des Lösungsmittels auf die Lage chemischer Gleichgewichte

Relativ einfach läßt sich der Einfluß des Lösungsmittels auf die Lage chemischer Gleichgewichte bei homogenen Reaktionen beschreiben, wobei zwei Fälle zu unterscheiden sind.

1. Man führt die Reaktion einmal in der Gasphase durch und zum anderen in Lösung und vergleicht die Gleichgewichtskonstanten K oder die freien Standardreaktionsenthalpien $\Delta_R G^\ominus$.

2. Man führt die Reaktion in verschiedenen Lösungsmitteln durch und vergleicht wiederum K oder $\Delta_R G^\ominus$.

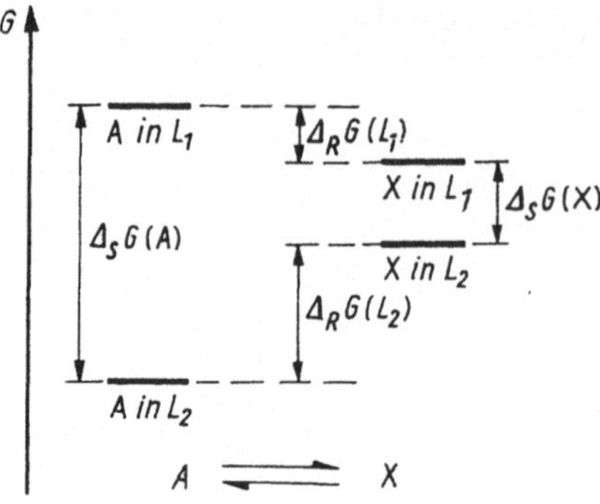

Bild 8.3. Einfluß des Wechsels des Lösungsmittels auf die Lage eines Isomerisierungs-
gleichgewichtes

Besonders drastisch sind die Unterschiede zwischen Gasphase und Lösung. Viele Reaktionen, die in der Gasphase möglich sind, können in Lösung nicht realisiert werden und umgekehrt. In vielen Fällen muß man sich daher auf die Untersuchung des Einflusses verschiedener Lösungsmittel auf die Lage chemischer Gleichgewichte beschränken. Als Beispiel dient eine Isomerisierung A $\rightleftharpoons$ X, wobei A stärker polare Bindungen enthalten soll als X. Die Reaktion wird einmal in einem apolar-aprotischen Lösungsmittel L_1 und zum anderen in einem dipolar-aprotischen Lösungsmittel L_2 durchgeführt. Gemäß Bild 8.3 liegt das Gleichgewicht in L_1 auf der Seite von X, weil $\Delta_R G(L_1) < 0$. In L_2 wird A viel stärker solvatisiert als X. Als Folge ergibt sich $\Delta_R G(L_2) > 0$. Nunmehr liegt das Gleichgewicht auf der Seite von A. Aus Bild 8.3 folgt weiterhin:

$$\Delta_R G(L_2) = \Delta_S G(A) - \Delta_S G(X) - \Delta_R G(L_1)$$

$$\Delta_R G(L_2) = \Delta\Delta_S G - \Delta_R G(L_1)$$

Je größer der Unterschied in den freien Solvatationsenthalpien $\Delta\Delta_S G$ ist, desto stärker ändert der Wechsel des Lösungsmittels die Lage des Gleichgewichts. Nur wenn $\Delta\Delta_S G$ Null ist, dann bleibt ein Wechsel des Lösungsmittels ohne Einfluß auf $\Delta_R G$ und damit K.

Besonders eingehend wurde der Einfluß von Lösungsmitteln auf die Acidität und Basizität untersucht. Für die *Brönsted-Lowry*-Acidität von Säuren H—A in Lösung ist nicht nur die Basizität des Lösungsmittels von Bedeutung, sondern auch seine Dielektrizitätskonstante sowie sein Vermögen zur Solvatation von Kationen und Anionen. Beispielsweise beträgt die Aciditätskonstante K_S von Carbonsäuren in Wasser ($\varepsilon =$ $= 78,4$) das 10^6fache des Wertes in Ethanol ($\varepsilon = 24,6$), obwohl die Basizität von Wasser nur etwa 20mal größer ist als die von Ethanol. Die *Brönsted-Lowry*-Acidität von Carbonsäuren in verschiedenen Lösungsmitteln kann man quantitativ über die Reaktionskonstante ϱ des entsprechenden Dissoziationsgleichgewichts erfassen [8.14]. Einen quantitativen Vergleich der *Brönsted-Lowry*-Acidität beliebiger Säuren in verschiedenen Medien (Lösungsmitteln und Lösungsmittelgemischen) ermöglichen empirisch aufgestellte Aciditätsfunktionen [8.15].

Der Einfluß des Lösungsmittels auf die Lage des Gleichgewichts bei der Keto-Enol-Tautomerie ist ebenfalls eingehend untersucht worden. Als Beispiel dient Acetylaceton

(Pentan-2,4-dion):

trans-Enolform   Diketoform   *cis*-Enolform

Die cis-Enolform wird durch eine intramolekulare Wasserstoffbrücken-Bindung stabilisiert. Dies hat zur Folge, daß im Falle des Acetylacetons die wesentlich energiereichere trans-Enolform nicht am Gleichgewicht beteiligt ist. In der Gasphase beträgt der Enolgehalt 92,1 %, im reinen, flüssigen Acetylaceton 81 %. In n-Hexan als Lösungsmittel sind 95 % Enol enthalten, in Methanol 74 %, in Essigsäure 67 % und in Acetonitril 62 %. Die Ursache dafür ist, daß die Diketoform zwei polare $C=O$-Doppelbindungen enthält und deswegen durch protische und dipolar-aprotische Lösungsmittel stärker solvatisiert wird als die weniger polare cis-Enolform (Bild 8.3). Ein Beispiel für den Einfluß des Lösungsmittels auf die Lage des Gleichgewichts bei einer Valenzisomerisierung bietet die folgende Reaktion:

A   X

In der Gasphase und in apolar-aprotischen Lösungsmitteln liegt das Gleichgewicht auf der Seite von X, in dipolar-aprotischen Lösungsmitteln auf der Seite von A (Bild 8.3).

8.4.3. Einfluß des Lösungsmittels auf die Reaktionsgeschwindigkeit

Auch hier erfolgt eine Beschränkung auf homogene Reaktionen. Wiederum kann man eine Reaktion einmal in der Gasphase und zum anderen in Lösung durchführen und die Geschwindigkeitskonstanten vergleichen. In sehr vielen Fällen ändert sich dabei der Mechanismus.

Weiterhin kann man eine Reaktion in verschiedenen Lösungsmitteln durchführen und die Geschwindigkeitskonstanten vergleichen. Es gibt Fälle, bei denen der Wechsel des Lösungsmittels eine Reaktion um den Faktor 10^9 beschleunigt. Allerdings ist auch dabei eine Änderung des Mechanismus nicht ausgeschlossen.

Zur Erklärung des Einflusses des Lösungsmittels auf die Reaktionsgeschwindigkeit dient das Energieprofil folgender Reaktion:

$A + B \rightarrow [AB]^{\neq} \rightarrow$ Produkt

Dabei interessiert nach der Theorie des aktivierten Komplexes nur die Änderung der freien Aktivierungsenthalpie $\Delta G^{\neq}$ beim Wechsel des Lösungsmittels. Bild 8.4 a zeigt das Energieprofil im Lösungsmittel L_1, dem sogenannten Bezugslösungsmittel. Im Lösungsmittel L_2 ändert sich (Bild 8.4 b) die Solvatisierung der Edukte kaum, der aktivierte Komplex wird wesentlich stärker solvatisiert als in L_1. Deswegen ist $\Delta G^{\neq}$ in L_2 kleiner als in L_1, und die Reaktion verläuft in L_2 schneller. Eine weitere Möglichkeit zeigt Bild 8.4 c. Im Lösungsmittel L_3 bleibt die Solvatisierung des aktivierten Komple-

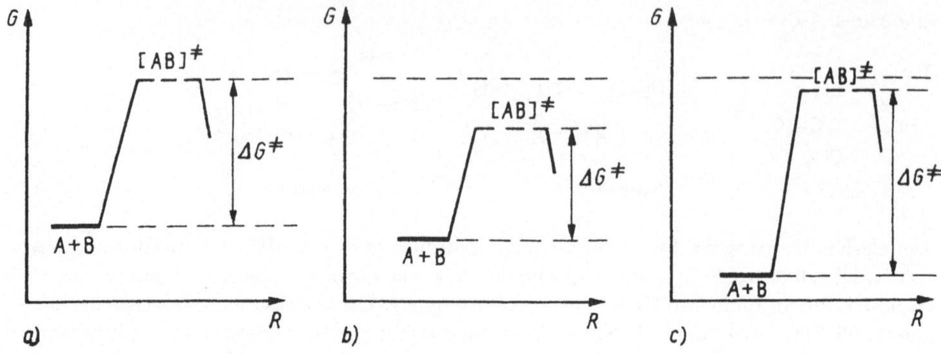

Bild 8.4. Einfluß des Wechsels des Lösungsmittels auf die Geschwindigkeitskonstante
(R Reaktionskoordinate)

a) Energieprofil im Lösungsmittel L_1 (Bezugs- oder Standardlösungsmittel)
b) Energieprofil im Lösungsmittel L_2
c) Energieprofil im Lösungsmittel L_3

xes, verglichen mit L_1, etwa gleich. Die Edukte sind wesentlich stärker solvatisiert als in L_1. Somit ist $\Delta G^{\ddagger}$ in L_3 größer als in L_1. Je größer der Unterschied in den freien Aktivierungsenthalpien $\Delta\Delta G^{\ddagger}$ ist, desto stärker ändert der Wechsel des Lösungsmittels die Geschwindigkeitskonstante.

Qualitative Beziehungen zwischen der Art des Lösungsmittels und der Geschwindigkeitskonstante

Nach *Kosower* unterscheidet man drei Typen von aktivierten Komplexen:

1. Isopolare aktivierte Komplexe. Ihre Polarität unterscheidet sich wenig von der der Edukte.

2. Dipolare aktivierte Komplexe. Ihre Polarität unterscheidet sich von der der Edukte, sie kann kleiner oder größer sein.

3. Radikalische aktivierte Komplexe. Bei ihnen treten ungepaarte Elektronen auf.

Isopolare aktivierte Komplexe kommen bei der *Diels-Alder*-Reaktion vor, z. B.:

Diese Dimerisierung von Cyclopentadien zu endo-Dicyclopentadien verläuft in der Gasphase und in Lösung nach dem gleichen Mechanismus. Bei Raumtemperatur beträgt k in der Gasphase $6{,}9 \cdot 10^7 \, \mathrm{l \, mol^{-1} \, s^{-1}}$, in Benzen $6{,}6 \cdot 10^7 \, \mathrm{l \, mol^{-1} \, s^{-1}}$. Dieser geringe Einfluß des Lösungsmittels ist typisch für Reaktionen mit isopolaren aktivierten Komplexen.

Weitaus häufiger sind Reaktionen mit dipolaren aktivierten Komplexen. Dabei hat sich zur Beurteilung des Lösungsmitteleinflusses die Theorie von *Hughes* und *Ingold* bewährt. Sie besagt, daß die freie Solvatationsenthalpie von Ionen und dipolaren Spezies (Edukten oder aktivierten Komplexen) um so stärker negativ ist.

– je größer die Ladung,
– je kleiner die Ladungsverteilung (Ladungsdelokalisierung) und
– je polarer das Lösungsmittel

sind. Daraus folgen die *Hughes-Ingold*-Regeln (1935):

1. Reaktionen, bei denen auf dem Wege von den Edukten zum aktivierten Komplex Ladungen entstehen oder konzentriert werden, verlaufen in stärker polaren Lösungsmitteln schneller.

2. Reaktionen, bei denen auf dem Wege von den Edukten zum aktivierten Komplex Ladungen neutralisiert oder verteilt werden, verlaufen in stärker polaren Lösungsmitteln langsamer.

3. Die Verzögerung infolge Ladungsneutralisation ist größer als die infolge von Ladungsverteilung.

Mit Hilfe dieser Regeln läßt sich z. B. der Einfluß des Lösungsmittels auf die nach dem S_N2-Mechanismus verlaufenden Substitutionsreaktionen am gesättigten C-Atom erklären.
Sind die Edukte zwei Moleküle, dann entstehen auf dem Wege zum aktivierten Komplex Ladungen, z. B.:

$$R_3N \; + \; R\!-\!I \; \longrightarrow \; \left[R_3\overset{\delta+}{N}\cdots R\cdots \overset{\delta-}{I}\right]^{\ddagger} \; \longrightarrow \; R_4N^{\oplus} \; + \; I^{\ominus}$$

Polare Lösungsmittel vergrößern k (Bild 8.4 *b*). Daß der aktivierte Komplex stärker solvatisiert ist als die Edukte, erkennt man auch an der negativen Aktivierungsentropie derartiger Reaktionen.
Sind die Edukte zwei gleichartig geladene Ionen, dann werden auf dem Wege zum aktivierten Komplex Ladungen konzentriert, z. B.:

$$HO^{\ominus} + \underset{\underset{COO^{\ominus}}{|}}{CH_2}\!-\!Cl \; \longrightarrow \; \left[\underset{\underset{COO^{\ominus}}{|}}{\overset{\delta-}{HO}\cdots CH_2}\cdots \overset{\delta-}{Cl}\right]^{\ddagger} \; \longrightarrow \; \underset{\underset{COO^{\ominus}}{|}}{HO\!-\!CH_2} + Cl^{\ominus}$$

Polare Lösungsmittel vergrößern k, $\Delta S^{\ddagger}$ ist negativ.
Sind die Edukte zwei entgegengesetzt geladene Ionen, dann werden auf dem Wege zum aktivierten Komplex Ladungen neutralisiert, z. B.:

$$R^{\ominus} \; + \; H_3O^{\oplus} \; \longrightarrow \; \left[\overset{\delta-}{R}\cdots H\cdots \overset{\delta+}{OH_2}\right]^{\ddagger} \; \longrightarrow \; R\!-\!H \; + \; H_2O$$

Polare Lösungsmittel verringern k. Auf dem Wege zum aktivierten Komplex werden Lösungsmittelmoleküle aus den Solvathüllen freigesetzt, und $\Delta S^{\ddagger}$ ist positiv.
Reagieren Moleküle mit Ionen, dann wird die Ladung der Ionen auf dem Wege zum aktivierten Komplex verteilt, z. B.:

$$HO^{\ominus} \; + \; H_3C\!-\!I \; \longrightarrow \; \left[\overset{\delta-}{HO}\cdots H_3C\cdots \overset{\delta-}{I}\right]^{\ddagger} \; \longrightarrow \; HO\!-\!CH_3 \; + \; I^{\ominus}$$

Polare Lösungsmittel verringern k, $\Delta S^{\ddagger}$ ist positiv.
Handelt es sich bei den Ionen wie in obiger Reaktion um Anionen, dann wird k beim Übergang von dipolar-aprotischen Lösungsmitteln in protische Lösungsmittel besonders stark verringert. Die Ursache dafür ist, daß protische Lösungsmittel H—A An-

ionen über Wasserstoffbrücken-Bindungen solvatisieren, z. B.:

$$HO^{\ominus}\text{--}H\text{--}A + H_3C\text{--}I \xrightleftharpoons[-H-A]{} \left[HO\overset{\delta^-}{\cdots}H_3C\cdots\overset{\delta^-}{I}\right]^{\ddagger} \longrightarrow HO\text{--}CH_3 + I^{\ominus}$$

Dagegen ändert sich die Solvatisierung des aktivierten Komplexes kaum (Bild 8.4 c).
Im Falle des S_N1-Mechanismus bei Substitutionsreaktionen am gesättigten C-Atom
entstehen auf dem Wege zum aktivierten Komplex Ladungen, z. B.:

$$(CH_3)_3\,C\text{--}Cl \longrightarrow \left[(CH_3)_3\overset{\delta^+}{C}\cdots\overset{\delta^-}{Cl}\right]^{\ddagger} \longrightarrow (CH_3)_3\overset{\oplus}{C} + Cl^{\ominus}$$

Deswegen wird k durch dipolar-aprotische Lösungsmittel vergrößert, besonders stark
aber durch protische Lösungsmittel, die bereits im aktivierten Komplex das entstehende
Anion durch Wasserstoffbrücken-Bindungen solvatisieren:

$$(CH_3)_3\,C\text{--}Cl \xrightarrow{+\,H-A} \left[(CH_3)_3\overset{\delta^+}{C}\cdots\overset{\delta^-}{Cl}\cdots H\text{--}A\right]^{\ddagger} \longrightarrow (CH_3)_3\overset{\oplus}{C} + \overset{\ominus}{Cl}\cdots H\text{--}A$$

Beim Übergang von Benzen in Wasser als Lösungsmittel vergrößert sich k im Falle
von tert-Butylchlorid um den Faktor 10^{11}.
Von besonderer Bedeutung für die Steuerung von Reaktionen mit dipolaren aktivierten
Komplexen ist die Möglichkeit, die Selektivität durch einen Wechsel des Lösungsmittels
zu beeinflussen. Bereits eine Änderung von $\Delta\Delta G^{\ddagger}$ für die konkurrierenden Reaktionen
um 12 kJ mol^{-1}, was durch unterschiedliche Solvatation ohne weiteres bewirkt wird,
verschiebt ein Produktverhältnis von 10:90 in ein solches von 90:10. Ein Beispiel für
die Beeinflussung der Regioselektivität bietet die Alkylierung von ambidenten Nucleophilen:

$$H_3C\text{--}\overset{\overset{\displaystyle O}{|\,\ominus}}{C}\text{=}CH\text{--}COOC_2H_5 \xrightarrow[-\,X^{\ominus}]{+\,R-X}
\begin{cases}
H_3C\text{--}\overset{\overset{\displaystyle O\text{--}R}{|}}{C}\text{=}CH\text{--}COOC_2H_5 \\[2em]
H_3C\text{--}\overset{\overset{\displaystyle O}{\|}}{C}\text{--}\overset{\overset{\displaystyle R}{|}}{C}H\text{--}COOC_2H_5
\end{cases}$$

Das Natriumenolat des Acetessigsäureethylesters wird durch Halogenalkane in dipo-
lar-aprotischen Lösungsmitteln am O-Atom alkyliert. Protische Lösungsmittel wie
Alkohole solvatisieren selektiv das Zentrum mit der größten Ladungsdichte durch
Wasserstoffbrücken-Bindungen, also in obigem Beispiel das O-Atom des Enolations.
Dadurch wird $\Delta G^{\ddagger}$ für die O-Alkylierung erhöht. Deswegen erfolgt in Ethanol als Lö-
sungsmittel C-Alkylierung.
Wenn zwei Reagenzien B_1 und B_2 um Substrate oder Zwischenstufen A konkurrieren,
dann sollte nach dem Reaktivitäts-Selektivitäts-Prinzip eine Verringerung der Reak-
tivität von A durch einen Wechsel des Lösungsmittels zu einer Vergrößerung der Selektivität der Reaktion führen. Die Selektivität langsamer Reaktionen müßte durch einen
Wechsel des Lösungsmittels stärker beeinflußt werden als die Selektivität schneller
Reaktionen.
Auch die Stereoselektivität von Reaktionen läßt sich durch einen Wechsel des Lösungsmittels beeinflussen, beruht aber meist auf einer Änderung des Mechanismus. Mit Anionen als Nucleophilen verläuft die nucleophile Substitution am gesättigten C-Atom in
dipolar-aprotischen Lösungsmitteln bevorzugt nach dem S_N2-Mechanismus und deswegen stereoselektiv. In protischen Lösungsmitteln ist der S_N1-Mechanismus in zwei-
facher Weise kinetisch begünstigt. Nunmehr verläuft die Reaktion nicht stereoselektiv.

Bei Reaktionen mit radikalischen aktivierten Komplexen ist der Einfluß des Lösungsmittels auf die Geschwindigkeitskonstante relativ gering. Als Beispiel dient der Zerfall von Di-tert-butylperoxid:

$$(CH_3)_3C{-}O{-}O{-}C(CH_3)_3 \rightarrow [(CH_3)_3C{-}O \cdots O{-}C(CH_3)_3]^{\ddagger} \rightarrow 2(CH_3)_3C{-}O\cdot$$

Bei 75 °C verändert ein Wechsel des Lösungsmittels die Geschwindigkeitskonstante im Bereich von $1{,}9 \cdot 10^{-2}$ bis $5{,}9 \cdot 10^{-2}\ \text{s}^{-1}$. Beim Zerfall von Dibenzoylperoxid ist der Einfluß des Lösungsmittels etwas größer:

$$\text{Ph}{-}\overset{\overset{\text{O}}{\|}}{\text{C}}{-}\text{O}{-}\text{O}{-}\overset{\overset{\text{O}}{\|}}{\text{C}}{-}\text{Ph} \longrightarrow \left[\text{Ph}{-}\overset{\overset{\text{O}^{\delta-}}{\|^{\delta+}}}{\text{C}}{-}\text{O}\cdots\text{O}{-}\overset{\overset{\text{O}^{\delta-}}{\|^{\delta+}}}{\text{C}}{-}\text{Ph}\right]^{\ddagger} \longrightarrow 2\,\text{Ph}{-}\overset{\overset{\text{O}^{\delta-}}{\|^{\delta+}}}{\text{C}}{-}\text{O}\cdot$$

k variiert bei 80 °C in 40 untersuchten Lösungsmitteln von $1{,}8 \cdot 10^{-5}$ bis $40 \cdot 10^{-5}\ \text{s}^{-1}$. Ursache dafür könnten die polaren $C{=}O$-Doppelbindungen sein.

Als Fazit ergibt sich, daß ein Wechsel des Lösungsmittels vor allem die Geschwindigkeitskonstante von Reaktionen mit dipolaren aktivierten Komplexen beeinflußt. Zur qualitativen Beschreibung hat sich die Theorie von *Hughes* und *Ingold* bewährt. Ihre Nachteile sind:

- Die Beschränkung auf rein elektrostatische Wechselwirkungen bei der Beurteilung der Solvatation. Donor-Akzeptor-Wechselwirkungen sowie der Anteil der intermolekularen Wasserstoffbrücken-Bindungen werden außer acht gelassen.
- Der Beitrag der Entropieänderung zu $\Delta\Delta G^{\ddagger}$ beim Wechsel des Lösungsmittels wird als vernachlässigbar angesehen.
- Der Einfluß der intermolekularen Wechselwirkungen im Lösungsmittel selbst wird ebenfalls als vernachlässigbar betrachtet.
- Voraussagen über den Einfluß des Lösungsmittels bei Reaktionen mit isopolaren und mit radikalischen aktivierten Komplexen sind nicht möglich.

Inzwischen hat man umfassendere Theorien zur qualitativen Beschreibung des Lösungsmitteleinflusses auf die Geschwindigkeitskonstante entwickelt. Eine von ihnen setzt das Aktivierungsvolumen der Reaktion in Bezug zum Binnendruck bzw. der cohäsiven Energiedichte des Lösungsmittels [8.17].
Bei Ligandenaustauschreaktionen, Isomerisierungen und Elektronentransfer-Reaktionen von Koordinationsverbindungen ist der Einfluß des Lösungsmittels auf die Reaktionsgeschwindigkeit im allgemeinen weniger signifikant als bei den Reaktionen der Kohlenstoffverbindungen [8.18]. Viele der genannten Reaktionen sind ohnehin auf wäßrige Lösungsmittel beschränkt. Bei einem möglichen Wechsel des Lösungsmittels ist meist die Änderung der Solvatation der Edukte wesentlich größer als die des aktivierten Komplexes (Bild 8.4 c).
Bei Ligandenaustauschreaktionen von Verbindungen mit einem quadratisch-planar koordinierten Zentralatom nach dem A-Mechanismus beeinflußt die Art des Lösungsmittels den Reaktionsablauf, z. B.:

$$\text{trans}{-}\text{PtCl}_2\text{Py}_2 + {}^{36}\text{Cl}^{\ominus} \xrightarrow{k_y} \text{trans}{-}\text{Pt}^{36}\text{ClPy}_2\text{Cl} + \text{Cl}^{\ominus}$$

In Lösungsmitteln mit schlechtem Koordinationsvermögen, z. B. Benzen, ist die Reaktionsgeschwindigkeit von der Konzentration an ${}^{36}\text{Cl}^{\ominus}$ (allgemein $Y^{\ominus}$) abhängig. k beträgt in Tetrachlorkohlenstoff 10^4, in Benzen 10^2, in tert-Butanol 10^{-1}, in Aceton 10^{-2} und in Dimethylformamid $10^{-3}\ \text{l mol}^{-1}\,\text{s}^{-1}$. Die Ursache für diese Abstufung wird darin gesehen, daß die Solvatation der Chloridionen in der genannten Folge von Lösungsmitteln zunimmt.

In Lösungsmitteln mit gutem Koordinationsvermögen, z. B. Wasser, ist die Reaktionsgeschwindigkeit jedoch unabhängig von der Konzentration an $^{36}Cl^{\ominus}$. Daraus kann man schließen, daß zwei Ligandenaustauschreaktionen aufeinander folgen:

$$trans-PtCl_2Py_2 \xrightarrow[- Cl^{\ominus}]{\overset{k_s}{+ H_2O}} trans-PtClH_2OPy_2$$

$$\xrightarrow[- H_2O]{\overset{k_2}{+ \, ^{36}Cl^{\ominus}}} trans-PtCl^{36}ClPy_2$$

$$k_2 > k_s$$

Die erste Reaktion ist eine Solvolyse mit dem Lösungsmittel als Nucleophil. k beträgt in Dimethylsulfoxid $380 \cdot 10^5$, in Wasser $3,5 \cdot 10^5$ und in Ethanol $1,4 \cdot 10^5$ s^{-1}. Die zweite Reaktion ist dann der Austausch des bei der Solvolyse eingetretenen Liganden durch $^{36}Cl^{\ominus}$. Geht man davon aus, daß der Ligandenaustausch ohne Beteiligung des Lösungsmittels (k_y) und der Ligandenaustausch mit Solvolyse (k_s) untereinander konkurrieren, dann folgt für die beobachtete Geschwindigkeitskonstante k:

$$k = k_y \, [Y^{\ominus}] + k_s$$

Für den direkten Austausch ist $k_y \, [Y^{\ominus}] > k_s$, für den Austausch mit vorgelagerter Solvolyse $k_s > k_y \, [Y^{\ominus}]$.

Die Ligandenaustauschreaktionen von Verbindungen mit einem oktaedrisch koordinierten Zentralatom verlaufen bevorzugt nach dem D-Mechanismus und in den meisten Lösungsmitteln über Ionenpaare. Ein Wechsel des Lösungsmittels verursacht nur geringe Änderungen der Reaktionsgeschwindigkeit. Das gleiche trifft für die Isomerisierung von oktaedrischen Komplexen zu, z. B. auf die Racemisierungsgeschwindigkeit von $Cr(C_2O_4)_3^{3\ominus}$.

Bei den Elektronentransfer-Reaktionen der Koordinationsverbindungen, die nach dem Inner-sphere-Mechanismus verlaufen, hat der Wechsel des Lösungsmittels einen gewissen Einfluß. Beispielsweise beträgt k für die Reduktion von $[CoBr(NH_3)_5]^{2\oplus}$ durch Fe(II) bei 25 °C in Wasser $0,92 \cdot 10^{-3}$, in Dimethylsulfoxid $2,51 \cdot 10^{-3}$ und in Dimethylformamid $4,2 \cdot 10^{-3}$ l mol^{-1} s^{-1}.

Quantitative Beziehungen zwischen der Art des Lösungsmittels und der Geschwindigkeitskonstante

Derartige Beziehungen setzen Möglichkeiten zur quantitativen Charakterisierung des Lösungsmittels voraus. Eine theoretische Ableitung ist infolge der Komplexität der für die Solvatation verantwortlichen intermolekularen Wechselwirkungen schwierig. Es hat sich daher als zweckmäßig erwiesen, das Solvatationsvermögen summarisch als Polarität des betreffenden Lösungsmittels zu bezeichnen und quantitativ durch empirische Parameter festzulegen. Als lösungsmittelabhängige Standardprozesse benutzt man entweder die Veränderung der spektralen Absorption eines Farbstoffs beim Lösungsmittelwechsel (z. B. E_T-Werte) oder direkt die Verfolgung der Geschwindigkeit einer Reaktion relativ zu einem Lösungsmittelstandard. Ein Beispiel für einen durch Messung von Reaktionsgeschwindigkeiten ermittelten empirischen Parameter für die Polarität von Lösungsmitteln ist die Konstante Y der Gleichung von *Grunwald* und *Winstein*. Nach dem S_N1-Mechanismus ablaufende Substitutionsreaktionen am gesättigten C-Atom werden in verschiedenen Lösungsmitteln durchgeführt und die Geschwindigkeitskonstanten ermittelt:

Die Gleichung von *Grundwald* und *Winstein* lautet:

$$\lg\left(\frac{k_i}{k_0}\right)_j = m_j \lg\left(\frac{k_i}{k_0}\right)_{j=1} \qquad \lg\left(\frac{k_i}{k_0}\right)_{j=1} = Y_i$$

$$\lg\left(\frac{k_i}{k_0}\right)_j = m_j \, Y_i$$

Diese Gleichung ist eine LFE-Beziehung (Abschn. 7.6.1.). m bedeutet den Suszeptibilitätsfaktor. Für die Basisreaktionsserie mit tert-Butylchlorid gilt $m = 1$. Für die Reaktionsserie mit tert-Butylbromid wurde m zu 0,94 ermittelt, d. h., die Heterolyse dieses Substrats ist weniger lösungsmittelabhängig. Für das Bezugslösungsmittel, eine Mischung aus 80 Vol.-% Ethanol und 20 Vol.-% Wasser, gilt $Y = 0$. Die Y-Werte für andere Lösungsmittel werden nun als Maß (als empirische Parameter) für deren relative Polarität angesehen. Für Wasser beträgt Y 3,56 und für Essigsäure —1,633. Die Polarität von Wasser ist somit größer als die des Bezugslösungsmittels, die von Essigsäure kleiner. Allerdings kann Y nur für die wenigen Lösungsmittel bestimmt werden, in denen Substitutionsreaktionen am gesättigten C-Atom nach dem S_N1-Mechanismus möglich sind.

Trotz einiger guter Korrelationen zwischen empirischen Parametern für die Polarität von Lösungsmitteln und anderen lösungsmittelabhängigen Prozessen gibt es zahlreiche chemische Reaktionen, bei denen keine einfachen Zusammenhänge aufgefunden werden konnten. Verbesserungen brachten LFE-Beziehungen in Form von Mehrparameter-Gleichungen:

$$A = A_0 + bB + cC + dD + \ldots$$

Darin bedeutet A eine lösungsmittelabhängige Meßgröße, z. B. $\lg k$ oder $\lg K$, die für eine Reaktion in einer Serie von Lösungsmitteln bestimmt wurde. A_0 ist die entsprechende Größe in der Gasphase oder in einem möglichst inerten Bezugslösungsmittel. Die Faktoren $B, C, D \ldots$ bedeuten voneinander unabhängige Lösungsmittelparameter, die als Maßzahlen für die verschiedenen intermolekularen Wechselwirkungen dienen können. $b, c, d \ldots$ bedeuten Regressionskoeffizienten, die jeweils die Suszeptibilität von A gegenüber der betreffenden Wechselwirkung beschreiben und ihrer Natur nach statistische Gewichtungsfaktoren sind. Liegen Meßergebnisse in einer genügend großen Zahl von Lösungsmitteln vor, dann werden die Variablen mit Hilfe mathematisch-statistischer Verfahren berechnet. Dazu dient z. B. die Faktorenanalyse. Im nächsten Schritt versucht man, die abstrakten Faktoren $B, C, D \ldots$ zu identifizieren und ihre Beziehungen zu bekannten Meßgrößen aufzufinden. Dann sind Aussagen über den Anteil einzelner intermolekularer Wechselwirkungen am gesamten Lösungsmitteleinfluß möglich.

Ein Beispiel für dieses Vorgehen bietet die nach dem S_N2-Mechanismus verlaufende Reaktion von Benzylchlorid mit Anilin. Sie wurde in 12 Lösungsmitteln untersucht:

$$\lg k = 0{,}0865\, E_T + 10{,}87\, \frac{\varepsilon - 1}{2\,\varepsilon + 1} - 13{,}125$$

Danach korreliert die Geschwindigkeitskonstante am besten mit dem E_T-Wert und der Dielektrizitätskonstante in Form des *Kirkwood*-Parameters $(\varepsilon - 1)/(2\varepsilon + 1)$ des Lösungsmittels. Für einige Reaktionen hat sich eine von *Koppel* und *Palm* eingeführte Vierparameter-Gleichung bewährt:

$$A = A_0 + yY + pP + eE + bB$$

Y ist eine Maßzahl für die Polarisation, P für die Polarisierbarkeit, E für die *Lewis*-Acidität und B für die *Lewis*-Basizität der Lösungsmittel. Beispielsweise wurde die nach dem S_N1-Mechanismus verlaufende Solvolyse von tert-Butylchlorid in 23 Lösungsmitteln bei 25 °C untersucht und folgende Gleichung gefunden:

$$\lg k = -19{,}89 + 13{,}39\ Y + 13{,}46\ P + 0{,}378\ E$$

Dabei wird Y durch $(\varepsilon - 1)/(2\varepsilon + 1)$ ausgedrückt, P durch $(n^2 - 1)/(n^2 + 2)$ (n Brechungsindex) und E durch E_T. Infolge des S_N1-Mechanismus ist die *Lewis*-Basizität der Lösungsmittel bedeutungslos, und wegen $b = 0$ ist $bB = 0$.

Eine Mehrparameter-Gleichung unter Einbeziehung der Donorzahlen und der Akzeptorzahlen wurde von *Mayer* geprüft [8.19]. Sie erwies sich als brauchbar bei Substitutionsreaktionen nach dem S_N2-Mechanismus und nach dem S_N1-Mechanismus, bei nucleophilen Substitutionsreaktionen der Arene sowie bei Komplexbildungs- und Ionenassoziationsgleichgewichten. Beispielsweise gilt für die Reaktion von 1-Fluor-4-nitro-benzen mit Piperidin nach dem Additions-Eliminierungsmechanismus in 12 untersuchten Lösungsmitteln:

$$\Delta\Delta G^{\neq} = -0{,}101\ \Delta DN - 0{,}247\ \Delta AN - 0{,}384$$

Darin bedeuten $\Delta\Delta G^{\neq}$ die Änderung der freien Aktivierungsenthalpie beim Wechsel des Lösungsmittels, ΔDN die Differenz der Donorzahlen und ΔAN die Differenz der Akzeptorzahlen der Lösungsmittel.

Es gibt auch Versuche, die Solvatation von Ionen durch Wechselwirkung zwischen den HOMO der Ionen und Lösungsmittel und den LUMO der Lösungsmittel und Ionen quantitativ zu erfassen. Für die Ion-Lösungsmittel-Wechselwirkungsenergie $\delta E'_{\text{solv}}$ wurde z. B. folgende Gleichung angegeben:

$$\delta E_{\text{solv}} = C_1\,(IP + EA) + C_2(IP) + C_3(EA)^2 + C_4$$

Dabei wird die Energie des HOMO des Lösungsmittels durch das Ionisationspotential IP ausgedrückt, die Energie des LUMO durch die Elektronenaffinität EA. Die Summe $IP + EA$ gilt als Maß für das Ionisierungsvermögen des Lösungsmittels, IP als Maß für seine Nucleophilie und $(EA)^2$ als Maß für seine Elektrophilie.

Praktische Bedeutung zur empirischen Korrelation der Reaktionsgeschwindigkeit mit dem Lösungsmittel sowie anderen äußeren Einflüssen (Katalysatoren, Temperatur) erlangten Mehrparametergleichungen nach dem von *Palm* entwickelten Prinzip der Polylinearität (PPL [8.20]). Der allgemeine Typ einer Vierparameter-Gleichung wurde bereits auf S. 287 vorgestellt. Es wird dabei angenommen, daß unabhängige lineare Beziehungen zwischen den Reaktivitätsparametern y ($\lg k_i$ oder $\lg K_i$) einer Reaktionsserie und den Parametern verschiedener Einflußgrößen (z. B. σ_p, E_T, T) existieren. Dann sollten sich die Reaktivitätsparameter durch eine Linearkombination der verschiedenen Einflußparameter x_i oder von Funktionen dieser Parameter darstellen lassen:

$$y = \Sigma a_i x_i$$

8.5. Einfluß von Katalysatoren

Im Gegensatz zur Konzentration, zur Temperatur, zum Druck und zum Lösungsmittel
beeinflussen Katalysatoren nur die Reaktionsgeschwindigkeit, nicht aber die Lage des
Gleichgewichts. Katalysatoren sind Stoffe, die die Geschwindigkeit erhöhen, mit der
eine chemische Reaktion ihr thermodynamisch vorgegebenes Gleichgewicht erreicht,
ohne dabei in der Bruttoreaktionsgleichung aufzutreten (*Ostwald* 1902).
Man kennt auch Reaktionen, bei denen ein Edukt oder ein Produkt katalytisch wirken
(Autokatalyse). Dem trägt folgende Definition Rechnung: Ein Katalysator ist ein Stoff,
dessen Konzentration im Zeitgesetz in einer höheren Potenz erscheint, als nach der
Bruttoreaktionsgleichung zu erwarten wäre (*Bell* 1941).
Es gibt auch Stoffe, durch deren Zusatz die Geschwindigkeit verringert wird, mit der
eine chemische Reaktion ihr thermodynamisch vorgegebenes Gleichgewicht erreicht.
Man nennt sie Inhibitoren (Hemmstoffe).
Liegt der Katalysator in derselben Phase vor wie die Edukte und die Produkte, also
entweder in der Gasphase oder in Lösung, dann spricht man von homogener Katalyse,
im entgegengesetzten Fall von heterogener Katalyse. Bei den meisten heterogen katalysierten Reaktionen ist der Katalysator ein fester Stoff, an dem die gasförmigen und/
oder flüssigen Edukte reagieren (Abschn. 9.). Von größter Bedeutung für die Steuerung
von Reaktionen ist die Selektivität eines Katalysators [8.21]. Darunter versteht man
seine Fähigkeit, konkurrierende Reaktionen unterschiedlich zu beschleunigen. Im Idealfall wird nur die gewünschte Reaktion beschleunigt. Dies kann sogar der Fall sein,
wenn die gewünschte Reaktion in Abwesenheit des Katalysators die langsamste der
konkurrierenden Reaktionen ist. Ein gutes Beispiel bietet die Verbrennung von Ammoniak:

$$4\,NH_3 \quad
\begin{cases}
\xrightarrow[+3\,O_2]{k_1} & 2\,N_2 \;+\; 6\,H_2O \\[2ex]
\xrightarrow[+5\,O_2]{k_2} & 4\,NO \;+\; 6\,H_2O
\end{cases}$$

Bei der nichtkatalysierten Verbrennung von Ammoniak entstehen fast ausschließlich
Stickstoff und Wasser ($k_1 > k_2$). In Gegenwart eines Platin-Rhodium-Katalysators
dagegen ist $k_2 > k_1$. Darauf beruht die technische Herstellung von Salpetersäure.
Katalysatoren, die chemische Reaktionen in biologischen Systemen beschleunigen,
heißen Enzyme (von en für griech. in und zyme für griech. Hefe). Die durch die Enzyme
der Hefe bewirkte alkoholische Gärung ist eine der am längsten bekannten enzymkata-
lysierten (enzymatischen) Reaktionen. Die Aktivität und Selektivität der Enzyme
übertrifft die aller anderen Katalysatoren. Die meisten der einige Tausend zählenden
chemischen Reaktionen, die in Organismen stattfinden, würden ohne Katalyse durch
Enzyme so langsam ablaufen, daß sie praktisch unmöglich wären. Das erste Enzym,
das entdeckt wurde, ist das im Magensaft vorkommende Pepsin (1835). Bis heute wurden etwa 2000 Enzyme identifiziert. Die meisten von ihnen sind Proteine (Abschn.
9.4.).
Zahlreiche Reaktionen, die in der chemischen Industrie in technischem Maßstab durchgeführt werden, sind katalysierte Reaktionen. Etwa 20 % der Weltproduktion der
chemischen Industrie umfaßt Produkte, die direkt aus katalytischen Verfahren her-

vorgegangen sind. 95 % aller industriell hergestellten Chemikalien haben während ihres Produktionsganges wenigstens eine katalysierte Reaktion durchlaufen.

In diesem Abschnitt werden nur die wichtigsten Arten der homogenen Katalyse behandelt. Ausführungen zur heterogenen Katalyse und zur Katalyse durch Enzyme sind im Abschn. 9. enthalten.

8.5.1. Säure-Base-Katalyse

Darunter versteht man die katalytische Beschleunigung chemischer Reaktionen durch *Brönsted-Lowry*-Säuren und -Basen. Säuren H—A katalysieren eine Reaktion, indem sie eines der Edukte (das Substrat) durch Anlagerung eines Protons in eine reaktivere Zwischenstufe überführen, z. B. bei der säurekatalysierten Esterhydrolyse in einem Lösungsmittel L:

$$H-A + L \; \underset{}{\overset{k_1}{\rightleftharpoons}} \; LH^{\oplus} + A^{\ominus}$$

$$R^1-\underset{O-R^2}{\overset{O}{C}} + LH^{\oplus} \; \overset{k_2}{\rightleftharpoons} \; R-\underset{O-R^2}{\overset{OH}{\underset{|}{\overset{|}{C}}}}{}^{\oplus} + L$$

Substrat   Zwischenstufe

Die Zwischenstufe reagiert dann mit dem zweiten Edukt (dem Reagens), im Falle der Esterhydrolyse mit Wasser:

$$R^1-\overset{OH}{\underset{O-R^2}{C}}{}^{\oplus} + H_2O \; \overset{k_3}{\longrightarrow} \; R^1-\overset{OH}{\underset{O-R^2}{C}}-\overset{\oplus}{O}H_2 \; \rightleftharpoons \; R^1-\overset{OH}{\underset{\overset{\oplus}{O}-R^2}{C}}-OH$$

$$\overset{}{\underset{-R^2-OH}{\longrightarrow}} \; R^1-\overset{OH}{\underset{OH}{C}}{}^{\oplus} \; \overset{+L}{\longrightarrow} \; R^1-\overset{O}{\underset{OH}{C}} + LH^{\oplus}$$

Es folgen eine Umprotonierung und die Abspaltung von R²—OH. Schließlich entstehen die Carbonsäure und die konjugierte Säure des Lösungsmittels. Da das Proton wieder abgespalten werden muß, sind für die katalytische Wirkung die Säure H—A und ihre konjugierte Base $A^{\ominus}$ bzw. die Base L erforderlich. In vielen Fällen stellen sich wie bei der Esterhydrolyse die vorgelagerten Gleichgewichte mit k_1 und k_2 sehr schnell ein, und der 3. Schritt ist geschwindigkeitsbestimmend. Selbst wenn mehrere Säuren H—A$_1$, H—A$_2$ ... anwesend sind, erscheint wegen des sich schnell einstellenden ersten Gleichgewichts nur die Konzentration von $LH^{\oplus}$ im Zeitgesetzt

$$r = k \, [\text{Substrat}] \, [\text{Reagens}] \, [LH^{\oplus}]$$

Diesen Fall nennt man spezifische Säurekatalyse.

Handelt es sich jedoch um eine schwache Säure H—A und liegt ein anderes Substrat vor, z. B. ein Orthocarbonsäureester, dann ist der zweite Schritt geschwindigkeitsbestimmend:

$$H{-}A \;+\; L \;\underset{}{\overset{k_1}{\rightleftharpoons}}\; LH^{\oplus} \;+\; A^{\ominus}$$

Zwischenstufe

Jetzt überträgt jede der anwesenden Säuren $H{-}A_1$, $H{-}A_2 \ldots$ und die konjugierte Säure des Lösungsmittels Protonen auf das Substrat, entsprechend einer Parallelreaktion:

$$r = (k_2\,[H{-}A] + k_3\,[LH^{\oplus}])\,[\text{Substrat}]$$

Die Hydrolyse von Orthocarbonsäureestern ist ein Beispiel für allgemeine Säurekatalyse.

Basen B katalysieren eine Reaktion, indem sie das Substrat durch Entzug eines Protons in eine reaktivere Zwischenstufe überführen. Als Beispiel dient die Aldolreaktion von Aceton in wäßriger Lösung:

Auch hier sind für die katalytische Wirkung die Base B und ihre konjugierte Säure $B^{\oplus}{-}H$ bzw. die Säure H_2O erforderlich. Im Fall der Aldolreaktion des Acetons stellen sich die vorgelagerten Gleichgewichte mit k_1 und k_2 schnell ein, geschwindigkeitsbestimmend ist der 3. Schritt. Somit liegt eine spezifische Basekatalyse vor:

$$r = k\,[\text{Aceton}]^2\,[OH^{\ominus}]$$

Bei der Aldolreaktion des Acetaldehyds ist dagegen der zweite Schritt geschwindigkeitsbestimmend. Es handelt sich um eine allgemeine Basekatalyse:

$$B + H_2O \underset{}{\overset{k_1}{\rightleftharpoons}} \overset{\oplus}{B}{-}H + OH^{\ominus}$$

$$
\begin{array}{c}
\underset{H}{\overset{O}{\diagdown}}C{-}CH_3 \\
\text{Substrat}
\end{array}
\quad
\left[
\begin{array}{l}
\xrightarrow[\displaystyle\;]{\;k_2\;+\,B\;}\;
\underset{H}{\overset{O}{\diagdown}}C{-}\overset{\ominus}{C}H_2 + \overset{\oplus}{B}{-}H. \longrightarrow \text{Produkte} \\[2em]
\xrightarrow[\displaystyle\;]{\;k_3\;+\,OH^{\ominus}\;}\;
\underset{H}{\overset{O}{\diagdown}}C{-}\overset{\ominus}{C}H_2 + H_2O \longrightarrow \text{Produkte}
\end{array}
\right.
$$

Zwischenstufe

Soll bei einer bestimmten Reaktion festgestellt werden, ob spezifische oder allgemeine Säurekatalyse bzw. Basekatalyse vorliegt, dann muß man die Reaktionsgeschwindigkeit in Pufferlösungen schwacher Säuren bzw. Basen messen. Bei konstantem Pufferverhältnis (konstantem pH-Wert) wird die Pufferkonzentration erhöht. Bleibt dabei die Geschwindigkeitskonstante unverändert, dann liegt spezifische Katalyse vor. Erhöht sich die Geschwindigkeitskonstante, dann handelt es sich um allgemeine Katalyse. Diese Diagnose ermöglicht wichtige Rückschlüsse auf die Natur des geschwindigkeitsbestimmenden Schrittes.

In grundsätzlich ähnlicher Weise ist die qualitative Diskussion einer Katalyse durch *Lewis*-Säuren (z. B. *Friedel-Crafts*-Alkylierung bzw. -Acylierung durch Aluminiumhalogenide) als elektrophile Katalyse und durch *Lewis*-Basen (z. B. Esterbildung aus Alkoholen bzw. Phenolen mit Carbonsäurechloriden oder Anhydriden durch Amine) als nucleophile Katalyse zu führen. Unter Verzicht auf Beispiele wollen wir uns kurz der empirischen Quantifizierung zuwenden, wie sie als erste LFE-Beziehung (Abschn. 7.6.1.) durch das *Brönsted*sche Katalyse-Gesetz erfolgte.

Bei allgemein säure- oder basekatalysierten Reaktionen wurden zwischen deren Katalysekonstanten (k_A bzw. k_B) und den Dissoziationskonstanten der entsprechenden Säuren (K_A) bzw. der konjugierten Säuren ($K_{BH}{}^{\oplus}$) folgende Gleichungen vom LFE-Typ formuliert:

$$\lg k_A = \alpha \lg K_A + C_A$$

$$\lg k_B = -\beta \lg K_{B\overset{\oplus}{H}} + C_B$$

Darin sind die *Brönsted*-Koeffizienten α bzw. β Konstanten, mit Werten zwischen 0 und 1. Die Konstanten C_A bzw. C_B sind für den Reaktionstyp und die Reaktionsbedingungen charakteristisch, aber unabhängig von der Natur der katalysierenden Säure bzw. Base. Die Analogie zur *Hammett*-Gleichung ist ganz offensichtlich, wenn man die Definition der σ-Werte aus der Dissoziation substituierter Benzoesäuren bedenkt (Abschn. 7.6.1.). Danach gilt:

$$\lg \frac{k_A}{k_0} = \varrho \cdot \sigma = \varrho \lg \frac{K_A}{K_{A_0}}$$

der umgeformt:

$$\lg k_A = \varrho \lg K_A + (\lg k_0 - \varrho \lg K_{A_0})$$

Der Klammerausdruck ist für eine bestimmte Reaktionsserie konstant und entspricht der Konstante C_A in der *Brönsted*-Beziehung. Bei $\varrho = \alpha$ hat diese die gleiche Form wie die *Hammett*-Gleichung. In Bild 8.5 ist die *Brönsted*-Auftragung für die säurekataly-

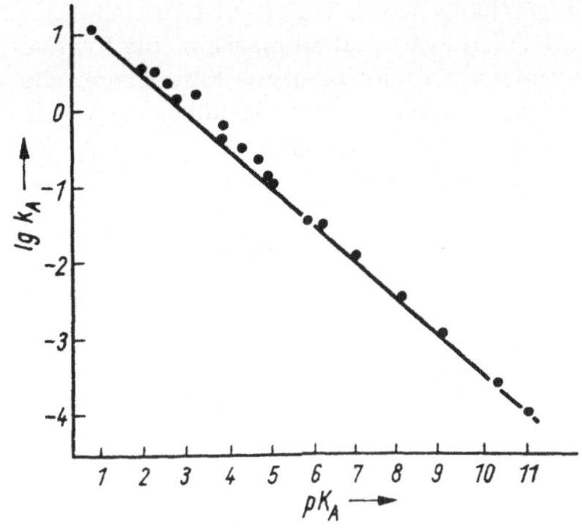

Bild 8.5. *Brönsted*-Auftragung für die säurekatalysierte Dehydratisierung von Acetaldehydhydrat in 92,5 %igem wäßrigen Aceton bei 25 °C

Katalysatoren: meta- und para-substituierte Benzoesäuren und Phenole

sierte Dehydratisierung von Acetaldehydhydrat in 92,5 %igem wäßrigem Aceton bei 25 °C angegeben [8.22].

Die untersuchten m- und p-substituierten Benzoesäuren bzw. Phenole umfassen einen Aciditätsbereich von 10 Zehnerpotenzen und ergeben eine Gerade mit einer mittleren Abweichung von 0,1 logarithmischen Einheiten ($\alpha = \varrho = 0,54$). Während hier die Protonenübertragung auf das Substrat im Sinne einer allgemeinen Säurekatalyse nicht von der Struktur des verbleibenden Anions abhängt, zeigen o-substituierte Benzoesäuren und Phenole aus sterischen Gründen schon merkliche Abweichungen, während CH-acide Katalysatoren (Ketone, aliphatische Nitroverbindungen) erheblich von der Geraden abweichen. Diese Unterschiede im Protonenübertragungsmechanismus sind auf der Basis der *Brönsted*-Gleichung übersichtlicher zu interpretieren als durch die *Hammett*-Gleichung, da erstere keinen willkürlich gewählten Standard hat. Betrachten wir dazu eine allgemein basekatalysierte Reaktion, deren geschwindigkeitsbestimmender Schritt die Protonenübertragung vom Substrat R—H zum Katalysator B_0 ist. Man kann die Annäherung der beiden Reaktanden bei der Bildung des Übergangszustandes als Überlagerung der beiden Valenzschwingungen R—H und H—$B_0^{\oplus}$ betrachten, wie das schematisch in Bild 8.6 veranschaulicht wurde.

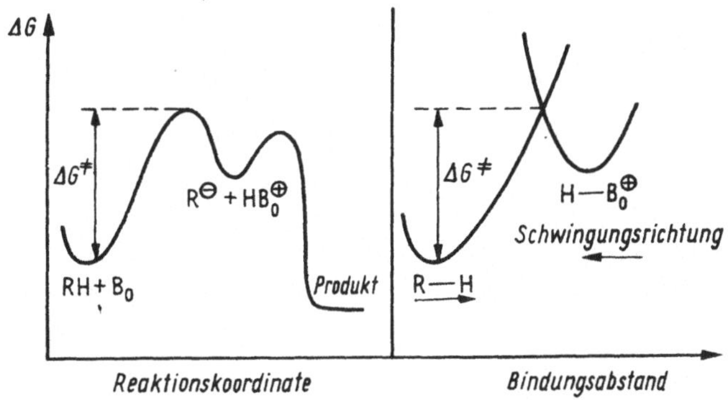

Bild 8.6. Modell für den Protonenübertragungsmechanismus durch Überlagerung von zwei Valenzschwingungen

Die Potentialkurven von Valenzschwingungen hängen zwar von der potentiellen Energie ab, aber für den Vergleich mit dem Aktivierungsverhalten erscheint die Verwendung der freien Enthalpie zulässig. Verwendet man nun die etwas schwächere, aber strukturähnliche Base B_i, so wird die konjugierte Säure $H—B_i^{\oplus}$ gegenüber $H—B_o^{\oplus}$ im Reaktionsprofil etwas höher zu liegen kommen. Im Ausdruck von Bindungslängen würde der Abstand in $H—B_i^{\oplus}$ etwas größer sein als in $H—B_o^{\oplus}$, wie das in Bild 8.7 gezeigt ist. Durch die geometrische Konstruktion in Bild 8.7 *b* soll veranschaulicht werden, daß der Unterschied zwischen den freien Aktivierungsenthalpien $\Delta\Delta G^{\neq}$ für die beiden Protonenübertragungsreaktionen näherungsweise proportional dem Unterschied der freien Standardenthalpien $\Delta\Delta G^{\ominus}$ ist.

Es gilt:
$$\Delta\Delta G^{\neq} = \frac{\tan\Theta}{\tan\Theta + \tan\Phi}\,\Delta\Delta G^{\ominus}$$

und:
$$\lg\frac{k_i}{k_0} = \beta\lg\frac{K_{Bi}}{K_{Bo}} = -\beta\lg\frac{K_{BiH}{}^{\oplus}}{K_{BoH}{}^{\oplus}}$$

Der Wert für den *Brönsted*-Koeffizienten β hängt von der Steigung der Geraden für die R—H- bzw. $H—B^{\oplus}$-Bindung in deren Schnittpunkt ab. Man kann sich leicht vorstellen, daß dafür drei extreme Möglichkeiten bestehen:

1. Wenn der Protonenübergang sehr schnell erfolgt, d. h. bei eduktähnlichem Übergangszustand, dann ist $\Delta\Delta G^{\neq} \sim 0$ und damit $\beta = 0$.

2. Wenn ein symmetrischer Übergangszustand $[R...H...B]^{\neq}$ gebildet wird, entsprechend dem Modell im Bild 8.7, dann ist $\Theta = \Phi$ und $\beta = 0,5$.

3. Wenn bei relativ hoher Aktivierungsenthalpie der Übergangszustand erst nach weitgehender Protonenübertragung erreicht wird, dann gilt näherungsweise $\Delta\Delta G^{\neq} \sim \Delta\Delta G^{\ominus}$ und $\beta = 1$.

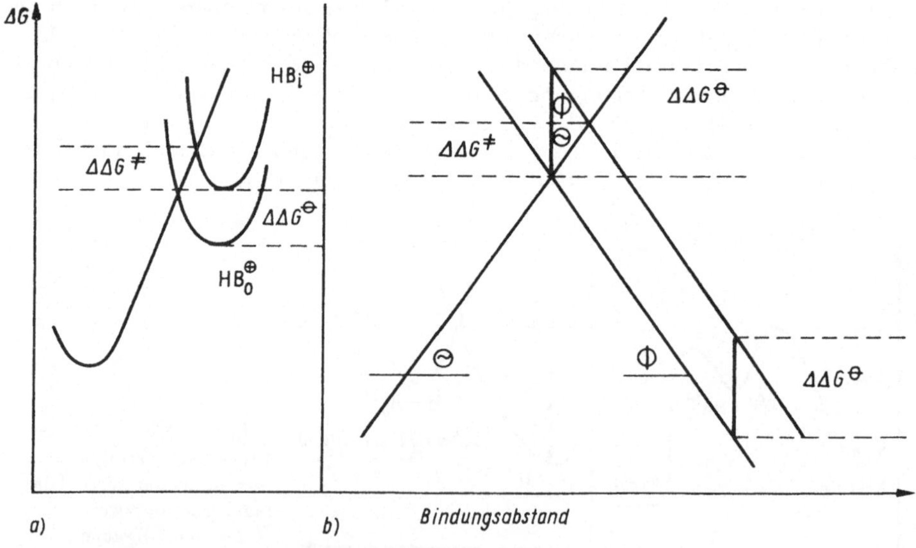

Bild 8.7. *Brönsted*-Beziehung als allgemeiner LFE-Typ

Bei allgemeiner Säure- bzw. Basekatalyse kann diese Betrachtungsweise generell zur Mechanismusaufklärung herangezogen werden. Unter diesen Bedingungen kann die Überprüfung der *Brönsted*-Beziehung auch als Referenzmethode zum kinetischen Isotopeneffekt (k_H/k_D; vgl. Abschn. 6) verwendet werden. Zurückkommend auf das Reaktionsbeispiel in Bild 8.5 erkennt man, daß mit $\alpha = 0{,}54$ offensichtlich der Fall 2. mit weitgehend symmetrischem Übergangszustand vorliegt. Je näher der Koeffizient α bzw. β (bei $\alpha = 1 - \beta$) gegen eins geht, desto mehr wird die Strukturspezifität des konjugierten Anions der katalysierenden Säure wirksam. Im gleichen Maße wird aber auch der Gültigkeitsbereich der allgemeinen Säure- bzw. Basekatalyse verlassen. Wenn schließlich noch die Möglichkeit spezifischer Solvatationseffekte bei der Aktivierung von Substrat und Katalysator sowie deren Abhängigkeit von weiteren äußeren Einflüssen (z. B. Temperatur) berücksichtigt werden, so leuchtet ein, daß die *Brönsted*-Beziehung ihre Gültigkeit verliert [8.23], [8.24]. Damit wird zugleich verständlich, daß eine empirische Quantifizierung beliebiger elektrophiler bzw. nucleophiler Katalysen auf Schwierigkeiten stößt.

8.5.2. Katalyse durch Metallkomplexe

Auf die stereoelektronischen Besonderheiten von d-Elementen wurde mehrfach hingewiesen. Ihre Fähigkeit, als Zentralatome in Ein- oder Mehrkernkomplexen in Abhängigkeit von der Struktur der Liganden sowohl als Elektronenakzeptoren als auch Elektronendonoren zu wirken und dabei in schneller Folge von oxydativen Additionsschritten, Komplexumlagerungsreaktionen und reduktiven Fragmentierungsschritten hochreaktive Zwischenstufen temporär zu stabilisieren, führte zur Entwicklung einer großen Zahl homogener Katalysereaktionen. Die reaktionstheoretische Durchdringung der homogenen Katalyse ergab infolge der vielfältigen alternativen Reaktionswege noch keine einfache Quantifizierungsmöglichkeit über das Gesamtgebiet, aber durch kinetische Untersuchungen, Isotopenmarkierungsexperimente sowie direkten und indirekten Nachweis reaktiver Zwischenstufen können Mechanismen katalytischer Reaktionscyclen formuliert werden, für die die geschwindigkeitsbestimmenden Schritte bereits als gesichert gelten können, während auf schnellere Reaktionen des Cyclus zumindest mit einer gewissen Sicherheit geschlossen werden kann (vgl. Abschn. 10.).

Alkenhydrierung

Technisch eingesetzt wird der sogenannte *Wilkinson*-Katalysator, ein Tris(triphenylphosphin)chlororhodium(I)-Komplex. Kinetische Untersuchungen der Hydrierungsgeschwindigkeit ergaben eine Verlangsamung durch überschüssiges Triphenylphosphin und legten ein vorgelagertes Solvolysegleichgewicht mit Donorlösungsmitteln (D) nahe.

$$Rh(PPh_3)_3Cl + D \rightleftharpoons Rh(PPh_3)_2DCl + PPh_3$$

Der nächste Reaktionsschritt ist die oxydative Addition von Wasserstoff. Dieser Schritt verläuft diastereoselektiv zu einem cis-Dihydrido-Rh(III)-Komplex. Verwendet man chirale Phosphine als Liganden, dann verläuft die Reaktion enantioselektiv, falls das Olefin prochiral ist [8.25]. In diesem Rh(III)-Komplex kann das nur lose gebundene Donorlösungsmittel, dessen Bindung durch den trans-Effekt eines PPh_3-Liganden zusätzlich destabilisiert wird, durch das Olefin verdrängt werden. Zur

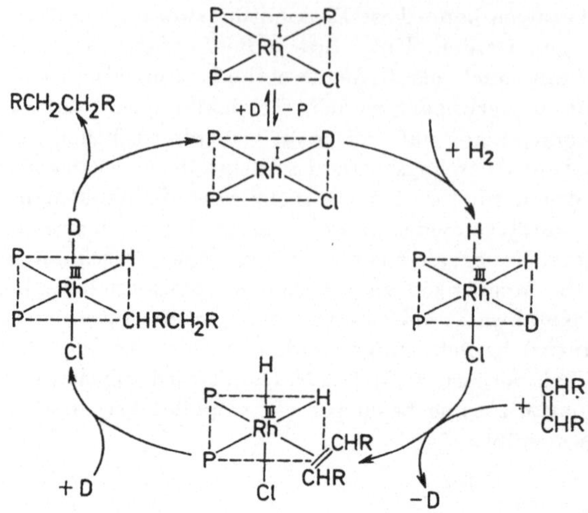

Bild 8.8. Möglicher Mechanismus der Alkenhydrierung mit dem *Wilkinson*-Katalysator $P = PPh_3$; $D =$ Donorlösungsmittel

π-Komplexbildung mit dem Olefin unter Verdrängung von Triphenylphosphin bzw. des Donorlösungsmittels ist natürlich auch der primär eingesetzte Rh(I)-Komplex in der Lage. Seine Isolierung und der Einsatz unter den üblichen Reaktionsbedingungen zeigten jedoch, daß nur der Rh(III)-Komplex als Zwischenstufe im Katalysecyclus wirksam ist. Die Umlagerung des π-koordinierten Rh(III)-Komplexes in einen σ-Komplex erfolgt dann unter Hydridwanderung (formal Einschub in die Rh—H-Bindung) und gleichzeitig, oder sehr schnell nachgelagert, findet eine reduktive Eliminierung des Alkans unter Rückbildung des Katalysators statt. In Bild 8.8 ist ein wahrscheinlicher Katalysecyclus angegeben.

Die katalytische Aktivität ist außer von den Reaktionsbedingungen natürlich von der Natur der Liganden abhängig. Beispielsweise geht die katalytische Aktivität mit anderen Liganden am Mt-Atom in folgender Reihe gegen Null:

$$PPh_3 > AsPh_3 \gg SbPh_3$$

Auch sterische Faktoren spielen eine Rolle. So sind die Komplexe mit den weniger sperrigen Trialkylphosphinliganden weniger aktiv, was auf die erschwerte Ligandenaustauschreaktion mit dem Donorlösungsmittel im ersten Reaktionsschritt hindeuten könnte. Durch die Liganden kann nicht nur die Stereoselektivität der Hydrierung gesteuert werden, sondern auch die Strukturselektivität bezüglich der zu hydrierenden Doppelbindung. Während der *Wilkinson*-Katalysator in dieser Hinsicht relativ unselektiv ist, können z. B. mit [HRh(CO) (PPh_3)_3] ausschließlich Olefine mit endständiger Doppelbindung hydriert werden. Dabei tritt im Vergleich zu Bild 8.8 ein Wechsel des Katalysemechanismus auf. Zunächst erfolgt Abdissoziation von PPh_3 unter Bildung eines Rh(I)-Komplexes mit trans-ständigen PPh_3-Liganden. Daran schließt sich die Fixierung des Olefins unter Bildung eines pentakoordinierten π-Komplexes an, wobei einerseits eine orientierende sterische Wechselwirkung zwischen den trans-ständigen Phosphinliganden und der Gruppengröße am substituierten C-Atom des Olefins vermutet wird, und andererseits eine Konkurrenz zwischen dem CO-Liganden und dem π-Liganden besteht, die nur bei den stärker polarisierbaren endständigen Olefinen zugunsten des π-Liganden verläuft. Dabei verbleibt das Metallatom in der Oxidations-

stufe (I), in der auch die Hydridwanderung abläuft. An den σ-Komplex erfolgt dann
die oxydative Addition von Wasserstoff, begleitet von der reduktiven Eliminierung des
Alkans und Rückbildung des Katalysators.

$$[\mathrm{HRh^I(CO)(PPh_3)_3}] \;\rightleftharpoons\; [\mathrm{HRh^I(CO)(PPh_3)_2}] + \mathrm{PPh_3}$$

Bei geeigneter Modifizierung des Katalysators und der Reaktionsbedingungen können
nach prinzipiell ähnlichen Reaktionsschritten sowohl Isomerisierungsreaktionen von
Olefinen als auch Olefinpolymerisationen erreicht werden (Abschn. 10.).

Hydroformylierung von Alkenen

$$\mathrm{RCH{=}CH_2 + CO + H_2 \rightarrow RCH_2CH_2CHO}$$

Ursprünglich wurde diese Reaktion durch Cobalthydridokomplexe katalysiert, die
sich z. B. aus $\mathrm{Co_2(CO)_8}$ im Gemisch mit $\mathrm{CO/H_2}$ bei relativ hohen Drücken (> 50 atm)
bilden. Unter diesen Bedingungen lautet das Zeitgesetz:

$$\frac{d[\mathrm{Aldehyd}]}{dt} = k[\mathrm{Co}]\,[\mathrm{Olefin}]\,\frac{P_{\mathrm{H_2}}}{P_{\mathrm{CO}}}$$

Aus stöchiometrischen Umsätzen mit aktiven Cobaltkomplexen und dem leichten Austausch von CO-Liganden wird auf folgenden Mechanismus geschlossen:

$$[\mathrm{HCo(CO)_4}] \rightleftharpoons [\mathrm{HCo(CO)_3}] + \mathrm{CO}$$

$$[\mathrm{HCo(CO)_3}] + \mathrm{H_2C{=}CHR} \rightleftharpoons [\mathrm{HCo(CO)_3(H_2C{=}CHR)}]$$

Analog zur vorher beschriebenen Olefinhydrierung wird die nun folgende π-σ-Umlage-
rung von einer Hydridwanderung vom Cobalt zum Kohlenstoff begleitet:

$$[\mathrm{HCo(CO)_3(H_2C{=}CHR)}] \rightleftharpoons [(\mathrm{CO})_3\mathrm{Co{-}CH_2{-}CH_2R}]$$

Ähnlich wie im Falle der Alkyl-Acyl-Umlagerung an Mn- und Mo-Komplexen wird
auch der nun erfolgende Einschub von CO in die Cobalt-Alkylbindung durch CO er-

leichtert:

$$[(CO)_2Co—CH_2CH_2R] + CO \rightleftharpoons [(CO)_3Co—C—CH_2CH_2R]$$

with the Co bearing a CO ligand (σ-Alkyl-Komplex) and the right side C double-bonded to O (σ-Acyl-Komplex):

σ-Alkyl-Komplex   σ-Acyl-Komplex

In der abschließenden Hydrierungsstufe erfolgt die Bildung des Aldehyds und die Rückbildung des Katalysators:

$$[(CO)_3Co—C—CH_2CH_2R] + H_2 \rightarrow [HCo(CO)_3] + HC—CH_2CH_2R$$

(with C=O in both acyl and aldehyde groups)

Der letzte Schritt könnte wieder in einer reversiblen oxydativen Addition von Wasserstoff bestehen, ist aber nicht entsprechend experimentell gesichert.

Wesentlich wirksamer als Cobaltkomplexe erwiesen sich auch für die Hydroformylierung wiederum Rhodiumkomplexe. Zum Beispiel ist der oben beschriebene Hydrierungskatalysator $[HRh(CO)(PPh_3)_3]$ sehr gut geeignet. Der Mechanismus zur Olefinfixierung mit nachfolgender π-Olefin/σ-Alkyl-Umlagerung unter Hydridwanderung zum β-Kohlenstoffatom verläuft analog zur Hydrierung. Die stärkere Komplexbildungstendenz des CO-Moleküls im Vergleich zu Wasserstoff erklärt den zunächst erfolgenden Carbonyleinschub in die Rh—C-Bindung unter Bildung eines Acylkomplexes.

$$[(CO)Rh(CH_2CH_2R)(PPh_3)_2] + CO \rightleftharpoons [(CO)Rh—C—CH_2CH_2R(PPh_3)_2]$$

(with C=O)

Dann erfolgen eine oxydative Addition von Wasserstoff und eine reduktive Eliminierung unter Freisetzung des Aldehyds und Rückbildung des Katalysators.

$$[(CO)Rh^I—C—CH_2CH_2R(PPh_3)_2] + H_2 \rightleftharpoons [(CO)H_2Rh^{III}—C—CH_2CH_2R(PPh_3)_2]$$

(with C=O groups)

$$\rightleftharpoons [HRh^I(CO)(PPh_3)_2] + HC—CH_2CH_2R$$

(with C=O)

Durch die zunehmende Komplexstabilität der schwereren Elemente einer Gruppe (vgl. Abschn. 7.) konnte der folgende Acylkomplex des Iridiums isoliert werden:

$$[(CO)Ir^I—C—CH_2CH_3(PPh_3)_2]$$

(with C=O)

Weiterhin wurden bei Einsatz fluorierter Olefine (z. B. Perfluorethen) Zwischenstufen der vorherliegenden Reaktionsschritte isoliert, da die entsprechenden Rhodiumkomplexe stabiler sind und somit weniger schnell Folgereaktionen eingehen. Auf diese Weise konnte der vorstehende Mechanismus weitgehend gesichert werden [8.26].

Konvertierungsreaktion

Bei der Konvertierungsreaktion (Wassergas-Reaktion) wird durch Katalyse mit Komplexen der achten Nebengruppe Wasser durch Kohlenmonoxid unter Bildung von

Wasserstoff reduziert.

$$H_2O + CO \rightleftharpoons H_2 + CO_2$$

Bei homogener Katalyse mit $Ru_3(CO)_{12}$ in Ethylmethylether bei 100 °C in Gegenwart
von $HO^{\ominus}$-Ionen wird offenbar durch Verdrängung eines CO-Liganden durch $HO^{\ominus}$ ein
Hydrido-Cluster-Anion $[HRu_3(CO)_{11}]^{\ominus}$ gebildet, das mit H_2O und CO zu H_2 unter
Rückbildung des Katalysators reagiert [8.27].

$$Ru_3(CO)_{12} + HO^{\ominus} \rightarrow [HRu_3(CO)_{11}]^{\ominus} + CO_2$$

Wird ein Deuterio-Clusteranion zur Katalyse eingesetzt, so entsteht H—D. Durch den
Katalysator wird also ein Hydrid-Ion auf ein Wassermolekül unter Bildung von H_2
und $HO^{\ominus}$ übertragen. Im Bild 8.9 ist ein möglicher Mechanismus dieser Reaktion angegeben.

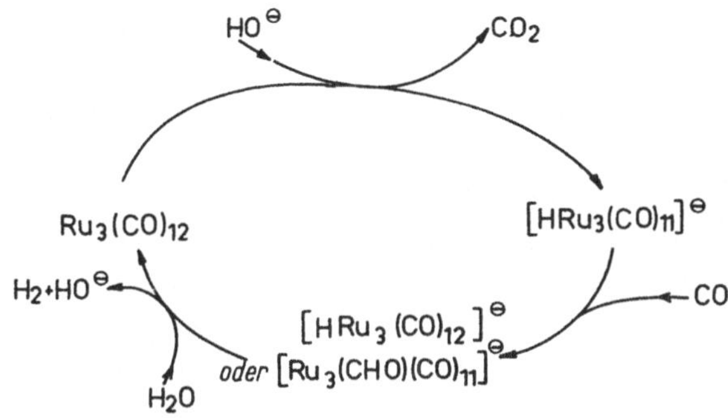

Bild 8.9. Hypothetischer Mechanismus der Konvertierungsreaktion bei Katalyse mit $Ru_3(CO)_{12}$

Die Katalyse der Konvertierungsreaktion ist jedoch keineswegs an Mehrkernkomplexe
gebunden, sondern kann z. B. auch durch die bei der Hydrierung und Hydroformylierung beschriebenen Hydridokomplexe erreicht werden. Neben der Vergleichbarkeit
im Ablauf einzelner Reaktionsschritte wird damit zugleich auf die praktisch bedeutsame Möglichkeit zur Verwendung von CO/H_2O als Wasserstoffquelle hingewiesen.
Beispielsweise kann die Hydroformylierung von Alkenen mit Ruthenium-, Rhodium-,
Osmium- oder Iridiumkomplexen auch nach folgender Bruttogleichung erfolgen:

$$R—CH{=}CH_2 + 2\,CO + H_2O \rightarrow RCH_2CH_2CHO + CO_2$$

Andererseits wird vermutet, daß die Strukturselektivität heterogener Katalysen (z. B.
Hydrierung von CO als sog. Methanierungsreaktion oder bei der *Fischer-Tropsch*-
Synthese) auf geeignete sterische Fixierung an Mehrkernkomplexen mit Mt—Mt-
Bindungen zurückzuführen ist. Da diese Reaktionen bei Temperaturen von 200 bis
300 °C und erhöhten Drücken durchgeführt werden, ist die Stabilität reaktiver Zwischenstufen entsprechend gering und die experimentelle Sicherung der Reaktionsmechanismen noch offen (vgl. Abschn. 9.).

Literatur zum Abschnitt 8.

[8.1] *Rys, P.:* Pure Appl. Chem. **53** (1981) S. 209
[8.2] *Hamori, E.:* J. Chem. Educ. **52** (1975) S. 370

[8.3] *Exner, O.; Giese, G.:* Angew. Chem. **90** (1978) S. 816

[8.4] *Giese, B.; Meister, J.:* Angew. Chem. **90** (1978) S. 636
Giese, B.; Lee, W.-B.: Angew. Chem. **92** (1980) S. 864

[8.5] *Giese, B.:* Angew. Chem. **89** (1977) S. 162

[8.6] *Schirmer, W.:* Wissenschaft und Fortschritt **30** (1980) S. 435

[8.7] *Thies, H.:* Chimia **32** (1978) S. 79

[8.8] *Asano, T.; Lenoble, W. J.:* Chem. Rev. **78** (1978) S. 407
Le Noble, W. J.; Kelm, H.: Angew. Chem. **82** (1980) S. 887

[8.9] *Reichardt, C.:* Angew. Chem. **91** (1979) S. 119

[8.10] *Jensen, W. B.:* Chem. Rev. **78** (1978) S. 1

[8.11] *Krygowski, T. M.; u. a.:* J. C. S. Perkin II **1980** S. 1563

[8.12] *Gutmann, V.:* Angew. Chem. **82** (1970) S. 858

[8.13] *Mayer, U.; Gutmann, V.; Gerger:* Monatsh. Chem. **106** (1975) S. 1235

[8.14] *Poh, B.-L.:* Aust. J. Chem. **33** (1980) S. 1175

[8.15] *Bates, R. G.:* Bull. Soc. Chim. Belg. **84** (1975) S. 1139

[8.16] *Drago, R. S.; u. a.:* J. Am. Chem. Soc. **99** (1977) S. 3203

[8.17] *Dack, M. R. J.:* J. Chem. Educ. **51** (1974) S. 231

[8.18] *Watts, D. W.:* Pure Appl. Chem. **51** (1979) S. 1713

[8.19] *Mayer, V.:* Pure Appl. Chem. **51** (1979) S. 1697

[8.20] *Palm, V. A.:* Grundlagen der quantitativen Theorie organischer Reaktionen. Berlin: Akademie-Verlag 1971

[8.21] *Wisseroth, K.:* Chemiker-Ztg. **102** (1978) S. 45

[8.22] *Bell, R. P.; Higginson, W. C. E.:* Proc. Roy. Soc. [London] A **197** S. 141

[8.23] *Schwetlick, K.:* Kinetische Methoden zur Untersuchung von Reaktionsmechanismen, S. 231. Berlin: VEB Deutscher Verlag der Wissenschaften 1971

[8.24] *Jones, R. A. Y.:* Physical and mechanistic organic chemistry, S. 71, Cambridge: University Press 1979

[8.25] *Caplar, V.; Comisso, G.; Siunjic, V.:* Synthesis **1981** S. 85

[8.26] *Tobe, M. L.:* Reaktionsmechanismen der Anorganischen Chemie, S. 225. Weinheim: Verlag Chemie 1976

[8.27] *Bricker, J. C.; Nagel, C. C.; Shore, J.:* J. Am. Chem. Soc. **104** (1982) S. 1444

[8.28] *Reichardt, C.:* Chemie in unserer Zeit **15** (1981) S. 139

[8.29] *Reichardt, C.:* Solvent Effects in Organic Chemistry. Weinheim/New York: Verlag Chemie 1979

[8.30] *Basolo, F.; Pearson, R. G.:* Mechanismen in der anorganischen Chemie. Stuttgart: Georg Thieme Verlag 1973

[8.31] *Schwetlick, K.:* Kinetische Methoden zur Untersuchung von Reaktionsmechanismen. Berlin: VEB Deutscher Verlag der Wissenschaften 1971

[8.32] *Tobe, M. L.:* Reaktionsmechanismen der Anorganischen Chemie. Weinheim: Verlag Chemie 1976

9. Reaktionen unter nichttrivialen Bedingungen

Mit dieser Überschrift soll nicht zum Ausdruck gebracht werden, daß die zuvor beschriebenen Reaktionen und deren mechanistischer Ablauf vom Standpunkt unseres heutigen Wissens als trivial zu bezeichnen sind. Man muß im Gegenteil feststellen, daß eine differenzierte Betrachtung einer Reaktionsfolge mit radikalischen Zwischenstufen in der Gasphase (Benzinpyrolyse, Chlorierung, Sulfochlorierung usw.) oder die aus der Struktur der Solvathülle ionischer Zwischenstufen in Lösung resultierenden mechanistischen Veränderungen (ionische Polymerisationen, synchrone bzw. asynchrone Substitutions- und Additionsreaktionen) reaktionstheoretisch keineswegs beherrscht werden, obwohl es sich dabei teilweise um technisch durchgeführte Prozesse handelt, die seit mehr als 50 Jahren bekannt sind. Mit der Bezeichnung «nichttrivial» soll vielmehr auf Besonderheiten und zusätzliche Probleme aufmerksam gemacht werden, z. B. bei heterogenen Reaktionssystemen, bei Feststoffreaktionen oder bei Reaktionen, deren Edukte bzw. Zwischenstufen sich nicht im elektronischen Grundzustand befinden.

9.1. Thermische Aktivierung von heterogenen Reaktionen

Im ersten Teil dieses Abschnitts sollen heterogene Reaktionssysteme und besonders Feststoffreaktionen behandelt werden, die ebenso wie die in den voranstehenden Abschnitten dargelegten Reaktionen der thermischen Aktivierung bedürfen. Dies bedeutet zugleich, daß die Reaktionsteilnehmer in der Folge von den Edukten über eventuelle Zwischenstufen zu den Produkten im elektronischen Grundzustand verbleiben.

Von einer heterogenen Reaktion spricht man, wenn sie über Phasengrenzflächen abläuft, so daß die Edukte unterschiedlichen Phasen angehören. Dies trifft für die Produkte nicht notwendigerweise zu (z. B. Auflösungs- bzw. Kristallisationsvorgänge). Andererseits können Reaktionen, die, nach dem Aggregatzustand von Edukt und Produkt beurteilt, homogen sind (z. B. Feststoffphasentransformationen), über Zwischenstufen verlaufen, die zu temporären Phasenheterogenitäten führen. Mit zunehmender Entwicklung der modernen Meßmethoden (Beugungsmethoden, Elektronenmikroskopie u. a.) hat sich eine scharfe Abgrenzung homogener und heterogener Phasenzustände als problematisch erwiesen. Als ein Beispiel kann die Glasbildung angeführt werden. Im Lichtmikroskop wird eine homogene feste Phase gefunden, während mit dem Elektronenmikroskop häufig ein mikroheterogenes Mehrphasensystem erkannt werden kann. Analog tritt bei Polymerisations- oder Polykondensationsreaktionen anorganischer und organischer Verbindungen die Mikrophasenbildung aus einer homogenen Flüssigkeit bzw. Lösung bereits vor der visuell feststellbaren Entmischung (Gelbildung, Fällung) ein.

Folgende binäre heterogene Reaktionssysteme sind zu unterscheiden:

1. Gas-Flüssigkeit, z. B. die Vielzahl von Oxydationsreaktionen flüssiger oder gelöster Verbindungen durch Luftsauerstoff, wie die Autoxidation des Decalins.

Als weiteres Beispiel sei die Reduktion von Palladiumchlorid durch Kohlenmonoxid angeführt.

$$PdCl_2 + H_2O + CO \rightarrow Pd + 2\,HCl + CO_2$$

2. Flüssigkeit-Flüssigkeit, z. B. die technisch bedeutsamen Suspensions- oder Emulsionspolymerisationen von Styren, Vinylchlorid, Vinylacetat u. a.

3. Gas-Feststoff, z. B. Oxydationsreaktionen von Metallen an der Luft, die bei Bildung einer dünnen, für weiteren Sauerstoff undurchlässigen Oxydschicht (Passivierung von Al oder Zn) erwünscht sein können, im Falle der Oxydation von Eisen an feuchter Luft jedoch jährlich zu enormen volkswirtschaftlichen Verlusten führen.

4. Flüssigkeit-Feststoff, z. B. Lösungsvorgänge von Salzen oder Metallen sowie Kristallbildung bzw. Fällung aus Schmelzen oder Lösungen. Hierzu gehören auch elektrochemische Reaktionen in Lösungen und Schmelzen an Feststoffelektroden.

5. Feststoff-Feststoff, z. B. Legierung von Metallen oder additive Feststoffreaktionen, wie Spinellbildung, sowie die Herstellung von Zementen und Keramikprodukten.

Die Reaktionsmechanismen der binären heterogenen Systeme 1 und 2, deren Reaktivität vorrangig durch strukturelle Nahordnung geprägt ist, sowie die Methoden zu ihrer Untersuchung schließen im Verständnis noch am ehesten an homogene Gas- bzw. Lösungsreaktionen an. Hinzu kommt jedoch die Frage, ob die Reaktion an der Phasengrenzfläche stattfindet oder bei schneller Diffusion durch die Phasengrenzfläche bzw. durch eine primär gebildete Reaktionsschicht vorrangig im Phasenvolumen abläuft. Weitergehende Unterschiede ergeben sich bei den binären Systemen 3, 4 und 5, die man als Feststoffreaktionen bezeichnet. Die quantitative Beschreibbarkeit des Reaktionsmechanismus wird in der angegebenen Reihenfolge zunehmend schwieriger. Trotzdem liegen auch bei den Feststoffreaktionen im engeren Sinne (Punkt 5.), die durch Reaktion von zwei oder mehreren festen Phasen zustande kommen, bereits überzeugende Beispiele mechanistischer Untersuchungen vor.

Der exemplarischen Behandlung einiger heterogener Reaktionen sollen zunächst die phänomenologischen Besonderheiten und Probleme im Vergleich zu homogenen Gasbzw. Lösungsreaktionen vorangestellt werden, bevor auf einige kinetische Ansätze bzw. nichtkinetische Methoden zur Untersuchung ihrer Mechanismen eingegangen wird.

Zum Erreichen hoher Stoffumsätze in möglichst kurzen Zeiten ist grundsätzlich bei allen Reaktionen die Bewegung der Edukte (Atome, Ionen, Moleküle, Baugruppen) zum Reaktionszentrum sowie die Entfernung der Produkte aus der Reaktionszone entscheidend. Verläuft einer dieser beiden Prozesse langsamer als die elektronische Umordnung am Reaktionsort, so wird er geschwindigkeitsbestimmend für den Gesamtverlauf. Letzteres ist bei heterogenen Reaktionen meistens der Fall. Folgende Besonderheiten sind bei einer reaktionstheoretischen Behandlung zu berücksichtigen:

1. Heterogene Reaktionen finden vorrangig an Phasengrenzflächen statt. Ihr Verlauf wird damit abhängig von der Größe und der Beschaffenheit der Grenzflächen. Bei den binären Systemen 1 und 2 trifft diese Feststellung allerdings weniger streng zu als bei Feststoffreaktionen. So kann in einem Flüssigkeit-Flüssigkeit-System zwar die Geschwindigkeit der Reaktion vom Zeitbedarf der Diffusion durch die Phasengrenze bestimmt werden, die elektronische Umordnung findet aber wie bei einer homogenen

Reaktion in einer Phase statt. Als Beispiel sei auf Phasen-Transfer-Reaktionen hingewiesen. Für die nucleophile Substitution von Bromidionen durch Cyanidionen liegen
die Edukte (R—Br und NaCN) im System Wasser/Benzen aus Gründen unterschiedlicher Löslichkeit in jeweils einer Phase vor. Mit Hilfe von Phasen-Transfer-Reagenzien
(allgemein organische Ammonium- oder Phosphoniumsalze) kann der Transport der
Cyanidionen in die organische Phase als $R_4N^{\oplus}CN^{\ominus}$ und der Rücktransport der Bromidionen in die wäßrige Phase als $R_4N^{\oplus}Br^{\ominus}$ erfolgen, während die S_N-Reaktion selbst in
der organischen Phase abläuft.

Wasser: $NaCN + R_4N^{\oplus}X^{\ominus} \rightleftharpoons R_4N^{\oplus}CN^{\ominus} + NaX$

Benzen: $R_4N^{\oplus}CN^{\ominus} + R—Br \rightarrow R—CN + R_4N^{\oplus}Br^{\ominus}$

Wasser: $R_4N^{\oplus}Br^{\ominus} + NaCN \rightleftharpoons R_4N^{\oplus}CN^{\ominus} + NaBr$

Auch Feststoffreaktionen können im Phasenvolumen stattfinden (z. B. bei polymorphen Phasenumwandlungen). Da sie jedoch in jedem Falle an Platzwechselvorgänge
von Gitterbausteinen (Atome, Moleküle, Ionen, Baugruppen) gebunden sind und der
Platzwechsel im Volumen um Größenordnungen langsamer ist als an der Phasengrenzfläche, ist der Stoffumsatz unter Normalbedingungen sehr klein. Die Reaktivität steigt
dagegen beträchtlich, wenn die elektronische Umordnung an einer Phasengrenzfläche
erfolgen kann, die eine hohe Zahl aktiver Zentren besitzt. Betrachtet man eine Feststoffoberfläche als willkürlichen Schnitt durch das Gittervolumen, so leuchtet ein, daß
die Reaktionszentren sich bevorzugt an Ecken, Kanten, Kristallflächenversetzungen
sowie Defektstellen des Gitters befinden. Die Defektstellenkonzentration resultiert
folglich aus Volumendefekten sowie aus Grenzflächendefekten, wobei letztere überwiegen. Von dieser Konzentration und der Mobilität der Defektstellen hängt dann der
sogenannte Reaktionsquerschnitt ab. In Abhängigkeit von einer Reihe zufälliger
Parameter bei der Vorbehandlung der Edukte resultiert aber daraus die folgende Besonderheit.

2. Von den binären heterogenen Systemen haben insbesondere Feststoffreaktionen
keine streng reproduzierbaren Reaktionszentren und sind demzufolge schwer zu stan-
dardisieren. Selbst bei Beteiligung flüssiger Phasen hat man Parameter wie den Tröpf-
chenradius oder die Viskosität der Phase zu berücksichtigen, die aber selbst wieder
von Stoffkonzentrationen oder von der Temperatur abhängen. Um bei Feststoffreaktionen hohe Umsätze in vertretbaren Zeiten zu erhalten, ist die Optimierung der Korngröße mit einer möglichst großen Oberfläche wichtig. Dabei ist zu grobes Korn wegen
geringer Oberflächengröße ebenso auszuschließen wie zu feines Korngut, da in letzte-
rem durch Agglomerationserscheinungen die reaktiven Zentren blockiert werden.
Parameter wie Körnung, Korngrößenverteilung, Schüttung, Alterungs- bzw. Reakti-
vierungsvorgänge in Abhängigkeit von der Vorbehandlung oder dem Temperatur-
Zeit-Regime bei der Bildung des Korngutes sind somit bei der Untersuchung von Realsystemen zu berücksichtigen. Quantitative Untersuchungen werden zusätzlich erschwert durch die Veränderungen an den Grenzflächen während der Reaktion und die
damit ständig variierenden Grenzflächenkontakte der Edukte. Bei technischen Prozessen (in Drehrohröfen oder bei Wirbelschichtverfahren) kommen noch Reaktionen
mit Atmosphärilien (bes. O_2, H_2O) hinzu, die eine partielle Desaktivierung reaktiver
Grenzflächenzentren bewirken können.

3. Heterogene Reaktionen werden oft bei erhöhten Temperaturen durchgeführt, wobei
wiederum Feststoffreaktionen teilweise Reaktionstemperaturen zwischen 800—2000 °C

erfordern. Die hohe Reaktionstemperatur ist deshalb erforderlich, um durch Erhöhung der Beweglichkeit aller Gitterbausteine Platzwechselvorgänge herbeizuführen. Der Energieaufwand zur Leistung der Gitterablösearbeit eines Gitterbausteins hängt stark von den bereits vorhandenen Gitterdefekten ab. Je höher die Defektstellenkonzentration ist, desto niedriger ist die Aktivierungsenergie für die Gitterablösearbeit. Der gleiche Sachverhalt läßt sich auch durch den Ordnungsgrad des Gitters (Verhältnis von Nahordnung zu Fernordnung) ausdrücken, wonach mit abnehmender Fernordnung die Reaktivität zunimmt. Das bedeutet im allgemeinen eine höhere Reaktivität amorpher Festkörper im Vergleich zu kristallinen Festkörpern bei gleicher Reaktionstemperatur. So sind amorphe Metalle in hoher Dispersität z. B. gegenüber Sauerstoff wesentlich reaktiver als in kristalliner Form. Letztere sind stark ferngeordnet, mit höheren Koordinationszahlen pro Metallatom (z. B. 12) als in metallorganischen Komplexen. Als Beispiel sei auf das pyrophore Eisen hingewiesen, das infolge starker Gitterdefekte bereits bei Raumtemperatur mit Sauerstoff unter Feuererscheinung reagiert, während die kristallinen Fe-Modifikationen unter den gleichen Bedingungen nur sehr langsam reagieren.

Weiterhin werden durch hohe Reaktionstemperaturen die Diffusionsvorgänge innerhalb und zwischen den Phasen begünstigt. Die Diffusion innerhalb einer Phase (Volumendiffusion bzw. Gitterdiffusion) und damit auch die Bereitstellung von Gitterbausteinen an der Phasengrenzfläche nimmt generell bei Temperaturerhöhung zu.

Hervorgehoben sei weiterhin, daß mit der Temperaturerhöhung besonders die Beweglichkeit der Gitterbausteine an den Phasengrenzflächen infolge der gegenüber dem Volumen verringerten Koordinationszahlen erhöht wird. Somit ist die Grenzflächendiffusion (bei Feststoffen oft als Oberflächendiffusion bezeichnet) teilweise um Größenordnungen schneller als die Volumendiffusion und kann in geeigneten Fällen selbst bei Feststoffen die Beweglichkeit flüssiger Medien erreichen.

Schließlich wird in einem Temperaturgefälle auch der chemische Transport über die Gasphase beeinflußt. Darunter versteht man die Reaktion einer Flüssigkeit oder eines Feststoffes bei der Temperatur T_1 mit der Gasphase (O_2, CO, S usw.) unter temporärer Verbindungsbildung und deren Kondensation oder Rückreaktion im Reaktionssystem bei der Temperatur T_2. Zusammenfassend ergibt sich, daß heterogene Reaktionen als Folgereaktionen betrachtet werden müssen, worin vergleichbare Elementarprozesse in homogener Phase mit Transportprozessen wie der Volumendiffusion, der Grenzflächendiffusion und dem Transport über die Gasphase verknüpft sind. Zu ihrer kinetischen bzw. thermodynamischen Behandlung sind der Zeitbedarf bzw. die Kopplung von Gleichgewichten für die folgenden fünf Schritte zu berücksichtigen:

1. Andiffusion der Edukte aus dem Phasenvolumen an die Phasengrenzfläche (Volumendiffusion).

2. Bildung einer stationären Grenzflächenbelegung (Grenzflächendiffusion, Sorptionsgleichgewichte, Konzentrationsgradienten zur Reaktionszone, Grenzflächencharakteristika).

3. Elektronische Umordnung zwischen den Edukten in der Grenzfläche, eventuell unter Bildung spektroskopisch nachweisbarer Zwischenstufen.

4. Entfernung der Produkte vom Reaktionsort (Desorption, Extraktion, mechanische Methoden).

5. Abdiffusion der Produkte ins Phasenvolumen (Gas, Flüssigkeit, Feststoff).

Bei einem Vergleich dieser 5 Schritte mit homogenen Lösungsreaktionen kann nur für die Punkte 2. und 3. eine Analogie gesehen werden, wenn man Punkt 2. als die der elektronischen Umordnung (Punkt 3.) vorausgehende Komplexbildung auffaßt, quasi als Präformierung des Übergangszustandes im geschwindigkeitsbestimmenden Schritt. Die Vorgänge gemäß Punkt 1., 4. und 5. sind nicht vergleichbar, und da sie im allgemeinen langsamer erfolgen als die in den Punkten 2. und 3., sind sie geschwindigkeitsbestimmend für die Gesamtreaktion. Damit verliert bei der Aufstellung eines Geschwindigkeitsgesetzes häufig die Konzentrationsveränderung der Edukte ihren Sinn, und an ihre Stelle treten Ausdrücke des Masse-, Impuls- bzw. Energietransportes. Die strukturelle Basis für eine solche Behandlung, insbesondere für Feststoffreaktionen, bieten sogenannte Platzwechselmodelle über Defektstellenzentren (auch Fehlordnungsverhalten), die mit unterschiedlichen statistischen Theorien sowohl für kristalline als auch für amorphe Festkörper entwickelt wurden. Die experimentelle Sicherung der Modelle ist häufig noch auf «ideales Verhalten» beschränkt (z. B. Geschwindigkeits- bzw. Gleichgewichtsdaten aus der Wechselwirkung mit Einkristallgrenzflächen), so daß die quantitative Behandlung von Realsystemen bislang noch nicht befriedigend gelang. Neuere Entwicklungen einer Reaktionsmorphometrie zur gezielten Darstellung makroskopisch klassifizierbarer Partikelgrößen bzw. deren Gestalt müssen noch auf ihre Tragfähigkeit hin untersucht werden.

9.1.1. Besonderheiten der Kinetik von heterogenen Reaktionen

Ein Vergleich der Diffusionskoeffizienten für die 3 Aggregatzustände macht deutlich, daß in kondensierten Phasen die thermische Aktivierung der Edukte zur Überwindung von Reaktionswiderstand und Diffusionswiderstand zunehmend Beschleunigung der Diffusion bedeutet:

	D in cm² s⁻¹
Gas	1
Flüssigkeiten	bis 10^{-5}
Feststoffe	bis 10^{-20}

Während man für Gasreaktionen und die Mehrzahl homogener Reaktionen in flüssiger Phase und in Lösungen niedriger Viskosität eine Diffusionskontrolle der Reaktion ausschließen kann, trifft das bereits auf hochviskose flüssige Reaktionssysteme (z. B. bei Polymerisationen) nicht mehr zu. Liegen dagegen die Edukte in unterschiedlichen Phasen vor (z. B. flüssig-flüssig, gas-fest, fest-fest), so ist in der Regel ihr Transport an die Phasengrenzfläche geschwindigkeitsbestimmend, da die meist schnell verlaufende elektronische Umordnung erst nach der Wechselwirkung an der Phasengrenze erfolgt. Die kinetische Untersuchung von heterogenen Reaktionen bedarf daher modifizierter Geschwindigkeitsgleichungen, die die Transportprozesse enthalten. Darunter versteht man den Transport von Teilchen der Edukte, von Energie und Impuls, wobei für den Transportstrom $\dfrac{db_i}{dt}$ einer allgemeinen Transportgröße b_i bei unterschiedlicher Dichte B_i pro Querschnittsfläche A bis zum Ort der Reaktion x folgende Transportgleichung formuliert wird:

$$\frac{db_i}{dt}\,\frac{1}{A} = -\,\beta_i\,\frac{dB_i}{dx}$$

Zur Beschreibung der Geschwindigkeit einer heterogenen Reaktion hat man damit
neben der Zeitabhängigkeit auch die Ortsabhängigkeit zu berücksichtigen, was formal
bei gleichzeitiger Variation von Ort und Zeit für b_i eine partielle Differentialgleichung
zweiter Ordnung ergibt. Bei Betrachtung der rechten Seite dieser allgemeinen Transportgleichung erkennt man leicht die Übereinstimmung mit bekannten Gleichungen
für den Stofftransport (1. *Fick*sches Gesetz), die Wärmeleitung und die innere Reibung,
wobei der Transportkoeffizient β_i jeweils dem Diffusionskoeffizienten D, dem Wärme-
leitkoeffizienten λ bzw. dem Viskositätskoeffizienten η entspricht.
Häufig erfordert auch der Konzentrationsbegriff trivialer Geschwindigkeitsgleichungen
bei Mehrphasenreaktionen, die an der Phasengrenzfläche stattfinden, Veränderungen,
da die Geschwindigkeit der Stoffwandlung eines Eduktes nicht von seinem Massean-
teil im reagierenden System abhängig ist, sondern von der Größe und der chemisch-
physikalischen Natur der Grenzfläche. Beispielsweise erfordert die kinetische Behandlung einer Zweiphasenreaktion «gas-fest» (Anlaufvorgänge bei Sauerstoffeinwirkung
auf Metalle, Korrosion) die Bestimmung der Oberflächenkonzentration des adsorbier-
ten Gases bzw. seinen Bedeckungsgrad auf der Festkörperoberfläche:

$$\Gamma_i = \frac{N\,\Theta_i}{O}$$

Für das Gasteilchen i bedeutet Γ_i die Oberflächenkonzentration und Θ_i den Bedek-
kungsgrad, während O die Oberflächengröße (z. B. in $\mathrm{m^2\,g^{-1}}$) des Feststoffes und N die
Zahl freier Oberflächenplätze sind. Letztere ist häufig weit geringer als die Zahl an
Oberflächenatomen eines Feststoffkorns, da von dessen spezifischer Gestaltung (seiner
Korngröße, deren Verteilung, der Schüttung in einem bestimmten Volumen) die Zahl
N für das Teilchenensemble abhängt. Während nun die Abhängigkeit von Γ bzw. Θ
von der Temperatur und dem Druck des Gases über bekannte Beziehungen (Sorptionsgleichgewichte) reproduzierbar zu gestalten ist, trifft das für die spezifische Gestaltung
der Feststoffoberfläche im allgemeinen nicht zu.

Kinetik von additiven Feststoffreaktionen

Die Kinetik von Feststoffreaktionen unterscheidet sich daher wesentlich von Gasreaktionen und flüssigen Phasen durch die Berücksichtigung des Reaktionsortes und die
bei thermischer Aktivierung zur Leistung der Gitterablösearbeit erforderlichen hohen
Temperaturen. Grundsätzlich können auch kinetische Untersuchungen nicht als Konzentrationsanalyse erfolgen, da in Abhängigkeit von der Vorbehandlung der zur Reaktion gebrachten Feststoffkomponenten (Größe und Beschaffenheit der Oberfläche,
Zahl reaktiver Oberflächenzentren, Zahl der Gitterdefekte im Volumen usw.) die
anfängliche Reaktionszone starken Schwankungen in ihrer Reproduzierbarkeit unterliegt und mit dem Fortschreiten der Reaktion, z. B. durch Änderung des geschwindigkeitsbestimmenden Schrittes von der Oberflächendiffusion zur langsameren Volumendiffusion, wiederum Änderungen der Kinetik erfolgen. Die Kinetik von Feststoffreaktionen bezieht sich daher häufig auf die zeitliche Veränderung von Phasenzuständen
unter Herbeiführung neuer Stoffeigenschaften, sofern sie zu Aussagen über den Reaktionsmechanismus führen soll. Dagegen werden technisch durchgeführte Feststoffreaktionen auf den Massenumsatz der Edukte pro Zeiteinheit bezogen. Dazu kann
formal die Konzentrationsänderung der Masse am Reaktionsbeginn (M_A) und am Ende

der Reaktion (M_E) sowie zur Zeit t (M_t) für den Umsatz (α) definiert werden:

$$\alpha = \frac{M_A - M_t}{M_A - M_E} = \frac{\Delta M_t}{\Delta M_E}$$

Der Umsatz α ist eine dimensionslose Größe mit Werten zwischen 0 und 1. Für die Zeitabhängigkeit läßt sich folgende Gleichung aufstellen:

$$\frac{d\alpha}{dt} = -k\,f(\alpha) = -k\,(A_0 + A_1\alpha + A_2\alpha^2 + \ldots A_n\alpha^n)$$

Die Koeffizienten dieses Polynoms können nicht mit den Elementarprozessen der Feststoffreaktion in Verbindung gebracht werden und eignen sich somit nicht für mechanistische Interpretationen. Mit dieser zusätzlichen Akzentuierung der Besonderheiten der Kinetik von Feststoffreaktionen sollte aber keineswegs ihre Unverträglichkeit mit der Methodik zur Aufklärung von Reaktionsmechanismen belegt werden. Wie durch zeitabhängige Phasendiagnose (Abschn. 9.1.3.) bei Feststoffreaktionen gezeigt werden kann, durchlaufen die Edukte auf dem Wege von ihren Gitterplätzen zum Ort der beginnenden Keimbildung als Voraussetzung zur Ausbildung eines neuen Phasenzustandes temporäre Mikrophasen, die in ihrer chemischen Natur reaktiven Zwischenstufen durchaus entsprechen. Analoges gilt für den chemischen Transport über die Gasphase.

Keimbildung und Keimwachstum

Die Gründe für die Ortsabhängigkeit des zeitlichen Verlaufes von Feststoffreaktionen wurden bereits dargelegt. Man spricht daher auch von topochemischen Reaktionen (Topo entspr. Ort, Gestalt). Obwohl über eine der *Arrhenius*-Gleichung ähnliche Beziehung

$$\frac{d\alpha}{dt} = k(T)\,f(\alpha)\,\mathrm{e}^{-E/RT} \qquad (\alpha = \text{Umsatz})$$

analog zu homogenen Reaktionen die üblichen Aktivierungsparameter (Aktivierungsenergie, Frequenzfaktor, Geschwindigkeitskonstante) formal berechnet werden können, ist ihre Relevanz für die Reaktionsaufklärung beschränkt. Sie sollte noch am ehesten gegeben sein, wenn der geschwindigkeitsbestimmende Schritt die elektronische Umordnung ist. Wahrscheinlich ist eine derartige kinetische bzw. quasi-thermodynamische Behandlung (Aktivierungsenthalpie der Gitterbeweglichkeit, Konfigurationsentropie) auch bei Phasentransformationen in Feststoffen mit starken kovalenten Bindungsanteilen zulässig (Abschn. 9.1.3.). Wird die Geschwindigkeit dagegen durch die Diffusion von Ionen, Atomen oder molekularen Baugruppen bestimmt, die in der Schmelzphase im Gleichgewicht zwischen dem «zusammenbrechenden» Gitter der alten Phase und dessen Rückbildung bzw. der Phasenneubildung vorliegen, so hat sich in der Praxis das Keimbildungs- und Keimwachstumsmodell bewährt. Danach unterteilt man die Kinetik der Phasenbildung in

– Geschwindigkeit der Keimbildung und
– Geschwindigkeit des Keimwachstums.

Die Keimbildung beginnt mit der Aggregation mehrerer Teilchen in der homogenen Ausgangsphase (homogene Keimbildung), womit die Ausbildung einer neuen Phasengrenzfläche verbunden ist. In thermodynamischer Hinsicht stellt die freie Keimbildungsenthalpie eine Konkurrenz zwischen Enthalpie- und Entropieglied dar. Einerseits verursacht die Ausbildung einer neuen Phasengrenzfläche eine Einschränkung der Freiheitsgrade beweglicher Teilchen, d. h. die Entropie nimmt im Prozeß der Keimbildung ab, was einen positivem Anteil an ΔG entspricht. Andererseits leistet die neue Phase bei der Aggregation Arbeit gegen ihre Umgebung (vergleichbar mit der Solvatation), und diese Keimbildungsarbeit bewirkt ein negatives Enthalpieglied (Keimbildungswärme). Somit besteht die freie Keimbildungsenthalpie aus einem positiven Grenzflächenbildungsanteil und einem negativen Volumenanteil der neuen Phase, und das Überwiegen eines Anteils wird abhängig vom Verhältnis:

$$\frac{\text{Grenzfläche}}{\text{Volumen}} = \frac{G}{V}$$

Am Reaktionsbeginn ist G/V sehr groß, und die häufig auch als Unterkeime bezeichneten Aggregate sind thermodynamisch instabil. Ab einer kritischen Größe dominiert der Volumenanteil, und mit dem Übergang von ΔG zu negativen Werten kann der Keimbildungsvorgang als abgeschlossen betrachtet werden. Für die Keimbildungsgeschwindigkeit gilt dann

$$\frac{\mathrm{d}N}{\mathrm{d}t} = Z\,\mathrm{e}^{-\Delta G_{\text{krit}}/RT}$$

wobei N die Teilchenzahl, ΔG_{krit} die kritische freie Keimbildungsenthalpie und Z eine systemspezifische Konstante ist. Zur Berechnung von Realsystemen muß ein hoher mathematischer Aufwand betrieben werden. So sind z. B. die Diffusionsgeschwindigkeiten in der Ausgangsphase zu berücksichtigen sowie mechanische Spannungen, die sich aus geometrischen Veränderungen beim Abbau der Gitterfernordnung in der Ausgangsphase ergeben (sog. Entordnung). Schließlich ist die starke Temperaturabhängigkeit der Keimbildung zu berücksichtigen, die mit Bild 9.1 veranschaulicht werden soll.

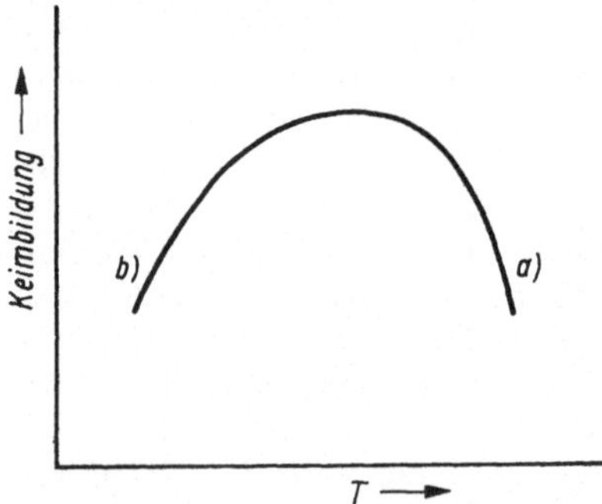

Bild 9.1. Temperaturabhängigkeit der Keimbildung bei Feststoffreaktionen

Betrachtet man Bild 9.1 in Richtung abnehmender Temperatur (z. B. Abkühlung einer Schmelze, entspr. Teil a), so nimmt die Keimbildung zunächst zu, da die Keimbildungswärme besser abgeführt und damit der Keim stabil wird. Im Teil b ist inzwischen durch den Temperaturabfall die Aktivierungsenthalpie für die Gitterablösearbeit stark angestiegen, was zu einer Verringerung der Primärteilchenzahl führt und weiterhin durch die Erhöhung der Viskosität des Systems die Diffusionsprozesse erschwert.

Im heterogenen System «Ausgangsphase – Keim» kann sich nun der Keimwachstumsprozeß anschließen, dessen Geschwindigkeit bestimmt werden kann durch:

– die Diffusionsgeschwindigkeit der Teilchen aus der Keimumgebung zu seiner Grenzfläche (z. B. Spinellbildung, Reaktionen fester Halogenide),
– die Diffusionsgeschwindigkeit von Teilchen beim Transport durch die Phasengrenze (Phasengrenzflächenreaktionen, z. B. bei Anlauf- bzw. Zundervorgängen in binären Systemen wie Ni/O_2, Cu/O_2, Fe/Sx, Ag/Br_2),
– die elektronische Umordnung zwischen den Komponenten. Letzteres wird z. B. vermutet bei Mehrphasenfeststoffreaktionen mit doppelten Umsetzungen. Dazu zählen die Reaktionen der Erdalkalioxide mit Salzen von Oxosäuren, z. B.:

$$BaO + CaCO_3 \xrightarrow{350\,°C} BaCO_3 + CaO$$

$$3\,BaO + Ca_3(PO_4)_2 \xrightarrow{340\,°C} Ba_3(PO_4)_2 + 3\,CaO$$

Die relativ niedrige Reaktionstemperatur, bei welcher nicht mit einer starken Ionendiffusion gerechnet werden kann, legt reaktive Zwischenstufen nahe, die durch Bindungsfluktuationen in den komplexen Anionen (formal z. B. $CO_3^{2\ominus} \rightarrow CO_2 + O^{2\ominus}$) zum Aufbau der neuen Oxid- bzw. Oxosalzgitter führen.

9.1.2. Nichtkinetische Methoden zum Nachweis reaktiver Zwischenstufen bei heterogenen Reaktionen

Stereochemische Folgerungen bei Ein- und Mehrphasenreaktionen

Grundlage zur Beurteilung der Stereochemie von Reaktionen sind die bindungstheoretischen Konzepte, die bereits im Abschn. 6. angewendet wurden. So ist die außerordentlich hohe Reaktivität atomarer Metalle in der Gasphase verständlich, da sie die Koordinationszahl «0» haben und praktisch alle zur Bindung befähigten Atomorbitale in Abhängigkeit von der elektronischen Natur der Reaktionspartner (z. B. H_2, O_2) als Akzeptoren bzw. Donoren wirken können. Bis zur Ausbildung metastabiler sowie stabiler Produkte werden häufig mehrere Zwischenstufen (auch Keime, Mikrophasen, Domänen, Cluster usw. genannt) durchlaufen, deren Existenz aus dem Donor-Akzeptor-Prinzip und dem Symmetrie-Verhalten der AO bei sukzessiver Bindungsbildung gefolgert werden kann. Durch geeignete Präparationstechniken konnte die Existenz solcher Zwischenstufen bewiesen werden.

Ein Beispiel für reaktive Zwischenstufen in heterogenen Reaktionen bietet auch der chemische Transport über die Gasphase. So konnte für die Reaktion des TaS_2 mit Schwefel TaS_5 als die den Transport bewirkende reaktive Zwischenstufe wahrscheinlich gemacht werden. Die Folgerungen auf Struktur und thermodynamische Stabilität gründen sich bei einer solchen vorwiegend kovalenten Verbindung auf MO- bzw. VB-Betrachtungen [9.1]. Dieses Beispiel knüpft im theoretischen Verständnis an moderne Auffassungen über den Ablauf von Feststoffreaktionen an, wie sie bei Polysulfiden, -phosphiden, -arseniden, -oxiden usw. vertreten werden. Die Stereochemie von Reaktionen in Clusteranionen, wie z. B. im TaS_7, Th_2P_{11}, $Re_2Cl_8^{2\ominus}$, $B_{12}H_{12}^{2\ominus}$ oder Kationen, wie im $Bi_9^{5\oplus}$, $Au_{11}^{5\oplus}$, $Cs_{11}O_3^{5\oplus}$, $Rb_9O_2^{5\oplus}$, bzw. Neutralclustern wie $Rh_6(CO)_{16}$, P_4 und vielen homonuclearen Metallclustern, kann mit den in der organischen Chemie üblichen Modellen, wie synchronen und asynchronen Substitutionen, Additionen, Eliminierungen oder Umlagerungen, beschrieben werden [9.2]. Natürlich bedingt die polymere Feststoffstruktur Besonderheiten, die aus der Stapelung der Koordinationspolyeder resultieren. So liegen beispielsweise Sechsringanordnungen in Clustern neben Sesselkonformationen häufiger auch als Bootkonformationen vor. Dies muß bei Folgerungen auf die Stereochemie von Übergangszuständen der elektronischen Umordnung aus diesen Zwischenstufen entsprechend berücksichtigt werden.

Neue Wege bei der Untersuchung der Mechanismen von Feststoffreaktionen bietet ihre Interpretation auf der Basis von Bindungsfluktuationen als Ursache der durch Aktivierung erfolgten sterischen Veränderungen an «strukturlabilen» Stellen des amorphen oder kristallinen Feststoffes. Die zur Gitterumordnung erforderlichen Platzwechselvorgänge müssen dabei nicht über bereits im alten Gitter vorhandene Defektstellen oder geometrische Fehlordnungszentren verlaufen. Durch heterolytische Aufspaltung kovalenter Bindungen bzw. den umgekehrten Vorgang können über Eigendissoziationsgleichgewichte Defektstellenzentren entstehen, die als konstitutionelle Eigenfehlordnung bezeichnet werden. Bei einer hohen Fehlordnungsdichte ist dann der Aufbau eines neuen Gittertyps sehr wahrscheinlich. Eine Schwierigkeit dieser Betrachtungsweise ist die nicht willkürfreie Festlegung von Bezugsstrukturen, die leicht durchschaubare Anordnungen (z. B. Tetraeder, Oktaeder, Sechsringe usw.) als geordnet betrachtet und kompliziertere Konfigurationen als fehlgeordnet. Die Leichtigkeit dieser Umordnung sei an folgenden Beispielen gezeigt. In den Nahordnungsbereichen von Feststoffen, wie z. B. Silicaten, Phosphaten oder Chalkogeniden, liegen neben den relativ konformationsstabilen Sechsringen eine Vielzahl von Ringsystemen mit acht bis sechzehn Ringgliedern vor, die bei organischen Molekülen aus sterischen Gründen instabil sind. In der «Zwangskonformation» der Feststoffstruktur gelangt dagegen das Donoratom in die geeignete räumliche Nähe zum Akzeptoratom und kann damit einen Übergangszustand vorbereiten, der infolge der geringen Konformationsstabilität in Lösung oder in der Gasphase nicht gebildet wird. Die elektronische Umordnung selbst kann dann formal als Substitution verlaufen, wie das im Bild 9.2 für das Eigendissoziationsgleichgewicht einer Siliciumdioxidschmelze schematisch dargestellt ist. Ein solcher Mechanismus könnte auch bei der Kondensation von $[SiO_4]^{6\ominus}$ zu $[Si_2O_7]^{6\ominus}$ bzw. $[Si_3O_9]^{6\ominus}$ angenommen werden.

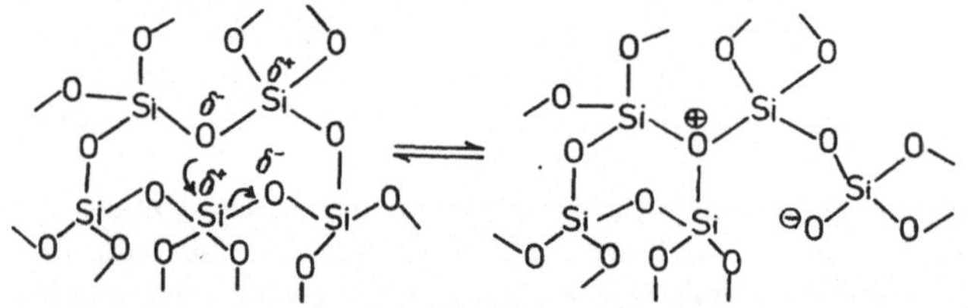

Bild 9.2. Schematische Darstellung der Bildung heteropolarer Fehlordnungszentren im Eigendissoziationsgleichgewicht einer Siliciumdioxidschmelze

Bei Phasentransformationen der in einer orthorhombischen TlI-Typstruktur kristallisierenden sogenannten Hochtemperaturmodifikationen des β-SnS bzw. β-SnSe konnten durch temperaturabhängige Verfolgung der Röntgenbeugungsdiagramme für die $\alpha \rightarrow \beta$-Transformation (GeS-Typ $\rightarrow$ TlI-Typ) bereits mehr als 200 °C unter der kritischen Temperatur den neuen Gittertyp vorbereitende Zwischenkonfigurationen nachgewiesen werden. Die kontinuierlichen Veränderungen der Atomlagen von dreifach zu fünffach gebundenen Atomen und der Wechsel der Elementarzellendimensionen legen einen Vergleich mit dem S_N2-Modell von homogenen Lösungsreaktionen nahe [9.3]. Im Bild 9.3 ist die Veränderung der Topologie und des Bindungscharakters schematisch verdeutlicht.

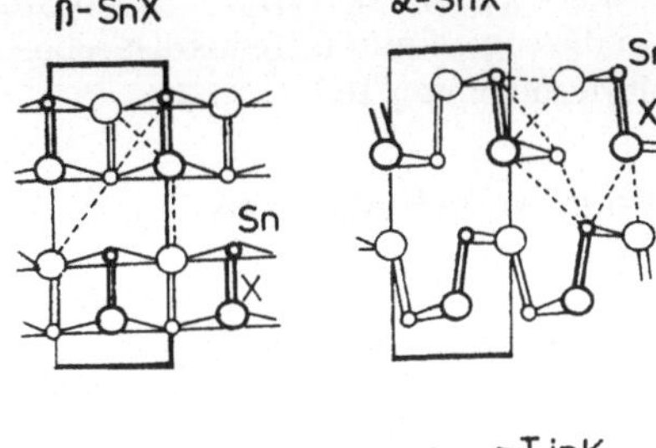

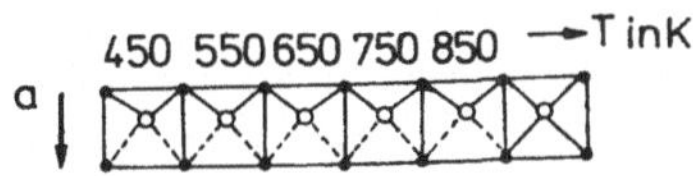

Bild 9.3. Projektion der Strukturen von β-SnX (TlI-Typ) und α-SnX (GeS-Typ) entlang der [001]-Ebene sowie schematische Darstellung der temperaturabhängigen Bewegung der beiden Atome in der Ebene [010]. X entspricht S bzw. Se [9.3]

Folgerungen aus der Bindungspolarität bei Reaktionen in heterogenen Systemen

Auf der Basis der bereits im Abschn. 6.4.4. formulierten allgemeinen Kriterien kann am einfachsten das System «Gas-Flüssigkeit» aus Strukturdaten isolierter Atome oder Moleküle beurteilt werden. Im Falle von binären Feststoffreaktionen müssen den Bindungsverhältnissen der beiden festen Phasen adäquate Modelle (Ionengitter, Molekülgitter, Verhältnis von Nahordnung zu Fernordnung, Packungsdichte, Platzwechselmodelle usw.) zugrunde gelegt werden. Als grobe Verallgemeinerung kann auch hier das Polaritätskriterium herangezogen werden. Beispielsweise gibt es bei binären «Gas-Fest»-Reaktionen zwischen Metallen und unpolaren Gasen (H_2, O_2, X_2 usw.) Hinweise auf radikalische Zwischenstufen, während zwischen Oxiden (SiO_2, Al_2O_3 usw.) und polaren Gasen (HX, H_2O, R—X) ionische Zwischenstufen nachgewiesen werden konnten. Schließlich ist bei einer Reihe binärer additiver Feststoffreaktionen (Spinellbildung, Reaktionen zwischen festen Halogeniden, Silicatbildung vom Typ $2\,MeO + SiO_2 \rightarrow$ $\rightarrow Me_2SiO_4$) kaum zweifelhaft, daß durch die bevorzugte Wanderung der kleinen Kationen in einem mehr oder minder stabilen Aniongitter vielfältige ionische Zwischenstufen mit Konfigurationsunterschieden relativ zum Ausgangs- und Endzustand existieren. Für Reaktionen fester Halogenide, z. B.

$$2\,AgI + HgI_2 \rightarrow Ag_2HgI_4 \text{ oder}$$

$$2\,CuI + Ag_2S \rightarrow 2\,AgI + Cu_2S$$

konnte gezeigt werden, daß bei stabilem Anionteilgitter durch die Kationwanderung bereits bei wesentlich niedrigeren Temperaturen ein Strukturabbau zu Zwischenstufen mit geringerer Fernordnung (amorphe Bereiche) erfolgt, bevor sich dann bei Erreichen der Umwandlungstemperatur die gitterperiodische Struktur der Endstoffe mit entsprechender Fernordnung aufbaut. Ähnliche Vorgänge spielen sich auch bei thermischen Dehydratisierungsreaktionen ab, wie z. B. der technisch wichtigen Entwässerung von Kaolinit oder von Gips. Für derartige Gitterumwandlungen (desgl. bei Modifikationswechsel von Metallen oder Oxiden) konnten vor der Umwandlungstemperatur hochreaktive Zwischenstufen nachgewiesen werden, die außer ihrer kollektiven Natur mit den reaktiven Zwischenstufen bei organischen Reaktionen vergleichbar sind. In Abhängigkeit vom Kovalenzanteil der Bindungen in den Feststoffen wird die Phasenneubildung neben der Bewegung einfacher Ionen ($Li^{\oplus}$, $Na^{\oplus}$, $Ca^{2\oplus}$, $Cu^{2\oplus}$, $Ag^{2\oplus}$, $O^{2\ominus}$) ebenfalls durch Baugruppen bewirkt (Si_xO_y, P_xO_y usw.), deren Repräsentation sowohl durch kovalente Bindungen als auch durch Formalladungen an den Atomen erfolgen muß. Erinnert sei in diesem Zusammenhang auch an die sogenannten Redoxdisproportionierungen, z. B. im Falle von Phosphorpentachlorid oder von Iod.

9.1.3. Physikalische Methoden zur Phasendiagnose in Feststoffen

Die Anwendung spektroskopischer Methoden auf Feststoffreaktionen liefert analog zu Untersuchungen molekularer Systeme in Flüssigkeiten oder der Gasphase Aussagen über das Struktur-Bindungs-Verhalten «kleinster» Bereiche, z. B. der Baugruppen einer Elementarzelle des jeweiligen Gittertyps. Die Beurteilung von Struktur und Reaktivität in Feststoffen erfordert darüber hinaus Charakteristika kollektiver Strukturmerkmale der Teilchenensemble. Der außerordentliche Vorteil für den Nachweis von Zwischenstufen, die in jedem Falle thermodynamisch weniger stabile Zustandsformen möglicher Strukturen zwischen Edukten und Produkten darstellen, ist ihre kinetische Hemmung infolge Diffusionsbehinderung im Feststoff. Beispielsweise kann man heute durch Röntgenstrukturanalyse an Metall-Olefin-Komplexen Modelle für Übergangszustände ableiten, die aus den Strukturdaten plausibel erscheinen. Die Modelle gestatten, den sterischen Verlauf von Folgereaktionen (Polymerisation, Oxosynthese, katalytische Hydrierung) wesentlich besser abzuschätzen als bei den meisten homogenen Lösungsreaktionen [9.4].

Elektronenmikroskopie

Zur Erfassung «größerer» Bereiche in Feststoffstrukturen eignen sich besonders die Elektronenmikroskopie sowie weiterentwickelte Methoden, wie die Rasterelektronenmikroskopie und die Elektronenstrahlmikrosonde. Das Auflösungsvermögen moderner Hochleistungselektronenmikroskope liegt heute bei 2 bis 5 Å, d. h., man kommt bereits in die Nähe von Bindungsabständen. Um scharfe Abbildungen der Atome zu erhalten, kann die Direktdurchstrahlungsmethode nur bei sehr dünnen Objekten (Dünnschliff, Bruchkanten, Filme) angewendet werden. Häufiger sind daher sogenannte Abdruckverfahren, wo von einer frischen, im Hochvakuum erzeugten Bruchfläche des Feststoffs ein Abdruck des Oberflächenprofils hergestellt wird (Kohleabdruckpräparation u. a.), dessen Durchstrahlung Strukturinhomogenitäten bzw. strukturelle Veränderungen in Abhängigkeit von den Reaktionsbedingungen erkennen läßt. Bei Rasteraufnahmen, die aus der Messung von Rückstreuelektronen und Sekundärelektronen bestehen, welche durch einen zeilenförmig über die zu untersuchende Feststoffoberfläche geführten Elektronenstrahl erzeugt werden, erhält man Strukturaussagen einer stärkeren Schichttiefe. Damit wird in besserem Maße die Struktur des Volumens erfaßt, und Zufälligkeiten bei der Erzeugung des Oberflächenprofils werden ausgeschlossen.
Bei der Umsetzung von Calciumoxid (auch anderen zweiwertigen Oxiden) mit Siliciumdioxid bildet sich nach kurzer Reaktionsdauer unabhängig vom Molverhältnis der Edukte stets das Orthosilicat (Ca_2SiO_4) als Hauptprodukt, während erst im weiteren Verlauf eine Umwandlung in Ca-ärmere Phasen (z. B. das Metasilicat $CaSiO_3$ oder $3CaO \cdot 2SiO_2$) erfolgt. Rasterelektronenmikroskopische Aufnahmen verschiedener Zwischenstufen dieser Reaktionsfolge zeigten morphologische Unterschiede in Abhängigkeit vom CaO/SiO_2-Verhältnis, die den Mechanismus als Verknüpfung elektronischer Umordnungsprozesse durch Ionenwanderung ($Ca^{2\oplus}$, Silicatanionen) und Transportprozesse an Phasengrenzflächen erscheinen läßt. Auch die Hydratation des Trical-

ciumsilicates ($3\,CaO \cdot SiO_2$) als dem Hauptbestandteil von Zementen verläuft über Zwischenstufen (z. B. $3\,CaO \cdot 2\,SiO_2$) mit verringertem CaO/SiO_2-Verhältnis. Die elektronenmikroskopisch nachweisbare Veränderung der Morphologie der zwischenzeitig gebildeten Phasen, die von mehr amorphen Calciumsilicaten zu Bereichen höherer Kristallinität führt, bedeutet zugleich eine Erhöhung der mechanischen Festigkeit, was wahrscheinlich dem Reaktionsablauf beim Erhärten von Zement entspricht. Als weiteres Beispiel der erfolgreichen Anwendung der Elektronenmikroskopie sei auf den Nachweis von Mikrophasentrennungsvorgängen bei der Glasbildung hingewiesen. Durch Kombination mit der Elektronenstrahlmikrosonde kann die beim Auftreffen des Elektronenstrahls auf eine Festkörperoberfläche entstehende Röntgenstrahlung der angeregten Elemente (z. B. Si_{K_α}, Ca_{K_α}) zu deren quantitativer Bestimmung genutzt werden. Mit dieser Methode können Elementkonzentrationen bis 10^{-14} g analysiert werden. Auf diesem Wege kann gleichzeitig die elementaranalytische Zusammensetzung der Entmischungsbereiche im Vergleich zu ihrer Umgebung (Glasmatrix) bzw. zu weiteren temperaturabhängigen Mikrophasenbildungen innerhalb des Primärentmischungsbereiches ermittelt werden (vgl. Abschn. 10.).

Röntgenstrukturanalyse

Während Gase und Flüssigkeiten nur eine strukturelle Nahordnung besitzen, haben kristalline Feststoffe sowohl Nahordnung als auch Fernordnung. Bei kristallinen Feststoffen ist die Gitterperiodizität stark ausgeprägt, wobei reale Kristalle noch sehr hohe Fehlstellenkonzentrationen haben, die ihre Reaktivität erst ermöglichen. Amorphe Feststoffe haben dagegen geringere Gitterperiodizität, besonders Makromoleküle, wobei deren Struktur im allgemeinen durch die Koexistenz kristalliner und amorpher Bereiche gekennzeichnet ist. Bei kristallinen Feststoffen kann mit Hilfe von Beugungsmethoden, insbesondere durch Röntgenweitwinkelstreuung ($\lambda = 0{,}7$ bis $2{,}2$ Å), im Prinzip die Position eines Atoms und der Abstand zu seinen Nachbaratomen in einem Teilchenensemble exakt bestimmt werden. Die apparative Entwicklung erlaubt heute den direkten Nachweis struktureller Veränderungen von Atomen oder Baugruppen bei Phasenumwandlungen in polymorphen Einkomponentensystemen (z. B. amorphe Metalle, wie B, P, As, Sb, Ge, Se, Fe, Ni oder SiO_2-Modifikationen) sowie bei Reaktionen in Mehrkomponentensystemen. Da Strukturveränderungen in Feststoffgittern häufig sehr hohe Aktivierungsenergien erfordern, hat man Hochtemperatur-Röntgenkameras in Verbindung mit Zählrohrgoniometern entwickelt, die eine elektronische Registrierung der Streubilder gestatten und bei rechentechnischer Auswertung (Rechnerkopplung) die differentielle Strukturänderung in Abhängigkeit von der Temperatur, der Zeit, dem Druck oder der Mitwirkung gasförmiger Reaktanden liefern. Auf diesem Wege konnten besonders bei Phasentransformationen in Ionenclustern (Th_2P_{11}, LnP_5, LnP_2, CaP_3, SnS) die Umwandlung vorbereitende Zwischenstufen als quasi eingefrorene Reaktionsschritte nachgewiesen werden. Die Strukturänderung zur Gitterneubildung vollzog sich lediglich in konformativen Änderungen einzelner Atome (z. B. in $P^{\ominus}$-Ringen der Polyanionen) oder in einer Ringöffnungs-Ringschluß-Reaktion unter Bindungsfluktuation, wie dies im Bild 9.4 schematisch veranschaulicht werden soll.
Die über Zwischenstufen verlaufende Phasentransformation ist nicht auf anorganische Stoffe beschränkt, sondern konnte mittels Röntgenbeugung auch an organischen Feststoffen nachgewiesen werden. Im Bild 9.5 sind die Röntgenbeugungsreflexe für die Polymorphie des Polycaprolactams in Abhängigkeit von der Temperatur dargestellt.

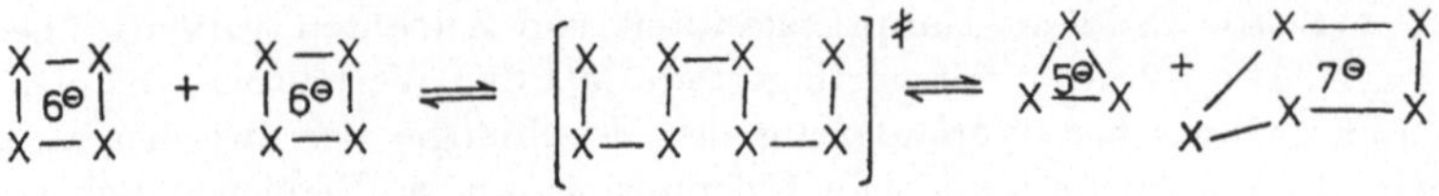

$$\begin{array}{c} X-X \\ |\;6^{\ominus}\;| \\ X-X \end{array} \;+\; \begin{array}{c} X-X \\ |\;6^{\ominus}\;| \\ X-X \end{array} \;\rightleftharpoons\; \left[\begin{array}{cccc} X & X-X & & X \\ | & | & | & | \\ X-X & & X-X & \end{array}\right]^{\ddagger} \;\rightleftharpoons\; X\overset{X}{\underset{X}{5^{\ominus}}}X \;+\; \begin{array}{c} X-X \\ X{-}X\;7^{\ominus}\;| \\ X \end{array}$$

Bild 9.4. Schematische Darstellung einer Phasentransformation durch Bindungsfluktuation.

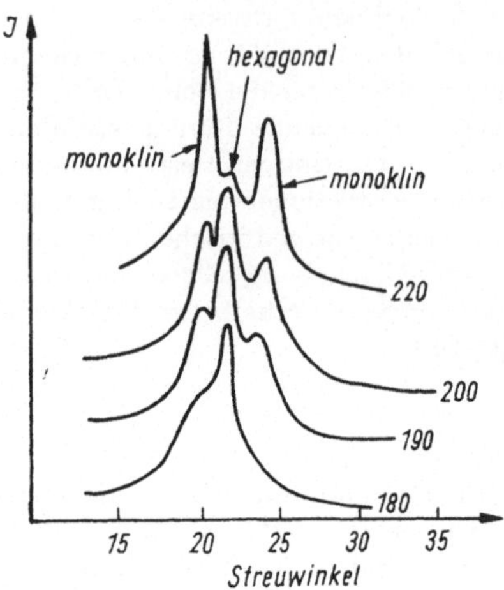

Bild 9.5. Röntgenbeugungskurven für die temperaturabhängige Phasentransformation des Polycaprolactams. Die Proben wurden bei den angegebenen Temperaturen (in °C) jeweils 2 Stunden getempert. I ist die Streuintensität.

Während bei 180 °C die hexagonal kristallisierende Phase überwiegt, erkennt man bei 220 °C die Koexistenz zweier kristalliner Phasen (hexagonal und monoklin) neben einer amorphen Phase, die durch die Überlagerung der beiden scharfen Streuintensitäten mit einer breiten Bande angezeigt wird.

Bei vielen synthetischen organischen Makromolekülen (z. B. Polyvinylalkohol) oder auch natürlichen Makromolekülen (z. B. Guttapercha, Cellulose) werden mit verändertem Verhältnis der Gitterordnung nicht nur die makroskopischen Produkteigenschaften verändert (z. B. mechanische Festigkeit, Elastizität u. a.), sondern es gibt Hinweise für erhöhte Reaktivität mit abnehmender Fernordnung. Aus reaktionstheoretischer Sicht ist daher die Untersuchung von Zwischenstufen mit verändertem Verhältnis von Nahordnung zu Fernordnung bei Phasentransformationen und derzeit überschaubaren Feststoffreaktionen bedeutungsvoll für die Reaktionssteuerung der technischen Darstellung von Sonderwerkstoffen, wie z. B. Leiter- und Halbleitermaterialien oder superaktiven Katalysatoren.

Dynamische thermoanalytische Methoden

Zur kontinuierlichen Phasenanalyse in Feststoffen eignen sich besonders dynamische thermische Analysenmethoden (DTA, DSC, TGA). Dabei wird durch kontinuierliche Temperaturänderung in einer homogenen Phase oder einem Phasengemisch eine Zustandsänderung herbeigeführt, die sich im Falle chemischer Reaktionen durch Änderung der Wärmekapazität, der Masse, der Struktur sowie der mechanischen Eigenschaften äußert. Durch Messung von Wärmetönungen, relativ zur kontinuierlichen Temperaturkurve, können Phasenumwandlungen qualitativ und quantitativ verfolgt

314

und auf diesem Wege das Zustandsdiagramm ermittelt werden. Wird neben der Temperaturabhängigkeit der Phasenumwandlung auch noch ihre Zeitabhängigkeit verfolgt, so kann man über die Kinetik der Feststoffreaktion in Ergänzung durch andere Methoden zu Aussagen über ihren Mechanismus und damit zur Reaktionssteuerung bzw. der Optimierung von Synthesebedingungen gelangen. Auf der Basis der Theorie des Übergangszustandes kann die *Arrhenius*-Gleichung zur Beschreibung der Temperaturabhängigkeit der Geschwindigkeitskonstante herangezogen werden, wobei die Aktivierungsenergie hier dem Energieaufwand zum Erreichen eines reaktionsfähigen Zustandes eines Ions, Moleküls oder einer Baugruppe entspricht (Gitterablösearbeit), während der Aktivierungsentropie die gleiche phänomenologische Bedeutung zukommt wie bei Lösungsreaktionen, d. h., ΔS^* steigt mit zunehmender Kompliziertheit der strukturellen Rekonstruktion im Laufe der Phasenumwandlung (vgl. Abschn. 9.1.1.). Aus der Anwendung dieser Theorie auf den Mechanismus von Feststoffreaktionen resultieren folgende Verallgemeinerungen:

1. Wird die Umwandlungsgeschwindigkeit bestimmt durch die Zeitdauer von Keimbildung und Kristallwachstum oder durch die Diffusion durch eine Phasengrenzfläche, so kann mit der Bildung von instabilen bzw. metastabilen Zwischenstufen gerechnet werden, bevor das System die Gleichgewichtsphase im Endprodukt erreicht (bzw. einen metastabilen Zustand einfriert).

2. Ist wie im Falle von Gas- bzw. Lösungsreaktionen die elektronische Umordnung selbst geschwindigkeitsbestimmend oder wird sie durch die Zeitdauer der Volumendiffusion bestimmt, so kann die Gleichgewichtsphase ohne temporäre Phasenheterogenität erreicht werden.

Obwohl diese Trendaussagen erheblichen Einschränkungen unterliegen durch die Abhängigkeit der Kinetik von Feststoffreaktionen, z. B. von der Größe und Beschaffenheit der Oberfläche, der Packungsdichte des Korns, der Porosität, der Vorgeschichte der Kornbildung usw., kann man gerade mit dynamischen thermischen Analysemethoden über den Nachweis instabiler Zwischenstufen auf den Reaktionsmechanismus schließen. In Verbindung mit theoretischen Reaktionsmodellen kann in Analogie zur Verfahrensweise bei homogenen Reaktionen in Lösung (*Hammond*-Prinzip) aus der Struktur der Zwischenstufe auf daraus mögliche Übergangszustände gefolgert werden. So konnten in neuerer Zeit wesentliche Erkenntnisse über Mechanismen bei polymorphen Stoffumwandlungen, bei Zersetzungsreaktionen (Kalkbrennen, Dehydratationsreaktionen) und in Anfängen auch bei Mehrphasenreaktionen gewonnen werden. Als Beispiele sei auf die technisch bedeutsame Zersetzungsreaktion des Kaolinits (Keramikbildung) hingewiesen. Durch Wasserabspaltung bildet sich um 400 °C eine instabile Phase (Metakaolinit) mit gleichem Gitteraufbau wie die Ausgangsphase. Erst um 1 000 °C erfolgt die Gitterumwandlung zu einem Al—Si-Spinell, der für die mechanische Festigkeit von Keramikprodukten verantwortlich ist.

$$[Al_4(OH)_8][Si_4O_{10}] \xrightarrow{\approx\,400\,°C} [Al_4O_4][Si_4O_{10}] + H_2O$$

$$\xrightarrow{\approx\,1000\,°C} Al\text{-}Si\text{-}Spinell$$

Dagegen scheint die thermische Zersetzung einfacher Carbonate (z. B. Calciumcarbonat) in einem Aktivierungsschritt zur Spaltung einer O—C-Bindung des komplexen Anions zu führen, ohne daß eine temporäre Zwischenstufe ausgebildet wird. Das bei der CO_2-Abspaltung entstehende neue Gitter der Gleichgewichtsphase weist zunächst starke Defekte auf, die mit zunehmender Temperatur «ausheilen». Unter vergleichbaren experimentellen Bedingungen unterscheidet sich der Zersetzungsverlauf nicht signifikant, wenn Carbonate mit Calcit- oder Aragonitstruktur analysiert werden. In früheren Untersuchungen beschriebene Zwischenstufen ($[CaO]_x \cdot [CaCO_3]_y$) scheinen auf Recarbonatisierungsreaktionen zurückzuführen zu sein, wie durch die starke Abhängigkeit ihrer Bildung durch den lokalen CO_2-Partialdruck angedeutet wird.

9.1.4. Heterogene Katalyse

Zu den heterogenen Reaktionen, die besonders in technischer Hinsicht von Bedeutung sind, zählen heterogene Katalysen. Heterogene Katalysatoren sind Festkörper. An ihrer Oberfläche wird mindestens eines der Edukte chemisorbiert, d. h., es verbindet sich mit der Festkörperoberfläche zu einer Zwischenstufe, die schneller reagiert als die ursprünglichen Edukte. Dies ist einmal auf die Schwächung von chemischen Bindungen in mindestens einem der Edukte zurückzuführen, zum anderen auf die räumliche Annäherung und Fixierung der Edukte an der Festkörperoberfläche. Bei der Chemisorption kommt es maximal zur Ausbildung einer monomolekularen Schicht. Die damit verbundenen Adsorptionsenthalpien liegen in der Größenordnung von Reaktionsenthalpien (um 600 kJ mol^{-1}). Der Ablauf der katalysierten Reaktion wird durch die chemischen Eigenschaften der Chemisorptionskomplexe bestimmt [9.5].
Eine heterogen katalysierte Reaktion läuft in vier physikalischen und chemischen Schritten ab:

1. Stofftransport der Edukte an die Katalysatorenoberfläche
2. Bildung von Zwischenstufen durch Chemisorption
3. Umwandlung der Zwischenstufen in die Produkte
4. Desorption und Stofftransport der Produkte

In vielen Fällen ist der 1. Schritt geschwindigkeitsbestimmend, d. h., die katalysierte Reaktion ist diffusionskontrolliert. Hohe Strömungsgeschwindigkeiten der Edukte und Produkte relativ zum Katalysator beschleunigen den 1. und 4. Schritt. Die Aufklärung des Mechanismus des 2. und 3. Schrittes ist sehr schwierig, da die Chemisorptionskomplexe höchstens in monomolekularer Schicht und damit in sehr niedriger Konzentration vorliegen. Entscheidende Fortschritte brachte die Anwendung spektroskopischer Methoden [9.6]. Die Aufklärung des Mechanismus heterogen katalysierter Reaktionen ermöglicht die gezielte Herstellung von Katalysatoren mit folgenden Eigenschaften:

1. Hohe Aktivität (Raum-Zeit-Ausbeute)
2. Hohe Selektivität bezüglich der Produkt- bzw. Strukturbildung
3. Hohe Katalysator-Standzeit und einfache Reaktivierung

Der Chemisorption kann eine Dissoziation vorausgehen, etwa die Dissoziation eines Wasserstoffmoleküls in Wasserstoffatome. In anderen Fällen beruht die Chemisorption auf der Wechselwirkung von Bindungselektronen der Edukte mit Atomen oder Atomgruppen des Katalysators. So wurden bei der Chemisorption von Ethen an Metallen Donor-Akzeptor-Wechselwirkungen nachgewiesen. Die katalytische Aktivierung durch Chemisorption ist deshalb häufig eine Folge von Elektronenübergängen. Darauf beruht die besondere Wirksamkeit der Übergangselemente, deren Elektronendefizite in den p-, d- und anderen Niveaus die Aufnahme von Bindungselektronen der Edukte ermöglichen.

Im allgemeinen beschleunigen heterogene Katalysatoren chemische Reaktionen um so stärker, je größer ihre Oberfläche ist. Sie werden daher in möglichst fein verteilter Form mit hoher spezifischer Oberfläche angewendet, z. B. *Raney*-Nickel, Palladiummohr. Nur in wenigen Fällen ist die gesamte Oberfläche entsprechend der Ausbildung einer monomolekularen Schicht wirksam. Die für die erwünschte Reaktion erforderliche Chemisorption erfolgt vielmehr nur an bestimmten Bereichen der Oberfläche, sogenannten aktiven Zentren (Kristallecken, Kanten, Versetzungen, individuellen Radikal- bzw. Ionenzentren oder Teilchenclustern). In diesen Zentren sind die Atome des Katalysators so an der Oberfläche angeordnet, daß elektronische Wechselwirkung und sterische Faktoren optimal für den 3. Teilschritt, die Umwandlung in die Produkte, sind. Dadurch wird die Selektivität heterogener Katalysatoren verursacht.

Viele heterogene Katalysatoren sind reine Stoffe, z. B. Metalle, Metalloxide, Metallsalze, molekulare Metallcluster [9.7]. Oft sind Metalloxide mit Abweichungen von der stöchiometrischen Zusammensetzung besonders aktiv.

Mehrkomponentenkatalysatoren enthalten außer dem Basismetall bzw. der Basisverbindung noch Zusätze in sehr geringen Mengen, sogenannte Aktivatoren (Promotoren, Cokatalysatoren). Sie verursachen bestimmte Gitterdefekte im Basiskatalysator, die als aktive Zentren sowohl die Aktivität als auch die Selektivität erhöhen. Im Bild 9.6 sind die zusätzlich zum katalytischen Effekt (unterbrochene Linie) zu beobachtenden Reaktivitätsveränderungen für derartige Mehrkomponentenkatalysatoren schematisch dargestellt. Bei Aktivitätserhöhungen unterscheidet man die strukturelle Verstärkung (I) vom Synergismus (II). Die partielle Desaktivierung (III) wird auch als Vergiftung des Katalysators bezeichnet. Die chemisch-physikalischen Ursachen für die in Bild 9.6 veranschaulichten katalytischen Effekte sind noch unzureichend erforscht. Sie reichen von der Änderung der Koordinationszahl an Metallatomen über Änderungen der Oxidationsstufen bis zu sterischen Veränderungen in Grenzflächenclustern, die wiederum die Geschwindigkeitsverhältnisse der Transportprozesse beeinflussen.

Mischkatalysatoren sind Gemische von zwei oder mehr Verbindungen. Ein Beispiel ist der Zinkoxid-Chromium(III)-oxid-Katalysator für die Methanolsynthese nach *Mittasch*.

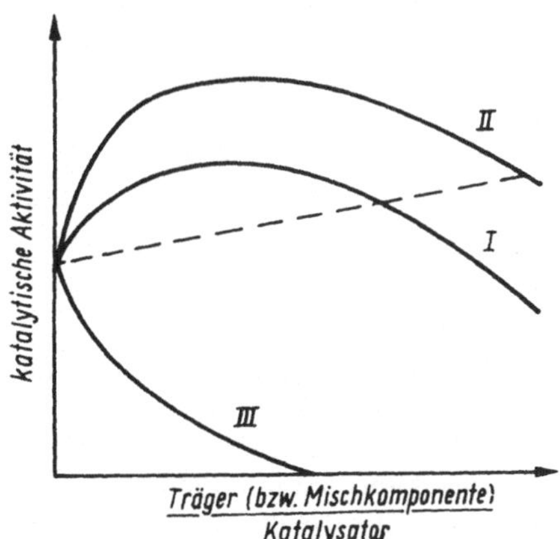

Bild 9.6. Einfluß der Zweitkomponente auf die katalytische Aktivität bei Mehrkomponentenkatalysatoren

Bei Trägerkatalysatoren sind die katalytisch aktiven Metalle oder Verbindungen auf einem hochdispersen, katalytisch inaktiven Träger niedergeschlagen (fixiert). Dazu eignen sich Aktivkohle, aktiviertes Aluminiumoxid, Kieselsäure, Asbest, Calciumcarbonat, Bariumsulfat. Die Vorteile sind:

- Vergrößerung der spezifischen Oberfläche durch Erhöhung der Porosität, die Oberfläche kann 100 bis 1 000 $m^2\,g^{-1}$ betragen,
- Einsparung an Katalysator, da nur die Oberfläche des Trägers belegt wird,
- Variation und Stabilisierung der Struktur der katalytisch aktiven Oberfläche durch Auswahl des Trägers,
- verbesserte Wirkung von Aktivatoren,
- Pressen des Trägerkatalysators in die für eine kontinuierliche Reaktionsführung optimale Form (Pellets, Ringe, Tabletten, Kugeln).

Molekularsiebkatalysatoren leiten sich von kristallinen Alumosilicaten, sogenannten Molekularsieben oder Zeolithen ab. Sie besitzen ein geordnetes, kristallines Raumnetzwerk von verknüpften AlO_4- und SiO_4-Tetraedern, das von langen Kanälen durchzogen ist. Im Innern dieser Kanäle befinden sich außer Wassermolekülen die Alkalimetallionen der Zeolithe. Sie sind frei beweglich und durch andere Kationen austauschbar, z. B. durch Protonen. Das Innere des Kanalsystems (Porensystem) ist die katalytisch aktive Oberfläche. Nur solche Eduktmoleküle werden chemisorbiert, die in dieses System eindringen können, z. B. bei bestimmten Zeolithen nur n-Paraffine und keine verzweigten Paraffine. Molekularsiebkatalysatoren weisen eine sehr hohe Aktivität und Selektivität auf.

Im Laboratorium und in der Industrie häufig durchgeführte Reaktionen sind heterogen katalysierte Hydrierungen [9.8]. Die Aktivität der benutzten Metalle fällt in der Reihenfolge $Pt > Pd \gg Ni > Cu > Co > Fe$. Die Aktivität von Platin und Palladium ist je nach Substrat um das 10^2- bis 10^4fache größer als die von Nickel, das für Hydrierungen am häufigsten verwendet wird. Der hohe Schmelzpunkt der Platinmetalle hat eine geringe Neigung zur Rekristallisation bei thermischer Belastung zur Folge. Das hohe positive Normalpotential der Platinmetalle verleiht ihnen Widerstandsfähigkeit gegenüber Oxidation und Korrosion. Beide Faktoren verlängern die Standzeit von aus Platinmetallen hergestellten Katalysatoren. Wasserstoff wird an der Oberfläche von Platinmetallen dissoziativ (atomar) chemisorbiert. Die Olefine werden durch Donor-Akzeptor-Wechselwirkung chemisorbiert. Die Addition des Wasserstoffs an das Olefin erfolgt stereoselektiv als cis-Addition.

Als Beispiel für die Regioselektivität heterogener Katalysatoren dient die Hydrierung α,β-ungesättigter Carbonylverbindungen, z. B.:

$$R-CH=CH-C\overset{O}{\underset{H}{}} \;\;\xrightarrow{+\,H_2}\;\; \begin{cases} R-CH_2-CH_2-C\overset{O}{\underset{H}{}} \\[2mm] R-CH=CH-CH_2-OH \end{cases}$$

Reine Palladiumkatalysatoren hydrieren vorzugsweise die $C=C$-Doppelbindung, mit Eisen oder Zink modifizierte Palladiumkatalysatoren die $C=O$-Doppelbindung.

Als Beispiel für die Temperaturabhängigkeit der Selektivität sei angeführt, daß Ethanol an Alumosilicaten zu Acetaldehyd dehydriert werden kann, während mit dem gleichen Katalysator bei hohen Temperaturen («ausgeheizte» Oberfläche) Ethen gebildet

wird. Es kann angenommen werden, daß in Gegenwart von Oberflächen-OH-Gruppen
zunächst eine Protonierung des Ethanols erfolgt und das entstehende Oxoniumion
durch den starken I-Effekt die Abspaltung des H-Atoms am α-C-Atom in weiteren
Dehydrierungsfolgeschritten erleichtert. Wird dagegen Ethanol bei hohen Temperaturen
vorwiegend über *Lewis*-saure Zentren sorbiert, so kann durch Bildung einer relativ
stabilen Al—O-Bindung leichter eine C—O-Spaltung bewirkt werden, und das instabile
Ethylkation reagiert unter Protonenabspaltung zum Ethen.

Die gesamte Stufenfolge beider Reaktionen ist noch nicht aufgeklärt.

Außer Aktivität und Selektivität ist für heterogene Katalysatoren noch die Standzeit
(Lebensdauer) eine wichtige Kenngröße. Sie wird durch folgende Vorgänge eingeschränkt:

- Sinterprozesse, Rekristallisationsprozesse und Kristallitumwandlungen, vor allem
  bei thermischer Belastung, wodurch die aktiven Zentren zerstört werden und die
  spezifische Oberfläche verkleinert wird,
- Blockierung der aktiven Zentren durch Verunreinigungen in den Edukten oder durch
  Produkte von Nebenreaktionen;
- Vergiftung des Katalysators durch spezielle Verunreinigungen in den Edukten.

Beispielsweise werden die meisten Metallkatalysatoren durch Schwefelverbindungen
vergiftet. Mitunter ist es möglich, inaktiv gewordene Katalysatoren zu reaktivieren
(regenerieren).

Ähnlich wie bei den Enzymen wird in zunehmendem Maße versucht, an sich homogene
Katalysatoren, wie z. B. Übergangsmetallcarbonyle, zu immobilisieren [9.9]. Man gewinnt dadurch den entscheidenden Vorteil der heterogenen Katalyse, die Möglichkeit
zur kontinuierlichen Reaktionsführung.

9.1.5. Reaktionen in Salzschmelzen

Salzschmelzen, auch als ionische Flüssigkeiten bezeichnet, zeichnen sich durch eine
hohe Geschwindigkeit beim Stofftransport aus sowie durch hohe thermische und
elektrische Leitfähigkeit. Die stark polarisierende Wirkung der Ionen bzw. Ionenaggre-
gate in der Schmelze bewirkt unvergleichbare Löseeigenschaften, z. B. für Metalle,
Carbide, Nitride oder Oxide und damit Reaktionsmöglichkeiten, die in festen Phasen
nicht gegeben sind. Durch Röntgen- und Neutronenbeugung konnte gezeigt werden,
daß die Schmelze unmittelbar über dem Schmelzpunkt eine ähnliche Nahordnungs-
struktur wie im Feststoffgitter hat. Die starke Vergrößerung des Molvolumens (bis
25 %, z. B. in Gittern hoher Koordinationszahlen wie Alkalihalogeniden) ist dabei auf

die Erhöhung von Kation- bzw. Aniondefektstellen zurückzuführen. Auf diese Defektstellen können die durch Gaseinleitung oder als Feststoffe eingebrachten Edukte gelangen, wobei sie durch Komplexbildung mit den umgebenden Ionen stabilisiert werden, ähnlich wie durch Solvatation in einem Lösungsmittel. Die elektronische Umordnung findet dann in homogener Phase statt. In vielen Fällen ist die Schmelze nicht nur Reaktionsmedium, sondern die Ionen nehmen an der Reaktion teil. Man unterscheidet daher

– Reaktionen unter Verbrauch einer oder mehrerer Komponenten der Schmelze,
– Reaktionen, für die die Schmelze nur als Lösungsmittel dient,
– Reaktionen, die durch die Schmelze katalytisch beeinflußt werden.

Als Beispiele seien die Aufschlußreaktionen von Oxiden (Al_2O_3, TiO_2, Fe_2O_3) in Pyrosulfatschmelzen genannt.

$$Al_2O_3 + 3\,S_2O_7^{2\ominus} \rightarrow 2\,Al^{3\oplus} + 6\,SO_4^{2\ominus}$$

Hierbei handelt es sich um eine Abbaureaktion des Oxidgitters durch Einbau von Sauerstoffionen ($O^{2\ominus}$) in die komplexen Anionen. Beim Aufschluß von SiO_2 und Silicaten durch Alkalicarbonatschmelzen, z. B.

$$SiO_2 + 2\,Na_2CO_3 \rightarrow 4\,Na^{\oplus} + SiO_4^{4\oplus} + 2\,CO_2$$

werden $O^{2\ominus}$-Ionen des Mediums über Defektstellen zusätzlich um das Siliciumion koordiniert und damit das SiO_2-Gitter entordnet bzw. umgeordnet. Auch die Halogenierung oder Halogenaustauschreaktionen (z. B. $Cl^{\ominus}$ gegen $F^{\ominus}$) können in Salzschmelzen vorteilhaft durchgeführt werden. Während z. B. die direkte Chlorierung von Al zur $AlCl_3$-Darstellung auf verschiedene Schwierigkeiten stößt (u. a. unvollständiger Umsatz durch Bildung einer $AlCl_3$-Deckschicht), kann in Salzschmelzen unter Zusatz von Metallchloriden als Halogenüberträger ($PbCl_2$, $CdCl_2$, $CuCl_2$) ein vollständiger Umsatz erreicht werden. Bei Zudosierung von Chlor kann das in der Schmelze gelöste Metall (z. B. flüssiges Pb) wieder in den Halogenüberträger umgewandelt werden. Durch die Lösung des $AlCl_3$ in der Schmelze hat man ständig eine freie und damit reaktionsbereite Aluminiumoberfläche. Vorteilhaft ist weiterhin, daß bei den stark exothermen Chlorierungsreaktionen in Salzschmelzen die Wärme leicht abgeführt werden kann, was bei der technischen Durchführung in Gas-Feststoff- bzw. Gas-Flüssigkeits-Systemen nicht so einfach möglich ist [9.10]. Auf elektrochemische Reaktionen in Schmelzen wird in anderem Zusammenhang eingegangen.

9.2. Photo- und strahlenchemische Aktivierung

In den folgenden Abschnitten soll auf einige Besonderheiten bei Reaktionen aufmerksam gemacht werden, deren Edukte sich in elektronischen Anregungszuständen befinden. Während die im Abschn. 9.1. behandelten heterogenen Reaktionssysteme infolge der geschwindigkeitsbestimmenden Transportprozesse teilweise ausgesprochen langsam ablaufen, zeichnen sich die folgenden Reaktionen durch ihren extrem schnellen Verlauf aus (Bruchteile von Sekunden). Im Falle bimolekularer Reaktionen von elektronisch angeregten Molekülen muß daher auch eine mögliche Diffusionskontrolle ausgeschlossen sein, so daß derartige Reaktionen vorrangig in der Gasphase oder in Lösung durchgeführt werden.

Die methodische Untersuchung elektronisch angeregter Zustände richtet sich einerseits
auf den physikalischen Anregungsprozeß selbst (z. B. durch Lichtstrahlen, Röntgen-
strahlen, elektrische Felder, energiereiche Plasmen). Andererseits werden die physikalischen und chemischen Desaktivierungsvorgänge untersucht, wobei die über Radikale
bzw. Ionen verlaufenden Folgereaktionen für den Chemiker von besonderem Interesse
sind. Mit der elektronischen Anregung erhöht sich nicht nur die potentielle Energie
von Atomen bzw. Molekülen, sondern auch ihr Struktur- und Bindungsverhalten kann
sich derartig ändern, daß Reaktionen ablaufen, die bei thermischer Aktivierung aus
dem Grundzustand nicht möglich sind (s. z. B. *Woodward-Hoffmann*-Regeln). Auf die
Entwicklung ultrakurzzeitspektroskopischer Methoden wurde im Abschn. 6. bereits
hingewiesen. Damit werden die meisten Informationen über den Verlauf derartiger
Reaktionen erhalten. Eine wichtige Ergänzung experimenteller Untersuchungen bilden
quantenchemische Berechnungen auf der Basis der MO-Theorie, die unter Anwendung
moderner Rechenverfahren (CNDO, MINDO u. a.) für geeignet ausgewählte Modelle
(isolierte Atome, Moleküle, kleine Teilchenensemble) Aussagen zur Struktur elektronisch angeregter Zustände sowie geometrischen Veränderungen im Verlaufe der Anregung liefern.
In der Literatur findet man verschiedene Definitionen für die Zusammenhänge von
photochemischer Anregung, Primärprozeß, physikalischen Prozessen der Desaktivierungskaskade und Folgereaktionen. Im folgenden soll als photochemischer Primärprozeß der erste im angeregten Molekül stattfindende chemische Prozeß verstanden werden. Er kann in der Spaltung bestehender oder der Knüpfung neuer Bindungen, aber
auch in der Aufnahme bzw. Abgabe eines Elektrons bestehen und stellt nach dieser
Definition immer eine Konkurrenz zu den physikalischen Desaktivierungsprozessen
dar. Die photochemische Anregung erfolgt mit Energiequanten des sichtbaren bis
ultravioletten Bereiches (700 bis 150 nm). Das entspricht Energien zwischen 168 und
796 kJ mol^{-1}. Im gleichen Bereich liegen auch die Bindungsenergien (z. B. C—I
≈ 180 kJ mol^{-1}; C—Cl ≈ 293 kJ mol^{-1}; C=O ≈ 712 kJ mol^{-1}) in organischen Molekülen, so daß die der Anregung folgende Konkurrenz zwischen photophysikalischer Des-
aktivierung und photochemischen Primärprozessen verständlich wird.
Die strahlenchemische Anregung wird durch γ-Strahlen oder Korpuskularstrahlen
(α-Strahlen, Neutronen- und Elektronenstrahlen) hervorgerufen. Während bei der
photochemischen Anregung die Elektronen auf energiereichere Niveaus gehoben werden, überschreiten sie bei strahlenchemischer Anregung die Systemgrenze, so daß unmittelbar Radikal- bzw. Ionenbildung auftritt.
Zu ergänzen ist noch, daß man zu den für photochemische Reaktionen besonders wichtigen S_1- bzw. T_1-Zuständen nicht nur durch direkte Einstrahlung in die Absorption
der Grundzustände der Moleküle gelangt, sondern auch durch Energieübertragung
von S_1- bzw. T_1-Zuständen anderer Moleküle. Für diese als Sensibilisierung bezeichnete
Energieübertragung gibt es mehrere Mechanismen, die von Komplexbildungen über
einen losen Kontakt bis zur Übertragung auf Entfernungen von etwa 100 Å reichen.
An eine direkte oder sensibilisierte Anregung schließen sich die Primärprozesse an, die
wie folgt unterteilt werden:

1. Photophysikalische Primärprozesse (Abschn. 5.8.). Sie können unter Lichtemission
erfolgen, durch Übergänge zwischen Elektronenzuständen gleicher Spinmultiplizität
z. B. $S_1 \rightarrow S_0$; Fluoreszenz) oder durch Übergänge unterschiedlicher Spinmultiplizität (z. B. $T_1 \rightarrow S_0$; Phosphoreszenz). Die Desaktivierung kann auch strahlungslos er-

folgen unter sog. Schwingungsrelaxation (Schwingungsenergieverteilung entsprechend dem thermischen Gleichgewicht des betreffenden Elektronenzustandes, z. B. $S_1[j=n] \rightarrow S_1[j=0]$), durch innere Umwandlung (Internal Conversion [IC], z. B. $S_2 \rightarrow S_1$) oder durch interne Kombination (Intersystem Crossing [ISC], z. B. $S_1 \sim T_1$).

2. Photochemische Primärprozesse. Die auf der Basis spektroskopischer Untersuchungen zu klassifizierenden Anregungszustände (σ,σ^*-; n,σ^*-; n,π^*-; π,π^*-; CT- und d-d-Zustand) können als Konkurrenz zu den physikalischen Desaktivierungsprozessen chemische Reaktionen eingehen, die intramolekular zur Dissoziation in Radikale oder Ionen, zu Eliminierungen, Umlagerungen usw. führen. Mit Reaktionspartnern im Grundzustand können auch intermolekulare Substitutions- oder Additionsreaktionen ablaufen.

Von reaktionstheoretischem Interesse sind besonders die photochemischen Primärprozesse sowie deren Folgereaktionen, die daher in diesem Buch ausschließlich behandelt werden.

9.2.1. Kinetik photochemischer Reaktionen

Neben den Prozentausbeuten photochemischer Reaktionen interessieren vor allem zur zeitabhängigen Verfolgung ihres Verlaufes die Quantenausbeuten φ.

$$\varphi = \frac{\text{Zahl der am phys. oder chem. Primärprozeß beteiligten Moleküle}}{\text{Zahl der absorbierten Lichtquanten}}$$

Werden z. B. im Primärprozeß von 100 angeregten Molekülen 20 strahlungslos desaktiviert ($\varphi_{IC} = 20/100 = 0{,}2$), 30 fluoreszieren ($\varphi_F = 30/100 = 0{,}3$) und 50 gehen eine chemische Reaktion ein ($\varphi_C = 50/100 = 0{,}5$), so ist die Summe dieser sogenannten primären Quantenausbeuten

$$\sum_i \varphi_i = 1$$

Bezogen auf die Zahl verbrauchter Edukte oder entstehender Produkte kann die primäre Quantenausbeute kleiner oder größer als 1 sein. Letzteres trifft z. B. auf Photopolymerisationen und andere Kettenreaktionen zu (z. T. bis 10^6).

Da die physikalischen Desaktivierungsprozesse keinen Stoffumsatz ergeben, auf den sich aber die zeitliche Verfolgung chemischer Reaktionen bezieht, hat sich in der Photokinetik der Gebrauch unterschiedlich definierter Quantenausbeuten als zweckmäßig erwiesen [9.11], [9.12]. Von den wahren oder scheinbaren integralen oder differentiellen Quantenausbeuten ist die wahre differentielle Quantenausbaute φ_C^A besonders hervorzuheben:

$$\varphi_C^A = \pm \frac{\dot{C}}{I_A}$$

A und C bezeichnen die an der Photoreaktion beteiligten Stoffe. $\dot{C}$ bedeutet die zeitliche Konzentrationsänderung von C und I_A die von A pro Sekunde und Volumeneinheit absorbierte Strahlung (Einstein $s^{-1} l^{-1}$).

Für das in diesem Abschnitt formulierte allgemeine kinetische Schema zur mathematischen Behandlung einfacher Photoreaktionen gilt der Zusammenhang zwischen Mechanismus und Quantenausbeute nur für die wahre differentielle Quantenausbeute φ_C^A.

Als einfache Photoreaktion versteht man dabei, daß nur ein Stoff durch Photoaktivierung eine chemische Reaktion auslöst. Andere Reaktanden können zwar Strahlung absorbieren, dürfen aber keine Reaktion auslösen.

Liegen dagegen komplexe Photoreaktionen vor, deren Mechanismus geprägt ist durch Energieübertragungsprozesse, photochemische Zwischenstufen unterschiedlicher Lebensdauer oder Reversibilität der Bildung radikalischer, ionischer bzw. angeregter Spezies, so ist eine weitergehende Aufgliederung in partielle Quantenausbeuten erforderlich.

Obwohl die Untersuchung der photophysikalischen Prozesse nicht unmittelbar zur Aufklärung der Zwischenstufen photochemischer Reaktionsfolgen beiträgt, liefern sie jedoch wertvolle Indizien über mögliche Abläufe. Das betrifft insbesondere den Nachweis, ob es sich um Singulett- oder Triplettanregungen handelt, denn aus den unterschiedlichen Lebensdauern dieser Anregungszustände kann gefolgert werden, ob die betreffende Photoreaktion mit einiger Wahrscheinlichkeit monomolekular verläuft oder bimolekular. Während die Lebensdauer von Singulettzuständen zwischen 10^{-9} bis 10^{-5} s liegt, beträgt sie für T_1-Zustände infolge des spinverbotenen $T_1 \rightarrow S_0$-Übergangs zwischen 10^{-5} bis 10^{-3} s. Daraus ergibt sich in grober Verallgemeinerung, daß monomolekulare Photoreaktionen sowohl über Singulett- als auch Triplett-Anregung verlaufen können während bimolekulare Photoreaktionen in der Regel die längerlebige Triplettanregung erfordern. Die photophysikalische Kinetik richtet sich daher in erster Linie auf die Ermittlung der Lebensdauer der Anregungszustände. Das gelingt relativ einfach bei Desaktivierung unter Lichtemission (exoenergetische Prozesse), wo z. B. durch Blitzlichtphotolyse die Relaxationszeiten von Triplettzuständen ermittelt werden können. oder mittels Ultra-Kurzzeitspektrokopie aus den Fluoreszenzabklingzeiten die Lebensdauer von Singulettzuständen zugänglich ist. Dagegen können die strahlungslose Desaktivierung sowie Energieübertragungsprozesse (endoenergetische Prozesse) nicht direkt beobachtet werden. Durch Sensibilisierung (Singulett- bzw. Triplettsensibilisatoren) von Anregungszuständen in den zu untersuchenden Edukten oder durch gezielte Desaktivierung (Singulett- bzw. Triplettlöscher) sind mit den vorgenannten spektroskopischen Messungen wiederum Aussagen über die Natur und zeitliche Änderung von Anregungszuständen möglich.

Die photochemische Kinetik betrachtet dagegen die zeitliche Veränderung der Stoffumwandlung als Folge der Elektronenanregung. Für die kinetische Behandlung des Gesamtvorganges (Primärprozeß und Folgereaktionen) sind in vereinfachter Darstellung folgende Schritte unterschiedlicher Geschwindigkeit zu berücksichtigen:

Die Edukte A und B sollen durch photochemische Aktivierung in die Produkte X und Y umgewandelt werden.

$$A + B \overset{h\nu}{\rightarrow} X + Y$$

Für die Aktivierung des Stoffes A aus dem Grundzustand $A_0 \overset{h\nu}{\longrightarrow} A^*$ ist die Geschwindigkeit ($\approx 10^{-15}$ s) $r_0 = a \cdot I$.

Dabei ist a ein Proportionalitätsfaktor und I die Strahlungsintensität. Für die Geschwindigkeit gilt dann:

– bei Desaktivierung durch Fluoreszenz, Reemission oder strahlungslos

$$A^* \rightarrow A_0 + h\nu' \text{ (oder Wärme)} \qquad r_1 = k_1 [A^*]$$

- durch chemische Reaktion mit B

$$A^* + B \rightarrow P \qquad\qquad\qquad r_2 = k_2\,[A^*]\,[B]$$

- durch Energieübertragung auf einen Löscher (L)

$$A^* + L \rightarrow A_0 + L^* \qquad\qquad r_3 = k_3\,[A^*]\,[L]$$

Für die Quantenausbeute der Produktbildung gilt:

$$\varphi = \frac{r_2}{r_0} = \frac{k_2[A^*]\,[B]}{a\,I}$$

Etwa 10^{-7} s nach dem Start der Reaktion wird mit dem Erreichen eines photostationären Zustandes gerechnet (*Bodenstein*-Prinzip), wonach ständig so viel Moleküle A^* gebildet werden, wie nach einem der drei Wege desaktiviert werden. Für die Konzentrationsermittlung der angeregten Spezies, die in der Reaktionskoordinate einer Zwischenstufe geringer Lebensdauer und damit hoher potentieller Energie entspricht, gilt:

$$\frac{d[A^*]}{dt} = aI - k_1[A^*] - k_2[A^*]\,[B] - k_3[A^*]\,[L] = 0$$

$$[A^*] = \frac{aI}{k_1 + k_2[B] + k_3[L]}$$

Setzt man diesen Ausdruck in die obige Gleichung der Quantenausbeute ein, so ergibt sich deren Reziprokwert zu

$$\frac{1}{\varphi} = \frac{aI}{k_2[B]} \; \frac{k_1 + k_2[B] + k_3[L]}{aI} = 1 + \frac{k_1}{k_2[B]} + \frac{k_3[L]}{k_2[B]}$$

Man erkennt leicht, daß die Quantenausbeute bei Erhöhung von [B] und Verminderung von [L] zunimmt. Der obige Gleichungstyp entspricht einer sogenannten *Stern-Volmer*-Gleichung. Sie enthält neben den experimentell zugänglichen Gliedern (Quantenausbeute in Abhängigkeit von den Konzentrationen der Edukte) ein Verhältnis von Geschwindigkeitskonstanten. Ihre Einzelbestimmung ist nur möglich, wenn die Gleichung durch Wegfall von Gliedern vereinfacht werden kann (z. B. [L] = 0) oder die Geschwindigkeit eines Prozesses separat bestimmbar ist (z. B. k_1 durch Kurzzeitfluoreszenzspektroskopie). In üblicher Weise wird dann zur Reaktionsaufklärung überprüft, ob die Quantenausbeute von den Gliedern der *Stern-Volmer*-Gleichung ($\varphi = f(k_i, c_j, I)$) in der Weise abhängt, wie es für einen Modellmechanismus erwartet wird.

9.2.2. Besonderheiten und Klassifizierung photo- und strahlungsangeregter Reaktionen

Sofern die Energieflächen des Gesamtvorgangs (Anregung und Desaktivierung der Edukte, Zwischenstufen und Produkte) bekannt sind, können photochemische Reaktionen auch danach beurteilt werden, ob und an welchem Punkt der Reaktionskoordinate Übergänge zwischen Energieflächen der Grundzustände bzw. angeregter Zustände erfolgen. Dieser Unterschied soll mit Bild 9.7 veranschaulicht werden.
Verläuft die Reaktion zwischen Energieflächen unterschiedlicher potentieller Energie, so spricht man von einem diabatischen Prozeß (Bild 9.7b), beim Verlauf über eine Energiefläche dagegen von einem adiabatischen Prozeß (Bild 9.7a). Danach können durch Strahlung initiierte quasi-thermisch verlaufende Reaktionen über schwingungsange-

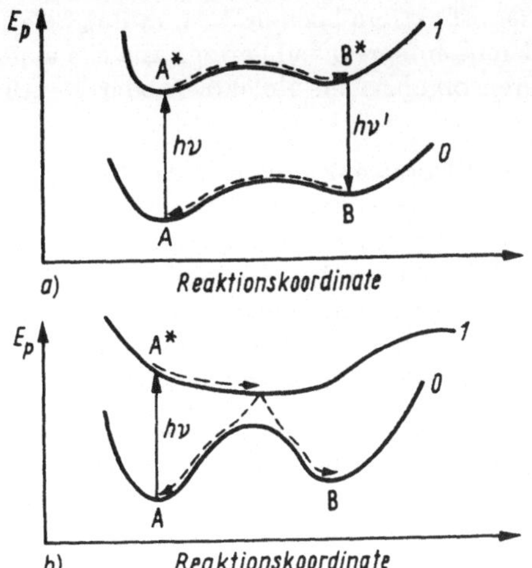

Bild 9.7. Adiabatischer (*a*) und diabatischer (*b*)
Verlauf einer photochemischen Reaktion
Mit 0 bzw. 1 wird die Potentialfläche des
Grundzustandes bzw. des angeregten Zustandes
bezeichnet.

regte Grundzustände (z. B. «heiße» Radikale) unterschieden werden von Reaktionen,
deren Zwischenstufen sich noch auf der Potentialfläche angeregter Zustände befinden
und deren Desaktivierung auf der Stufe des Produktes erfolgt. Häufig handelt es sich
bei den Zwischenstufen um Charge-Transfer-Komplexe im angeregten Zustand, zwischen gleichartigen Molekülen werden sie Excimere genannt, zwischen verschieden-
artigen Molekülen Exciplexe. Die meisten photochemischen Reaktionen verlaufen
diabatisch entsprechend Bild 9.7 *b*.
Obwohl das Bild der Reaktionskoordinate ein qualitatives Verständnis vermitteln
kann, sind die Kenntnisse über photochemische Mechanismen ähnlich wie bei den
Feststoffreaktionen noch nicht so umfassend, um die den Ablauf charakterisierenden
Stufen exakt zu belegen. Deshalb erfolgt die Klassifizierung photochemischer Reaktionen nach den bekannten Prinzipien bei thermischer Aktivierung, wobei dem jeweiligen Reaktionstyp (z. B. Substitution, Addition, Isomerisierung) der Ausdruck
«Photo»- vorangestellt wird. Vor der Behandlung einiger Reaktionstypen sollen in
diesem Abschnitt noch die Besonderheiten und Vorzüge photochemischer Reaktionen
kurz angesprochen werden.

1. Den Edukten können durch Strahlung wesentlich höhere Energiebeträge zugeführt
werden als durch thermische Anregung. Wie eingangs erwähnt, entspricht der Wellen-
längenbereich der Photochemie Energien, die bei organischen Molekülen zur homolytischen und bei Bindungen mit schwereren Atomen sogar zur heterolytischen Bindungsdissoziation führen.

2. Durch die Quantelung der Energieaufnahme können in einem Stoff nur ganz bestimmte Elektronenzustände angeregt werden. Beispielsweise kann beim Arbeiten mit
monochromatischem Licht in einem komplizierten Molekül, das neben Doppelbindungen noch Carbonylgruppen enthält, direkt Licht der Wellenlänge des n, π^*-Übergangs
einer Carbonylgruppe eingestrahlt werden. Es wird also bezüglich der Initiierung einer
Photoreaktion eine sehr hohe Selektivität erreicht, die bei thermischer Aktivierung
nicht möglich ist. Das trifft allerdings nicht auf die Strukturselektivität der Produktbildung zu. Die Reaktivität von Zwischenstufen einer Photoreaktion («heiße» Grundzu-

standsspezies und angeregte Zwischenstufen) ist oft extrem hoch und damit ihre Selektivität zur Befolgung eines Reaktionsmechanismus entsprechend gering. Anstelle eines Produktes erhält man dann bei komplizierteren organischen Molekülen oder Metallkoordinationskomplexen ein Produktspektrum.

3. Die letztgenannte Feststellung ist insofern eine Herausforderung an den Chemiker, als durch die elektronische Anregung die Orbitalgeometrie so verändert werden kann, daß aus den angeregten Zwischenstufen die sterische Anordnung von Übergangszuständen möglich wird, wie sie sich zwischen den Edukten im Grundzustand nicht bilden können (typische Beispiele sind Cyclobutanstrukturen durch Dimerisierung von Doppelbindungen; vgl. *Woodward-Hoffmann*-Regeln). Damit ergibt sich ein weites Feld neuer Synthesemöglichkeiten, die auch technische Bedeutung erlangen können.

4. Eine Möglichkeit zur Erhöhung der Selektivität ist die Durchführung von photo- und strahlungsangeregten Reaktionen bei tiefen Temperaturen, da die Aktivierungsenergien der elektronischen Umordnung aus den angeregten Spezies verschwindend gering sind. Auf diese Weise können derartige Zwischenstufen (Radikale, Ionen, Carbene, Nitrene) durch Einschränkung ihrer Mobilität (Käfigeffekt von Lösungsmitteln, Reaktionen in Feststoffmatrices) in kondensierten Phasen zu einer selektiven Produktbildung geführt werden. Das gelingt auch durch Kondensation (z. B. Metallatome aus der Photolyse von Metallcarbonylen) bzw. Cokondensation (z. B. Metallatome mit O_2, N_2, Olefinen, Dienen, Alkyl- und Arylhalogeniden) aus der Gasphase auf extrem gekühlte Unterlagen. Die schnelle Entfernung der reaktiven Zwischenstufen aus der Reaktionszone gewährleistet eine höhere Selektivität der Produktbildung, da viele mögliche Parallel- und Folgereaktionen auf diesem Wege ausgeschlossen werden können [9.13].

Photochemische Spaltungsreaktionen

Relativ gut untersucht sind photochemische Spaltungen von Aldehyden und Ketonen, die über n, π^*-Anregungen im langwelligen UV (um 300 nm) erfolgen. In der Carbonylgruppe geht dabei ein Elektron des freien Elektronenpaares am Sauerstoff in ein antibindendes π-Orbital über, wodurch die Carbonylgruppe Diradikalcharakter erhält:

$$\mathrm{C}=\overline{\mathrm{O}} \xrightarrow{h\nu} \left[\mathrm{C} \dot{=} \dot{\mathrm{O}} \rightarrow \dot{\mathrm{C}} - \dot{\mathrm{O}}| \right]$$

In Abhängigkeit von der Struktur der Carbonylverbindung und den Reaktionsbedingungen kann die Stabilisierung des Diradikals über unterschiedliche Parallel- und Folgereaktionen verlaufen. Am Beispiel der Photolyse einfacher Ketone seien einige Spaltungsreaktionen angeregter Diradikale genannt:

$$R\text{-}C(O)\text{-}R \xrightarrow{h\nu} \left[R\text{-}\dot{C}(|\overline{O}|)\text{-}R \right]^* \longrightarrow R\cdot \; \cdot\dot{C}(|\overline{O}|)\text{-}R \longrightarrow \begin{cases} R\text{-}R + R\text{-}C(O)\text{-}C(O)\text{-}R \\ R\text{-}R + CO \end{cases}$$

Diese sogenannten *Norrish*-Typ-I-Spaltungen erfolgen bevorzugt in der Gasphase, da hier die Desaktivierung durch bimolekulare Stöße sowie die Rekombination des primären Radikalpaares (R· und R—Ċ=O) weniger wahrscheinlich sind als in Lösung. Bei geeigneter Struktur sind auch intramolekulare Reaktionen möglich, z. B. bei Ketonen mit H-Atomen in γ-Position zur Carbonylgruppe (*Norrish*-Typ-II-Spaltung):

Die Produktbildung ist bei diesem Typ stark von den Reaktionsbedingungen abhängig. Bei tiefer Temperatur in Lösung wird neben den Fragmentierungsprodukten auch eine Zunahme der Ausbeute des Cyclobutanderivates beobachtet. Als Ursache für diesen Spaltungstyp wird ein Käfigeffekt des Lösungsmittels angenommen, wonach durch Rekombination der *Norrish*-Typ-I-Primärradikale im Lösungsmittelkäfig die Wahrscheinlichkeit für Typ-II-Spaltungen zeitlich erhöht wird. Mit Temperaturerhöhung nimmt auch in Lösung die Ausbeute an Typ-I-Spaltprodukten zu. Schließlich erfolgen daneben auch bimolekulare Reaktionen, wie z. B. die Photoreduktion:

Aus der Zusammensetzung des Produktgemisches in Abhängigkeit von den Reaktionsbedingungen kann man z. B. beim Einsatz unsymmetrisch substituierter Ketone Hinweise auf den Mechanismus der Photoreaktion (Nachweis von Käfigeffekten) erhalten. Andere, nichtkinetische Methoden zur Reaktionsaufklärung bestehen darin, daß man Stoffe zusetzt, die selektiv durch Energieübertragung entweder Singulettanregung bzw. Triplettanregung bewirken oder umgekehrt diese Anregungszustände desaktivieren (Löscher), bevor ihre Spaltung eintritt. Auf diesem Wege erhält man Hinweise, ob eine Spaltungsreaktion bevorzugt über Singulettanregung oder über Triplettanregung verläuft. So kann in Gegenwart von Sauerstoff oder Piperylen als Triplettlöscher die Quantenausbeute einer über Triplettzustände verlaufenden Spaltung vermindert werden oder völlig gegen Null gehen. Das Gegenteil trifft für Triplettsensibilisatoren zu (z. B. Benzophenon, Farbstoffe). Setzt man bei einer photochemischen Spaltungsreaktion, z. B. aliphatischer Azoverbindungen, fluoreszierende aromatische Kohlenwasserstoffe zu (z. B. Triphenylen, Pyren), so deutet die spektroskopisch nachweisbare Fluoreszenzlöschung auf den Verlauf über Singulettzustände hin. Zusätzlich kann in diesem Fall eine Erhöhung der Quantenausbeute durch Singulettsensibilisierung infolge Energieübertragung vom aromatischen Kohlenwasserstoff zur Azoverbindung erwartet werden. Diese methodischen Aspekte wurden am Beispiel photochemischer Spaltungen deshalb hervorgehoben, weil sie zur Untersuchung der anderen photochemischen Reaktionstypen gleichermaßen wichtig sind. So konnte durch kinetische und nichtkinetische Methoden gezeigt werden, daß bimolekulare Photoreaktionen, wie die oben angeführte Photoreduktion von Aldehyden und Ketonen, bevorzugt über Triplettanregungen ver-

laufen. Dagegen wurde bei monomolekularer Reaktion, z. B. von aliphatischen Azoverbindungen, häufig ein Verlauf über Singulettanregung nahegelegt. Es muß berücksichtigt werden, daß bei relativ geringen Energieunterschieden, z. B. zwischen T_1-
und S_1-Zuständen, wie es gerade bei Carbonylverbindungen der Fall ist, eine Entscheidung für einen Mechanismus schwerfällt, zumal die $S_1 \rightarrow T_1$-Umwandlung (ISC $\sim$
10^{-13} bis 10^{-11} s) sehr schnell erfolgt.

Photoisomerisierungen

Dieser Reaktionstyp, zu dem z. B. (Z)-(E)-Isomerisierungen von Olefinen und Metall-
koordinationsverbindungen sowie Phototautomerien und diverse Photoumlagerungen
zählen, ist bezüglich der Mechanismen am besten untersucht. Durch die ausschließlich
intramolekulare elektronische Umordnung gestaltet sich ihr Verlauf übersichtlicher,
und Diffusionseinschränkung, Stoßquerschnitt und Stoßhäufigkeit spielen nicht die
Rolle wie bei bimolekularen Reaktionen. Zur Untersuchung der Mechanismen von
Photoisomerisierungen werden ebenfalls Methoden der Kurzzeit- bzw. Ultrakurzzeit-
spektroskopie angewendet und der Einfluß von Sensibilisatoren bzw. Löschern auf
Geschwindigkeiten oder Quantenausbeuten beobachtet. Dabei konnte gezeigt werden,
daß Photoisomerisierungen häufig über kurzlebige Singulettzustände verlaufen. Andererseits konnte für die Photoisomerisierung konjugierter π-Systeme (z. B. Stilben) aus
der Gleichartigkeit der Experimente bei unsensibilisierter Reaktion und in Gegenwart
von Triplettsensibilisatoren ein Triplettmechanismus gesichert werden. Für die (Z)-
(E)-Isomerisierung des Stilbens wird zunächst eine $S_0 \rightarrow S_1$-Anregung angenommen,
die sich durch ISC in einen T_1-Zustand umwandelt, bis schließlich die $T_1 \rightarrow S_0$-Desakti-
vierung erfolgt. In den angeregten Zuständen besitzt die zentrale Doppelbindung Diradikalcharakter, und es kann eine Rotation um die verbleibende Einfachbindung erfolgen. Dabei stellt sich bei konstanter Bestrahlung mit der Zeit ein photostationärer
Zustand ein, in dem das Gleichgewicht zwischen der (E)- und der (Z)-Form unabhängig
vom Ausgangsisomerenverhältnis ist.

Im allgemeinen überwiegt die thermodynamisch weniger stabile (Z)-Form («optisches
Pumpen»). Sie kann bei erhöhter Temperatur durch thermische Reaktion unter Ausbildung des thermodynamischen Gleichgewichts wieder in die (E)-Form umgewandelt
werden. Der photostationäre Zustand entspricht also einem kinetisch kontrollierten
Ergebnis der Geschwindigkeiten von Aktivierung und Desaktivierung. Interessanterweise ist die Aufhebung der Coplanarität der tratus-Form bereits in den angeregten
Zuständen durch Verdrillung der Phenylringe relativ zur Ebene der C—C-Achse erfolgt. Mit der Rotationsbarriere von lediglich 8—12 kJ mol⁻¹ (berechnet aus der Temperaturabhängigkeit der Quantenausbeute) erfolgt dann die Umwandlung von der
(E)- zur (Z)-Form, die infolge sterischer Hinderung der beiden Phenylringe auch im
Grundzustand nicht coplanar ist. Die überwiegende Bildung ($\sim 90\%$) der sterisch un-
günstigeren Form muß somit als «Einfrieren» des photostationären Zustandes durch
Desaktivierung betrachtet werden.

328

Weitere Photoreaktionen

Unter dieser Zusammenfassung soll auf eine Reihe unterschiedlicher Reaktionstypen, wie Photosubstitutionsreaktionen, Photoadditionsreaktionen oder photochemische Redoxreaktionen aufmerksam gemacht werden. Ihre Betrachtung zeigt Analogien zu den Mechanismen thermischer Reaktionen, aber auch viele Besonderheiten. Auf das Problem der Diffusionseinschränkung der kurzlebigen angeregten Zwischenstufen (Käfigeffekte) wurde an früherer Stelle bereits hingewiesen. Neben der in anderem Zusammenhang bereits erwähnten bimolekularen Photoreduktion sollen lediglich zwei Beispiele zur Verdeutlichung von Besonderheiten hrausgegriffen werden.

Bei der photochemischen Anregung von π,π^*-Zuständen in Olefinen können sich diese an im Grundzustand befindliche π-Systeme addieren. Wenn die Reaktion von zwei gleichen Molekülen zu einem Cyclobutanring erfolgt, spricht man von einer [2+2]-Cycloaddition. Aus orbitalgeometrischen Gründen ist die Quantenausbeute bei cyclischen Olefinen, deren Struktur im angeregten Zustand keine starke Verdrehung um die Quasi-Einfachbindung zuläßt, stets höher als bei einfachen Olefinen (Ethen, Propen). Grundsätzlich sind diese [2+2]-Cycloadditionen nur auf photochemischem Wege möglich, wobei der Verlauf sowohl über Triplett- als auch Singulettanregung erfolgen kann. Für die Dimerisierungen des Norbornens und des Acenaphthens gibt es Hinweise, daß das sterisch jeweils günstigere Dimere (exo,exo-Dinorbornen bzw. cis,syn,cis-Diacenaphthen) bei unsensibilisierter Photoreaktion über einen Singulettzustand gebildet wird, während die sterisch weniger günstigen Dimeren in Gegenwart von Triplettsensibilisatoren bevorzugt über den Triplettzustand entstehen (exo,endo-Dinorbornen bzw. cis,anti,cis-Diacenaphthen). Als Ursache wird eine sterische Behinderung des zweiten Olefinmoleküls durch den Triplettgenerator angenommen, so daß vor dessen Abdiffusion vom angeregten Molekül der sterisch weniger günstige Weg genommen werden muß.

exo,exo – Dinorbornen

exo,endo – Dinorbornen

Besonderheiten ergeben sich auch bei Photosubstitutionsreaktionen an benzoiden Verbindungen. Sie können sowohl nach einem radikalischen als auch nach einem ionischen Mechanismus verlaufen. In theoretischer Hinsicht besonders interessant sind ionische Reaktionen, die sowohl als S_N- oder als S_E-Reaktionen ablaufen, wobei sich die Produktverteilung bei der Zweitsubstitution gegenüber dem Ergebnis der Reaktion bei thermischer Aktivierung umkehrt. Beispielsweise konnte gezeigt werden, daß die heterolytische Photosubstitution an benzoiden Verbindungen bevorzugt über π,π^*-Singulettzustände verläuft. Die Quantenausbeuten sind mit $\varphi \sim 0,5$ relativ hoch, so daß diesem Syntheseweg durchaus präparative Bedeutung zukommt. So ist die direkte

Aminierung von Nitrobenzen in flüssigem Ammoniak durch thermische Aktivierung nicht möglich. Photochemisch verläuft sie dagegen unter milden Bedingungen, wobei die Nitrogruppe in o- und p-Stellung dirigiert:

Abschließend sei auf die Photooximierung hingewiesen, als der derzeit im größten Maßstab industriell durchgeführten Photoreaktion. Dabei wird Cyclohexan unter Lichteinstrahlung (< 365 nm) in Gegenwart von Chlorwasserstoff mit Nitrosylchlorid umgesetzt und das entstehende Cyclohexanonoximhydrochlorid durch eine *Beckmann*-Umlagerung in ε-Caprolactam übergeführt, das durch Ringöffnungspolymerisation den Kunstfaserrohstoff 6-Polyamid ergibt:

Strahlenchemische Aktivierung und heterolytische Folgereaktionen

Bei der Anregung durch energiereiche Strahlung (z. B. γ-Strahlen) kann schließlich ein Elektron die Systemgrenze verlassen, und es kommt zur Ionenbildung. Die dabei entstehenden Ionenpaare ($X—Y \xrightarrow{\gamma\text{-Str.}} X—Y^{\oplus} + e^{\ominus}$) haben in der Gasphase nur eine kurze Lebensdauer (10^{-8}—10^{-10} s) und sind dementsprechend reaktiv. In Lösung können die Ionen dagegen in üblicher Weise solvatisiert und damit stabilisiert werden, so daß die Folgereaktionen selektiver ablaufen als in der Gasphase. Beispielsweise können die bei Strahlungsaktivierung entstehenden «freien» Elektronen in Wasser bis zu Lebensdauern von 10^{-3} s solvatstabilisiert werden.

$$A \xrightarrow{\gamma\text{-Str.}} [A*] \xrightarrow{+n\,H_2O} A—O^{\oplus}\!\!<^{H}_{H} + [e]^{\ominus}_{Solv.}$$

Diese Reaktionsfolge kann präparativ zur Elektronenaufnahme (Reduktion) durch andere Stoffe genutzt werden.

Von den sich an die durch Strahlung bewirkte Ionisierung anschließenden Folgereaktionen sei als ein Beispiel die Initiierung ionischer Polymerisationen genannt. Um zu erkennen, ob es sich bei den Kettenträgern um Kationen oder Anionen handelt, untersucht man den Einfluß kettenabbrechender Stoffe (z. B. NH_3 bei Kationen und $H^{\oplus}$ aus HX bei Anionen) auf den Umsatz des Monomeren. Der Umsatz kann dabei nicht wie in der Photochemie durch eine Quantenausbeute ausgedrückt werden, da die Energieabsorption der ionisierenden Strahlung nicht vom Besetzungszustand der Elektronen des bestrahlten Stoffes abhängt. Man definiert sogenannte G-Werte, die in unserem Beispiel die Zahl umgesetzter Monomereinheiten pro 100 eV Energieabsorption bedeuten (G_{Mon}).

Aus der Bestimmung des mittleren Polymerisationsgrades ($\overline{DP}$) kann dann die Ausbeute an Initiatormolekülen ($G_{\text{Init.}}$), die durch die Bestrahlung entstanden sind, erhalten werden:

$$G_{\text{Init.}} = \frac{G_{\text{Mon.}}}{\overline{DP}}$$

Ein weiteres Charakteristikum strahlenangeregter Reaktionen ist die Strahlendosis, der Quotient aus absorbierter Strahlenenergie und der Masse des Reaktionssystems (z. B. eV/g). Für die Polymerisation von Cyclopentadien, α-Methyl-styren und Isobutyl-vinylether konnte man bei Initiierung in einer Cobalt-60-Strahlenquelle durch Abbruchexperimente mit NH_3 einen kationischen Wachstumsmechanismus sichern, wobei die Wachstumsgeschwindigkeiten bei diesen «Gegenion-freien» Reaktionen sehr hoch sind (10^6 bis 10^8 mol^{-1} s^{-1}).

Insgesamt muß jedoch gesagt werden, daß die Reaktionsaufklärung strahlungsangeregter Reaktionen sehr schwierig ist und gegenwärtig nur wenige gesicherte Informationen vorliegen. Das gilt in gleicher Weise auch für Reaktionen, die z. B. mechanochemisch (Tribochemie) oder durch energiereiche Plasmen (Plasmachemie) angeregt werden. Trotz großer praktischer Bedeutung derartiger Reaktionsprinzipien (z. B. für Oberflächenmodifizierung von Werkstoffen, Reaktionsbeschleunigung von Feststoffreaktionen, Synthesen in Plasmen) sind verallgemeinerungsfähige Aspekte zu Reaktionsabläufen noch nicht möglich. In der Regel hat man auch nicht mit *einem* konkreten Mechanismus zu rechnen, da die Stabilisierungsfolgen der energiereichen Zwischenstufen zu einer Vielzahl von Parallel- und Folgereaktionen führen, die z. T. als thermische Reaktionen und z. T. über elektronisch angeregte Spezies ablaufen. Weiterhin sind meistens auch keine homogenen Reaktionszonen vorhanden (z. B. Lichtbögen und Plasmen), so daß sich das Verhältnis unterschiedlicher Elementarprozesse im Reaktionsvolumen ortsabhängig ändert. Schließlich handelt es sich häufig bei derartigen Reaktionen auch nicht um einen stöchiometrisch ausdrückbaren Stoffumsatz, sondern um die praktische Gewinnung einer Stoffeigenschaft (Härte, Leitfähigkeit, Elastizität, Porosität usw.), die durch Bildung und Spaltung unterschiedlicher Bindungen in Mehrstufenfolgen erreicht wird und in das gegenwärtige Bild von Reaktionsmechanismen nicht einzuordnen ist.

9.3.   Elektrochemische Aktivierung

Im Gegensatz zu anderen thermischen Prozessen der organischen Chemie oder auch einer Reihe heterogener Reaktionen mit anorganischen Verbindungen handelt es sich bei elektrochemischer Aktivierung in erster Linie um Redoxvorgänge, die entweder direkt als Elektrodenreaktionen ablaufen (Elektrolyse zur Metallabscheidung aus Lösung bzw. Schmelzen) oder als Folgereaktionen der elektrochemischen Aktivierung im Anodenraum (Oxydationsprozesse gekoppelt mit einem Reduktionsvorgang) und Katodenraum (Reduktionsprozesse gekoppelt mit einem Oxydationsvorgang) getrennt betrachtet werden. Den theoretischen Grundlagen von Elektrolytgleichgewichten und den Grundzügen der Elektrochemie ist das Lehrbuch 5 im Lehrwerk Chemie des Grundstudiums gewidmet. Im folgenden soll diese Aktivierungsform hier Erwähnung finden, weil sich aus der Kenntnis von Elektrodenpotentialen und ihrer geeigneten Kopplung zu korrespondierenden Redoxpaaren Möglichkeiten zur gezielten Beeinflussung von Reaktivität und Selektivität ergeben. Obwohl auch kovalenten Bindungen in organi-

schen Molekülen an einer Katode Elektronen zugeführt bzw. an einer Anode entzogen
werden können, liegt die Hauptanwendung der elektrochemischen Aktivierung im
Bereich der Elektrolyte. Die Aufklärung des Mechanismus elektrochemischer Reaktionen richtet sich daher im Vergleich zu normalen Ionenreaktionen auf die Veränderung des Ladungszustandes bei den Elektrodenreaktionen oder ihren Reaktionsfolgen
sowie auf den Transport von Ionen (incl. ihres Solvatationszustandes) im Reaktionssystem.

Zur Untersuchung von Elektrodenreaktionen

Es wurde bereits angedeutet, daß es sich bei den Elektrodenreaktionen um heterogene
Reaktionssysteme handelt, wobei prinzipiell alle 5 binären Phasenkombinationen (Abschn. 9.1.) bekannt sind. Davon beanspruchen die Systeme Feststoff-Flüssigkeit (Elektrolyse) sowie Feststoff-Feststoff (Trockenelemente) jedoch das größte praktische Interesse. Während der schnell verlaufende Elektronenaustauschvorgang an der Phasengrenze, im grenzflächennahen Bereich des Elektrolyten oder nach Grenzflächendurch-
tritt in der festen Phase (Durchtrittsreaktionen) erfolgen kann, wird die Geschwindigkeit des Reaktionsumsatzes durch die Ionendiffusion in den beteiligten Phasen bzw.
beim Durchschreiten der Phasengrenzfläche bestimmt. Damit enthalten die Mechanismen der Elektrodenprozesse sowohl homogene als auch heterogene Reaktionsschritte,
zu deren Diagnose die bereits behandelten kinetischen und nichtkinetischen Methoden
(Abschn. 6.) unter Anpassung an die elektrochemische Experimentaltechnik geeignet
sind. Das gilt streng natürlich nur für homogene bzw. heterogene Elektrolytgleichgewichte, für die eine thermodynamische Gleichgewichtskonstante und damit das Massenwirkungsgesetz formuliert werden kann. Taucht z. B. ein Silberstab (Phase I) in
eine wäßrige Silbernitratlösung (Phase II), so werden einige Silberionen an der Grenzfläche der festen Phase entladen, wobei sich diese positiv auflädt. An der Grenzfläche
in Richtung des Elektrolyten verbleiben überschüssige negative Ladungen (Ionen oder
Elektronen), die entweder über die feste Phase abgeführt werden können oder als sehr
reaktive Spezies im Elektrodenraum für Folgereaktionen zur Verfügung stehen. An
der Phasengrenzfläche stellt sich somit ein Elektrodenpotential entsprechend dem
thermodynamischen Gleichgewicht ein, dessen Veränderung nur durch Änderung der
Reaktionsbedingungen erfolgt (z. B. Konzentration des Elektrolyten, Überführung
durch Kopplung mit einer zweiten Elektrode unterschiedlichen Potentials). Während
die Thermodynamik als Betrachtung von Ausgangs- und Endzuständen die vorgenannten Möglichkeiten in der Regel nicht unterscheidet, hat es sich zur Diskussion von
Reaktionsmechanismen als nützlich erwiesen, das Durchschreiten der Phasengrenze
durch Ionen bzw. Elektronen als Durchtrittsreaktion von den Folgereaktionen dies-
seits und jenseits der Phasengrenze zu separieren. Anknüpfend an unser obiges Beispiel, wird daher folgende Unterteilung vorgenommen, wobei mit (I) die feste und mit
(II) die flüssige Phase bezeichnet wird:

$$Ag(I) \rightleftharpoons Ag^{\oplus}(II) + e^{\ominus}(II) \qquad \text{Durchtrittsreaktion}$$

$$X^{\oplus}(II) + e^{\ominus}(II) \rightleftharpoons X(II) \qquad \text{Folgereaktion}$$

$$X^{\oplus}(II) + e^{\ominus}(I) \rightleftharpoons X(II) \qquad \text{Elektrodenreaktion}$$

Da in wäßriger Lösung die Gleichgewichtskonzentration freier bzw. solvatisierter
Elektronen für einen merklichen Stoffumsatz zu gering sein wird, dürfte die direkte
Übernahme der Elektronen aus der festen Phase dominieren, und wenn $X^{\oplus} = Ag^{\oplus}$

ist, kann zwischen Durchtritts- und Folgereaktion nicht unterschieden werden. Im Falle $X^{\oplus} \neq Ag^{\oplus}$ kann dagegen die Folgereaktion (z. B. Metallabscheidung von Cu oder Zn bzw. $Fe^{3\oplus}(II) \rightarrow Fe^{2\oplus}(II)$ an einem Silberstab) analytisch charakterisiert werden. Dieses Beispiel zeigt zugleich die notwendige Kopplung von Oxydationsreaktionen (ausgehend von der festen Phase Ag) und Reduktionsreaktionen (ausgehend von der Elektrolytphase $Ag^{\oplus}$) an einer Elektrode. Beim Zusammenschalten von Elektroden (Ketten oder galvanische Zellen) verlaufen die Elektrodenprozesse in gleicher Weise, wobei für jede Phasengrenze (Elektrolyt/Gegenelektrode, Membranen zur Einschränkung der Vermischung verschiedener Elektrolyte, Wechsel von Metallphasen bei der Stromleitung) weitere Potentialdifferenzen hinzukommen. Die Berechnung der Elektrodenpotentiale bzw. ihrer Differenzen (*Galvani*-Spannung) in Abhängigkeit von der chemischen Natur und den Aktivitäten der Reaktanden erfolgt über eine *Nernst*sche Gleichung der allgemeinen Formulierung:

$$U_{eq.} = U^{\ominus} + \frac{RT}{z_r F} \ln \Pi a_i^{\nu_i}$$

In dieser Gleichung ist der Zusammenhang zwischen dem Gleichgewichtspotential der Reaktanden ($U_{eq.}$) und der freien Reaktionsenthalpie ($\Delta_R G$) der entsprechenden Elektrodenreaktion (bzw. Zellreaktion bei Elektrodenkopplung) $U_{eq.} = \Delta_R G^{\ominus}/z_r F$ enthalten. Damit kann im Prinzip aus der Messung von *Galvani*-Spannungen relativ zu Standardpotentialen (Bezugselektroden) für Einzelschritte der elektrochemisch aktivierten Reaktion (an der Phasengrenze oder innerhalb der beteiligten Phasen) auf den Mechanismus geschlossen werden.

Die Folgereaktionen dieser primären Elektrodenreaktionen können sowohl homogen als auch heterogen als Oxydations- bzw. Reduktionsreaktionen ablaufen. Dabei kann bei Elektrolysen wäßriger Lösungen der durch die primäre Entladung von $OH^{\ominus}$- bzw. $H^{\oplus}$-Ionen gebildete atomare Sauerstoff bzw. Wasserstoff mit weiteren Stoffen reagieren, bevor diese sehr reaktiven Spezies miteinander reagieren und in molekularer Form aus dem Reaktionssystem entweichen. Insbesondere in nichtwäßrigen Medien (Salzschmelzen, kovalente Edukte) können diese Reaktionen über unterschiedliche Ionen, Radikale sowie Neutralteilchen verlaufen. Bei vergleichbaren Reaktionsbedingungen unterscheiden sich die Mechanismen elektrochemisch aktivierter Folgereaktionen nicht vom Ablauf bei thermischer Aktivierung. Die elektrochemische Aktivierung hat allerdings den Vorteil, daß durch die Auswahl geeigneter Elektrodenpotentiale, die einen Redoxvorgang auslösen, hohe Selektivitäten bezüglich einer gewünschten Reaktion erreicht werden. In der anorganischen Chemie spielt das vor allem für die stufenweise Oxydation bzw. Reduktion von Metall- und Nichtmetallionen oder deren Komplexverbindungen eine große Rolle. In der organischen Elektrochemie gibt es dagegen nur relativ wenig Redoxsysteme (z. B. Chinon/Hydrochinon; Azobenzen/Hydrazobenzen), die thermodynamisch reversibel verlaufen und somit übersichtlich beeinflußt werden können. Die Produktpalette bei organischen Substanzen ist oft sehr breit, da eine Reihe von Parallel- und Folgereaktionen der primären Elektrodenreaktionen eintreten können. Hinzu kommt die schwierige Separierung bereits stabiler Reaktionsprodukte (z. B. Oxydation von Alkohol $\rightarrow$ Aldehyd) vor deren Weiterreaktion als Folge der hohen Überspannung in schlecht leitenden Reaktionssystemen. Da jedoch im Vergleich mit chemischen Redox-Reagenzien (z. B. OsO_4, $Pb(OAc)_4$) die Elektrolyse billiger erscheint, kommt der weiteren Entwicklung der präparativen Elektrochemie große Bedeutung zu [9.14]. Das betrifft sowohl elektroanalytische Methoden zur Vertiefung der Kenntnis der Mechanismen der Elektrodenreaktionen als auch die Reaktivitätskontrolle von Substraten durch Variation der Elektrodenpotentiale. Zum Beispiel lassen sich Verknüpfungen zwischen Reaktanden gleicher Polarität (Dimerisierung von Arenen, Phenylether, elektronenreichen Olefinen über Radikalkationen), die normalerweise mehrere Stufen erfordern, durch sogenannte Redox-Umpolung einstufig durchführen. Dieser Weg zur C—C-Verknüpfung kann sowohl an der Anode als auch an der Katode präparativ genutzt werden [9.15]. Auf diese Weise konnte die Steuerung von Reaktivität und Selektivität bei elektrochemischen Synthesen organischer Verbindungen gezeigt werden [9.16].

Folgereaktionen im Anodenraum

Sowohl Durchtrittsreaktionen als auch Folgereaktionen sind durch die Veränderung des Ladungszustandes mit einem chemischen Stoffumsatz verbunden, der entsprechend den *Faraday*schen Gesetzen dem Stromfluß (Ladungstransport) proportional ist. Durch Messung der Stromstärke (sog. Reaktionsstromstärke) verfügt man somit bei elektrochemischen Reaktionen über eine einfache Methode zur Verfolgung ihrer Geschwindigkeit bzw. der zu erreichenden Umsätze (Stromausbeute). Hier soll am Beispiel weniger Reaktionstypen die Natur der Zwischenstufen im Mechanismus anodischer bzw. katodischer Reaktionen verdeutlicht werden. Ihr Nachweis erfolgt mit den im Abschn. 6. angegebenen Methoden.

Bei der technisch wichtigen Chloralkalielektrolyse werden an einer Graphitanode Chloridionen entladen, und die primär entstehenden Chlorradikale rekombinieren schnell zu Cl_2. Da an der Katode gleichzeitig Protonen entladen werden, können die verbleibenden Hydroxidionen ebenfalls an die Anode gelangen, und durch gleichzeitige Entladung von $Cl^{\ominus}$ und $OH^{\ominus}$ entsteht HOCl, wobei die Stromausbeute für die Chlorgewinnung entsprechend abnimmt. Die hier unerwünschte Nebenreaktion kann andererseits unter Nutzung der starken Oxidationswirkung von HOCl zur Durchführung von Oxydationsreaktionen anorganischer und organischer Stoffe im Anodenraum verwendet werden.

Die Elektrolyse aliphatischer Carbonsäuren (*Kolbe*-Synthese) ist ein Beispiel der anodischen Oxydation organischer Stoffe. Folgender Verlauf über radikalische Zwischenstufen wird angenommen:

$$H_3C\!-\!COO^{\ominus} \xrightarrow{-e^-} H_3C\!-\!COO^{\cdot} \rightarrow H_3C^{\cdot} + CO_2$$

$$2\,H_3C^{\cdot} \rightarrow H_3C\!-\!CH_3 \quad \text{oder} \quad H_3C^{\cdot} + H\!-\!X \rightarrow CH_4 + X^{\cdot}$$

Das Methan/Ethan-Verhältnis ist von der Acetationenkonzentration und dem Anodenpotential (Überspannung) abhängig und kann bei starker Überspannung (hohe Stromdichte) zu einer Ethanbildung mit 90 %iger Stromausbeute führen. Auch die Elektrolyse höherer Fettsäuren verläuft über Radikale als Zwischenstufen, wobei die Zahl der entstehenden Produkte neben dem Totaloxydationsanteil ($CO_2 + H_2O$) in Abhängigkeit von der Kettenstruktur sehr rasch ansteigt. Grundsätzlich können die Primärradikale der Anionenentladung ($HO^{\cdot}$, $Cl^{\cdot}$ usw.) zur Auslösung weiterer Oxydations-, Substitutions- oder Additionsreaktionen dienen, wie sie von der thermischen Aktivierung her bekannt sind.

Folgereaktionen im Katodenraum

Zu den katodischen Reduktionen zählt auch die Abscheidung von Metallen aus ihren Elektrolytlösungen (z. B. Cu) oder Elektrolytschmelzen (z. B. Mg). Die Zuführung von Elektronen aus der Katode ist besonders bei der Reduktion aus höheren Wertigkeiten von Konproportionierungs- und Disproportionierungsreaktionen begleitet. Aus der Kenntnis der Standardelektrodenpotentiale für verschiedene Redoxstufen kann die Stromausbeute bezüglich einer gewünschten Oxydationsstufe gesteuert werden. Da bei Gegenwart von Komplexbildungspartnern (Donorliganden, z. B. $CN^{\ominus}$, NH_3, PPh_3) die Aktivität der Metallionen in der Lösung verändert wird, ändert sich entsprechend der *Nernst*schen Gleichung auch das Elektrodenpotential sehr stark. Auf diesem Wege können ungewöhnliche Wertigkeiten von Metallionen (z. B. $Ag^{2\oplus}$, $Cu^{3\oplus}$) stabilisiert werden. Im Bereich der organischen Elektrochemie eignen sich katodische Reduktionsprozesse für präparative Zwecke besser als die anodische Oxydation. Gut untersuchte Reaktionen sind die katodische Reduktion von Nitroarenen, die in Abhängigkeit vom Elektrodenmaterial und dem pH-Wert der Lösung über primär entstehende Nitrosoverbindungen zu unterschiedlichen Endprodukten führen. Mit hohen Stromausbeuten gelingt auch die katodische Reduktion von Zuckern zu entsprechenden Zuckeralkoholen. An unterschiedlichen Katoden (Quecksilber, Zink, amalgamierte Bleikatoden) kann mit hoher Stromausbeute Glucose zu Glucitol (Sorbit) reduziert werden. Mit steigendem pH-Wert erhält man dagegen vorrangig Mannitol.

Als Beispiel mit großtechnischer Anwendung sei auf die sogenannte Hydrodimerisierung von Olefinen mit elektronenanziehenden Substituenten (z. B. Adipodinitrilsynthese aus Acrylnitril) hingewiesen, die nach katodischer Reduktion über Radikalanionen nach folgenden Mechanismen verlaufen kann.

9.4. Enzymatische Aktivierung

Enzyme (oft auch als Fermente bezeichnet) sind Proteine unterschiedlicher Molmasse, die selbst oder in Verbindung mit anderen, meist niedermolekularen Stoffen (Zucker, heterocyclische Verbindungen, Phosphorsäureestern u. a.), sogenannten Coenzymen, die Geschwindigkeit von chemischen Reaktionen erhöhen und ihre Richtung beeinflussen können. Sie erfüllen somit die Funktion von Katalysatoren, für die die Ausführungen über die Herabsetzung der Aktivierungsenthalpie (Abschn. 8.5.) einer Reaktion im Vergleich zur unkatalysierten Reaktion sowie die zur heterogenen Katalyse (Abschn. 9.1.4.) dargelegten Gesichtspunkte prinzipiell zutreffend sind und hier nicht wiederholt werden sollen. Es hat sich gezeigt, daß Enzyme reaktionsspezifisch sind und jeweils bei einem von sechs Reaktionstypen katalytisch wirken. Danach erfolgt ihre Einteilung:

1. Oxidoreduktasen katalysieren Redoxreaktionen

2. Transferasen katalysieren die Übertragung von Gruppen, z. B. der Aminogruppe

3. Hydrolasen katalysieren Hydrolysen

4. Lyasen katalysieren die nichthydrolytische Spaltung von chemischen Bindungen

5. Isomerasen katalysieren Isomerisierungen

6. Ligasen katalysieren Reaktionen, bei denen chemische Bindungen neu entstehen

Innerhalb dieser Hauptgruppen erfolgt eine weitere Gliederung in Untergruppen nach der Struktur der Substrate, z. B. bei den Hydrolasen in Esterasen, Glycosidasen, Peptidasen, Phosphatasen usw. Jede dieser Gruppen wird nochmals unterteilt, und schließlich werden die einzelnen Enzyme aufgeführt [9.17]. Generell wird angenommen, daß das zu aktivierende Substrat (S) an sogenannte aktive Stellen des Enzyms (E) durch spezifische Wechselwirkung (sowohl elektrostatisch als auch Wasserstoffbrücken-Bindungen) gebunden wird, wobei ein Enzym-Substrat-Komplex (ES) entsteht, dessen Bindungsverhältnisse für eine elektronische Umordnung mit niedrigerer Aktivierungsenthalpie bessere Voraussetzungen haben als ohne Enzym-Katalyse. Ein Beispiel dafür ist die Verminderung der Aktivierungsenthalpie des Wasserstoffperoxid-Zerfalls in H_2O und $1/2\ O_2$ von $79,4\ \mathrm{kJ\ mol^{-1}}$ (unkatalysiert) auf $23\ \mathrm{kJ\ mol^{-1}}$ in Gegenwart von Leber-Katalase. Unter der Annahme von Gleichgewichtsbedingungen für die Modellreaktion

$$\mathrm{E} + \mathrm{S} \underset{}{\overset{K_\mathrm{M}}{\rightleftharpoons}} \mathrm{ES} \overset{k}{\rightarrow} \mathrm{P}\ (\mathrm{Produkte})$$

gilt

$$K_\mathrm{M} = \frac{([\mathrm{E}] - [\mathrm{ES}])\,[\mathrm{S}]}{[\mathrm{ES}]} \quad \text{bzw.} \quad [\mathrm{ES}] = \frac{[\mathrm{E}]\,[\mathrm{S}]}{K_\mathrm{M} + [\mathrm{S}]}$$

K_M wird als *Michaelis-Menten*-Konstante bezeichnet und stellt ein wesentliches Charakteristikum enzymatischer Reaktionen dar. Die Geschwindigkeit einer solchen Reaktion ist dann:

$$r = -\frac{d\mathrm{S}}{dt} = k[\mathrm{ES}] = \frac{k[\mathrm{E}]\,[\mathrm{S}]}{K_\mathrm{M} + [\mathrm{S}]} = \frac{k[\mathrm{E}]}{1 + K_\mathrm{M}/[\mathrm{S}]}$$

Im Bild 9.8 *a* ist die Anfangsgeschwindigkeit r einer typischen Enzymreaktion in Abhängigkeit von der Substratkonzentration [S] aufgetragen. Man erkennt, daß die Geschwindigkeit einem Maximalwert zustrebt (r_Max), für den bei hoher Substratkonzentration und vergleichsweise kleinem K_M-Wert gilt:

$$r = r_\mathrm{Max} = k[\mathrm{E}] \quad \text{bzw.} \quad r = \frac{r_\mathrm{Max}}{1 + K_\mathrm{M}/[\mathrm{S}]}$$

Dieser Ausdruck stellt eine Form der *Michaelis-Menten*-Gleichung dar, die auch folgendermaßen geschrieben werden kann:

$$(r_\mathrm{Max} - r) \cdot (K_\mathrm{M} + [\mathrm{S}]) = K_\mathrm{M} \cdot r_\mathrm{Max}$$

Zur Überprüfung der Gültigkeit dieser Beziehung dient neben anderen Methoden die *Lineweaver-Burk*-Auftragung von $1/r$ gegen $1/[\mathrm{S}]$. Für viele Enzymreaktionen wird dabei eine Gerade erhalten (Bild 9.8 *b*), die die Ordinate bei $1/r_\mathrm{Max}$ schneidet und aus

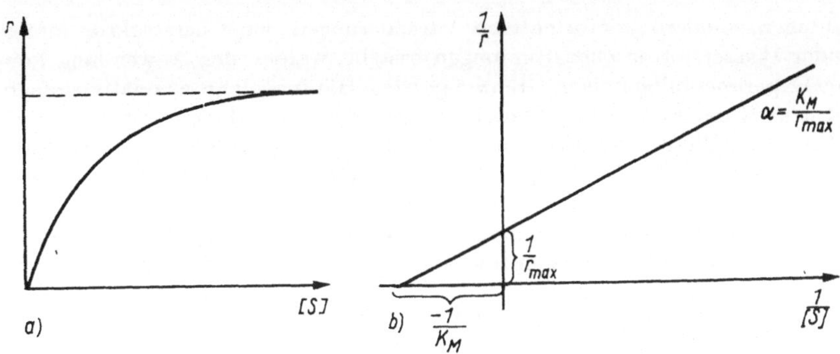

Bild 9.8. a) Anfangsgeschwindigkeit einer Enzymreaktion in Abhängigkeit von der Substratkonzentration. b) *Lineweaver-Burk*-Auftragung zur Bestimmung von K_M und r_{Max}.

deren Steigung K_M/r_{Max} die *Michaelis-Menten*-Konstante K_M erhalten werden kann.
Die Bestimmung der K_M- bzw. r_{Max}-Werte sowie ihre Veränderung bei gezielter Hemmung der Enzymaktivität (kompetitive bzw. nichtkompetitive Hemmung), bildet das
Kernstück jeder Mechanismusaufklärung von Enzymreaktionen. Das gleiche gilt für
die Überprüfung der Wirkung von Aktivatoren (z. B. Kationen wie $Na^{\oplus}$, $NH^{\oplus}$, $Mg^{2\oplus}$,
$Mn^{2\oplus}$ oder Anionen wie $Cl^{\ominus}$) bis hin zur Coenzymwirkung (z. B. Pyridoxalphosphat,
Aneurinpyrophosphat, Coenzym A). Dabei werden neben kinetischen Untersuchungen
auch die üblichen nichtkinetischen Methoden, insbesondere die spektroskopischen, angewendet. Zum Beispiel konnte mittels Fluoreszenzspektroskopie zwischen 300 bis 500 nm,
Einsatz Deuterium-markierter Substrate und anderer Methoden für den Alkoholabbau
in der Leber ein ternärer Enzym-Coenzym-Substrat-Komplex als Zwischenstufe nachgewiesen werden. Bei den nichtkinetischen Methoden der Enzymchemie sind die zur
Isolierung und Reindarstellung (Kristallisation) üblichen, wie die Ultrazentrifugierung,
verschiedene Chromatographieverfahren sowie die Elektrophorese, zu den früher behandelten Methoden (Abschn. 6.) noch zu ergänzen. Grundsätzlich muß bei der Untersuchung von Enzymreaktionen als eine Besonderheit im Rahmen heterogener Katalysen ihre außerordentliche Temperaturempfindlichkeit berücksichtigt werden. Bild 9.9
verdeutlicht dies in schematischer Form.
Durch Denaturierung der Proteine, die unter zellphysiologischen Bedingungen (20 bis
35 °C, verdünnte wäßrige Lösungen, pH-Wert-Optimum) nicht in der Spaltung von

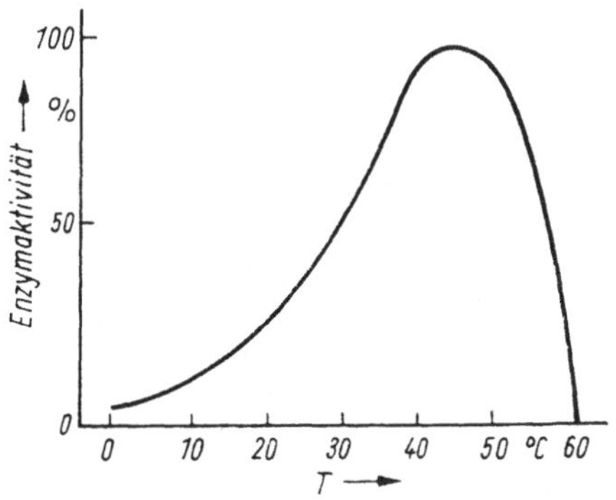

Bild 9.9. Abhängigkeit der Enzymaktivität
von der Temperatur

Peptidbindungen, sondern konformativen Veränderungen der Überstruktur infolge aufbrechender Wasserstoffbrücken-Bindungen besteht, werden der Anwendung konventioneller Experimentaltechniken Grenzen gesetzt. Häufig gelingt es relativ einfach, Enzym-Substrat-Komplexe zu charakterisieren oder Hinweise auf die reaktiven Stellen (Zahl und Natur der Bindung) des Enzyms zu erhalten. Schwierig ist dagegen die Rolle dieser Zwischenstufen im zeitlichen Ablauf des Gesamtmechanismus zu klären. Neben der empirisch feststellbaren Enzymspezifität (bezüglich Substrat und dessen sterischen Verhältnissen) ist besonders der Wirkungsgrad enzymaktivierter Kopplungsreaktionen das eigentliche Kriterium für den Gesamtmechanismus. Dabei erfolgt die Kopplung von

- energieverbrauchenden Schritten (endergone Synthesereaktionen),
- energieliefernden Schritten (exergone Abbaureaktionen),
- Stoffumwandlungen ohne wesentlichen Energieumsatz.

Für die Aufklärung und damit die Möglichkeit zur Beeinflussung biochemischer Mechanismen (z. B. Regulation des Kohlenhydratstoffwechsels, des Lipidstoffwechsels) ist die Energieübertragung bei enzymatischer Aktivierung essentiell, da im Gegensatz zu trivialen thermischen Reaktionen kein Austausch «überschüssiger Wärme» mit der Umgebung erfolgt. In Tab. 9.1 ist die Änderung der freien Standardenthalpie ($\Delta_R G^\ominus$) für die Hydrolyse sogenannter Energieüberträger enzymatischer Reaktionen angegeben. Ihre Wirkung sei an einem Beispiel erläutert.

Tab. 9.1. $\Delta_R G^\ominus$-Werte für die Hydrolyse von Energieüberträgern enzymatischer Reaktionen

Verbindung	$-\Delta_R G^\ominus$ in kJ mol^{-1}
Pyrophosphat	25,1
Acetyl-Coenzym A	26,4
Adenosindiphosphat	27,2
Adenosintriphosphat	32,7
Acetylphosphat	36,5
Phosphokreatin	41,1
Phosphoenolpyruvat	52,0
Acetyladenylat	54,5
«normale» Phosphorsäureester (Vergleich)	8,4 bis 12,6

Während die Phosphorylierung von Glucose mit freier Phosphorsäure unter physiologischen Bedingungen ein endergoner Prozeß ist, liefert die Kopplung dieser Reaktion mit der Hydrolyse des energiereichen Adenosintriphosphates (ATP) die erforderliche Energie zur Phosphorylierung der Glucose unter Adenosindiphosphatbildung (ADP). Dabei ist Wasser als Reaktionspartner ausgeschlossen.

$$\text{Gluc—OH} + H_3PO_4 \rightarrow \text{Glucose-6-phosphat} + H_2O \qquad \Delta_R G^\ominus = +12{,}6 \text{ kJ mol}^{-1}$$
$$\text{ATP} + H_2O \rightarrow \text{ADP} + H_3PO_4 \qquad \Delta_R G^\ominus = -32{,}7 \text{ kJ mol}^{-1}$$

$$\text{Gluc-OH} + \text{ATP} \rightarrow \text{Glucose-6-phosphat} + \text{ADP} \qquad \Delta_R G^\ominus = -20{,}1 \text{ kJ mol}^{-1}$$

Die hohen chemischen Gruppenpotentiale der Verbindungen in Tab. 9.1 werden mit als eine Ursache der Energieübertragung in Form von Phosphorylierungs-Dephosphorylierungs-Schritten angesehen [9.17].

Wegen ihrer hohen Aktivität unter milden Bedingungen (Raumtemperatur und Normaldruck) und ihrer Spezifität werden Enzyme zunehmend als Katalysatoren in der chemischen Industrie, pharmazeutischen Industrie und Lebensmittelindustrie eingesetzt [9.18]. Dazu kann man einmal lebende Zellen benutzen, z. B. Mikroorganismen. Darauf beruht die Produktion der meisten Antibiotica. Allerdings machen die Enzyme nur einen kleinen Bruchteil der Biomasse der Mikroorganismen aus. Eine zweite Möglichkeit besteht darin, die Enzyme zu isolieren und dann für bestimmte Reaktionen einzusetzen. Etwa 150 Enzyme sind kommerziell erhältlich, einige nur in Milligramm-Mengen, andere kilogrammweise. Besonders vorteilhaft ist es, Enzyme zu immobilisieren. Darunter versteht man ihre Fixierung auf einem makromolekularen, in fester Phase vorliegenden Träger. Ein Beispiel ist die Fixierung von Penicillin-Acylase an Cellulosetriacetat-Fasern. Derartig immobilisierte Enzyme ermöglichen wie bei der heterogenen Katalyse eine kontinuierliche Reaktionsführung.

Literatur zum Abschnitt 9.

[9.1] *Schäfer, H.:* Z. Anorg. Allg. Chem. **471** (1980) S. 21

[9.2] *v. Schnering, H. G.:* Angew. Chem. **93** (1981) S. 44

[9.3] *v. Schnering, H. G.; Wiedemeier, H.:* Zeitschrift für Kristallographie **156** (1981) S. 143

[9.4] *Dunitz, J. D.:* X-Ray Analysis and the Structure of Organic Molecules. Ithaca: Cornell Univ. Press 1979

Bürgi, H. B.: Vgl. Angew. Chem. **87** (1975) S. 461

[9.5] *Schaefer, H.:* Chemiker-Ztg. **101** (1977) S. 325

[9.6] *Ertl, G.:* Angew. Chem. **88** (1976) S. 423

[9.7] *Muetterties, E. L.; Krause, M. J.:* Angew. Chem. **95** (1983) S. 135

[9.8] *Horn, G.; Frohning, C. D.; Cornils, B.:* Chemiker-Ztg. **100** (1976) S. 299

[9.9] *Bailey, D. C.; Lange, S. H.:* Chem. Rev. **81** (1981) S. 109

[9.10] *Bräutigam, G.; Emons, H.-H.; Günther, I.:* Z. Anorg. Allg. Chem. **472** (1981) S. 205 bis 216

[9.11] *Calvert, J. G.; Pitts, J. N.:* Photochemistry. New York/ London/Sydney: Wiley 1967

[9.12] *Mauser, H.:* Formale Kinetik (Hrsg. von W. Kraus). Düsseldorf: Bertelsmann-Verlag 1974

[9.13] *Abromovitch, R. A.:* Reactive Intermediates. New York/London: Plenum Press 1980

[9.14] *Fichter, F.:* Organische Elektrochemie; in K. F. Bonhoeffer: Die Chemische Reaktion, Band VI. Leipzig: Theodor Steinkopff 1942

Maizer, M. M.: Organic Electrochemistry. New York: Marcel Dekker 1973

Beck, F.: Elektroorganische Chemie. Weinheim: Verlag Chemie 1974

[9.15] *Schäfer, H. J.:* Angew. Chem. **93** (1981) S. 978

[9.16] *Wendt, H.:* Angew. Chem. **94** (1982) S. 275

[9.17] *Hofmann, E.:* Dynamische Biochemie, Teil I und II, WTB (Reihe Biologie, Bd. 33 bzw. 37). Akademie-Verlag, Berlin 1966

Hofmann, E.: Dynamische Biochemie, Teil I bis IV. Berlin: Akademie-Verlag 1970 bis 1973

[9.18] *Konecny, J.:* Chimija **29** (1975) S. 95

[9.19] *Hedvig, P.:* Experimental Quantum Chemistry. Budapest: Akademiai Kiadó 1975

[9.20] *Heide, K.:* Dynamische thermische Analysenmethoden. Leipzig: VEB Deutscher Verlag für Grundstoffindustrie 1979

[9.21] *Feltz, A.:* Struktur amorpher Festkörper. Berlin: Akademie-Verlag 1983

[9.22] *Becker, H. G. O.:* Einführung in die Photochemie. Berlin: VEB Deutscher Verlag der Wissenschaften 1976

[9.23] *Müller, F.:* Elektrochemische Reaktionen; in Houben-Weyl, Allgemeine Chemische Methoden Band IV, Teil 2 (S. 456—503). Stuttgart: Georg Thieme Verlag 1955

[9.24] *Engels, S.:* Anorganische Festkörperreaktionen. Berlin: Akademie-Verlag 1981

10. Möglichkeiten zur Reaktionssteuerung

In den bisherigen Abschnitten konnte man als Basis reaktionstheoretischer Betrachtungen Bindungs- sowie Wechselwirkungskonzepte erkennen, die Folgerungen auf ein strukturbedingtes Reaktivitätsverhalten zulassen. Weiterhin konnte in die thermodynamische und kinetische Behandlung chemischer Reaktionen die Möglichkeit zur Veränderung des Reaktionsergebnisses durch die Variation der äußeren Bedingungen (Temperatur, Druck, Lösungsmittel, Katalysator) eingeordnet werden. Zugleich wurde an vielen Beispielen der interpretatorische Wert einer phänomenologischen Reaktionstheorie für den Synthesechemiker verdeutlicht. Mit dem letzten Abschnitt soll zumindest angedeutet werden, daß aus dem gegenwärtigen Verständnis der Reaktionstheorie resultierende Anwendungen zur Reaktionssteuerung bekannt sind und zunehmend an Bedeutung gewinnen. Neben didaktischen Beispielen wurden praktisch bedeutsame Fälle ausgewählt, um den Nutzen reaktionstheoretischer Betrachtungen zu zeigen. Zahl und Wahl der Beispiele können in Abhängigkeit von der Ausbildungsspezifik beliebig verändert werden.

Grundsätzlich richtet sich die Reaktionssteuerung auf die Beeinflussung von Geschwindigkeiten bzw. Geschwindigkeitsverhältnissen von Elementarreaktionen. Man kann den früheren Abschnitten entnehmen, daß das Konzept der Aktivierung einer Reaktion prinzipiell anwendbar ist, unabhängig davon, ob der Reaktionswiderstand aus der elektronischen Umordnung selbst oder aus Transportprozessen resultiert. So gesehen, besteht die Problematik der Reaktionssteuerung in der geeigneten Manipulierung der Freien Aktivierungsenthalpien zur Erzielung gewünschter Chemo-, Regio- und Stereoselektivitäten bei der Produktbildung. Dabei unterscheiden sich Ein- und Mehrstufenreaktionen ganz wesentlich. Bei Einstufenreaktionen (Zersetzungsreaktionen, Umlagerungen, synchrone bimolekulare Reaktionen) beeinflußt eine Veränderung von $\Delta G^{\neq}$ (z. B. durch Änderung der Temperatur oder des Mediums) das Gleichgewicht Ausgangszustand $\rightleftharpoons$ Übergangszustand, wodurch eine konkrete Reaktion entweder schneller oder langsamer wird. Bei Mehrstufenreaktionen wirken sich dagegen Änderungen der Reaktionsbedingungen zur Beeinflussung der Aktivierung stets auf mehrere Gleichgewichte aus, die aus reaktiven Zwischenstufen und daraus entstehenden Übergangszuständen gebildet werden. Somit kommt den Zwischenstufen ein Relaischarakter bezüglich der vorgenannten Selektivitäten bei der Produktbildung zu. Infolge der höheren potentiellen Energie der reaktiven Zwischenstufen (häufig bezeichnet als reaktive Zentren in Feststoffen bzw. an Grenzflächen, aktive Spezies bei Polymerisationen, Enzym-Substrat-Komplexe) ist der Spielraum zur differenzierten Beeinflussung verschiedener $\Delta G_i^{\neq}$-Werte (bezüglich der i-ten Reaktion) oft stark eingeschränkt. Zweifellos erhöhen sich die Chancen mit zunehmender Kenntnis des gesamten Verlaufes von Mehrstufenreaktionen. Im folgenden sollen die unterschiedlichen Ergebnisse dieser Relaisfunktion und ihre Beeinflußbarkeit gezeigt werden.

10.1. Alternative Produktbildung bei Reaktionen ambidenter Verbindungen

Ambidente Verbindungen haben zwei oder mehrere unterschiedlich lokalisierte Reaktivitätsfunktionalitäten und können daher in Abhängigkeit von ihrer Struktur, der Natur der Reaktionsteilnehmer und den Reaktionsbedingungen unterschiedliche Produkte ergeben [10.1]. Diese ambidenten Stoffe, die häufig auch als reaktive Zwischenstufen einer Reaktionsfolge entstehen, können elektronendefizite bzw. elektronenreiche Neutralverbindungen sein, Radikalionen oder Ionen mit Grenzstrukturen gleicher Ladung (ambidente Kationen bzw. Anionen) bzw. unterschiedlicher Ladung (Zwitterionen). Am Beispiel ambidenter Kationen sollen einige theoretische Verallgemeinerungen behandelt werden, die im Prinzip auch für das Reaktionsverhalten ambidenter Anionen zutreffen.

10.1.1. Ambidente Kationen

Die auf folgendem Wege darstellbaren *Meerwein*-Salze zeigen ambidentes Verhalten und ergeben bei Variation des angreifenden Nucleophils ($Y^{\ominus}$) und der Reaktionsbedingungen (Reaktionsdauer, Temperatur, Lösungsmittel) unterschiedliche Produkte.

$$R'\text{---}F + BF_3 \rightarrow R'\overset{\oplus}{}BF_4^{\ominus} + R\text{---}C\underset{O}{\overset{NR_2}{<}}$$

$$\rightarrow \left[R\text{---}\overset{\oplus}{C}\underset{O\text{---}R'}{\overset{NR_2}{<}} \leftrightarrow R\text{---}C\underset{\overset{\oplus}{O}\text{---}R'}{\overset{NR_2}{<}} \leftrightarrow R\text{---}C\underset{O\text{---}R'}{\overset{\overset{\oplus}{N}R_2}{<}} \right]^{\oplus} BF_4^{\ominus}$$

Die Elektrophilie der Ladungszentren nimmt in der Reihenfolge $C^{\oplus} > O^{\oplus} > N^{\oplus}$ so stark ab, daß die Grenzstruktur mit $N^{\oplus}$ für den nucleophilen Angriff von $Y^{\ominus}$ in einer Folgereaktion unberücksichtigt bleiben kann.

$$\overset{Weg\ 1}{\downarrow} \qquad\qquad \overset{Weg\ 2}{\downarrow}$$

$$\underset{Y\quad OR'}{\overset{R\quad NR_2}{>\!C\!<}} \underset{}{\overset{+Y^{\ominus}}{\rightleftharpoons}} \left[R\text{---}\overset{\oplus}{C}\underset{OR'}{\overset{NR_2}{<}} \leftrightarrow R\text{---}C\underset{\overset{\oplus}{O}R'}{\overset{NR_2}{<}} \right]^{\oplus} \overset{+Y^{\ominus}}{\longrightarrow} R\text{---}C\underset{O}{\overset{NR_2}{<}} + R'\text{---}Y$$

$$(P_1) \qquad\qquad\qquad (A) \qquad\qquad\qquad (P_2) \qquad\qquad (P_3)$$

Die zu erwartenden Unterschiede in der Produktbildung (P_1, P_2, P_3) bei der Reaktion von A mit $Y^{\ominus}$, die sich aus deren Struktur und den Reaktionsbedingungen ergeben, sollen durch Bild 10.1 verdeutlicht werden. Das das Kation stabilisierende Gegenion ($BF_4^{\ominus}$, $SbF_6^{\ominus}$, $ClO_4^{\ominus}$ usw.) kann von dieser Betrachtung ebenfalls ausgeschlossen werden.

Gemäß Bild 10.1 sind folgende Aussagen möglich:

1. Die Produktverteilung wird vorrangig bestimmt durch das Verhältnis von ΔG_1^{*} und $\Delta G_2^{\ddagger}$. Da der Weg 1 einem einfachen Ladungsausgleich entspricht (Geschwindigkeiten in organischen Medien $\approx 10^{-11}$ s), kann angenommen werden, daß er durch die Stärke der elektrostatischen Wechselwirkungen (*Coulomb*kräfte) bestimmt wird und

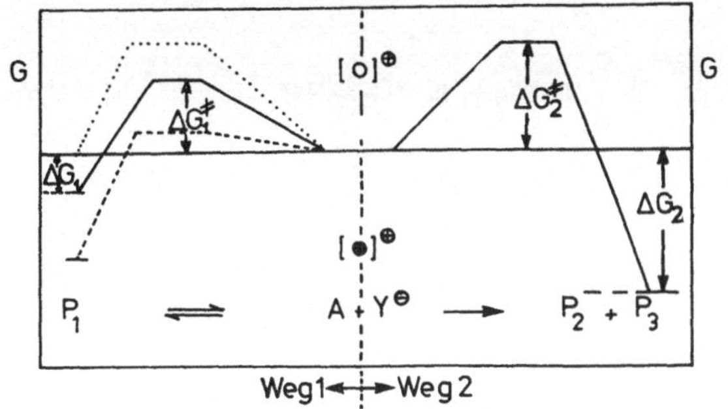

Bild 10.1. Schematisches Freie-Enthalpie-Profil für die Produkt-bildung bei der Reaktion ambi-denter Kationen mit Nucleophilen

somit ladungskontrolliert ist. Der Weg 2 hingegen erfordert einen quasi-substitutiven Bruch der $=O^{\ominus}$—R′-Bindung, was entsprechend der MO-Theorie im Bild der HOMO-LUMO-Wechselwirkung nur durch orbitalüberlappende Energieabsenkung des Übergangszustandes nach Weg 2 möglich ist (Orbitalkontrolle). Normalerweise sollte somit stets $\Delta G_1^{\ddagger} < \Delta G_2^{\ddagger}$ sein. Ist $Y^{\ominus}$ ein Anion mit hoher Ladungsdichte an einem Atom (z. B. H—$O^{\ominus}$, R—$O^{\ominus}$), so ist seine schnelle Addition an das Atom geringster Elektronendichte ($C^{\oplus}$) sehr wahrscheinlich, und die Reaktion folgt dem Weg 1 zum kinetisch kontrollierten Produkt P_1.

2. Die Lage des Gleichgewichtes $A \rightleftharpoons P_1$ ist weiterhin abhängig von der freien Bildungsenthalpie ΔG_1 für P_1. Diese wird neben der in Punkt 1 bereits erläuterten Lokalisation der Anion- bzw. Kationladung durch die Reaktionsbedingungen geprägt. Dabei wirkt im allgemeinen Temperaturerhöhung oder die Anwendung stark solvatisierender Lösungsmittel erschwerend für den Ladungsausgleich. Tatsächlich konnte gefunden werden, daß mit Anionen wie $HO^{\ominus}$ oder $^{\ominus}CN$ bei tiefen Temperaturen und in dipolar aprotischen Lösungsmitteln das Gleichgewicht weitestgehend auf der Seite von P_1 liegt (durchbrochene Kurve in Bild 10.1), während mit Anionen wie $I^{\ominus}$ oder O_2N—⬡—$\overline{O}|^{\ominus}$ das Gleichgewicht vorrangig auf der Seite von A liegt (punktierte Kurve in Bild 10.1). Wird die Reaktion in solchen Fällen noch bei höherer Temperatur durchgeführt, so gelingt weder die Isolierung von P_1 noch dessen spektroskopischer Nachweis (z. B. bei $+\Delta_R G_1$), und die Reaktion verläuft ausschließlich nach Weg 2.

3. Da Weg 2 neben dem Energiegewinn durch Ladungsausgleich zu den thermodynamisch stabilen Produkten P_2 (Mesomerieenergie des Säureamides) und P_3 (z. B. R—OH) führt, sollte $\Delta_R G_2 > \Delta_R G_1$ sein. Da weiterhin die Summe $\Delta G_2 + \Delta G_2^{\ddagger}$ als sehr groß angenommen werden kann, ist Weg 2 irreversibel. Er führt zu den thermodynamisch kontrollierten Produkten.

Wird z. B. N,O-Trimethylen-phthalimidiumperchlorat nach dem Reaktionsschema (s. S. 344) mit Nucleophilen (für $Y^{\ominus}$ können auch neutrale Nucleophile stehen) umgesetzt, so werden in Abhängigkeit von deren Nucleophilie unterschiedliche Produkte beobachtet. Erfolgt die Reaktion mit $^{\ominus}CN$ oder dem starken Nucleophil Piperidin in Aceton oder Acetonitril als Lösungsmittel, so kann P_1 isoliert werden. Wird die Reaktion dagegen unter gleichen Bedingungen mit $I^{\ominus}$ oder dem schwächeren Nucleophil Pyridin durchgeführt, so wird ausschließlich das jeweilige γ-substituierte N-Propylphthalimidderivat (P_2) erhalten. Abschließend sei ergänzt, daß bei Strukturvariation am Kation natürlich auch dessen relative Lage im Freie-Enthalpie-Diagramm (Bild 10.1) in die Bilanz einzubeziehen ist. So kann aus Bild 10.1 gefolgert werden, daß ein energiereiches Kation

mit starker Ladungslokalisation am Kohlenstoff und dementsprechend hoher potentieller Energie (vgl. offenen Kreis in Bild 10.1), mit einem Nucleophil stark lokalisier-
ter Elektronendichte ($^{\ominus}$CN bzw. Piperidin) bei kleinem $\Delta G_1^{\ddagger}$ zu einem tiefer liegenden
(entspr. negativen) $\Delta_R G_1$-Wert führt. In diesem Falle würde das kinetisch kontrollierte
Produkt eine zur Isolierung hinreichende Stabilität erwarten lassen. Im Falle energiearmer Kationen mit entsprechender Ladungsdelokalisation (vgl. geschlossenen Kreis
in Bild 10.1) würde dagegen $\Delta G_1^{\ddagger}$ stark ansteigen und der Wert von $\Delta_R G_1$ bei Wechselwirkung mit hoher Anionladungsdichte (weich-hart-Wechselwirkung entspr. dem
Pearson-Konzept) nahe Null oder sogar positiv sein, so daß nur der Erhalt des thermodynamisch kontrollierten Produktes zu erwarten ist.

10.1.2. Ambidente Anionen

Das Verhalten ambidenter Anionen wurde häufig untersucht an Reaktionen von Cy-
anid-, Nitrit- und Enolat-Anionen. Nach der Regel von *Kornblum* wurde empirisch
verallgemeinert, daß bei nucleophilen Substitutionsreaktionen derartiger ambidenter
Anionen mit Alkyl- bzw. Acylhalogeniden unter S_N1-Bedingungen vorrangig die Stelle
der größten Elektronendichte mit dem elektrophilen Partner reagiert. Nach der MO-
Theorie (vgl. Abschn. 10.1.1.) würde das den ladungskontrollierten Bedingungen einer
Ionenreaktion entsprechen (bzw. hart-hart-Wechselwirkung nach dem *Pearson*-Kon-
zept). Unter S_N2-Bedingungen scheint die Orbitalüberlappung zu überwiegen, und die
Wechselwirkung erfolgt bevorzugt mit der Stelle des günstiger liegenden HOMO. Das
ist aber das weniger elektronegative Atom, das häufig auch als Stelle größerer Nucleophilie bezeichnet wird. Auf diese Weise ist die Bildung folgender Produkte bei Variation
der Reaktionsbedingungen verständlich.

Während das aus der elektronischen Struktur zu folgernde Reaktionsverhalten den Ausführungen im Abschn. 10.1.1. völlig entspricht, kann mit den «Steuergrößen» Temperatur oder Lösungsmittelwechsel die Reaktivität wesentlich abweichend von diesem Verhalten beeinflußt werden. Dies gilt insbesondere bei spezifischen Lösungsmittelwechselwirkungen. Zum Beispiel begünstigen protische Lösungsmittel (Alkohole) normalerweise den S_N1-Mechanismus, womit die Reaktion über die Stelle größter Elektronendichte des ambidenten Anions verlaufen sollte. Diese Stelle wird aber infolge Wasserstoffbrücken-Bindung stärker solvatstabilisiert und damit für die Weiterreaktion mit dem Elektrophil desaktiviert, so daß unter diesen Bedingungen der Reaktionsweg über die Stelle geringerer Elektronendichte anteilmäßig zunimmt oder überwiegt. Um die Reaktionssteuerung über Daten aus der elektronischen Struktur der ambifunktionellen Systeme durchführen zu können (Elektronendichten, Lokalisierungsenergien, Nucleophilie- bzw. Elektrophilieparameter usw.), werden daher dipolar aprotische Lösungsmittel (Aceton, Acetonitril, Pyridin, Ether u. ä.) bevorzugt oder im Gemisch mit unpolaren Lösungsmitteln (z. B. Benzen) verwendet.

10.2. Komplexkatalytische Reaktionssteuerung

Der zeitliche Ablauf komplexkatalytischer Reaktionen unterscheidet sich nicht von dem allgemeinen kinetischen Schema der homogenen bzw. heterogenen Katalyse. Die Besonderheit der metallorganischen Komplexkatalyse [10.2, 10.3, 10.4] besteht in der katalytischen Selektivität, die zugleich ihre Bedeutung für die großtechnische Prozeßführung erklärt. In Tab. 10.1 sind einige Verfahren zusammengestellt, die in neuerer Zeit in großem Maßstab realisiert wurden [10.4].

Tab. 10.1. Selektivität bzw. Ausbeute neuerer technischer Verfahren durch Komplexkatalyse

Reaktion	Katalysator	Selektivität
Ethen-Oligomerisation zu linearen $C_{10-30}\Delta 1$-Olefinen	Ni-Komplex	Linearität 99% Δ-1-Struktur 98%
Hydroformylierung des Propens zu Butyraldehyd	Rh-Komplex/PPh$_3$	Ausbeute $> 90\%$ n-: iso-Verbindung $= 16:1$
Synthese von Essigsäure aus Methanol und Kohlenmonoxid	Rh-Komplex	Ausbeute $> 99\%$
DOPA-Synthese durch asymmetrische Hydrierung der substituierten (Z)-α-Acetylamino-zimtsäure	Rh-Komplex	optische Ausbeute 96...99%

Tab. 10.1 zeigt auch, daß ein Metall (Mt) in Abhängigkeit von der Natur der Liganden (L), den Edukten (bei der Katalyse als Substrat und Reagens bezeichnet) und den Reaktionsbedingungen sowohl Oxydations- als auch Reduktionsreaktionen katalysieren kann, die mit hoher Selektivität ablaufen. Anderseits ist es auch möglich, ein Substrat (z. B. Butadien, vgl. Abschn. 10.3. und [10.5], [10.6]) durch geeignete Katalysa-

torwahl selektiv in verschiedene Produkte zu überführen. Die Katalyse einer Zweikomponentenreaktion

$$S + R \xrightarrow{\text{L}_x\text{Mt}} P$$

mit der Komplexverbindung L_xMt läßt sich prinzipiell durch folgende Reaktionsschritte beschreiben:

(1) L_xMt + S $\rightleftharpoons$ L_yMtS + z·L   Substrataktivierung

(2) L_yMtS + R $\rightleftharpoons$ L_yMtP   Produktbildung

(3) L_yMtP + z·L $\rightarrow$ L_xMt + P   Katalysatorrückbildung

Durch die Komplexbildung (1) wird das Substrat aktiviert und für die Reaktion mit R präformiert (2), wobei der Verlauf über den Reaktionsweg mit der niedrigsten Freien Aktivierungsenthalpie von der elektronischen sowie sterischen Natur von R und L_yMtS geprägt wird. Während bei homogenen Komplexkatalysen meist die Schritte (1) oder (2) geschwindigkeitsbestimmend sind, kann im Falle heterogener Katalysen die Katalysatorrückbildung nach (3) als Transportprozeß zur Schaffung neuer katalytisch aktiver Grenzflächen der geschwindigkeitsbestimmende Schritt sein. Jeder der drei Schritte kann noch über weitere Folge- oder Parallelreaktionen verlaufen, deren experimentelle Sicherung allerdings erst in wenigen Fällen erfolgt ist [10.7].
Die Selektivität der Produktbildung wird nun durch den elektronischen und den sterischen Einfluß der Komplexmatrix L_yMt bestimmt, die wiederum vom Zentralatom Mt und der Struktur der Liganden L abhängen. Folgerungen auf die katalytische Selektivität als Zielgröße reaktionstheoretischer Untersuchungen können aus dem LCAO-MO-Modell erhalten werden. Strukturbedingte Einflußfaktoren oder variierbare Steuergrößen sind:

1. Valenzorbitalcharakteristik und effektive Kernladung (Ordnungszahl), Oxydationsstufe bzw. Elektronenkonfiguration im Valenzzustand, Koordinationszahl und -geometrie des Zentralatoms.

2. Donor-Akzeptor-Vermögen, geometrische Struktur und Raumerfüllung sowie gegenseitige Beeinflussung der Liganden. Aus der kooperativen Wirkung der Eigenschaften von Mt und L resultieren sowohl die Geschwindigkeit des Eduktumsatzes als auch die Selektivität der Produktbildung. Die selektive Darstellung mehrerer Produkte aus einem Substrat setzt die Existenz verschiedener Zwischenstufen voraus, deren Struktur, Konzentration und relative Reaktivität (geprägt durch nichtstrukturbedingte Steuergrößen, wie Temperatur, Lösungsmittel usw.) für die Steuerung des Reaktionsablaufs entscheidend sind.

10.2.1. Zentralatomabhängige Steuerungseffekte

Als Beispiel zur Erläuterung des Zusammenhanges zwischen den Eigenschaften des Zentralatoms und der Selektivität des Katalysators soll die Cyclotrimerisation des Butadiens dienen. Mit Bis(cycloocta-1,5-dien)nickel (0) oder Bis(η^3-allyl)nickel (II) als Katalysatoren beträgt die Selektivität bezüglich dem Aufbau der Cyclododecatrienstruktur in flüssigem Butadien bei 0 °C über 90 %. Dabei wird von den Stereoisomeren (Bild 10.2) die all-trans-Form (VII) zu etwa 94 % gebildet. Im Bild 10.2 ist der Reaktionsmechanismus enthalten, wobei noch nicht alle Zwischenstufen direkt nachgewiesen werden konnten [10.8].

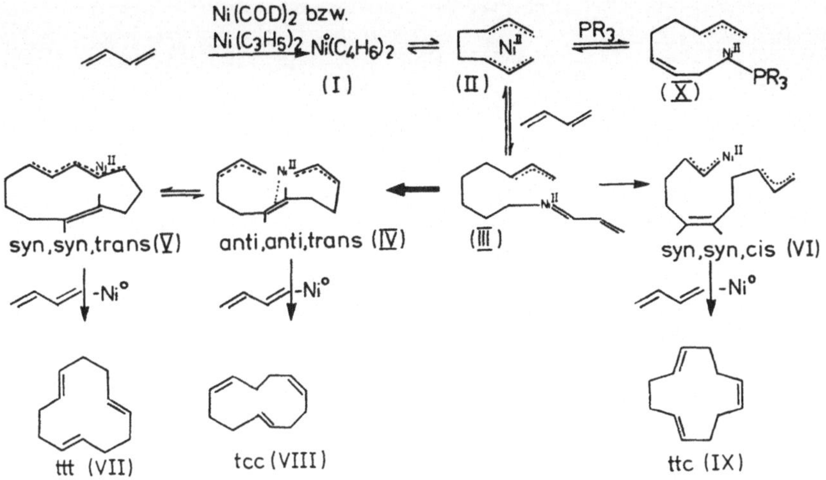

Bild 10.2. Möglicher Mechanismus der nickelkomplexkatalysierten Cyclotrimerisation des Butadiens [10.8]

(t = trans; c = cis)

Entsprechend Bild 10.2 wird mit beiden Katalysatoren unter Ligandabspaltung zunächst ein π-Komplex (I) des nullwertigen Nickels gebildet, der sich sehr schnell durch oxidative Addition unter C—C-Verknüpfung in einen α,ω-Octadiendiylnickel(II)-Komplex (II) umlagert. Diese Zwischenstufe konnte als Phosphin-Komplex isoliert und charakterisiert werden. Mit dem überschüssigen π-Donor Butadien erfolgt eine rasche Folgereaktion (III) unter Einschub in die Allylnickel(II)-Gruppierung, wobei ein α,ω-Dodecatriendiylnickel(II)-Komplex (IV) entsteht, dessen Struktur ^{13}C—NMR-spektroskopisch aufgeklärt werden konnte. Im Gleichgewicht der beiden strukturisomeren Formen (IV) und (V) soll die syn-syn-trans-Form (V) durch Butadienkoordination am Nickel thermodynamisch stark begünstigt sein, so daß bei der reduktiven Eliminierung in überschüssigem Butadien bevorzugt die ttt-Form (VII) neben wenig tcc-Cyclododecatrien (VIII) entsteht. Die geringfügige Mitbildung der ttc-CDT-Form (IX) wird über einen C_{12}-Komplex (VI) mit innenständiger cis-Doppelbindung erklärt. Obwohl der genaue Verlauf der reduktiven Eliminierung zur Rückbildung des Nickel(0)-Komplexes nicht bekannt ist, kann dem Beispiel entnommen werden, daß zur Katalyse der CDT-Bildung zwischen dem Zentralatom und dem Butadien ein korreliertes Koordinations- und Reduktionsvermögen bestehen muß.' Offenbar besitzen die beiden katalytisch aktiven Nickelkomplexe vergleichbare Energien, so daß die oxidative Addition unter C—C-Verknüpfung und die reduktive Eliminierung unter Katalysatorrückbildung entsprechend Bild 10.2 ablaufen können. Betrachtet man nämlich den Reaktionsablauf zwischen Butadien und anderen Zentralatomen mit entsprechender Elektronenkonfiguration, so werden folgende Resultate erhalten. Mit Pt^{0}(COD)$_2$ bleibt die Reaktion nach der oxidativen Addition bei der Bildung eines Metalla-2,5-divinyl-cyclopentan-Komplexes stehen, was offenbar auf die größere Stabilität der Pt-Kohlenstoff-σ-Bindung zurückzuführen ist.

$$Pt^0(COD)_2 + 2\,C_4H_6 \longrightarrow (COD)Pt\underset{H_2C=CH}{\overset{H_2C=CH}{\underset{\overset{\textstyle CH-CH_2}{\textstyle CH-CH_2}}{}}} + COD$$

Das schwächer reduzierend wirkende Cu(I) addiert Butadien nur unter π-Komplexbildung, und auch vom Co(I) ist ein Bis(butadien)-Komplex darstellbar. Beide Komplexe reagieren aber nicht weiter zum CDT.

Wird im Bis(η^3-allyl)nickel(II)-Komplex eine Allylgruppe durch andere Liganden ersetzt, so wird die Tendenz zur reduktiven Eliminierung stark vermindert. Beispielsweise vermögen $[C_3H_5Ni^{II}I]_2$ oder $[C_3H_5Ni^{II}CF_3COO]_2$ Butadien unter π-Komplexbildung und nachfolgendem Einschub in die Allylnickelbindung zu addieren. Die Weiterreaktion erfolgt aber nicht nach Bild 10.2 durch reduktive Eliminierung unter Cyclotrimerisation, sondern durch Fortsetzung der Einschubreaktion unter Polymerisation des Butadiens (vgl. Abschn. 10.3.). Das überwiegend 1,4-verknüpfte Polybutadien zeigt mit jeweils über 95 %iger Selektivität bei Einsatz des Iodid-Komplexes 1,4-trans-Struktur und im Falle des Trifluoracetat-Komplexes 1,4-cis-Struktur. Der entsprechende Palladiumkomplex $[C_3H_5Pd^{II}CF_3COO]_2$ ist dagegen nicht zur Polymerisationskatalyse befähigt. Hier bleibt die Reaktion mit Butadien nach einmaligem Einschub beim Hepta-2,6-dienyl-palladium(II)-trifluoracetat stehen.

10.2.2. Ligandabhängige Steuerungseffekte

Wird der Reaktion von Butadien mit $Ni^0(COD)_2$ im Molverhältnis 1:1 PR_3 (R = Alk, Ar, OAlk, OAr) zugesetzt, so kann die im voranstehenden Abschnitt beschriebene Cyclotrimerisation über einen σ, π-Octadiendiyl(PR_3)-Nickel(II)-Komplex in eine Cyclodimerisation umgelenkt werden. Dabei hängen der Grad der Umlenkung (Verhältnis TRIM/DIM) und das Produktverhältnis der Dimerisation (Cycloocta-1,5-dien = COD; 4-Vinyl-cyclohexen = VCH) sowohl von der Donizität als auch von der Raumerfüllung des PR_3 ab. Der im Bild 10.2 gezeigte Mechanismus wird durch die konkurrierende Wechselwirkung des stärkeren n-Donors PR_3 anstelle des π-Donors Butadien mit dem Bisallyl-Ni(II)-Komplex (Gleichgewicht II $\rightleftharpoons$ III in Bild 10.2) dahingehend verändert, daß unterschiedlich konfigurierte Octadiendiyl(PR_3)-nickel(II)-Komplexe gebildet werden, deren Gleichgewichtsanteil (Gleichgewicht II $\rightleftharpoons$ X in Bild 10.2) sowie die Geschwindigkeit ihrer Folgereaktionen die Produktverteilung (CDT, COD bzw. VCH) bestimmen. Tab. 10.2 enthält Ergebnisse einer quantitativen Produktverteilung mit unterschiedlichen P(III)-Liganden, wobei deren Donizität durch den Parameter χ und die Raumerfüllung durch den Parameter Θ charakterisiert werden [10.9], [10.10].

Zur Deutung des Ligandeinflusses wird das in Bild 10.3 dargestellte Gleichgewicht zwischen der σ,π-Bisallylform (1) und der π,π-Bisallylform (2) des Octadiendiyl(PR_3)-nickel(II)-Komplexes angenommen.

Liganden hoher Donizität (kleinere χ-Werte) und großer Raumbeanspruchung ($\Theta >$ 150°), wie z. B. P(t-Bu)(i-Pr)$_2$, begünstigen die Bildung von (1). Da nur die σ,π-Form (1) mit dem π-Donor Butadien assoziieren kann, wird sowohl der hohe Cyclotrimerenanteil verständlich als auch der durch Ringschluß der σ,π-Form entstehende VCH-Anteil. Ein relativ hoher Cyclotrimerisationsgrad wird auch bei kleinen Liganden

Tab. 10.2. Elektronischer und sterischer Einfluß von PR$_3$-Liganden auf die Cyclooligomerisation von Butadien

Θ ($\not<°$) = Kegelöffnungswinkel entsprechender Atomkalotten
χ (cm^{-1}) = Durch L$_i$ verschobene IR-Absorption in L$_i$Ni(CO)$_3$

Ligand	Θ ($\not<°$)	χ (cm^{-1})	TRIM (%)	DIM (%)	COD (%)	VCH (%)
P(OMe)$_3$	107	23,4	59,8	38,0	59,9	40,4
P(tert-Bu) (Isopr)$_2$	167	2,0	49,6	45,8	61,6	32,1
P(OPh)$_3$	128	29,2	12,2	87,4	90,9	8,5
P(O-o-Biph)$_3$	152	28,9	1,5	97,7	96,7	2,5

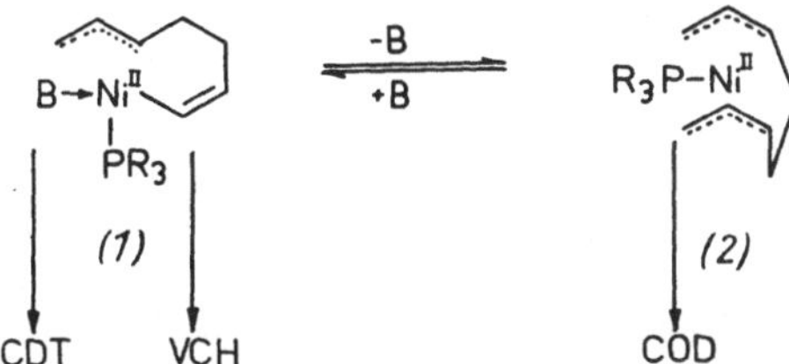

Bild 10.3. Gleichgewicht zwischen der σ,π-Bisallyl-form (1) und der π,π-Bisallyl-form (2) des Octadiendiyl(PR$_3$)-nickel(II)-Komplexes
B = Butadien

(P(OMe)$_3$ mit Θ = 107°) erhalten, da offenbar die Assoziation der σ,π-Form mit dem π-Donor aus sterischen Gründen leichter erfolgen kann. Liganden mittlerer Größe mit geringer Donizität, wie P(OPh)$_3$ und P(O-o-Biph)$_3$, stabilisieren dagegen die π,π-Form (2) und bewirken deshalb eine fast vollständige Cyclodimerisation zum COD. Die komplexkatalytische Reaktionssteuerung wird also im vorliegenden Beispiel bezüglich des Verhältnisses von Cyclotrimerisation zu -dimerisation vorwiegend durch die Raumstruktur der Liganden bestimmt, während für das Dimerenverhältnis COD/VCH der elektronische Ligandeneinfluß die größere Bedeutung hat. Da sich der sterische Einfluß in erster Linie auf das Gleichgewicht zwischen (1) und (2) im Bild 10.3 auswirkt, wird das Verhältnis TRIM/DIM auch als eine thermodynamische Selektivität bezeichnet. Für das aus der elektronischen Struktur im Liganden (Orbitalkontrolle) resultierende COD/VCH-Verhältnis würde die Häufigkeit der Cyclodimerisationsschritte dann als kinetische Selektivität aufzufassen sein. Diese Schlußfolgerung wird gestützt durch die Beobachtung, daß mit dem Dreikomponentenkatalysator Ni(COD)$_2$ + PR$_3$ + Piperidin bei der Reaktion mit Butadien vorrangig lineare Dimere (tt- und ct-Octa-1,3,6-trien) entstehen, was aus der verminderten Bildung von Allylligandstrukturen zugunsten von σ-Bindungen und nachfolgender Einschubreaktion erklärt werden könnte.

10.3. Reaktionssteuerung bei Polymerisationen

Die große Bedeutung von polymeren Werkstoffen hat die Reaktionssteuerung auf dem Gebiet der Polymerchemie stark stimuliert, um gewünschte Stoffeigenschaften möglichst ohne chemische oder physikalische Nachbehandlung bereits beim Kettenaufbauprozeß zu erzielen. Für dieses Anliegen sind verschiedene Ausdrücke, wie z. B. «Polymere nach Maß» oder «Macromolecular Engineering», geprägt worden.

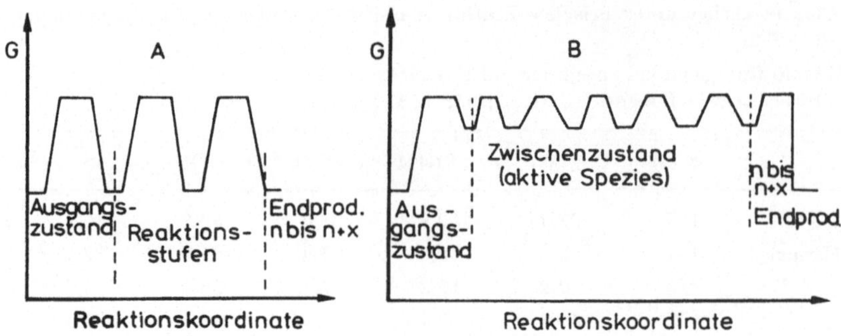

Bild 10.4. Schematisches Freie-Enthalpie-Profil für Polymeraufbauprozesse
A Stufenwachstumsreaktion   *B* Kettenwachstumsreaktion

Im Bild 10.4 werden die wesentlichen Unterschiede der beiden Hauptgruppen von Polymeraufbauprozessen, die Stufenwachstumsreaktion (Polykondensation und Polyaddition) und die Kettenwachstumsreaktion (allgemein als Polymerisation bezeichnet) in einem schematischen Freie-Enthalpie-Diagramm gegenübergestellt.

Für die Stufenwachstumsreaktion ist der Endzustand des ersten Reaktionsschrittes zugleich der Ausgangszustand für den Folgeschritt, und die Freie Aktivierungsenthalpie $\Delta G^{\neq}$ ist für beide Schritte näherungsweise gleich. Die Kettenlänge kann durch Erreichen des Gleichgewichtszustandes unter den jeweiligen Reaktionsbedingungen, durch mangelnde Löslichkeit des Polymeren im Medium oder durch den Verbrauch einer Monomerkomponente limitiert werden.

Bei den Kettenwachstumsreaktionen wird zunächst unter Aufwand einer relativ hohen Aktivierungsenthalpie eine reaktive Zwischenstufe gebildet (aktive Spezies), aus welcher mit meist sehr geringer Aktivierungsenthalpie die Kettenreaktion erfolgt, bis durch kettenlimitierende Faktoren (Abbruch, Übertragung, Monomerverbrauch) ein stabiler Endzustand erreicht wird. Die hohe potentielle Energie der Zwischenstufe verursacht in weit höherem Maße als bei Stufenwachstumsreaktionen den konkurrierenden Ablauf von Parallel- und Folgereaktionen (Relaischarakter von Zwischenstufen). Dies gilt gleichermaßen für radikalische und ionische Polymerisationen, während die komplex-koordinativ-katalysierten Polymerisationen durch die vorkoordinierende Orientierung des Monomeren als ein Ligand im Komplex des Zwischenzustandes eine höhere Selektivität im Wachstumsschritt zeigen (vgl. dazu Abschn. 10.3.3.). Während die Reaktionssteuerung radikalischer Polymerisationen noch am Anfang steht, kann die Beeinflussung ionischer Elementarprozesse oft übersichtlicher gestaltet werden. So gelang es, bei ionischen Polymerisationen höhere Stereoselektivitäten zu erreichen als bei radikalischen Polymerisationen [10.11].

10.3.1.   Anionische Polymerisation

Bei der anionischen Polymerisation von Butadien oder Isopren (auch anderen Dienen) kann die Kettenverknüpfung über eine Doppelbindung (1,2-Verknüpfung bzw. 3,4-Verknüpfung im Falle Isopren) oder über beide Doppelbindungen (1,4-Verknüpfung) erfolgen, wobei im letzteren Falle die neu entstehende Doppelbindung in der Kette entweder cis- oder trans-konfiguriert sein kann. Die Eigenschaften der Polymere hän-

Tab. 10.3. Abhängigkeit der Mikrostrukturanteile der anionischen Isoprenpolymerisation vom Initiator und dem Medium

Initiator (Medium)	Mikrostruktur in %			
	cis-1,4	trans-1,4	1,2	3,4
Li (Pentan)	94	—	—	6
Butyl-Li (Pentan)	93	—	—	7
Butyl-Li (Cyclohexan)	80	15	—	5
Li (Diphenylether)	82	—	—	18
Butyl-Li · 2 THF (Cyclohexan)	68	19	—	13
Li (THF)	—	33	16	51
Butyl-Li (THF)	—	—	26	74
Ethyl-Na (Pentan)	6	42	7	45
Na (THF)	—	33	13	54
K (THF)	—	48	16	36
K (Isopren)	—	55	9	36
Rb (Isopren)	5	47	8	39
Cs (Isopren)	4	51	8	37

gen stark von der tatsächlich vorliegenden Mikrostruktur ab. Bekanntlich haben Naturkautschuk oder auch synthetische Elastomere einen sehr hohen cis-1,4-Mikrostrukturanteil. In Tab. 10.3 ist die Änderung der Mikrostrukturanteile für die Isoprenpolymerisation in Abhängigkeit von den Reaktionsbedingungen (Initiatorgegenion $Li^{\oplus}$ bzw. $Na^{\oplus}$, Lösungsmittelpolarität) gezeigt.

Aus diesen Daten können bezüglich des Mechanismus der Wachstumsreaktion und deren Beeinflußbarkeit folgende Verallgemeinerungen getroffen werden.

1. Der höchste cis-1,4-Anteil (dem Naturkautschuk entsprechend!) wird mit lithiumorganischen Initiatoren in unpolaren Lösungsmitteln erhalten. Unter diesen Bedingungen scheint die Li—C-Bindung stark polarisiert vorzuliegen, aber mit einem relativ hohen Kovalenzanteil. Für ihre Repräsentation in diesem Zustand ist weder der klassische Bindungsstrich geeignet noch das Anschreiben von Formalladungen. Wir sind diesem Problem schon früher bei Reaktionsmechanismen in Feststoffen begegnet. Die stark polare $Li^{\delta+}$—$C^{\delta-}$-Bindung ist das Koordinationszentrum für das Monomer, das als π-Donor primär an der Akzeptorstelle ($Li^{\delta+}$) cisoid fixiert und vermutlich über einen Sechsring-Übergangszustand bei der elektronischen Umordnung in die $Li^{\delta+}$—$C^{\delta-}$-Bindung eingeschoben wird.

Mit zunehmendem Grad der Ladungsverschiebung (Erhöhung des elektrostatischen Bindungsanteils durch Ionisation), z. B. in einer Metall-Kohlenstoffbindung mit elektropositiveren Alkalimetallen ($Li^{\oplus} < Na^{\oplus} < K^{\oplus}$ usw.) oder durch ladungsstabilisierende polare Lösungsmittel, entfallen die Voraussetzungen für den cis-1,4-Wachstumsmechanismus.

2. In polaren Lösungsmitteln liegen Ionenpaare mit unterschiedlich starker Ladungstrennung vor. Die Koordinierung des Monomeren im Zwischenzustand (oft auch als Monomersolvatation der aktiven Spezies bezeichnet) konkurriert mit der Solvatation durch Lösungsmittelmoleküle. In Abhängigkeit vom Gegenion (z. B. Lage unbesetzter d-Orbitale), vom Lösungsmittel (besonders dessen Donorcharakter zur spezifischen Kationsolvatation) und weiteren Parametern (z. B. auch der Temperatur) sind die orbitalkontrollierten Voraussetzungen für den 1,4-Mechanismus immer weniger gegeben, bis schließlich bei vollständiger Dissoziation der aktiven Spezies infolge starker Solvatation von $Li^{\oplus}$ durch n-Donoren (THF, Amine, Kronenether), die stark lokalisierte Carbanionladung nur mit einer Doppelbindung in Wechselwirkung tritt, wobei die 1,2- (bzw. 3,4-)Verknüpfung überwiegt. Auf dieser Basis kann bei technisch durchgeführten Polymerisationen durch geeignete Kombination der Einflußparameter (Gegenion, Lösungsmittel, Donor- bzw. Akzeptorzusätze als sog. Modifikatoren, Temperatur) auf den Wachstumsmechanismus die Mikrostruktur entsprechend dem Anwendungszweck des Polymerisates gesteuert werden (z. B. Gummiherstellung, Lackrohstoff). Da die anionische Polymerisation von unpolaren α-Olefinen (z. B. Styren, α-Methylstyren) und Dienen bei völligem Ausschluß elektrophiler Verunreinigungen ohne Abbruch- und Kettenübertragungsreaktionen erfolgt, ist über sogenannte lebende Kettenenden die gezielte Darstellung von Blockcopolymeren möglich, ebenso wie die gezielte Flächen- bzw. Raumvernetzung über Doppelbindungen oder Endgruppenfunktionalisierung (z. B. mit Oxiranen, Lactonen, CO_2) zur Herstellung organischer Zwischenprodukte. Auf diese technisch relevante Reaktionssteuerung über anionische Wachstumsreaktionen kann hier nur hingewiesen werden.

10.3.2. Kationische Polymerisation

Eine Reaktionssteuerung kationischer Olefinpolymerisationen ist schwerer zu erreichen infolge der hohen Protonenübertragungsneigung von β-Wasserstoffatomen der Kettenenden auf Nucleophile. Neben Lösungsmitteln mit n- bzw. π-Donorzentren sowie den Gegenionen kommen für die Übertragung besonders die Monomere selbst in Frage. Die Übertragung kann kinetisch nach 1. bzw. 2. Ordnung verlaufen und stellt in Abhängigkeit von der Elektrophilie des kationischen Kettenendes (—I-Effekt auf das benachbarte C-Atom), die geprägt wird von der Monomerstruktur (Möglichkeit zur Ladungsdelokalisation), vom Verhältnis elektrostatischer und kovalenter Wechselwirkungen mit dem Gegenion (z. B. $SbF_6^{\ominus}$ oder $I_{n+1}^{\ominus}$) sowie dem Donor- bzw. Akzeptorcharakter des Lösungsmittels, eine ständige Konkurrenz zur Wachstumsreaktion dar. Mit den folgenden Formelschemata sollen die Unterschiede im Übertragungsschritt angedeutet werden (s. S. 353).

Besonders aus dem Formelbild der bimolekularen Monomerübertragung ($\ddot{U}_2$) ist bei Berücksichtigung der experimentell bewiesenen Monomersolvatation am elektrophilen Teil der aktiven Spezies (punktierte Pfeile), die Konkurrenz beider Elementarschritte im Zwischenzustand zu ermessen. Zur Regulierung der mittleren Molmasse des Polymeren (z. B. hohe $\bar{M}_n$ für Plasteigenschaften oder niedrige $\bar{M}_n$ für Schmierölzusätze)

$$\sim C-\underset{H}{\overset{R}{C}}-C^{\oplus} + A^{\ominus} \quad\xrightarrow{\ddot{U}_1}\quad \begin{array}{l}\text{Monomer (M)} \longrightarrow\\[4pt]\longrightarrow\\[4pt]\text{Lösungsmittel (L)} \longrightarrow\end{array} \quad \sim C-\overset{R}{C}=C\Big\langle \begin{array}{l}+\,H-M^{\oplus}\\ +\,H-A\\ +\,H-L^{\oplus}\end{array}$$

$$\sim C-\underset{H}{\overset{R}{C}}\underset{\underset{-C}{|}}{\overset{C^{\oplus}\leftarrow\!-A^{\ominus}}{\diagup}}\quad\xrightarrow{\ddot{U}_2}\quad \sim C-\overset{R}{C}=C\Big\langle \;+\; -\underset{H}{\overset{|}{C}}-C^{\oplus}\; A^{\ominus}$$

muß nun der offensichlich geringe Unterschied in der freien Aktivierungsenthalpie des Wachstums- bzw. Übertragungsschrittes im Zwischenzustand der Kettenwachstumsreaktion (Bild 10.4) für die Reaktionssteuerung genutzt werden. Neben der generellen Methode, durch eine möglichst tiefe Temperatur das Verhältnis Selektivität/Reaktivität zu erhöhen (entsprechend einer Verlangsamung aller vom Zwischenzustand aus konkurrierenden Reaktionsschritte), bestehen folgende Möglichkeiten zur Erhöhung der mittleren Molmasse:

1. Verringerung der Elektrophilie des wachsenden Kations. Der somit verminderte —I-Effekt der Kationladung setzt die Neigung zur Protonenübertragung vom benachbarten C-Atom herab. Neben einer strukturbedingten Ladungsstabilisierung (z. B. Vinylaromaten) haben sich vor allem bestimmte Gegenionen bewährt (z. B. $[X_n AlR_m]^{\ominus}$, $CF_3COO^{\ominus}$, $FSO_3^{\ominus}$, $ClO_4^{\ominus}$). Ihre Wirkungsweise scheint neben der elektrostatischen Kompensation des Kations auf einem die Elektrophilie senkenden kovalenten Wechselwirkungsanteil zu beruhen.

2. Ein hoher Akzeptorcharakter (Akzeptorzahl) des Mediums wirkt ebenfalls erhöhend auf $\bar{M}_n$.

3. Die Monomerkonzentration sollte möglichst niedrig gehalten werden (z. B. Nachdosierung bei technischer Durchführung).

Durch Umkehrung der vorgenannten Punkte bewirkt man entsprechend eine für manche Anwendungszwecke (z. B. Oligomere als technische Zwischenprodukte für Lacke und Schmierölzusätze) erforderliche Molmassensenkung. Generell wird durch Konzentrationsvariation der Edukte, durch die geeignete Wahl der Gegenionen sowie durch Solvatationseffekte des Mediums sowohl die Einheitlichkeit der Molmassenverteilung als auch die Stereoselektivität der Produktbildung gesteuert.

In Bild 10.5 wird die Steuerung eines optimalen Isobutenumsatzes für die Selektivpolymerisation von Isobuten aus einer technischen Butenfraktion [10.12] als Funktion der Temperatur und der Initiatorkonzentration ($TiCl_4/AlBr_3 = 60:1$) gezeigt.
Da sich bei Variation der Steuergrößen Temperatur und Initiatorkonzentration neben der Ausbeute auch die Molmasse verändert, kann über diese Steuergröße auch eine dem Verwendungszweck des Polyisobutens entsprechende Molmasse eingestellt werden. Das ist in Bild 10.6 für die Molmassenregulierung des Polyisobutens bei der Selektivpolymerisation aus einer Butenfraktion gezeigt. Als Steuergröße dient die Initiatorkonzentration ($TiCl_4/AlBr_3 = 60:1$). Man erkennt gleichzeitig aus Bild 10.6, daß auch die Einheitlichkeit des Polymeren mit Erhöhung der Initiatorkonzentration stark ab-

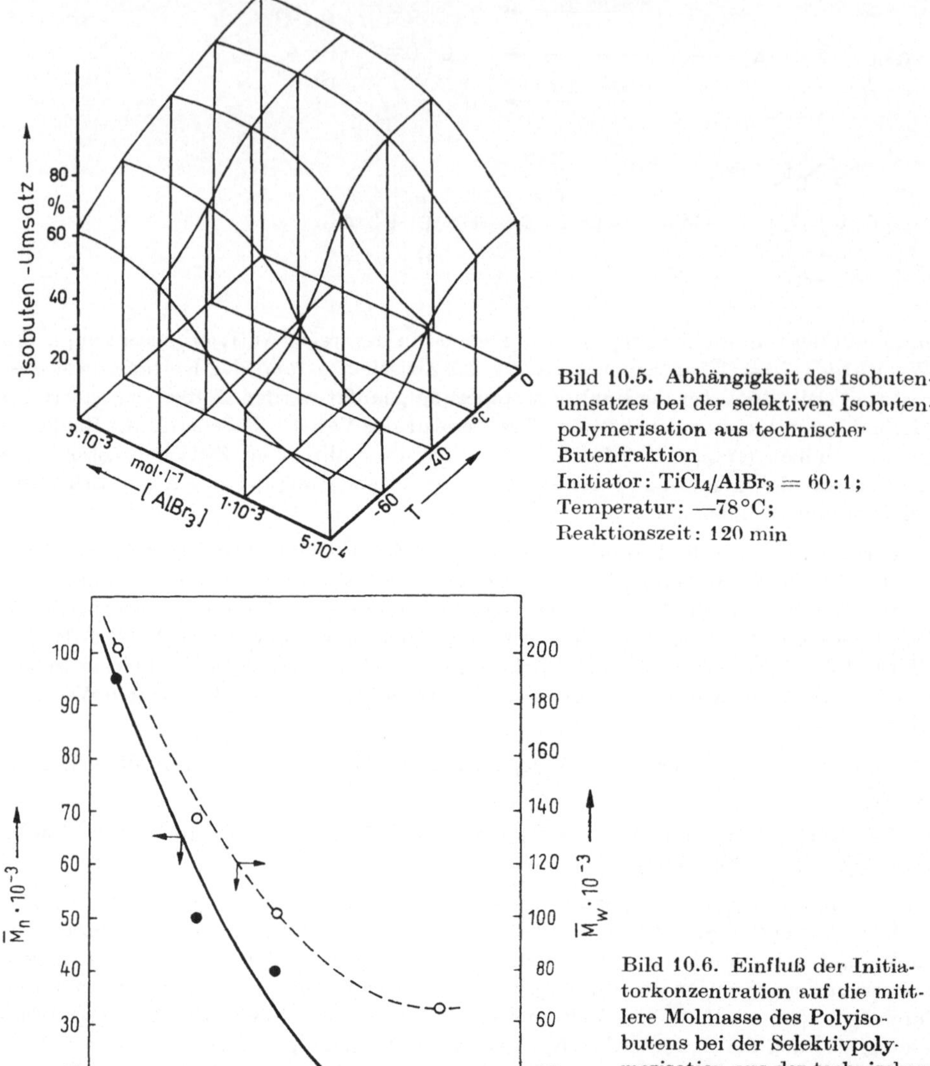

Bild 10.5. Abhängigkeit des Isobutenumsatzes bei der selektiven Isobutenpolymerisation aus technischer Butenfraktion
Initiator: $TiCl_4/AlBr_3 = 60:1$;
Temperatur: $-78\,°C$;
Reaktionszeit: 120 min

Bild 10.6. Einfluß der Initiatorkonzentration auf die mittlere Molmasse des Polyisobutens bei der Selektivpolymerisation aus der technischen Butenfraktion
$\overline{M}_n$ = Zahlenmittel; $\overline{M}_w$ = Gewichtsmittel; Reaktionsbedingungen analog Bild 10.5

nimmt (Verhältnis von $\overline{M}_n$ und $\overline{M}_w$). Die Beeinflussung der Molmassenverteilung ist ein weiterer Steueraspekt, der die Eigenschaften und den weiteren Einsatz des Polymeren bestimmt.

In gewissem Maße gelingen auch relativ hohe Stereoselektivitäten (z. B. isotaktische Vinyletherpolymerisationen), für deren Wachstumsmechanismus vorkoordinierende Wechselwirkungen zwischen dem Monomer und der aktiven Spezies (Ionenpaarwachstum) verantwortlich sind, wie das bereits im Abschn. 10.3.1. angedeutet wurde.

10.3.3. Komplex-koordinative Polymerisation

Obwohl es Beispiele hoher Stereoselektivität bei ionischen Kettenwachstumsreaktionen gibt, ist dies doch die Domäne der komplex-koordinativen Polymerisation (*Ziegler-Natta*-Polymerisation oder auch stereoregulierte Polymerisation). Es wurde bereits erwähnt, daß bei ionischen Kettenwachstumsschritten die Stereoselektivität in dem Maße zunimmt, wie orbitalkontrollierte Wechselwirkungen bei der Anlagerung des neuen Monomers an die aktive Spezies überwiegen. Dabei kann das Monomer als Bestandteil einer dissymmetrischen Solvathülle eines Ionenpaars angesehen werden, in welches es bei der elektronischen Umordnung «eingeschoben» wird. Wie im Abschn. 10.2. gezeigt wurde, kann diese Vorkoordinierung weitaus vollkommener an Übergangsmetallatomen erfolgen, wo durch Wechselwirkung zwischen den π-Elektronen der Monomere und den freien d-Orbitalen am Übergangsmetall Zwischenstufen stets gleicher Konfiguration (z. B. Oktaeder, Tetraeder) entstehen. Bekanntlich gibt es stabile Metall-Olefin-Komplexe (z. B. mit Cu, Pt, Ag), die aber als Polymerisationskatalysatoren ungeeignet sind, da durch zu hohe Stabilität keine Folgereaktion mit weiterem Monomer eintritt (vgl. Abschn. 8.2.). Dagegen erwiesen sich gewisse Übergangsmetallalkylbindungen (z. B. des Ti, V, Mo, Ni, Co) als hinreichend instabil, um das in der oben beschriebenen Vorkoordinierung fixierte Monomer durch Einschub in die Mt—R-Bindung aufzunehmen. Die zur Katalyse optimalen, relativen Stabilitäten der Mt—R-Bindung einerseits und die der vorkoordinierenden Mt-Olefin-Bindung andererseits wurden besonders umfangreich an Zweikomponentenkatalysatoren aus Titanium- und Aluminiumverbindungen untersucht (z. B. $TiCl_4/AlEt_3$, $TiCl_3/Et_2AlCl$, Cp_2TiCl_2/Et_3Al). An einem solchen System soll daher auch unsere qualitative Diskussion durch Bild 10.7 verdeutlicht werden.

Ausgehend z. B. von $TiCl_4$ und $AlEt_3$ in Heptan (heterogenes System), erfolgt zunächst eine Alkylierung der Titaniumkomponente bei gleichzeitiger Reduktion des Titaniums

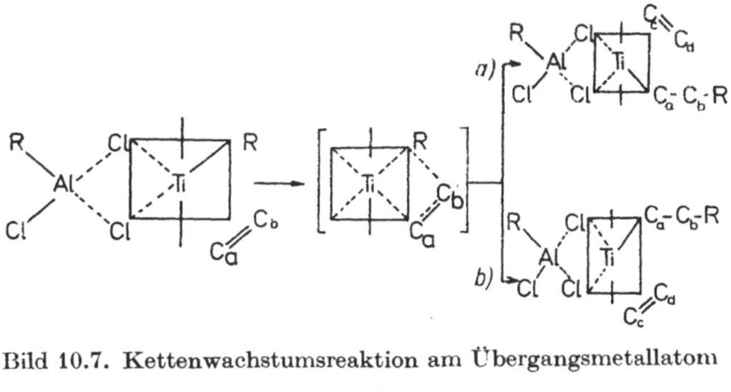

Bild 10.7. Kettenwachstumsreaktion am Übergangsmetallatom

a) als «cis-Wanderung» des Alkylrestes

b) als «direkte» Einschubreaktion

unter Bildung der eigentlich katalytisch aktiven Verbindung, die eine Koordinationslücke am Titanium besitzt. Das d-elektronenarme Titaniumatom ist weniger als z. B. Pd oder Pt zur Rückstabilisierung der Bindung mit dem Olefin befähigt und lockert daher in erster Linie die π-Bindung unter Bildung einer temporären σ-Bindung. Der Einschub in diese labile Ti—C—σ-Bindung kann nun immer aus der gleichen Richtung erfolgen oder nach vorausgehender Isomerisierung im Komplex (sog. cis-Wanderung) ein formales Alternieren der Koordinationslücke bewirken. Entsprechend werden bei α-Olefinen gleichkonfigurierte (isotaktisch) bzw. alternierend umgekehrt konfigurierte (syndiotaktisch) chirale Ketten aufgebaut. Bei der Butadienpolymerisation mittels komplex-koordinativer Katalyse erhält man ebenfalls hohe Stereoselektivität bezüglich der neu entstehenden Doppelbindung (vgl. Abschn. 10.3.1.), die als «all-cis»- bzw. «all-trans»-konfiguriert bezeichnet wird. Die stereoregulären Polymere zeichnen sich durch herausragende Eigenschaften aus, im Vergleich zu den nach weniger stereoselektiven Kettenwachstumsreaktionen erhaltenen Produkten. Diese Reaktionssteuerung besitzt daher erhebliches technisches Interesse. Auf der Basis der MO-Theorie können heute aus quantenchemischen Berechnungen und spektroskopischen Untersuchungen weitgehende Hinweise über die Bindungsverhältnisse in derartigen Komplexen erhalten werden.

Im Abschn. 10.2. wurden bereits die Cyclooligomerisation des Butadiens an Nickelkomplexen sowie andere praxisrelevante Aspekte der Reaktionssteuerung durch Komplexkatalyse behandelt. An dieser Stelle sei noch ein Beispiel der Steuerung der 1,4-Polymerisation des Butadiens (vgl. Abschn. 10.3.1.) mit Monoallylbis(ligand)-nickel(II)-

Tab. 10.4. Reaktionssteuerung der Butadienpolymerisation mit Allylnickel(II)-Komplexen des Typs $[C_3H_5NiL_2]PF_6$

U = Umsatzzahl in mol Butadien (B) pro mmol Ni·h bei 50°C in Benzen
[Ni] = 2,5 · 10^{-3} m; [B]$_0$ = 2 m
a) Reaktion bei 25°C in Benzen

Ligand	Θ ($\sphericalangle$ °)	χ (cm^{-1})	U	cis-1,4 (%)	trans-1,4 (%)	1,2-Verkn. %
P(OEt)$_3$	109	20,2	0	—	—	—
P(O^{i}Pr)$_3$	130	19,8	0	—	—	—
P(OPh)$_3$	128	29,2	0,15	5	94	1
l (O-o-Tol)$_3$	141	28,0	0,30	10	85	5
P(OThym)$_3$	148	28,5	1	60	36	4
P(O-o-Biph)$_3$	152	28,9	1	60	25	15
PPh$_3$	144	12,9	0	—	—	—
AsPh$_3$	$\approx$141	$\approx$12,5	1$^{a)}$	70	25	5
SbPh$_3$	$\approx$130	$\approx$14,6	10$^{a)}$	85	11	4
CH$_3$CN	—	—	0,1	70	28	2
1,5-COD$_{1/2}$	—	—	1$^{a)}$	78	20	2

Komplexen des Typs $[C_3H_5NiL_2]PF_6$ ergänzt [10.6]. In Tab. 10.4 sind Ergebnisse der katalytischen Aktivität (U = Umsatzzahl des Butadiens) und der Stereoselektivität (cis/trans-1,4- bzw. 1,2-Verknüpfung) in Abhängigkeit von den Liganden (L) enthalten. Donizität (χ) und Raumbeanspruchung (Θ) der Liganden [10.9] sind durch die gleichen Parameter charakterisiert wie in Tab. 10.2 (Abschn. 10.2.2.).

Aus Tab. 10.4 erkennt man, daß durch geeignete Wahl des Liganden (L) die katalytische Aktivität beträchtlich gesteigert und die Selektivität zwischen 95 % trans-1,4- bis etwa 85 % cis-1,4-Polybutadien verändert werden kann. Die Lage der Gleichgewichte von Komplexbildung und Ligandensubstitution sowie die Reaktivität der Zwischenstufen wird vom elektronischen und dem sterischen Einfluß der Liganden am gleichen Ausgangskomplextyp geprägt [10.6]. Während im voranstehenden Beispiel einer homogenen Komplexkatalyse die Aufklärung des Reaktionsmechanismus und damit die Möglichkeit zu seiner Steuerung sehr weitgehend untersucht werden konnte, steht die reaktionstheoretische Behandlung heterogener Systeme (Abschn. 9.) noch am Anfang. Dort wird die quantitative Beherrschung der Transportprozesse oder die reproduzierbare Herstellung und ständige Freisetzung der aktiven Zentren (Koordinationsstellen am katalytisch aktiven Metallatom) zum Hauptproblem. Bezüglich der stereoselektiven Polymerisation von α-Olefinen sind folgende empirische Verallgemeinerungen möglich:

1. Bevorzugt isotaktische Produkte entstehen bei heterogener Katalyse.

2. Bevorzugt syndiotaktische Produkte entstehen bei homogener Katalyse.

3. Bei Temperaturerhöhung oder Erhöhung der Polarität des Mediums nimmt die Stereoselektivität nach 1. und 2. ab.

Weiterhin wird beobachtet, daß bei der Anwendung von Mehrkomponentenkatalysatoren natürlich auch das Verhältnis verschiedener Metallatome (z. B. Ti/Al) eine Rolle spielt, da über deren *Lewis*-Säure-Natur (z. B. $TiCl_4$, $TiCl_3$, VCl_3) kationische Kettenwachstumsreaktionen initiiert werden können, für die die stereoelektronischen Voraussetzungen für die Vorkoordinierung nicht mehr erfüllt sind. In neuerer Zeit wurden sogenannte superaktive Katalysatoren auf Titanbasis (aber auch mit anderen Metallatomen) entwickelt, die durch chemische Reaktion im heterogenen Katalysator ständig neue aktive Zentren nachliefern und somit bei hoher Stereoselektivität (z. B. isotakt. Polypropen) außerordentlich hohe Katalysatoraktivität zeigen.

10.4. Struktur-Wirkungs-Beziehungen zur optimalen Synthese von Pharmaka

Weltweit werden erhebliche Synthesekapazitäten eingesetzt, um zu neuen Pharmaka mit spezifischer Wirkung sowie erhöhten Wirkungseffektivitäten bei reduzierten Nebenwirkungen zu gelangen. Infolge der noch wenig offensichtlichen Zusammenhänge zwischen der Struktur von Arzneimitteln und ihrer biologischen Aktivität ist die Trefferquote von Synthesestrategien relativ klein.

In neuerer Zeit haben sich auf der Basis der linearen Mehrfachregressionsanalyse erfolgversprechende Möglichkeiten ergeben, die zur Rationalisierung der Syntheseplanung und zur Optimierung von Synthesevarianten geeignet erscheinen. Das Verständnis dieser Methoden schließt unmittelbar an die im Abschn. 7. behandelten LFE-Beziehungen an und betrifft deren Weiterentwicklung zum Prinzip der Polylinearität

(PPL) [10.13], [10.14]. Diese Methode wird heute vielfältig eingesetzt zur semiempirischen Quantifizierung von Strukturcharakteristika und biologischer Wirkung, aber auch zur Modellierung von Zusammenhängen zwischen Strukturvariationen und Stoffeigenschaften oder von Stoffeigenschaften und ihren Herstellungsbedingungen (Prozeßmodellierung). Der Behandlung geeigneter Mehrparametergleichungen seien einige Bemerkungen über den Zusammenhang von Struktur und biologischer Aktivität vorweggestellt.

10.4.1. Beziehungen zwischen Struktur und biologischer Aktivität

Ebenso wie die chemische Reaktivität wird auch die biologische Aktivität (Wirkung) der Stoffe in erster Linie durch die Struktur bestimmt. Allerdings sind die Verhältnisse wesentlich komplizierter. Während die chemische Reaktivität ziemlich einfach definiert werden kann, ist die biologische Wirkung eine Antwort des Organismus auf die Zufuhr eines körperfremden, nicht in der natürlichen Nahrung enthaltenen Stoffes. Allerdings produzieren Organismen auch selbst biologisch aktive Verbindungen, z. B. Hormone und Neurotransmitter. Die biologische Wirkung von Stoffen kann sehr verschieden sein. Einige Beispiele sind:

– Inhibierung der Acetylcholinesterase durch phosphororganische Pesticide,
– schmerzlindernde Wirkung durch Analgetica,
– krampflösende Wirkung durch Spasmolytica,
– beruhigende und schlafbringende Wirkung durch Sedativa und Hypnotica.

Eine entscheidende Rolle dabei spielt die Dosis. Sie wird in mg pro kg Körpergewicht angegeben. Viele Stoffe haben mehrere Wirkungen, wobei man zwischen der erwünschten Wirkung und den Nebenwirkungen unterscheidet. Bei chemischen Reaktionen wirkt das Reagens auf das Substrat ein. Im Falle der biologischen Aktivität wirkt der Stoff auf einen Organismus ein, also auf ein komplexes biologisches System. Dies erfordert zunächst seine Aufnahme (Resorption). Es folgt seine Verteilung durch extrazelluläre Flüssigkeiten. Bereits dabei kann der Wirkstoff einer enzymatischen Umwandlung (Biotransformation) unterliegen, die schließlich zur Ausscheidung (Exkretion) führt. In den meisten Fällen durchdringt der Wirkstoff die Membran von Zellen und reagiert mit sogenannten Rezeptoren, das sind bestimmte Atome oder Atomgruppierungen von Enzymen, Proteinen, Nucleinsäuren u. a. Darauf antwortet der Organismus mit spezifischen Reaktionen, die dann als für den betreffenden Wirkstoff charakteristische biologische Aktivität bezeichnet werden.
In Bild 10.8 sind diese Vorgänge schematisch dargestellt.

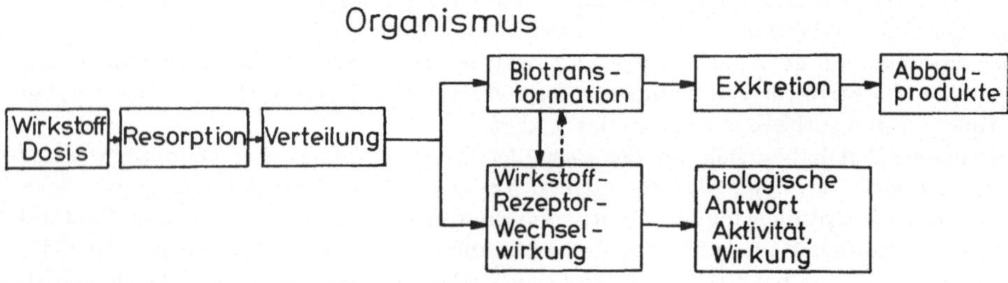

Bild 10.8. Biologische Aktivität eines Wirkstoffes

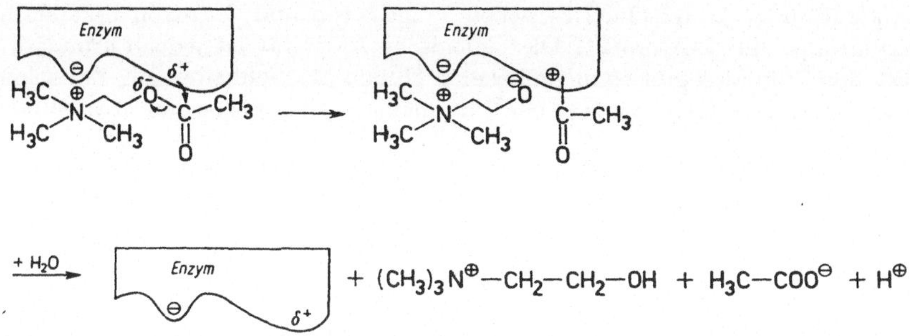

Bild 10.9. Hydrolyse von Acetylcholin durch das Enzym Acetylcholinesterase

Der entscheidende Vorgang ist die Wechselwirkung zwischen Wirkstoff und Rezeptor. Davon hängt die Art der biologischen Antwort des Organismus und somit die Aktivität des Wirkstoffs ab. Die Struktur des Wirkstoffs entscheidet, ob und mit welchen Rezeptoren eine Wechselwirkung zustande kommt. Gewöhnlich erfolgt die Wechselwirkung zwischen Wirkstoff und Rezeptor über zwei oder mehrere Berührungspunkte, d. h., zwei oder mehrere Atome oder Bindungen des Wirkstoffs treten mit zwei oder mehreren Atomen oder Bindungen des Rezeptors in Wechselwirkung. Diese Wechselwirkung ist in den meisten Fällen zunächst nicht kovalent, d. h., sie erfolgt z. B. über Wasserstoffbrücken-Bindungen oder durch anziehende Kräfte zwischen entgegengesetzten Ladungen. Die dabei frei werdende Energie ist kleiner als 40 kJ mol^{-1}. Danach kann eine chemische Reaktion zwischen Wirkstoff und Rezeptor stattfinden, d. h., chemische Bindungen entstehen oder/und werden gelöst. Bild 10.9 zeigt dies für die Hydrolyse von Acetylcholin durch das Enzym Acetylcholinesterase. Das Acetylcholin wird an zwei Punkten an die Peptidkette des Enzyms angeheftet. Danach entsteht eine neue Bindung, und die O—CO-Bindung wird gelöst. Im letzten Schritt erfolgt die eigentliche Hydrolyse.

Die Tatsache, daß der Wirkstoff an zwei oder mehreren Punkten an den Rezeptor angeheftet wird, Wirkstoff und Rezeptor gewissermaßen komplementäre Strukturen aufweisen, bewirkt eine hohe Spezifität der biologischen Wirkung. Nach E. *Fischer* kann man Wirkstoff und Rezeptor mit Schlüssel und Schloß vergleichen. Der Schlüssel muß zum Schloß passen. Deswegen haben kleine Änderungen der Struktur von Stoffen häufig entscheidende Änderungen der biologischen Aktivität zur Folge. So ist z. B. meist ein Enantiomeres einer Verbindung biologisch aktiv, das andere aber völlig unwirksam. Dies hat dazu geführt, daß man bei Wirkstoffen zwischen Leitstruktur und Strukturvariationen unterscheidet. Ein Beispiel dafür bieten die Steroide [10.15]. Leitstruktur ist der Kohlenwasserstoff Gonan: Gonan ist biologisch unwirksam. Erst infolge Strukturvariation durch Substituenten oder Einführung von Doppelbindungen entstehen biologisch aktive Verbindungen, z. B.

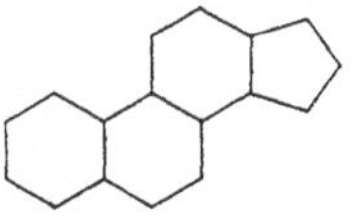

Gonan 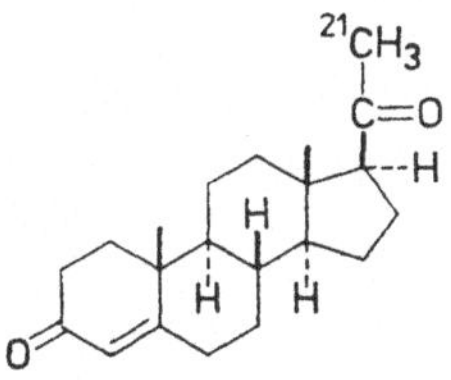   Progesteron 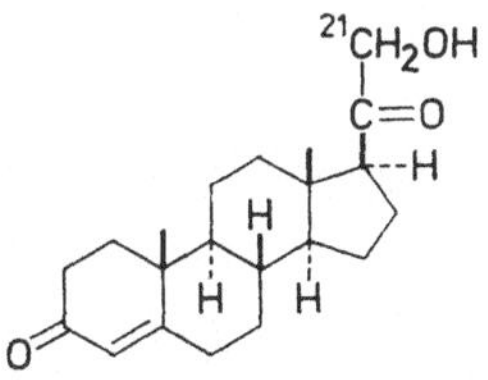   Cortexon

Der einzige strukturelle Unterschied zwischen Progesteron und Cortexon besteht in der Hydroxylgruppe am C-Atom 21. Die biologische Aktivität ist jedoch grundverschieden. Bei den Steroiden gibt es ungefähr eine Million Möglichkeiten zur Variation der Leitstruktur. Auf der Suche nach neuen Pharmaka wurden bisher nur etwa 80000 realisiert.

Die Leitstruktur der Sulfonamide ist das bereits selbst biologisch aktive Sulfanilamid:

Bei der Entwicklung neuer Pharmaka dienen in vielen Fällen biologisch aktive Naturstoffe als Leitstrukturen [10.16]. Insbesondere die Antibiotica wurden in mannigfacher Weise strukturell variiert.

Von den qualitativen Beziehungen zwischen Struktur und biologischer Aktivität wird hier nur das Konzept der Bioisosterie erwähnt [10.17]. Bioisoster sind Moleküle oder Teile von Molekülen, die gleiche Größe und Gestalt sowie ähnliche physikalische und chemische Eigenschaften haben. Ihre biologische Aktivität ist ähnlich oder antagonistisch. Als Beispiel wird eine Reihe von Verbindungen angegeben, die bioisoster zum Dihydroxyphenylalanin (DOPA) sind:

Weitere Beispiele sind:

Diese Verbindungen wirken anthelmintisch. Sie dienen zur Bekämpfung von Wurmkrankheiten.

Beispiele für antagonistisch wirkende Bioisostere sind p-Amino-benzoesäure und Sulfanilamid.

p-Amino-benzoesäure fördert das Wachstum von Mikroorganismen, Sulfanilamid hemmt es.

10.4.2. Semiempirische Quantifizierung durch lineare Mehrfachregression

Quantitative Beziehungen zwischen Struktur und biologischer Aktivität haben die allgemeine Form:

Aktivität $= f$ (Strukturmerkmale)

Zur Quantifizierung der Aktivität dient beispielsweise bei giftigen Stoffen die Dosis, die bei 50 % der Versuchstiere zum Tode führt, abgekürzt LD_{50} (Letale Dosis). Unter der ED_{50} (Effektivdosis) versteht man die Dosis, die bei 50 % der Versuche die für den betreffenden Stoff charakteristische Wirkung noch hervorbringt.

Quantitative Beziehungen zwischen Struktur und biologischer Aktivität sind das Ergebnis der sogenannten *Hansch*-Analyse [10.18]. Dabei geht man von der Leitstruktur eines Wirkstoffes aus, stellt eine Serie verschieden substituierter Verbindungen her und untersucht ihre biologische Aktivität. In einigen Fällen gilt folgende Gleichung:

$$\lg \frac{1}{C} = a_1\pi + a_2\pi^2 + b\sigma + cE_s + d \qquad \pi = \lg \frac{P}{P_0}$$

In dieser Gleichung bedeutet C eine Quantifizierung der Aktivität, etwa die minimale Konzentration des Wirkstoffs, die noch eine spezifische Antwort des Organismus auslöst. Auch LD_{50}- oder ED_{50}-Werte sind geeignet. π ist die sogenannte hydrophobe Substituentenkonstante. Sie wird ermittelt, indem man den Verteilungskoeffizienten P der substituierten Verbindung zwischen Octanol und Wasser bestimmt und durch den der unsubstituierten Verbindung (P_0) dividiert. Je größer π ist, desto hydrophober und lipophiler ist die entsprechend substituierte Verbindung. Diese Eigenschaften beeinflussen die Resorption, die Verteilung und die Fähigkeit des Wirkstoffs zum Durchdringen von Zellmembranen. Die Wirkstoffe müssen schon auf dem Wege zum Rezeptor immer wieder lipophile Membranen und hydrophile Medien, z. B. das Plasma, passieren. Tab. 10.5 enthält einige hydrophobe Substituentenkonstanten.

Tab. 10.5. Hydrophobe Substituentenkonstanten nach *Hansch* [10.18]

Substituent	π
C_6H_5	1,96
I	1,12
Br	0,86
Cl	0,71
CH_3	0,56
F	0,14
$COOCH_3$	—0,01
$COCH_3$	—0,55
CHO	—0,65
CH_2OH	—1,03
CH_2NH_2	—1,04
$NHSO_2CH_3$	—1,18
$(CH_2)_3\overset{\oplus}{N}(CH_3)_3$	—4,15

Die σ-Werte sind *Hammett*sche, *Brown*sche oder *Taft*sche Substituentenkonstanten. Durch sie wird der Beitrag der polaren Substituenteneffekte zur biologischen Aktivität zum Ausdruck gebracht. Die E_s-Werte stellen sterische Substituentenkonstanten dar und repräsentieren den Beitrag der sterischen Substituenteneffekte. Er kann auch durch die Inkremente der Molrefraktion für die betreffenden Substituenten angegeben werden. Interessant ist, daß in einigen Fällen sterische Parameter auch dann benötigt werden, wenn der Substituent sich nicht an dem Teil des Moleküls befindet, der für die biologische Aktivität ausschlaggebend ist. Dies zeigt, daß für die Anheftung an den Rezeptor Größe und Gestalt des ganzen Moleküls von Bedeutung sind (Bild 10.9). Die Koeffizienten a_1, a_2, b, c und d werden für jeden Parameter durch multiple lineare Regression nach der Methode der kleinsten Fehlerquadrate ermittelt [10.13]. Als Beispiel für eine *Hansch*-Analyse dienen die Inhibitoren des Enzyms Monoamin-Oxidase. Leitstruktur ist N-(2-Phenoxy-ethyl)-cyclopropylamin:

$$\text{R}-\langle\text{C}_6\text{H}_4\rangle-\text{O}-\text{CH}_2-\text{CH}_2-\text{NH}-\triangleleft$$

Die Monoamin-Oxidase baut Catecholamine, z. B. Adrenalin, oxydativ ab. Inhibitoren (Hemmer) dieses Enzyms werden als Antidepressiva klinisch genutzt. Die *Hansch*-Analyse mit 16 Strukturvariationen (Art und Position – meta oder para – des Substituenten R) ergab folgende Gleichung:

$$\lg \frac{1}{C} = 0{,}154\,\pi + 1{,}716\,\sigma + 0{,}674\,E_\text{s} + 4{,}226$$

Damit konnte lg $1/C$ für die p-Amino-Verbindung zu 4,57 und für die p-Phenylazo-Verbindung zu 7,28 vorausberechnet werden. Die experimentell gefundenen Werte sind 4,40 und 7,56.

Als weiteres Beispiel sei die Süßkraft der m-Nitro-aniline genannt:

$$\text{R}-\langle\text{C}_6\text{H}_3\rangle(\text{H}_2\text{N})-\text{NO}_2$$

$$\lg \text{RS} = 1{,}610\pi - 1{,}831\sigma + 1{,}729$$

RS bedeutet relative Süßkraft in bezug auf Saccharose. Wie die gefundene Gleichung zeigt, wird die Süßkraft durch sterische Substituenteneffekte nicht beeinflußt. Bei der Eingabe von E_s-Werten in die multiple Regressionsgleichung wird der sterische Parameter nach einem Signifikanztest im Rechenprogramm als nichtsignifikant eliminiert. Die Gleichungen, die aus der *Hansch*-Analyse resultieren, sind im Prinzip LFE-Beziehungen (Abschn. 7.). Der Parameter π ist ein Maß für die Änderung der freien Enthalpie beim Übergang der substituierten Verbindung von Wasser in Octanol, bezogen auf die unsubstituierte Verbindung.

Weitere Möglichkeiten, quantitative Beziehungen zwischen Struktur und biologischer Aktivität empirisch abzuleiten, bietet die *Free-Wilson*-Analyse [10.19]. Danach setzt sich die biologische Aktivität Y eines Wirkstoffs additiv aus dem Beitrag μ der Leitstruktur (des Grundgerüstes) und der Summe der Beiträge der Substituenten zusammen:

$$Y = \mu + \Sigma\, a_i X_i$$

a_i sind Regressionskoeffizienten, die die Beiträge der einzelnen Substituenten R in jeweils einer Position des Moleküls zur biologischen Aktivität des Wirkstoffs zum Ausdruck bringen. Der Faktor X beträgt 1, wenn sich an der betreffenden Position der Substituent R befindet. Ist R an ein asymmetrisches C-Atom gebunden und liegt die Racemform vor, dann gilt $a = 0{,}5$. Befindet sich an der betreffenden Position ein H-

Atom, dann ist $a = 0$. Für jede Strukturvariation, d. h. für jedes Molekül der Serie, wird eine entsprechende Gleichung aufgestellt. Danach ermittelt man die Regressionskoeffizienten a_i durch lineare Regression nach der Methode der kleinsten Fehlerquadrate.

Als Beispiel für die Anwendung der *Free-Wilson*-Analyse dient die Antimalariawirkung von (Hydroxyethyl)phenanthrenen:

Tab. 10.6. Regressionskoeffizienten nach *Free* und *Wilson* für substituierte (Hydroxyethyl)-phenanthrene

Position	Substituent	Zahl der Verbindungen	Regressionskoeffizient	Bereich
R^1	Cl	3	0,130	0,468
R^1	H	39	—0,001	
R^1	Br	1	—0,338	
R^2	Cl	7	0,301	
R^2	CF_3	1	0,292	0,370
R^2	H	35	—0,069	
R^3	CF_3	7	0,384	
R^3	Br	1	0,296	
R^3	Cl	10	0,155	0,578
R^3	I	1	0,129	
R^3	F	2	—0,193	
R^3	H	22	—0,194	
R^4	Cl	1	0,273	
R^4	CF_3	1	0,043	0,280
R^4	H	41	—0,008	
R^5	CF_3	18	0,451	
R^5	Br	2	0,363	
R^5	Cl	6	—0,187	
R^5	F	2	—0,196	1,021
R^5	H	13	—0,477	
R^5	OCH_3	2	—0,570	
R^6	2-Piperidyl	13	0,037	
R^6	Dibutylamino	13	0,0142	0,093
R^6	Diheptylamino	17	—0,056	

Tabelle 10.6 zeigt die ermittelten Regressionskoeffizienten. Für jede Position sind die Substituenten nach abnehmendem Regressionskoeffizienten geordnet, d. h. nach abnehmendem Beitrag zur Antimalariaaktivität der Verbindungen. Optimal sollte die Verbindung sein, deren Substituenten in jeder Position die größte Substituentenkonstante aufweisen, also $R^1 = Cl$, $R^2 = Cl$, $R^3 = CF_3$, $R^4 = Cl$, $R^5 = CF_3$ und $R^6 = 2$-Piperidyl. Die letzte Spalte von Tab. 10.6 zeigt, daß der Bereich, innerhalb dessen die Substituentenkonstanten an den einzelnen Positionen liegen, sehr verschieden ist, und zwar am größten für R^5, am kleinsten für R^6. Daraus kann man folgern, daß die Position, an der sich R^5 befindet, entscheidend für die Optimierung der biologischen Aktivität ist. Dagegen hat die Variation der Substituenten R^6 wenig Einfluß. Die Regressionskoeffizienten nach *Free* und *Wilson* sind nicht universell, sie gelten nur für die betreffende Serie. Wie Tab. 10.6 zeigt, gibt es für die (Hydroxymethyl)phenanthrene mit den genannten Substituenten $3 \cdot 3 \cdot 6 \cdot 3 \cdot 6 \cdot 3 = 2916$ Strukturvariationen. Die minimale Zahl, die nötig ist, um die Gleichungen zu lösen und die Substituentenkonstanten zu berechnen, beträgt $1 + (2 + 2 + 5 + 2 + 5 + 2) = 19$. Insgesamt wurden 43 Verbindungen synthetisiert und ihre Aktivität getestet. Der Überschuß von $43 - 19 = 24$ Verbindungen ist statistisch ausreichend.

Ausgehend von der *Free-Wilson*-Analyse und der *Hansch*-Analyse, sind multivariante Struktur-Wirkungs-Analysen in Kombination mit dem multivarianten Bioassay entwickelt worden [10.20].

Für einzelne Gruppen von Wirkstoffen wurden quantitative Beziehungen zwischen der biologischen Aktivität und den physikalischen Eigenschaften der Verbindungen aufgefunden. Solche Eigenschaften sind der Parachor, das Dipolmoment, die Polarisierbarkeit, pK_S- und pK_B-Werte, die Elektronenaffinität und das Ionisationspotential. In anderen Fällen korreliert die biologische Aktivität mit Röntgenstruktur- und Elektronenbeugungsdaten. Auch Beziehungen zur Energie der Grenzorbitale und zur Resonanzenergie wurden empirisch gefunden.

Als Beispiel für eine quantitative Beziehung zwischen der biologischen Aktivität und einer physikalischen Eigenschaft einer Serie verschieden substituierter Wirkstoffe dient die Hemmung des Wachstums von Chlorella vulgaris durch Piperidinoacetanilide [10.21]:

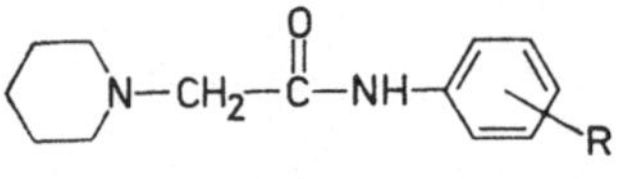

$$\ln \frac{1}{C} = 1{,}308\,\pi + 0{,}01274\,\nu - 39{,}519$$

π ist die hydrophobe Substituentenkonstante nach *Hansch*, ν die Wellenzahl der NH-Valenzschwingung im IR-Spektrum. Die 15 untersuchten Verbindungen unterscheiden sich durch Art und Position des Substituenten R. Aus der Abhängigkeit der Aktivität von π kann man schlußfolgern, daß der Wirkstoff aus der extrazellulären Phase durch Biomembranen zum Rezeptor vordringen muß. Aus der Abhängigkeit von ν ergibt sich, daß die NH-Gruppe der Wirkstoffe bei der Anheftung an den Rezeptor eine entscheidende Rolle spielt und daß die Anheftung um so wahrscheinlicher wird, je größer die Wellenzahl der NH-Valenzschwingung ist. Offenbar erfolgt die Anheftung durch die Kopplung von Schwingungszuständen zwischen der NH-Bindung des Wirkstoffmoleküls und einer geeigneten Bindung des Rezeptors.

Zusammenfassend sei folgendes hervorgehoben:

Struktur-Aktivitätsbeziehungen ermöglichen einmal Rückschlüsse auf die Art der Wechselwirkung zwischen Wirkstoff und Rezeptor. Sie sind weiterhin geeignet, die Suche nach optimalen Wirkstoffen zu vereinfachen und Synthesen von neuen Wirkstoffen zu planen [10.22].

10.5. Reaktionssteuerung bei der Glasbildung

Die reaktionstheoretischen Grundlagen von Feststoffreaktionen sowie geeignete Methoden zu ihrer Untersuchung wurden im ersten Teil von Abschn. 9. behandelt. Auf dieser Basis kann die Herstellung von Glaszuständen mit gewünschten Eigenschaften verstanden werden.
Thermodynamisch gesehen ist der Glaszustand ein metastabiler Zustand, der vor Erreichen des durch kristalline Zustandsformen gekennzeichneten Gleichgewichtes eingefroren wurde. In struktureller Hinsicht bedeutet das eine weniger geordnete Struktur als die der kristallinen Phase im thermodynamischen Gleichgewicht. Im Bild 10.10 ist dieser Unterschied am Beispiel des Einkomponentenglases Kieselglas mit unregelmäßigem Netzwerk verringerter Fernordnung im Vergleich zum hochgeordneten Quarzkristall (z. B. Bergkristall) veranschaulicht.

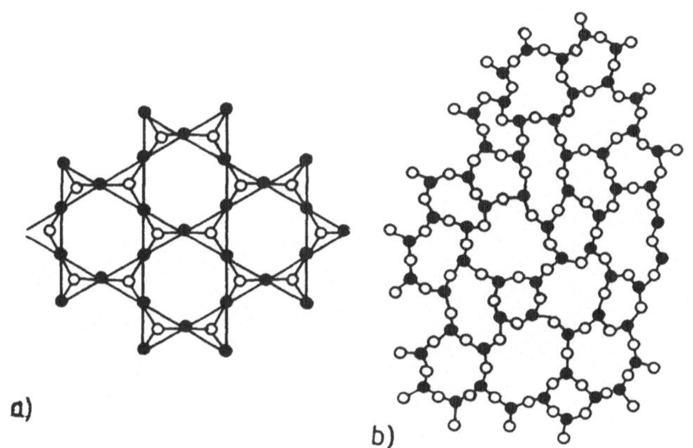

Bild 10.10. Netzwerkstruktur im hochgeordneten Quarzkristall (a) und im Kieselglas (b)

Wesentlich für die Glasbildung ist deshalb, die Einstellung des Gleichgewichtes kinetisch zu hemmen, um ein möglichst wenig geordnetes Netzwerk zu erhalten. Das bedeutet die Entordnung sogenannter Netzwerkbildner, wie z. B. SiO_2, B_2O_3, P_2O_5, GeO_2, As_2S_3, BeF_2. Wird z. B. Kieselglas durch Einschmelzen von Bergkristall hergestellt, so zeigt die SiO_2-Schmelze kurz oberhalb der Schmelztemperatur noch keine starke Entordnung gegenüber dem Kristall. Entsprechend den Darlegungen im Abschn. 9.1.1. wird die geringe Schmelzentropie infolge der hohen Viskosität der Schmelze verständlich. Um zu verhindern, daß die freie Keimbildungsenthalpie der Schmelze negativ wird und damit die Rekristallisation (Entglasen) einsetzt, muß zur weiteren Entordnung die Viskosität der SiO_2-Schmelze durch Temperaturerhöhung verringert werden. Die Beherrschung des Temperatur-Zeit-Regimes sowie die strukturelle Beschaffenheit der Ausgangskomponenten sind daher wesentliche Aspekte für die Reaktionssteuerung bei der Glasbildung. Dies gilt besonders für die Herstellung von Spezialgläsern (Ein- und Mehrkomponentensysteme), z. B. für optische Zwecke. Während man für die oben- erwähnte Entordnung von Bergkristall außerordentlich hohe Einschmelztemperaturen benötigt, liegt bei amorpher Kieselsäure, hergestellt durch Hydrolyse von $SiCl_4$, infolge diffusionsbegünstigender Vorgänge beim Freiwerden flüchtiger Bestandteile (H_2O u. a.) die Einschmelztemperatur viel niedriger. Gleichzeitig ist dabei der Gitteraufbau der Gleichgewichtsphase gehemmt.

Durch Zusatz sogenannter Netzwerkwandler ($Na^\oplus$, $K^\oplus$, $Ca^{2\oplus}$-Ionen, eingebracht als Oxide, Oxidhydrate, Carbonate usw.) kann die Kristallinitätstendenz beeinflußt wer- den, wobei die gewünschten Eigenschaften dieser Mehrkomponentengläser von der stereoelektronischen Natur (Oxydationsstufe, Ionenradius) der Netzwerkwandler so- wie von den Reaktionsbedingungen (Temperaturführung, Abgabe flüchtiger Stoffe wie H_2O, CO_2 zur Veränderung der Transportprozesse) abhängen. Zur quantitativen Cha- rakterisierung des Phasenzustandverhaltens bei der Glasbildung dienen Phasen- diagramme, die mit Hilfe dynamischer thermischer Analysenmethoden ermittelt wer- den können (vgl. Abschn. 9.1.3.). Dazu wird die Änderung der Phasenzusammenset- zung (Molenbruch x) gegen die Temperatur aufgetragen. Über eine *Arrhenius*-analoge Auswertung kann die Veränderung des Phasengleichgewichtes auch als Freie-Enthal- pie-Diagramm erhalten werden. Im Bild 10.11 sind für ein binäres glasbildendes Sy-

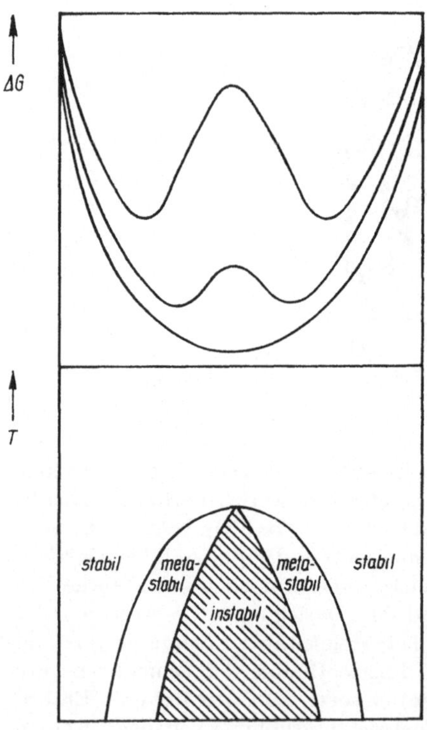

Bild 10.11. Phasenzustands- und Freie- Enthalpie-Diagramme für ein binäres glas- bildendes System. Darstellung nach [10.23] vereinfacht

stem die beiden sich entsprechenden Darstellungsformen in vereinfachter Weise enthalten [10.23].

Bei Betrachtung der Vorgänge von seiten der Schmelze hat ΔG im Falle homogener Phasenbildung die Bedeutung einer freien Kristallisationsenthalpie. Daraus kann die für die Glasbildung wichtige Temperatur der maximalen Kristallisationsgeschwindigkeit erhalten werden. Im Falle heterogener Phasenbildung als Entmischungsvorgang unter Bildung mehrerer koexistenter Phasen aus der Schmelzphase wird ΔG auch als freie Mischungsenthalpie bezeichnet.

In mechanistischer Hinsicht besteht die Netzwerkwandlung, z. B. bei Alkali- bzw. Erdalkalisilicatgläsern, in der Umwandlung von Brückensauerstoffatomen der SiO_4-Tetraeder in Trennstellensauerstoffatome, die partiell durch ein Alkali- bzw. Erdalkalikation elektrostatisch kompensiert werden. Natürlich kann die Netzwerkwandlung auch durch Anionen erfolgen (z. B. $F^{\ominus}$, $O^{2\ominus}$). Auf der Basis der *Lewis*schen Säure-Base-Theorie (bzw. allgemeiner dem Donor-Akzeptor-Prinzip) kann die elektronische Umordnung bei der Spaltung der kovalenten Si—O-Bindung entweder als elektrophile Substitution betrachtet werden, wenn sie durch ein bewegliches Kation ($Na^{\oplus}$, $Ca^{2\oplus}$ usw.) erfolgt, oder als nucleophile Substitution im Falle beweglicher Anionen ($O^{2\ominus}$, $F^{\ominus}$).

$$O-\underset{|}{\overset{|}{Si}}-O-\underset{|}{\overset{|}{Si}}-O \; + \; CaO \; \longrightarrow \; \left[O-\underset{|}{Si}\overset{\delta-\;\delta+}{\underset{\underset{Ca-O}{\delta+\;\delta-}}{-O-}}\underset{|}{Si}-O \right]^{\ddagger} \; \longrightarrow \; O-\underset{|}{\overset{|}{Si}}-O^{\ominus} \; Ca^{2\oplus} \; {}^{\ominus}O-\underset{|}{\overset{|}{Si}}-O$$

Ob zur Vorbereitung dieser elektronischen Umordnung Ionen wandern oder polare Baugruppen mit entsprechend hohem Kovalenzanteil der Bindungen, hängt von den jeweiligen Gitterstrukturen ab und wirkt sich nur auf die Geschwindigkeit der Transportprozesse aus. In jedem Falle wird der Phasenbildungsvorgang durch Wechselwirkung von Spezies unterschiedlicher Elektronendichte (bzw. Ladung) eingeleitet.

Es konnte gezeigt werden, daß die Netzwerk-wandelnden Elementarprozesse zwar die hohe Fernordnung ursprünglicher Gitteranordnungen herabsetzten, aber keineswegs zu einem Zustand völliger Entordnung führen. Das wäre im Hinblick auf die Eigenschaften realer Glassysteme auch gar nicht wünschenswert, da z. B. die mechanische Festigkeit von Stoffen unmittelbar mit dem Verhältnis von amorphen zu kristallinen Bereichen zusammenhängt. Besonders bei Mehrkomponentengläsern werden bei gezielter Abkühlung der Schmelze Mikrophasenbildungen nachgewiesen, die relativ unabhängig von der Ausgangsmischung definierte Stöchiometrieverhältnisse anstreben. In Bild 10.12 ist der elektronenmikroskopische Nachweis der Mikrophasenbildung für ein Bariumborosilicatglas (BaO—B_2O_3—SiO_2) nach der Abdruckpräparation gezeigt. Die Stöchiometrie der Mikrophasen unterscheidet sich jeweils von der Zusammensetzung der Glasmatrix. In Abhängigkeit von der Zahl und der räumlichen Ausprägung der Mikrophasen ändern sich sowohl die mechanischen als auch die optischen Eigenschaften des Glases. Für das Bariumborosilicatglas in Bild 10.12 sind nach stufenförmig ablaufenden Entmischungsvorgängen sechs Mikrophasen erkennbar.

Die gesteuerte Kristallisation von Gläsern bedeutet daher, einerseits eine die makroskopischen Eigenschaften des Glases prägende Fernordnung zu begünstigen, aber andererseits die vollständige Kristallisation (Entglasen) zu verhindern. Als Steuergröße dient vorrangig die Temperatur, die im Keimbildungsgebiet langsam verändert wird und den Bereich der maximalen Kristallisationsgeschwindigkeit schnell unterschreiten

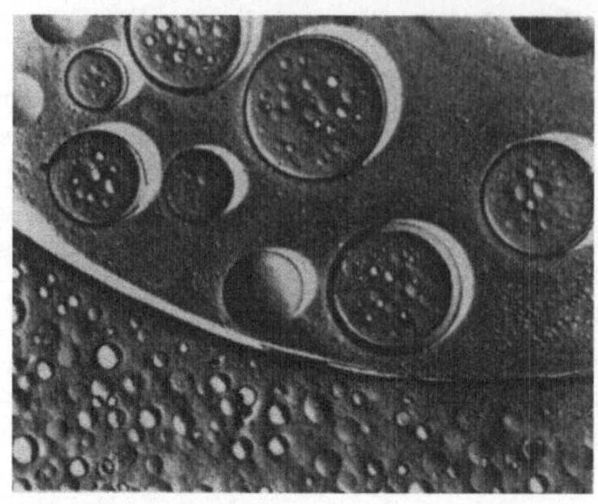

Bild 10.12. Elektronenoptische Aufnahme eines Bariumborosilicatglases nach · Abdruckpräparation [10.23]

muß. Daran anschließend wird zur Vermeidung zu starker Spannungen wieder langsam abgekühlt.

Zur Herstellung hochfester Glaskeramiken ist man dagegen an der gesteuerten Ausbildung sogenannter Druckspannungszonen interessiert. Ihre Bildung beruht auf der Erzielung einer entsprechenden Keimdichte bei geringem Keimwachstum. Dabei ist die Herstellung solcher Glaszustände neben einem geeigneten Temperatur-Zeit-Regime natürlich vorrangig von der Zusammensetzung des Glases abhängig. Zum Beispiel ist bei einfachen Alkalisilicatgläsern ($Na_2O/CaO/SiO_2$) die Tendenz zur Ausbildung einer Mikroheterogenität gering. Sie haben dementsprechend nur eine relativ geringe Festigkeit. Es muß bemerkt werden, daß die Mikrophasenbildung nicht in jedem Falle festigkeitserhöhend ist, sondern bei einer Reihe von Grundgläsern eher eine gegenteilige Wirkung hat. In solchen Fällen kann durch rasche Abkühlung der Glasoberfläche (Anblasen) eine Druckspannungszone gegenüber dem Volumen gebildet werden, die ebenfalls eine Erhöhung der Festigkeit bewirkt. Befinden sich nun geringe Anteile an Kationen mit hoher Kationfeldstärke (z. B. $Ti^{3\oplus}$) in einem alkalifreien Grundglas (z. B. $TiO_2/MgO/Al_2O_3/SiO_2$), so wird die Mikrophasenbildung stark gefördert, und die sich primär ausscheidenden t-Quarzkristalle bewirken infolge ihres hohen Ausdehnungskoeffizienten eine hohe Druckspannung auf das gesamte Glasmatrixvolumen, so daß Biegebruchfestigkeiten bis 892 MPa erreicht wurden [10.23].

Da die Reaktionssteuerung bei der Glasbildung vorrangig auf der kinetischen Beherrschung von Diffusionsprozessen beruht, ist auch verständlich, daß der Verlauf in mechanistischer Hinsicht stark von der chemischen Zusammensetzung der Rohstoffe, ihrer Struktur und damit natürlich auch allen Prozessen dieser Strukturbildung zusammenhängt [10.24]. Für die Bildung von Nickelspinellen ($NiO + Al_2O_3 \rightarrow NiAl_2O_4$) konnte z. B. gezeigt werden, daß bei Einsatz von $Al(OH)_3$ die Spinellbildung bereits bei 500 °C beginnt, während im Falle des γ-Al_2O_3 Temperaturen oberhalb 800 °C erforderlich sind. Während die Elementarprozesse der elektronischen Umordnung in beiden Fällen kaum unterschiedlich sein sollten, sind die Unterschiede sicherlich in der Kation- bzw. Aniondiffusion zu suchen, die in Gegenwart des freiwerdenden Wassers offensichtlich ein günstigeres Medium für die Bildung der neuen Gitterstruktur haben als bei Abwesenheit von Wasser.

Literatur zum Abschnitt 10.

[10.1] *Gomper, R.; Wagner, H. U.:* Angew. Chem. **88** (1976) 12. – S. 389—401

[10.2] *Taube, R.:* Z. Chem. **15** (1975) S. 426

[10.3] *Heimbach, P.; Traummüller, R.:* Chemie der Metall-Olefin-Komplexe. Weinheim: Verlag Chemie 1970

[10.4] *Parshall, G. W.:* Homogeneous Catalysis. New York: I. Wiley & Sons 1980

[10.5] *Jolly, P. W.; Wilke, G.:* The Organic Chemistry of Nickel, Vol. II, Organic Synthesis. New York: Academic Press 1975

[10.6] *Taube, R.; Schmidt, U :* Z. Chem. **17** (1977) S. 351

[10.7] *Halpern, J.:* Inorg. Chim Acta **50** (1981) S. 11

[10.8] *Brille, F.; Kluth, J.; Schenkluhn, H.:* J. Mol. Catal. **5** (1979) S. 27

[10.9] *Tolman, C. A.:* Chem. Rev. **77** (1977) S. 313

[10.10] *Heimbach, P. u. a.:* Angew. Chem. **92** (1980) S. 567, 569

[10.11] *Heublein, G.:* Zum Ablauf ionischer Polymerisationsreaktionen. Berlin: Akademie-Verlag 1975

[10.12] *Heublein, G. u. a.:* Z. Chem. **20** (1980) S. 317

[10.13] *Palm, V.:* Grundlagen der quantitativen Theorie organischer Reaktionen. Berlin: Akademie-Verlag 1971

[10.14] *Heublein, G. u. a.:* Z. Chem. **20** (1980) S. 11

[10.15] *Neumann, F.:* Naturwissenschaften **64** (1977) S. 410

[10.16] *König, H.:* Angew. Chem. **92** (1980) S. 802

[10.17] *Thornber, C. W.:* Chem. Soc. Rev. **8** (1979) S. 563

[10.18] *Hansch, C.; Fujita, T.:* J. Am. Chem. Soc. **86** (1964) S. 1 616

[10.19] *Free, S. M.; Wilson, J. W.:* J. Medicin. Chem. **7** (1964) S. 395

[10.20] *Mager, P. P.; Seese, A.:* Pharmazie **36** (1981) S. 427
Franke, R.: Optimierungsmethoden in der Wirkstofforschung – Quantitative Struktur-Wirkungsanalyse. Berlin: Akademie-Verlag 1980

[10.21] *Schwarz, G.; Barth, A.:* Pharmazie **30** (1975) S. 805

[10.22] *Sklenar, H.; Jäger, J.:* Pharmazie **36** (1981) S. 388

[10.23] *Vogel, W.:* Glaschemie, S. 119. Leipzig: VEB Deutscher Verlag für Grundstoffindustrie 1979

[10.24] *Heide, K.:* Dynamische thermische Analysenmethoden, S. 19—107. Leipzig: VEB Deutscher Verlag für Grundstoffindustrie 1979